U0343173

AutoCAD 2018

机械设计全套图纸绘制大全

麓山文化 编著

机械工业出版社

CHINA MACHINE PRESS

本书主要介绍了使用中文版AutoCAD 2018绘制全套机械图纸的方法和技巧。

全书共5篇20章，第1篇（第1章~第5章）为入门篇，主要讲解了Auto CAD 2018的基本知识和基本操作，包括机械制图基础、快速绘图工具、创建和编辑二维机械图形；第2篇（第6章~第8章）为提高篇，主要介绍了使用AutoCAD在机械图形中添加文字、表格和尺寸标注等方法；第3篇（第9章~第12章）为机械设计篇，分别讲解了标准件和常用件、轴类、盘盖类及箱体类等常见机械零件的绘制方法；第4篇（第13章~第15章）为减速器设计实例篇，通过减速器这一经典机械设计实例，介绍了如何从零开始进行设计，绘制出其主要的零件图与装配图；第5篇（第16章~第20章）为三维篇，介绍了使用AutoCAD 2018进行三维建模的方法，最后介绍了减速器的三维建模与装配。

本书内容严谨，讲解透彻，所引用的实例均为机械工程实例，具有较强的专业性和实用性，特别适合读者自学和大、中专院校师生作为教材和参考书，同时也适合从事机械设计的工程技术人员学习和参考。

图书在版编目（CIP）数据

AutoCAD 2018机械设计全套图纸绘制大全/麓山文化编著.—3版.—北京：机械工业出版社，2018.7
ISBN 978-7-111-60804-2

Ⅰ.①A⋯ Ⅱ.①麓⋯ Ⅲ.①机械设计－计算机辅助设计－AutoCAD软件 Ⅳ.①TH122

中国版本图书馆CIP数据核字(2018)第204304号

机械工业出版社（北京市百万庄大街22号 邮政编码100037）
责任编辑：曲彩云 责任校对：刘秀华 责任印制：孙 炜
北京中兴印刷有限公司印刷
2018年10月第3版第1次印刷
184mm×260mm · 26.25印张 · 633千字
0001—2500册
标准书号：ISBN 978-7-111-60804-2
定价：89.00元

前言
PERFACE

关于AutoCAD

AutoCAD是美国Autodesk公司开发的专门用于计算机绘图和设计工作的软件。自20世纪80年代AutoCAD公司推出AutoCAD R1.0以来，由于其具有简便易学、精确高效等优点，一直深受广大工程设计人员的青睐。迄今为止，AutoCAD历经了十余次的扩充与完善后，新版AutoCAD 2018中文版极大地提高了二维制图功能的易用性和三维建模功能。

本书内容

本书由浅及深地介绍了 AutoCAD 软件各方面的基本操作，并讲解了使用 AutoCAD 进行全套机械图纸设计的方法和技巧，包括二维机械零件图、轴测图、装配图和三维机械零件图等。

本书共 5 篇 20 章，具体内容安排如下：

第 1 篇为入门篇，内容包括第 1 章 ~ 第 5 章。

第 1 章为"机械设计的基本知识"，主要介绍了机械设计与制图方面的一些基本知识，使读者能够对机械设计有一个基本的认识。

第 2 章为"初识 AutoCAD 2018"，主要介绍了 AutoCAD 2018 软件的功能特点，使读者能够熟悉软件的基本界面与操作。

第 3 章为"绘图前需知的基本辅助工具"，主要介绍了 AutoCAD 中的坐标系以及一些常用的辅助绘图工具，使读者能够掌握软件中常用的一些图形绘制方法，快速上手。

第 4 章为"二维机械图形绘制"，主要介绍了 AutoCAD 中二维制图的一些主要工具，使读者能够进一步掌握使用 AutoCAD 绘制机械图形的方法。

第 5 章为"二维机械图形编辑"，主要介绍了 AutoCAD 中与机械制图有关的一系列编辑命令，可以让读者掌握对图纸进行修改的方法。

第 2 篇为提高篇，内容包括第 6 章 ~ 第 8 章。

第 6 章为"创建机械图形标注"，主要介绍了使用AutoCAD2018对机械图形进行标注、注释的方法。

第 7 章为"文字和表格"，主要介绍了 AutoCAD 文字和表格工具的使用方法。

第 8 章为"机械图形打印和输出"，介绍了如何使用 AutoCAD 对机械图形进行布局打印、多重打印以及输出的方法。

第 3 篇为机械设计篇，内容包括第 9 章 ~ 第 12 章。

第 9 章为"标准件和常用件的绘制"，主要介绍了螺纹、销钉、键等标准件和常用件的绘制方法。

第 10 章为"轴类零件图的绘制"，主要介绍了各种轴类零件的设计与绘制方法。

第 11 章为"盘盖类零件图的绘制"，主要介绍了盘、盖类零件的设计与绘制方法。

第 12 章为"箱体类零件图的绘制"，主要介绍了箱体类零件的设计与绘制方法。

第 4 篇为减速器设计实例篇，内容包括第 13 章 ~ 第 15 章。

第 13 章为"减速器传动零件的绘制"，主要介绍了减速器的设计要求以及设计的整体思路，并详细讲解了如何分析减速器上的核心组件——齿轮与轴的联动设计。

第 14 章为"绘制减速器的装配图并拆画零件图",本章是第 13 章内容的延续,介绍了如何进行减速器其他部件的设计,以及绘制装配图的方法。

第 15 章为"由装配图拆画箱体零件图",主要介绍了如何通过已经绘制好的装配图来拆分出非主要部件的零件图,并进行细化设计的方法。

第 5 篇为三维篇,内容包括第 16 章~第 20 章。

第 16 章为"三维绘图基础",介绍了 AutoCAD 中建模的基本概念以及建模界面和简单操作。

第 17 章为"创建三维实体和网格曲面",介绍了 AutoCAD 中三维实体和三维曲面的建模方法。

第 18 章为"三维模型的编辑",介绍了 AutoCAD 中各种模型编辑修改工具的使用方法。

第 19 章为"三维渲染",介绍了 AutoCAD 中模型的渲染步骤以及各相关命令的含义与操作方法。

第 20 章为"创建减速器的三维模型",主要介绍了减速器各零部件的三维建模以及组装方法。

本书配套资源

本书附赠以下资源(扫描"资源下载"二维码即可获得下载方式):

配套教学视频:配套150集总时长近600min的高清语音教学视频。读者在学习本书内容时可以先观看教学视频,然后对照书本加以实践和练习,以提高学习效率。

实例文件和完成素材文件:书中所有实例均提供了源文件和素材文件,读者可以使用AutoCAD 2018打开或访问。

书中第16章~第20章的内容均以高清PDF文档给出,排版形式与书中正文一致,读者可以下载到计算机或手机等电子设备上打开阅读。

资源下载

本书编著

本书由麓山文化编著,参加编写的有:陈志民、江凡、张洁、马梅桂、戴京京、骆天、胡丹、陈运炳、申玉秀、李红萍、李红艺、李红术、陈云香、陈文香、陈军云、彭斌全、林小群、刘清平、钟睦、刘里锋、朱海涛、廖博、喻文明、易盛、陈晶、张绍华、黄柯、何凯、黄华、陈文轶、杨少波、杨芳、刘有良、刘珊、赵祖欣、毛琼健、宋瑾等。

由于编者水平有限,书中错误、疏漏之处在所难免。在感谢您选择本书的同时,也希望您能够把对本书的意见和建议告诉我们。

读者服务邮箱:lushanbook@qq.com

读者QQ群:327209040

读者交流

麓山文化

目录 CONTENTS

前言

第1篇 入门篇

第1章 ⚙ 机械设计的基本知识

第2章 ⚙ 初识AutoCAD 2018

第3章 ✿ 绘图前需知的基本辅助工具

第4章 ✿ 二维机械图形绘制

第5章 ✿ 二维机械图形编辑

第2篇　提高篇

第6章 ✿ 创建机械图形标注

第7章 ✿ 文字和表格

第8章 ✿ 机械图形打印和输出

第3篇 机械设计篇

第9章 ✿ 标准件和常用件的绘制

第10章 ✿ 轴类零件图的绘制

第11章 ✿ 盘盖类零件图的绘制

第12章 ✿ 箱体类零件图的绘制

第4篇 减速器设计实例篇

第13章 ✿ 减速器传动零件的绘制

第14章 ✿ 绘制减速器的装配图并拆画零件图

第15章 ✿ 由装配图拆画箱体零件图

第5篇 三维篇（此篇内容见光盘）

第16章 ✿ 三维绘图基础

第17章 ✿ 创建三维实体和网格曲面

第18章 ✿ 三维模型的编辑

第19章 ✿ 三维渲染

第20章 ✿ 创建减速器的三维模型

第1章

机械设计的基本知识

为了统一机械制图规则，保证制图质量，提高制图效率，做到图面清晰、简明，符合设计、施工、审查、存档的要求，适应工程建设的需要，有必要了解机械制图基础。

本章主要讲解了机械制图与机械设计的一些相关基础知识，内容包括认识机械制图标准、认识机械工程图、了解机械图纸各要素、基本的机械加工工艺介绍、常用的机械加工材料介绍等。

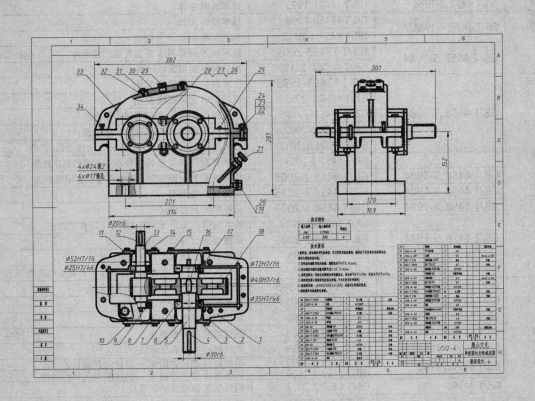

1.1 认识机械制图标准

机械制图是用图样确切表示机械的结构形状、尺寸大小、工作原理和技术要求的学科。图样由图形、符号、文字和数字等组成，是表达设计意图和制造要求以及交流经验的技术文件，常被称为工程界的语言。

1.1.1 ▶ 认识机械制图标准

工程图样是工程技术人员表达设计思想、进行技术交流的工具，也是指导生产的重要技术资料。因此，对于图样的内容、格式和表达方法等必须做出统一的规定。

为使人们对图样中涉及的格式、文字、图线、图形简化和符号含义有一致的理解，后来逐渐制定出统一的规格，并发展成为机械制图标准。各国一般都有自己的国家标准，国际上有国际标准化组织制定的标准。中国的机械制图国家标准制定于1959

年，后在1974年和1984年修订过两次。

1.1.2 ▶ 认识国家制图标准

我国国家标准（也简称国标）代号为GB。我国的国家标准通过审查后，需由国务院标准化行政管理部门——国家质量监督检查检疫总局、国家标准化管理委员会审批，给定标准编号并批准发布。

机械制图国家标准的制定及修改动态见表1-1。

表 1-1 机械制图国家标准的制定及修改动态

分类	1985年起实施的国家标准 标准编号	现行标准编号	现行标准名称
基本规定	GB/T 4457.1-1984	GB/T 14689-1993	技术制图 图纸幅面和格式
	GB/T 4457.2-1984	GB/T 14690-1993	技术制图 比例
	GB/T 4457.3-1984	GB/T 14691-1993	技术制图 字体
	GB/T 4457.4-1984	GB/T 17450-1998	技术制图 图线
		GB/T 4457.4-2002	机械制图 图样画法 图线
	GB/T 4457.5-1984	GB/T 17453-2005	技术制图 图样画法 剖面区域的表示法
		GB/T 4457.5-2013	机械制图 剖面区域的表示法
基本表示法	GB/T 4458.1-1984	GB/T 17451-1998	技术制图 图样画法 视图
		GB/T 4458.1-2002	机械制图 图样画法 视图
		GB/T 17452-1998	技术制图 图样画法 剖视图和断面图
		GB/T 4458.6-2002	机械制图 图样画法 剖视图和断面图
		GB/T 16675.1-2012	技术制图 简化表示法 第1部分：图样画法
	—	GB/T 4457.2-2003	技术制图 图样画法 指引线和基准线的基本规定
	GB/T 4458.2-1984	GB/T 4458.2-2003	机械制图 装配图中零、部件序号及其编排方法
	GB/T 4458.3-1984	GB/T 4458.3-2013	机械制图 轴测图
	GB/T 4458.4-1984	GB/T 4458.4-2003	机械制图 尺寸注法
	—	GB/T 16675.2-2012	技术制图 简化表示法第2部分：尺寸注法
	GB/T 4458.5-1984	GB/T 4458.5-2003	机械制图 尺寸公差与配合注法
		GB/T 15754-1995	技术制图 圆锥的尺寸和公差注法
	GB/T 131-1983	GB/T 131-2006	产品几何技术规范技术产品文件中表面结构的表示法
特殊表示法	GB/T 4459.1-1984	GB/T 4459.1-1995	机械制图 螺纹及螺纹紧固件表示法
	GB/T 4459.2-1984	GB/T 4459.2-2003	机械制图 齿轮表示法
	GB/T 4459.3-1984	GB/T 4459.3-2000	机械制图 花键表示法
	GB/T 4459.4-1984	GB/T 4459.4-2003	机械制图 弹簧表示法
	GB/T 4459.5-1984	GB/T 4459.5-1999	机械制图 中心孔表示法
	GB/T 4459.6-1996	GB/T 4459.8-2009	机械制图 动密封圈 第一部分：通用简化表示法
		GB/T 4459.9-2009	机械制图 动密封圈 第二部分：特征简化表示法
	GB/T 4459.7-1998	GB/T 4459.7-2017	机械制图 滚动轴承表示法
	—	GB/T 19096-2003	技术制图 图样画法 未定义形状边的术语和注法
图形符号	GB/T 4460-1984	GB/T 4460-2013	机械制图 机构运动简图用图形符号

标准的编号及名称如图1-1所示。

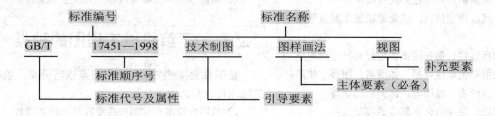

图1-1 标准编号及名称

⊕ GB——标准级别：国家标准、行业标准、地方标准和企业标准

⊕ T——标准属性："T"表示"推荐性标准"，无"T"的表示"强制性标准"

⊕ 17451——发布顺序号

⊕ 1998——颁布年号

1.2 认识机械工程图

在设计和生产中，各种机器、设备和工程设施都是通过工程图样来表达设计意图和制造要求的。本节介绍机械工程图的分类和绘制程序等相关基础知识。

1.2.1 ▶ 机械工程图概述

机械图样主要有零件图和装配图，此外还有布置图、示意图和轴测图等。零件图表达零件的形状、大小以及制造和检验零件的技术要求；装配图表达机械中所属各零件与部件间的装配关系和工作原理；布置图表达机械设备在厂房内的位置；示意图表达机械的工作原理，如表达机械传动原理的机构运动简图、表达液体或气体输送线路的管道示意图等。示意图中的各机械构件均用符号表示。轴测图是一种立体图，直观性强，是常用的一种辅助用图样。

一套完整的机械工程图如图1-2所示。通常包含以下各项：

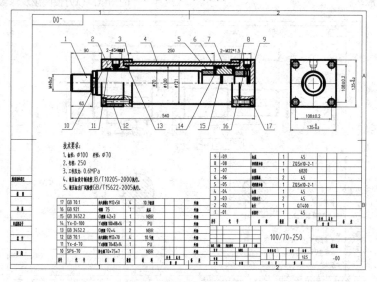

图1-2 完整的机械工程图

- 图纸：说明机件各部位形状的全图。
- 尺寸：说明机件各部位的尺寸数字。
- 注释：用以规定材料、热处理或加工制造等细节。
- 图框和标题栏：每张图纸都应配合尺寸而有适当的图框和说明性标题，如图名、图号、生产单位、设计者、绘图者、比例和日期等。
- 组装图纸：说明机件各部位的装配关系。
- 另附部件表和材料表。

此外，如果零件属于批量生产的，则需要设计部门另制工程图和程序图来描述制造的步骤，以及说明所使用的特殊工具，钻模、夹具和量规的类别，以供制造部门使用。

1.2.2 ▶ 绘制机械工程图的程序

当一位机械工程师要设计新的机件或新的机器时，其图纸生产相关程序如下：

- 将原有思想、设想、规划和发明绘制成草图的图样。
- 加上精密计算来证明所设计的机件或机器是实用且可行的。
- 根据自己画出的草图和计算来准确画出设计图，要尽可能使用实际比例来表示各零部件的形状和位置；制定出主要尺寸，并注明材料及热处理、加工、间隙或干涉配合等一般规范；提供绘制各零件图时所需要的资料，以此来证明制造的可能性。
- 由设计图和注解说明来绘制各零部件图，包括说明形状和大小所需要的图纸，以及标注必要的尺寸和注解等。

- 绘制各零部件装配的组装图。
- 编订零部件表和材料表，完成全部工程图。

1.2.3 ▶ 了解机械工程图的种类

按图样完成的方法和使用特点进行分类，机械工程图可以分为以下几种：

- 原图：原图是供制作底图或复制用的图样（文件）。
- 底图：底图是完成规定的签署手续，供制作复印图的图样（文件）。
- 副底图：副底图是与底图完全一致的底图副本。
- 复印图：复印图是所绘制的能保证与底图或副底图完全一致的图样（文件）。
- CAD图：CAD图是在CAD制图过程中所产生的图样，是指用计算机以点、符号和数字等描绘事物几何特征、形状位置及大小的形式，与产品或工程设计相关的各类图样等。

按图样表示的对象进行分类，机械工程图可以分为以下几种：

- 零件图：零件图（见图1-3）是用于制造与检验零件的图样，是制造该零件的重要依据，应包括必要的数据和技术要求；也指单一零件的图纸，它能对机件的形状、尺寸和结构进行完整而精密的描述，使制造者能够简单而清楚地看懂并按其制造。零件图包括零件的大小、形状、材料、加工需要的工作场所应遵守的规则，以及所需制造件数等，其说明应精确详细。原则上一张零件图只能画一个零件。可根据实际情况选择适当大小的图纸，以方便阅读及保管。

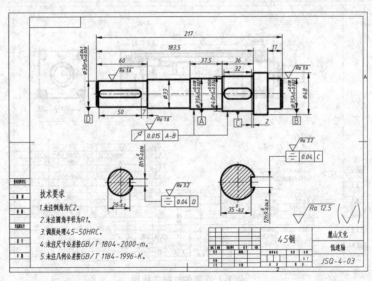

图1-3 零件图

⊕ 装配图：装配图是表达产品、部件中部件与部件、零件与部件，或零件之间连接的图样，应包括装配（加工）与检验所必需的数据和技术要求，如图1-4所示。其中，产品装配图也称为总装配图。产品装配图中具有总图所要求的内容时，可作为总图使用。

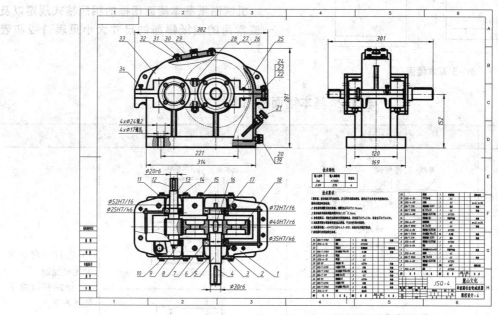

图1-4 装配图

⊕ 总图：总图是表达产品及其组成部分的结构概况、相互关系和基本性能的图样。当总图中注有产品及其组成部件的外形、安装和连接尺寸时，可作为外形图或安装图使用。

⊕ 外形图：外形图是标有产品外形、安装和连接尺寸的产品轮廓图样

⊕ 安装图：安装图是用产品及其组成部分轮廓的图形，表示其在使用地点进行安装的图样，并包括安装时所必需的数据、零件、材料与说明。

⊕ 表格图：表格图是指两个或两个以上形状相同的同类零件、部件或产品，并包括必要的数据与技术要求的工程图样。

⊕ 包装图：包装图是为产品安全运输，按照有关规定而设计、绘制的运输包装图样。

⊕ 简图：简图是用规定的图形符号、代号和简化画法绘制出的示意图的总称，如原理图、系统图、方框图和接线图等。

⊕ 原理图：原理图是表达产品工作程序、功能及其组成部分的结构、动作等原理的一种简图，如电器原理图和液压原理图等。

⊕ 系统图：系统图一般是以注释的方框形式，表达产品或成套设备组成部分某个具有完成共同功能的体系中各元器件或产品间连接程序的一种简图。

1.3 了解机械图纸各要素

机械图纸的要素一般包括图纸的幅面、格式、字体、比例、图线线型、图样画法、标题及明细栏等。

1.3.1 ▶ 了解机械图纸的幅面

图纸以短边作为垂直边应为横式，以短边作为水平边应为立式。A0~A3图纸宜横式使用，必要时

也可立式使用。在一个工程设计中，每个专业所使用的图纸不宜多于两种幅面，不含目录及表格所采用的A4幅面。基本幅面如图1-5所示。

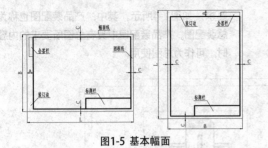

图1-5 基本幅面

1.3.2 ▶ 了解机械图纸的图框格式及图纸幅面

机械图纸基本幅面图框的相应格式规定以及一些常用的图纸幅面的尺寸大小见表 1-2 和表 1-3。

表 1-2 基本幅面的图框格式

图纸类型		X型（横放）	Y型（竖放）	说明
常用情况	装订型	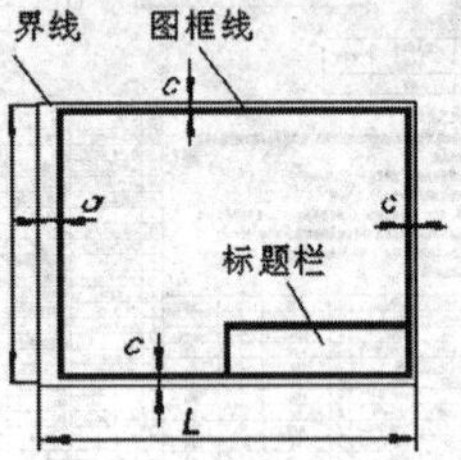	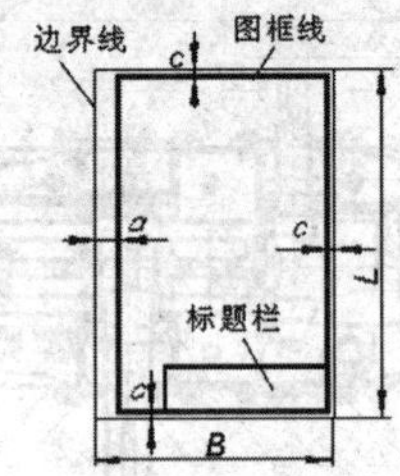	1）图样通常应按此图例绘制 2）标题栏应位于图纸右下方
	非装订型	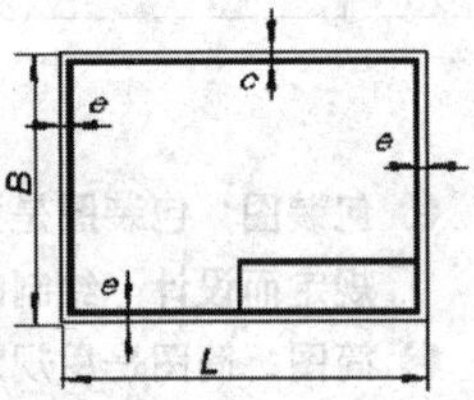	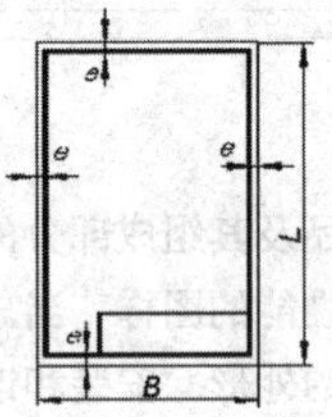	

表 1-3 图纸幅面

单位：mm

幅面代号	A0	A1	A2	A3	A4
$B×L$	841×1189	594×841	420×594	297×420	210×297
a			25		
c		10		5	
e		20		10	

1.3.3 ▶ 了解机械图纸的字体

图样上除了表达机件形状的图形外，还要用文字和数字说明机件的大小、技术要求和其他内容。书写字体必须做到：字体工整、笔画清楚、间隔均匀、排列整齐。

字体的高度代表字号的号数，字号有8种，即字体的高度（mm）分为：1.8、2.5、3.5、5、7、10、14、20。如果需要书写更大的字，应按$\sqrt{2}$的比例递增。汉字应写成长仿宋体字，并应采用中华人民共和国国务院正式公布推行的《汉字简化方案》中规定的简化字，如图1-6所示。汉字的高度h不应小于3.5mm，其字宽一般为$h/2$。

字母和数字分A型和B型。A型字体的笔画宽度d为字高h的1/14，B型字体的笔画宽度d为字高h的1/10。一般采用B型字体。在同一图样上，只允许选用一种形式的字体。字母和数字可写成斜体或直体。斜体字字头向右倾斜，与水平基准线成75°。用作指数、分数、极限偏差、注脚等的数字及字母一般应采用小一号的字体。

图1-7所示为字母和数字的书写示例。

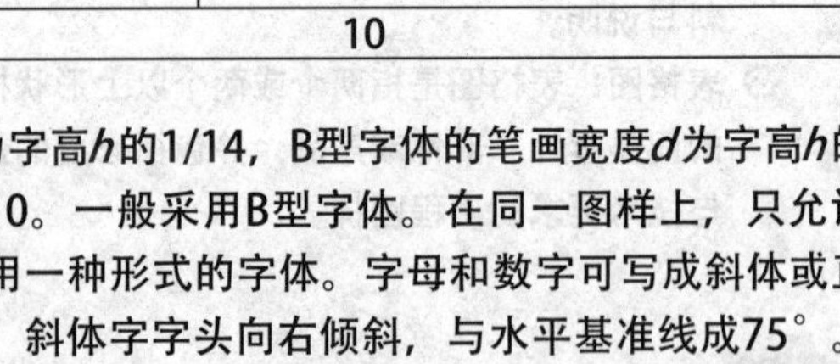

10 号字

字体工整笔画清楚间隔均匀排列整齐

7 号字

横平竖直注意起落结构均匀填满方格

5 号字

技术制图机械电子汽车航船土木建筑矿山井坑港口纺织服装

3.5 号字

螺纹齿轮端子接线飞行指导驾驶舱位整装施工引水道风闸闸凍塌磨处折

图1-6 长仿宋体汉字示例

ABCDEFGHIJKLMN
OPQRSTUVWXYZ
1234567890
abcdefghijklmnopqrstuvwxyz
ABCDR abcdemxy
1234567890Φ

图1-7 字母和数字的书写示例

1.3.4 ▶ 了解机械图纸的比例

图样及技术文件中的比例是指图形与其实物相应要素的线性尺寸之比，见表1-4。

表 1-4　常用绘图比例

种类	比例
原值比例	1:1
放大比例	2:1　5:1　10:1　(2.5:1)　(4:1)
缩小比例	1:2　1:5　1:10　(1:1.5)　(1:3)

- 当表达对象的尺寸适中时，尽量采用原值比例1：1绘制。
- 当表达对象的尺寸较大时，应采用缩小比例，

但要保证复杂部位清晰可读。
- 当表达对象的尺寸较小时，应采用放大比例，使各部位清晰可读。
- 选用原则是有利于图形的最佳表达效果和图面的有效利用，如图1-8所示。

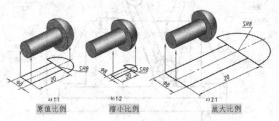

图1-8 图纸的相关比例

1.3.5 ▶ 了解机械图纸的图线线型

在进行机械制图时，其图线的绘制也应符合机械制图的国家标准。

1. 线 型

绘制图样时不同的线型起不同的作用，表达不同的内容。国家标准规定了在绘制图样时可采用的15种基本线型。表1-5列出了机械制图中常用的8种线型示例及其一般应用。

表 1-5　常用的图线名称及主要用途

线型名称	图线型式	一般应用
实线	————————————	可见轮廓线
实线	————————————	尺寸线、尺寸界限、剖面线、引出线等
虚线	- - - - - - - - -	不可见轮廓线
点画线	— · — · — · —	轴线、对称中心线
点画线	— · — · — · —	特殊要求的线
双点画线	— ·· — ·· — ·· —	极限位置线、假想位置线、中断线
双折线	⌐/⌐/⌐	断裂处的边界线
波浪线	〜〜〜	断裂处的边界线、视图与局部视图的分界线

2. 线 宽

机械图样中的图线分粗线和细线两种。图线宽度应根据图形的大小和复杂程度在0.13～2mm之间选择。图线宽度（mm）的推荐系列为：0.13、0.18、0.25、0.35、0.5、0.7、1、1.4、2。

3. 图线画法

用户在绘制图形时，应遵循以下原则：
- 同一图样中，同类图线的宽度应基本一致。
- 虚线、点画线及双点画线的线段长度和间隔应各自大致相等。

- 两条平行线（包括剖面线）之间的距离应不小于粗实线宽度的两倍，其最小距离不得小于0.7mm。
- 点画线和双点画线的首尾应是线段而不是短画；点画线彼此相交时应该是线段相交而不是短画相交；中心线应超过轮廓线，但不能过长。在较小的图形上画点画线、双点画线有困难时可采用细实线代替。
- 虚线与虚线、虚线与粗实线相交应以线段相交；若虚线处于粗实线的延长线上时，粗实线应画到位，而虚线在相连处应留有空隙。

⊙ 当几种线条重合时，应按粗实线、虚线、点画线的优先顺序画出。

图1-9所示为图线的画法示例。

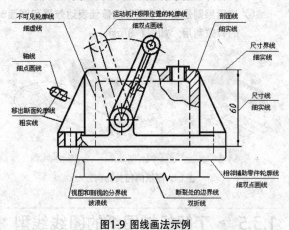

图1-9 图线画法示例

1.3.6 ▶ 了解机械图纸的标题栏及明细栏

本节主要讲解机械图纸标题栏及明细栏的一些相关尺寸及文字标注规定，其绘制的尺寸及文字标注规定如图1-10和图1-11所示。

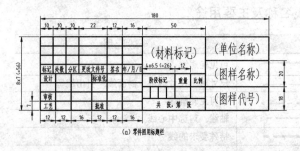

(a) 零件图用标题栏

(b) 练习用标题栏

图1-10 标题栏

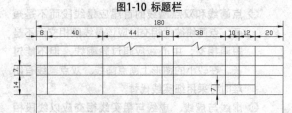

图1-11 明细栏

1.3.7 ▶ 了解机械图纸的图样画法

机械图纸的图样画法一般包括视图、剖视图、断面图及其他表达方法。

三视图是机械图样中最基本的图形，它是将物体放在三投影面体系中，分别向3个投影面做投射所得到的图形，即主视图、俯视图和左视图，如图1-12所示。

将三投影面体系展开在一个平面内，三视图之间满足三等关系，即"主、俯视图长对正，主、左视图高平齐，俯、左视图宽相等"，如图1-13所示。三等关系这个重要的特性是绘图和读图的依据。

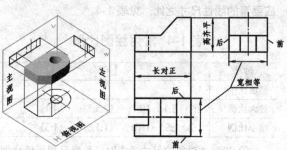

图1-12 三视图形成原理示意图　　图1-13 三视图之间的投影规律

当机件的结构十分复杂时，使用三视图来表达机件将十分困难。国标规定，在原有的三个投影面上增加三个投影面，使得整个六个投影面形成一个正六面体，它们分别是右视图、主视图、左视图、后视图、仰视图和俯视图，如图1-14所示。

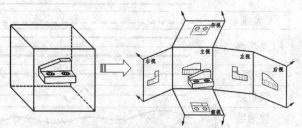

图1-14 6个投影面及展开示意图

⊙ **主视图：** 由前向后投影的是主视图。
⊙ **俯视图：** 由上向下投影的是俯视图。
⊙ **左视图：** 由左向右投影的是左视图。
⊙ **右视图：** 由右向左投影的是右视图。
⊙ **仰视图：** 由下向上投影的是仰视图。
⊙ **后视图：** 由后向前投影的是后视图。

各视图展开后都要遵循"长对正、高平齐、宽相等"的投影原则。

1. 向视图

有时为了便于合理地布置基本视图，可以采用向视图。

向视图是可自由配置的视图，它的标注方法为：在向视图的上方注写"*X*"（*X*为大写的英文字母，如"*A*""*B*"和"*C*"等），并在相应视图的附近用箭头指明投影方向，并注写相同的字母，如图1-15所示。

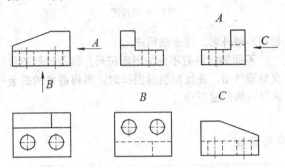

图1-15 向视图示意图

2. 局部视图

当采用一定数量的基本视图后，机件上仍有部分结构形状尚未表达清楚，而又没有必要再画出完整的其他的基本视图时，可采用局部视图来表达。

局部视图是将机件的某一部分向基本投影面投影得到的视图。局部视图是不完整的基本视图，利用局部视图可以减少基本视图的数量，使表达简洁，重点突出。

局部视图一般用于下面两种情况：
⊕ 用于表达机件的局部形状。如图1-16所示，画局部视图时，一般可按向视图（指定某个向对机件进行投影）的配置形式配置。当局部视图按基本视图的配置形式配置时，可省略标注。
⊕ 用于节省绘图时间和图幅，对称的零件视图可只画一半或四分之一，并在对称中心线画出两条与其垂直的平行细直线，如图1-17所示。

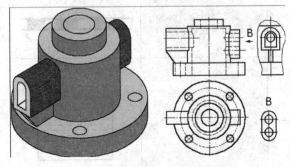

图1-16 向视图配置的局部视图

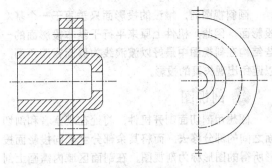

图1-17 对称零件的局部视图

画局部视图时应注意以下几点：
⊕ 在相应的视图上用带字母的箭头指明所表示的投影部位和投影方向，并在局部视图上方用相同的字母标明"X"。
⊕ 局部视图尽量画在有关视图的附近，并直接保持投影联系。也可以画在图纸内的其他地方。当表示投影方向的箭头标在不同的视图上时，同一部位的局部视图的图形方向可能不同。
⊕ 局部视图的范围用波浪线表示。所表示的图形结构完整且外轮廓线又封闭时，则波浪线可省略。

3. 斜视图

将机件向不平行于任何基本投影面的投影面进行投影，所得到的视图称为斜视图。斜视图适用于表达机件上的斜表面的实形。如图1-18所示为一个弯板形机件，它的倾斜部分在俯视图和左视图上的投影都不是实形，此时就可以另外加一个平行于该倾斜部分的投影面，在该投影面上则可以画出倾斜部分的实形投影，如"*A*"向所示。

斜视图的标注方法与局部视图相似，并且应尽可能配置在与基本视图直接保持投影联系的位置，也可以平移到图纸内的适当地方。为了画图方便，也可以旋转，此时应在该斜视图上方画出旋转符号，表示该斜视图名称的大写拉丁字母靠近旋转符号的箭头端。也允许将旋转角度标注在字母之后。旋转符号为带有箭头的半圆，半圆的线宽等于字体笔画的宽度，半圆的半径等于字体高度，箭头表示旋转方向。

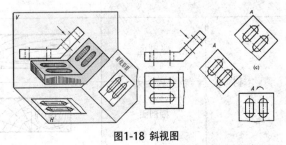

图1-18 斜视图

画斜视图时，增设的投影面只垂直于一个基本投影面，因此，机件上原来平行于基本投影面的一些结构在斜视图中最好以波浪线为界而省略不画，以避免出现失真的投影。

❹ 剖视图

假想用剖切面剖开机件，将处在观察者和剖切面之间的部分移去，而将其余部分全部向投影面投影所得的图形称为剖视图。在剖面区域内需画上剖面线，如图1-19所示。

全剖视图适用于机件外形比较简单、内部结构比较复杂且图形又不对称时。

当单一剖切平面通过机件的对称平面或基本对称平面，且剖视图按投影关系配置，中间又没有其

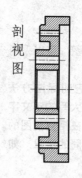
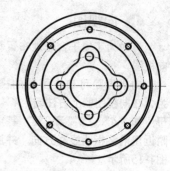

图1-19 剖视图

他图形隔开时，可省略标注。

不同的材料有不同的剖面符号，剖面符号的含义见表 1-6。在绘制机械图样时，用得最多的是金属材料的剖面符号。

表 1-6 剖面符号含义

金属材料（已有规定剖面符号者除外）		胶合板（不分层数）	
线圈绕组元件		基础周围的混凝土	
转子、电枢、变压器和电抗器等的迭钢片		混凝土	
非金属材料（已有规定剖面符号者除外）		钢筋混凝土	
型砂、填砂、粉末冶金、砂轮、陶瓷刀片、硬质合金刀片等		砖	
玻璃及供观察用的其他透明材料		格网（筛网、过滤网等）	
木材	纵剖面	液体	
	横剖面		

5. 断面图

假想用剖切平面将机件的某处切断，仅画出断面的图形，这样的图形称为断面图，如图1-20所示。

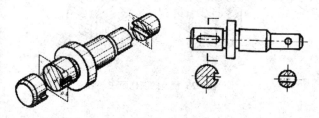

图1-20 断面图

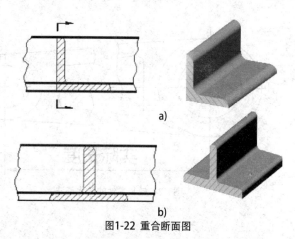

a)

b)

图1-22 重合断面图

● 移出断面图

移出断面就是将断面图配置在视图轮廓线之外。

其画法是：画在视图之外，规定轮廓线用粗实线绘制。尽量配置在剖切线的延长线上，也可画在其他适当的位置。

移出断面一般用剖切符号表示剖切的起止位置，用箭头表示投影方向，并注上大写拉丁字母，在断面图的上方用同样的字母标出相应的名称，如"A-A"，如图1-21所示。

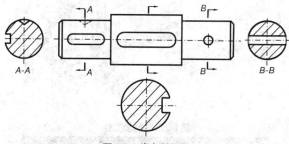

图1-21 移出断面图

> **提示**
>
> 配置在剖切符号的延长线上的不对称移出断面可省略名称（字母），若对称可不标注。配置不在剖切符号的延长线上的对称移出断面可省略箭头。其余情况必须全部标注。

● 重合断面图

重合断面就是将断面图配置在剖切平面迹线处，并与原视图相重合。

其画法是：重合断面的轮廓线用细实线绘制，当视图中的轮廓线与重合断面的图形重叠时，视图中的轮廓线仍需完整、连续地画出，不可间断，如图1-22所示。

> **提示**
>
> 配置在剖切线上的不对称的重合断面图可不标注名称（字母），如图1-22a所示；对称的重合断面图可不标注，如图1-22b所示。

6. 其他表达方法

● 局部放大图

将机件的部分结构用大于原图形所采用的比例画出的图形称为局部放大图。它用于机件上较小结构的表达和尺寸标注。可以画成视图、剖视、断面等形式，与被放大部位的表达形式无关。

图形所用的放大比例应根据结构需要而定，与原图比例无关，如图1-23所示。

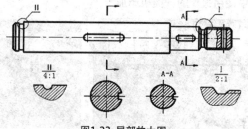

图1-23 局部放大图

被放大部位用细实线圈出，用指引线依次注上罗马或阿拉伯数字；在局部放大图的上方用分数形式标注，如图1-23所示。

● 简化画法

对于轴、杆类较长的机件，当沿长度方向形状相同或按一定规律变化时，允许断开画出，如图1-24所示。

当图形不能充分表示平面时，可用平面符号。如图1-25所示机件的平面，可在轮廓线附近用平面符号（相交两细实线）来表示。

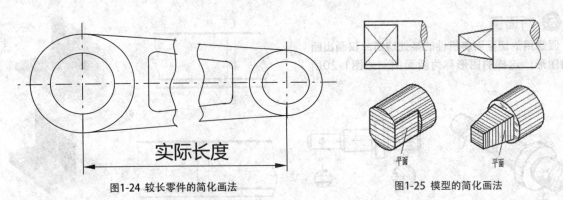

图1-24 较长零件的简化画法　　　　图1-25 模型的简化画法

1.4 基本的机械加工工艺介绍

机械设计的最终目的，就是要制造出能满足设计要求的机器，而机械的加工工艺无疑是制造环节中重要的组成部分。机械加工是指通过机械设备对工件的外形尺寸或性能进行改变的过程，目前最常见的机械加工手段有车、铣、刨、磨、钻和加工中心等。作为一个设计人员，虽然无需了解各种加工手段的工作原理，但是必须掌握各种加工手段的加工范围，以及它们所能达到的加工精度。

1.4.1 ▶ 车

车即车削加工，主要是在车床上用车刀对旋转的工件进行切削加工，如图1-26所示。在车床上还可用钻头、扩孔钻、铰刀、丝锥、板牙和滚花工具等进行相应的加工。车削加工是机械制造和修配工厂中使用最广的一类机床加工。

图1-27 车削加工件

图1-26 车削加工示例

① 加工范围

车床主要用于加工轴、杆、盘、套和其他具有回转表面的工件，如图1-27所示。车削加工是主要的回转表面加工方法，也能进行一定的水平表面加工，如车端面，如图1-28所示。

车削加工成形范围要根据具体车床型号而定，既有加工⌀200mm×750mm的小型车床，也有加工⌀1000mm×5000mm的大型车床，因此在进行设计工作时，一定要熟悉车间内各车床的加工范围。

图1-28 端面车削

② 加工精度

车削加工精度一般为IT8~IT7，表面粗糙度在12.5~1.6μm之间。数控精车时，精度可达IT6~IT5，表面粗糙度可达0.4~0.1▢m。总的来说，车削的生产率较高，切削过程比较平稳，刀具较简单。

1.4.2 ▶ 铣

铣即铣削加工，是一种在铣床上使用旋转的多刃刀具切削工件的加工方法，属于高精度的加工，如图1-29所示。与车床"刀具固定，工件运转"的情况不同，铣床是"刀具运转，工件固定"。

图1-29 铣削加工示例

1 加工范围

铣床主要用于加工定位块和箱体等具有水平表面的工件，如图1-30所示。普通铣削一般能加工平面或槽面等，用成形铣刀也可以加工出特定的曲面，如铣削齿轮等，如图1-31所示。

铣削加工的成形范围与车床类似，也要根据具体的铣床型号而定。

图1-30 铣削加工件

图1-31 铣齿轮

2 加工精度

铣削的加工精度一般可达IT8~IT7，表面粗糙度为6.3~0.8▢m，数控铣床能达到更高的精度。

1.4.3 ▶ 镗

镗即镗削加工，是一种用刀具扩大孔或其他圆形轮廓的内径切削工艺，如图1-32所示。镗削加工所用刀具通常为单刃镗刀（称为镗杆），某些情况下可以与铣刀与钻刀混用。

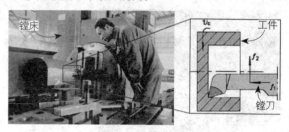

图1-32 镗削加工示例

1 加工范围

镗削一般应用在零件从半粗加工到精加工的阶段，可以用来加工大直径的孔与深尺寸的内孔，而且加工精度也一般比车床与钻床的要高。典型的深孔镗削加工零件如工程机械上的液压缸缸筒与国防工业中的枪筒、炮筒等，如图1-33所示。

图1-33 镗削加工件

2. 加工精度

镗削加工的精度范围与车削类似。但使用新型刀具的深孔镗集镗削、滚压加工于一体，可以使加工精度达到IT6以上，工件表面粗糙度达0.4~0.8μm。

1.4.4 ▶ 磨

磨即磨削加工，是指用磨料、磨石磨除工件上多余材料的加工方法，如图1-34所示。磨削加工是应用较为广泛的切削加工方法之一。

图1-34 磨削加工示例

1. 加工范围

磨削用于加工各种工件的内外圆柱面、圆锥面和平面,以及螺纹、齿轮和花键等特殊、复杂的成形表面。磨削加工与车、铣等常规加工不同的是，磨削不能大范围的除去零件的材料，只能加工掉0.1~1mm或更小尺寸的材料，因此属于精加工的一种。

2. 加工精度

磨削通常用于半精加工和精加工，精度可达IT8~IT5甚至更高，一般磨削的表面粗糙度为1.25~0.16μm，精密磨削的表面粗糙度为0.16~0.04μm，超精密磨削为0.04~0.01μm，镜面磨削的表面粗糙度可达0.01μm以下，属于超级加工。

1.4.5 ▶ 钻

钻即钻孔加工，是指用钻头在实体材料上加工出孔的操作，如图1-35所示。钻孔是机加工中最常见也是最容易掌握的一种加工方法。

图1-35 钻孔加工示例

1. 加工范围

在加工过程中，各种零件的孔加工，除一部分由车、镗、铣等机床完成外，很大一部分是由钳工利用钻床和钻孔工具（钻头、扩孔钻、铰刀等）完成的，如沉头孔、螺纹孔和销钉孔等，总的来说形式较单一。

2. 加工精度

钻孔加工时，由于钻头结构上存在的缺点会影响到加工质量，因此加工精度一般在IT10级以下，表面粗糙度为12.5μm左右，属粗加工。

1.4.6 ▶ 加工中心

加工中心是在普通机床（一般是铣床）的基础上发展起来的一种自动加工设备，两者的加工工艺基本相同，结构也有些相似。加工中心与普通机床的最大区别是自带刀库，可以运行各种加工方式,如车、铣、钻等，如图1-36所示。

图1-36 加工中心

1. 加工范围

加工中心是机加工中的一大突破，零件加工的适应性强、灵活性好，能加工轮廓形状特别复杂或难以控制尺寸的零件，如模具类零件和壳体类零件等；也可以加工普通机床无法加工或很难加工的零件，如用数学模型描述的复杂曲线零件以及三维空间曲面类零件等，如图1-37所示即为德国hyper五轴加工中心制作出来的全金属头盔。

图 1-37 加工中心制作的曲面零件

2. 加工精度

加工中心的精度很高，而且加工质量稳定可靠。一般数控装置的脉冲当量为0.001mm，高精度的数控系统可达0.1⌀m。此外，由于是计算机控制的数控系统，从本质上避免了人员的操作失误，因此在理论上精度是所有加工方式中最高的。

1.5 常用的机械加工材料介绍

对于机械设计工作者来说，除了要了解加工工艺，还有必要了解制造机械零部件用的各种材料。这些材料在加工、力学性能、外观和稳定性方面均有不同表现，简单介绍如下。

1.5.1 ▸ 钢

钢，是对含碳量为0.02%~2.06%（质量分数）的铁碳合金的统称，一般只含碳元素的钢称为碳素钢。钢是机械行业中应用最多的一种材料。下面介绍两种代表性的钢材。

1. 45钢

45钢即含碳量为0.45%（质量分数）左右的钢材，属于优质碳素结构钢，是最常用的中碳调质钢。45钢的综合力学性能良好，但淬透性低，水淬时易生裂纹。小型件宜采用调质处理，大型件宜采用正火处理。

该钢种性能中庸，但价格便宜，因此是最常见的机械设计用材料，被广泛用于制造轴、杆、活塞、齿轮、齿条、涡轮和蜗杆等受复杂应力，但总的来说要求不高的主要运动件。

2. Q235

Q235即屈服强度为235MPa的钢材，是用途最广泛的钢种之一。Q235的含碳量适中，综合性能较好，强度、塑性和焊接性等性能也较好。

在生活中随处可见Q235的身影，如建筑工地上的螺纹钢、步行天桥的铁板，以及常见的铁丝铁索等，均是Q235材质的。

1.5.2 ▸ 铸铁

铸铁是指含碳量在2.06%（质量分数）以上的铁碳合金。工业用铸铁一般含碳量为2.5%～3.5%（质量分数），还含有1%～3%（质量分数）的硅及锰、磷、硫等元素。下面介绍常用的两种铸铁。

1. HT150

HT150是灰铸铁的一种，其中HT即"灰铁"两汉字拼音的首字母，150是指该材料在⌀30mm试样时的最小抗拉强度值为150MPa。

HT150具有良好的铸造性能、减振性、耐磨性、切削加工性能以及低的缺口敏感性，广泛用于各种外形结构，如机座、支架、箱体、刀架、床身、轴承座、工作台、带轮、端盖、泵体、阀体、管路、飞轮和电机座等。

2. QT450-10

QT450-10是球墨铸铁的一种，其中QT即"球铁"两汉字拼音的首字母。

球墨铸铁中的碳以球状石墨的形态存在，其力学性能远胜于灰铸铁而接近于钢，具有优良的铸造、切削加工和耐磨性能，有一定的弹性，广泛用于制造曲轴、齿轮和活塞等高级铸件以及多种机械零件。

1.5.3 ▸ 合金钢

在钢里加入其他合金元素，就成为了合金钢。合金钢的种类很多，相较于碳素钢来说，基本上有着高强度、高韧性、耐磨、耐腐蚀、耐低温、耐高温、无磁性等特殊性能。

1. 40Cr

40Cr是机械行业中使用最广泛的合金钢之一，调质处理后具有良好的综合力学性能，良好的低温冲击韧度和低的缺口敏感性。该钢的淬透性良好，油冷时可得到较高的疲劳强度，水冷时复杂形状的零件易产生裂纹，冷弯塑性中等，回火或调质处理后切削加工性好，但焊接性不好，易产生裂纹。

40Cr的价格相对便宜，因此应用广泛，调质处理后用于制造中速、中载的零件，如机床齿轮、轴、蜗杆、花键轴和顶针套等；调质并高频表面淬火后用于制造表面高硬度、耐磨的零件，如齿轮、轴、主轴、曲轴、心轴、套筒、销子、连杆、螺钉、螺母和进气阀等；经淬火及中温回火后用于制造重载、中速冲击的零件，如油泵转子、滑块、齿轮、主轴和套环等；经淬火及低温回火后用于制造重载、低冲击、耐磨的零件，如蜗杆、主轴、轴和套环等；碳氮共渗处理后制造尺寸较大、低温冲击韧度较高的传动零件，如轴和齿轮等。

2. 65Mn

65Mn是一种常见的弹簧钢，热处理及冷拔硬化后强度较高，具有一定的韧性和塑性，但淬透性差，主要用于制造较小尺寸的弹簧，如调压调速弹簧、测力弹簧以及一般机械上的圆、方螺旋弹簧，或拉成钢丝做小型机械上的弹簧。

1.5.4 ▶ 有色金属

有色金属通常指除去铁（有时也除去锰和铬）和铁基合金以外的所有金属。有色金属可分为重金属（如铜、铅、锌）、轻金属（如铝、镁）、贵金属（如金、银、铂）及稀有金属（如钨、钼、锗、锂、镧、铀）。这里只介绍两种在机械设计中常用的有色金属。

1. 铜

铜具有很好的延展性与切削性能，而且具有不俗的耐磨性，因此在机械设计中经常被制成铜套等耐磨件。但是实际应用中很少用到纯铜，一般都是选用铜合金，如黄铜、青铜和白铜等。铜及铜合金的牌号有很多种，用途也不一样，请自行查阅相关标准。

2. 铝

与铜一样，铝也具有很好的延展性，在潮湿空气中还能形成一层防止金属腐蚀的氧化膜，因此稳定性也不错。除此之外，铝还有一个不同于其他机械材料的最大优点，就是质地轻盈，因此铝常用于飞机、汽车、火车和船舶等制造工业，如一架超音速飞机约由70%的铝及铝合金构成，一艘大型客船的用铝量常达几千吨。

第2章
初识 AutoCAD 2018

在深入讲解 AutoCAD 绘图软件之前，本章首先介绍了什么是 AutoCAD，然后介绍了 AutoCAD 2018 的启动与退出、操作界面、视图的控制和工作空间等基本知识。这些内容可以使读者对 AutoCAD 及其操作方式有一个全面的了解和认识，为熟练掌握该软件打下坚实的基础。

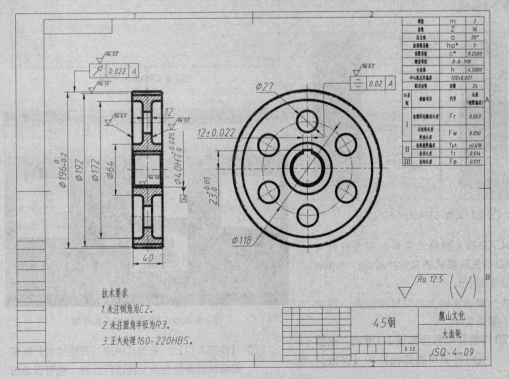

技术要求
1.未注倒角为C2。
2.未注圆角半径为R3。
3.正火处理160-220HBS。

模数	m	2
齿数	Z	96
压力角	a	20°
齿顶高系数	ha*	1
顶隙系数	c*	0.2500
精度等级		8-8-7HK
全齿高	h	4.5000
中心孔最大偏差		120±0.027
配对齿轮	齿数	24

公差组	检验项目	代号	公差 (极限偏差)
I	齿圈径向跳动公差	Fr	0.063
	齿距极限偏差 公法线长度 变动公差	Fw	0.050
II	齿距极限偏差	fpt	±0.016
	齿形公差	ff	0.014
III	齿向公差	Fβ	0.011

45钢   麓山文化

大齿轮

JSQ-4-09

2.1 什么是AutoCAD？

随着计算机辅助绘图技术的不断普及和发展，以及计算机硬件设备的性能越来越强大，用计算机绘图全面代替手工绘图将成为必然趋势。越来越多的人将通过计算机来进行绘图及研究等工作，但只有熟练地掌握了计算机图形的生成技术，才能够灵活自如地在计算机上表现自己的设计才能和天赋。

通过计算机的辅助绘图功能，用户在绘图设计时能够进行绘制、修改、编辑、打印及发布等操作。目前AutoCAD系列绘图软件是众多用户进行辅助绘图的首选，而AutoCAD2018则是其最新的版本。

2.2 AutoCAD的启动与退出

要使用AutoCAD进行绘图，首先必须启动该软件。在完成绘制之后，应保存文件并退出该软件，以节省系统资源。

2.2.1 ▶ 启动AutoCAD 2018

安装好AutoCAD2018后，启动AutoCAD2018的方法有以下几种：

◈ 【开始】菜单：单击【开始】按钮，在菜单中选择"所有程序→Autodesk→ AutoCAD 2018－简体中文（Simplified Chinese）→ AutoCAD 2018－简体中文（Simplified Chinese）"选项，如图2-1所示。

图2-2 CAD图形文件

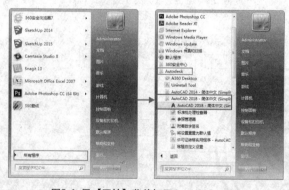
图2-1 用【开始】菜单打开AutoCAD 2018

◈ 与AutoCAD相关联格式文件：双击打开与AutoCAD相关联格式的文件(*.dwg、*.dwt等)，如图2-2所示。

◈ 快捷方式：双击桌面上的快捷图标 A，或者AutoCAD图纸文件。

AutoCAD 2018的开始界面如图2-3所示，主要由【快速入门】、【最近使用的文档】和【连接】三个区域组成。

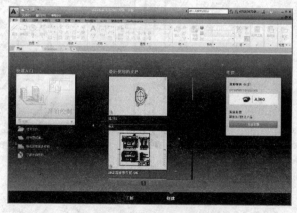
图2-3 AutoCAD 2018的开始界面

◈ 【快速入门】：单击其中的【开始绘制】区域即可创建新的空白文档进行绘制，也可以单击【样板】下拉列表，选择合适的样板文件进行创建。

⊕ 【最近使用的图档】：该区域主要显示最近用户使用过的图形，相当于"历史记录"。

⊕ 【连接】：在【连接】区域中，用户可以登录A360账户或向AutoCAD技术中心发送反馈。如果有产品更新的消息，将显示【通知】区域，在【通知】区域可以收到产品更新的信息。

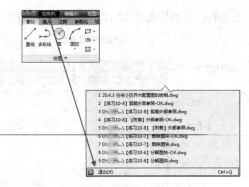

图2-5 从菜单栏调用【退出】命令

2.2.2 ▸ 退出AutoCAD 2018

在完成图形的绘制和编辑后，退出AutoCAD 2018的方法有以下几种：

⊕ 应用程序按钮：单击【应用程序】按钮，选择【关闭】选项，如图2-4所示。

⊕ 菜单栏：选择【文件】→【退出】命令，如图2-5所示。

⊕ 标题栏：单击标题栏右上角的【关闭】按钮 ❌ ，如图2-6所示。

⊕ 快捷键：Alt+F4或Ctrl+Q组合键。

⊕ 命令行：quit或exit，如图2-7所示。命令行中输入的字符不分大小写。

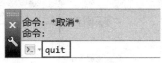

图2-6 用标题栏【关闭】按钮关闭软件　　图2-7 命令行输入关闭命令

若在退出AutoCAD 2018之前未进行文件的保存，系统会弹出如图2-8所示的退出提示对话框，提示使用者在退出软件之前是否保存当前的绘图文件。单击【是】按钮，可以进行文件的保存；单击【否】按钮，将不对之前的操作进行保存而退出；单击【取消】按钮，将返回到操作界面，不执行退出软件的操作。

图2-4 用【应用程序】菜单关闭软件

图2-8 退出提示对话框

2.3 AutoCAD 2018操作界面

AutoCAD2018的操作界面是AutoCAD2018显示、编辑图形的区域。AutoCAD2018的操作界面具有很强的灵活性，根据专业领域和绘图习惯的不同，用户可以设置适合自己的操作界面。

2.3.1 ▸ AutoCAD2018的操作界面简介

AutoCAD的默认界面为【草图与注释】工作空间的界面。关于【草图与注释】工作空间，在本章的2.6.1节中有详细介绍，此处仅简单介绍界面中的主要元素。该工作空间界面包括应用程序按钮、快速访问工具栏、标题栏、菜单栏、交互信息工具栏、功能区、标签栏、十字光标、绘图区、坐标系、命令行、状态栏及文本窗口等，如图2-9所示。

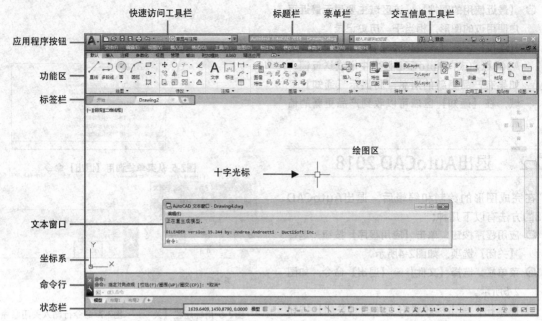

图2-9 AutoCAD 2018默认的工作界面

2.3.2 ▶ 应用程序按钮

应用程序按钮 位于AutoCAD2018工作界面的左上角，单击该按钮，系统将弹出用于管理AutoCAD图形文件的菜单，包含【新建】、【打开】、【保存】、【另存为】、【输出】及【打印】等命令，右侧区域则是【最近使用的文档】列表，如图2-10所示。

此外，在应用程序【搜索】按钮左侧的空白区域输入命令名称，即会弹出与之相关的各种命令的列表，选择其中对应的命令即可执行，效果如图2-11所示。

图2-10 应用程序菜单　　图2-11 搜索功能

2.3.3 ▶ 快速访问工具栏

快速访问工具栏位于标题栏的左侧，它包含了

文档操作常用的7个快捷按钮，依次为【新建】、【打开】、【保存】、【另存为】、【打印】、【放弃】和【重做】，如图2-12所示。

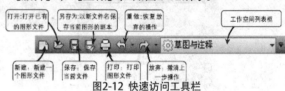

图2-12 快速访问工具栏

可以通过相应的操作为快速访问工具栏增加或删除所需的工具按钮，有以下几种方法：

- ⊕ 单击快速访问工具栏右侧的下拉按钮 ，在菜单栏中选择【更多命令】选项，在弹出的【自定义用户界面】对话框选择将要添加的命令，然后按住鼠标左键将其拖动至快速访问工具栏上即可。
- ⊕ 在功能区的任意工具图标上单击鼠标右键，选择其中的【添加到快速访问工具栏】命令。

而如果要删除已经存在的快捷键按钮，只需要在该按钮上单击鼠标右键，然后选择【从快速访问工具栏中删除】命令，即可完成删除按钮操作。

2.3.4 ▶ 菜单栏

与之前版本的AutoCAD不同，在AutoCAD 2018中，菜单栏在任何工作空间都默认为不显示，只有在快速访问工具栏中单击下拉按钮▼，并在弹出的下拉菜单中选择【显示菜单栏】选项，才可将菜单栏显示出来，如图2-13所示。

　　菜单栏位于标题栏的下方，包括了【文件】、【编辑】、【视图】、【插入】、【格式】、【工具】、【绘图】、【标注】、【修改】、【参数】、【窗口】和【帮助】12个菜单，几乎包含了所有绘图命令和编辑命令，如图2-14所示。

图2-13 显示菜单栏

图2-14 菜单栏

这12个菜单的主要作用如下：

⊕ 【文件】：用于管理图形文件，如新建、打开、保存、另存为、输出、打印和发布等。

⊕ 【编辑】：用于对文件图形进行常规编辑，如剪切、复制、粘贴、清除、链接和查找等。

⊕ 【视图】：用于管理AutoCAD的操作界面，如缩放、平移、动态观察、相机、视口、三维视图、消隐和渲染等。

⊕ 【插入】：用于在当前AutoCAD绘图状态下插入所需的图块或其他格式的文件，如PDF参考底图和字段等。

⊕ 【格式】：用于设置与绘图环境有关的参数，如图层、颜色、线型、线宽、文字样式、标注样式、表格样式、点样式、厚度和图形界限等。

⊕ 【工具】：用于设置一些绘图的辅助工具，如选项板、工具栏、命令行、查询和向导等。

⊕ 【绘图】：提供绘制二维图形和三维模型的所有命令，如直线、圆、矩形、正多边形、圆

环、边界和面域等。

⊕ 【标注】：提供对图形进行尺寸标注时所需的命令，如线性标注、半径标注、直径标注和角度标注等。

⊕ 【修改】：提供修改图形时所需的命令，如删除、复制、镜像、偏移、阵列、修剪、倒角和圆角等。

⊕ 【参数】：提供对图形约束时所需的命令，如几何约束、动态约束、标注约束和删除约束等。

⊕ 【窗口】：用于在多文档状态时设置各个文档的屏幕，如层叠、水平平铺和垂直平铺等。

⊕ 【帮助】：提供使用AutoCAD 2018所需的帮助信息。

2.3.5 ▶ 标题栏

　　标题栏位于AutoCAD2018窗口的最上方，如图2-15所示。标题栏显示了当前软件名称，以及显示当前新建或打开的文件的名称等。标题栏最右侧提供了用于【最小化】按钮━、【最大化】按钮▢/【恢复窗口大小】按钮🗗和【关闭】按钮✖。

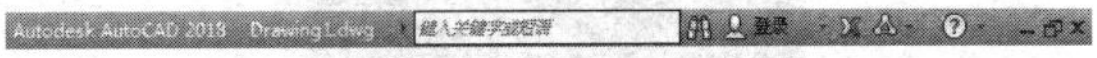

图2-15 标题栏

2.3.6 ▶ 交互信息工具栏

　　交互信息工具栏主要由搜索框 、A360登录栏 、Autodesk应用程序、外部连接 4个部分组成，具体作用说明如下。

1. 搜索框

　　如果用户在使用AutoCAD的过程中对某个命令不熟悉，可以在搜索框中输入该命令，打开帮助窗口来获得详细的命令信息。

2. A360登录栏

　　"云技术"的应用越来越多，AutoCAD也日渐重视这一新兴的技术，并有效地将其和传统的图形管理结合起来。A360即是基于云的平台，可用于访问从基本编辑到强大的渲染功能等一系列云服务。除此之外，其还有一个更为强大的功能，那就是如果将图形文件上传至用户的A360账户，即可随时随地访问该图纸，实现云共享，无论是计算机

还是手机等移动端，均可以快速查看图形文件，如图2-16和图2-17所示。

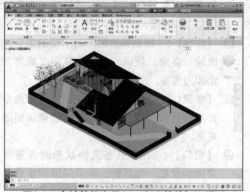

图2-16 在计算机上用AutoCAD软件打开图形

图2-17 在手机上用AutoCAD 360 APP打开图形

而要体验A360云技术的便捷，只需单击登录按钮，在下拉列表中选择【登录到A360】对话框，即弹出【Autodesk-登录】对话框，在其中输入账号、密码即可，如图2-18所示。如果没有账号，可以单击【注册】按钮，打开【Autodesk-创建账户】对话框，按要求进行填写即可进行注册，如图2-19所示。

图2-18 【Autodesk-登录】对话框　　图2-19 【Autodesk-创建账户】对话框

3. Autodesk应用程序

单击【Autodesk应用程序】按钮可以打开Autodesk应用程序网站，如图2-20所示。其中可以下载许多与AutoCAD相关的各类应用程序与插件，如快速多重引线、文本翻译和快速标注等。

图2-20 Autodesk应用程序网站

4. 外部连接

外部连接按钮的下拉列表中提供了各种快速分享窗口，如优酷、微博等，单击即可快速打开各网站内的有关信息，是内嵌于AutoCAD软件中的网页浏览器。

2.3.7 ▶ 功能区

功能区是各命令选项卡的合称，它用于显示与绘图任务相关的按钮和控件，存在于【草图与注释】、【三维基础】和【三维建模】工作空间中。【草图与注释】工作空间的功能区包含了【默认】、【插入】、【注释】、【参数化】、【视图】、【管理】、【输出】、【附加模块】、

【A360】、【精选应用】、【Performance】等选项卡，如图2-21所示。每个选项卡包含有若干个面板，每个面板又包含许多由图标表示的命令按钮。

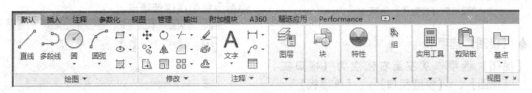

图2-21 功能区选项卡

相关链接：关于"工作空间"的内容请参阅本章的第2.6小节。

用户创建或打开图形时，功能区将自动显示。如果没有显示功能区，那么用户可以执行以下操作来手动显示功能区。

⊕ 菜单栏：选择【工具】→【选项板】→【功能区】命令。

⊕ 命令行：ribbon。如果要关闭功能区，则输入"ribbonclose"命令。

1. 功能区选项卡的组成

因【草图与注释】工作空间是默认的，也是最

为常用的软件工作空间，因此下面介绍其中的10个选项卡。

◆【默认】选项卡

【默认】选项卡从左至右依次为【绘图】、【修改】、【注释】、【图层】、【块】、【特性】、【组】、【实用工具】、【剪贴板】和【视图】10个功能面板，如图2-22所示。【默认】选项卡集中了AutoCAD中常用的命令，涵盖绘图、标注、编辑、修改、图层和图块等各个方面，是最主要的选项卡。

图2-22 【默认】选项卡

◆【插入】选项卡

【插入】选项卡从左至右依次为【块】、【块定义】、【参照】、【点云】、【输入】、【数

据】、【链接和提取】、【位置】和【内容】9大功能面板，如图2-23所示。【插入】选项卡主要用于图块、外部参照等外在图形的调用。

图2-23 【插入】选项卡

◆【注释】选项卡

【注释】选项卡从左至右依次为【文字】、【标注】、【引线】、【表格】、【标记】和【注

释缩放】6大功能面板，如图2-24所示。【注释】选项卡提供了详尽的标注命令，包括引线、公差和云线等。

图2-24 【注释】选项卡

◆【参数化】选项卡

【参数化】选项卡从左至右依次为【几何】、【标注】、【管理】3大功能面板，如图

2-25所示。【参数化】选项卡主要用于管理图形约束方面的命令。

图2-25 【参数化】选项卡

💧 【视图】选项卡

【视图】选项卡从左至右依次为【视口工具】、【视图】、【模型视口】、【选项板】、【界面】、【导航】6大功能面板，如图2-26所示。【视图】选项卡提供了大量用于控制显示视图的命令，包括UCS的显现、绘图区上ViewCube和【文件】、【布局】等标签的显示与隐藏。

图2-26 【视图】选项卡

💧 【管理】选项卡

【管理】选项卡从左至右依次为【动作录制器】、【自定义设置】、【应用程序】、【CAD标准】4大功能面板，如图2-27所示。【管理】选项卡可以用来加载AutoCAD的各种插件与应用程序。

图2-27 【管理】选项卡

💧 【输出】选项卡

【输出】选项卡从左至右依次为【打印】、【输出为DWF/PDF】2大功能面板，如图2-28所示。【输出】选项卡集中了图形输出的相关命令，包含打印、输出PDF等。在功能区选项卡中，有些面板按钮右下角有箭头，表示有扩展菜单，单击箭头，扩展菜单会列出更多的操作命令，如图2-29所示的【绘图】扩展菜单。

图2-28 【输出】选项卡

图2-29 【绘图】扩展菜单

💧 【附加模块】选项卡

【附加模块】选项卡如图2-30所示，在Autodesk应用程序网站中下载的各类应用程序和插件都会集中在该选项卡。

图2-30 【附加模块】选项卡

💧 【A360】选项卡

【A360】选项卡如图2-31所示，可以看作是2.3.6小节所介绍的交互信息工具栏的扩展，主要用于A360的文档共享。

图2-31 【A360】选项卡

💧 【精选应用】选项卡

在本章2.3.6小节的Autodesk应用程序中已经介绍过了Autodesk应用程序网站，读者可以知道Autodesk其实提供了海量的AutoCAD应用程序与插件，因此在AutoCAD的【精选应用】选项卡中就包含了许多最新、最热门的应用程序，供用户试用，如图2-32所示。这些应用种类各异，功能强大，本书无法尽述，有待读者去自行探索。

图2-32 【精选应用】选项卡

② 切换功能区显示方式

功能区可以以水平或垂直的方式显示，也可以显示为浮动选项板。另外，功能区可以以最小化状态显示，其方法是在功能区选项卡右侧单击下拉按钮 🔲 右侧的下拉符号 🔽，在弹出的列表中选择以下4种中一种最小化功能区状态选项，如图2-33所示。而单击下拉按钮 🔲 左侧的切换符号 🔲，则可以在默认和最小化功能区状态之间切换。

⊕ 【最小化为选项卡】：选择该选项，则功能区只会显示出各选项卡的标题，如图2-34所示。

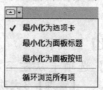

图2-33 功能区状态选项

图2-34 【最小化为选项卡】时的功能区显示

⊕ 【最小化为面板标题】：选择该选项，则功能
区仅显示选项卡和其下的各命令面板标题，如
图2-35所示。

图2-35 【最小化为面板标题】时的功能区显示

⊕ 【最小化为面板按钮】：最小化功能区以便
仅显示选项卡标题和面板按钮，如图2-36所
示。

图2-36 【最小化为面板按钮】时的功能区显示

⊕ 【循环浏览所有项】：按以下顺序切换所有4
种功能区状态，即完整功能区、最小化面板按
钮、最小化为面板标题、最小化为选项卡。

❸ 自定义选项卡及面板的构成

用鼠标右键单击面板按钮，弹出显示控制快捷
菜单，如图2-37与图2-38所示，可以分别调整【显
示选项卡】与【显示面板】的显示内容，名称前被
勾选则内容显示，反之则隐藏。

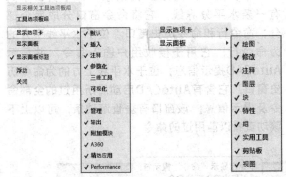

图2-37 调整功能选项卡显示　　图2-38 调整选项卡内面板
　　　　　　　　　　　　　　　　　　　显示

▶ **提示**

面板显示子菜单会根据不同的选项卡进行变
换，面板子菜单为当前打开选项卡的所有面板名
称列表。

❹ 调整功能区位置

在选项卡名称上单击鼠标右键，选择其中的浮
动命令，可使功能区浮动在绘图区上方，如图2-39
所示。此时用鼠标左键按住功能区左侧灰色边框拖
动，可以自由调整其位置。

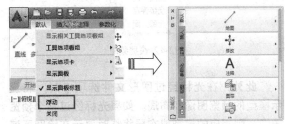

图2-39 将功能区设为浮动

▶ **提示**

如果选择快捷菜单最下面的【关闭】命令，
则将整体隐藏功能区，进一步扩大绘图区区域，
如图2-40所示。功能区被整体隐藏之后，则可
以在命令行中输入"RIBBON"指令来恢复。

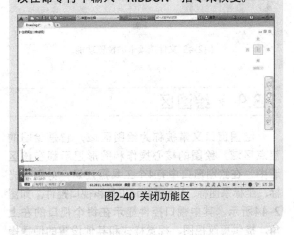

图2-40 关闭功能区

2.3.8 ▶ 标签栏

文件标签栏位于绘图窗口上方。每个打开的图
形文件都会在标签栏显示一个标签，单击文件标签
即可快速切换至相应的图形文件窗口，如图2-41所
示。

AutoCAD 2018的标签栏中【新建选项卡】图形
文件选项卡重命名为【开始】，并在创建和打开其
他图形时保持显示。单击标签上的▨按钮，可以快
速关闭文件；单击标签栏右侧的▨按钮，可以快速
新建文件；用鼠标右键单击标签栏的空白处，会弹
出快捷菜单，如图2-42所示。利用该快捷菜单可以

选择【新建】、【打开】、【全部保存】、【全部关闭】命令。

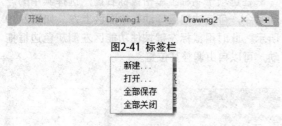

图2-41 标签栏

图2-42 快捷菜单

此外，在光标经过图形文件选项卡时，将显示模型的预览图像和布局。如果光标经过某个预览图像，则相应的模型或布局将临时显示在绘图区域中，并且可以在预览图像中访问【打印】和【发布】工具，如图2-43所示。

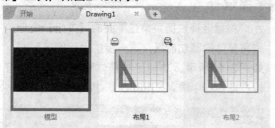

图2-43 文件选项卡的预览功能

2.3.9 ▸ 绘图区

绘图窗口又常被称为绘图区域，它是绘图的焦点区域，绘图的核心操作和图形显示都在该区域中。在绘图窗口中有4个工具需注意，分别是光标、坐标系图标、ViewCube工具和视口控件，如图2-44所示。其中视口控件显示在每个视口的左上角，提供更改视图、视觉样式及其他设置的便捷操作方式，视口控件的3个标签将显示当前视口的相关设置。注意：当前文件选项卡决定了当前绘图窗口显示的内容。

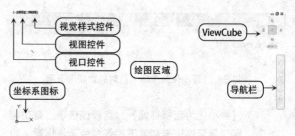

图2-44 绘图区

绘图窗口左上角有三个快捷功能控件，可以快速地修改图形的视图方向和视觉样式，如图2-45所示。

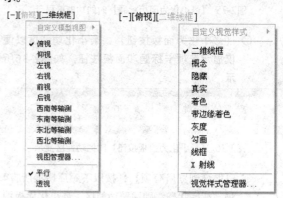

图2-45 快捷功能控件菜单

2.3.10 ▸ 命令行与文本窗口

命令行是输入命令名和显示命令提示的区域，默认的命令行窗口布置在绘图区下方，由若干文本行组成，如图2-46所示。命令窗口中间有一条水平分界线，它将命令窗口分成两个部分：命令行和命令历史窗口。位于水平线下方的为命令行，它用于接收用户输入命令，并显示AutoCAD提示信息；位于水平线上方的为命令历史窗口，它含有AutoCAD启动后所用过的全部命令及提示信息，该窗口有垂直滚动条，可以上下滚动查看以前用过的命令。

图2-46 命令行

AutoCAD文本窗口的作用和命令窗口的作用一样，它记录了对文档进行的所有操作。文本窗口在默认界面中没有直接显示，需要通过命令调取。调用文本窗口有以下几种方法：

◉ 菜单栏：选择【视图】→【显示】→【文本窗口】命令。
◉ 快捷键：Ctrl+F2。
◉ 命令行：TEXTSCR。

执行上述命令后，系统弹出如图2-47所示的文本窗口，文本窗口记录了文档进行的所有编辑操作。

将光标移至命令历史窗口的上边缘，当光标呈现 ⇼ 形状时，按住鼠标左键向上拖动即可增加命令窗口的高度。在工作中通常除了可以调整命令行的大小与位置外，在其窗口内单击鼠标右键，选择【选项】命令，单击弹出的【选项】对话框中的【字体】按钮，还可以调整命令行内文字的字体、字形和大小，如图2-48所示。

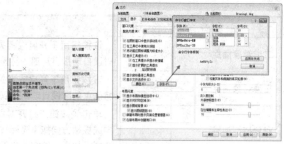

图2-48 调整命令行字体

图2-47 文本窗口

2.3.11 ▶ 状态栏

状态栏位于屏幕的底部，用来显示AutoCAD2018当前的状态，如对象捕捉、极轴追踪等命令的工作状态。状态栏主要由5部分组成，如图2-49所示。AutoCAD 2018将之前的模型布局标签栏和状态栏合并在一起，并且取消了显示当前光标位置。

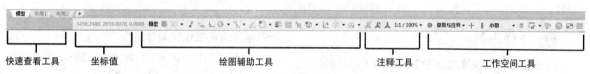

图2-49 状态栏

❶ 快速查看工具

使用其中的工具可以快速地预览打开的图形，打开图形的模型空间与布局，以及在其中切换图形，使之以缩略图的形式显示在应用程序窗口的底部。

❷ 坐标值

坐标值一栏会以直角坐标系的形式（x，y，z）实时显示十字光标所处位置的坐标。在二维制图模式下，只会显示X、Y轴坐标，只有在三维建模模式下才会显示Z轴的坐标。

❸ 绘图辅助工具

绘图辅助工具主要用于控制绘图的性能，其中包括【推断约束】、【捕捉模式】、【栅格显示】、【正交模式】、【极轴追踪】、【二维对象捕捉】、【三维对象捕捉】、【对象捕捉追踪】、【允许/禁止动态UCS】、【动态输入】、【线宽】、【透明度】、【快捷特性】和【选择循环】等工具。绘图辅助工具按钮功能说明见表2-1。

表 2-1 绘图辅助工具按钮功能说明

名 称	按 钮	功 能 说 明
推断约束		单击该按钮，打开推断约束功能，可设置约束的限制效果，如限制两条直线垂直、相交、共线，圆与直线相切等
捕捉模式		单击该按钮，开启或者关闭捕捉。捕捉模式可以使光标能够很容易地抓取到每一个栅格上的点
栅格显示		单击该按钮，打开栅格显示，此时屏幕上将布满小点。栅格的X轴和Y轴间距也可以通过【草图设置】对话框的【捕捉和栅格】选项卡进行设置
正交模式		该按钮用于开启或者关闭正交模式。正交即光标只能沿X轴或者Y轴方向移动，不能画斜线
极轴追踪		该按钮用于开启或关闭极轴追踪模式。在绘制图形时，系统将根据设置显示一条追踪线，可以在追踪线上根据提示精确移动光标，从而精确绘图

（续）

名　称	按钮	功能说明
二维对象捕捉		该按钮用于开启或者关闭二维对象捕捉。二维对象捕捉能使光标在接近某些特殊点的时候自动指引到那些特殊的点，如端点、圆心和象限点
三维对象捕捉		该按钮用于开启或者关闭三维对象捕捉。三维对象捕捉能使光标在接近三维对象某些特殊点的时候自动指引到那些特殊的点
对象捕捉追踪		单击该按钮，打开对象捕捉追踪模式，可以通过捕捉对象上的关键点，并沿着正交方向或极轴方向拖曳光标，此时可以显示光标当前位置与捕捉点之间的相对关系。若找到符合要求的点，直接单击即可
允许/禁止动态UCS		该按钮用于切换允许和禁止UCS（用户坐标系）
动态输入		单击该按钮，将在绘制图形时自动显示动态输入文本框，方便绘图时设置精确数值
线宽		单击该按钮，开启线宽显示。在绘图时如果为图层或所绘图形定义了不同的线宽（至少大于0.3mm），那么单击该按钮就可以显示出线宽，以标识各种具有不同线宽的对象
透明度		单击该按钮，开启透明度显示。在绘图时如果为图层和所绘图形设置了不同的透明度，那么单击该按钮就可以显示透明效果，以区别不同的对象
快捷特性		单击该按钮，显示对象的快捷特性选项板，能帮助用户快捷的编辑对象的一般特性。通过【草图设置】对话框的【快捷特性】选项卡可以设置快捷特性选项板的位置模式和大小
选择循环		开启该按钮可以在重叠对象上显示选择对象
注释监视器		开启该按钮后一旦发生文档编辑或更新事件，注释监视器会自动显示
模型	模型	用于模型与图纸之间的转换

④ 注释工具

用于显示缩放注释的若干工具。对于不同的模型空间和图纸空间，将显示相应的工具。当图形状态栏打开后，将显示在绘图区域的底部；当图形状态栏关闭时，将移至应用程序状态栏。

- ◉ 注释比例 ▲ 1:1 ▾：可通过此按钮调整注释对象的缩放比例。
- ◉ 注释可见性 ▲：单击该按钮，可选择仅显示当前比例的注释或是显示所有比例的注释。

⑤ 工作空间工具

用于切换AutoCAD 2018的工作空间，以及进

行自定义设置工作空间等操作。

- ◉ 切换工作空间 ✿ ▾：切换绘图空间，可通过此按钮切换AutoCAD 2018的工作空间。
- ◉ 硬件加速 ◎：用于在绘制图形时通过硬件的支持提高绘图性能，如刷新频率。
- ◉ 隔离对象 ▯◦：当需要对大型图形的个别区域进行重点操作时，用于显示或临时隐藏选定的对象。
- ◉ 全屏显示 ▣：单击该按钮即可控制AutoCAD 2018的全屏显示或者退出。
- ◉ 自定义 ☰：单击该按钮，可以对当前状态栏中的按钮进行添加或是删除，方便管理。

2.4 AutoCAD 2018执行命令的方式

命令是AutoCAD用户与软件交换信息的重要方式。本小节将介绍执行命令的方式，如何终止当前命令、退出命令及如何重复执行命令等。

2.4.1 ▸ 命令调用的5种方式

AutoCAD中调用命令的方式有很多种，这里仅介绍最常用的5种。本书在后面的命令介绍中将专门以"执行方式"的形式介绍各命令的调用方法，并按常用顺序依次排列。

❶ 使用功能区调用

三个工作空间都是以功能区作为调整命令的主要方式。相比其他调用命令的方法，功能区调用命令更为直观，非常适合不能熟记绘图命令的AutoCAD初学者。

功能区使绘图界面无需显示多个工具栏，系统

会自动显示与当前绘图操作相应的面板，从而使应用程序窗口更加整洁。因此，可以将进行操作的区域最大化，使用单个界面来加快和简化工作，如图2-50所示。

图2-50 功能区面板

2. 使用命令行调用

使用命令行输入命令是AutoCAD的一大特色功能，同时也是最快捷的绘图方式。这就要求用户熟记各种绘图命令，一般对AutoCAD比较熟悉的用户都用此方式绘制图形，因为这样可以大大提高绘图的速度和效率。

AutoCAD绝大多数命令都有其相应的简写方式，如【直线】命令LINE的简写方式是L，【矩形】命令RECTANGLE的简写方式是REC，如图2-51所示。对于常用的命令，用简写方式输入将大大减少键盘输入的工作量，提高工作效率。另外，AutoCAD对命令或参数输入不区分大小写，因此操作者不必考虑输入的大小写。

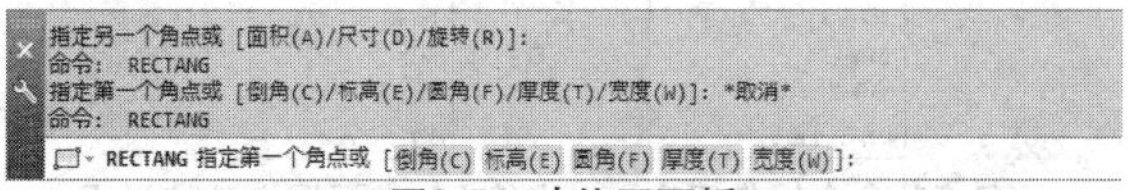

```
指定另一个角点或 [面积(A)/尺寸(D)/旋转(R)]:
命令: RECTANG
指定第一个角点或 [倒角(C)/标高(E)/圆角(F)/厚度(T)/宽度(W)]: *取消*
命令: RECTANG
  RECTANG 指定第一个角点或 [倒角(C) 标高(E) 圆角(F) 厚度(T) 宽度(W)]:
```

图2-51 功能区面板

在命令行输入命令后，可以使用以下的方法响应其他任何提示和选项：

- ⊕ 要接受显示在方括号"[ ]"中的默认选项，则按Enter键。
- ⊕ 要响应提示，则输入值或单击图形中的某个位置。
- ⊕ 要指定提示选项，可以在提示列表（命令行）中输入所需提示选项对应的亮显字母，然后按Enter键。也可以使用鼠标单击选择所需要的选项，在命令行中单击选择"倒角（C）"选项，等同于在此命令行提示下输入"C"并按Enter键。

3. 使用菜单栏调用

菜单栏调用是AutoCAD 2018提供的功能较全、较强大的命令调用方法。AutoCAD绝大多数常用命令都分门别类地放置在菜单栏中。例如，若需要在菜单栏中调用【多段线】命令，选择【绘图】→【多段线】菜单命令即可，如图2-52所示。

4. 使用快捷菜单调用

使用快捷菜单调用命令，即单击鼠标右键，在弹出的菜单中选择命令，如图2-53所示。

图2-52 菜单栏调用　　　　图2-53 右键快捷菜单
【多段线】命令

5. 使用工具栏调用

工具栏调用命令是AutoCAD的经典执行方式，如图2-54所示，也是旧版本AutoCAD最主要的执行方法。但随着时代进步，该种方式也日渐不适合人们的使用需求，因此与菜单栏一样，工具栏也不显示在三个工作空间中，需要通过【工具】→【工具栏】→【AutoCAD】命令调出。单击工具栏中的按钮，即可执行相应的命令。用户可以在其他工作空间绘图，也可以根据实际需要调出工具栏，如UCS、【三维导航】、【建模】、【视图】和【视口】等。

为了获取更多的绘图空间，可以按住快捷键Ctrl+0隐藏工具栏，再按一次则可重新显示工具栏。

图2-54 通过AutoCAD工具栏调用命令

2.4.2 ▶ 命令的重复、撤销与重做

在使用AutoCAD绘图的过程中，难免会需要重复用到某一命令或对某命令进行了误操作，因此有必要了解命令的重复、撤销与重做方面的知识。

1. 重复执行命令

在绘图过程中，有时需要重复执行同一个命令，如果每次都重复输入，会使绘图效率大大降低。执行【重复执行】命令有以下几种方法：

- ⊕ 快捷键：按Enter键或空格键。
- ⊕ 快捷菜单：单击鼠标右键，在系统弹出的快捷菜单中选择【最近的输入】子菜单，再选择需要重复的命令。

⊕ 命令行：MULTIPLE或MUL。

如果用户对绘图效率要求很高，可以将鼠标右键自定义为重复执行命令的方式。在绘图区的空白处单击鼠标右键，在弹出的快捷菜单中选择【选项】，打开【选项】对话框，然后切换至【用户系统配置】选项卡，单击其中的【自定义右键单击 (I)】按钮，打开【自定义右键单击】对话框，在其中勾选两个【重复上一个命令】选项，即可将右键设置为重复执行命令，如图2-55所示。

图2-55 将右键设置为重复执行命令

2. 放弃命令

在绘图过程中，如果执行了错误的操作，此时就需要放弃操作。执行【放弃】命令有以下几种方法：

⊕ 菜单栏：选择【编辑】→【放弃】命令。
⊕ 工具栏：单击快速访问工具栏中的【放弃】按钮 ↩ ·。
⊕ 命令行：Undo或U。
⊕ 快捷键：Ctrl+Z。

3. 重做命令

通过重做命令，可以恢复前一次或者前几次已经放弃执行的操作。重做命令与撤销命令是一对相对的命令。执行【重做】命令有以下几种方法：

⊕ 菜单栏：选择【编辑】→【重做】命令。
⊕ 工具栏：单击快速访问工具栏中的【重做】按钮 ↪ ·。
⊕ 命令行：REDO。
⊕ 快捷键：Ctrl+Y。

▶ 提示

如果要一次性撤销之前的多个操作，可以单击【放弃】 ↩ · 按钮后的展开按钮 ·，展开操作的历史记录如图2-56所示。该记录按照操作的先后，由下往上排列，移动指针选择要撤销的最近几个操作，如图2-57所示，单击即可撤销这些操作。

图2-56 命令操作历史 记录   图2-57 选择要撤销的最近 几个命令

【案例 2-1】 绘制一个简单的图形

图2-58所示为一幅完整的机械设计图纸。一开始自然不会要求读者绘制如此复杂的图形，本例只需绘制其中的一个基准符号（右下角方框内部分）即可，目的是让读者结合前面几节的学习来进一步了解AutoCAD如何进行绘图工作。

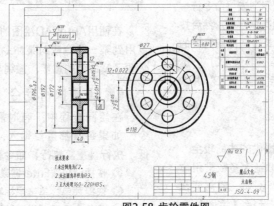

图2-58 齿轮零件图

相关链接： 关于本图的最终绘制方法，请参见本书第13章的13.6节。

1）双击桌面上的快捷图标 **A**，启动 AutoCAD 软件。

2）单击左上角快速访问工具栏中的【新建】按钮 ，自动弹出【选择样板】对话框，不做任何操作，直接单击【打开】即可，如图 2-59 所示。

图2-59 【选择样板】对话框

相关链接：有关新建图形的方法，以及样板文件的使用和创建方法，请参见本书第3章的3.7.2和3.7.5小节。

3）自动进入空白的绘图界面，即可进行绘图操作。在【默认】选项卡下单击【绘图】面板中的【矩形】按钮 ，然后任意指定一点为角点，绘制一个9mm×9mm的矩形，如图 2-60 所示。完整的命令行提示如下：

```
命令: _rectang //执行【矩形】命令
指定第一个角点或 [倒角(C)/标高(E)/圆角(F)/厚度
(T)/宽度(W)]:       //在绘图区任意指定一点为角点
指定另一个角点或 [面积(A)/尺寸(D)/旋转(R)]:
@9,9l       //输入矩形对角点的相对坐标
```

▶ 提示

在上面的命令提示中，"//"符号及其后面的文字均是对步骤的说明；而"l"符号则表示单击Enter键或空格键，如上文的"@9,9l"即表示"输入@9,9，然后单击Enter键"。"@9,9"是一种坐标定位法，在输入坐标时，首先需要输入@符号（该符号表示相对坐标，关于相对坐标的含义和用法请见本书第3章的3.1节），然后输入第一个数字（即X坐标），接着输入一个逗号（此逗号只能是英文输入法下的逗号），再输入第2个数字（即Y坐标），最后单击Enter键或空格键确认输入的坐标。本书大部分的命令均会给出这样的命令行提示，读者可以以此为参照，在AutoCAD软件中仿照着操作。

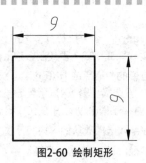

图2-60 绘制矩形

4）绘制符号下方的竖直线。单击【绘图】面板中的【直线】按钮 ，然后选择矩形底边的中点作为直线的起点，垂直向下绘制一条长度为 7.5mm 的直线，如图 2-61 所示。命令行操作提示如下：

```
命令: _line       //执行【直线】命令
指定第一个点:
       //捕捉矩形底边的中点为直线的起点
指定下一点或 [放弃(U)]: @0,-7.5l
       //输入直线端点的相对坐标
指定下一点或 [放弃(U)]:l
       //按Enter键结束命令
```

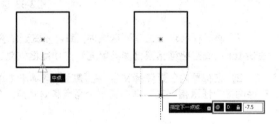

图2-61 指定直线的起点与端点

▶ 提示

把线段分为两条相等的线段的点即叫作中点。中点在AutoCAD中的显示符号为△，因此当移动光标至上图中的位置，当光标出现该符号时，即捕捉到了底边直线上的中点，同时光标附近也会出现对应的提示。此时单击鼠标左键即可将直线的起点指定至该中点上。

5）绘制符号底部的三角形。在【默认】选项卡下单击【绘图】面板中的【多边形】按钮 （矩形按钮的下方），接着根据提示，输入多边形的边数为 3，指定上步骤绘制的直线端点为中心点，创建一内接于圆、半径为 3mm 的正三边形，如图 2-62 所示。命令行操作提示如下：

命令: _polygon　　　//执行【多边形】命令
输入侧面数 <4>:3⏎　//输入要绘制多边形的边数3
指定正多边形的中心点或 [边(E)]:
　　　　　　//选择步骤（4）所绘制直线的端点
输入选项 [内接于圆(I)/外切于圆(C)] <I>:⏎
　　//单击Enter键选择默认的"内接于圆"子选项
指定圆的半径: 3⏎　//输入半径3

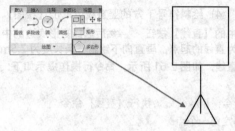

图2-62 绘制三角形

6）对三角形区域进行黑色填充。直接输入"H"并单击 Enter 键，即可执行【图形填充】命令，此时功能区切换至【图案填充创建】选项卡，然后在【图案】面板中选择 SOLID（纯色）图案，如图 2-63 所示。

图2-63 选择填充的图案

7）将光标移动至三角形区域内，即可预览到填充图形，确认无误后单击，放置填充，效果如图 2-64 所示。按 Enter 键或空格键结束【图案填充】，功能区恢复正常。

8）在符号内创建注释文字。在【默认】选项卡中单击【注释】面板上的【文字】按钮 A，然后根据系统提示，在绘图区中任意指定文字框的第一个角点和对角点，如图 2-65 所示。

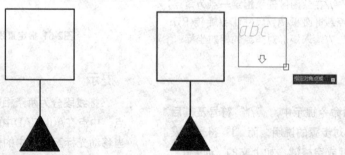

图2-64 创建图案填充　　　　　　　图2-65 指定文字输入框的对角点

9）在指定了输入文字的对角点之后，弹出如图 2-66 所示的【文字编辑器】选项卡和编辑框，用户可以在编辑框中输入文字。

图2-66 文字编辑器

10) 在左上角的【样式】面板中重新设置文本的文字高度为9，接着输入注释文字"A"，如图2-67 所示。

图2-67 输入注释文字

相关链接： 有关创建文字的更多信息，请参见本书的第7章。

11) 将注释文本移动至圆图形内即可。在【默认】选项卡中单击【修改】面板中的【移动】按钮，然后选择文字为要移动的对象，将其移动至矩形框内，如图 2-68 所示。命令行操作提示如下：

```
命令:_move          //执行【移动】命令
选择对象:找到1个   //选择文字A为要移动的对象
指定基点或 [位移(D)] <位移>:
//可以任意指定一点为基点，此点即为移动的参考点
指定第二个点或 <使用第一个点作为位移>:
                    //选取目标点，放置图形
```

绘制完成的基准符号图形如图2-69所示。

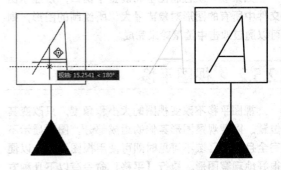

图2-68 移动注释文字　　图2-69 绘制完成的基准符号

相关链接： 关于【移动】命令和其他更多的编辑命令操作方法，请参见本书的第5章。

本例仅简单演示了AutoCAD的绘图功能，其中涉及的命令有图形（直线、矩形）的绘制、图形的编辑（图案填充、移动）、图形的注释（创建文字）以及捕捉象限点、输入相对坐标等辅助绘图工具。AutoCAD中绝大部分工作都基于这些基本的技巧，本书的后续章节将会更加详细地介绍这些过程，以及许多在本例中没有提及的命令。

2.5 AutoCAD视图的控制

在绘图过程中，为了更好地观察和绘制图形，通常需要对视图进行平移、缩放及重生成等操作。本节将详细介绍AutoCAD视图的控制方法。

2.5.1 ▶ 视图缩放

视图缩放命令可以调整当前视图大小，既能观察较大的图形范围，又能观察图形的细部而不改变图形的实际大小。视图缩放只是改变视图的比例，并不改变图形中对象的绝对大小，打印出来的图形仍是设置的大小。执行【视图缩放】命令有以下几种方法。

⊕ **快捷操作：** 滚动鼠标滚轮，如图2-70所示。
⊕ **功能区：** 在【视图】选项卡中，单击【导航】面板选择视图缩放工具。

⊕ **菜单栏：** 选择【视图】→【缩放】命令。
⊕ **工具栏：** 单击【缩放】工具栏中的按钮。
⊕ **命令行：** ZOOM或Z。

▶ **提示**

本书在第一次介绍命令时，均会给出命令的执行方法，其中"快捷操作"是最为推荐的一种。

在AutoCAD的绘图环境中，如需对视图进行放大或放小，以便更好地观察图形，则可按上面给出

的方法进行操作。其中滚动鼠标的中键滚轮进行缩放是最常用的方法。默认情况下向前滚动是放大视图，向后滚动是缩小视图。

如果要一次性将图形布满整个窗口，以显示出文件中所有的图形对象或最大化所绘制的图形，则可以通过双击中键滚轮来完成。

2.5.2 ▸ 视图平移

视图平移不改变视图的大小和角度，只改变其位置，以便观察图形其他的组成部分。图形显示不完全且部分区域不可见时即可使用视图平移，以便很好地观察图形。执行【平移】命令有以下几种方法：

- ⊕ 快捷操作：按住鼠标滚轮进行拖动，可以快速进行视图平移，如图2-71所示。
- ⊕ 功能区：单击【视图】选项卡中【导航】面板的【平移】按钮🖐。
- ⊕ 菜单栏：选择【视图】→【平移】命令。
- ⊕ 命令行：PAN或P。

除了视图大小的缩放外，视图的平移也是使用最为频繁的命令，其中按住鼠标滚轮然后拖动的方式最为常用。必须注意的是，该命令并不是真的移动图形对象，也不是真正改变图形，而是通过位移视图窗口进行平移。

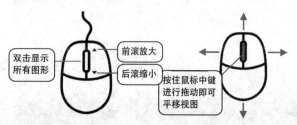

图2-70 缩放视图的鼠标操作　　图2-71 移动视图的鼠标操作

▸ 提示

AutoCAD 2018中具备了三维建模的功能，三维模型的视图操作与二维图形是一样的，只是多了一个视图旋转，以供用户全方位地观察模型。方法是按住Shift键，然后再按住鼠标滚轮进行拖动。

2.5.3 ▸ 使用导航栏

导航栏是一种用户界面元素，是一个视图控制集成工具，用户可以从中访问通用导航工具和特定

于产品的导航工具。单击视口左上角的"[-]"标签，在弹出的菜单中选择【导航栏】选项，可以控制导航栏是否在视口中显示，如图2-72所示。

导航栏中有以下通用导航工具。

- ⊕ ViewCube：指示模型的当前方向，并用于重定向模型的当前视图。
- ⊕ SteeringWheels：用于在专用导航工具之间快速切换的控制盘集合。
- ⊕ ShowMotion：用户界面元素，为创建和回放电影式相机动画提供屏幕显示，以便进行设计查看、演示和书签样式导航。
- ⊕ 3Dconnexion：一套导航工具，用于使用3Dconnexion 三维鼠标重新设置模型当前视图的方向。

导航栏中有以下特定于产品的导航工具，如图2-73所示。

- ⊕ 平移：沿屏幕平移视图。
- ⊕ 缩放工具：用于增大或减小模型的当前视图比例的导航工具集。
- ⊕ 动态观察工具：用于旋转模型当前视图的导航工具集。

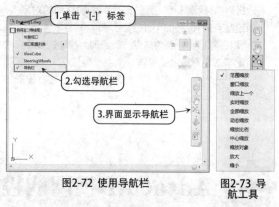

图2-72 使用导航栏　　图2-73 导航工具

2.5.4 ▸ 重画与重生成视图

在AutoCAD中，某些操作完成后，其效果往往不会立即显示出来，或者在屏幕上留下绘图的痕迹与标记，因此需要通过刷新视图重新生成当前图形，以观察到最新的编辑效果。

视图刷新的命令主要有两个：【重画】命令和【重生成】命令。这两个命令都是自动完成的，不需要输入任何参数，也没有可选选项。

❶ 重画视图

AutoCAD常用数据库以浮点数据的形式储存图形对象的信息。浮点格式精度高，但计算时间长。AutoCAD重生成对象时，需要把浮点数值转换为适当的屏幕坐标，因此对于复杂图形，重新生成需要花

很长的时间。为此AutoCAD提供了【重画】这种速度较快的刷新命令。重画只刷新屏幕显示，生成图形的速度更快。执行【重画】命令有以下几种方法：

⊙ 菜单栏：选择【视图】→【重画】命令。

⊙ 命令行：REDRAWALL或RADRAW或RA。

在命令行中输入"REDRAW"并按Enter键，将从当前视口中删除编辑命令留下来的点标记；而输入"REDRAWALL"并按Enter键，将从所有视口中删除编辑命令留下来的点标记。

2. 重生成视图

AutoCAD使用时间太久或者图纸中内容太多，有时就会影响到图形的显示效果，让图形变得很粗糙，这时就可以用到【重生成】命令来恢复。【重生成】命令不仅重新计算当前视图中所有对象的屏幕坐标，并重新生成整个图形，还重新建立图形数据库索引，从而优化显示和对象选择的性能。执行

【重生成】命令有以下几种方法：

⊙ 菜单栏：选择【视图】→【重生成】命令。

⊙ 命令行：REGEN或RE。

【重生成】命令仅对当前视图范围内的图形执行重生成，如果要对整个图形执行重生成，可选择【视图】→【全部重生成】命令。重生成前后的效果如图2-74所示。

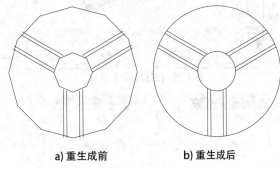

a) 重生成前 b) 重生成后

图2-74 重生成前后的效果

2.6 AutoCAD 2018工作空间

中文版AutoCAD 2018为用户提供了【草图与注释】、【三维基础】以及【三维建模】3种工作空间。选择不同的空间可以进行不同的操作，如在【草图与注释】工作空间下可以很方便地找到有关二维图形绘制和标注的命令，但却很难看到三维建模的相关命令；而【三维建模】工作空间则提供了大量三维命令，可供用户进行更复杂的三维建模为主的操作。

2.6.1 ▶ 【草图与注释】工作空间

AutoCAD 2018默认的工作空间为【草图与注释】空间,其界面主要由【应用程序】按钮、功能区选项板、快速访问工具栏、绘图区、命令行窗口和状态栏等元素组成。在该空间中，可以方便地使用【默认】选项卡中的【绘图】、【修改】、【图层】、【注释】、【块】和【特性】等面板绘制和编辑二维图形，如图2-75所示。

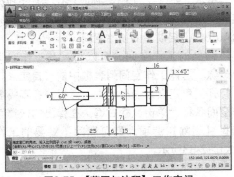

图2-75 【草图与注释】工作空间

2.6.2 ▶ 【三维基础】空间

在【三维基础】空间中能非常简单方便地创建基本的三维模型，其功能区提供了各种常用的三维建模、布尔运算以及三维编辑工具按钮。【三维基础】空间界面如图2-76所示。

2.6.3 ▶ 【三维建模】空间

【三维建模】空间界面与【草图与注释】空间界面较相似，但侧重的命令不同。其功能区选项卡中集中了实体、曲面和网格的多种建模和编辑命令，以及视觉样式、渲染等模型显示工具，为绘制和观察三维图形、附加材质、创建动画、设置光源等操作提供了非常便利的环境，如图2-77所示。

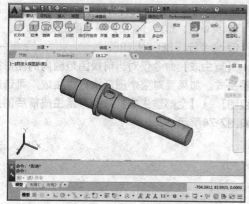

图2-76 【三维基础】空间

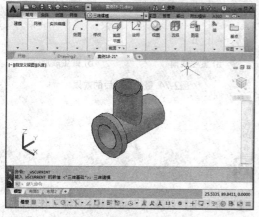

图2-77 【三维建模】空间

2.6.4 ▶ 切换工作空间

在【草图与注释】空间中绘制出二维草图，然后转换至【三维基础】工作空间进行建模操作，再转换至【三维建模】工作空间赋予材质、布置灯光进行渲染，此即AutoCAD建模的大致流程，因此可见这三个工作空间是互为补充的。而切换工作空间则有以下几种方法：

⊕ 快速访问工具栏：单击快速访问工具栏中的【切换工作空间】下拉按钮，在弹出的下拉列表中进行切换，如图2-78所示。

⊕ 菜单栏：选择【工具】→【工作空间】命令，在子菜单中进行切换，如图2-79所示。

图2-78 通过下拉列表切换工作空间

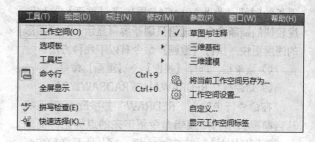

图2-79 通过菜单栏切换工作空间

⊕ 工具栏：在【工作空间】工具栏的【工作空间控制】下拉列表框中进行切换，如图2-80所示。

⊕ 状态栏：单击状态栏右侧的【切换工作空间】按钮，在弹出的下拉菜单中进行切换，如图2-81所示。

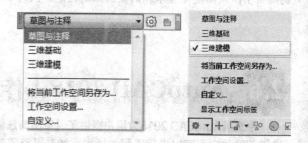

图2-80 通过工具栏切换工作空间　　图2-81 通过状态栏切换工作空间

2.6.5 ▶ 工作空间设置

通过【工作空间设置】可以修改AutoCAD默认的工作空间。这样做的好处就是能将用户自定义的工作空间设为默认，这样在启动AutoCAD后即可快速工作，无需再进行切换。

执行【工作空间设置】的方法与切换工作空间相似，只需在列表框中选择【工作空间设置】选项即可。选择之后弹出【工作空间设置】对话框，如图2-82所示。在【我的工作空间（M）=】下拉列表中选择要设置为默认的工作空间，即可将该空间设置为AutoCAD启动后的初始空间。

不需要的工作空间，可以将其在工作空间列表中删除。选择工作空间列表框中的【自定义】选项，打开【自定义用户界面】对话框，在不需要的工作空间名称上单击鼠标右键，在弹出的快捷菜单中选择【删除】选项，即可删除不需要的工作空间，如图2-83所示。

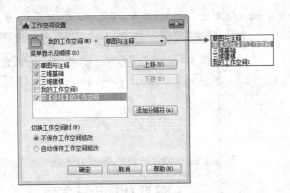 

图2-82 【工作空间设置】对话框　　　　图2-83 删除不需要的工作空间

【案例 2-2】创建带【工具栏】的经典工作空间

从AutoCAD2015开始，AutoCAD取消了【经典工作空间】的界面设置，结束了长达十余年之久的工具栏命令操作方式。但对于一些有基础的用户来说，相较于AutoCAD2018，他们更习惯于AutoCAD2005、AutoCAD2008、AutoCAD2012等经典版本的工作界面（见图2-84），也习惯于使用工具栏来调用命令。

图2-84 旧版本AutoCAD的工作界面

在AutoCAD 2018中，仍然可以通过设置工作空间的方式创建出符合自己操作习惯的经典界面，方法如下：

1）单击快速访问工具栏中的【切换工作空间】下拉按钮，在弹出的下拉列表中选择【自定义】选项，如图 2-85 所示。

2）系统自动打开【自定义工作界面】对话框，然后选择【工作空间】一栏，单击右键，在弹出的快捷菜单中选择【新建工作空间】选项，如图 2-86 所示。

图2-85 选择【自定义】　　图2-86 选择【新建工作空间】

3）在【工作空间】树列表中新添加了一工作空间，将其命名为【经典工作空间】，然后单击对话框右侧【工作空间内容】区域中的【自定义工作空间】按钮，如图 2-87 所示。

图2-87 命名经典工作空间

4）返回对话框左侧【所有自定义文件】区域，单击＋按钮展开【工具栏】树列表，依次勾选其中的【标注】、【绘图】、【修改】、【特性】、【图层】、【样式】和【标准】7 个工具栏，即旧版本 AutoCAD 中的经典工具栏，如图 2-88 所示。

5）再返回勾选上一级的整个【菜单】与【快速访问工具栏】下的【快速访问工具栏 1】，如图 2-89 所示。

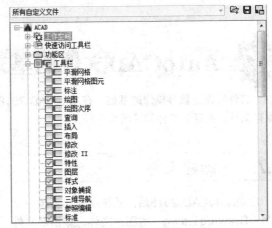

图2-88 勾选7个经典工具栏

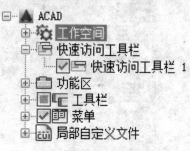

图2-89 勾选【菜单】与【快速访问工具栏1】

6）在对话框右侧的【工作空间内容】区域中已经可以预览到该工作空间的结构，确定无误后单击其上方的【完成】按钮，如图 2-90 所示。

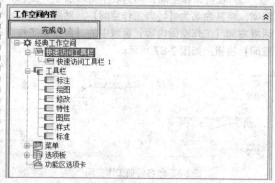

图2-90 完成经典工作空间的设置

7）在【自定义工作界面】对话框中先单击【应用】按钮，再单击【确定】，退出该对话框。

8）将工作空间切换至刚刚创建的【经典工作空间】，效果如图 2-91 所示。

图2-91 创建的经典工作空间

9）可见原来的【功能区】区域已经消失，但仍空出了一大块，影响界面效果。可以在该处右击，在弹出的快捷菜单中选择【关闭】选项，即可关闭【功能区】显示，如图 2-92 所示。

图2-92 创建的经典工作空间

10）将各工具栏拖移到合适的位置，最终效果如图 2-93 所示。保存该工作空间后即可随时启用。

图2-93 经典工作空间

2.7 AutoCAD文件的基本操作

文件管理是软件操作的基础，在AutoCAD 2018中，图形文件的基本操作包括新建文件、打开文件、保存文件、另存为文件和关闭文件等。

2.7.1 ▶ 新建文件

启动AutoCAD 2018后，系统将自动新建一个名为"Drawing1.dwg"的图形文件，该图形文件默认以acadiso.dwt为样板创建。如果用户需要绘制一个新的图形，则需要使用【新建】命令。启动

【新建】命令有以下几种方法：

- 应用程序按钮：单击【应用程序】按钮 ，在下拉菜单中选择【新建】选项，如图2-94所示。

- 快速访问工具栏：单击快速访问工具栏中的【新建】按钮 。

⊕ 菜单栏: 执行【文件】→【新建】命令。

⊕ 标签栏: 单击标签栏上的 ◎ 按钮。

⊕ 命令行: NEW或QNEW。

⊕ 快捷键: Ctrl+N。

用户可以根据绘图需要, 在对话框中选择打开不同的绘图样板, 即可以样板文件创建一个新的图形文件。单击【打开】按钮旁的下拉菜单可以选择打开样板文件的方式, 共有【打开】、【无样板打开-英制 (I)】、【无样板打开-公制 (M)】三种方式, 如图2-95所示。通常选择默认的【打开】方式。

图2-94 【应用程序】按钮新建文件

图2-95 【选择样板】对话框

提示

默认情况下, AutoCAD 2018新建的空白图形文件名为Drawing1.dwg, 再次新建的图形则自动被命名为Drawing2.dwg, 其后再创建的新图形则命名为Drawing3.dwg, 以此类推。

2.7.2 ▶ 打开文件

AutoCAD文件的打开方式有很多种, 启动【打开】命令有以下几种方法:

⊕ 快捷方式: 直接双击要打开的.dwg图形文件。

⊕ 应用程序按钮: 单击【应用程序】按钮 A, 在弹出的快捷菜单中选择【打开】选项。

⊕ 快速访问工具栏: 单击快速访问工具栏中的【打开】按钮 📂。

⊕ 菜单栏: 执行【文件】→【打开】命令。

⊕ 标签栏: 在标签栏空白位置单击鼠标右键, 在弹出的快捷菜单中选择【打开】选项。

⊕ 命令行: OPEN或QOPEN。

⊕ 快捷键: Ctrl+O。

执行以上操作都会弹出【选择文件】对话框。该对话框用于选择已有的AutoCAD图形。单击【打开】按钮后的三角下拉按钮, 在弹出的下拉菜单中可以选择不同的打开方式, 如图2-96所示。

图2-96 【选择文件】对话框

对话框中各选项含义说明如下。

⊕ 【打开】: 直接打开图形, 可对图形进行编辑、修改。

⊕ 【以只读方式打开】: 打开图形后仅能观察图形, 无法进行修改与编辑。

⊕ 【局部打开】: 局部打开命令允许用户只处理图形的某一部分, 只加载指定视图或图层的几何图形。

⊕ 【以只读方式局部打开】: 局部打开的图形无法被编辑、修改, 只能观察。

1) 启动 AutoCAD 2018, 进入开始界面。

2) 单击开始界面左上角快速访问工具栏上的

【打开】按钮 📂, 如图 2-97 所示。

3) 系统弹出【选择文件】对话框, 在其中定位至 "素材 \ 第 2 章 \2-3 打开图形文件 .dwg",

如图 2-98 所示。

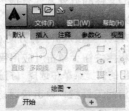

图2-97 单击快速访问工具栏中的【打开】按钮

图2-98 【选择文件】对话框

4）单击【打开】按钮，即可打开所选的 AutoCAD 图形，结果如图 2-99 所示。

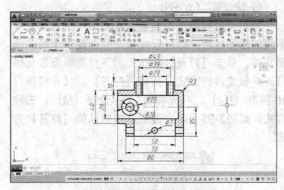

图2-99 打开的AutoCAD图形

【案例 2-4】局部打开图形

素材图形完整打开的效果如图2-99所示。本例使用局部打开命令即只处理图形的某一部分，只加载素材文件中指定视图或图层上的几何图形。当处理大型图形文件时，可以选择在打开图形时需要加载的尽可能少的几何图形，指定的几何图形和命名对象包括块（Block）、图层（Layer）、标注样式（DimensionStyle）、线型（Linetype）、布局（Layout）、文字样式（TextStyle）、视口配置（Viewports）、用户坐标系（UCS）及视图（View）等，操作步骤如下：

1）定位至要局部打开的素材文件，然后单击【选择文件】对话框中【打开】按钮后的三角下拉按钮，在弹出的下拉菜单中选择其中的【局部打开】项，如图 2-100 所示。

图2-100 选择【局部打开】

2）系统弹出【局部打开】对话框，在【要加载几何图形的图层】列表框中勾选需要局部打开的图层名，如【轮廓线】和【剖面线】，如图 2-101

所示。

3）单击【打开】按钮，即可打开仅包含【轮廓线】和【剖面线】图层的图形对象，同时文件名后添加有"（局部加载）"文字，如图 2-102 所示。

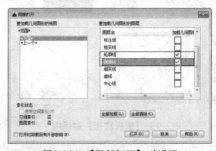

图2-101 【局部打开】对话框

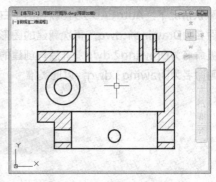

图2-102 【局部打开】效果

4）对于局部打开的图形，用户还可以通过【局部加载】将其他未载入的几何图形补充进来。在命令行输入 "PartialLoad" 并按 Enter 键,系统弹出【局部加载】对话框,其与【局部打开】对话框主要区别是可通过【拾取窗口】按钮 划定区域放置视图,如图 2-103 所示。

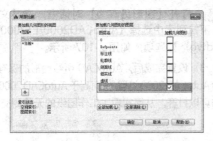

图2-103 【局部加载】对话框

5)勾选需要加载的选项,如【中心线】图层,单击【局部加载】对话框中的【确定】按钮,即可

得到加载,效果如图 2-104 所示。

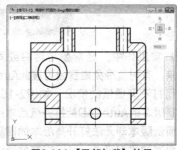

图2-104 【局部加载】效果

▶ 提示

　　【局部打开】只能应用于当前版本保存的CAD文件。如果部分文件局部打开不了,则将文件全部打开,然后另存为最新的CAD版本即可。

2.7.3 ▶ 保存文件

　　保存文件不仅是将新绘制的或修改好的图形文件进行存盘,以便以后对图形进行查看、使用或修改、编辑等,还包括在绘制图形过程中随时对图形进行保存,以避免意外情况发生而导致文件丢失或不完整。

① 保存新的图形文件

　　手动保存文件就是对新绘制还没保存过的文件进行保存。启动【保存】命令有以下几种方法:

　　⊕ 应用程序按钮:单击【应用程序】按钮 A,在弹出的快捷菜单中选择【保存】选项。

　　⊕ 快速访问工具栏:单击快速访问工具栏中的【保存】按钮 💾。

　　⊕ 菜单栏:选择【文件】→【保存】命令。

　　⊕ 快捷键:Ctrl+ S。

　　⊕ 命令行:SAVE或QSAVE。

▶ 提示

　　默认的存储类型为 "AutoCAD 2018图形(*.dwg)"。使用此种格式将文件存盘后,文件只能被AutoCAD 2013及更高级的AutoCAD版本打开。如果用户需要在AutoCAD早期版本中打开此文件,必须使用低版本的文件格式进行存

执行【保存】命令后,系统弹出如图2-105所

示的【图形另存为】对话框。在此对话框中可以进行如下操作:

　　⊕ 设置存盘路径。单击上面【保存于】下拉列表,在展开的下拉列表内设置存盘路径。

　　⊕ 设置文件名。在【文件名】文本框内输入文件名称,如我的文档等。

　　⊕ 设置文件格式。单击对话框底部的【文件类型】下拉列表,在展开的下拉列表内设置文件的格式类型。

图2-105 【图形另存为】对话框

② 另存为其他文件

　　当用户在已存盘的图形基础上进行了其他修改工作,又不想覆盖原来的图形,可以使用【另存为】命令,将修改后的图形以不同图形文件进行存盘。启动【另存为】命令有以下几种方法:

　　⊕ 应用程序:单击【应用程序】按钮 A,在弹出的快捷菜单中选择【另存为】选项。

　　⊕ 快速访问工具栏:单击快速访问工具栏中的

【另存为】按钮 🔡。
⊕ 菜单栏：选择【文件】→【另存为】命令。

⊕ 快捷键：Ctrl+Shift+S。
⊕ 命令行：SAVE As。

【案例 2-5】将图形另存为低版本文件

在日常工作中，经常要与客户或同事进行图纸往来，有时就难免碰到因为彼此AutoCAD版本不同而打不开图纸的情况，如图2-106所示。原则上高版本的AutoCAD能打开低版本所绘制的图形，而低版本却无法打开高版本的图形。对于使用高版本的用户来说，可以将文件通过【另存为】的方式转存为低版本。

1）打开要【另存为】的图形文件。

图2-106 因版本不同出现的AutoCAD警告

2）单击快速访问工具栏中的【另存为】按钮 🔡，打开【图形另存为】对话框，在【文件类型】下拉列表中选择【AutoCAD2000/LT2000 图形（*.dwg）】选项，如图 2-107 所示。

3）设置完成后，AutoCAD 所绘图形的保存类型均为AutoCAD 2000 类型，任何高于 AutoCAD 2000 的版本均可以打开，从而实现了工作图纸的无障碍交流。

图2-107 【图形另存为】对话框

3. 自动保存图形文件

除了手动保存外，还有一种比较好的保存文件的方法，即自动保存图形文件，可以免去随时手动保存的麻烦。设置自动保存后，系统会在一定的时间间隔内自动保存当前文件编辑的内容，自动保存的文件扩展名为.sv\$。

【案例 2-6】设置定时保存

AutoCAD在使用过程中有时会因为内存占用太多而造成系统崩溃，让辛苦绘制的图纸前功尽弃，因此在工作中要养成时刻保存文件的好习惯。此外，还可以在AutoCAD中设置定时保存来减小意外造成的损失。

1）在命令行中输入"OP"，系统弹出【选项】对话框。

2）单击选择【打开和保存】选项卡，在【文件安全措施】选项组中选中【自动保存】复选框，根据需要在文本框中输入适合的间隔时间和保存方式，如图 2-108 所示。

3）单击【确定】按钮关闭对话框，定时保存设置即可生效。

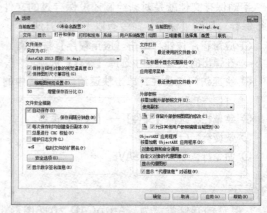

图2-108 设置定时保存文件

▶ 提示

定时保存的时间间隔不宜设置过短，这样会影响软件正常使用，也不宜设置过长，这样不利于实时保存，一般设置在10min左右较为合适。

2.7.4 ▶ 保存为样板文件

如果将AutoCAD中的绘图工具比作设计师手中的铅笔，那么样板文件就可以看成是供铅笔涂写的纸。而纸也有白纸和带格式的纸之分，选择合适格式的纸可以让绘图事半功倍，因此选择合适的样板文件也可以让用AutoCAD绘图变得更为轻松。

样板文件存储图形的所有设置包含预定义的图层、标注样式、文字样式、表格样式、视图布局、图形界限等设置及绘制的图框和标题栏。样板文件通过扩展名.dwt区别于其他图形文件。它们通常保存在AutoCAD安装目录下的【Template】文件夹中，如图2-109所示。

在进行绘图工作前，许多设计师都会根据自己的绘图习惯或者项目的制图要求，对AutoCAD的一些参数选项进行设置，如图线的颜色、粗细、文字的字体等，但如果每次启动AutoCAD后都需要先这样设置好一大堆参数，无疑会加大用户的工作量，降低工作效率，因此AutoCAD中提供了样板文件这

一功能，该功能可以让用户将参数设置好后另存为样板文件，这样在绘制新图形时，只需选择新保存的样板文件，便可省去每次绘制新图形时都要进行的设置。如图2-109所示，AutoCAD 2018提供了诸多样板以供选用，读者也可以创建自己的样板。

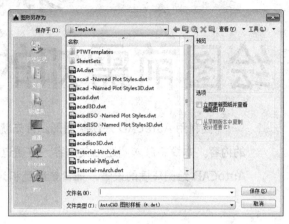

图2-109 样板文件

第3章
绘图前需知的基本辅助工具

要利用 AutoCAD 来绘制图形，首先就要了解坐标、对象选择和一些辅助绘图工具方面的内容。本章将深入阐述相关内容，并通过实例来帮助大家加深理解。此外，本章还将介绍 AutoCAD 绘图环境的设置，如背景颜色和光标大小等。

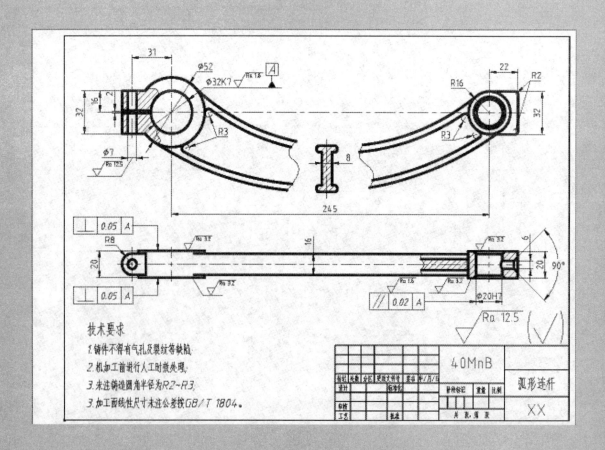

3.1　AutoCAD的坐标系

AutoCAD的图形定位，主要是由坐标系统进行确定。要想正确、高效地绘图，必须先了解AutoCAD坐标系的概念和坐标输入方法。

3.1.1 ▶ 认识坐标系

在AutoCAD 2018中，坐标系分为世界坐标系（WCS）和用户坐标系（UCS）两种。

1. 世界坐标系（WCS）

世界坐标系统（World Coordinate System，简称WCS）是AutoCAD的基本坐标系统。它由三个相互垂直的坐标轴X、Y和Z组成，在绘制和编辑图形的过程中，它的坐标原点和坐标轴的方向是不变的。

如图3-1所示，世界坐标系统在默认情况下，X轴正方向水平向右，Y轴正方向垂直向上，Z轴正方向垂直屏幕平面方向，指向用户，坐标原点在绘图区左下角，在其上有一个方框标记，表明是世界坐标系统。

2. 用户坐标系（UCS）

为了更好地辅助绘图，经常需要修改坐标系的原点位置和坐标方向，这时就需要使用可变的用户坐标系统（User Coordinate System，简称USC），如图3-2所示。在用户坐标系中，可以任意指定或移动原点和旋转坐标轴，默认情况下，用户坐标系统和世界坐标系统重合。

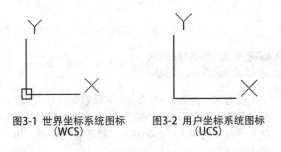

图3-1 世界坐标系统图标　　　图3-2 用户坐标系统图标
　　　　（WCS）　　　　　　　　　（UCS）

3.1.2 ▶ 坐标的4种表示方法

在指定坐标点时，既可以使用直角坐标，也可以使用极坐标。在AutoCAD中，一个点的坐标有绝对直角坐标、绝对极坐标、相对直角坐标和相对极坐标4种方法表示。

1. 绝对直角坐标

绝对直角坐标是指相对于坐标原点（0,0）的直角坐标，要使用该指定方法指定点，应输入逗号隔开的X、Y和Z值，即用（X,Y,Z）表示。当绘制二维平面图形时，其Z值为0，可省略而不必输入，仅输入X、Y值即可，如图3-3所示。

2. 相对直角坐标

相对直角坐标是基于上一个输入点而言，以某点相对于另一特定点的相对位置来定义该点的位置。相对特定坐标点（X, Y, Z）增加（nX, nY, nZ）的坐标点的输入格式为（@nX, nY, nZ）。相对坐标输入格式为（@X,Y），其中"@"符号表示使用相对坐标输入，是指定相对于上一个点的偏移量，如图3-4所示。

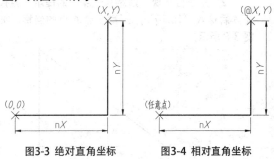

图3-3 绝对直角坐标　　　　图3-4 相对直角坐标

> **提示**
>
> 坐标分割的逗号"，"和"@"符号都应是英文输入法下的字符，否则无效。

3. 绝对极坐标

该坐标方式是指相对于坐标原点（0,0）的极坐标。例如，坐标（12<30）是指从X轴正方向逆时针旋转30°，距离原点12个图形单位的点，如图3-5所示。在实际绘图工作中，由于很难确定与坐标原点之间的绝对极轴距离，因此该方法使用较少。

4. 相对极坐标

该坐标方式是指以某一特定点为参考极点，输入相对于参考极点的距离和角度来定义一个点的位置。相对极坐标输入格式为（@A<角度），其中A表示指定与特定点的距离。例如，坐标（@14<45）是指相对于前一点角度为45°，距离为14个图形单位的一个点，如图3-6所示。

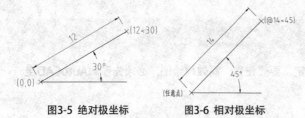

图3-5 绝对极坐标　　　图3-6 相对极坐标

【案例 3-1】 通过绝对直角坐标绘制图形

　　以绝对直角坐标输入的方法绘制如图3-7所示的图形。图中O点为AutoCAD的坐标原点，坐标即（0，0），因此A点的绝对坐标则为（10，10），B点的绝对坐标为（50，10），C点的绝对坐标为（50，40）。因此绘制步骤如下。

　　1）在【默认】选项卡中单击【绘图】面板上的【直线】按钮 ╱，执行直线命令。

　　2）命令行出现"指定第一点"的提示，直接在其后输入"10,10"，即第一点 A 点的坐标，如图 3-8 所示。

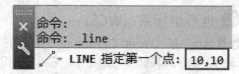

图3-8 输入绝对坐标确定第一点

　　3）单击 Enter 键确定第一点的输入，接着命令行提示"指定下一点"，再按相同方法输入B、C 点的绝对坐标值，即可得到如图 3-7 所示的图形效果。完整的命令行操作过程如下：

命令:L╱ LINE　　　　　//调用【直线】命令
指定第一个点:10,10╱　//输入A点的绝对坐标
指定下一点或 [放弃(U)]:50,10╱
　　　　　　　　　　　//输入B点的绝对坐标
指定下一点或 [放弃(U)]:50,40╱
　　　　　　　　　　　//输入C点的绝对坐标
指定下一点或 [闭合(C)/放弃(U)]:C╱
　　　　　　　　　　　//闭合图形

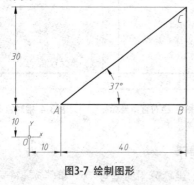

图3-7 绘制图形

【案例 3-2】 通过相对直角坐标绘制图形

　　以相对直角坐标输入的方法绘制如图3-7所示的图形。在实际绘图工作中，大多数设计师都喜欢随意在绘图区中指定一点为第一点，这样就很难界定该点及后续图形与坐标原点（0,0）的关系，因此往往多采用相对坐标的输入方法来进行绘制。相比于绝对坐标的刻板，相对坐标显得更为灵活多变。

　　1）在【默认】选项卡中单击【绘图】面板上的【直线】按钮 ╱，执行直线命令。

　　2）输入 A 点。可按上例中的方法输入 A 点，也可以在绘图区中任意指定一点作为 A 点。

　　3）输入 B 点。在图 3-7 中，B 点位于 A 点的正 X 轴方向、距离为 40 点处，Y 轴增量为 0，因此相对于 A 点的坐标为（@40,0）。在命令行提示"指定下一点"时输入"@40,0"，即可确定 B 点，如图 3-9 所示。

　　4）输入 C 点。由于相对直角坐标是相对于上一点进行定义的，因此在输入 C 点的相对坐标时要考虑它和 B 点的相对关系。C 点位于 B 点的正上方，距离为 30，即输入"@0,30"，如图 3-10 所示。

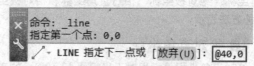

图3-9 输入B点的相对直角坐标

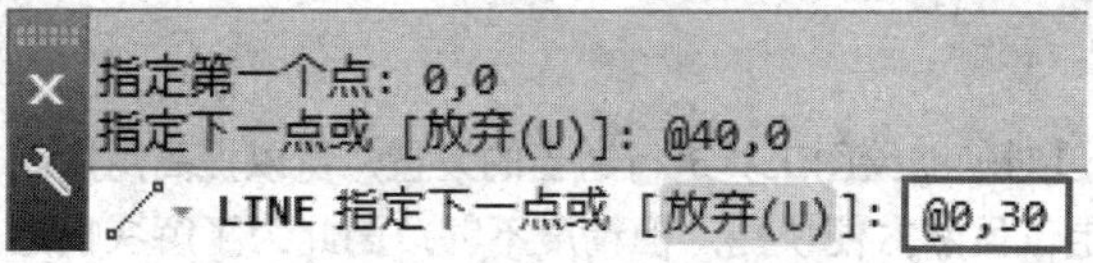

```
命令:L✓ LINE          //调用【直线】命令
指定第一个点:10,10✓    //输入A点的绝对坐标
指定下一点或 [放弃(U)]: @40,0✓
    //输入B点相对于上一个点（A点）的相对坐标
指定下一点或 [放弃(U)]: @0,30✓
    //输入C点相对于上一个点（B点）的相对坐标
指定下一点或 [闭合(C)/放弃(U)]:C✓
    //闭合图形
```

图3-10 输入C点的相对直角坐标

5）将图形封闭便可完成绘制。完整的命令行操作过程如下：

以相对极坐标输入的方法绘制如图3-7所示的图形。相对极坐标与相对直角坐标一样，都是以上一点为参考基点，输入增量来定义下一个点的位置，只不过相对极坐标输入的是极轴增量和角度值。

1）在【默认】选项卡中单击【绘图】面板上的【直线】按钮，执行直线命令。

2）输入 A 点。可按上例中的方法输入 A 点，也可以在绘图区中任意指定一点作为 A 点。

3）输入 C 点。A 点确定后，就可以通过相对极坐标的方式确定 C 点。C 点位于 A 点的 37°方向，距离为 50（由勾股定理可知），因此相对极坐标为（@50<37）。在命令行提示"指定下一点"时输入"@50<37"，即可确定 C 点，如图 3-11 所示。

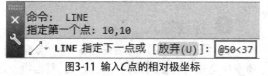

图3-11 输入C点的相对极坐标

4）输入 B 点。B 点位于 C 点的 -90°方向，

距离为 30，因此相对极坐标为（@30<-90）。输入"@30<-90"即可确定 B 点，如图 3-12 所示。

图3-12 输入B点的相对极坐标

5）将图形封闭便可完成绘制。完整的命令行操作过程如下：

```
命令:_LINE          //调用【直线】命令
指定第一个点:10,10✓    //输入A点的绝对坐标
指定下一点或 [放弃(U)]: @50<37✓
//输入C点相对于上一个点（A点）的相对坐标
指定下一点或 [放弃(U)]: @30<-90✓
//输入B点相对于上一个点（C点）的相对坐标
指定下一点或 [闭合(C)/放弃(U)]:C✓
//闭合图形
```

3.1.3 ▶ 坐标值的显示

在AutoCAD状态栏的左侧区域，会显示当前光标所处位置的坐标值，该坐标值有3种显示状态：

◈ 绝对直角坐标状态：显示光标所在位置的坐标（ 118.8822, -0.4634, 0.0000 ）。

◈ 相对极坐标状态：显示（ 37.6469<216, 0.0000 ），在相对于前一点来指定第二点时可以使用此状态。

◈ 关闭状态：颜色变为灰色并"冻结"关闭时所显示的坐标值，如图3-13所示。

用户可根据需要在这3种状态之间相互切换。

◈ Ctrl+I可以关闭开启坐标显示。

◈ 当确定一个位置后，在状态栏中显示坐标值的区域，单击也可以进行切换。

◈ 在状态栏中显示坐标值的区域，用鼠标右键单击即可弹出快捷菜单，如图3-14所示，可在其中选择所需状态。

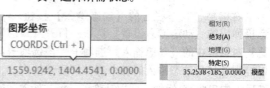

图3-13 关闭状态下的坐标值　图3-14 右键快捷菜单

3.2 辅助绘图工具

本节将介绍AutoCAD 2018辅助绘图工具的设置。通过对辅助绘图工具进行适当的设置，可以提高用户制图的工作效率和绘图的准确性。在实际绘图中，用鼠标定位虽然方便快捷，但精度不够，因此为了解决快速准确定位问题，AutoCAD提供了一些辅助绘图工具，如动态输入、栅格、栅格捕捉、正交和极轴追踪等。

栅格类似定位的小点，可以直观地观察到距离和位置；栅格捕捉用于设定鼠标光标移动的间距；正交控制直线在0°、90°、180°或270°等正平竖直的方向上；极轴追踪用以控制直线在30°、45°、60°等常规或用户指定的角度上。

3.2.1 ▸ 动态输入

在绘图的时候，有时可在光标处显示命令提示或尺寸输入框，这类设置即称作动态输入。在AutoCAD中，动态输入有2种显示状态，即指针输入和标注输入状态，如图3-15所示。

动态输入功能的开、关切换有以下两种方法：

⊕ 快捷键：按F12键切换开、关状态。

⊕ 状态栏：单击状态栏上的【动态输入】按钮，若亮显则为开启，如图3-16所示。

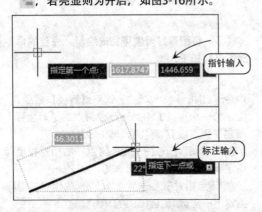

图3-15 不同状态的【动态输入】

图3-16 在状态栏中开启【动态输入】功能

右键单击状态栏上的【动态输入】按钮，选择弹出的【动态输入设置】选项，打开【草图设置】对话框中的【动态输入】选项卡，该选项卡可以控制在启用动态输入时每个部件所显示的内容。选项卡中包含3个组件，即指针输入、标注输入和动态显示，如图3-17所示，分别介绍如下。

❶ 指针输入

单击【指针输入】选项区的【设置】按钮，打开【指针输入设置】对话框，如图3-18所示。可以在其中设置指针的格式和可见性。在工具提示中，十字光标所在位置的坐标值将显示在光标旁边。命令提示用户输入点时，可以在工具提示框（非命令行）中输入坐标值。

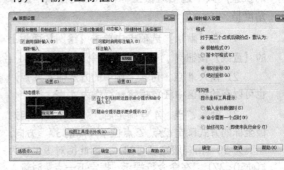

图3-17 【动态输入】选项卡 　图3-18 【指针输入设置】对话框

❷ 标注输入

在【草图设置】对话框中的【动态输入】选项卡中选择【可能时启用标注输入】复选框，启用标注输入功能。单击【标注输入】选项区域的【设置】按钮，打开如图3-19所示的【标注输入的设置】对话框。利用该对话框可以设置夹点拉伸时标注输入的可见性等。

❸ 动态显示

【动态显示】选项组中各选项按钮含义说明如下：

⊕ 【在十字光标附近显示命令提示和命令输入】复选框：勾选该复选框，可在光标附近显示命令显示。

⊕ 【随命令提示显示更多提示】复选框：勾选该复选框，显示使用 Shift 和 Ctrl 键进行夹点操作的提示。

⊕ 【绘图工具提示外观】按钮：单击该按钮，弹出如图3-20所示的【工具提示外观】对话框，从中进行颜色、大小、透明度和应用场合的设置。

图3-19 【标注输入的设　　图3-20 【工具提示外观】
置】对话框　　　　　　对话框

3.2.2 ▶ 栅格

栅格的作用如同传统纸面制图中使用的坐标纸，即按照相等的间距在屏幕上设置了栅格点，绘图时可以通过栅格数量来确定距离，从而达到精确绘图的目的。栅格不是图形的一部分，打印时不会被输出。AutoCAD中的栅格模式如图3-21所示。

控制栅格是否显示的方法如下：

⊕ 快捷键：按F7键，可以在开、关状态之间切换。

⊕ 状态栏：单击状态栏上【栅格】按钮。

选择【工具】→【绘图设置】命令，在弹出的【草图设置】对话框中选择【捕捉和栅格】选项卡，如图3-22所示。选中或取消选中【启用栅格】复选框，可以控制显示或隐藏栅格。在【栅格间距】选项区域中，可以设置栅格点在X轴方向（水平）和Y轴方向（垂直）上的距离。此外，在命令行输入"GRID"并按Enter键，也可以控制栅格的间距和栅格的显示。

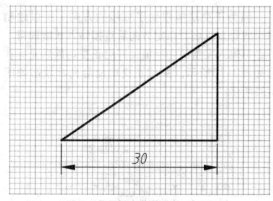

图3-21 栅格模式

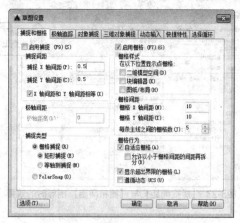

图3-22 【捕捉和栅格】选项卡

显示栅格之后，可开启捕捉模式，捕捉模式可以控制鼠标只能定位到栅格的交点位置。打开和关闭捕捉模式的方法如下。

⊕ 快捷键：按F9键，可以在开、关状态间切换。

⊕ 状态栏：单击状态栏中的【捕捉模式】按钮，若亮显则为开启。

3.2.3 ▶ 捕捉

捕捉功能可以控制光标移动的距离。它经常和栅格功能联用，当捕捉功能打开时，光标便能停留在栅格点上，这样就只能绘制出栅格间距整数倍的距离。

控制捕捉功能的方法如下。

⊕ 快捷键：按F9键可以切换开、关状态。

⊕ 状态栏：单击状态栏上的【捕捉模式】按钮，若亮显则为开启。

同样，也可以在【草图设置】对话框中的【捕捉和栅格】选项卡中控制捕捉的开、关状态及其相关属性。

在捕捉间距下的捕捉X轴间距和捕捉Y轴间距文本框中可输入光标移动的间距。通常情况下，捕捉间距应等于栅格间距，这样在启动栅格捕捉功能后，就能将光标限制在栅格点上，如图3-23所示；如果捕捉间距不等于栅格间距，则会出现捕捉不到栅格点的情况，如图3-24所示。

在正常工作中，捕捉间距不需要和栅格间距相同。例如，可以设定较宽的栅格间距用作参照，但使用较小的捕捉间距以保证定位点时的精确性。

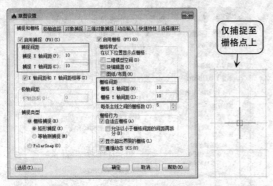

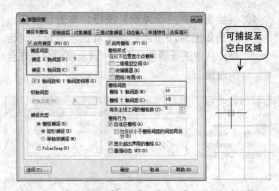

图3-23 【捕捉间距】与【栅格间距】相等时的效果　　　图3-24 【捕捉间距】与【栅格间距】不相等时的效果

【案例 3-4】通过栅格与捕捉绘制图形

除了前面练习中所用到的通过输入坐标方法绘图，在AutoCAD中还可以借助栅格与捕捉来进行绘图。该方法适合绘制尺寸圆整、外形简单的图形。本例同样绘制如图3-7所示的图形，以方便读者进行对比。

1）用鼠标右键单击状态栏上的【捕捉模式】按钮 ▦ ▾，选择【捕捉设置】选项，如图3-25所示，系统弹出【草图设置】对话框。

2）设置栅格与捕捉间距。在图3-7中可知最小尺寸为10，因此可以设置栅格与捕捉的间距同样为10，使得十字光标以10为单位进行移动。

3）勾选【启用捕捉】和【启用栅格】复选框，在【捕捉间距】选项区域设置【捕捉 X 轴间距】为10，【捕捉 Y 轴间距】为10；在【栅格间距】选项区域，设置【栅格 X 轴间距】为10，【栅格 Y 轴间距】为10，每条主线之间的栅格数为5，如图3-26所示。

4）单击【确定】按钮，完成栅格的设置。

5）在命令行中输入"L"，调用【直线】命令，可见光标只能在间距为10的栅格点处进行移动，

如图 3-27 所示。

6）捕捉各栅格点，绘制的最终图形如图3-28所示。

图3-25 【捕捉设置】选项　　　图3-26 设置参数

图3-27 捕捉栅格点进行绘制　　　图3-28 最终图形

3.2.4 ▶ 正交

在绘图过程中，使用正交功能便可以将十字光标限制在水平或者垂直轴向上，同时也限制在当前的栅格旋转角度内。使用正交功能就如同使用了丁字尺绘图，可以保证绘制的直线完全呈水平或垂直状态，方便绘制水平或垂直直线。

打开或关闭正交功能的方法如下：

⊕ 快捷键：按F8键可以切换正交开、关模式。

⊕ 状态栏：单击【正交】按钮 ⌐，若亮显则为开启，如图3-29所示。

因为正交功能限制了直线的方向，所以绘制水平或垂直直线时指定方向后直接输入长度即可，不必再输入完整的坐标值。开启正交功能后光标状态如图3-30所示，关闭正交功能后光标状态如图3-31所示。

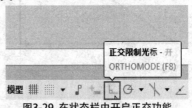

图3-29 在状态栏中开启正交功能

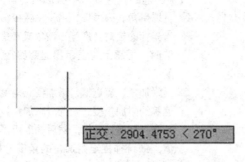

正交: 2904.4753 < 270°

图3-30 开启正交效果

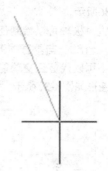

图3-31 关闭正交效果

【案例 3-5】通过正交绘制工字图形

通过正交绘制如图3-32所示的工字图形。正交功能开启后，系统自动将光标强制性地定位在水平或垂直位置上，在引出的追踪线上直接输入一个数值即可定位目标点，而不用手动输入坐标值或捕捉栅格点来进行确定。

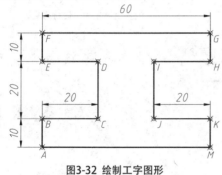

图3-32 绘制工字图形

1）启动 AutoCAD 2018，新建一个空白文档。

2）单击状态栏中的 按钮，或按 F8 功能键，激活正交功能。

3）单击【绘图】面板中的 按钮，激活直线命令，配合正交功能绘制图形。命令行操作过程如下：

命令: _LINE
指定第一点:　　　//在绘图区任意栅格点处单击左键，作为起点A
指定下一点或 [放弃(U)]:10↙
　　　　　　　//向上移动光标，引出90°正交追踪线，如图3-33所示，输入10，即定位B点

指定下一点或 [放弃(U)]:20↙
　　　　　　　//向右移动光标，引出0°正交追踪线，如图3-34所示，输入20，定位C点
指定下一点或 [放弃(U)]:20↙
　　　　　　　//向上移动光标，引出270°正交追踪线，输入20，定位D点
......

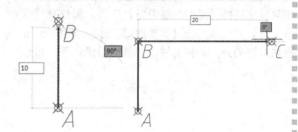

图3-33 绘制
第一条直线

图3-34 绘制第二条直线

4）根据以上方法，配合正交功能绘制其他线段，最终的结果如图 3-35 所示。

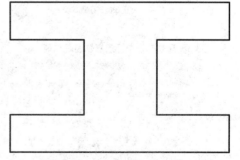

图3-35 通过正交绘制图形

3.2.5 ▶ 极轴追踪

极轴追踪功能实际上是极坐标的一个应用。使用极轴追踪绘制直线时，捕捉到一定的极轴方向即确定了极角，然后输入直线的长度即确定了极半径，因此和正交绘制直线一样，极轴追踪绘制直线一般使用长度输入确定直线的第二点，代替坐标输入。开启极轴追踪功能，可以绘制带角度的直线，

效果如图3-36所示。

一般来说，极轴可以绘制任意角度的直线，包括水平的0°、180°与垂直的90°、270°等，因此某些情况下可以代替正交功能使用。用极轴追踪功能绘制的图形如图3-37所示。

图3-36 开启【极轴追踪】效果　图3-37 用极轴追踪功能绘制的图形

极轴追踪功能的开、关切换有以下两种方法：

⊕ 快捷键：按F10键切换开、关状态。

⊕ 状态栏：单击状态栏上的【极轴追踪】按钮 ◎ ，若亮显则为开启，如图3-38所示。

右键单击状态栏上的【极轴追踪】按钮 ◎ ，弹出追踪角度列表，如图3-38所示，其中的数值便为启用【极轴追踪】时的捕捉角度。然后在弹出的快捷菜单中选择【正在追踪设置】选项，则打开【草图设置】对话框，在【极轴追踪】选项卡中可设置极轴追踪的开、关和其他角度值的增量角等，如图3-39所示。

图3-38 在状态栏中开启极轴追踪功能

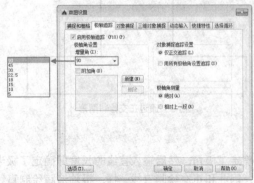

图3-39 【极轴追踪】选项卡

【极轴追踪】选项卡中各选项的含义如下：

⊕ 【增量角】列表框：用于设置极轴追踪角度。当光标的相对角度等于该角或者是该角的整数倍时，屏幕上将显示出追踪路径，如图3-40所示。

⊕ 【附加角】复选框：增加任意角度值作为极轴追踪的附加角度。勾选【附加角】复选框，并单击【新建】按钮，然后输入所需追踪的角度值，即可捕捉至附加角的角度，如图3-41所示。

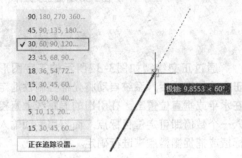

图3-40 设置【增量角】进行捕捉

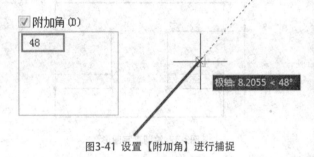

图3-41 设置【附加角】进行捕捉

⊕ 【仅正交追踪】单选按钮：当对象捕捉追踪打开时，仅显示已获得的对象捕捉点的正交(水平和垂直方向)对象捕捉追踪路径，如图3-42所示。

⊕ 【用所有极轴角设置追踪】单选按钮：对象捕捉追踪打开时，将从对象捕捉点起沿任何极轴追踪角进行追踪，如图3-43所示。

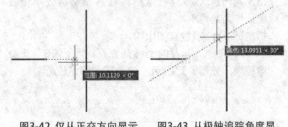

图3-42 仅从正交方向显示　图3-43 从极轴追踪角度显示对象捕捉路径　对象捕捉路径

⊕ 【极轴角测量】选项组：设置极轴角的参照标准。【绝对】单选按钮表示使用绝对极坐标，以X轴正方向为0°。【相对上一段】单选按钮根据上一段绘制的直线确定极轴追踪角，上一段直线所在的方向为0°，如图3-44所示。

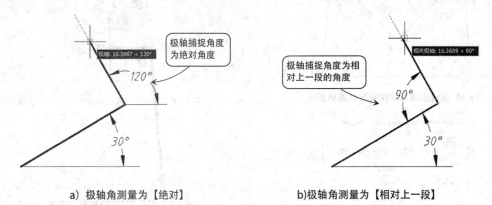

a）极轴角测量为【绝对】　　　　　　　b)极轴角测量为【相对上一段】

图3-44 不同的【极轴角测量】效果

提示

细心的读者可能发现，极轴追踪的增量角与后续捕捉角度都是成倍递增的，如图3-38所示；但图中唯一有一个例外，那就是23°的增量角后直接跳到了45°，与后面的各角度也不成整数倍关系,这是由于AutoCAD的角度单位精度设置为整数，因此22.5°就被四舍五入为了23°。所以只需选择菜单栏【格式】→【单位】，在【图形单位】对话框中将角度精度设置为"0.0"，即可使得23°的增量角还原为22.5°，在使用极轴追踪时也能正常捕捉到22.5°，如图3-45所示。

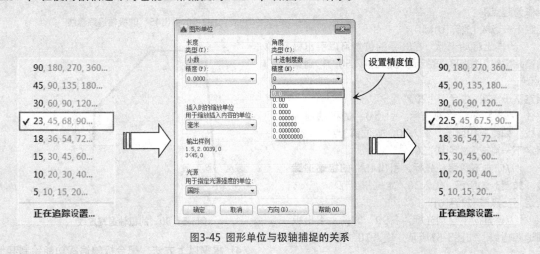

图3-45 图形单位与极轴捕捉的关系

【案例 3-6】 通过极轴追踪绘制导轨截面图形

通过极轴追踪绘制如图3-46所示的导轨截面图形。极轴追踪功能是一个非常重要的辅助工具，此工具可以在任何角度和方向上引出角度矢量，从而可以很方便地精确定位角度方向上的任何一点。相比于坐标输入、栅格与捕捉、正交等绘图方法来说，极轴追踪更为便捷，足以绘制绝大部分图形，因此是使用最多的一种绘图方法。

1）启动 AutoCAD 2018，新建一空白文档。

2）右键单击状态栏上的【极轴追踪】按钮 ，然后在弹出的快捷菜单中选择【正在追踪设置】选项，在打开的【草图设置】对话框中勾选【启用极轴追踪】复选框，并将当前的增量角设置为45，再勾选【附加角】复选框，新建一个85°的附加角，如图 3-47 所示。

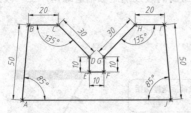

图3-46 通过极轴追踪绘制导轨截面图形

图3-47 设置极轴追踪参数

3）单击【绘图】面板中的 ✎ 按钮，激活直线命令，配合极轴追踪功能绘制外框轮廓线。命令行操作过程如下：

命令: _LINE
指定第一点： //在适当位置单击左键，拾取一点作为起点A
指定下一点或 [放弃(U)]:50↙
　　//向上移动光标，在85°的位置可以引出极轴追踪虚线，如图3-48所示，此时输入50，得到第2点B
指定下一点或 [放弃(U)]:20↙
　　//水平向右移动光标，引出0°的极轴追踪虚线，如图3-49所示，输入20，定位第3点C
指定下一点或 [放弃(U)]:30↙
　　//向右下角移动光标，引出45°的极轴追踪线，如图3-50所示，输入30，定位第4点D
指定下一点或 [放弃(U)]:10↙
　　//垂直向下移动光标，在90°方向上引出极轴追踪虚线，如图3-51所示，输入10，定位定第5点E
……

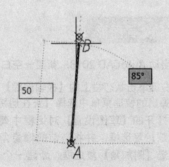

图3-48 引出85°的极轴追踪虚线

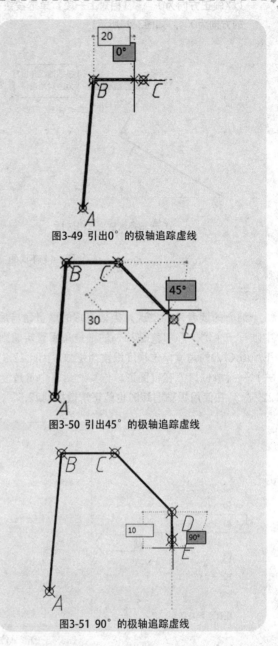

图3-49 引出0°的极轴追踪虚线

图3-50 引出45°的极轴追踪虚线

图3-51 90°的极轴追踪虚线

4）根据以上方法，配合极轴追踪功能绘制其他线段，即可绘制出如图 3-52 所示的图形。

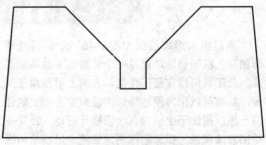

图3-52 通过极轴追踪绘制图形

3.3 对象捕捉

通过对象捕捉功能可以精确定位现有图形对象的特征点，如圆心、中点、端点、节点和象限点等，从而为精确绘制图形提供了有利条件。

3.3.1 ▶ 对象捕捉概述

鉴于点坐标法与直接肉眼确定法的各种弊端，AutoCAD提供了对象捕捉功能。在【对象捕捉】开启的情况下，系统会自动捕捉某些特征点，如圆心、中点、端点、节点和象限点等。因此，对象捕捉的实质是对图形对象特征点的捕捉，如图3-53所示。

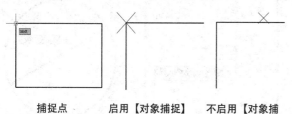

捕捉点　启用【对象捕捉】结果　不启用【对象捕捉】结果

图3-53 对象捕捉

对象捕捉功能生效需要具备两个条件：
⊕ 【对象捕捉】开关必须打开。
⊕ 必须是在命令行提示输入点位置的时候。

如果命令行并没有提示输入点位置，则对象捕捉功能是不会生效的。因此，对象捕捉实际上是通过捕捉特征点的位置来代替命令行输入特征点的坐标。

3.3.2 ▶ 设置对象捕捉点

开启和关闭对象捕捉功能的方法如下：
⊕ 菜单栏：选择【工具】→【草图设置】命令，弹出【草图设置】对话框。选择【对象捕捉】选项卡，选中或取消选中【启用对象捕捉】复选框，也可以打开或关闭对象捕捉，但这种操作太烦琐，实际上一般不使用。
⊕ 快捷键：按F3键可以切换开、关状态。
⊕ 状态栏：单击状态栏上的【对象捕捉】按钮 ▭ ▾，若亮显则为开启，如图3-54所示。
⊕ 命令行：输入"OSNAP"，打开【草图设置】对话框，单击【对象捕捉】选项卡，勾选【启用对象捕捉】复选框。

在设置对象捕捉点之前，需要确定哪些特征点是需要的，哪些是不需要的。这样不仅可以提高效率，也可以避免捕捉失误。使用任何一种开启对象捕捉的方法之后，系统弹出【草图设置】对话框，在【对象捕捉模式】选项区域中勾选用户需要的特征点，单击【确定】按钮，退出对话框即可，如图3-55所示。

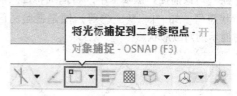

图3-54 在状态栏中开启对象捕捉功能

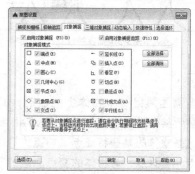

图3-55 【草图设置】对话框

在AutoCAD 2018中，对话框共列出14种对象捕捉点和对应的捕捉标记，含义分别如下：
⊕ 【端点】：捕捉直线或曲线的端点。
⊕ 【中点】：捕捉直线或是弧段的中心点。
⊕ 【圆心】：捕捉圆、椭圆或弧的中心点。
⊕ 【几何中心】：捕捉多段线、二维多段线和二维样条曲线的几何中心点。
⊕ 【节点】：捕捉用【点】、【多点】、【定数等分】和【定距等分】等POINT类命令绘制的点对象。
⊕ 【象限点】：捕捉位于圆、椭圆或是弧段上0°、90°、180°和270°处的点。
⊕ 【交点】：捕捉两条直线或是弧段的交点。
⊕ 【延长线】：捕捉直线延长线路径上的点。
⊕ 【插入点】：捕捉图块、标注对象或外部参照的插入点。
⊕ 【垂足】：捕捉从已知点到已知直线的垂线的

垂足。

- ⊕ 【切点】：捕捉圆、弧段及其他曲线的切点。
- ⊕ 【最近点】：捕捉处在直线、弧段、椭圆或样条曲线上，而且距离光标最近的特征点。
- ⊕ 【外观交点】：在三维视图中，从某个角度观察两个对象可能相交，但实际并不一定相交，可以使用外观交点功能捕捉对象在外观上相交的点。
- ⊕ 【平行线】：选定路径上的一点，使通过该点的直线与已知直线平行。

启用对象捕捉功能之后，在绘图过程中，当十字光标靠近这些被启用的捕捉特征点时，将自动对其进行捕捉，效果如图3-56所示。这里需要注意的是，在【对象捕捉】选项卡中，各捕捉特征点前面的形状符号，如□、×、○等，便是在绘图区捕捉时显示的对应形状。

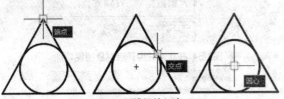

图3-56 捕捉特征点

▶ 提示

当需要捕捉一个物体上的点时，只要将鼠标靠近某个或某物体，不断地按Tab键，这个或这些物体的某些特征点（如直线的端点、中间点、垂直点、与物体的交点，圆的四分圆点、中心点、切点、垂直点、交点）就会轮换显示出来，选择需要的点左键单击即可以捕捉这些点，如图3-57所示。

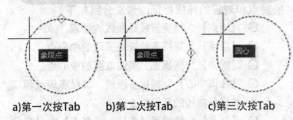

a)第一次按Tab b)第二次按Tab c)第三次按Tab

图3-57 按Tab键切换捕捉点

3.3.3 ▶ 对象捕捉追踪

在绘图过程中，除了需要掌握对象捕捉的应用外，还需要掌握对象追踪的相关知识和应用的方法，从而提高绘图的效率。对象捕捉追踪功能的开、关切换有以下两种方法：

- ⊕ 快捷键：按F11键切换开、关状态。
- ⊕ 状态栏：单击状态栏上的【对象捕捉追踪】按钮 ∠ 。

启用对象捕捉追踪后，在绘图的过程中需要指定点时，光标可以沿基于其他对象捕捉点的对齐路径进行追踪。图3-58所示为中点捕捉追踪效果，图3-59所示为交点捕捉追踪效果。

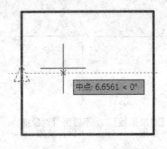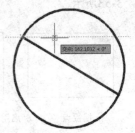

图3-58 中点捕捉追踪   图3-59 交点捕捉追踪

▶ 提示

由于对象捕捉追踪的使用是基于对象捕捉进行操作的，因此要使用对象捕捉追踪功能，必须先开启一个或多个对象捕捉功能。

已获取的点将显示一个小加号（+），一次最多可以获得7个追踪点。获取点之后，当在绘图路径上移动光标时，将显示相对于获取点的水平、垂直或指定角度的对齐路径。例如，在如图3-60所示的示意图中，启用了端点对象捕捉，单击直线的起点1开始绘制直线，将光标移动到另一条直线的端点2处获取该点，然后沿水平对齐路径移动光标，定位要绘制的直线的端点3。

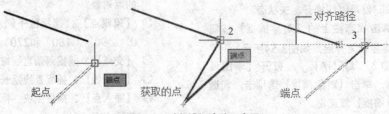

图3-60 对象捕捉追踪示意图

3.4 临时捕捉

除了前面介绍对象捕捉之外，AutoCAD还提供了临时捕捉功能，同样可以捕捉如圆心、中点、端点、节点和象限点等特征点。与对象捕捉不同的是临时捕捉属于"临时"调用，无法一直生效，但在绘图过程中可随时调用。

3.4.1 ▶ 临时捕捉概述

临时捕捉是一种一次性的捕捉模式，这种捕捉模式不是自动的，当用户需要临时捕捉某个特征点时，需要在捕捉之前手工设置需要捕捉的特征点，然后进行对象捕捉。这种捕捉不能反复使用，再次使用捕捉需重新选择捕捉类型。

❶ 临时捕捉的启用方法

执行临时捕捉有以下两种方法。

⊕ 右键快捷菜单：在命令行提示输入点的坐标时，如果要使用临时捕捉模式，可按住Shift键，然后单击鼠标右键，系统弹出快捷菜单，如图3-61所示，可以在其中选择需要的捕捉类型。

⊕ 命令行：可以直接在命令行中输入执行捕捉对象的快捷指令来选择捕捉模式。例如，在绘图过程中，输入并执行"MID"快捷命令将临时捕捉图形的中点，如图3-62所示。AutoCAD常用对象捕捉模式及快捷命令见表3-1。

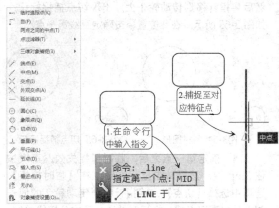

图3-61 临时捕捉快捷菜单

图3-62 在命令行中输入指令

> **提示**
>
> 这些指令即第一章所介绍的透明命令，可以在执行命令的过程中输入。

表 3-1 AutoCAD 常用对象捕捉模式及快捷命令

捕捉模式	快捷命令	捕捉模式	快捷命令	捕捉模式	快捷命令
临时追踪点	TT	节点	NOD	切点	TAN
自	FROM	象限点	QUA	最近点	NEA
两点之间的中点	MTP	交点	INT	外观交点	APP
端点	ENDP	延长线	EXT	平行	PAR
中点	MID	插入点	INS	无	NON
圆心	CEN	垂足	PER	对象捕捉设置	OSNAP

【案例 3-7】使用临时捕捉绘制带传动简图

带传动是利用张紧在带轮上的柔性带进行运动或动力传递的一种机械传动，如图3-63所示。因此在图形上柔性带一般以公切线的形式横跨在传动轮上。这时就可以借助临时捕捉将光标锁定在所需的对象点上来绘制公切线。

图3-63 带传动

1）打开素材文件"第 3 章 \3-7 使用临时捕捉绘制带传动简图 .dwg"，素材图形如图 3-64 所示，已经绘制好了两个传动轮。

2）在【默认】选项卡中单击【绘图】面板上的【直线】按钮，命令行提示指定直线的起点。

3）此时按住 Shift 键，然后单击鼠标右键，在弹出的快键菜单【临时捕捉】选项中选择【切点】，然后将指针移到传动轮 1 上，出现切点捕捉标记，如图 3-65 所示，在此位置单击确定直线第一点。

图3-64 素材图形　　　图3-65 切点捕捉标记

4）确定第一点之后，临时捕捉失效。再次按住 Shift 键，然后单击鼠标右键，在【临时捕捉】选项中选择【切点】，将指针移到传动轮 2 的同一侧上，出现切点捕捉标记时单击，完成公切线绘制，

如图 3-66 所示。

5）重复上述操作，绘制另外一条公切线，如图 3-67 所示。

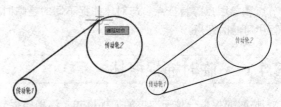

图3-66 绘制的第一条公切线　　图3-67 绘制的第二条公切线

> **提示**
>
> 带传动具有结构简单、传动平稳、能缓冲吸振、可以在大的轴间距和多轴间传递动力，且造价低廉、不需润滑、维护容易等特点，在近代机械传动中应用十分广泛。

2. 临时捕捉的类型

通过图3-61所示的快捷菜单可知，临时捕捉比【草图设置】对话框中的对象捕捉点要多出4种类型，即临时追踪点、自、两点之间的中点、点过滤器。各类型具体含义分别介绍如下。

3.4.2 ▸ 临时追踪点

临时追踪点是在进行图像编辑前临时建立的、一个暂时的捕捉点，以供后续绘图参考。在绘图时可通过指定临时追踪点来快速指定起点，而无需借助辅助线。执行临时追踪点命令有以下几种方法：

⊕ 快捷键：按住Shift键同时单击鼠标右键，在弹出的菜单中选择【临时追踪点】选项。

⊕ 命令行：在执行命令时输入"tt"。

执行该命令后，系统提示指定一临时追踪点，后续操作即以该点为追踪点进行绘制。

【案例 3-8】 使用临时追踪点绘制图形

如果要在半径为20mm的圆中绘制一条指定长度为30mm的弦，通常情况下都是以圆心为起点，分别绘制两根辅助线，才可以得到最终图形，如图3-68所示。如使用临时追踪点进行绘制，则可以跳过图3-68b、c两步辅助线的绘制，直接从图3-68a原始图形跳到图3-68d，绘制长度为30mm的弦。该方法详细步骤如下：

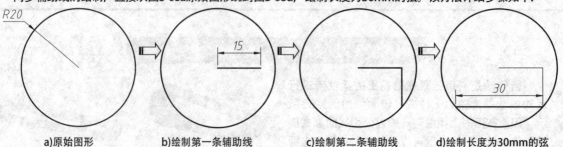

a)原始图形　　　b)绘制第一条辅助线　　　c)绘制第二条辅助线　　　d)绘制长度为30mm的弦

图3-68 指定弦长的常规画法

1）打开素材文件"第 3 章 \3-8 使用临时追踪点绘制图形 .dwg"，素材图形中已经绘制好了半径为 20mm 的圆，如图 3-69 所示。

2）在【默认】选项卡中单击【绘图】面板上的【直线】按钮　，执行直线命令。

3）执行临时追踪点。命令行出现"指定第一点"的提示时输入 "tt"，执行临时追踪点命令，如图 3-70 所示。也可以在绘图区中单击鼠标右键，在弹出的快捷菜单中选择【临时追踪点】选项。

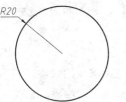
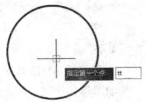

图3-69 素材图形　　　图3-70 执行临时追踪点命令

4）指定临时追踪点。将光标移动至圆心处，然后水平向右移动光标，引出 0°的极轴追踪虚线，接着输入 15，即将临时追踪点指定为圆心右侧距离为 15mm 的点，如图 3-71 所示。

5）指定直线起点。垂直向下移动光标，引出 270°的极轴追踪虚线，到达与圆的交点处，作为直线的起点，如图 3-72 所示。

6）指定直线端点。水平向左移动光标，引出 180°的极轴追踪虚线，到达与圆的另一交点处，作为直线的终点，该直线即为所绘制长度为 30mm 的弦，如图 3-73 所示。

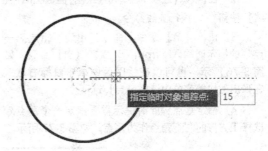

图3-71 指定临时追踪点

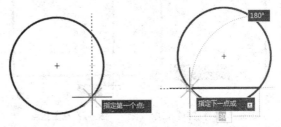

图3-72 指定直线起点　　　图3-73 指定直线端点

3.4.3 ▶ 【自】功能

【自】功能可以帮助用户在正确的位置绘制新对象。当需要指定的点不在任何对象捕捉点上，但在 X、Y 方向上距现有对象捕捉点的距离已知时，就可以使用【自】功能来进行捕捉。执行【自】命令有以下几种方法：

⊕ 快捷键：按住 Shift 键同时单击鼠标右键，在弹出的菜单中选择【自】选项。

⊕ 命令行：在执行命令时输入"from"。

执行某个命令来绘制一个对象，如 L【直线】命令，然后启用【自】功能，此时提示需要指定一个基点，指定基点后会提示需要一个偏移点，可以使用相对坐标或者极轴坐标来指定偏移点与基点的位置关系，偏移点就将作为直线的起点。

【案例 3-9】使用【自】功能绘制图形

假如要在如图 3-74 所示的正方形中绘制一个小长方形，如图 3-75 所示，一般情况下只能借助辅助线来进行绘制，因为对象捕捉只能捕捉到正方形每个边上的端点和中点，这样即使通过对象捕捉的追踪线也无法定位至小长方形的起点（图中 A 点）。这时就可以用到【自】功能进行绘制，操作步骤如下：

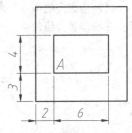

图3-74 素材图形　　　图3-75 在正方形中绘制小长方形

1）打开素材文件"第 3 章 \3-9 使用【自】功能绘制图形 .dwg"，素材图形中已经绘制好了边长为 10mm 的正方形，如图 3-74 所示。

2）在【默认】选项卡中单击【绘图】面板上的【直线】按钮✏，执行直线命令。

3）执行【自】命令。命令行出现"指定第一点"的提示时输入"from"，执行【自】命令，如图 3-76 所示。也可以在绘图区中单击鼠标右键，在弹出的快捷菜单中选择【自】选项。

4）指定基点。此时提示需要指定一个基点，选择正方形的左下角点作为基点，如图 3-77 所示。

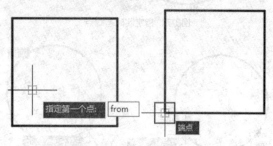

图3-76 执行【自】命令　　　图3-77 指定基点

5）输入偏移距离。指定了基点后，命令行出现" < 偏移 :>"提示，此时输入小长方形起点 A 与基点的相对坐标（@2,3），如图 3-78 所示。

6）绘制图形。输入完毕后直线起点将定位至 A 点处，然后按给定尺寸绘制图形即可，如图 3-79 所示。

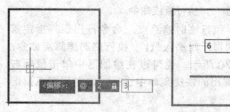

图3-78 输入偏移距离　　　图3-79 绘制图形

提示

在为【自】功能指定偏移点的时候，即使动态输入中默认的设置是相对坐标，也需要在输入时加上"@"来表明这是一个相对坐标值。动态输入的相对坐标设置仅适用于指定第2点的时候。例如，绘制一条直线时，输入的第一个坐标被当作绝对坐标，随后输入的坐标才被当作相对坐标。

3.4.4 ▶ 两点之间的中点

两点之间的中点（MTP）命令修饰符可在执行对象捕捉或对象捕捉替代时用以捕捉两定点间连线中点。两点间的中点命令使用较为灵活，如熟练掌握可快速绘制出独特的图形。执行【两点之间的中点】命令有以下几种方法：

◉ 快捷键：按住Shift键同时单击鼠标右键，在弹出的菜单中选择【两点之间的中点】选项。

◉ 命令行：在执行命令时输入"mtp"。

执行该命令后，系统会提示指定中点的第一个点和第二个点，指定完毕后便自动跳转至该两点之间连线的中点上。

如图 3-80 所示，在已知圆的情况下，要绘制出对角长为半径的正方形，通常只能借助辅助线或移动、旋转等编辑功能实现，但如果使用【两点之间的中点】命令，则可以一次性完成，详细步骤介绍如下：

1）打开素材文件"第 3 章 \3-10 使用两点之间的中点绘制图形 .dwg"，其中已经绘制好了直径为 20mm 的圆，如图 3-81 所示。

2）在【默认】选项卡中单击【绘图】面板上的【直线】按钮✏，执行直线命令。

3）执行【两点之间的中点】命令。命令行出现"指定第一点"的提示时输入 "mtp"，执行【两点之间的中点】命令，如图 3-82 所示。也可以在绘图区中单击鼠标右键，在弹出的快捷菜单中选择【两点之间的中点】选项。

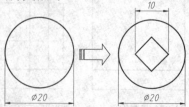

图3-80 使用两点之间的中点绘制图形

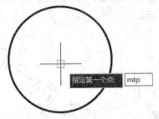

图3-81 素材图形　　图3-82 执行【两点之间的中点】命令

4）指定中点的第一个点。将光标移动至圆心处，捕捉圆心为中点的第一个点，如图 3-83 所示。

5）指定中点的第二个点。将光标移动至圆最右侧的象限点处，捕捉该该象限点为第二个点，如图 3-84 所示。

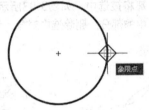

图3-83 捕捉圆心为中点　　图3-84 捕捉象限点为中的第一个点　　点的第二个点

6）直线的起点自动定位至圆心与象限点之间的中点处，接着按相同方法将直线的第二点定位至圆心与上象限点的中点处，如图 3-85 所示。

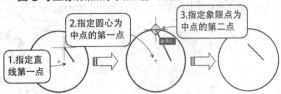

图3-85 定位直线的第二个点

7）按相同方法绘制其余的直线，最终效果如图 3-86 所示。

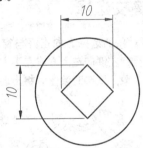

图3-86 用两点之间的中点绘制图形效果

3.5 选择图形

对图形进行任何编辑和修改操作的时候，必须先选择图形对象。针对不同的情况，采用最佳的选择方法能大幅提高图形的编辑效率。AutoCAD 2018提供了多种选择对象的基本方法，如点选、框选、栏选和围选等。

3.5.1 ▶ 点选

如果选择的是单个图形对象，可以使用点选的方法。直接将拾取光标移动到选择对象上方，此时该图形对象会以虚线亮显表示，单击鼠标左键，即可完成单个对象的选择。点选方式一次只能选中一个对象，如图3-87所示。连续单击需要选择的对象，可以同时选择多个对象，如图3-88所示，虚线显示部分为被选中的部分。

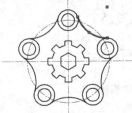

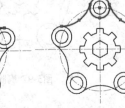

图3-87 点选单个对象　　图3-88 点选多个对象

> **提示**
>
> 按下Shift键并再次单击已经选中的对象，可以将这些对象从当前选择集中删除；按Esc键可以取消对当前全部选定对象的选择。

如果需要同时选择多个或者大量的对象，再使用点选的方法不仅费时费力，而且容易出错。此时，宜使用AutoCAD 2018提供的窗口、窗交和栏选等选择方法。

3.5.2 ▶ 窗口选择

窗口选择是一种通过定义矩形窗口选择对象的一种方法。利用该方法选择对象时，从左往右拉出矩形窗口，框住需要选择的对象，此时绘图区将出现一个实线的矩形方框，选框内颜色为蓝色，如图

3-89所示；释放鼠标后，被方框完全包围的对象将被选中，如图3-90所示；虚线显示部分为被选中的

部分，按Delete键删除选择对象，结果如图3-91所示。

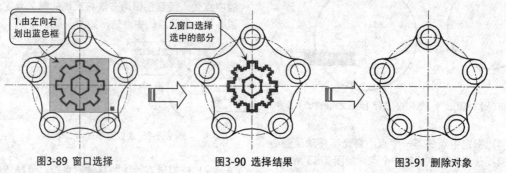

图3-89 窗口选择　　　　　图3-90 选择结果　　　　　图3-91 删除对象

3.5.3 ▶ 窗交选择

　　窗交选择对象的选择方向正好与窗口选择相反，它是按住鼠标左键向左上方或左下方拖动，框住需要选择的对象，框选时绘图区将出现一个虚线

的矩形方框，选框内颜色为绿色，如图3-92所示；释放鼠标后，与方框相交和被方框完全包围的对象都将被选中，如图3-93所示；虚线显示部分为被选中的部分，删除选中对象，结果如图3-94所示。

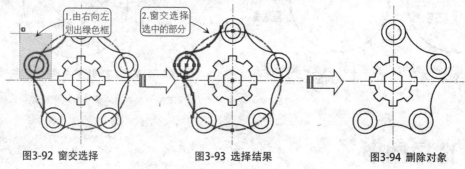

图3-92 窗交选择　　　　　图3-93 选择结果　　　　　图3-94 删除对象

3.5.4 ▶ 栏选

　　栏选图形是指在选择图形时拖曳出任意折线，如图3-95所示；凡是与折线相交的图形对象均被选中，如图3-96所示；虚线显示部分为被选中的部分，删除选中对象，结果如图3-97所示。

　　光标空置时，在绘图区空白处单击，然后在命令行中输入"F"并按Enter键，即可调用栏选命

令，再根据命令行提示分别指定各栏选点，命令行操作如下：

指定对角点或 [栏选(F)/圈围(WP)/圈交(CP)]: F↙
//选择栏选方式
指定第一个栏选点:
指定下一个栏选点或 [放弃(U)]:

　　使用该方式选择连续性对象非常方便，但栏选线不能封闭或相交。

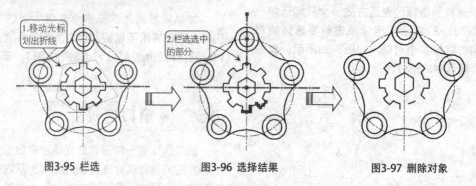

图3-95 栏选　　　　　图3-96 选择结果　　　　　图3-97 删除对象

3.5.5 ▶ 圈围

圈围是一种多边形窗口选择方式,与窗口选择对象的方法类似,不同的是圈围方法可以构造任意形状的多边形,如图3-98所示;被多边形选择框完全包围的对象才能被选中,如图3-99所示;虚线显示部分为被选中的部分,删除选中对象,结果如图3-100所示。

光标空置时,在绘图区空白处单击,然后在命令行中输入"WP"并按Enter键,即可调用圈围命令,命令行提示如下:

> 指定对角点或 [栏选(F)/圈围(WP)/圈交(CP)]: WP↙
> //选择圈围方式
> 第一圈围点:
> 指定直线的端点或 [放弃(U)]:
> 指定直线的端点或 [放弃(U)]:

圈围对象范围确定后,按Enter键或空格键确认选择。

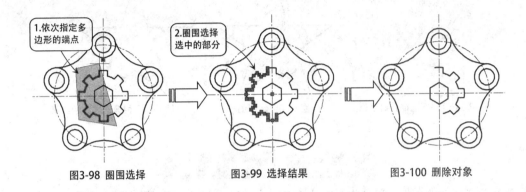

图3-98 圈围选择　　　　图3-99 选择结果　　　　图3-100 删除对象

3.5.6 ▶ 圈交

圈交是一种多边形窗交选择方式,与窗交选择对象的方法类似,不同的是圈交方法可以构造任意形状的多边形,它可以绘制任意闭合但不能与选择框自身相交或相切的多边形,如图3-101所示;选择完毕后可以选择多边形中与它相交的所有对象,如图3-102所示;虚线显示部分为被选中的部分,删除选中对象,结果如图3-103所示。

光标空置时,在绘图区空白处单击,然后在命令行中输入"CP"并按Enter键,即可调用圈围命令,命令行提示如下:

> 指定对角点或 [栏选(F)/圈围(WP)/圈交(CP)]: CP↙
> //选择圈交方式
> 第一圈围点:
> 指定直线的端点或 [放弃(U)]:
> 指定直线的端点或 [放弃(U)]:

圈交对象范围确定后,按Enter键或空格键确认选择。

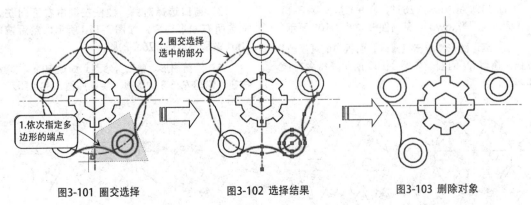

图3-101 圈交选择　　　　图3-102 选择结果　　　　图3-103 删除对象

3.5.7 ▶ 快速选择图形对象

快速选择可以根据对象的图层、线型、颜色和图案填充等特性选择对象，从而可以准确快速地从复杂的图形中选择满足某种特性的图形对象。

选择【工具】→【快速选择】命令，弹出【快速选择】对话框，如图3-104所示。用户可以根据

要求设置选择范围，单击【确定】按钮，完成选择操作。

例如，要选择图3-105中的圆弧，除了手动选择的方法外，就可以利用快速选择工具来进行选取。选择【工具】→【快速选择】命令，弹出【快速选择】对话框，在【对象类型】下拉列表框中选择【圆弧】选项，单击【确定】按钮，选择结果如图3-106所示。

图3-104 【快速选择】对话框

图3-105 示例图形

图3-106 快速选择后的结果

【案例 3-11】 完善间歇轮图形

间歇轮又叫槽轮，常被用来将主动件的连续转动转换成从动件的带有停歇的单向周期性转动，一般用于转速不很高的自动机械、轻工机械或仪器仪表中，像电影放映机的送片机构中就有间歇轮，如图3-107所示。

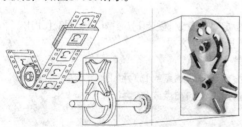

图3-107 间歇轮

1）启动 AutoCAD 2018，打开"第 3 章 \3-11 完善间歇轮图形 .dwg"，素材图形如图3-108 所示。

2）点选图形。单击【修改】面板中的【修剪】按钮，修剪 R9 的圆，如图 3-109 所示。命令行操作如下：

```
命令:_trim
当前设置:投影=UCS, 边=无
选择剪切边...
选择对象或 <全部选择>:找到 1 个
              //选择R26.5的圆
选择对象:
选择要修剪的对象，或按住 Shift 键选择要延伸
的对象，或
[栏选(F)/窗交(C)/投影(P)/边(E)/删除(R)/放弃(U)]:
              //单击R9的圆在R26.5圆外的部分
选择要修剪的对象，或按住 Shift 键选择要延伸
的对象，或
[栏选(F)/窗交(C)/投影(P)/边(E)/删除(R)/放弃(U)]:
              //继续单击其他R9的圆
```

3）窗口选择对象。按住左键由右下向左上框选所有图形对象，如图 3-110 所示；然后按住 Shift 键取消选择 R26.5 的圆。

4）修剪图形。单击【修改】面板中的【修剪】按钮，修剪 R26.5 的圆弧，结果如图 3-111 所示。

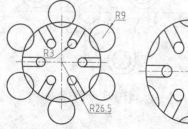

图3-108 素材图形

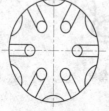

图3-109 修剪对象

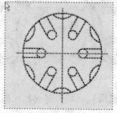

图3-110 框选对象

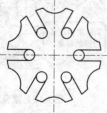

图3-111 修剪结果

5）快速选择对象。选择【工具】→【快速选择】命令，设置【对象类型】为"直线"、【特性】为"图层"、【值】为"0"，如图 3-112 所示。单击【确定】按钮，选择结果如图 3-113 所示。

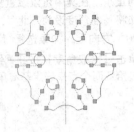

图3-112 设置选择对象　　图3-113 快速选择后的结果

6）修剪图形。单击【修改】面板中的【修剪】按钮，依次单击 R3 的圆，修剪结果如图 3-114 所示。

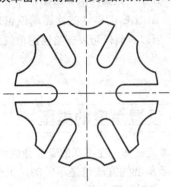

图3-114 修剪结果

3.6 设置图形单位与界限

通常在开始绘制新的图形时，为了绘制出精确图形，首先要设置图形的尺寸和度量单位。

3.6.1 ▶ 设置图形单位

设置绘图环境的第一步就是设定图形的度量单位的类型。单位规定了图形对象的度量方式，可以将设定的度量单位保存在样板中，见表3-2。

表 3-2 度量单位

度量单位	度量示例	描述
分数	32 1/2	整数位加分数
工程	2′ -8.50″	英尺和英寸、英寸部分含小数
建筑	2′ -8 1/2″	英尺和英寸、英寸部分含分数
科学	3.25E+01	基数加幂指数
小数	32.50	十进制整数位加小数位

为了便于不同领域的设计人员进行设计创作，AutoCAD允许灵活更改绘图单位，以适应不同的工作需求。AutoCAD 2016在【图形单位】对话框中设置图形单位。

打开【图形单位】对话框有如下3种方法：

⊕ 应用程序按钮：单击【应用程序】按钮 A，在弹出的快捷菜单中选择【图形实用工具】→【单位】选项，如图3-115所示。

⊕ 菜单栏：选择【格式】→【单位】命令。

⊕ 命令行：UNITS或UN。

执行以上任一种操作后，将打开【图形单位】

对话框，如图3-116所示。在该对话框中，通过【长度】区域内【类型】下拉列表选择需要使用的度量单位类型，默认的度量单位为【小数】，在【精度】下拉列表中可以选择所需的精度，以及从AutoCAD设计中心中插入图块或外部参照时的缩放单位。

图3-115 【应用程序】按钮调用【单位】命令

图3-116 【图形单位】对话框

提示

毫米（mm）是国内机械绘图领域最常用的绘图单位，AutoCAD默认的绘图单位也是毫米（mm），所以有时候可以省略绘图单位设置这一步骤。

3.6.2 ▸ 设置角度的类型

与度量单位一样，在不同的专业领域和工作环境中用来表示角度的方法也是不同的，见表3-3。默认设置是十进制角度。

表 3-3 角度类型

角度类型名称	度量示例	描述
十进制度数	32.5′	整数角度和小数部分角度
度/分/秒	32°30′0″	度、分、秒
百分度	36.1111g	百分度数
弧度	0.5672r	弧度数
勘测单位	N 57d30′ E	勘测（方位）单位

在图3-116所示的【图形单位】对话框中，通过【角度】区域内【类型】下拉列表选择需要使用的度量单位类型，默认的度量单位为【十进制度数】；在【精度】下拉列表中可以选择所需的精度。

要注意的是，角度中的1′是1°的1/60，而1″是1′的1/60。百分度和弧度都只是另外一种表示角度的方法，公制角度的一百分度相当于直角的1/100，弧度用弧长与圆弧半径的比值来度量角度。弧度的范围从0到2p，相当于通常角度中的0°到360°，其中1弧度大约等于57.3°。勘测单位则是以方位角来表示角度的，先以北或南作为起点，然后加上特定的角（度、分、秒）来表示该角相对于正南或正北方向的偏移角，以及偏向哪个方向（东或西）。

另外，在这里更改角度类型的设置并不能自动更改标注中角度类型，需要通过【标注样式管理器】来更改标注。

3.6.3 ▸ 设置角度的测量方法与方向

按照惯例，角度都是按逆时针方向递增的，以向右的方向为0°，也称为东方。可以通过勾选【图形单位】对话框中的【顺时针】选项来改变角

度的度量方向，如图3-117所示。

要改变0°的方向，可以单击【图形单位】对话框中的【方向】按钮 方向(D)... ，打开如图3-118所示的【方向控制】对话框，通过其中的选项来控制角度的起点和测量方向。默认的起点角度为0°，方向正东。在其中可以设置基准角度，即设置0°角，如将基准角度设为"北"，则绘图时的0°实际上在90°方向上。如果选择【其他】单选按钮，则可以单击【拾取角度】按钮 ，切换到图形窗口中，通过拾取两个点来确定基准角0°的方向。

图3-117 【图形单位】对话框 图3-118 【方向控制】对话框

操作技巧

对角度方向的更改会对输入角度以及显示坐标值产生影响，但这不会改变用户坐标系（UCS）设置的绝对坐标值。如果使用动态输入功能，会发现动态输入工具栏提示中显示出来的角度值从来不会超过180°，这个介于0°～180°的值代表的是当前点与0°角水平线之间在顺时针和逆时针方向上的夹角。

3.6.4 ▸ 设置图形界限

AutoCAD的绘图区域是无限大的，用户可以绘制任意大小的图形，但由于现实中使用的图纸均有特定的尺寸（如常见的A4纸大小为297mm×210mm），为了使绘制的图形符合纸张大小，需要设置一定的图形界限。执行设置绘图界限命令操作有以下几种方法：

⊕ 菜单栏：选择【格式】→【图形界限】命令。

⊕ 命令行：LIMITS。

通过以上任一种方法执行图形界限命令后，在命令行输入图形界限的两个角点坐标，即可定义图形界限。而在执行图形界限操作之前，需要激活状态栏中的【栅格】按钮 ，只有启用该功能才能查看图限的设置效果。它确定的区域是可见栅格指示的区域。

【案例 3-12】设置 A4（297 mm×210 mm）的图形界限

1）单击快速访问工具栏中的【新建】按钮，新建文件。

2）选择【格式】→【图形界限】命令，设置图形界限，命令行提示如下：

命令: _limits↙　//调用【图形界限】命令
重新设置模型空间界限:
指定左下角点或 [开(ON)/关(OFF)] <0.0,0.0>:0,0↙
　　　　　　//指定坐标原点为图形界限左下角点
指定右上角点<420.0,297.0>: 297,210↙
　　　　//指定右上角点

3）此时若选择【ON】选项，则绘图时图形不能超出图形界限，若超出系统不予显示；选择【OFF】选项时准予超出界限图形。

4）右击状态栏上的【栅格】按钮▦，在弹出的快捷菜单中选择【网格设置】命令，或在命令行输入 SE 并按 Enter 键，系统弹出【草图设置】对话框，在【捕捉和栅格】选项卡中取消选中【显示超出界限的栅格】复选框，如图 3-119 所示。

5）单击【确定】按钮，设置的绘图界限以栅格的范围显示，如图 3-120 所示。

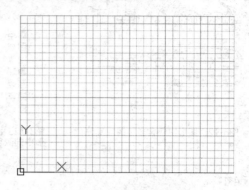

图3-120　以栅格范围显示绘图界限

6）将设置的图形界限 (A4 图纸范围) 放大至全屏显示，如图 3-121 所示，命令行操作如下：

命令: zoom↙　//调用视图缩放命令
指定窗口的角点，输入比例因子 (nX或nXP)，或者
[全部(A)/中心(C)/动态(D)/范围(E)/上一个(P)/比例(S)/窗口(W)/对象(O)] <实时>: A↙
　　　　　　　　//激活【全部】选项

图3-119　【草图设置】对话框

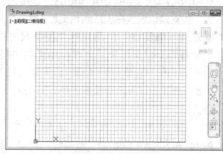

图3-121 全屏显示

3.7 机械图层管理

确定一个图形对象，除了要确定它的几何数据外，还要确定如图层、线型、颜色和线宽等非几何数据。在AutoCAD中可以通过图层的设置，对各图层进行打开、关闭、冻结、解冻、锁定与解锁等操作，来决定各图层的可见性与可操作性。

3.7.1 ▶ 图层在机械设计上的应用

图层工具在实际的机械设计工作中应用非常多，因为一张机械图纸，不管是零件图还是装配图，都含有非常多的信息，如各种外形轮廓线、尺寸标注、文字说明、辅助线和中心线、各种绘图符号（表面粗糙度符号与基准、公差符号）等，如图3-122所示。这些图纸的组成部分根据机械制图国家标准（GB/T 4457.4）的要求，在线宽与线型上均有所区别，在AutoCAD中，还可以对它们设置不同的颜色（见图3-123）来进一步区分。

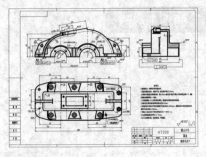

图3-122 图形中包含多种组成部分　　图3-123 图形中的颜色

　　由于对颜色没有硬性要求，因此用户可以按自己的喜好来任意指定图纸的颜色。但是在实际的工作中，机械设计人员对图纸颜色的选用还是逐渐形成了一套比较统一的规范，简单介绍如下。

⊕ 轮廓线（粗实线）：用来绘制图形轮廓的线，在AutoCAD中选用Continuous（连续线）类型，线宽建议设置在0.35mm以上，颜色为黑。

⊕ 标注线（细实线）：用来标注图纸尺寸的线（含各种文字类标注），在AutoCAD中选用Continuous（连续线）类型，线宽建议设置在0.20mm以上（为轮廓线宽度的1/3~1/2），颜色为绿。

⊕ 中心线：用来辅助图形绘制的线，在AutoCAD中选用Center（点画线）类型，线宽同标注线，颜色为红。

⊕ 剖面线：用来表示剖面的线，在AutoCAD中选用Continuous（连续线）类型，线宽同标注线，颜色为黄或者蓝。

⊕ 符号线：用来表示表面粗糙度、几何公差等符号的线，在AutoCAD中选用Continuous（连续线）类型，线宽同标注线，颜色为33（棕褐色）。

⊕ 虚线：用来表示假想图形（如机械的运行轨迹、隔断线等）的线，在AutoCAD中选用Dashed（虚线）类型，线宽同标注线，颜色为洋红。

这些不同的线型、线宽和颜色等，就可以通过AutoCAD中的图层命令来进行设置。

3.7.2 ▶ 新建图层

　　默认情况下，图层0将被指定使用7号颜色（白色或黑色，由背景色决定）、Continuous线型、"默认"线宽及Normal打印样式。在绘图过程中，如果要使用更多的图层来组织图形，就需要先创建新的图层。

　　用户可以通过以下方法来打开【图层特性管理器】面板（见图3-124）：

⊕ 面板：单击【默认】→【图层】→【图层特性】按钮。

⊕ 命令行：输入"Layer / La"命令，并按Enter键。

图3-124 【图层特性管理器】面板

【图层特性管理器】面板中各按钮的含义如下。

⊕ "图层管理器"状态栏："开"（💡|💡）是控制图层的显示和隐藏，处于关闭状态的图层在打印时是无法显示的。"冻结"（❄）是控制图层是否能执行各种命令，冻结后此图层上所有的图形对象均不会显示在绘图区上，可以有效地提高在其他图层绘制图形的速度。"锁定"（🔓|🔒）是控制图层是否能被编辑，锁定后的图层仍会显示在绘图区上，但是已经绘制的对象将无法被编辑，用户可以继续在此图层上绘制图形。"打印"（🖨+🖨）控制此图层是否被打印。

⊕ "新特性过滤器"：单击该按钮，可以从中增加一个或多个图层特性过滤器，如图3-125所示。

⊕ "图层状态管理器"：单击该按钮，从中可以将图层的当前特性设置保存到命名图层状态中，以后可以再恢复该设置，如图3-126所示。

图3-125 【图层过滤器特性】对话框

图3-126 【图层状态管理器】对话框

- ◈ "新建图层"：可以通过此命令建立一个或多个新的图层以辅助绘制图形，图层的名称在图层列表框中，如果要改图层名，单击该图层名，或者按F2键，然后输入新的图层名并按Enter键确认。
- ◈ "删除图层"：在图层列表中选中一图层，执行此命令，将删除此图层。
- ◈ "置为当前"：在图层列表中选中一图层，然后再单击该按钮，刚把此图层置为当前图层。

在【图层特性管理器】面板中单击【新建图层】按钮，或者按Alt+N组合键，在图层的列表中将出现一个名称为"图层1"的新图层。默认情况下，新建图层与当前图层的状态、颜色、线性及线宽等设置相同。

3.7.3 ▸ 重命名图层

执行任一命令后，弹出【图层特性管理器】选项板，如图3-127所示，单击对话框上方的【新建】按钮即可新建一个图层项目。默认情况下，创建的图层会以"图层1""图层2"等顺序进行命名，用户也可以自行输入易辨别的名称，如"轮廓线"和"中心线"等。输入图层名称之后，依次设置该图层对应的颜色、线型和线宽等特性。

设置为当前的图层项目前会出现✔符号。图3-128所示为将粗实线图层置为当前图层，设置颜色为红色、线型为连续线，线宽为0.3mm的结果。

图3-127 【图层特性管理器】选项板

图3-128 粗实线图层

▸ **提示**

若需要快速创建多个图层，可以选择用于编辑的图层名并用逗号隔开输入多个图层名。在输入图层名时，图层名最长可达255个字符，可以是数字、字母或其他字符，但不能允许有 >、<、∧、\、""、：、?、|、=等，否则系统将弹出如图3-129所示的警告框。

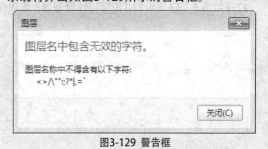

图3-129 警告框

3.7.4 ▸ 设置图层颜色

颜色在图形中具有非常重要的作用，可用来表示不同的组件、功能和区域。图层的颜色实际上是图层中图形对象的颜色。每个图层都拥有自己的颜色，对不同的图层可以设置相同的颜色，也可以设置不同的颜色，这样在绘制复杂图形时就可以很容易区分图形的各部分。

在【图层特性管理器】面板中，在某个图层名称的"颜色"列中单击，即可弹出【选择颜色】对话框，从而可以根据需要选择不同的颜色，如图3-130所示。

型，也有由一些特殊符号组成的复杂线型，以满足不同国家或行业标准的要求。

用户可在【选择线型】对话框中单击【加载】按钮，将打开【加载或重载线型】对话框，从而可以将更多的线型加载到【选择线型】对话框中，以便用户设置图层的线型，如图3-131所示。

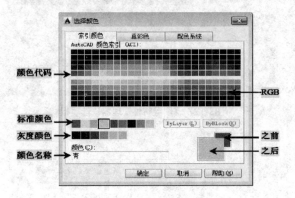

图3-130 【选择颜色】对话框

图3-131 加载或重载线型

3.7.5 ▸ 设置图层线型

线型是指图形基本元素中线条的组成和显示方式，如虚线和实线等。在 AutoCAD 中既有简单线

提示

在AutoCAD中所提供的线型库文件有acad.lin和acadiso.lin。在英制测量系统下使用acad.lin线型库文件中的线型，在公制测量系统下使用acadiso.lin线型库文件中的线型。

【案例 3-13】创建机械绘图常用图层

本案例便以3.7.1节末尾处介绍的简单规范进行图层设置。

1）单击【图层】面板中的【图层特性】按钮，打开如图 3-132 所示的【图层特性管理器】选项板。

图3-132 【图层特性管理器】选项板

图3-133 新建图层

图3-134 重命名图层

2）新建图层。单击【新建】按钮 ，新建"图层 1"，如图 3-133 所示。此时文本框呈可编辑状态，在其中输入文字"中心线"并按 Enter 键，完成中心线图层的创建，如图 3-134 所示。

3）设置图层特性。单击中心线图层对应的【颜色】项目，弹出【选择颜色】对话框，选择红色作为该图层的颜色，如图 3-135 所示。单击【确定】按钮，返回【图层特性管理器】选项板。

4) 单击中心线图层对应的【线型】项目，弹出【选择线型】对话框，如图 3-136 所示。

图3-135 选择图层颜色

图3-136 【选择线型】对话框

5) 加载线型。【选择线型】对话框中没有需要的线型，单击【加载】按钮，弹出【加载或重载线型】对话框，如图 3-137 所示，选择"Center"线型，单击【确定】按钮，将其加载到【选择线型】对话框中，如图 3-138 所示。

图3-137 【加载或重载线型】对话框

图3-138 加载的"Center"线型

6) 选择"Center"线型，单击【确定】按钮即为中心线图层指定了线型。

7) 单击中心线图层对应的【线宽】项目，弹出【线宽】对话框，选择线宽为 0.18mm，如图 3-139 所示，单击【确定】按钮，即为中心线图层指定了线宽。

8) 创建的中心线图层如图 3-140 所示。

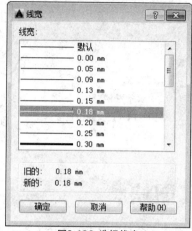

图3-139 选择线宽

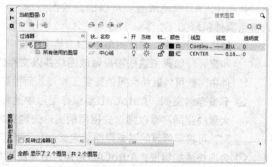

图3-140 创建的中心线图层

9) 重复上述步骤，分别创建【轮廓线】、【标注线】、【剖面线】、【符号线】和【虚线】图层，为各图层选择合适的颜色、线型和线宽特性，结果如图 3-141 所示。

图3-141 创建其余的图层

3.7.6 ▸ 设置图层线宽

用户在绘制图形过程中，应根据绘制的对象不同设置不同的线条宽度，以区分不同对象的特性。在【图层特性管理器】面板中，在某个图层名称的"线宽"列中单击，将弹出【线宽】对话框，在其中选择相应的线宽，然后单击【确定】按钮即可，如图3-142所示。

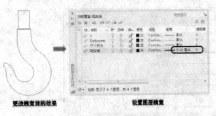 

图3-142 设置线型宽度

当设置了线型的线宽后，应在状态栏中激活【显示/隐藏线宽】按钮，使其由"灰色 ≣ "变成"亮色 ≣ "，才能在视图中显示出所设置的线宽。如果在【线宽设置】对话框中调整了不同的线宽显示比例，则视图中显示的线宽效果也将不同。

执行"线宽（LW）"命令，将弹出【线宽设置】对话框，从而可以通过调整线宽的比例，使图形中的线宽显示得更宽或更窄，如图3-143所示。

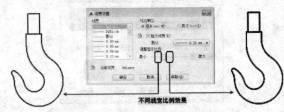

图3-143 显示不同的线宽比例效果

3.8 图块

图块是由多个对象组成的集合并具有块名。通过建立图块，用户可以将多个对象作为一个整体来操作。在AutoCAD中使用图块可以提高绘图效率，节省存储空间，同时还便于修改和重新定义图块。图块的特点具体解释如下：

⊕ 提高绘图效率：在使用AutoCAD绘图过程中，经常需绘制一些重复出现的图形，如建筑工程图中的门和窗等，如果把这些图形做成图块并以文件的形式保存在电脑中，当需要调用时再将其调入到图形文件中，就可以避免大量的重复工作，从而提高工作效率。

⊕ 节省存储空间：AutoCAD要保存图形中的每一个相关信息，如对象的图层、线型和颜色等，都占用大量的空间，可以把这些相同的图形先定义成一个块，然后再插入所需的位置，如在绘制建筑工程图时，可将需修改的对象用图块定义，从而节省大量的存储空间。

⊕ 为图块添加属性：AutoCAD允许为图块创建具有文字信息的属性并可以在插入图块时指定是否显示这些属性。

3.8.1 ▸ 内部块

内部块是存储在图形文件内部的图块，只能在存储文件中使用，而不能在其他图形文件中使用。调用【创建块】命令的方法如下：

⊕ 菜单栏：执行【绘图】→【块】→【创建】命令。

⊕ 命令行：在命令行中输入"BLOCK/B"。

⊕ 功能区：在【默认】选项卡中单击【块】面板中的【创建块】按钮 。

执行上述任一命令后，系统弹出【块定义】对话框，如图3-144所示。在该对话框中设置好块名称、块对象、块基点这3个主要要素即可创建块。

图3-144 【块定义】对话框

该对话框中常用选项的功能介绍如下：

⊕ 【名称】文本框：用于输入或选择块的名称。

⊕ 【拾取点】按钮 ：单击该按钮，系统切换到绘图窗口中拾取基点。

◉ 【选择对象】按钮 ✛：单击该按钮，系统切换到绘图窗口中拾取创建块的对象。

◉ 【保留】单选按钮：创建块后保留源对象不变。

◉ 【转换为块】单选按钮：创建块后将源对象转换为块。

◉ 【删除】单选按钮：创建块后删除源对象。

◉ 【允许分解】复选框：勾选该项，允许块被分解。

创建块之前需要有源图形对象，才能使用 AutoCAD 创建为块。可以定义一个或多个图形对象为图块。

【案例 3-14】创建表面粗糙度内部块

下面以创建表面粗糙度符号为例，具体讲解如何定义创建块。

1）打开素材文件"第 3 章\3-14 创建粗糙度内部图块 .dwg"，素材图形如图 3-145 所示。

2）在命令行中输入"B"，并按 Enter 键，调用【块】命令，系统弹出【块定义】对话框。

3）在【名称】文本框中输入块的名称"表面粗糙度"。

4）在【基点】选项区域中单击【拾取点】按钮 🔲，然后再拾取图形中的下方端点，确定基点位置。

5）在【对象】选项区域中选中【保留】单选按钮，再单击【选择对象】按钮 🔲，返回绘图窗口，

选择要创建块的表面粗糙度符号，然后按 Enter 键或单击鼠标右键，返回【块定义】对话框。

6）在【块单位】下拉列表中选择【毫米】选项，设置单位为毫米。

7）完成参数设置，如图 3-146 所示，单击【确定】按钮保存设置，完成图块的定义。

▶ 提示

【创建块】命令所创建的块保存在当前图形文件中，可以随时调用并插入到当前图形文件中。其他图形文件如果要调用该图块，则可以通过【写块】或【设计中心】来实现。

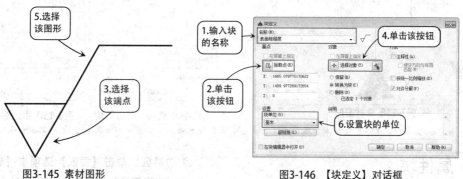

图3-145 素材图形

图3-146 【块定义】对话框

3.8.2 ▶ 外部块

内部块仅限于在创建块的图形文件中使用，当其他文件中也需要使用时，则需要创建外部块，也就是永久块。外部块不依赖于当前图形，可以在任意图形文件中调用并插入。使用【写块】命令可以创建外部块。

调用【写块】命令的方法如下：

◉ 命令行：在命令行中输入"WBLOCK/W"。

执行该命令后，系统弹出【写块】对话框，如图3-147所示。

图 3-147 【写块】对话框

【写块】对话框常用选项介绍如下。

⊕ 【块】：将已定义好的块保存，可以在下拉列表中选择已有的内部块，如果当前文件中没有定义的块，则该单选按钮不可用。

⊕ 【整个图形】：将当前工作区中的全部图形保存为外部块。

⊕ 【对象】：选择图形对象定义为外部块。该项为默认选项，一般情况下选择此项即可。

⊕ 【拾取点】按钮：单击该按钮，系统切换到绘图窗口中拾取基点。

⊕ 【选择对象】按钮：单击该按钮，系统切换到绘图窗口中拾取创建块的对象。

⊕ 【保留】单选按钮：创建块后保留源对象不变。

⊕ 【从图形中删除】：将选定对象另存为文件后，从当前图形中删除它们。

⊕ 【目标】：用于设置块的保存路径和块名。单击该选项组【文件名和路径】文本框右边的按钮，可以在打开的对话框中选择保存路径。

【案例 3-15】创建基准外部块

本例创建好的基准图块不仅存在于素材文件"3-15创建基准外部图块-OK.dwg"中，还存在于所指定的路径（桌面）上。

1）单击快速访问工具栏中的【打开】按钮，打开第2章所绘制好的基准符号，即素材文件"第 2 章\2-1 绘制一个简单的图形 .dwg"，素材图形如图 3-148 所示。

2）在命令行中输入"WB"，打开【写块】对话框，在【源】选项区域选择【块】复选框，然后在其右侧的下拉列表框中选择"基准"块，如图 3-149 所示。

3）指定保存路径。在【目标】选项区域单击【文件名和路径】文本框右侧的按钮，在弹出的对话框中选择保存路径，将其保存于桌面上，如图 3-150 所示。

4）单击【确定】按钮，完成外部块的创建。

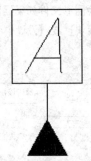

图3-148 素材图形

图3-149 选择"基准"块　　图3-150 指定保存路径

3.8.3 ▶ 属性块

图块包含的信息可以分为两类：图形信息和非图形信息。块属性是图块的非图形信息，如办公室工程中定义办公桌图块，每个办公桌的编号、使用者等属性。块属性必须和图块结合在一起使用，在图纸上显示为块实例的标签或说明，单独的属性是没有意义的。

❶ 创建块属性

在AutoCAD中添加块属性的操作主要分为三步：

1）定义块属性。

2）在定义图块时附加块属性。

3）在插入图块时输入属性值。

定义块属性必须在定义块之前进行。定义块属性的命令启动方式有：

⊕ 功能区：单击【插入】选项卡【属性】面板【定义属性】按钮，如图3-151所示。

⊕ 菜单栏：单击【绘图】→【块】→【定义属性】命令，如图3-152所示。

⊕ 命令行：ATTDEF或ATT。

图3-151 定义块属性面板按钮　　图3-152 定义块属性菜单命令

执行上述任一命令后，系统弹出【属性定义】对话框，如图3-153所示。然后分别填写【标记】、【提示】与【默认】文本框，再设置好文字位置与对齐等属性，单击【确定】按钮，即可创建一块属性。

【属性定义】对话框中常用选项的含义如下。

⊕ 【属性】：用于设置属性数据，包括【标记】、【提示】、【默认】三个文本框。

⊕ 【插入点】：该选项组用于指定块属性的位置。

⊕ 【文字设置】：该选项组用于设置属性文字的对正、样式、高度和旋转。

2. 修改属性定义

直接双击块属性，系统弹出【增强属性编辑器】对话框。在【属性】选项卡的列表中选择要修改的文字属性，然后在下面的【值】文本框中输入块中定义的标记和值属性，如图3-154所示。

图3-153 【属性定义】对话框

图3-154 【增强属性编辑器】对话框

【增强属性编辑器】对话框中各选项卡的含义如下：

⊕ 【属性】：显示了块中每个属性的标识、提示和值。在列表框中选择某一属性后，在【值】文本框中将显示出该属性对应的属性值，可以通过它来修改属性值。

⊕ 【文字选项】：用于修改属性文字的格式，该选项卡如图3-155所示。

⊕ 【特性】：用于修改属性文字的图层以及其线宽、线型、颜色及打印样式等，该选项卡如图3-156所示。

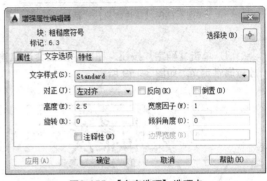

图3-155 【文字选项】选项卡

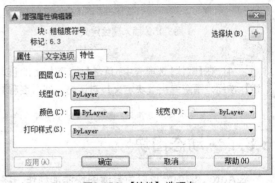

图3-156 【特性】选项卡

【案例 3-16】创建表面粗糙度属性块

表面粗糙度符号在图形中形状相似，仅数值不同，因此可以创建为属性块，在绘图时直接调用，然后输入具体数值即可。该方法方便快捷，具体步骤如下：

1）打开素材文件"第 3 章 \3-16 创建粗糙度属性块 .dwg"，素材图形中已绘制好了一表面粗糙度符号，如图 3-157 所示。

2）在【默认】选项卡中单击【块】面板上的【定义属性】按钮 ，系统弹出【属性定义】对话框，定义属性参数，如图 3-158 所示。

图3-157 素材图形

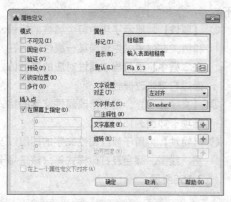

图3-158 【属性定义】对话框

3）单击【确定】按钮，在水平线上合适位置放置属性定义，如图 3-159 所示。

图3-159 插入属性定义

4）在【默认】选项卡中，单击【块】面板上的【创建】按钮，系统弹出【块定义】对话框。在【名称】

下拉列表框中输入"粗糙度"；单击【拾取点】按钮，拾取三角形的下角点作为基点；单击【选择对象】按钮，选择符号图形和属性定义，如图 3-160 所示。

图3-160 【块定义】对话框

5）单击【确定】按钮，便会打开【编辑属性】对话框，在其中便可以灵活输入所需的表面粗糙度数值，如图 3-161 所示。

6）单击【确定】按钮，表面粗糙度属性块创建完成，如图 3-162 所示。

图3-161 【编辑属性】对话框　图3-162 表面粗糙度属性块

3.8.4 ▸ 动态图块

在AutoCAD中，可以为普通图块添加动作，将其转换为动态图块。动态图块可以直接通过移动动态夹点来调整图块大小、角度，避免了频繁的参数输入或命令调用（如缩放、旋转、镜像命令等），使图块的操作变得更加轻松。

创建动态图块的步骤有两步：一是往图块中添

加参数，二是为添加的参数添加动作。动态图块的创建需要使用【块编辑器】。【块编辑器】是一个专门的编写区域，用于添加能够使图块成为动态图块的元素。

调用【块编辑器】命令的方法如下：
⊕ 菜单栏：执行【工具】→【块编辑器】命令。
⊕ 命令行：在命令行中输入"BEDIT/BE"。
⊕ 功能区：在【插入】选项卡中单击【块】面板中的【块编辑器】按钮。

【案例 3-17】创建基准动态图块

在【实例 3-15】中，已经介绍了如何创建普通的基准块，但是在一些复杂的图纸中可能存在多个基准，而且要求基准能够被适当拉长或旋转一定角度，以满足不同的标注需要，这时就可以创建基准的动态图块来完成。

1）可延续【实例 3-15】进行操作，也可打

开素材文件"第 3 章 \3-15 创建基准外部图块 -OK.dwg"，素材图形如图 3-163 所示。

2）选中该图块，然后右击，在弹出的快捷菜单中选择【块编辑器】命令，如图 3-164 所示，进入块编辑模式，此时绘图窗口变为浅灰色。

3）在【块编写选项板】右侧单击【参数】选

项卡，再单击【旋转】按钮，如图 3-165 所示，为块添加旋转参数。

图 3-163 素材　　图 3-164 选择　　图 3-165 单击
文件　　　　　　【块编辑器】　　　　【旋转】按钮

4）为图块添加一个旋转参数，命令行操作如下：

命令: _BParameter 旋转 //执行【旋转参数】命令
指定基点或 [名称(N)/标签(L)/链(C)/说明(D)/选项板(P)/值集(V)]:
//选择底边中点为基点，如图 3-166所示
指定参数半径:
//拖动指针指定任意长度为半径即可，如图 3-167所示
指定默认旋转角度或 [基准角度(B)] <0>:✓
//使用默认旋转角度0°，即360°，如图 3-168所示
//自动退出旋转参数命令

图 3-166 指定旋　　图 3-167 指定　　图 3-168 指定
转基点　　　　旋转的参数半径　　所需的旋转角度

5）接着在【块编写选项板】中单击【动作】选项卡中的【旋转】按钮，如图 3-169 所示，根据提示为旋转参数添加一个旋转动作，命令行操作如下：

命令: _BActionTool 旋转
选择参数:
//选择上一步创建的旋转参数，如图 3-170所示
指定动作的选择集
选择对象: 找到 0 个
选择对象: 找到 8 个，总计 8 个
//选择基准符号的所有线条作为动作对象，如图 3-171所示

选择对象:✓
//按Enter键完成操作，得到的旋转动作效果如图 3-172所示

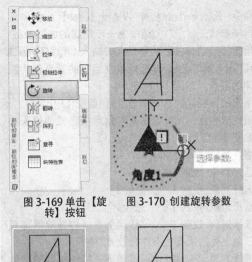

图 3-169 单击【旋　　图 3-170 创建旋转参数
转】按钮

图 3-171 选择整个基准　　图 3-172 得到的旋转动
符号图形　　　　　　作效果

6）按相同方法，单击【参数】选项卡中的【线性】按钮，为图块添加一个线性参数，命令行操作如下：

命令: _BParameter 线性
指定起点或[名称(N)/标签(L)/链(C)/说明(D)/基点(B)/选项板(P)/值集(V)]: //选择如图3-173所示的端点
指定端点: //选择如图3-174所示的端点
指定标签位置: //拖动标签，在合适位置单击放置线性标签，得到线性参数，如图 3-175所示

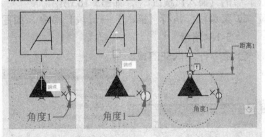

图 3-173 指定　　图 3-174 指定　　图 3-175 得到
下侧端点　　　　上侧端点　　　　的线性参数

7）接着在【块编写选项板】中单击【动作】选项卡中的【拉伸】按钮，为线性参数添加一个拉伸动作，命令行操作如下：

命令:_BActionTool 拉伸 //执行【拉伸】命令
选择参数： //选择上一步创建的线性参数
指定要与动作关联的参数点或输入 [起点(T)/第二点(S)] <第二点>：//选择线性标签的端点作为拉伸的基点，如图 3-176 所示
指定拉伸框架的第一个角点或 [圈交(CP)]：
指定对角点： //由两对角点指定拉伸框架，如图 3-177 所示
指定要拉伸的对象
选择对象: 找到 1 个
选择对象: 找到 1 个，总计2个
选择对象: 找到 1 个，总计3个
选择对象: 找到 1 个，总计4个 //选除底部黑三角之外的所有线条作为拉伸对象
选择对象: ✓//按Enter键结束选择，得到的拉伸动作效果如图 3-178 所示

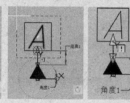

图 3-176 指定拉伸的基点　　图 3-177 框选要拉伸的对象　　图 3-178 得到的拉伸动作效果

8）单击绘图区上方的【关闭块编辑器】按钮，弹出【块 - 是否保存参数更改？】对话框，单击【保存更改】按钮，完成动态块的创建，如图 3-179 所示。

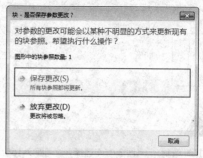

图 3-179 保存提示

选中创建的块，块上显示一个三角形拉伸夹点和一个圆形旋转夹点，如图3-180所示。拖动三角形拉伸夹点可以修改引线长度，如图3-181所示；拖动圆形的旋转夹点可以修改基准符号的角度，如图3-182所示。

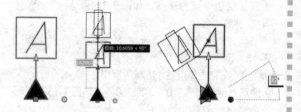

图 3-180 块的夹点显示　　图 3-181 拖动三角夹点可改变长度　　图 3-182 拖动圆形夹点可修改角度

3.8.5 ▶ 插入块

块定义完成后，就可以插入与块定义关联的块实例了。启动【插入块】命令的方式有。

⊕ 功能区：单击【插入】选项卡【注释】面板中的【插入】按钮，如图3-183所示。

⊕ 菜单栏：执行【插入】→【块】命令，如图3-184所示。

⊕ 命令行：INSERT或I。

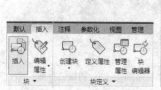

图3-183 插入块工具按钮

图3-184 插入块菜单命令

执行上述任一命令后，系统弹出【插入】对话框，如图3-185所示。在其中选择要插入的图块再返回绘图区指定基点即可。各选项含义说明如下。

⊕ 【名称】下拉列表框：用于选择块或图形名称。可以单击其后的【浏览】按钮，从系统弹出的【打开图形文件】对话框中选择保存的块和外部图形。

⊕ 【插入点】选项区域：设置块的插入点位置。

⊕ 【比例】选项区域：用于设置块的插入比例。

⊕ 【旋转】选项区域：用于设置块的旋转角度。可直接在【角度】文本框中输入角度值，也可以通过选中【在屏幕上指定】复选框，在屏幕上指定旋转角度。

⊕ 【分解】复选框：可以将插入的块分解成块的各基本对象。

【案例 3-18】插入螺钉图块

在如图3-186所示的通孔图形中插入定义好的"螺钉"块。因为定义的螺钉图块公称直径为10mm，该通孔的直径仅为6mm，因此该图块应缩小至原来的0.6倍。

1）打开素材文件"第 3 章\3-18 插入螺钉图块.dwg"，素材图形中已经绘制好了一通孔，如图 3-186 所示。

2）调用 I【插入】命令，系统弹出【插入】对话框。

3）选择需要插入的内部块。打开【名称】下拉列表框，选择【螺钉】图块。

4）确定缩放比例。勾选【统一比例】复选框，在【X】文本框中输入"0.6"，如图 3-187 所示。

5）确定插入基点位置。勾选【在屏幕上指定】复选框，单击【确定】按钮退出对话框。插入块实例到图 3-168 所示的 B 点位置，结果如图 3-188 所示。

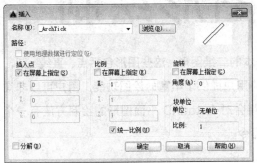

图3-185 【插入】对话框

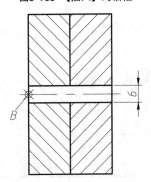

图3-186 素材图形

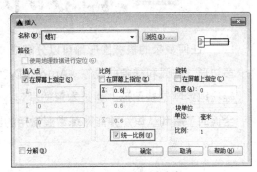

图3-187 设置插入参数

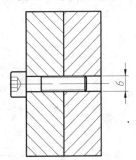

图3-188 绘制完成

第**4**章
二维机械图形绘制

任何复杂的机械图形都可以分解成多个基本的二维图形，这些图形包括点、直线、圆、多边形、圆弧和样条曲线等，AutoCAD 2018 为用户提供了丰富的绘图功能，用户可以非常轻松地绘制这些图形。通过本章的学习，读者将会对 AutoCAD 平面图形的绘制方法有一个全面的了解和认识，并能熟练掌握常用的绘图命令。

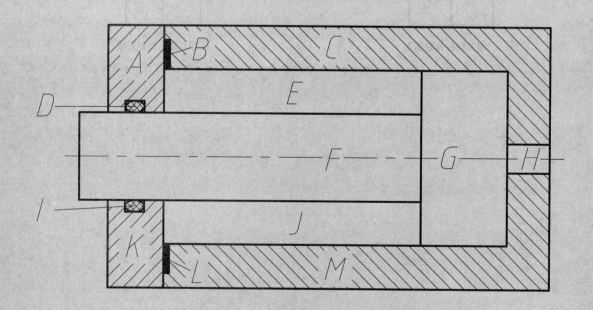

4.1 绘制点

点是所有图形中最基本的图形对象，可以用来作为捕捉和偏移对象的参考点。在AutoCAD 2018中，可以通过单点、多点、定数等分和定距等分4种方法创建点对象。

4.1.1 ▶ 点样式

从理论上来讲，点是没有长度和大小的图形对象。在AutoCAD中，系统默认情况下绘制的点显示为一个小圆点，在屏幕中很难看清，因此可以使用【点样式】设置调整点的外观形状，也可以调整点的尺寸大小，以便根据需要让点显示在图形中。在绘制单点、多点、定数等分点或定距等分点之后，我们经常需要调整点的显示方式，以方便对象捕捉，绘制图形。

执行【点样式】命令的方法有以下几种：

⊙ 功能区：单击【默认】选项卡【实用工具】面板中的【点样式】按钮 📝 点样式... ，如图4-1所示。

⊙ 菜单栏：选择【格式】→【点样式】命令。

⊙ 命令行：DDPTYPE。

执行该命令后，将弹出如图4-2所示的【点样式】对话框，可以在其中设置共计20种点的显示样式和大小。

图4-1 【点样式】按钮

图4-2 【点样式】对话框

【点样式】对话框中各选项的含义说明如下。

⊙ 【点大小（S）】文本框：用于设置点的显示大小，与下面的两个选项有关。

⊙ 【相对于屏幕设置大小（R）】单选框：用于按AutoCAD绘图屏幕尺寸的百分比设置点的显示大小，在进行视图缩放操作时，点的显示大小并不改变，在命令行输入"RE"命令即可重生成，始终保持与屏幕的相对比例，如图4-3所示。

⊙ 【按绝对单位设置大小（A）】单选框：使用实际单位设置点的大小，同其他的图形元素（如直线、圆），当进行视图缩放操作时，点的显示大小也会随之改变，如图4-4所示。

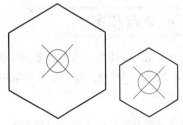

图4-3 视图缩放时点大小相对于屏幕不变

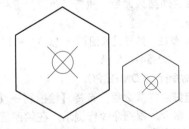

图4-4 视图缩放时点大小随图形改变

【案例 4-1】设置点样式绘制棘轮

棘轮是一种外缘或内缘上具有刚性齿形表面或摩擦表面的齿轮，是组成棘轮机构的重要构件，如图4-5所示。棘轮机构常用在各种机床和自动机中间歇进给或回转工作台的转位上。本例便是通过设置点样式进行定位，然后来绘制棘轮。

1）打开素材文件"第4章\4-1 设置点样式绘制棘轮.dwg"，素材图形中已经绘制好了两个辅

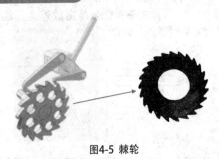

图4-5 棘轮

助圆和一轮廓孔，且图形在合适位置已经创建好了点，但并没有设置点样式，如图 4-6 所示。

2）在【默认】选项卡中单击【实用工具】面板中的【点样式】按钮 点样式..., 在弹出的【点样式】对话框中选择点样式为 ⊕, 如图 4-7 所示。

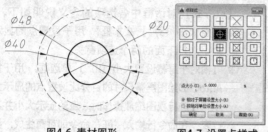

图4-6 素材图形　　　　图4-7 设置点样式

3）单击【确定】按钮，关闭对话框，返回绘图区图形，结果如图 4-8 所示。

4）利用【直线】命令绘制轮齿。单击【绘图】面板的【直线】按钮 ✏，连接内外圆相邻的点，绘制轮齿，如图 4-9 所示。

5）删去多余图形后结果如图 4-10 所示。

图4-8 显示点　　图4-9 绘制齿轮　　图4-10 最终
样式的图形　　　　　　　　　　　　图形

▶ 提示

在自行车中棘轮机构用于单向驱动，在手动绞车中棘轮机构常用以防止逆转。棘轮机构工作时常伴有噪声和振动，因此它的工作频率不能过高。

4.1.2 ▶ 单点和多点

在 AutoCAD 2018 中，点的绘制通常使用【多点】命令来完成，【单点】命令已不太常用。

① 单点

绘制单点就是执行一次命令只能指定一个点，指定完后自动结束命令。执行【单点】命令有以下几种方法：

- 菜单栏：选择【绘图】→【点】→【单点】命令，如图 4-11 所示。
- 命令行：PONIT 或 PO。

设置好点样式之后，选择【绘图】→【点】→【单点】命令，根据命令行提示，在绘图区任意位置单击，即完成单点的绘制，结果如图 4-12 所示。命令行操作如下：

命令: _point
当前点模式: PDMODE=33 PDSIZE=0.0000
指定点:　　//在任意位置单击放置点，放置后便自动结束【单点】命令

② 多点

绘制多点就是执行一次命令后可以连续指定多个点，直到按 Esc 键结束命令。执行【多点】命令有以下几种方法：

- 功能区：单击【绘图】面板中的【多点】按钮 ·，如图 4-13 所示。
- 菜单栏：选择【绘图】→【点】→【多点】命令。

设置好点样式之后，单击【绘图】面板中的【多点】按钮 ·，根据命令行提示，在绘图区任意 6 个位置单击，按 Esc 键退出，即可完成多点的绘制，结果如图 4-14 所示。命令行操作如下：

命令: _point
当前点模式: PDMODE=33 PDSIZE=0.0000 //在任意位置单击放置点
指定点: *取消*　　//按 Esc 键完成多点绘制

图4-11 菜单栏中的【单点】　　　图4-12 绘制单点

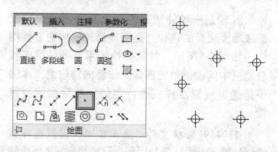

图4-13 【绘图】面板中的　　　图4-14 绘制多点
【多点】按钮

4.1.3 ▶ 定数等分

定数等分是将对象按指定的数量分为等长的多段，并在各等分位置生成点。执行【定数等分】命令的方法有以下几种。

- ✧ 功能区：单击【绘图】面板中的【定数等分】按钮 ，如图4-15所示。
- ✧ 菜单栏：选择【绘图】→【点】→【定数等分】命令。
- ✧ 命令行：DIVIDE或DIV。

执行命令后，命令行操作步骤提示如下：

命令: _divide   //执行【定数等分】命令
选择要定数等分的对象： //选择要等分的对象，可以是直线、圆、圆弧、样条曲线、多段线
输入线段数目或 [块(B)]: //输入要等分的段数

命令行中部分选项说明如下：

- ✧ "输入线段数目"：该选项为默认选项，输

入数字即可将被选中的图形进行平分，如图4-16所示。

- ✧ "块（B）"：该命令可以在等分点处生成用户指定的块，如图4-17所示。

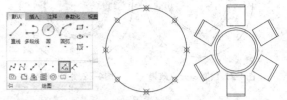

图4-15 【定数等分】按钮　　图4-16 以点定数等分　　图4-17 以块定数等分

▶ 提示

在命令操作过程中，命令行有时会出现"输入线段数目或 [块(B)]:"这样的提示，其中的英文字母如"块（B）"等是执行各选项命令的输入字符。如果我们要执行"块（B）"选项，只需在该命令行中输入"B"即可。

【案例 4-2】通过【定数等分】绘制轴承端盖

轴承端盖是安装在减速器箱体上的一类零件，如图4-18所示。其作用一是轴向固定轴承，二是起密封保护作用，防止尘土等进入轴承造成损坏。通常轴承端盖是通过小螺钉固定在机体上的，如果直接固定在轴上则会使密封件直径加大，影响密封效果。

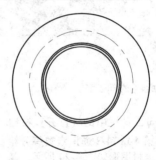　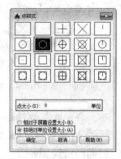

图4-19 素材图形　　图4-20 设置点样式

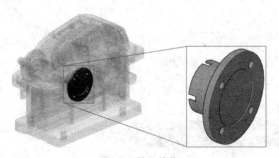

图4-18 轴承端盖

1）打开素材文件"第 4 章 \4-2 定数等分 .dwg"，素材图形如图 4-19 所示。

2）设置点样式。在命令行中输入"DDPTYPE"，调用【点样式】命令，系统弹出【点样式】对话框，根据需要，在对话框中选择第二排右数第二的形状，然后点选【按绝对单位设置大小】单选框，输入点大小为"8"，如图 4-20 所示。

3）在【默认】选项卡中单击【绘图】面板中的【定数等分】按钮 ，调用【定数等分】命令，选择中心线圆作为等分对象，输入项目数 "4"，按 Enter 键完成定数等分，结果如图 4-21 所示。命令行操作如下：

命令: _DIVIDE   //调用【定数等分】命令
选择要定数等分的对象：   //选择中心线圆
输入线段数目或 [块(B)]: 4✓ //输入要等分的段数
                //按Esc键退出

4）此处的点外观近似圆形，但并非真正的圆，因此无法标注半径或直径。待学习了4.3.1节的【圆】命令后，读者可以以这些点为圆心来绘制⌀8 的圆，作为真正的孔特征，其效果图 4-22 所示。

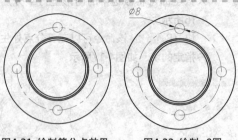

图4-21 绘制等分点效果　　图4-22 绘制∅8圆

相关链接：此类图形还可以通过【阵列】命令进行绘制，详见本书第5章的5.4节。

【案例 4-3】通过【定数等分】绘制椭圆齿轮

定数等分除了绘制点外，还可以通过指定【块】来对图形进行编辑，类似于【阵列】命令，但在某些情况下较【阵列】灵活，如非标图形（椭圆、样条曲线等）的等分。椭圆齿轮是非圆齿轮的一种，比较少见，可以产生变化的输出转速，一般多用于油泵上，如图4-23所示。

图4-23 油泵内的椭圆齿轮

1）单击快速访问工具栏中的【打开】按钮 ，打开素材文件"第 4 章 \4-3 通过定数等分绘制椭圆齿轮 .dwg"，素材图形如图 4-24 所示，其中已经创建好了名为"齿形"的块。

2）在【默认】选项卡中单击【绘图】面板中

的【定数等分】按钮 ，根据命令提示，绘制图形，命令行操作如下：

```
命令:_divide        //调用【定数等分】命令
选择要定数等分的对象：   //选择桌子边
输入线段数目或 [块(B)]: B✓
              //选择"B(块)"选项
输入要插入的块名: 齿形✓  //输入"齿形"图块名
是否对齐块和对象？[是(Y)/否(N)] <Y>: ✓
              //单击Enter键
输入线段数目: 30✓    //输入等分数为30
```

3）创建定数等分的结果如图 4-25 所示。学习了后面章节的编辑命令后，还可以对图形进一步完善。

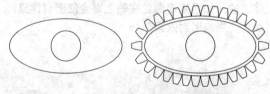

图4-24 素材图形　　　　图4-25 定数等分结果

【案例 4-4】通过【定数等分】获取加工点

机械行业中经常会用到一些具有曲线外形的零件，如常见的机床手柄，如图4-26所示。要加工这类零件，势必需要获取曲线轮廓上的若干点来作为加工、检验尺寸的参考，如图4-27所示，此时就可以通过定数等分的方式来获取这些点。点的数量越多，轮廓就越精细，但加工、质检时工作量就越大，因此推荐等分点数在5~10之间。

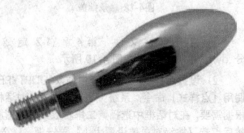

图4-26 机床手柄

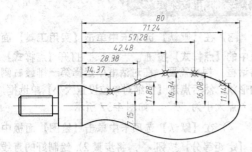

图4-27 加工与测量的参考点

1）打开素材文件"第 4 章 \4-4 通过定数等分获取加工点 .dwg"，素材图形中已经绘制好了一手柄零件图形，如图 4-28 所示。

2）重新定义坐标原点。要得到各加工点的准确坐标，就必须先定义坐标原点，即数控加工中的"对刀点"。在命令行中输入"UCS"，单击 Enter 键，可见 UCS 坐标为于十字光标上，然后将其放置在手柄曲线的起端，如图 4-29 所示。

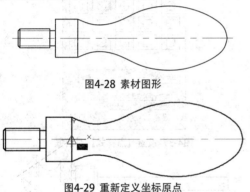

图4-28 素材图形

图4-29 重新定义坐标原点

3）执行定数等分。单击 Enter 键放置 UCS 坐标，接着单击【绘图】面板中的【定数等分】按钮，选择上方的曲线（上、下两曲线对称，故选其中一条即可），输入项目数"6"，按 Enter 键完成定数等分，如图 4-30 所示。

4）获取点坐标。在命令行中输入"LIST"，选择各等分点，然后单击 Enter 键，即在命令行中得到点坐标，如图 4-31 所示。

5）这些坐标值即为各等分点相对于新指定原点的坐标，可用作加工或质检的参考。

图4-30 定数等分

图4-31 通过"LIST"命令获取点坐标

4.1.4 ▶ 定距等分

定距等分是将对象分为长度为指定值的多段，并在各等分位置生成点。执行【定距等分】命令的方法有以下几种：

⊕ 功能区：单击【绘图】面板中的【定距等分】按钮，如图4-32所示。

⊕ 菜单栏：选择【绘图】→【点】→【定距等分】命令。

⊕ 命令行：MEASURE或ME。

执行命令后，命令行操作步骤提示如下：

命令:_measure //执行【定距等分】命令
选择要定距等分的对象： //选择要等分的对象，可以是直线、圆、圆弧、样条曲线、多段线
指定线段长度或 [块(B)]: //输入要等分的单段长度

命令行中部分选项说明如下：

⊕ "指定线段长度"：该选项为默认选项，输入的数字即为分段的长度，如图4-33所示。

⊕ "块（B）"：该命令可以在等分点处生成用户指定的块。

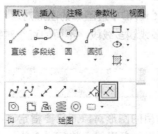

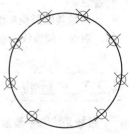

图4-32 【定距等分】按钮　　图4-33 定距等分效果

【案例 4-5】设置【点样式】绘制油标刻度线

油标是减速器中的常见配件，主要用来帮助工作人员检查机体内润滑油脂的保存情况。在油标上通常会设计有刻度线，借此即可准确定义含油量是否足以支持减速器继续工作，如图4-34所示。

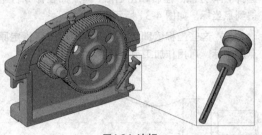

图4-34 油标

1）打开素材文件"第 4 章\4-5 设置点样式绘制油标刻度线.dwg"，素材图形中已经绘制好了油标的图形，如图 4-35 所示。

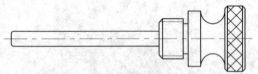

图4-35 素材图形

2）执行 L【直线】命令，沿着油标中心线绘制一辅助线作为刻度线，如图4-36 所示。

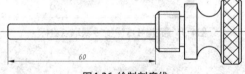

图4-36 绘制刻度线

3）在【默认】选项卡中单击【实用工具】面板中的【点样式】按钮 ✎ 点样式...，打开【点样式】对话框，根据需要，在对话框中选择第一排最右侧的形状，然后点选【按绝对单位设置大小】单选框，输入点大小为"3"，如图4-37 所示。

4）在【默认】选项卡中单击【绘图】面板中的【定距等分】按钮 ✎，将步骤 2）绘制好的直线段按每段 10mm 长进行分段，结果如图 4-38 所示。命令行操作如下：

```
命令: ME✓              //调用【定距等分】命令
选择要定数等分的对象: //选择直线
输入线段数目或 [块(B)]: 10✓ //输入等分的距离
                        //按Esc键退出
```

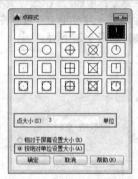

图4-37 设置【点样式】对话框

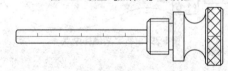

图4-38 生成刻度

4.2 绘制直线类图形

直线类图形是AutoCAD中最基本的图形对象，在AutoCAD中，根据用途的不同，可以将线分类为直线、射线、构造线、多线和多线段。不同的直线对象具有不同的特性，下面进行详细讲解。

4.2.1 ▸ 直线

直线是绘图中最常用的图形对象，只要指定了起点和终点，就可绘制出一条直线。执行【直线】命令的方法有以下几种：

功能区：单击【绘图】面板中的【直线】按 钮

✎

⊕ 菜单栏：选择【绘图】→【直线】命令。

⊕ 命令行：LINE或L。

执行命令后，命令行操作步骤提示如下：

命令: _line　　　//执行【直线】命令
指定第一个点:　　//输入直线段的起点,用鼠标指
定点或在命令行中输入点的坐标
指定下一点或 [放弃(U)]: //输入直线段的端点。也
可以用鼠标指定一定角度后,直接输入直线的长度
指定下一点或 [放弃(U)]:　//输入下一直线段的端
点。输入"U"表示放弃之前的输入
指定下一点或 [闭合(C)/放弃(U)]:　//输入下一直线
段的端点。输入"C"使图形闭合,或按Enter键结
束命令

命令行中部分选项说明如下:

1)"指定下一点":当命令行提示"指定下一点"
时,用户可以指定多个端点,从而绘制出多条直线段。

每一段直线都是一个独立的对象,可以进行单独的编
辑操作,如图 4-39 所示。

2)"闭合(C)":绘制两条以上直线段后,
命令行会出现"闭合(C)"选项。此时如果输入"C",
则系统会自动连接直线命令的起点和最后一个端点,
从而绘制出封闭的图形,如图 4-40 所示。

3)"放弃(U)":命令行出现"放弃(U)"
选项时,如果输入"U",则会擦除最近一次绘制的直
线段,如图 4-41 所示。

图4-39 每一段直线均可单独编辑　图4-40 输入"C"绘制封闭图形　图4-41 输入"U"重新绘制直线

【案例 4-6】使用【直线】命令绘制连杆机构

直线是应用最多的设计图形,大部分的零
件外形轮廓都会以直线表示(尤其是剖面图),
除此之外还有中心线、剖面线等辅助线条。另外
在机械原理图中,直线还可以用来表示连杆、固
定臂等,用以绘制机构的运动简图,如图4-42所
示。

1)打开素材文件"第 4 章 \4-6 使用直线绘
制连杆机构 .dwg",素材图形中已创建好了 4 个节
点,如图 4-43 所示。

命令: _LINE　　//单击【直线】按钮
指定第一个点: //移动至点A,单击鼠标左键
指定下一点或 [放弃(U)]:
　　　　//移动至点B,单击鼠标左键
指定下一点或 [放弃(U)]:
　　　　//移动至点C,单击鼠标左键
指定下一点或 [闭合(C)/放弃(U)]:
　　　　//移动至点D,单击鼠标左键
指定下一点或 [闭合(C)/放弃(U)]: C
　　　　//输入"C",闭合图形

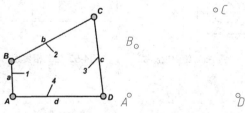

图4-42 连杆机构　　图4-43 素材图形

2)单击【绘图】面板中的【直线】按钮,
可以连续绘制多条相连直线,输入数值可以绘制指定
长度的直线。如需绘制图 4-44 所示的图形,则命
令行操作如下:

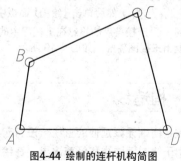

图4-44 绘制的连杆机构简图

4.2.2 ▶ 射线

射线是一端固定而另一端无限延伸的直线,它
只有起点和方向,没有终点。射线在AutoCAD中使
用较少,通常用来作为辅助线,尤其在机械制图中

可以作为三视图的投影线使用。

执行【射线】命令的方法有以下几种:
⊕ 功能区:单击【绘图】面板中的【射线】按钮
。
⊕ 菜单栏:选择【绘图】→【射线】命令。
⊕ 命令行:RAY。

【案例 4-7】根据投影规则绘制相贯线

两立体表面的交线称为相贯线，如图4-45所示。它们的表面（外表面或内表面）相交，均出现了箭头所指的相贯线，在画该类零件的三视图时，必然涉及绘制相贯线的投影问题。

相贯线　　　　相贯线　　　　相贯线

图4-45 相贯线

1）打开素材文件"第 4 章 \4-7 根据投影规则绘制相贯线 .dwg"，素材图形中已经绘制好了零件的左视图与俯视图，如图 4-46 所示。

2）绘制投影线。单击【绘图】面板中的【射线】按钮，以左视图中各端点与交点为起点，向左绘制射线，如图4-47所示。

3）绘制投影线。按相同方法，以俯视图中各端点与交点为起点，向上绘制射线，如图4-48所示。

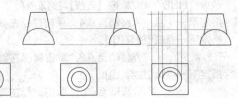

图4-46 素材　　图4-47 绘制水　　图4-48 绘制竖
图形　　　　　平投影线　　　　直投影线

4）绘制主视图轮廓。绘制主视图轮廓之前，先要分析出俯视图与左视图中各特征点的投影关系（俯视图中的点，如 1、2 等，即相当于左视图中的点 1′、2′，下同），然后单击【绘图】面板中的【直线】按钮，连接各点的投影在主视图中的交点，即可绘制出主视图轮廓，如图 4-49 所示。

5）求一般交点。目前所得的图形还不足以绘制出完整的相贯线，因此需要另外找出 2 点，借以绘制出投影线来获取相贯线上的点（原则上 5 点才能确定一条曲线）。按"长对正、宽相等、高平齐"的原则，在俯视图和左视图绘制如图 4-50 所示的两条直线，删除多余射线。

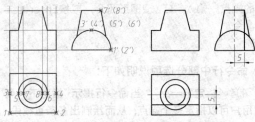

图4-49 绘制主视图轮廓　　图4-50 绘制辅助线

6）绘制投影线。以辅助线与图形的交点为起点，分别使用【射线】命令绘制投影线，如图4-51 所示。

7）绘制相贯线。单击【绘图】面板中的【样条曲线】按钮，连接主视图中各投影线的交点，即可得到相贯线，如图 4-52 所示。

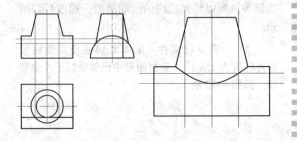

图4-51 绘制投影线　　　图4-52 绘制相贯线

4.2.3 ▶ 构造线

构造线是两端无限延伸的直线，没有起点和终点，主要用于绘制辅助线和修剪边界。在绘制具体的零件图或装配图时，可以先创建两根互相垂直的构造线作为中心线。构造线只需指定两个点即可确定位置和方向。执行【构造线】命令的方法有以下几种：

◈ 面板：单击【绘图】面板中的【构造线】按钮。

◈ 菜单栏：选择【绘图】→【构造线】命令。

◈ 命令行：XLINE或XL。

执行该命令后提示如下：

命令：_xline
指定点或[水平(H)/垂直(V)/角度(A)/二等分(B)/偏移(O)]：

选择【水平】或【垂直】选项，可以绘制水平和垂直的构造线，如图4-53所示；选择【角度】选项，可以绘制一定倾斜角度的构造线，如图4-54所示。

选择【二等分】选项，可以绘制两条相交直线的角平分线，如图4-55所示。绘制角平分线时，使用捕捉功能依次拾取顶点*O*、起点*A*和端点*B*即可。

选择【偏移】选项，可以由已有直线偏移出平行线。该选项的功能类似于【偏移】命令。可以通过输入偏移距离和选择要偏移的直线来绘制与该直线平行的构造线。

图4-53 绘制水平和垂直的构造线　　图4-54 绘制倾斜角度的构造线　　图4-55 绘制角平分线

【案例 4-8】绘制表面粗糙度符号

本例将介绍表面粗糙度的绘制方法，以对应字高为3.5mm的表面粗糙度符号为例。具体步骤如下：

1) 单击【绘图】面板中的【构造线】按钮 ，绘制第一条构造线，即60°倾斜角的构造线，如图4-56所示。命令行操作过程如下：

```
命令:_XLINE          //执行【构造线】命令
指定点或 [水平(H)/垂直(V)/角度(A)/二等分(B)/
偏移(O)]: A↙         //选择【角度】选项
输入构造线的角度 (0) 或 [参照(R)]: 60↙
                     //输入构造线的角度
指定通过点:
                //在绘图区任意一点单击确定通过点
指定通过点:*取消*
                //按Esc键退出【构造线】命令
```

2) 单击空格或 Enter 键重复【构造线】命令，绘制第二条构造线，如图 4-57 所示。命令行操作过程如下：

```
命令: XLINE
指定点或 [水平(H)/垂直(V)/角度(A)/二等分(B)/
偏移(O)]: A↙   //选择【角度】选项
输入构造线的角度 (0) 或 [参照(R)]: R↙
               //使用参照角度
选择直线对象: //选择上一条构造线作为参照对象
输入构造线的角度 <0>: 60↙
               //输入构造线角度
指定通过点: //任意单击一点确定通过点
指定通过点: //按Esc键退出命令
```

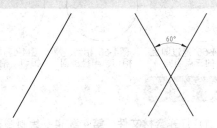

图4-56 绘制第一条构造线　　图4-57 绘制第二条构造线

3) 重复【构造线】命令，绘制水平的构造线，如图 4-58 所示。命令行操作过程如下：

```
命令:_XLINE
指定点或 [水平(H)/垂直(V)/角度(A)/二等分(B)/
偏移(O)]: H          //选择【水平】选项
指定通过点:          //选择两条构造线的交点作
为通过点
指定通过点:*取消*   //按Esc键退出【构造线】
命令
```

4) 重复【构造线】命令，绘制与水平构造线平行的第一条构造线，如图 4-59 所示。命令行操作过程如下：

```
命令:_XLINE
指定点或 [水平(H)/垂直(V)/角度(A)/二等分(B)/
偏移(O)]: O↙        //选择【偏移】选项
指定偏移距离或 [通过(T)] <150.0000>: 5↙
//输入偏移距离
选择直线对象:        //选择第一条水平构造线
指定向哪侧偏移:      //在所选构造线上侧单击
```

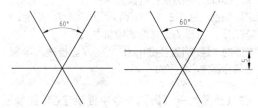

图4-58 绘制水平构造线　　图4-59 绘制第一条平行构造线

5) 重复【构造线】命令，绘制与水平构造线平行的第二条构造线，如图 4-60 所示。命令行操作过程如下：

```
命令:_XLINE
指定点或 [水平(H)/垂直(V)/角度(A)/二等分(B)/
偏移(O)]: O↙        //选择【偏移】选项
指定偏移距离或 [通过(T)] <150.0000>: 10.5↙
//输入偏移距离
选择直线对象:        //选择第一条水平构造线
指定向哪侧偏移:      //在所选构造线上侧单击
```

6）单击【直线】按钮 ，用直线依次连接交点*A*、*B*、*C*、*D*、*E*，然后删除多余的构造线，结果如图4-61所示。

提示

A点可以在构造线上任意选取一点。

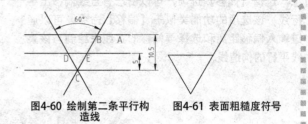

图4-60 绘制第二条平行构造线　　　图4-61 表面粗糙度符号

4.3 绘制圆、圆弧类图形

在AutoCAD中，圆、圆弧、椭圆、椭圆弧和圆环都属于圆类图形，其绘制方法相对于直线对象的绘制较复杂，下面分别对其进行讲解。

4.3.1 ▶ 圆

圆也是绘图中最常用的图形对象，因此它的执行方式与功能选项也最为丰富。执行【圆】命令的方法有以下几种：

⊕ 功能区：单击【绘图】面板中的【圆】按钮 ⊙。

⊕ 菜单栏：选择【绘图】|【圆】命令，然后在子菜单中选择一种绘圆方法。

⊕ 命令行：CIRCLE或C。

执行命令后，命令行操作步骤提示如下：

```
命令: _circle          //执行【圆】命令
指定圆的圆心或 [三点(3P)/两点(2P)/切点、切点、
半径(T)]:               //选择圆的绘制方式
指定圆的半径或 [直径(D)]: 3I   //直接输入半径
或用鼠标指定半径长度
```

在【绘图】→【圆】命令中提供了6种绘制圆的命令，各命令的含义如下：

⊕ 圆心、半径（R）：用圆心和半径方式绘制圆，如图4-62所示。

⊕ 圆心、直径（D）：用圆心和直径方式绘制圆，如图4-63所示。

⊕ 两点（2P）：通过直径的两个端点绘制圆。系

统会提示指定圆直径的第一端点和第二端点，如图4-64所示。

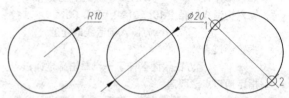

图4-62 用圆心、　　图4-63 用圆心、　　图4-64 通过直半径方式画圆　　直径方式画圆　　径上的两点画圆

⊕ 三点（3P）：通过圆上3点绘制圆。系统会提示指定圆直径的第一点、第二点和第三点，如图4-65所示。

⊕ 相切、相切、半径（T）：通过圆与其他两个对象的切点和半径值来绘制圆。系统会提示指定圆的第一切点、第二切点及圆的半径，如图4-66所示。

⊕ 相切、相切、相切（A）：通过三条切线绘制圆，如图4-67所示。

图4-65 通过圆上　　图4-66 相切、　　图4-67 相切、的三点画圆　　相切、半径画圆　　相切、相切画圆

【案例 4-9】绘制圆完善零件图

圆在各种设计图形中应用广泛，因此对应的创建方法也很多。而熟练掌握各种圆的创建方法会有助于提高绘图效率。

1）打开素材文件"第 4 章 \4-9 绘制圆完善零件图 .dwg"，素材图形中有一残缺的零件图形，如图 4-68 所示。

2）在【默认】选项卡中单击【绘图】面板中的【圆】按钮，使用【圆心、半径】的方式，以右侧中心线的交点为圆心，绘制半径为8mm的圆形，如图 4-69 所示。

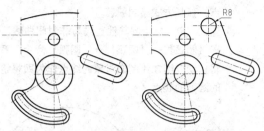

图4-68 素材图形　　　图4-69 【圆心、半径】
　　　　　　　　　　　　　方式绘制圆

3）重复调用【圆】命令，使用【圆心、直径】的方式，以左侧中心线的交点为圆心，绘制直径为20mm 的圆形，如图 4-70 所示。

4）重复调用【圆】命令，使用【两点】的方式绘制圆，分别捕捉两条圆弧的端点 1、2，绘制结果如图 4-71 所示。

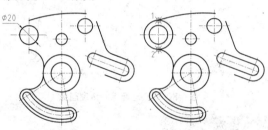

图4-70 【圆心、直径】　　图4-71 【两点】方式绘
方式绘制圆　　　　　　　　制圆

5）重复调用【圆】命令，使用【切点、切点、半径】的方式绘制圆，捕捉与圆相切的两个切点 3、4，输入半径 13，按 Enter 键确认，绘制结果如图4-72 所示。

6）重复调用【圆】命令，使用【切点、切点、切点】的方式绘制圆，捕捉与圆相切的三个切点 5、6、7，绘制结果如图 4-73 所示。

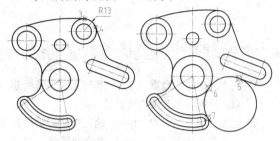

图4-72 【切点、切点、　　图4-73 【切点、切点、
半径】方式绘制圆　　　　　切点】方式绘制圆

7）在命令行中输入"TR"，调用【修剪】命令，剪切多余弧线，最终结果如图 4-74 所示。

图4-74 最终结果图

4.3.2 ▶ 圆弧

圆弧即圆的一部分。在技术制图中，经常需要用圆弧来光滑连接已知的直线或曲线。执行【圆弧】命令的方法有以下几种：

⊕ 功能区：单击【绘图】面板中的【圆弧】按钮。
⊕ 菜单栏：选择【绘图】→【圆弧】命令。
⊕ 命令行：ARC或A。

执行命令后，命令行操作步骤提示如下：

命令:_arc //执行【圆弧】命令
指定圆弧的起点或 [圆心(C)]: //指定圆弧的起点
指定圆弧的第二个点或 [圆心(C)/端点(E)]:
　　　　　　　//指定圆弧的第二点
指定圆弧的端点: //指定圆弧的端点

在【绘图】面板【圆弧】按钮的下拉列表中提供了11种绘制圆弧的命令，各命令的含义如下：

⊕ 三点（P）：通过指定圆弧上的三点绘制圆弧，需要指定圆弧的起点、通过的第二个点和端点，如图4-75所示。
⊕ 起点、圆心、端点（S）：通过指定圆弧的起点、圆心、端点绘制圆弧，如图4-76所示。
⊕ 起点、圆心、角度（T）：通过指定圆弧的起点、圆心、包含角度绘制圆弧。执行此命令时会出现"指定包含角"的提示，在输入角时，如果当前环境设置逆时针方向为角度正方向，且输入正的角度值，则绘制的圆弧是从起点绕圆心沿逆时针方向绘制，反之则沿顺时针方向绘制。
⊕ 起点、圆心、长度（A）：通过指定圆弧的起点、圆心、长度绘制圆弧，如图4-77所示。

另外，在命令行提示的"指定弧长"提示信息下，如果所输入的值为负，则该值的绝对值将作为对应整圆的空缺部分的圆弧的弧长。

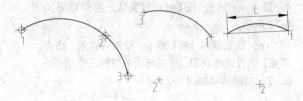

图4-75 三点画弧　　图4-76 起点、圆心、端点画弧　　图4-77 起点、圆心、长度画弧

- 起点、端点、角度（N）：通过指定圆弧的起点、端点、包含角绘制圆弧。
- 起点、端点、方向（D）：通过指定圆弧的起点、端点和圆弧的起点切向绘制圆弧，如图4-78所示。命令执行过程中会出现"指定圆弧的起点切向"提示信息，此时可拖动鼠标动态地确定圆弧在起始点处的切线方向和水平方向的夹角。拖动鼠标时，AutoCAD会在当前光标与圆弧起始点之间形成一条线，即为圆弧在起始点处的切线。确定切线方向后，单击拾取键即可得到相应的圆弧。
- 起点、端点、半径（R）：通过指定圆弧的起点、端点和圆弧半径绘制圆弧，如图4-79所示。

- 圆心、起点、端点（C）：以圆弧的圆心、起点、端点方式绘制圆弧。
- 圆心、起点、角度（E）：以圆弧的圆心、起点、圆心角方式绘制圆弧，如图4-80所示。
- 圆心、起点、长度（L）：以圆弧的圆心、起点、弧长方式绘制圆弧。
- 连续（O）：绘制其他直线与非封闭曲线后选择【圆弧】→【圆弧】→【圆弧】命令，系统将自动以刚才绘制的对象的终点作为即将绘制的圆弧的起点。

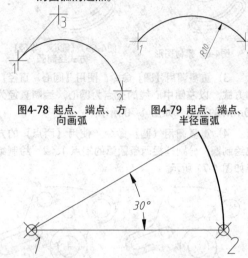

图4-78 起点、端点、方向画弧　　图4-79 起点、端点、半径画弧

图4-80 圆心、起点、角度画弧

【案例4-10】用圆弧绘制风扇叶片

圆弧是AutoCAD中创建方法最多的图形，这得益于它在机械图形中随处可见的各种应用，如涡轮、桨叶等的轮廓，减速器的外形等。因此熟练掌握各种圆弧的创建方法，对于提高AutoCAD的机械造型能力很有帮助。

1）打开素材文件"第4章\4-10 用圆弧绘制风扇叶片.dwg"，素材图形中已绘制好了水平和垂直的两条中心线，如图4-81所示。

2）打开正交模式。单击【绘图】面板中的【构造线】按钮，在命令行中选择【偏移】选项，将水平中心线向上分别偏移60、70，将垂直构造线向两侧分别偏移50、40，绘制4条构造线，得到交点A、B、C，如图4-82所示。

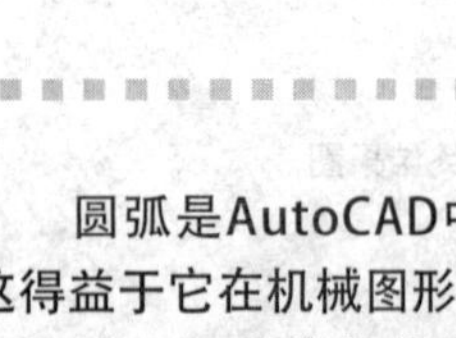

3）单击【绘图】面板中的【圆】按钮，使用【圆心、半径】的方式，依次在A、B点绘制半径为20、40的圆，如图4-83所示。

4）在【修改】面板中单击【修剪】按钮，修剪出圆弧，如图4-84所示。

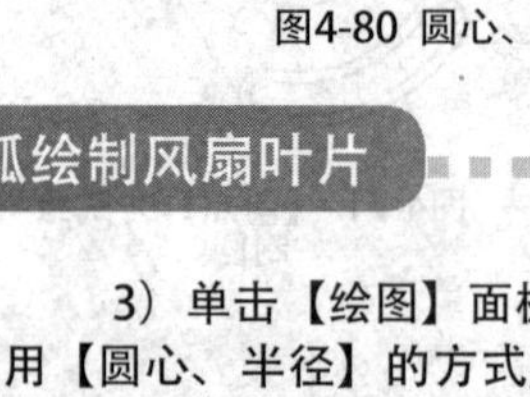

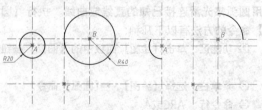

图4-83 绘制两个圆 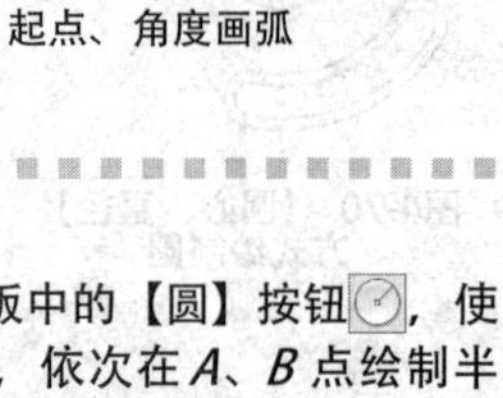　　图4-84 修剪出圆弧

5）单击【绘图】面板中的【圆】按钮，使用【圆心、直径】的方式，以C点为圆心绘制直径为20和40的同心圆，如图4-85所示。

6）单击【绘图】面板中的【圆弧】列表下的【起点、端点、半径】按钮，依次绘制出半径分别为40、72、126的圆弧，如图4-86所示。至此，风扇叶片绘制完成。

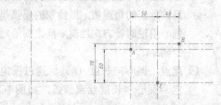

图4-81 素材图形　　图4-82 绘制偏移构造线

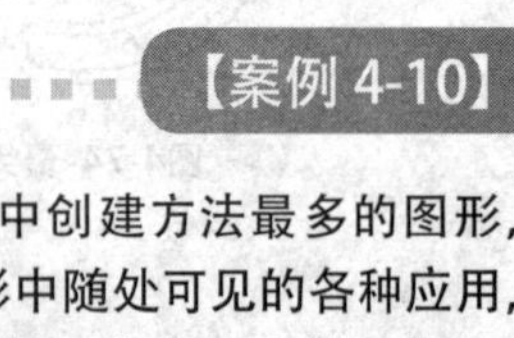

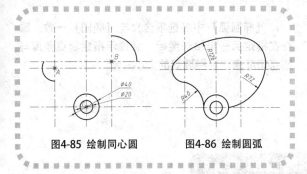

图4-85 绘制同心圆　　　图4-86 绘制圆弧

4.3.3 ▶ 椭圆

椭圆是到两定点（焦点）的距离之和为定值的所有点的集合。与圆相比，椭圆的半径长度不一，形状由定义其长度和宽度的两条轴决定，较长的称为长轴，较短的称为短轴，如图4-87所示。在建筑绘图中，很多图形都是椭圆形的，如地面拼花、室内吊顶造型等，在机械制图中也一般用椭圆来绘制轴测图上的圆。

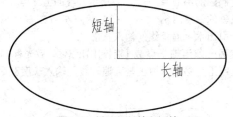

图4-87 椭圆的长轴和短轴

在AutoCAD 2018中启动绘制【椭圆】命令有以下几种常用方法：

⊕ 功能区：单击【绘图】面板中的【椭圆】按钮，即【圆心】或【轴，端点】按钮，如图4-88所示。

⊕ 菜单栏：执行【绘图】→【椭圆】命令，如图4-89所示。

⊕ 命令行：ELLIPSE或EL。

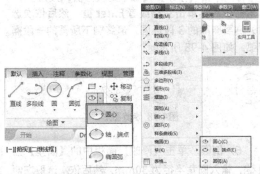

图4-88 【绘图】面板中的　　图4-89 菜单栏调用【椭【椭圆】按钮　　　　　　　圆】命令

执行命令后，命令行操作步骤提示如下：

命令:_ELLIPSE　//执行【椭圆】命令
指定椭圆的轴端点或 [圆弧(A)/中心点(C)]: _C
　　　　　　//系统自动选择绘制对象为椭圆
指定椭圆的中心点:
　　　　　　//在绘图区中指定椭圆的中心点
指定轴的端点:　//在绘图区中指定一点
指定另一条半轴长度或 [旋转(R)]:
　　　　　　//在绘图区中指定一点或输入数值

在【绘图】面板【椭圆】按钮的下拉列表中有【圆心】和【轴，端点】两种方法，各方法含义介绍如下：

⊕ 【圆心】：通过指定椭圆的中心点、一条轴的一个端点及另一条轴的半轴长度来绘制椭圆，如图4-90所示。即命令行中的"中心点（C）"选项。

⊕ 【轴，端点】：通过指定椭圆一条轴的两个端点及另一条轴的半轴长度来绘制椭圆，即命令行中的"圆弧（A）"选项，如图4-91所示。

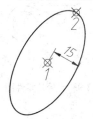

图4-90 【圆心】方式画椭　　图4-91 【轴，端点】方圆　　　　　　　　　　　式画椭圆

4.3.4 ▶ 椭圆弧

椭圆弧是椭圆的一部分。绘制椭圆弧需要确定的参数有：椭圆弧所在椭圆的两条轴及椭圆弧的起点和终点的角度。执行【椭圆弧】命令的方法有以下两种：

⊕ 面板：单击【绘图】面板中的【椭圆弧】按钮。

⊕ 菜单栏：选择【绘图】→【椭圆】→【椭圆弧】命令。

执行命令后，命令行操作步骤提示如下：

命令:_ELLIPSE　//执行【椭圆弧】命令
指定椭圆的轴端点或 [圆弧(A)/中心点(C)]: _A
　　　　　　//系统自动选择绘制对象为椭圆弧
指定椭圆弧的轴端点或 [中心点(C)]:
　　　　　　//在绘图区指定椭圆一轴的端点
指定轴的另一个端点:
　　　　　　//在绘图区指定该轴的另一端点

指定另一条半轴长度或 [旋转(R)]:
　　　　　　//在绘图区中指定一点或输入数值
指定起点角度或 [参数(P)]:
　　　　　//在绘图区中指定一点或输入椭圆弧的起始角度
指定端点角度或 [参数(P)/夹角(I)]:
　　　　　//在绘图区中指定一点或输入椭圆弧的终止角度

【椭圆弧】中各选项含义与【椭圆】一致，唯有在指定另一半轴长度后，会提示指定起点角度与端点角度来确定椭圆弧的大小。

【案例 4-11】用椭圆弧绘制连接片

连接片（见图4-92）是电子行业中常见的零件，一般用于电子、电脑仪器接地端点，一端焊于接地线，另一端用螺钉锁于机壳。从本例零件图（见图4-93）可知，连接片的中间轮廓部分是用一段椭圆弧连接两段R30的圆弧得到的，而R30圆弧可以通过倒圆获得，因此本案例的关键就在于绘制椭圆弧。具体操作步骤如下：

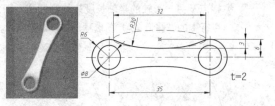

图4-92 连接片　　　　图4-93 连接片零件图

1）启动 AutoCAD 2018，打开素材文件"第4章\4-11 用椭圆弧绘制连接片.dwg"，其中已经绘制好了中心线，如图 4-94 所示。

2）单击【绘图】面板中的【圆】按钮 ，以中心线的两个交点为圆心，分别绘制两个直径为8mm、12mm的圆，如图4-95所示。

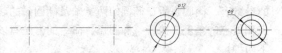

图4-94 素材文件　　　　图4-95 绘制圆

3）单击【绘图】面板中的【直线】按钮 ，以水平中心线的中点为起点，向上绘制一长度为6mm 的线段，如图 4-96 所示。命令行操作如下：

命令: _line　　　//单击【直线】按钮
指定第一个点:　　//指定水平中心线的中点
指定下一点或 [放弃(U)]: 6✓
//光标向上移动，引出追踪线确保垂直，输入长度6
指定下一点或 [闭合(C)/放弃(U)]:*取消*
　　　　　　//按Esc退出【直线】命令

4）单击【绘图】面板中的【椭圆】按钮 ，以中心点的方式绘制椭圆，选择刚绘制直线的上端点为圆心，然后绘制一长半轴长度为 16mm、短轴长度为 3mm 的椭圆，如图 4-97 所示。命令行操作如下：

命令: _ellipse
指定椭圆的轴端点或 [圆弧(A)/中心点(C)]: _c
　　　　　　//以中心点的方式绘制椭圆
指定椭圆的中心点:　　//指定直线的上端点
指定轴的端点: 16✓　　//光标向左（或右）移动，引出水平追踪线，输入长度16
指定另一条半轴长度或 [旋转(R)]: 3✓　　//光标向上（或下）移动，引出垂直追踪线，输入长度3

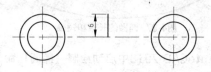

图4-96 绘制辅助直线

图4-97 绘制椭圆

5）单击【修改】面板中的【修剪】按钮 ，启用命令后再单击空格或者 Enter 键，然后依次选取外侧要删除的 3 段椭圆，最终剩下所需的一段椭圆弧，如图 4-98 所示。

图4-98 修剪图形

6）倒圆。单击【修改】面板中的【圆角】按钮 ，输入圆角半径为30mm，然后依次选取左侧 ⌀12mm 的圆和椭圆弧，结果如图 4-99 所示。命令行操作如下：

命令: _fillet
当前设置: 模式 = 修剪,半径 = 0.0000
选择第一个对象或 [放弃(U)/多段线(P)/半径(R)/
修剪(T)/多个(M)]: r 指定圆角半径 <0.0000>: 30↙
　　　　　　　　　　　　　//输入圆角半径值
选择第一个对象或 [放弃(U)/多段线(P)/半径(R)/
修剪(T)/多个(M)]:　　　//选择左侧ø12的圆
选择第二个对象,或按住 Shift 键选择对象以应用
角点或 [半径(R)]:　　　//选择椭圆弧

7)按同样方法对右侧进行倒圆,结果如图
4-100 所示。

图4-99 左侧倒圆　　　图4-100 右侧倒圆

8)按同样方法绘制下半部分轮廓,然后修剪掉多余线段,即可完成连接片的绘制,最终图形如图 4-101 所示。

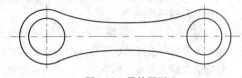

图4-101 最终图形

 # 4.4 多段线

多段线又称为多义线,是AutoCAD中常用的一类复合图形对象。由多段线所构成的图形是一个整体,可以统一对其进行编辑修改。

4.4.1 ▶ 多段线概述

使用【多段线】命令可以生成由若干条直线和圆弧首尾连接形成的复合线实体。所谓复合对象,是指图形的所有组成部分均为一整体,单击时会选择整个图形,不能进行选择性编辑。直线与多段线的选择效果对比如图4-102所示。

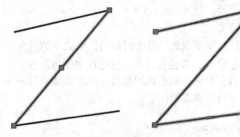

a)直线选择效果　　b)多段线选择效果
图4-102 直线与多段线的选择效果对比

调用【多段线】命令的方式如下:
⊕ 功能区: 单击【绘图】面板中的【多段线】按钮，如图4-103所示。
⊕ 菜单栏: 调用【绘图】→【多段线】菜单命令，如图4-104所示。
⊕ 命令行: PLINE或PL。

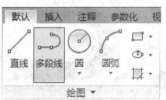 

图4-103 【绘图】面板中　图4-104 【多段线】菜单
的【多段线】按钮　　　命令

执行命令后,命令行操作步骤提示如下:

命令: _pline　　　//执行【多段线】命令
指定起点:　　　//在绘图区中任意指定一点为起点,有临时的加号标记显示
当前线宽为 0.0000　　　//显示当前线宽
指定下一个点或 [圆弧(A)/半宽(H)/长度(L)/放弃(U)/宽度(W)]:　　　//指定多段线的端点
指定下一点或 [圆弧(A)/闭合(C)/半宽(H)/长度(L)/放弃(U)/宽度(W)]:　　　//指定下一段多段线的端点
指定下一点或 [圆弧(A)/闭合(C)/半宽(H)/长度(L)/放弃(U)/宽度(W)]:　　　//指定下一端点或按Enter键结束

由于多段线中各子选项众多,因此通过以下两个部分进行讲解:多段线—直线、多段线—圆弧。

4.4.2 ▶ 多段线—直线

在执行多段线命令时，选择"直线（L）"子选项后便开始创建直线。该选项是默认的选项。若要开始绘制圆弧可选择"圆弧（A）"选项。直线状态下的多段线，除"长度（L）"子选项之外，其余皆为通用选项，其含义分别介绍如下：

- ◎ "闭合（C）"：该选项含义与【直线】命令中的一致，可连接第一条和最后一条线段，以创建闭合的多段线。
- ◎ "半宽（H）"：指定从宽线段的中心到一条边的宽度。选择该选项后，命令行提示用户分别输入起点与端点的半宽值，而起点宽度将成为默认的端点宽度，如图4-105所示。
- ◎ "长度（L）"：按照与上一线段相同的角度、方向创建指定长度的线段。如果上一线段是圆弧，将创建与该圆弧段相切的新直线段。
- ◎ "宽度（W）"：设置多段线起始与结束的宽度值。选择该选项后，命令行提示用户分别输入起点与端点的宽度值，而起点宽度将成为默认的端点宽度，如图4-106所示。

图4-105 半宽为2示例　　图4-106 宽度为4示例

为多段线指定宽度后，有如下几点需要注意。

- ◎ 带有宽度的多段线，其起点与端点仍位于中心处，如图4-107所示。
- ◎ 一般情况下，带有宽度的多段线在转折角处会自动相连，如图4-108所示；但在圆弧段互不相切、有非常尖锐的角（小于29°）或者使用点画线线型的情况下将不倒角，如图4-109所示。

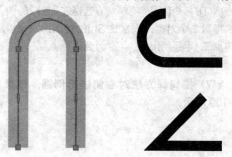

图4-107 多段线位于宽度　　图4-108 多段线在转角处
的中点　　　　　　　　自动相连

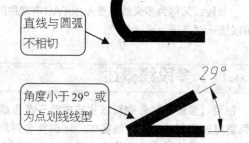

直线与圆弧不相切

角度小于29°或为点划线线型

图4-109 多段线在转角处不相连的情况

【案例 4-12】绘制箭头标识

在AutoCAD机械制图中，箭头的绘制和使用是非常频繁的，在机械设计图纸里的标注、说明和序号标注等都离不开箭头的使用。但是箭头并不是随意绘制的，也有一些简单的尺寸要求，如图4-110所示。本例将介绍箭头标识的绘制方法，具体步骤如下：

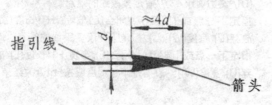

指引线　　　　　　　箭头

图4-110 箭头标识

1）启动 AutoCAD 2018，新建一空白文档。

2）绘制指引线。单击【绘图】面板中的【多段线】按钮 ⌐ꜜ，在绘图区的任意处单击作为起点，然后设置宽度值。指引线的起点、终点宽度值需一致，命令行操作过程如下：

```
命令:_PLINE
指定起点:
当前线宽为 0.0000
指定下一个点或 [圆弧(A)/半宽(H)/长度(L)/放弃
(U)/宽度(W)]: W↙        //选择【宽度】选项
指定起点宽度 <0.0000>:2↙ //输入起点宽度
指定端点宽度 <2.0000>:↙
//输入端点宽度，直接单击Enter键表示与起点一致
```

3）光标向右移动，引出追踪线确保水平，输入指引线的长度，绘制好的指引线如图 4-111 所

示。命令行操作过程如下：

```
指定下一个点或 [圆弧(A)/半宽(H)/长度(L)/放弃
(U)/宽度(W)]: 30↙    //输入指引线长度
```

4）设置箭头起点宽度。命令行提示指定下一点，这时可以设置箭头的起点宽度，命令行操作过程如下：

```
指定下一点或 [圆弧(A)/闭合(C)/半宽(H)/长度(L)/
放弃(U)/宽度(W)]: W↙    //选择【宽度】选项
指定起点宽度 <2.0000>: 8↙ //输入箭头起点宽度
指定端点宽度 <8.0000>: 0↙ //输入箭头端点宽度
```

5）光标向右移动，引出追踪线确保水平，输入箭头的长度（起点宽度的 4 倍），绘制好的箭头如图 4-112 所示。命令行操作过程如下：

```
指定下一点或 [圆弧(A)/闭合(C)/半宽(H)/长度(L)/
放弃(U)/宽度(W)]: 32↙    //输入箭头长度
指定下一点或 [圆弧(A)/闭合(C)/半宽(H)/长度(L)/
放弃(U)/宽度(W)]: ↙     //完成多段线的绘制
```

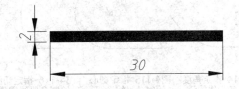

图4-111　绘制指引线

图4-112　绘制箭头

提示

在多段线绘制过程中，可能预览图形不会及时显示出带有宽度的转角效果，让用户误以为绘制出错。其实只要单击Enter键完成多段线的绘制，便会自动为多段线添加转角处的平滑效果。

4.4.3 ▶ 多段线—圆弧

在执行多段线命令时，选择"圆弧（A）"子选项后便开始创建与上一线段（或圆弧）相切的圆弧段，如图4-113所示。若要重新绘制直线，可选择"直线（L）"选项。

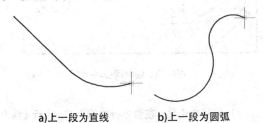

a)上一段为直线　　　b)上一段为圆弧

图4-113 多段线创建圆弧时自动相切

执行命令后，命令行操作步骤提示如下：

```
命令:_pline    //执行【多段线】命令
指定起点:    //在绘图区中任意指定一点为起点
当前线宽为 0.0000
指定下一个点或 [圆弧(A)/半宽(H)/长度(L)/放弃
(U)/宽度(W)]: Al //选择"圆弧"子选项
指定圆弧的端点(按住 Ctrl 键以切换方向)或
    //指定圆弧的一个端点
```

```
[角度(A)/圆心(CE)/方向(D)/半宽(H)/直线(L)/半径
(R)/第二个点(S)/放弃(U)/宽度(W)]:
指定圆弧的端点(按住 Ctrl 键以切换方向)或
    //指定圆弧的另一个端点
[角度(A)/圆心(CE)/闭合(CL)/方向(D)/半宽(H)/直线
(L)/半径(R)/第二个点(S)/放弃(U)/宽度(W)]: *取消*
```

从上面的命令行操作过程可知，在执行"圆弧（A）"子选项下的【多段线】命令时，会出现6种子选项。各选项含义介绍如下：

⊕ "角度（A）"：指定圆弧段从起点开始的包含角，如图4-114所示。输入正数将按逆时针方向创建圆弧段，输入负数将按顺时针方向创建圆弧段。方法类似于"起点、端点、角度"画圆弧。

⊕ "圆心（CE）"：通过指定圆弧的圆心来绘制圆弧段，如图4-115所示。方法类似于"起点、圆心、端点"画圆弧。

⊕ "方向（D）"：通过指定圆弧的切线来绘制圆弧段，如图4-116所示。方法类似于"起点、端点、方向"画圆弧。

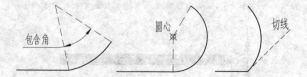

图4-114 指定角度　图4-115 指定圆心　图4-116 指定切线
绘制多段线圆弧　绘制多段线圆弧　绘制多段线圆弧

端点、半径"画圆弧。

⊕ "第二个点（S）"：通过指定圆弧上的第二点和端点来绘制圆形，如图4-118所示。方法类似于"三点"画圆弧。

⊕ "直线（L）"：从绘制圆弧切换到绘制直线。

⊕ "半径（R）"：通过指定圆弧的半径来绘制圆弧，如图4-117所示。方法类似于"起点、

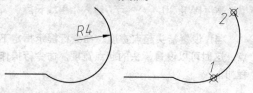

图4-117 指定半径绘制多　图4-118 指定第二个点绘
段线圆弧　　　　制多段线圆弧

【案例4-13】通过多段线绘制插销座

1）打开素材文件"第4章\4-13 通过多段线绘制插销座.dwg"，素材图形中已经绘制好了中心线与起点A，如图4-119所示。

图4-119 素材图形

2）绘制插销座外轮廓。单击【绘图】面板中的【多段线】按钮⊃，以A为起点，绘制插销座外轮廓，如图4-120所示。命令行操作过程如下：

```
命令:_PLINE            //输入命令"PL"
指定起点:              //以A点为多段线的起点
当前线宽为 0.0000
指定下一个点或 [圆弧(A)/半宽(H)/长度(L)/放弃
(U)/宽度(W)]: 38↙      //输入直线长度
指定下一点或 [圆弧(A)/闭合(C)/半宽(H)/长度(L)/
放弃(U)/宽度(W)]: A↙    //激活圆弧选项
指定圆弧的端点或[角度(A)/圆心(CE)/闭合(CL)/方
向(D)/半宽(H)/直线(L)/半径(R)/第二个点(S)/放弃
(U)/宽度(W)]:A↙//激活【角度】选项
指定包含角: 90↙              //指定角度
指定圆弧的端点或 [圆心(CE)/半径(R)]:R↙
                     //激活【半径】选项
指定圆弧的半径:1↙       //输入半径
指定圆弧的弦方向 <0>:45↙ //输入圆弧的弦方向
指定圆弧的端点或
[角度(A)/圆心(CE)/闭合(CL)/方向(D)/半宽
(L)/半径(R)/第二个点(S)/放弃(U)/宽度(W)]: L↙
                     //激活【直线】选项
……/*重复上述命令，直至外轮廓线闭合*/
```

3）绘制圆。单击【绘图】面板中的【圆】按钮⊘，在中心线上绘制⌀4mm和⌀6mm的同心圆，结果如图4-121所示。

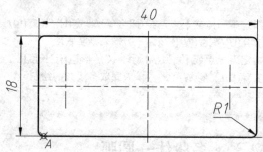

图4-120 绘制外轮廓

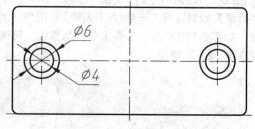

图4-121 绘制同心圆

4）偏移中心线。在命令行中输入O，执行【偏移】命令，将竖直中心线向左偏移5，将水平中心线向下偏移4，结果图4-122所示。

5）绘制多段线。单击【绘图】面板中的【多段线】按钮⊃，以B点为起点，绘制轮廓线，结果如图4-123所示。命令行操作过程如下：

```
命令: <正交 开> //按F8键打开正交功能
命令:_PLINE      //执行【多段线】命令
指定起点:        //以B点为多段线的起点
当前线宽为 0.0000
```

指定下一个点或 [圆弧(A)/半宽(H)/长度(L)/放弃(U)/宽度(W)]: 10✓ //水平向右移动指针，输入直线长度

指定下一点或 [圆弧(A)/闭合(C)/半宽(H)/长度(L)/放弃(U)/宽度(W)]: A✓ //激活【圆弧】选项

指定圆弧的端点或
[角度(A)/圆心(CE)/闭合(CL)/方向(D)/半宽(H)/直线(L)/半径(R)/第二个点(S)/放弃(U)/宽度(W)]: A✓ //激活【角度】选项

指定包含角: 180✓ //指定角度

指定圆弧的端点或 [圆心(CE)/半径(R)]: R✓ // 激活【半径】选项

指定圆弧的半径: 4✓ //指定半径

指定圆弧的弦方向 <0>: 90✓ //指定圆弧的弦方向

指定圆弧的端点或
[角度(A)/圆心(CE)/闭合(CL)/方向(D)/半宽(H)/直线(L)/半径(R)/第二个点(S)/放弃(U)/宽度(W)]: L✓ //激活【直线】选项

指定下一点或 [圆弧(A)/闭合(C)/半宽(H)/长度(L)/放弃(U)/宽度(W)]: 10✓ //水平向左移动指针，输入直线长度

指定下一点或 [圆弧(A)/闭合(C)/半宽(H)/长度(L)/放弃(U)/宽度(W)]: A✓ //激活【圆弧】选项

指定圆弧的端点或[角度(A)/圆心(CE)/闭合(CL)/方向(D)/半宽(H)/直线(L)/半径(R)/第二个点(S)/放弃(U)/宽度(W)]:CL✓ //选择【闭合】选项，完成多段线

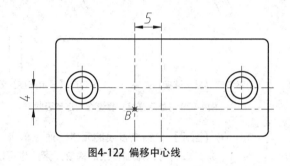

图4-122　偏移中心线

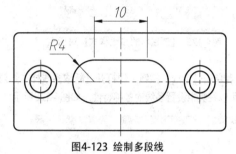

图4-123　绘制多段线

4.5　多线

多线是一种由多条平行线组成的组合图形对象，它可以由1~16条平行直线组成。多线在实际工程设计中的应用非常广泛，通常可以用来绘制各种键槽，因为多线特有的特征形式可以一次性将键槽形状绘制出来，因此相较于直线、圆弧等常规作图方法有一定的便捷性。

4.5.1　多线概述

使用【多线】命令可以快速生成大量平行直线，多线同多段线一样，也是复合对象，绘制的每一条多线都是一个完整的整体，不能对其进行偏移、延伸、修剪等编辑操作，只能将其分解为多条直线后才能编辑。

稍有不同的是，【多线】需要在绘制前设置好样式与其他参数，开始绘制后便不能再随意更改，而【多段线】在一开始并不需做任何设置，在绘制的过程中可以根据众多的子选项随时进行调整。

4.5.2　设置多线样式

系统默认的STANDARD样式由两条平行线组成，并且平行线的间距是定值。如果要绘制不同规格和样式的多线（带封口或更多数量的平行线），就需要设置多线的样式。

执行【多线样式】命令的方法有以下几种：

⊕ 菜单栏：选择【格式】→【多线样式】命令。

⊕ 命令行：MLSTYLE。

⊕ 使用上述方法打开【多线样式】对话框（见图4-124），其中可以新建、修改或者加载多线样

式。单击【多线样式】对话框中的【新建】按钮，可以打开【创建新的多线样式】对话框，然后定义新多线样式的名称（如平键），如图4-125所示。

图4-124 【多线样式】对话框

图4-125 【创建新的多线样式】对话框

接着单击【继续】按钮，便打开【新建多线样式】对话框，可以在其中设置多线的各种特性，如图4-126所示。

图4-126 【新建多线样式】对话框

【新建多线样式】对话框中各选项的含义如下：

◎ 【封口】：设置多线的平行线段之间两端封口的样式。若取消【封口】选项区中的复选框勾选，则绘制的多段线两端将呈打开状态。图4-127所示为多线的各种封口形式。

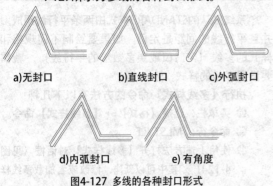

a)无封口   b)直线封口   c)外弧封口

d)内弧封口   e) 有角度

图4-127 多线的各种封口形式

◎ 【填充颜色】下拉列表：设置封闭的多线内的填充颜色，选择【无】选项，表示使用透明颜色填充，如图4-128所示。

a)填充颜色为"无" b)填充颜色为"红" c)填充颜色为"绿"

图4-128 各多线的填充颜色效果

◎ 【显示连接】复选框：显示或隐藏每条多线段顶点处的连接，效果如图4-129所示。

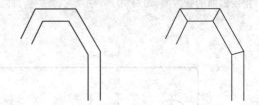

a)不勾选【显示连接】效果   b)勾选【显示连接】效果

图4-129 【显示连接】复选框勾选与否效果

◎ 【图元】：构成多线的元素。通过单击【添加】按钮可以添加多线的构成元素，也可以通过单击【删除】按钮删除这些元素。

◎ 【偏移】：设置多线元素从中线的偏移值。值为正表示向上偏移，值为负表示向下偏移。

◎ 【颜色】：设置组成多线元素的直线线条颜色。

◎ 【线型】：设置组成多线元素的直线线条线型。

4.5.3 ▶ 绘制多线

在AutoCAD中执行【多线】命令的方法不多，只有以下两种：

◎ 菜单栏：选择【绘图】→【多线】命令。

◎ 命令行：MLINE或ML。

执行命令后，命令行操作步骤提示如下：

```
命令:_mline     //执行【多线】命令
当前设置: 对正 = 上, 比例 = 20.00, 样式 =
STANDARD     //显示当前的多线设置
指定起点或 [对正(J)/比例(S)/样式(ST)]:
             //指定多线起点或修改多线设置
指定下一点:     //指定多线的端点
指定下一点或 [放弃(U)]: //指定下一段多线的端点
指定下一点或 [闭合(C)/放弃(U)]:   //指定下一段多
线的端点或按Enter键结束
```

执行【多线】命令的过程中，命令行会出现3种设置类型，即"对正（J）""比例（S）"和"样式（ST）"，分别介绍如下。

◈ "对正（J）"：设置绘制多线时相对于输入点的偏移位置。该选项有【上】、【无】和【下】3个选项，【上】表示多线顶端的线随着光标移动，【无】表示多线的中心线随着光标移动，【下】表示多线底端的线随着光标移动，如图4-130所示。

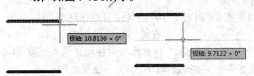

a)【上】：捕捉点在上　　　b)【无】：捕捉点在中

c)【下】：捕捉点在下

图4-130 多线的对正

◈ "比例（S）"：设置多线样式中多线的宽度比例，可以快速定义多线的间隔宽度，如图4-131所示。

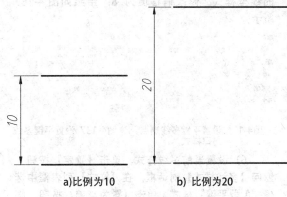

a)比例为10　　　　b）比例为20

图4-131 多线的比例

◈ "样式（ST）"：设置绘制多线时使用的样式。默认的多线样式为STANDARD，选择该选项后，可以在提示信息"输入多线样式"或"？"后面输入已定义的样式名。输入"？"则会列出当前图形中所有的多线样式。

【案例 4-14】绘制 A 型平键

平键是依靠两个侧面作为工作面，靠键与键槽侧面的挤压来传递转矩的键，广泛应用于各种承受应力的连接处，如轴与齿轮的连接，如图4-132所示。

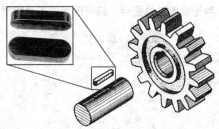

图4-132 键链接

普通平键（GB/T 1096）可以分为三种结构型式，如图4-133所示（倒角或倒圆未画）。A型为圆头普通平键，B型为方头普通平键，C型为单圆头普通平键。

a)A型圆头普通　　b)B型方头普通　　c)C型单圆头普通
　　平键　　　　　　平键　　　　　　　平键

图4-133 普通平键

普通平键均可以直接采购到成品，无需另行加工。键的代号为"键的形式 键宽b×键高h×键长L"，如"键 B8×7×25"，即表示"B型方头普通平键，8mm宽、7mm高、25mm长"。而A型平键一般可以省去"A"不写，如"16×12×76"，即表示的是A型平键，如图4-134所示。本案例便是绘制A型平键。

1）启动 AutoCAD 2018，新建空白文档。

2）设置多线样式。选择【格式】→【多线样式】命令，打开【多线样式】对话框。

3）新建多线样式。单击【新建】按钮，弹出【新建新的多线样式】对话框，在【新样式名】文本框中输入"A型平键"，如图 4-135 所示。

图4-134 代号为　　　图4-135 创建"A型平
"16×12×76"的平键　　　键"样式

4）设置多线端点封口样式。单击【继续】按钮，打开【新建多线样式：A型平键】对话框，然后在【封口】选项组中选中【外弧】的【起点】和【端点】复选框，如图4-136 所示。

5）设置多线宽度。在【图元】选项组中选择 0.5 的线型样式，在【偏移】栏中输入 8；再选择 -0.5 的线型样式，修改偏移值为 -8，结果如图 4-137 所示。

图4-136 设置平键多线端点 封口样式　　图4-137 设置平键多线 宽度

6）设置当前多线样式。单击【确定】按钮，返回【多线样式】对话框，在【样式】列表框中选择"A 型平键"样式，单击【置为当前】按钮，将该样式设置为当前，如图 4-138 所示。

7）绘制 A 型平键。选择【绘图】→【多线】命令，绘制平键，如图 4-139 所示。命令行操作如下：

```
指定起点或 [对正(J)/比例(S)/样式(ST)]: J↙
                //选择【对正】选项
输入对正类型 [上(T)/无(Z)/下(B)] <上>: Z↙
                //按正中线绘制多线
当前设置: 对正 = 无, 比例 = 1.00, 样式 = A型
平键
```

```
指定起点或 [对正(J)/比例(S)/样式(ST)]:
                //在绘图区任意指定一点
指定起点或 [对正(J)/比例(S)/样式(ST)]: J↙
                //选择【对正】选项
输入对正类型 [上(T)/无(Z)/下(B)] <上>: Z↙
                //按中心线对正绘制多线
当前设置: 对正 = 无, 比例 = 1.00, 样式 = A型
平键
指定起点或 [对正(J)/比例(S)/样式(ST)]:
                //在绘图区任意指定一点
指定下一点: 60↙ //光标水平移动, 输入长度60
指定下一点或 [放弃(U)]: ↙  //结束绘制
```

8）按投影方法补画另一视图，即可完成 A 型平键的绘制。

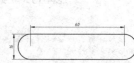

图4-138 将"A型平键"样式置为当前　　图4-139 绘制A型平键

4.5.4 ▶ 编辑多线

之前介绍了多线是复合对象，只能将其分解为多条直线后才能编辑。但在 AutoCAD 中，也可以在自带的【多线编辑工具】对话框中进行编辑。

打开【多线编辑工具】对话框的方法有以下 3 种。

⊕ 菜单栏：执行【修改】→【对象】→【多线】命令，如图4-140所示。

⊕ 命令行：MLEDIT。

⊕ 快捷操作：双击绘制的多线图形。

执行上述任一命令后，系统自动弹出【多线编辑工具】对话框，如图4-141所示。根据图样单击选择一种适合的工具图标，即可使用该工具编辑多线。

图4-140 【菜单栏】调用 【多线】编辑命令　　图4-141 【多线编辑工具】对话框

4.6 矩形与多边形

多边形图形包括矩形和正多边形，也是在绘图过程中使用较多的一类图形。

4.6.1 ▶ 矩形

矩形就是我们通常说的长方形，可通过输入矩形的任意两个对角位置确定。在 AutoCAD 中，绘制矩形可以为其设置倒角、圆角以及宽度和厚度值，如图4-142所示。

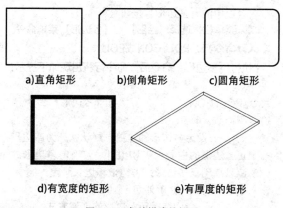

a)直角矩形　　b)倒角矩形　　c)圆角矩形

d)有宽度的矩形　　　　e)有厚度的矩形

图4-142　各种样式的矩形

调用【矩形】命令的方法如下：

⊕ 功能区：在【默认】选项卡中单击【绘图】面板中的【矩形】按钮□。

⊕ 菜单栏：执行【绘图】→【矩形】菜单命令。

⊕ 命令行：RECTANG或REC。

执行该命令后，命令行提示如下：

> 命令：_RECTANG//执行【矩形】命令
> 指定第一个角点或 [倒角(C)/标高(E)/圆角(F)/厚度(T)/宽度(W)]：　//指定矩形的第一个角点
> 指定另一个角点或 [面积(A)/尺寸(D)/旋转(R)]：
> 　　　　　　//指定矩形的对角点

【案例4-15】绘制插板平面图

1）启动 AutoCAD 2018，新建一空白文档。

2）绘制插板轮廓。单击【绘图】面板中的【矩形】按钮□，绘制带宽度的矩形，如图 3-143 所示。命令行操作过程如下：

> 命令：_RECTANG
> 指定第一个角点或 [倒角(C)/标高(E)/圆角(F)/厚度(T)/宽度(W)]：C✓
> 指定矩形的第一个倒角距离 <0.0000>：1✓
> 指定矩形的第二个倒角距离 <1.0000>：1✓
> 指定第一个角点或 [倒角(C)/标高(E)/圆角(F)/厚度(T)/宽度(W)]：W✓
> 指定矩形的线宽 <0.0000>：1✓
> 指定第一个角点或 [倒角(C)/标高(E)/圆角(F)/厚度(T)/宽度(W)]：0,0
> 指定另一个角点或 [面积(A)/尺寸(D)/旋转(R)]：35,40✓

3）绘制辅助线。单击【绘图】面板中的【直线】按钮，连接矩形中点，绘制两条相互垂直的辅助线，如图 3-144 所示。

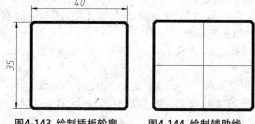

图4-143　绘制插板轮廓　　图4-144　绘制辅助线

4）偏移中心线。在命令行中输入"O"执行【偏移】命令，分别偏移水平和竖直中心线，如图 3-145 所示。

5）在命令行中输入"FILL"并按 Enter 键，关闭图形填充。命令行操作如下：

> 命令：FILL✓
> 输入模式[开(ON)][关(OFF)]<开>：
> 命令：OFF✓　　//关闭图形填充

6）绘制垂直插孔。单击【绘图】面板中的【矩形】按钮□，设置倒角距离为 0，矩形宽度为 1，以辅助线交点为对角点，绘制如图 3-146 所示的矩形插孔，绘制完成后删除多余的构造线。

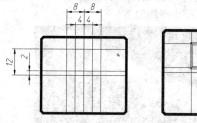

图4-145　偏移中心线　　　图4-146　绘制矩形插孔

7）再次偏移辅助线。删去先前偏移所得的辅助线，然后再在命令行中输入"O"执行【偏移】命令，分别偏移水平和竖直中心线，如图 3-147 所示。

8）单击【绘图】面板中的【矩形】按钮□，保持矩形参数不变，以构造线交点为对角点绘制矩形插孔，如图 3-148 所示。至此，插板平面图绘制完成。

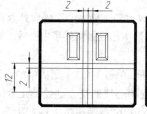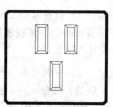

图4-147　偏移辅助线　　　图4-148　绘制矩形插孔

4.6.2 ▶ 多边形

正多边形是由三条或三条以上长度相等的线段首尾相接形成的闭合图形，其边数范围值在3～1024之间。图4-149所示为各种正多边形。

a)三角形　　b)四边形　　c)五边形　　d)六边形

图4-149 各种正多边形

启动【多边形】命令有以下3种方法：
- 功能区：在【默认】选项卡中单击【绘图】面板中的【多边形】按钮。
- 菜单栏：选择【绘图】｜【多边形】菜单命令。
- 命令行：POLYGON或POL。

执行【多边形】命令后，命令行将出现如下提示：

```
命令: POLYGON↙         //执行【多边形】命令
输入侧面数 <4>:
          //指定多边形的边数，默认状态为四边形
指定正多边形的中心点或 [边(E)]:  //确定多边形的
一条边来绘制正多边形，由边数和边长确定
输入选项 [内接于圆(I)/外切于圆(C)] <I>:
          //选择正多边形的创建方式
指定圆的半径:  //指定创建正多边形时的内接于
圆或外切于圆的半径
```

【案例 4-16】 绘制外六角扳手

外六角扳手如图4-150所示，是一种用来装卸外六角螺钉的手工工具。不同规格的螺钉对应不同大小的扳手，具体可以查阅GB/T 5782。本案例将绘制适用于M10螺钉的外六角扳手，尺寸如图4-151所示。图中的"（SW）14"即表示对应螺钉的对边宽度为14，是扳手的主要规格参数。具体操作步骤如下：

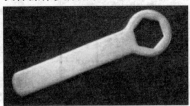

图4-150 外六角扳手

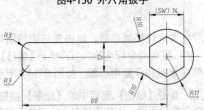

图4-151 M10螺钉用外六角扳手

1）打开素材文件"第 4 章\4-16 绘制外六角扳手 .dwg"，素材图形中已经绘制好了中心线，如图 4-152 所示。

2）绘制正多边形。单击【绘图】面板中的【正多边形】按钮，在中心线的交点处绘制正六边形，外切圆的半径为7mm，结果如图4-153所示。命令行操作如下：

```
命令: _POLYGON
输入侧面数 <4>:6↙
指定正多边形的中心点或 [边(E)]:
          //指定中心线交点为中心点
输入选项 [内接于圆(I)/外切于圆(C)] <I>:C↙
          //选择外切圆类型
指定圆的半径:7↙
```

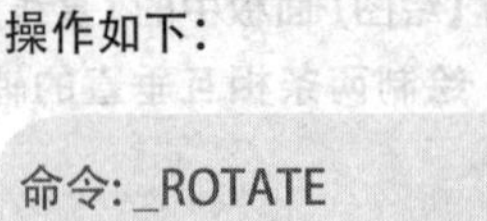

图4-152 素材图形　　图4-153 创建正六边形

3）单击【修改】面板中的【旋转】按钮，将正六边形旋转90°，如图 4-154 所示。命令行操作如下：

```
命令: _ROTATE
UCS 当前的正角方向：ANGDIR=逆时针
ANGBASE=0
选择对象:找到 1 个
选择对象:↙    //选择正六边形
指定基点:    //指定中心线交点为基点
指定旋转角度，或 [复制(C)/参照(R)] <270>:
90↙    //输入旋转角度
```

4）单击【绘图】面板中的【圆】按钮，以中心线的交点为圆心，绘制半径为11mm的圆，如图 4-155 所示。

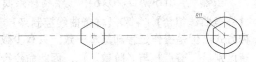
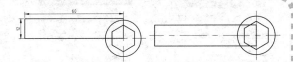

图4-154 旋转图形　　　　图4-155 绘制圆　　　　　　图4-156 绘制矩形　　　　图4-157 移动矩形

5）绘制矩形。以中心线交点为起始对角点，相对坐标（@-60, 12）为终端对角点，绘制一个矩形，如图 4-156 所示。命令行操作如下：

> 命令:_rectang
> 指定第一个角点或 [倒角(C)/标高(E)/圆角(F)/厚度(T)/宽度(W)]: //选择中心线交点
> 指定另一个角点或 [面积(A)/尺寸(D)/旋转(R)]: @-60,12✓ //输入另一角点的相对坐标

6）单击【修改】面板中的【移动】按钮✥，将矩形向下移动 6 个单位，如图 4-157 所示。命令行操作过程如下：

> 命令:_move
> 选择对象:找到 1 个 //选择矩形
> 选择对象:✓ //按Enter键结束选择
> 指定基点或 [位移(D)] <位移>: //任意指定一点为基点
> 指定第二个点或 <使用第一个点作为位移>:6✓
> //光标向下移动，引出追踪线确保垂直，输入长度6

7）单击【修改】面板中的【修剪】按钮，启用命令后单击空格或者按 Enter 键，将多余线条全部修剪掉，如图 4-158 所示。

8）单击【修改】面板中的【圆角】按钮，对图形进行圆角操作，最终图形如图 4-159 所示。

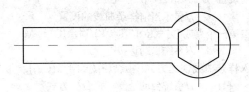

图4-158 修剪图形

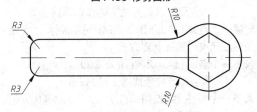

图4-159 最终图形

4.7 样条曲线

样条曲线是经过或接近一系列给定点的平滑曲线，它能够自由编辑以及控制曲线与点的拟合程度。在景观设计中，常用来绘制水体、流线型的园路及模纹等；在建筑制图中，常用来表示剖面符号等图形；在机械产品设计领域则常用来表示某些产品的轮廓线或剖切线。

4.7.1 ▸ 绘制样条曲线

在AutoCAD 2018中，样条曲线可分为"拟合点样条曲线"和"控制点样条曲线"两种。"拟合点样条曲线"的拟合点与曲线重合，如图4-160所示；"控制点样条曲线"是通过曲线外的控制点控制曲线的形状，如图4-161所示。

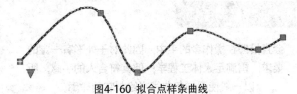

图4-160 拟合点样条曲线

图4-161 控制点样条曲线

调用【样条曲线】命令的方法如下。
- 功能区：单击【绘图】滑出面板上的【样条曲线拟合】按钮或【样条曲线控制点】按钮，如图4-162所示。
- 菜单栏：选择【绘图】→【样条曲线】命令，然后在子菜单中选择【拟合点】或【控制点】命令，如图4-163所示。
- 命令行：SPLINE或SPL。

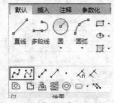

图4-162 【绘图】面板中的
样条曲线按钮

图4-163 样条曲线的菜单
命令

执行【样条曲线拟合】命令时，命令行操作如下：

```
命令:_SPLINE   //执行【样条曲线拟合】命令
当前设置: 方式=拟合  节点=弦
               //显示当前样条曲线的设置
指定第一个点或 [方式(M)/节点(K)/对象(O)]: _M
               //系统自动选择
输入样条曲线创建方式 [拟合(F)/控制点(CV)] <拟
合>:_FIT   //系统自动选择"拟合"方式
当前设置: 方式=拟合  节点=弦
               //显示当前方式下的样条曲线设置
指定第一个点或 [方式(M)/节点(K)/对象(O)]: //指定
样条曲线起点或选择创建方式
输入下一个点或 [起点切向(T)/公差(L)]:
               //指定样条曲线上的第2点
输入下一个点或 [端点相切(T)/公差(L)/放弃(U)/闭
合(C)]:   //指定样条曲线上的第3点
//要创建样条曲线, 最少需指定3个点
```

执行【样条曲线控制点】命令时，命令行操作如下：

```
命令:_SPLINE   //执行【样条曲线控制点】命令
当前设置: 方式=控制点  阶数=3
               //显示当前样条曲线的设置
指定第一个点或 [方式(M)/阶数(D)/对象(O)]: _M
               //系统自动选择
输入样条曲线创建方式 [拟合(F)/控制点(CV)] <拟
合>:_CV   //系统自动选择"控制点"方式
当前设置: 方式=控制点  阶数=3
               //显示当前方式下的样条曲线设置
指定第一个点或 [方式(M)/阶数(D)/对象(O)]:
               //指定样条曲线起点或选择创建方式
输入下一个点:  //指定样条曲线上的第2点
输入下一个点或 [闭合(C)/放弃(U)]:
               //指定样条曲线上的第3点
```

虽然在AutoCAD 2018中，绘制样条曲线有【样条曲线拟合】和【样条曲线控制点】两种方式，但是操作过程却基本一致，只有少数选项有区别（"节点"与"阶数"），因此命令行中各选项均统一介绍如下：

- "拟合（F）"：即执行【样条曲线拟合】方式，通过指定样条曲线必须经过的拟合点来创建3阶（三次）B样条曲线。在公差值大于0（零）时，样条曲线必须在各个点的指定公差距离内。

- "控制点（CV）"：即执行【样条曲线控制点】方式，通过指定控制点来创建样条曲线。使用此方法创建1阶（线性）、2阶（二次）、3阶（三次）直到最高为10阶的样条曲线。通过移动控制点调整样条曲线的形状通常可以提供比移动拟合点更好的效果。

- "节点（K）"：指定节点参数化，是一种计算方法，用来确定样条曲线中连续拟合点之间的零部件曲线如何过渡。该选项下分3个子选项，即"弦""平方根"和"统一"。

- "阶数（D）"：设置生成的样条曲线的多项式阶数。使用此选项可以创建1阶（线性）、2阶（二次）、3阶（三次）直到最高10阶的样条曲线。

- "对象（O）"：执行该选项后，选择二维或三维的、二次或三次的多段线，可将其转换成等效的样条曲线，如图4-164所示。

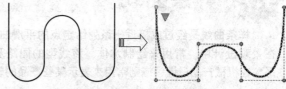

图4-164 将多段线转为样条曲线

▶ **操作技巧**

根据 DELOBJ系统变量的设置，可设置保留或放弃原多段线。

━━━ **【案例 4-17】** 使用样条曲线绘制手柄 ━━━

手柄是一种为方便工人操作机械而制造的简单配件，常见于各种机床的操作部分，如图 4-165所示。手柄一般由钢件、塑件车削而成，由于手柄会直接握在操作者的手中，因此对于外形有一定的要求，需满足人体工程学，使其符合人的手感，所以一般使用样条曲线来绘制它的轮廓。

图4-165 手柄

本案例绘制的手柄图形如图4-166所示。具体的绘制步骤如下:

1) 启动 AutoCAD 2018,打开素材文件"第 4 章 \4-17 使用样条曲线绘制手柄 .dwg",素材图形中已经绘制好了中心线与各通过点(没设置点样式之前很难观察到),如图 4-167 所示。

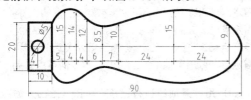
图4-166 手柄图形

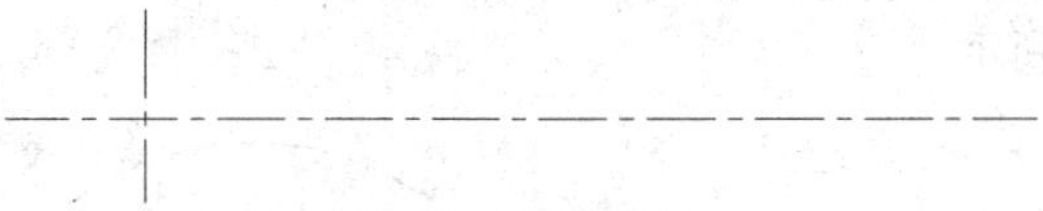

图4-167 素材图形

2) 设置点样式。选择【格式】→【点样式】命令,弹出【点样式】对话框,设置点样式,如图 4-168 所示。

3) 定位样条曲线的通过点。单击【修改】面板中的【偏移】按钮,将中心线偏移,并在偏移线交点绘制点,结果如图 4-169 所示。

图4-168 【点样式】对话框

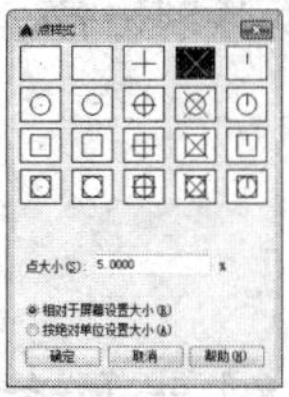

图4-169 绘制样条曲线的通过点

4) 绘制样条曲线。单击【绘图】面板中的【样条曲线】按钮,以左上角辅助点为起点,按顺时针方向依次连接各辅助点,结果如图 4-170 所示。

5) 闭合样条曲线。在命令行中输入"C"并按 Enter 键,闭合样条曲线,结果如图 4-171 所示 .

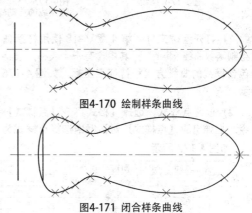
图4-170 绘制样条曲线

图4-171 闭合样条曲线

6) 绘制圆和外轮廓线。分别单击【绘图】面板中的【直线】和【圆】按钮,绘制直径为 5mm 的圆和长方形,如图 4-172 所示。

7) 修剪整理图形。单击【修改】面板中的【修剪】命令,修剪多余样条曲线,并删除辅助点,结果如图 4-173 所示。

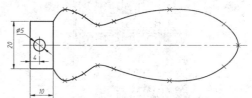
图4-172 绘制圆和外轮廓线

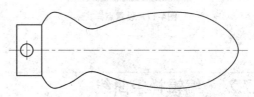
图4-173 修剪整理图形

【案例 4-18】使用样条曲线绘制函数曲线

函数曲线又称为数学曲线,是根据函数方程在笛卡儿直角坐标系中绘制出来的规律曲线,如三角函数曲线、心形线、渐开线和摆线等。本例所绘制的摆线是一个圆沿一直线缓慢地滚动,圆上一固定点所经过的轨迹,如图4-174所示。摆线是数学上的经典曲线,也是机械设计中的重要轮廓造型曲线,广泛应用于各类减速器当中,如摆线针轮减速器中的传动轮轮廓将是一种摆线,如图4-175所示。本例便通过【样条曲线】与【多点】命令,根据摆线的方程来绘制摆线轨迹。

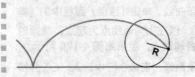

图4-174 摆线

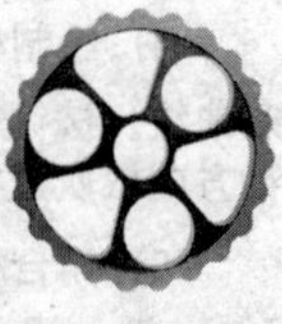

图4-175 外轮廓
为摆线的传动轮

1）打开素材文件"第 4 章 \4-18 使用样条曲
线绘制函数曲线 .dwg"，其中含有一个表格，表格
中包含摆线的曲线方程和特征点坐标，如图 4-176
所示。

2）设置点样式。选择【格式】→【点样式】
命令，在弹出的【点样式】对话框中选择点样式为
✕，如图 4-177 所示。

摆线方程: $x=R\times(t-sint), y=R\times(1-cost)$			
R	t	$x=r\times(t-sint)$	$y=r\times(1-cost)$	坐标 (x,y)
	0	0	0	(0,0)
	$\frac{1}{4}\pi$	0.8	2.9	(0.8,2.9)
	$\frac{1}{2}\pi$	5.7	10	(5.7,10)
	$\frac{3}{4}\pi$	16.5	17.1	(16.5,17.1)
R = 10	π	31.4	20	(31.4,20)
	$\frac{5}{4}\pi$	46.3	17.1	(46.3,17.1)
	$\frac{3}{2}\pi$	57.1	10	(57.1,10)
	$\frac{7}{4}\pi$	62	2.9	(62,2.9)
	2π	62.8	0	(62.8,0)

图4-176 素材

点大小 (S): 5.0000 %

⊙ 相对于屏幕设置大小 (R)
○ 按绝对单位设置大小 (A)

确定　取消　帮助(H)

图4-177 设置点样式

3）绘制各特征点。单击【绘图】面板中的【多
点】按钮 ．，然后在命令行中按表格中的"坐标"
栏输入坐标值，所绘制的 9 个特征点如图 4-178 所
示。命令行操作如下：

```
命令: _point
当前点模式: PDMODE=3 PDSIZE=0.0000
指定点: 0,0↙          //输入第一个点的坐标
指定点: 0.8, 2.9↙     //输入第二个点的坐标
指定点: 5.7, 10↙      //输入第三个点的坐标
指定点: 16.5, 17.1↙   //输入第四个点的坐标
指定点: 31.4, 20↙     //输入第五个点的坐标
指定点: 46.3, 17.1↙   //输入第六个点的坐标
指定点: 57.1, 10↙     //输入第七个点的坐标
指定点: 62, 2.9↙      //输入第八个点的坐标
指定点: 62.8, 0↙      //输入第九个点的坐标
指定点: *取消*        //按Esc键取消多点绘制
```

4）用样条曲线进行连接。单击【绘图】面板
中的【样条曲线拟合】按钮 ，启用样条曲线命令，
然后依次连接绘制的 9 个特征点，结果如图 4-179
所示。

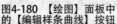

图4-178 所绘制的9个特
征点

图4-179 用样条曲线连接
特征点

▶ 提示

　　函数曲线上的各点坐标可以通过Excel表
来计算得出，然后按上述方法即可绘制出各
种曲线。

4.7.2 ▶ 编辑样条曲线

与多线一样，AutoCAD 2018也提供了专门编
辑样条曲线的工具。由SPLINE命令绘制的样条曲线
具有许多特征，如数据点的数量及位置、端点特征
性及切线方向等，用SPLINEDIT（编辑样条曲线）
命令可以改变曲线的这些特征。

要对样条曲线进行编辑，有以下3种方法：

◎ 功能区：在【默认】选项卡中单击【绘图】面
板中的【编辑样条曲线】按钮 ，如图4-180
所示。

◎ 菜单栏：选择【修改】→【对象】→【样条曲
线】菜单命令，如图4-181所示。

◎ 命令行：SPEDIT。

图4-180 【绘图】面板中
的【编辑样条曲线】按钮

图4-181 【菜单栏】调用
【样条曲线】编辑命令

按上述方法执行【编辑样条曲线】命令后，选择要编辑的样条曲线，便会在命令行中出现如下提示：

输入选项[闭合(C)/合并(J)/拟合数据(F)/编辑顶点(E)/转换为多线段(P)/反转(R)/放弃(U)/退出(X)]:<退出>

选择其中的子选项即可执行对应命令。

4.8　图案填充与渐变色填充

使用AutoCAD的图案和渐变色填充功能，可以方便地对图案和渐变色填充，以区别不同形体的各个组成部分。

4.8.1 ▶ 图案填充

在图案填充过程中，用户可以根据实际需求选择不同的填充样式，也可以对已填充的图案进行编辑。执行【图案填充】命令的方法有以下3种：

- 功能区：在【默认】选项卡中单击【绘图】面板中的【图案填充】按钮，如图4-182所示。
- 菜单栏：选择【绘图】→【图案填充】菜单命令，如图4-183所示。
- 命令行：BHATCH或CH或H。

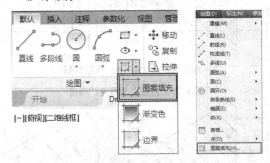

图4-182 【绘图】面板中的【图案填充】按钮　　图4-183 【图案填充】菜单命令

在AutoCAD中执行【图案填充】命令后，将显示【图案填充创建】选项卡，如图4-184所示。选择填充图案，在要填充的区域中单击，生成效果预览，然后于空白处单击或单击【关闭】面板上的【关闭图案填充】按钮即可完成图案填充。

图4-184 【图案填充创建】选项卡

【图案填充创建】选项卡由【边界】、【图案】、【特性】、【原点】、【选项】和【关闭】6个面板组成，分别介绍如下。

1. 【边界】面板

图4-185所示为展开的【边界】面板中隐藏的选项。各选项的含义如下：

- 【拾取点】：单击此按钮，然后在填充区域中单击，AutoCAD将自动分析边界集，并从中确定包围该点的闭合边界。
- 【选择】：单击此按钮，然后根据封闭区域选择对象确定边界。可通过选择封闭对象的方法确定填充边界，但并不自动检测内部对象，如图4-186所示。

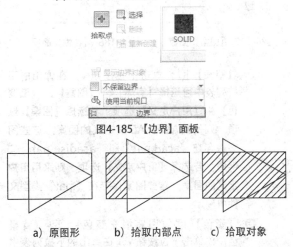

图4-185 【边界】面板

a) 原图形　　b) 拾取内部点　　c) 拾取对象

图4-186 创建图案填充

- 【删除】：用于取消边界。边界即在一个大的封闭区域内存在的一个独立的小区域。
- 【重新创建】：编辑填充图案时，可利用此按钮生成与图案边界相同的多段线或面域。
- 【显示边界对象】：单击此按钮，AutoCAD将显示当前的填充边界。使用显示的夹点可修改图案填充边界。
- 【保留边界对象】：创建图案填充时，创建多段线或面域作为图案填充的边缘，并将图案填充对象与其关联。单击下拉按钮 ▾，在下拉列表中包括【不保留边界】、【保留边界：多段线】、【保留边界：面域】。

⊕ 【选择新边界集】 👝：指定对象的有限集（称为边界集），以便由图案填充的拾取点进行评估。单击下拉按钮 ▾，在下拉列表中展开【使用当前视口】选项，可根据当前视口范围中的所有对象定义边界集。选择此选项将放弃当前的任何边界集。

2. 【图案】面板

该面板用于显示所有预定义和自定义图案的预览图案。单击右侧的按钮 ▾ 可展开【图案】面板，拖动滚动条选择所需的填充图案，如图4-187所示。

3. 【特性】面板

图4-188所示为展开的【特性】面板中隐藏的选项。各选项含义如下：

图4-187 【图案】面板　　图4-188 【特性】面板

⊕ 【图案】 ▨：单击下拉按钮 ▾，在弹出的下拉列表中可选择【实体】、【图案】、【渐变色】和【用户定义】选项。若选择【图案】选项，则使用AutoCAD预定义的图案，这些图案保存在"acad.pat"和"acadiso.pat"文件中。若选择【用户定义】选项，则采用用户定制的图案，这些图案保存在".pat"类型文件中。

⊕ 【颜色】 ▨（图案填充颜色）/ ▨（背景色）：单击下拉按钮 ▾，在弹出的下拉列表中可选择需要的图案颜色和背景颜色，默认状态下为无背景颜色，如图4-189与图4-190所示。

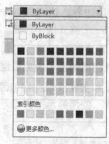
图4-189 选择图案颜色

图4-190 选择背景颜色

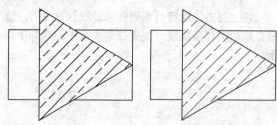

　a）透明度为0　　　（b）透明度为50
图4-191 设置图案填充的透明度

⊕ 【图案填充透明度】 图案填充透明度：通过拖动滑块，可以设置填充图案的透明度，如图4-191所示。设置完透明度后，需要单击状态栏中的【显示/隐藏透明度】按钮 ▨，透明度才能显示出来。

⊕ 【角度】 角度 2：通过拖动滑块，可以设置图案的填充角度，如图4-192所示。

⊕ 【比例】 1：通过在文本框中输入比例值，可以设置缩放图案的比例，如图4-193所示。

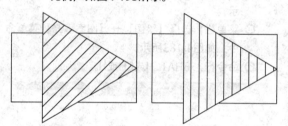

　a）角度为0°　　b）角度为45°
图4-192 设置图案填充的角度

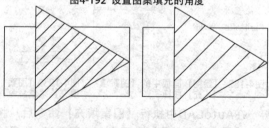

　a）比例为25　　b）比例为50
图4-193 设置图案填充的比例

⊕ 【图层】 ▨：在下拉列表中可以指定图案填充所在的图层。

⊕ 【相对于图纸空间】 ▨：适用于布局。用于设置相对于布局空间单位缩放图案。

⊕ 【双】 ▨：只有在选择【用户定义】选项时才可用。用于绘制两组相互呈90°的直线填充图案，从而构成交叉线填充图案。

⊕ 【ISO笔宽】：设置基于选定笔宽缩放ISO预

定义图案。只有图案设置为ISO图案的一种时才可用。

④. 【原点】面板

图4-194所示为展开【原点】面板中隐藏的选项，指定原点的位置有【左下】、【右下】、【左上】、【右上】、【中心】和【使用当前原点】6种方式。

- ⊕ 【设定原点】：指定新的图案填充原点，如图4-195所示。

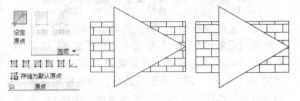

a）使用默认原点　b）指定矩形的左下角点为原点

图4-194 【原点】面板　　图4-195 设置图案填充的原点

⑤. 【选项】面板

如图4-196所示为展开的【选项】面板中的隐藏选项，其各选项含义如下。

图4-196 【原点】面板

- ⊕ 【关联】：控制当用户修改当期图案时是否自动更新图案填充。
- ⊕ 【注释性】：指定图案填充为可注释特性。单击信息图标以了解有相关注释性对象的更多信息。
- ⊕ 【特性匹配】：使用选定图案填充对象的特性设置图案填充的特性，图案填充原点除外。单击下拉按钮，在下拉列表中包括【使用当前原点】和【使用原图案原点】。
- ⊕ 【允许的间隙】：指定要在几何对象之间桥接最大的间隙，这些对象经过延伸后将闭合边界。
- ⊕ 【创建独立的图案填充】：一次在多个闭合边界创建的填充图案是各自独立的。选择时，这些图案是单一对象。
- ⊕ 【孤岛】：在闭合区域内的另一个闭合区域。

单击下拉按钮，在弹出的下拉列表中包含【无孤岛检测】、【普通孤岛检测】、【外部孤岛检测】和【忽略孤岛检测】，相应的填充方式如图4-197所示。其中各选项的含义如下：

a）无填充　b）普通填充方式　c）外部填充方式　d）忽略填充方式

图4-197 孤岛的填充方式

a）【无孤岛检测】：关闭以使用传统孤岛检测方法。

b）【普通孤岛检测】：从外部边界向内填充，即第一层填充，第二层不填充。

c）【外部孤岛检测】：从外部边界向内填充，即只填充从最外边界向内第一边界之间的区域。

d）【忽略孤岛检测】：忽略最外层边界包含的其他任何边界，从最外层边界向内填充全部图形。

- ⊕ 【绘图次序】：指定图案填充的创建顺序。单击下拉按钮，在弹出的下拉列表中可选择【不指定】、【后置】、【前置】、【置于边界之后】和【置于边界之前】。默认情况下，图案填充绘制次序是置于边界之后。
- ⊕ 【图案填充和渐变色】对话框：单击【选项】面板上的按钮，打开【图案填充与渐变色】对话框，如图4-198所示。其中的选项与【图案填充创建】选项卡中的选项基本相同。

单击该按钮展开更多选项

图4-198 【图案填充与渐变色】对话框

⑥. 【关闭】面板

单击【关闭】面板上的【关闭图案填充创建】按钮，可退出图案填充。也可按Esc键来代替此按钮操作。

在弹出【图案填充创建】选项卡之后，再在命令行中输入"T"，即可进入设置界面，打开【图案填充和渐变色】对话框。单击该对话框右下角的【更多选项】按钮，可显示出更多选项。该对话框中的选项含义与【图案填充创建】选项卡基本相同，这里不再赘述。

在机械制图中，图案填充多用于剖面的填充，以突出剖切的层次。

1）打开素材文件"第 4 章 \4-19 填充机构剖面图 .dwg"，素材图形如图 4-199 所示。

2）单击【绘图】面板上的按钮，根据命令行提示，选择【设置（T）】选项，系统弹出【图案填充和渐变色】对话框，如图 4-200 所示。

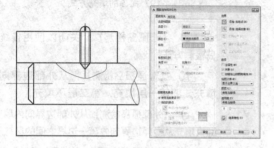

图4-199 素材图形　图4-200 【图案填充和渐变色】对话框

3）展开【图案】列表框，在列表中选择 ANSI31 图案，然后单击【边界】选项组中的【添加拾取点】按钮，系统暂时隐藏对话框，返回绘图界面，分别在如图 4-201 所示的 a、b 和 c 区域内单击，再次选择【设置（T）】选项，系统重新弹出【图案填充和渐变色】对话框。

4）单击该对话框中的预览按钮，系统回到绘图界面显示预览效果，如图 4-202 所示。按 Enter 键结束预览，系统重新弹出【图案填充和渐变色】对话框，在【角度和比例】选项组中将填充

比例修改为 2，然后单击确定按钮，完成填充，填充效果如图 4-203 所示。

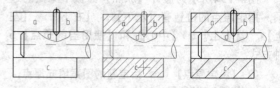

图4-201 填充区域　图4-202 填充预览　图4-203 填充结果

5）在命令行输入"H"并单击 Enter 键，系统弹出【图案填充创建】选项卡，在【图案】面板中选择【ANSI31】样式，角度修改为 90°，填充比例修改为 0.5，然后单击【边界】面板中的【添加拾取点】按钮，在 d 区域内单击，按 Enter 键完成填充，结果如图 4-204 所示。

6）在命令行输入"H"并单击 Enter 键，系统弹出【图案填充创建】选项卡，在【图案】面板中选择【ANSI31】样式，角度修改为 90°，填充比例修改为 0.5，然后单击【边界】面板中的【添加选择对象】按钮，单击选择轴端的样条曲线，按 Enter 键完成填充，结果如图 4-205 所示。

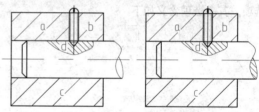

图4-204 填充区域d的结果　图4-205 填充轴端样条曲线的结果

4.8.2 ▶ 无法进行填充的解决方法

在使用AutoCAD的填充命令对图形进行填充时，有时会出现无法填充的情况。出现此情况的主要原因可大致分为三种，每种都有不同的解决方案，具体说明如下。

① 图案填充找不到范围

在使用【图案填充】命令时常常碰到找不到线段封闭范围的情况，尤其是文件本身比较大的时候。此时可以采用【Layiso】（图层隔离）命令让欲填充的范围线所在的层"孤立"或"冻结"，再使用【图案填充】命令就可以快速找到所需填充的范围。

② 对象不封闭时进行填充

如果图形不封闭，就会出现无法填充的情况，

弹出"边界定义错误"对话框，如图4-206所示，而且在图纸中会用红色圆圈标示出没有封闭的区域，如图4-207所示。

图4-206 "边界定义错误"对话框　图4-207 红色圆圈标示出出未封闭区域

这时可以在命令行中输入"Hpgaptol"，即可输入一个新的数值，用以指定图案填充时可忽略的最小间隙，小于输入数值的间隙都不会影响填充效果，结果如图4-208所示。

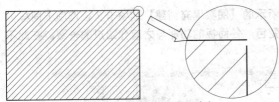

图4-208　忽略微小间隙进行填充

3. 创建无边界的图案填充

在AutoCAD中创建填充图案最常用的方法是选择一个封闭的图形或在一个封闭的图形区域中拾取一个点。创建填充图案时我们通常都是输入"HATCH"或"H"，打开【图案填充创建】选项卡进行填充。

但是在【图案填充创建】选项卡中是无法创建无边界填充图案的，它要求填充区域是封闭的。有的用户会想到创建填充后删除边界线或隐藏边界线的显示来完成填充，显然这样做是可行的，不过有一种更正规的方法，下面通过一个例子来进行说明。

【案例 4-20】创建无边界的混凝土填充

1）打开素材文件"第 4 章 \4-20 创建无边界的混凝土填充 .dwg"，素材图形如图 4-209 所示。

2）在命令行中输入"-HATCH"命令，然后按 Enter 键。命令行操作提示如下：

```
命令: -HATCH
//执行完整的【图案填充】命令
当前填充图案: SOLID
//当前的填充图案
指定内部点或 [特性(P)/选择对象(S)/绘图边界
(W)/删除边界(B)/高级(A)/绘图次序(DR)/原点
(O)/注释性(AN)/图案填充颜色(CO)/图层(LA)/透
明度(T)]: PI //选择"特性"命令
输入图案名称或 [?/实体(S)/用户定义(U)/渐变色
(G)]: AR-CONCI //输入混凝土填充图案的名称
指定图案缩放比例 <1.0000>:10l
//输入填充图案的缩放比例
指定图案角度 <0>: 45l
//输入填充图案的角度
当前填充图案: AR-CONC
指定内部点或 [特性(P)/选择对象(S)/绘图边界
(W)/删除边界(B)/高级(A)/绘图次序(DR)/原点
(O)/注释性(AN)/图案填充颜色(CO)/图层(LA)/透
明度(T)]: WI
//选择"绘图边界"命令，手动绘制边界
```

3）在绘图区依次捕捉点，注意打开捕捉模式，如图 4-209 所示。捕捉完之后按两次 Enter 键。

4）系统提示指定内部点，点选绘图区的封闭区域按 Enter 键，绘制结果如图 4-210 所示。

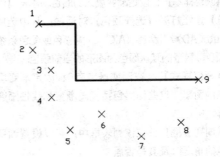

图4-209　素材图形

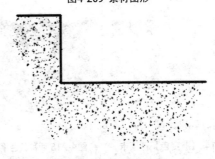

图4-210　创建的填充图案

4.8.3 ▸ 渐变色填充

在绘图过程中，有些图形在填充时需要用到一种或多种颜色，如绘制装潢、美工图纸等。在AutoCAD 2018中调用【图案填充】的方法有如下几种：

⊕ 功能区：在【默认】选项卡中单击【绘图】面板【渐变色】按钮，如图4-211所示。

⊕ 菜单栏：执行【绘图】→【图案填充】命令，如图4-212所示。

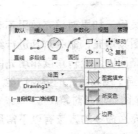

图4-211　【绘图】面板中的【渐变色】按钮

图4-212　【渐变色】菜单命令

执行【渐变色】命令填充操作后，将弹出如图4-213所示的【图案填充创建】选项卡。该选项卡同样由【边界】、【图案】等6个面板组成，只是图案换成了渐变色，各面板的功能与之前介绍过的一致，在此不重复介绍。

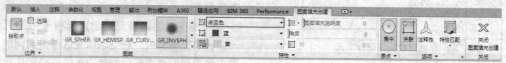

图4-213 【图案填充创建】选项卡

如果在命令行提示"拾取内部点或 [选择对象(S)/放弃(U)/设置(T)]:"时，激活【设置（T）】选项，将打开【图案填充和渐变色】对话框，并自动切换到【渐变色】选项卡，如图4-214所示。

该对话框中常用选项的含义如下：

- 【单色】：指定的颜色将从高饱和度的单色平滑过渡到透明的填充方式。
- 【双色】：指定的两种颜色进行平滑过渡的填充方式，如图4-215所示。
- 【颜色样本】：设定渐变填充的颜色。单击【浏览】按钮打开【选择颜色】对话框，从中选择AutoCAD索引颜色（AIC）、真彩色或配色系统颜色。显示的默认颜色为图形的当前颜色。
- 【渐变样式】：在渐变区域有9种固定渐变填充的图案，这些图案包括径向渐变和线性渐变等。
- 【向列表框】：在该列表框中，可以设置渐变色的角度以及其是否居中。

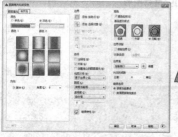

图4-214 【渐变色】选项卡

图4-215 两种颜色平滑过渡的填充效果

4.8.4 ▶ 编辑填充的图案

在为图形填充了图案后，如果对填充效果不满意，还可以通过【编辑图案填充】命令对其进行编辑。可编辑内容包括填充比例、旋转角度和填充图案等。AutoCAD 2018增强了图案填充的编辑功能，可以同时选择并编辑多个图案填充对象。

执行【编辑图案填充】命令的方法有以下常用的6种。

- 功能区：在【默认】选项卡中单击【修改】面板中的【编辑图案填充】按钮，如图4-216所示。
- 菜单栏：选择【修改】→【对象】→【图案填充】菜单命令，如图4-217所示。
- 命令行：HATCHEDIT或HE。
- 快捷操作1：在要编辑的对象上单击鼠标右键，在弹出的快捷菜单中选择【图案填充编辑】选项。
- 快捷操作2：在绘图区双击要编辑的图案填充对象。

图4-216 【修改】面板中的【编辑图案填充】按钮　图4-217 【图案填充】菜单命令

调用该命令后，先选择图案填充对象，系统弹出【图案填充编辑】对话框，如图4-218所示。该对话框中的参数与【图案填充和渐变色】对话框中的参数一致，修改参数即可修改图案填充效果。

图4-218 【图案填充编辑】对话框

【案例 4-21】填充简易机械装配图

利用本节所学的图案填充知识填充图案,填充图案时要注意判断零件的类型。

1）启动 AutoCAD 2018,打开素材文件"第 4 章\4-21 填充简易机械装配图 .dwg",素材图形如图 4-219 所示,图形中有 A~M 共 13 块区域。

2）分析图形。D 与 I 区域从外观上便可以分析出是密封件,因此代表的是同一个物体,可以用同一种网格图案进行填充;B 与 L 区域也可以判断为垫圈之类的密封件,而且由于截面狭小,因此可以使用全黑色进行填充。

3）填充 D 与 I 区域。单击【绘图】面板中的【图案填充】按钮,打开【图案填充创建】选项卡,在图案面板中选择【ANSI37】网格线图案,设置填充比例为 0.5,然后分别在 D 与 I 区域内任意单击一点,按 Enter 键完成选择,即可创建填充,结果如图 4-220 所示。

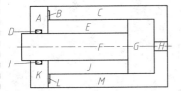

图4-219 素材图形　　图4-220 填充 D 与 I 区域

4）填充 B 与 L 区域。同样,单击【绘图】面板中的【图案填充】按钮,打开【图案填充创建】选项卡,在图案面板中选择【SOLID】实心图案,然后依次在 B 与 L 区域内任意单击一点,按 Enter 键完成填充,结果如图 4-221 所示。

5）分析图形。A 与 K 区域、C 与 M 区域均包裹着密封件,由此可以判断为零件体,可以用斜线填充,不过 A 与 K 区域来自相同零件,C 与 M 区域来自相同零件,但彼此却不同,因此在剖面线上要予以区分。

6）填充 A 与 K 区域。按之前的方法打开【图案填充创建】选项卡,在图案面板中选择【ANSI31】斜线图案,设置填充比例为 1,然后依次在 A 与 K 区域内任意单击一点,按 Enter 键完成填充,结果如图 4-222 所示。

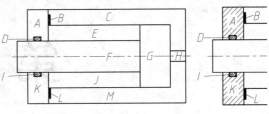

图4-221 填充 B 与 L 区域　　图4-222 填充 A 与 K 区域

7）填充 C 与 M 区域。方法同上,同样选择【ANSI31】斜线图案,设置填充比例为 1,不同的是设置填充角度为 90°,填充结果如图 4-223 所示。

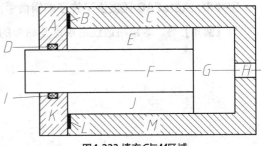

图4-223 填充 C 与 M 区域

8）分析图形。还剩下 E、F、G、H、J 5 块区域没有填充,容易看出 F 与 G 区域属于同一个轴类零件,而轴类零件不需要添加剖面线,因此 F 与 G 区域不需填充;E、J 区域应为油液空腔,也不需要填充;H 区域为进油口,属于通孔,自然也不需添加剖面线。

9）删除多余文字,最终的填充图案如图 4-224 所示。

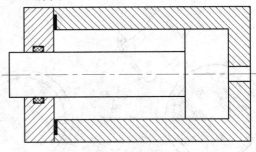

图4-224 最终的填充图案

第 5 章
二维机械图形编辑

前面章节介绍了各种图形对象的绘制方法。为了创建图形的更多细节特征以及提高绘图效率，AutoCAD 还提供了许多编辑命令，常用的有【移动】、【复制】、【修剪】、【倒角】与【圆角】等。本章将通过讲解这些命令的使用方法，进一步提高读者绘制复杂图形的能力。

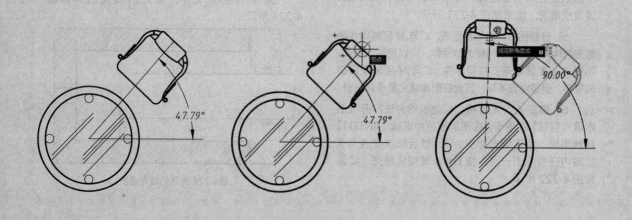

5.1 图形修剪类

　　AutoCAD绘图不可能一蹴而就，要想得到最终的完整图形，自然需要用到各种修剪命令来将多余的部分剪去或删除，因此修剪类命令是AutoCAD编辑命令中最为常用的一类。

5.1.1 ▶ 修剪

　　【修剪】命令可将超出边界的多余部分修剪删除掉，其功能与橡皮擦的功能相似。修剪操作可以修剪直线、圆、弧、多段线、样条曲线和射线等。在调用【修剪】命令的过程中，需要设置的参数有"修剪边界"和"修剪对象"两类。要注意的是，在选择修剪对象时，需要删除哪部分，则在哪部分上单击。

　　在AutoCAD 2018中，【修剪】命令有以下几种常用的调用方法。

⊕ 功能区：单击【修改】面板中的【修剪】按钮 $\cdot$/$\cdot$，如图5-1所示。

⊕ 菜单栏：执行【修改】→【修剪】命令，如图5-2所示。

⊕ 命令行：TRIM或TR。

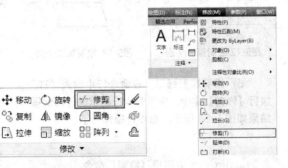

图5-1 【修改】面板中的【修剪】按钮　　图5-2 【修剪】菜单命令

　　执行上述任一命令后，将选择作为剪切边的对象（可以是多个对象）。命令行提示如下：

```
当前设置:投影=UCS，边=无
选择边界的边...
选择对象或 <全部选择>:
            //鼠标选择要作为边界的对象
选择对象:    //可以继续选择对象或按Enter键
结束选择
选择要延伸的对象，或按住 Shift 键选择要延伸的对
象，或[栏选(F)/窗交(C)/投影(P)/边(E)/放弃(U)]:
//选择要修剪的对象
```

　　执行【修剪】命令并选择对象后，在命令行中会出现一些选择类的选项，这些选项的含义如下：

⊕ "栏选（F）"：用栏选的方式选择要修剪的对象，如图5-3所示。

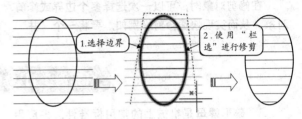

图5-3 使用"栏选（F）"方式进行修剪

⊕ "窗交（C）"：用窗交方式选择要修剪的对象，如图5-4所示。

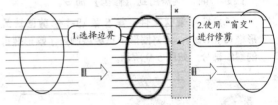

图5-4 使用"窗交（C）"方式进行修剪

⊕ "投影（P）"：用以指定修剪对象时使用的投影方式，即选择进行修剪的空间。

⊕ "边（E）"：指定修剪对象时是否使用【延伸】模式，默认选项为【不延伸】模式，即修剪对象必须与修剪边界相交才能够修剪。如果选择【延伸】模式，则修剪对象与修剪边界的延伸线相交即可被修剪。例如，图5-5所示的圆弧使用【延伸】模式才能够被修剪。

⊕ "放弃（U）"：放弃上一次的修剪操作。

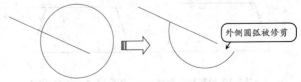

图5-5 【延伸】模式修剪效果

　　剪切边也可以同时作为被剪边。默认情况下，选择要修剪的对象（即选择被剪边），系统将以剪

切边为界，将被剪切对象上位于拾取点一侧的部分剪切掉。

利用修剪工具可以快速完成图形中多余线段的删除，如图5-6所示。

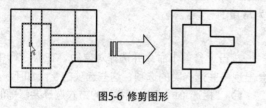

图5-6 修剪图形

在修剪对象时，可以一次选择多个边界或修剪对象，从而实现快速修剪。例如，要将一个"井"

字形路口打通，在选择修剪边界时可以使用【窗交】方式同时选择4条直线，如图5-7b）所示；然后单击Enter键确认，再将光标移动至要修剪的对象上，如图5-7c）所示；单击鼠标左键即可完成一次修剪，依次在其他对象上单击，则能得到最终的修剪结果，如图5-7d）所示。

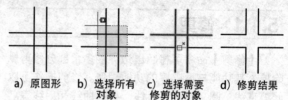

a）原图形   b）选择所有   c）选择需要   d）修剪结果
              对象   修剪的对象

图5-7 一次修剪多个对象

【案例 5-1】修剪圆翼蝶形螺母

碟形螺母是机械上的常用标准件，多应用于频繁拆卸且受力不大的场合，而为了方便手拧，在蝶形螺母两端对角各有圆形或弧形的凸起，如图5-8所示。在使用AutoCAD绘制这部分"凸起"时，就需用到【修剪】命令。

1）打开素材文件"第 5 章 \5-1 修剪圆翼蝶形螺母 .dwg"，素材图形中已经绘制好了蝶形螺母的螺纹部分，如图 5-9 所示。

 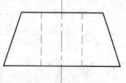

图5-8 蝶形螺母   图5-9 素材图形

2）绘制凸起。单击【绘图】面板中的【射线】按钮，以右下角点为起点，绘制一角度为 36°的射线，如图 5-10 所示。

3）使用相同方法，在右上角点绘制角度为52°的射线，如图5-11所示。

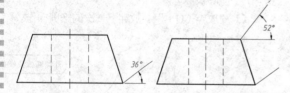

图5-10 绘制36°射线   图5-11 绘制52°射线

4）绘制圆。在【绘图】面板中的【圆】下拉列表中选择【相切、相切、半径（T）】 选项，

以分别在两条射线上指定切点，绘制半径为18mm的圆，如图 5-12 所示。

5）按此方法绘制另一边的图形，结果如图5-13 所示。

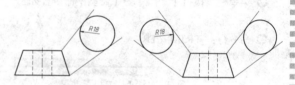

图5-12 绘制第一个圆   图5-13 绘制第二个圆

6）修剪蝶形螺母。在命令行中输入"TR"，执行【修剪】命令，根据命令行提示进行修剪操作，结果如图 5-14 所示。命令行操作如下：

```
命令: _trim          //调用【修剪】命令
当前设置:投影=UCS，边=无
选择剪切边...
选择对象或 <全部选择>:✓
                //选择全部对象作为修剪边界
选择要修剪的对象，或按住 Shift 键选择要延伸的对
象，或
[栏选(F)/窗交(C)/投影(P)/边(E)/删除(R)/放弃(U)]:
                //分别单击射线和两段圆弧，完成修剪
```

图5-14 一次修剪多个对象

5.1.2 ▶ 延伸

【延伸】命令是将没有和边界相交的部分延伸补齐，它和【修剪】命令是一组相对的命令。【延伸】命令的使用方法与【修剪】命令的使用方法相似。在使用【延伸】命令时，如果再按下Shift键的同时选择对象，则可以切换执行【修剪】命令。

在AutoCAD 2018中，【延伸】命令有以下几种常用调用方法。

- ⊕ 功能区：单击【修改】面板中的【延伸】按钮 --/ ，如图5-15所示。
- ⊕ 菜单栏：单击【修改】→【延伸】命令，如图5-16所示。
- ⊕ 命令行：EXTEND或EX。

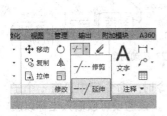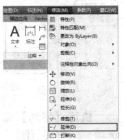

图5-15 【修改】面板中的【延伸】按钮　　图5-16 【延伸】菜单命令

执行【延伸】命令后，将选择要延伸的对象（可以是多个对象）。命令行提示如下：

> 选择要修剪的对象，或按住 Shift 键选择要修剪的对象，或 [栏选(F)/窗交(C)/投影(P)/边(E)/删除(R)/放弃(U)]：

选择延伸对象时，需要注意延伸方向的选择，朝哪个边界延伸，则在靠近该边界的那部分上单击。如图5-17所示，将直线AB延伸至边界直线M时，需要在A端单击直线，将直线AB延伸到直线N时，则在B端单击直线。

图5-17 使用【延伸】命令延伸直线

▶ 操作技巧

命令行中各选项的含义与【修剪】命令相同，在此不再赘述。

5.1.3 ▶ 删除

【删除】命令可将多余的对象从图形中完全清除，是AutoCAD最为常用的命令之一，使用也最为简单。在AutoCAD 2018中执行【删除】命令的方法有以下4种。

- ⊕ 功能区：在【默认】选项卡中单击【修改】面板中的【删除】按钮 ✐ ，如图5-18所示。
- ⊕ 菜单栏：选择【修改】→【删除】菜单命令，如图5-19所示。
- ⊕ 命令行：ERASE或E。
- ⊕ 快捷操作：选中对象后直接按Delete键。

图5-18 【修改】面板中的【删除】按钮　图5-19 【删除】菜单命令

执行上述命令后，根据命令行的提示选择需要删除的图形对象，按Enter键即可删除已选择的对象，如图5-20所示。

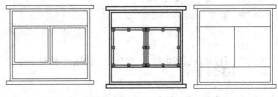

a）原对象　　b）选择要删除的对象　　c）删除结果

图5-20 删除对象

在绘图时如果意外删错了对象，可以使用UNDO【撤销】命令或OOPS【恢复删除】命令将其恢复。

- ⊕ UNDO【撤销】：即放弃上一步操作，快捷键Ctrl+Z，对所有命令有效。
- ⊕ OOPS【恢复删除】：OOPS 可恢复由上一个ERASE【删除】命令删除的对象，该命令对ERASE有效。

此外【删除】命令还有一些隐藏选项，在命令行提示"选择对象"时，除了用选择方法选择要删除的对象外，还可以输入特定字符，执行隐藏操作。特定字符的含义如下：

- ⊕ 输入"L"：删除绘制的上一个对象。
- ⊕ 输入"P"：删除上一个选择集。
- ⊕ 输入"All"：从图形中删除所有对象。
- ⊕ 输入"?"：查看所有选择方法列表。

5.2 图形变化类

在绘图的过程中，可能要对某一图元进行移动、旋转或拉伸等操作来辅助绘图，因此操作类命令也是使用极为频繁的一类编辑命令。

5.2.1 ▶ 移动

【移动】命令可将图形从一个位置平移到另一位置，移动过程中图形的大小、形状和倾斜角度均不改变。在调用【移动】命令的过程中，需要确定的参数有需要移动的对象、移动基点和第二点。

【移动】命令有以下几种调用方法。

⊕ 功能区：单击【修改】面板中的【移动】按钮 ⊕，如图5-21所示。

⊕ 菜单栏：执行【修改】→【移动】命令，如图 5-22所示。

⊕ 命令行：MOVE或M。

图5-21 【修改】面板中的 图5-22 【移动】菜单命令
【移动】按钮

调用【移动】命令后，根据命令行提示，在绘图区中拾取需要移动的对象后按右键确定，然后拾取移动基点，再指定第二个点（目标点）即可完成移动操作，如图5-23所示。命令行操作如下：

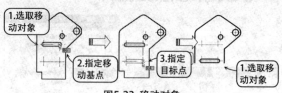

```
命令: _move      //执行【移动】命令
选择对象: 找到 1 个      //选择要移动的对象
指定基点或 [位移(D)] <位移>:
             //选取移动的参考点
指定第二个点或 <使用第一个点作为位移>:
             //选取放置图形的目标点
```

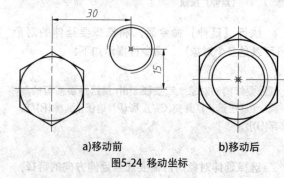

图5-23 移动对象

执行【移动】命令时，命令行中只有一个子选项："位移（D）"。该选项可以输入坐标以表示矢量。输入的坐标值将指定相对距离和方向。图5-24所示为输入坐标（30，15）的位移结果。

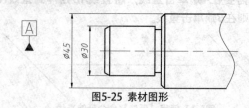

a)移动前   b)移动后
图5-24 移动坐标

【案例 5-2】使用移动放置基准符号

基准是机械制造中应用十分广泛的一个概念，机械产品从设计时零件尺寸的标注，制造时工件的定位，校验时尺寸的测量，一直到装配时零部件的装配位置确定等，都要用到基准。基准符号是用一个大写字母标注在基准方格内。选择要指定为基准的表面，然后在其尺寸或轮廓处放置基准符号即可。

1）打开素材文件"第 5 章\5-2 使用移动放置基准符号.dwg"，素材图形如图 5-25 所示，其中已绘制好部分轴零件图与基准符号。

图5-25 素材图形

2）在【默认】选项卡中单击【修改】面板的【移动】按钮 ⊕，选择基准符号，按空格或按 Enter 键确定，指定基准图块的插入点为移动基点，如图 5-26 所示。

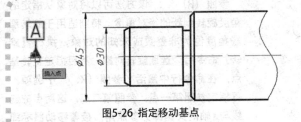

图5-26 指定移动基点

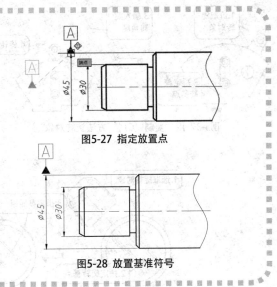

图5-27 指定放置点

3）将基准符号拖至右上角，选择轴零件的大径⌀45mm尺寸的上侧端点为放置点，如图5-27所示。

4）为了便于观察，基准符号需要与被标注对象保持一定的间距，因此可引出极轴追踪的追踪线，将基准符号向上多移动一定的距离，然后进行放置，结果如图5-28所示。

图5-28 放置基准符号

5.2.2 ▶ 旋转

【旋转】命令可将图形对象绕一个固定的点（基点）旋转一定的角度。在调用【旋转】命令的过程中，需要确定的参数有"旋转对象""旋转基点"和"旋转角度"。默认情况下，逆时针旋转的角度为正值，顺时针旋转的角度为负值。

在AutoCAD 2018中，【旋转】命令有以下几种常用调用方法。

⊕ 功能区：单击【修改】面板中的【旋转】按钮，如图5-29所示。

⊕ 菜单栏：执行【修改】→【旋转】命令，如图5-30所示。

⊕ 命令行：ROTATE或RO。

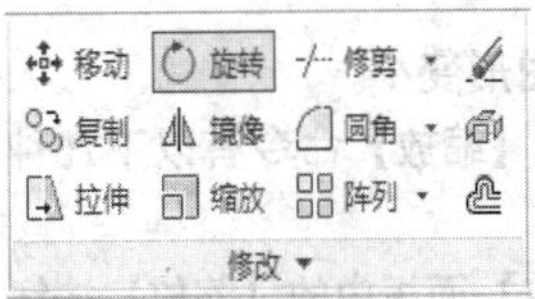

图5-29 【修改】面板中的   图5-30 【旋转】菜单命令
【旋转】按钮

按上述方法执行【旋转】命令后，命令行操作如下：

```
命令: ROTATE        //执行【旋转】命令
UCS 当前的正角方向：ANGDIR=逆时针
ANGBASE=0          //当前的角度测量方式和基准
选择对象:找到 1 个 //选择要旋转的对象
指定基点:          //指定旋转的基点
指定旋转角度，或 [复制(C)/参照(R)] <0>: 45
                   //输入旋转的角度
```

在命令行提示"指定旋转角度"时，除了默认的旋转方法，还有"复制（C）"和"参照（R）"两种旋转方法，分别介绍如下：

⊕ 默认旋转：利用该方法旋转图形时，源对象将按指定的旋转中心和旋转角度旋转至新位置，不保留对象的原始副本。执行上述任一命令后，选取旋转对象，然后指定旋转基点，根据命令行提示输入旋转角度，按Enter键即可完成旋转对象操作，如图5-31所示。

图5-31 用默认方法旋转图形

⊕ "复制（C）"：使用该旋转方法进行对象旋转时，不仅将对象的放置方向调整一定的角度，还保留源对象。执行【旋转】命令后，选取旋转对象，然后指定旋转基点，在命令行中激活"复制（C）"子选项，并指定旋转角度，按Enter键即可完成旋转对象操作，如图5-32所示。

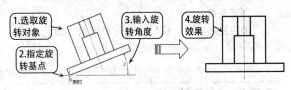

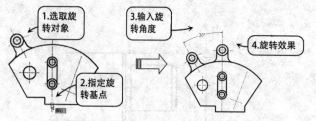

图5-32 用"复制（C）"方法旋转对象

⊕ "参照（R）"：该方法可以将对象从指定的角度旋转到新的绝对角度，特别适用于旋转那些角度值为非整数或未知的对象。执行【旋转】命令后，选取旋转对象，然后指定旋转基点，在命令行中激活"参照（R）"子选项，再指定参照第一点、参照第二点，这两点的连线与X轴的夹角即为参照角，接着移动鼠标即可指定新的旋转角度，如图5-33所示。

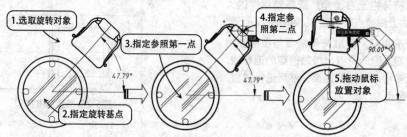

图5-33 用"参照（R）"方法旋转对象

【案例 5-3】 旋转键槽位置

在机械设计中，有时会为了满足不同的工况而将零件设计成各种非常规的形状（往往是在一般基础上偏移一定角度所致），如曲轴、凸轮等等。这时就可使用【旋转】命令来辅助绘制。

1）单击快速访问工具栏中的【打开】按钮 ☑，打开素材文件"第 5 章 \5-3 旋转键槽位置 .dwg"，素材图形如图 5-34 所示。

2）单击【修改】面板中的【旋转】按钮，将键槽部分旋转90°，不保留源对象，如图 5-35 所示。命令行操作如下：

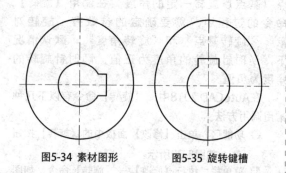

图5-34 素材图形　　　图5-35 旋转键槽

```
命令: _rotate                                    //执行【旋转】命令
UCS 当前的正角方向: ANGDIR=逆时针 ANGBASE=0
选择对象:指定对角点:找到 4 个                      //选择旋转对象
选择对象: ↙                                       //按Enter键结束选择
指定基点:                                         //指定圆心为旋转中心
指定旋转角度, 或 [复制(C)/参照(R)] <0>: 90↙        //输入旋转角度
```

5.2.3 ▶ 缩放

利用缩放工具可以将图形对象以指定的缩放基点为缩放参照，放大或缩小一定比例，创建出与源对象成一定比例且形状相同的新图形对象。在【缩放】命令执行过程中，需要确定的参数有"缩放对象""基点"和"比例因子"。比例因子也就是缩小或放大的比例值。比例因子大于1时，缩放结果是使图形变大，反之则使图形变小。

在AutoCAD 2018中，【缩放】命令有以下几种调用方法。

⊕ 功能区：单击【修改】面板中的【缩放】按钮 🔲，如图5-36所示。

⊕ 菜单栏：执行【修改】→【缩放】命令，如图5-37所示。

⊕ 命令行：SCALE或SC。

图5-36 【修改】面板中的   图5-37 【缩放】菜单
　　　【缩放】按钮　　　　　　　命令

执行以上任一方式启用【缩放】命令后，命令行操作提示如下：

```
命令: _scale          //执行【缩放】命令
选择对象: 找到 1 个     //选择要缩放的对象
指定基点:             //选取缩放的基点
指定比例因子或 [复制(C)/参照(R)]: 2  //输入比例因子
```

【缩放】命令与【旋转】命令差不多，除了默认的操作之外，同样有"复制（C）"和"参照（R）"两个子选项，分别介绍如下：

1）默认缩放：指定基点后直接输入比例因子进行缩放，不保留对象的原始副本，如图5-38所示。

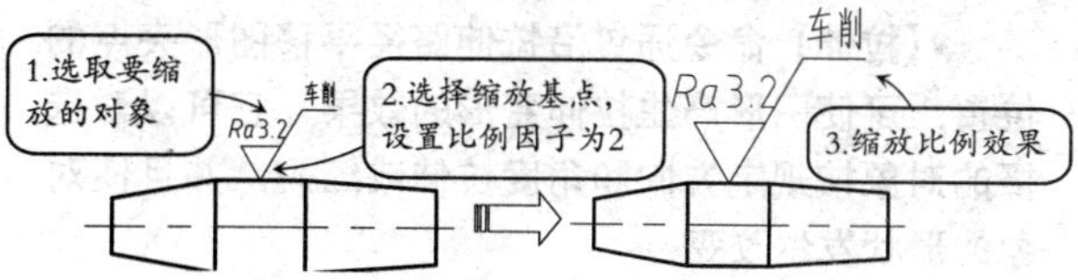

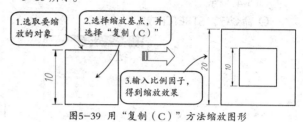

图5-38 默认方式缩放图形

2）"复制（C）"：在命令行输入"C"，选择该选项进行缩放后可以在缩放时保留源图形，如图5-39所示。

图5-39 用"复制（C）"方法缩放图形

4）"参照（R）"：如果选择该选项，则命令行会提示用户需要输入"参照长度"和"新长度"数值，由系统自动计算出两长度之间的比例数值，从而定义出图形的缩放因子，对图形进行缩放操作，如图5-40所示。

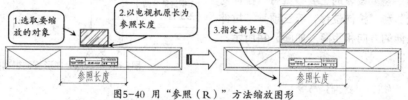

图5-40 用"参照（R）"方法缩放图形

【案例 5-4】缩放表面粗糙度符号

表面粗糙度是衡量零件表面粗糙程度的参数，它反映的是零件表面微观的几何形状误差。在机械设计的零件图中，表面粗糙度是必须标注的符号，其大小可以根据图形比例来进行适当的缩放。

1）打开素材文件"第5章\5-4 缩放粗糙度符号.dwg"，素材图形如图5-41a所示。

2）单击【修改】面板中的【缩放】按钮，将表面粗糙度符号按0.5的比例缩小，如图5-41b所示。命令行操作如下：

```
命令: _scale          //执行【缩放】命令
选择对象:指定对角点:找到6个 //选择表面粗糙度符号
选择对象:             //按Enter键完成选择
指定基点: //选择表面粗糙度符号下方端点作为基点
指定比例因子或 [复制(C)/参照(R)]: 0.5
                     //输入缩放比例
```

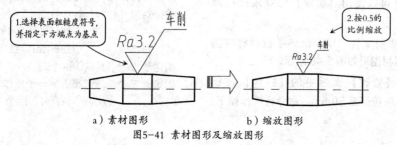

a）素材图形　　　　　　b）缩放图形
图5-41 素材图形及缩放图形

5.2.4 ▶ 拉伸

【拉伸】命令通过沿拉伸路径平移图形夹点的位置，可使图形产生拉伸变形的效果。它可以对选择的对象按规定方向和角度拉伸或缩短，并且使对象的形状发生改变。

【拉伸】命令有以下几种常用调用方法。

⊕ 功能区：单击【修改】面板中的【拉伸】按钮 🔲，如图5-42所示。

⊕ 菜单栏：执行【修改】→【拉伸】命令，如图5-43所示。

⊕ 命令行：STRETCH或S。

图5-42 【修改】面板中的　　图5-43 【拉伸】菜单
　　　　【拉伸】按钮　　　　　　　　　命令

【拉伸】命令需要设置的主要参数有"拉伸对象""拉伸基点"和"拉伸位移"等三项。"拉伸位移"决定了拉伸的方向和距离，如图5-44所示。命令行操作如下：

```
命令:_stretch    //执行【拉伸】命令
以交叉窗口或交叉多边形选择要拉伸的对象…
选择对象:指定对角点:找到 1 个
选择对象:    //以窗交、圈围等方式选择拉伸对象
指定基点或 [位移(D)] <位移>:    //指定拉伸基点
指定第二个点或 <使用第一个点作为位移>:
              //指定拉伸终点
```

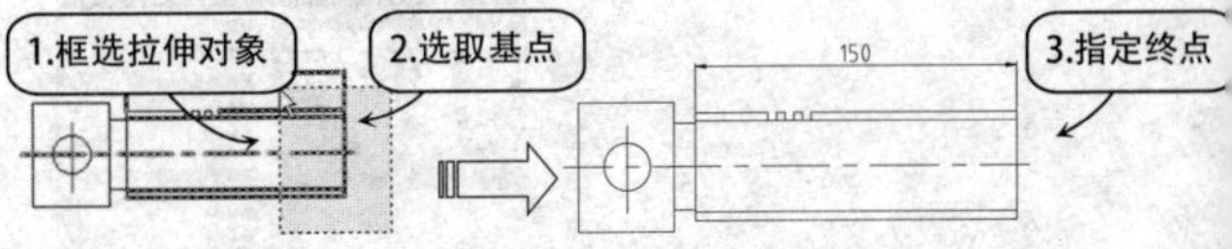

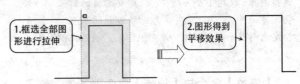

1.框选拉伸对象　　2.选取基点　　150　　3.指定终点

图5-44 拉伸对象

拉伸遵循以下原则。

⊕ 通过单击选择和窗口选择获得的拉伸对象将只被平移，不被拉伸。

⊕ 通过框选获得的拉伸对象，如果所有夹点都落入选择框内，图形将发生平移，如图5-45所示；如果只有部分夹点落入选择框内，图形将沿拉伸方向拉伸，如图5-46所示；如果没有夹点落入选择窗口，图形将保持不变，如图5-47所示。

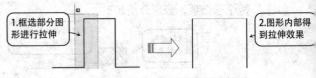

1.框选全部图形进行拉伸　　2.图形得到平移效果

图5-45 框选全部图形拉伸得到平移效果

1.框选部分图形进行拉伸　　2.图形内部得到拉伸效果

图5-46 框选部分图形拉伸得到拉伸效果

1.未框选图形进行拉伸　　2.图形无变化

图5-47 未框选图形拉伸无效果

┌─────────────────────────────┐
│ 【案例 5-5】拉伸螺钉图形 │
└─────────────────────────────┘

在机械设计中，有时需要对螺钉、螺杆等标准图形的长度进行调整，而不破坏原图形的结构，这时就可以使用【拉伸】命令来进行修改。

1）打开素材文件"第 5 章 \5-5 拉伸螺钉图形 .dwg"，素材图形如图 5-48 所示。

2）单击【修改】面板中的【拉伸】按钮 🔲，将螺钉长度拉伸至 50mm。命令行操作如下：

```
命令:_stretch    //执行【拉伸】命令
以交叉窗口或交叉多边形选择要拉伸的对象…
选择对象:指定对角点:找到 11 个
              //框选如图5-49所示的对象
选择对象:         //按Enter键结束选择
指定基点或 [位移(D)] <位移>:
指定第二个点或 <使用第一个点作为位移>: 25
      //水平向右移动指针，输入拉伸距离
```

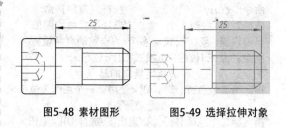

图5-48 素材图形　　图5-49 选择拉伸对象

3）螺钉的拉伸结果如图 5-50 所示。

图5-50 拉伸后的结果

5.2.5 ▶ 拉长

拉长图形就是改变原图形的长度，可以把原图形变长，也可以将其缩短。用户可以通过指定一个长度增量、角度增量（对于圆弧）、总长度或者相对于原长的百分比增量来改变原图形的长度，也可以通过动态拖动的方式来直接改变原图形的长度。

调用【拉长】命令的方法如下：

⊕ 功能区：单击【修改】面板中的【拉长】按钮 ，如图5-51所示。

⊕ 菜单栏：调用【修改】→【拉长】菜单命令，如图5-52所示。

⊕ 命令行：LENGTHEN或LEN。

调用该命令后，命令行显示如下提示：

选择要测量的对象或 [增量(DE)/百分比(P)/总计(T)/动态(DY)] <总计(T)>：

只有选择了各子选项确定了拉长方式后，才能对图形进行拉长。

图5-51 【修改】面板中的　图5-52 【拉长】菜单命令
　　　　【拉长】按钮

【案例 5-6】使用拉长修改中心线

很多图形（如圆、矩形）均需要绘制中心线，而在绘制中心线的时候，通常需要将中心线延伸至图形外，且伸出长度相等。如果一根根去拉伸中心线，则略显麻烦，这时就可以使用【拉长】命令来快速延伸中心线，使其符合设计规范。

1）打开素材文件"第 5 章 \5-6 使用拉长修改中心线 .dwg"，素材图形如图 5-53 所示。

2）单击【修改】面板中的拉长按钮 ，激活【拉长】命令，在 2 条中心线的各个端点处单击，向外拉长 3 个单位，命令行操作如下：

```
命令:_lengthen
选择对象或 [增量(DE)/百分数(P)/全部(T)/动态
(DY)]:DE✓                  //选择"增量"选项
输入长度增量或 [角度(A)] <0.5000>:3✓
                          //输入每次拉长增量
选择要修改的对象或 [放弃(U)]:
选择要修改的对象或 [放弃(U)]:
选择要修改的对象或 [放弃(U)]:
选择要修改的对象或 [放弃(U)]:
//依次在两中心线4个端点附近单击，完成拉长
选择要修改的对象或 [放弃(U)]:✓
//按Enter键结束拉长命令，拉长结果如图5-54所示。
```

图5-53 素材图形　　　图5-54 拉长结果

5.3 图形复制类

如果设计图中含有大量重复或相似的图形，就可以使用图形复制类命令，如【复制】、【偏移】、【镜像】和【阵列】等进行快速绘制。

5.3.1 ▶ 复制

【复制】命令可在不改变图形大小、方向的前提下，重新生成一个或多个与原对象一模一样的图形。在【复制】命令执行过程中，需要确定的参数有复制对象、基点和第二点，配合坐标、对象捕捉、栅格捕捉等其他工具，可以精确复制图形。

在AutoCAD 2018中，调用【复制】命令有以下几种常用方法。

⊙ 功能区：单击【修改】面板中的【复制】按钮 🔲，如图5-55所示。

⊙ 菜单栏：执行【修改】→【复制】命令，如图5-56所示。

⊙ 命令行：COPY或CO或CP。

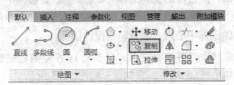

图5-55 【修改】面板中的【复制】按钮

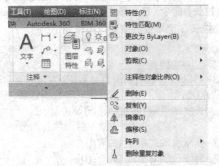

图5-56 【复制】菜单命令

执行【复制】命令后，选取需要复制的对象，指定复制基点，然后拖动鼠标指定新基点即可完成复制操作，继续单击，还可以复制多个图形对象，如图5-57所示。命令行操作如下。

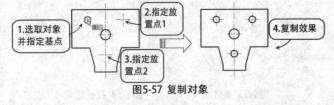

图5-57 复制对象

```
命令: _copy              //执行【复制】命令
选择对象: 找到 1 个       //选择要复制的图形
当前设置: 复制模式 = 多个  //当前的复制设置
指定基点或 [位移(D)/模式(O)] <位移>:
                         //指定复制的基点
指定第二个点或 [阵列(A)] <使用第一个点作为位移>:
                         //指定放置点1
指定第二个点或 [阵列(A)/退出(E)/放弃(U)] <退出>:
                         //指定放置点2
指定第二个点或 [阵列(A)/退出(E)/放弃(U)] <退出>:
                         //单击Enter键完成操作
```

执行【复制】命令时，命令行中出现的各选项含义如下：

⊙ "位移（D）"：使用坐标指定相对距离和方向。指定的两点定义一个矢量，指示复制对象的放置离原位置有多远以及以哪个方向放置。基本与【移动】、【拉伸】命令中的"位移（D）"选项一致，在此不再赘述。

⊙ "模式（O）"：该选项可控制【复制】命令是否自动重复。选择该选项后会有"单一（S）"和"多个（M）"两个子选项。"单一（S）"选项可创建选择对象的单一副本，执行一次复制后便结束命令；而"多个（M）"选项则可以自动重复。

⊙ "阵列（A）"：选择该选项，可以以线性阵列的方式快速大量复制对象，如图5-58所示。命令行操作如下：

```
命令: _copy              //执行【复制】命令
选择对象: 找到 1 个       //选择复制对象
当前设置: 复制模式 = 多个
指定基点或 [位移(D)/模式(O)] <位移>:
                         //指定复制基点
指定第二个点或 [阵列(A)] <使用第一个点作为位移>:A
                         //输入A，选择"阵列"选项
输入要进行阵列的项目数: 4
                         //输入阵列的项目数
指定第二个点或 [布满(F)]: 10
                         //移动鼠标确定阵列间距
指定第二个点或 [阵列(A)/退出(E)/放弃(U)] <退出>:
                         //按Enter键完成操作
```

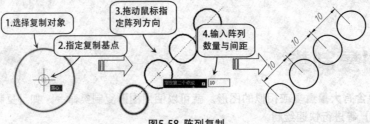

图5-58 阵列复制

在机械制图中，螺纹孔、沉头孔和通孔等孔系图形十分常见。在绘制这类图形时，可以先单独绘制出一个，然后使用【复制】命令将其放置在其他位置上。

1）打开素材文件"第 5 章 \5-7 使用复制补全螺纹孔 .dwg"，素材图形如图 5-59 所示。

2）单击【修改】面板中的【复制】按钮，复制螺纹孔到 A、B、C 点，如图 5-60 所示。命令行操作如下：

```
命令:_COPY           //执行【复制】命令
选择对象: 指定对角点: 找到 2 个
                    //选择螺纹孔内、外圆弧
选择对象:            //按Enter键结束选择
当前设置: 复制模式 = 多个
指定基点或 [位移(D)/模式(O)] <位移>:
                    //选择螺纹孔的圆心作为基点
指定第二个点或 [阵列(A)] <使用第一个点作为位移>:
                    //选择A点
指定第二个点或 [阵列(A)/退出(E)/放弃(U)] <退出>:
                    //选择B点
指定第二个点或 [阵列(A)/退出(E)/放弃(U)] <退出>:
                    //选择C点
指定第二个点或 [阵列(A)/退出(E)/放弃(U)] <退出>:*取消*           //按Esc键退出复制
```

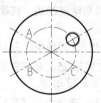 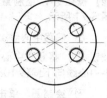

图5-59 素材图形　　　图5-60 复制螺纹孔

5.3.2 ▶ 偏移

使用偏移工具可以创建与源对象成一定距离的形状相同或相似的新图形对象。可以进行偏移的图形对象包括直线、曲线、多边形、圆和圆弧等，如图5-61所示。

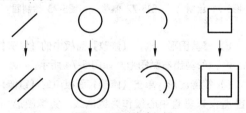

图5-61 图形偏移示例

在AutoCAD 2018中，调用【偏移】命令有以下几种常用方法。

⊕ 功能区：单击【修改】面板中的【偏移】按钮 ，如图5-62所示。

⊕ 菜单栏：执行【修改】→【偏移】命令，如图 5-63所示。

⊕ 命令行：OFFSET或O。

偏移命令需要输入的参数有需要偏移的"源对象""偏移距离"和"偏移方向"。只要在需要偏移的一侧的任意位置单击即可确定偏移方向，也可以指定偏移对象通过已知的点。执行【偏移】命令后命令行操作如下：

```
命令:_OFFSET↙        //调用【偏移】命令
指定偏移距离或 [通过(T)/删除(E)/图层(L)] <通过>:
                    //输入偏移距离
选择要偏移的对象, 或 [退出(E)/放弃(U)] <退出>:
                    //选择偏移对象
指定通过点或 [退出(E)/多个(M)/放弃(U)] <退出>:
                    //输入偏移距离或指定目标点
```

命令行中各选项的含义如下：

⊕ "通过（T）"：指定一个通过点定义偏移的距离和方向，如图5-64所示。

⊕ "删除（E）"：偏移源对象后将其删除。

⊕ "图层（L）"：确定将偏移对象创建在当前图层上还是源对象所在的图层上。

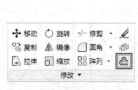 

图5-62 【修改】面板中的　　图5-63 【偏移】菜单命令
【偏移】按钮

图5-64 "通过（T）"偏移效果

【案例 5-8】通过偏移绘制弹性挡圈

弹性挡圈（见图5-65）分为轴用与孔用两种，均是用来紧固在轴或孔上的圈形零件，用以防止装在轴或孔上的其他零件的窜动。弹性挡圈的应用非常广泛，在各种工程机械与农业机械上都很常见。弹性挡圈通常采用65Mn板料冲切制成，截面呈矩形。弹性挡圈的规格与安装槽标准可参阅GB/T 893（孔用弹性挡圈）与GB/T 894（轴用弹性挡圈）。本例便是利用【偏移】命令绘制如图5-66所示的轴用弹性挡圈。

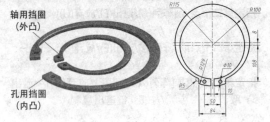

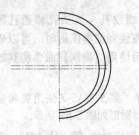
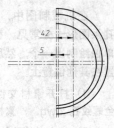

图5-69 修剪图形　　　　图5-70 偏移中心线

5）绘制直线。单击【绘图】面板中的【直线】按钮，绘制直线，再删除辅助线，结果如图 5-71 所示。

6）偏移中心线。单击【修改】面板中的【偏移】按钮，将竖直中心线向右偏移 25，将下方的水平中心线向下偏移 108，如图 5-72 所示。

7）绘制圆。单击【绘图】面板中的【圆】按钮，在偏移出的辅助中心线交点处绘制直径为 10mm 的圆，如图 5-73 所示。

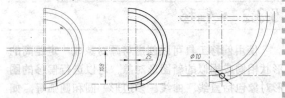

图5-71 绘制　　　图5-72 偏移　　　图5-73 绘制圆
　　直线　　　　　中心线

8）修剪图形。单击【修改】面板中的【修剪】按钮，修剪出右侧图形，如图 5-74 所示。

9）镜像图形。单击【修改】面板中的【镜像】按钮，以垂直中心线作为镜像线，镜像图形，结果如图 5-75 所示。

图5-65 弹性挡圈　　　　图5-66 轴用弹性挡圈

1）打开素材文件"第 5 章 \5-8 绘制弹性挡圈 .dwg"，素材图形如图 5-67 所示，已经绘制好了 3 条中心线。

2）绘制圆弧。单击【绘图】面板中的【圆】按钮，分别在上方的中心线交点处绘制半径为 R115mm、R129mm 的圆，在下方的中心线交点处绘制半径 R100mm 的圆，结果如图 5-68 所示。

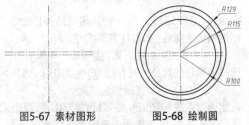

图5-67 素材图形　　　　图5-68 绘制圆

3）修剪图形。单击【修改】面板中的【修剪】按钮，修剪左侧的圆弧，如图 5-69 所示。

4）偏移中心线。单击【修改】面板中的【偏移】按钮，将垂直中心线分别向右偏移 5、42，结果如图 5-70 所示。

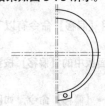
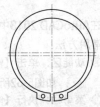

图5-74 修剪图形　　　　图5-75 镜像图形

5.3.3 ▶ 镜像

【镜像】命令可将图形绕指定轴（镜像线）镜像，常用于绘制结构规则且有对称特点的图形，如图5-76所示。AutoCAD 2018通过指定临时镜像线镜像对象，镜像时可选择删除或保留源对象。

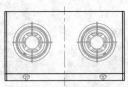

图5-76 对称图形

在AutoCAD 2018中，【镜像】命令的调用方法如下。

⊕ 功能区：单击【修改】面板中的【镜像】按钮 ，如图5-77所示。

⊕ 菜单栏：执行【修改】→【镜像】命令，如图5-78所示。

⊕ 命令行：MIRROR或MI。

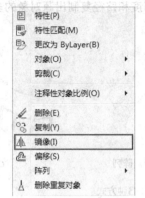

图5-77 【修改】面板中的 【镜像】按钮　　图5-78 菜单栏调用【镜像】命令

在【镜像】命令执行过程中，需要确定镜像复制的对象和对称轴。对称轴可以是任意方向，所选对象将根据该轴线进行对称复制，并且可以选择删除或保留源对象。在实际工程设计中，许多对象都为对称形式，如果绘制了这些图形的一半，就可以通过【镜像】命令快速得到另一半，如图5-79所示。

调用【镜像】命令，命令行提示如下：

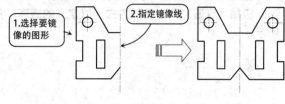

命令：_MIRROR//调用【镜像】命令
选择对象：指定对角点：找到 14 个 //选择镜像对象
指定镜像线的第一点：　　//指定镜像线第一点A
指定镜像线的第二点：　　//指定镜像线第二点B
要删除源对象吗？[是(Y)/否(N)] <N>：✓
　　//选择是否删除源对象，或按Enter键结束命令

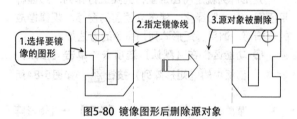

图5-79 镜像图形

▶ **操作技巧**

如果是水平或者竖直方向镜像图形，可以使用【正交】功能快速指定镜像轴。

镜像操作十分简单，命令行中的子选项不多，只有在结束命令前可选择是否删除源对象。如果选择"是"，则删除源对象，结果如图5-80所示。

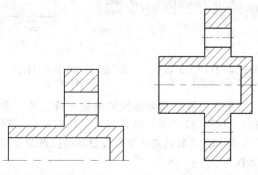

图5-80 镜像图形后删除源对象

━━━━ 【案例 5-9】镜像绘制压盖剖面图 ━━━━

很多机械零件图形，如轴、盘和盖等，在结构上都具有对称性，因此灵活使用AutoCAD中提供的【镜像】命令，可以省去大量的绘图工作。

1）打开素材文件"第 5 章 \5-9 镜像绘制压盖剖面图 .dwg"，素材图形如图 5-81 所示。

2）镜像复制图形。单击【修改】面板中的【镜像】按钮 ⊿，以水平中心线为镜像线，镜像复制图形，如图 5-82 所示。命令行操作如下：

命令:_mirror　　//执行【镜像】命令
选择对象:指定对角点:找到 19 个
　　　　　　//框选水平中心线以上所有图形
选择对象:✓　　//按Enter键完成对象选择
指定镜像线的第一点://选择水平中心线的一个端点

指定镜像线的第二点://选择水平中心线另一个端点
要删除源对象吗？[是(Y)/否(N)] <N>:N✓
　　//选择不删除源对象，按Enter键完成镜像操作

图5-81 素材图形　　　　图5-82 镜像图形

5.4 图形阵列类

利用复制、镜像和偏移等命令，一次只能复制得到一个对象副本。如果想要按照一定规律大量复制图形，可以使用AutoCAD 2018提供的【阵列】命令。【阵列】是一个功能强大的多重复制命令，它可以一次将选择的对象复制多个并按指定的规律进行排列。

在AutoCAD 2018中，提供了3种阵列方式：矩形阵列、极轴（环形）阵列、路径阵列。可以按照矩形、极轴（环形）和路径的方式，以定义的距离、角度和路径复制出源对象的多个对象副本，如图5-83所示。

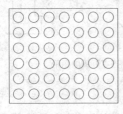
a)矩形阵列

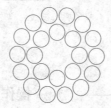
b)极轴（环形）阵列

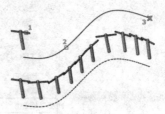
c)路径阵列

图5-83 阵列的3种方式

5.4.1 ▶ 矩形阵列

矩形阵列就是将图形呈行列类进行排列，如园林平面图中的道路绿化、建筑立面图的窗格、规律摆放的桌椅等。调用【矩形阵列】命令的方法如下。

- 功能区：在【默认】选项卡中单击【修改】面板中的【矩形阵列】按钮，如图5-84所示。
- 菜单栏：执行【修改】→【阵列】→【矩形阵列】命令，如图5-85所示。
- 命令行：ARRAYRECT。

图5-84 【修改】面板中【矩形阵列】命令

图5-85 菜单栏调用【矩形阵列】命令

使用矩形阵列需要设置的参数有阵列的"源对象""行"和"列"的数目、"行距"和"列距"。行和列的数目决定了需要复制的图形对象有多少个。

调用【矩形阵列】命令，功能区显示矩形方式下的【阵列创建】选项卡，如图5-86所示。命令行提示如下：

```
命令:_arrayrect //调用【矩形阵列】命令
选择对象:找到1个 //选择要阵列的对象
类型=矩形 关联=是 //显示当前的阵列设置
选择夹点以编辑阵列或 [关联(AS)/基点(B)/计数(COU)/
间距(S)/列数(COL)/行数(R)/层数(L)/退出(X)]:
//设置阵列参数，按Enter键退出
```

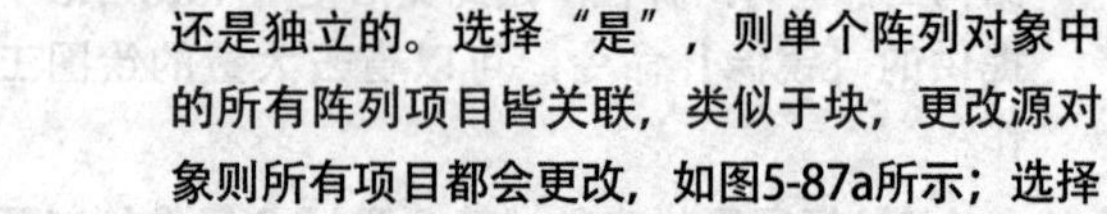

图5-86 【阵列创建】选项卡

命令行中主要选项的含义如下：
- "关联（AS）"：指定阵列中的对象是关联的还是独立的。选择"是"，则单个阵列对象中的所有阵列项目皆关联，类似于块，更改源对象则所有项目都会更改，如图5-87a所示；选择"否"，则创建的阵列项目均作为独立对象，更改一个项目不影响其他项目，如图5-87b所示。图5-86【阵列创建】选项卡中的【关联】按钮亮显则为"是"，反之为"否"。

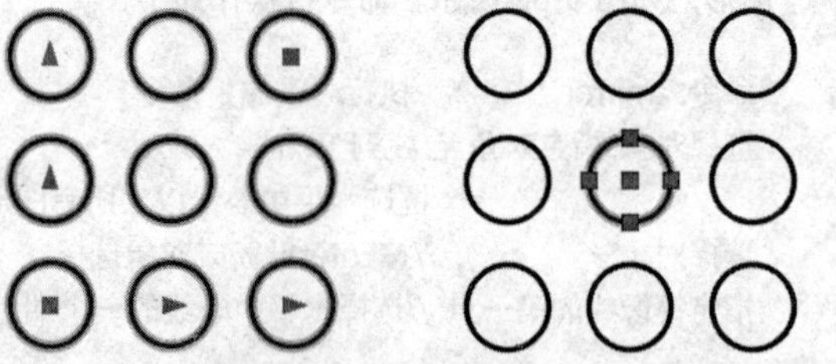

a)选择"是"：所有对象关联 b)选择"否"：所有对象独立
图5-87 阵列的关联效果

⊕ "基点（B）"：定义阵列基点和基点夹点的
位置，默认为质心，如图5-88所示。该选项
只有在启用"关联"时才有效。效果同【阵列
创建】选项卡中的【基点】按钮。

a)默认为质心处　　　　b)其余位置

图5-88 不同的基点效果

⊕ "计数（COU）"：指定行数和列数，并使
用户在移动光标时可以动态观察阵列结果，如
图5-89所示。效果同【阵列创建】选项卡中
的【列数】、【行数】文本框。

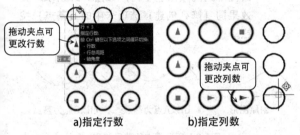

a)指定行数　　　　　b)指定列数

图5-89 更改阵列的行数与列数

▶ **提示**

在矩形阵列的过程中，如果希望阵列的图
形往相反的方向复制时，在列数或行数前面加
"-"符号即可，也可以向反方向拖动夹点。

⊕ "间距（S）"：指定行间距和列间距，并使

用户在移动光标时可以动态观察结果，如图
5-90所示。效果同【阵列创建】选项卡中的
两个【介于】文本框。

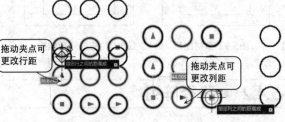

a)指定行距　　　　 b）指定列距

图5-90 更改阵列的行距与列距

⊕ "列数（COL）"：依次编辑列数和列间距，
效果同【阵列创建】选项卡中的【列】面板。

⊕ "行数（R）"：依次指定阵列中的行数、行
间距以及行之间的增量标高。"增量标高"指
三维效果中Z方向上的增量。图5-91所示即为
"增量标高"为10的效果。

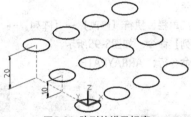

图5-91 阵列的增量标高

⊕ "层数（L）"：指定三维阵列的层数和层间
距，效果同【阵列创建】选项卡中的【层级】
面板，二维情况下无需设置。

【案例 5-10】矩形阵列快速步骤螺纹孔

机械设备上的螺钉安装孔一般均为对称的
矩形布置，此时就可以使用【矩形阵列】命令来
快速绘制。

1）打开素材文件"第 5 章 \5-10 矩形阵列快
速步骤螺纹孔 .dwg"，素材图形如图 5-92 所示，
其中已经绘制好了一螺纹孔。

2）在【默认】选项卡中单击【修改】面板中
的【矩形阵列】按钮⊞⊞，阵列螺纹孔，如图 5-93
所示。命令行操作如下：

命令:_ARRAYRECT↙// 启动【矩形阵列】命令
选择对象: 找到 4 个 //选择螺纹孔
选择对象:↙　　　　　 //按Enter键结束对象选择
类型 = 矩形 关联 = 是

选择夹点以编辑阵列或 [关联(AS)/基点(B)/计数
(COU)/间距(S)/列数(COL)/行数(R)/层数(L)/退
出(X)] <退出>: COU ↙ //激活【计数】选项
输入列数数或 [表达式(E)] <4>: 2↙ //输入列数为2
输入行数数或 [表达式(E)] <3>: 2↙ //输入行数为2
选择夹点以编辑阵列或 [关联(AS)/基点(B)/计数
(COU)/间距(S)/列数(COL)/行数(R)/层数(L)/退
出(X)] <退出>: S↙　　 //激活【间距】选项
指定列之间的距离或 [单位单元(U)] <88.5878>: 100↙
　　　　　　　 //输入列间距
指定行之间的距离 <777.4608>: -39↙ //输入行间距
选择夹点以编辑阵列或 [关联(AS)/基点(B)/计数
(COU)/间距(S)/列数(COL)/行数(R)/层数(L)/退
出(X)] <退出>:=↙ //按Enter键结束命令操作

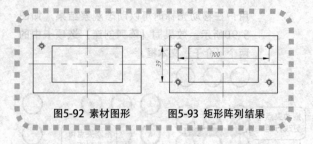

图5-92 素材图形　　　　图5-93 矩形阵列结果

5.4.2 ▶ 路径阵列

　　【路径阵列】命令可沿曲线（可以是直线、多段线、三维多段线、样条曲线、螺旋、圆弧、圆或椭圆）阵列复制图形，通过设置不同的基点，能得到不同的阵列结果。例如，在园林设计中，使用路径阵列可快速复制园路与街道旁的树木，或者草地中的汀步图形。

　　调用【路径阵列】命令的方法如下：

◈ 功能区：在【默认】选项卡中单击【修改】面板中的【路径阵列】按钮 ，如图5-94所示。

◈ 菜单栏：执行【修改】→【阵列】→【路径阵列】命令，如图5-95所示。

◈ 命令行：ARRAYPATH。

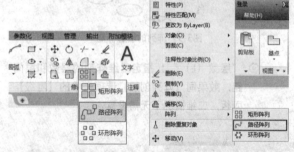

图5-94 【修改】面板中　　　图5-95 菜单栏调用【路
的【路径阵列】按钮　　　径阵列】命令

　　【路径阵列】命令需要设置的参数有"阵列路径""阵列对象""阵列数量"和"方向"等。调用【阵列】命令，功能区显示路径方式下的【阵列创建】选项卡，如图5-96所示。命令行提示如下：

```
命令:_arraypath//调用【路径阵列】命令
选择对象:找到 1 个     //选择要阵列的对象
选择对象:
类型 = 路径 关联 = 是     //显示当前的阵列设置
选择路径曲线:   //选取阵列路径
选择夹点以编辑阵列或 [关联(AS)/方法(M)/基点(B)/切
向(T)/项目(I)/行(R)/层(L)/对齐项目(A)/Z 方向(Z)/退
出(X)]<退出>: ✓ //设置阵列参数，按Enter键退出
```

图5-96 【阵列创建】选项卡

命令行中主要选项的含义如下：

◈ "关联（AS）"：与【矩形阵列】命令中的"关联"选项相同，这里不重复讲解。

◈ "方法（M）"：控制如何沿路径分布项目，有"定数等分（D）"和"定距等分（M）"两种方式。其效果与本书第4章的"4.1.3 定数等分"和"4.1.4 定距等分中的"块（B）"一致，只是阵列方法较灵活，对象不限于块，可以是任意图形。

◈ "基点（B）"：定义阵列的基点。路径阵列中的项目相对于基点放置，选择不同的基点，路径阵列的效果也不同，如图5-97所示。其效果同【阵列创建】选项卡中的【基点】按钮。

a)原图形　　b)以A点为基点　　c)以B点为基点

图5-97 不同基点的路径阵列

◈ "切向（T）"：指定阵列中的项目如何相对于路径的起始方向对齐，不同基点、切向的阵列效果如图5-98所示。其效果同【阵列创建】选项卡中的【切线方向】按钮。

原图形　　以A点为基点，AB　　以B点为基点，BC
　　　　　为方向矢量　　　　为方向矢量

图5-98 不同基点、切向的路径阵列

◈ "项目（I）"：根据"方法"设置，指定项目数（方法为定数等分）或项目之间的距离（方法为定距等分），如图5-99所示。其效果同【阵列创建】选项卡中的【项目】面板。

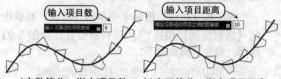

a)定数等分：指定项目数　　b)定距等分：指定项目距离

图5-99 根据所选方法输入阵列的项目数

◈ "行（R）"：指定阵列中的行数、它们之间

的距离以及行之间的增量标高，如图5-100所示。其效果同【阵列创建】选项卡中的【行】面板。

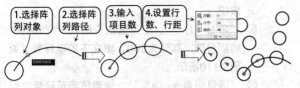

图5-100 路径阵列的"行"效果

- "层（L）"：指定三维阵列的层数和层间距，效果同【阵列创建】选项卡中的【层级】面板，二维情况下无需设置。
- "对齐项目（A）"：指定是否对齐每个项目

以与路径的方向相切，对齐相对于第一个项目的方向，其效果对比如图5-101所示。【阵列创建】选项卡中的【对齐项目】按钮亮显则开启，反之关闭。

a)开启"对齐项目"效果 b)关闭"对齐项目"效果

图5-101 "对齐项目"效果

- "Z方向（Z）"：控制是否保持项目的原始Z方向或沿三维路径自然倾斜项目。

【案例 5-11】路径阵列绘制输送带

1）打开素材文件"第 5 章 \5-11 路径阵列绘制输送带 .dwg"，素材图形如图 5-102 所示。

2）在【常用】选项卡中单击【修改】面板中的【路径阵列】按钮，根据命令行的提示阵列图案，结果如图 5-103 所示。命令行操作如下：

```
命令:_ARRAYPATH↙  //调用【路径阵列】按钮
选择对象: 指定对角点: 找到 1 个   //选择对象
选择对象:↙
类型 = 路径 关联 = 是
选择路径曲线:       //选择路径
选择夹点以编辑阵列或 [关联(AS)/方法(M)/基点
(B)/切向(T)/项目(I)/行(R)/层(L)/对齐项目(A)/Z
方向(Z)/退出(X)] <退出>:I↙   //激活"项目
(I)"选项
指定沿路径的项目之间的距离或 [表达式(E)]
<35.475>:↙
最大项目数 = 14
```

```
指定项目数或 [填写完整路径(F)/表达式(E)] <14>:↙
选择夹点以编辑阵列或 [关联(AS)/方法(M)/基点
(B)/切向(T)/项目(I)/行(R)/层(L)/对齐项目(A)/Z
方向(Z)/退出(X)] <退出>:↙  //按Enter键退出
```

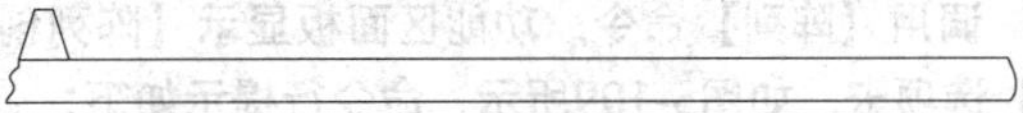

图5-102 素材图形

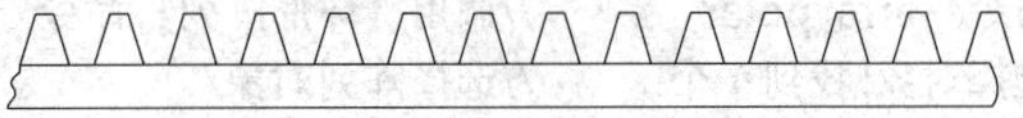

图5-103 路径阵列对象

3）调用【分解】命令，对路径阵列的图形进行分解，然后配合【修剪】命令整理图形，结果如图 5-104 所示。

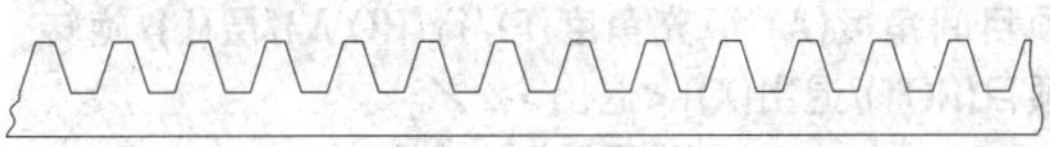

图5-104 整理图形

5.4.3 ▶ 环形阵列

环形阵列即极轴阵列，是以某一点为中心点进行环形复制，阵列结果是使阵列对象沿中心点的四周均匀排列成环形。调用【极轴阵列】命令的方法如下。

- 功能区：在【默认】选项卡中单击【修改】面板中的【环形阵列】按钮，如图5-105所示。
- 菜单栏：执行【修改】→【阵列】→【环形阵

列】命令，如图5-106所示。
- 命令行：ARRAYPOLAR。

图5-105 【修改】面板中的【环形阵列】按钮　　图5-106 菜单栏调用【环形阵列】命令

【环形阵列】命令需要设置的参数有阵列的"源对象""项目总数""中心点位置"和"填充角度"。填充角度是指全部项目排成的环形所占有的角度。例如，对于360°填充，所有项目将排满一圈，如图5-107所示；对于120°填充，所有项目只排满1／3圈，如图5-108所示。

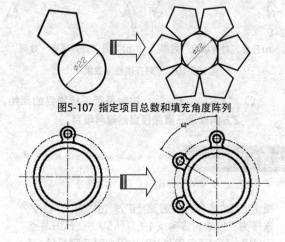

图5-107 指定项目总数和填充角度阵列

图5-108 指定项目总数和项目间的角度阵列

调用【阵列】命令，功能区面板显示【阵列创建】选项卡，如图5-109所示。命令行提示如下：

```
命令: _arraypolar      //调用【环形阵列】命令
选择对象: 找到 1 个     //选择阵列对象
选择对象:
类型＝极轴 关联＝是     //显示当前的阵列设置
指定阵列的中心点或 [基点(B)/旋转轴(A)]:
                      //指定阵列中心点
选择夹点以编辑阵列或 [关联(AS)/基点(B)/项目(I)/
项目间角度(A)/填充角度(F)/行(ROW)/层(L)/旋转
项目(ROT)/退出(X)] <退出>: ↙
                  //设置阵列参数并按Enter键退出
```

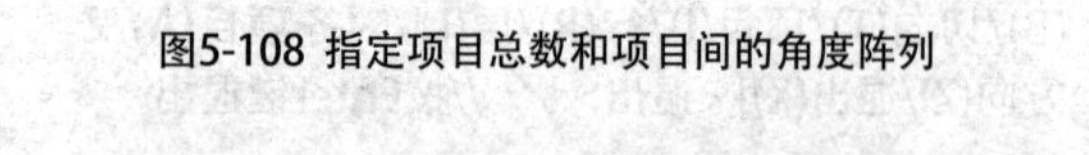

图5-109 【阵列创建】选项卡

命令行主要选项的含义如下：
- "关联（AS）"：与【矩形阵列】命令中的

"关联"选项相同，这里不重复讲解。
- "基点（B）"：指定阵列的基点，默认为质心，效果同【阵列创建】选项卡中的【基点】按钮。
- "项目（I）"：使用值或表达式指定阵列中的项目数，默认为360°填充下的项目数，如图5-110所示。
- "项目间角度（A）"：使用值表示项目之间的角度，如图5-111所示。其效果同【阵列创建】选项卡中的【项目】面板。

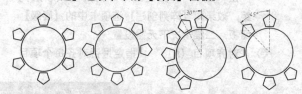

a)项目数为6 b)项目数为8
图5-110 不同的项目数阵列效果

a)项目间角度为30° b)项目间角度45°
图5-111 不同的项目间角度阵列效果

- "填充角度（F）"：使用值或表达式指定阵列中第一个和最后一个项目之间的角度，即环形阵列的总角度。
- "行（ROW）"：指定阵列中的行数、它们之间的距离以及行之间的增量标高，效果与【路径阵列】命令中的"行（R）"选项一致，在此不重复讲解。
- "层（L）"：指定三维阵列的层数和层间距，效果同【阵列创建】选项卡中的【层级】面板，二维情况下无需设置。
- "旋转项目（ROT）"：控制在阵列时是否旋转项，效果如图5-112所示。【阵列创建】选项卡中的【旋转项目】按钮亮显则开启，反之关闭。

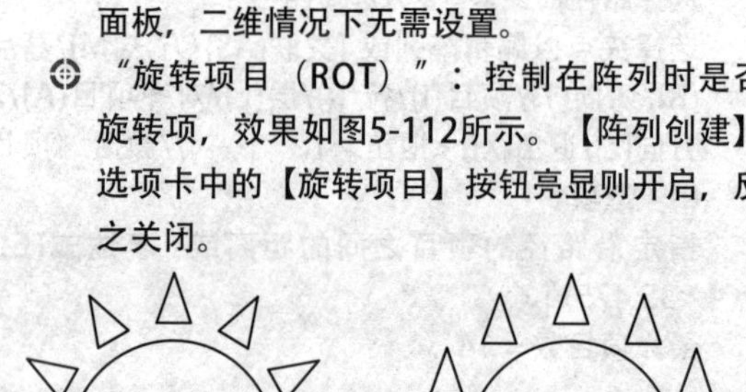

a)开启"旋转项目"效果 b)关闭"旋转项目"效果
图5-112 旋转项目效果

【案例 5-12】环形阵列绘制齿轮

由于齿轮的轮齿数量非常多，而且形状复杂，因此在机械制图中通常采用简化画法来表示。但有时为了建模需要，想让三维模型表达的更加准确，就需要绘制准确的齿形，然后通过环形阵列的方式进行布置。

1）按Ctrl+O组合键，打开素材文件"第5章\5-12环形阵列绘制齿轮.dwg"，素材图形如图5-113所示。

2）在【常用】选项卡中单击【修改】面板中的【环形阵列】按钮，阵列复制轮齿，如图5-114所示。命令行操作如下：

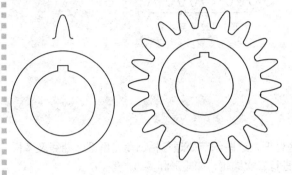

图5-113 素材图形　　　图5-114 阵列复制轮齿

```
命令:_ARRAYPOLAR    //调用【环形阵列】命令
选择对象:指定对角点:找到1个
                    //选择轮齿图形
选择对象:↙
类型 = 极轴 关联 = 是
指定阵列的中心点或 [基点(B)/旋转轴(A)]:
                    //捕捉圆心作为中心点
选择夹点以编辑阵列或 [关联(AS)/基点(B)/项目
(I)/项目间角度(A)/填充角度(F)/行(ROW)/层(L)/
旋转项目(ROT)/退出(X)] <退出>:I↙
                    //激活"项目(I)"选项
输入阵列中的项目数或 [表达式(E)] <6>:20↙
                    //输入项目个数
选择夹点以编辑阵列或 [关联(AS)/基点(B)/项目
(I)/项目间角度(A)/填充角度(F)/行(ROW)/层(L)/
旋转项目(ROT)/退出(X)] <退出>:↙
                    //按Enter键退出
```

【案例 5-13】 阵列绘制同步带

同步带是以钢丝绳或玻璃纤维为强力层，外覆以聚氨酯或氯丁橡胶的环形带，带的内周制成齿状，可与齿形带轮啮合，如图5-115所示。同步带广泛用于纺织、机床、烟草、通信电缆、轻工、化工、冶金、仪表仪器、食品、矿山、石油和汽车等行业各种类型的机械传动中。本案例将使用阵列的方式绘制如图5-116所示的同步带图形。

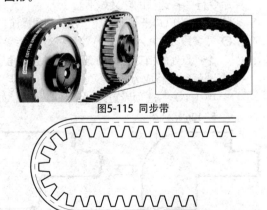

图5-115 同步带

图5-116 同步带图形

1）打开素材文件"第5章\5-13阵列绘制同步带.dwg"，素材图形如图5-117所示。

2）阵列同步带齿。单击【修改】面板中的【矩形阵列】按钮，选择单个带齿作为阵列对象，设置列数为12、行数为1、距离为-18。阵列结果如图5-118所示。

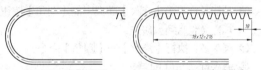

图5-117 素材图形　　　图5-118 矩形阵列带齿

3）分解阵列图形。单击【修改】面板中的【分解】按钮，将矩形阵列的齿分解，并删除左端多余的部分。

4）环形阵列。单击【修改】面板中的【环形阵列】按钮，选择最左侧的一个齿作为阵列对象，设置填充角度为180、项目数量为8，结果如图5-119所示。

5）镜像齿条。单击【修改】面板中的【镜像】按钮，选择如图5-120所示的8个齿作为镜像对象，以通过圆心的水平线作为镜像线。镜像结果如图5-121所示。

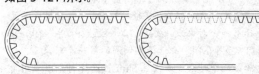

图5-119 环形阵列带齿　　　图5-120 选择镜像对象

6）修剪图形。单击【修改】面板中的【修剪】按钮 ⊸⁄⊸ ，修剪多余的线条，结果如图5-122所示。

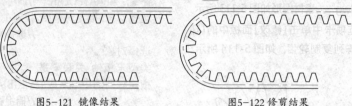

图5-121 镜像结果　　　　　图5-122 修剪结果

5.5 辅助绘图类

图形绘制完成后，有时还需要对细节部分做一些处理，这些细节处理包括倒角、倒圆、曲线及多段线的调整等；此外，部分图形可能还需要分解或打断进行二次编辑，如矩形和多边形等。

5.5.1 ▸ 圆角

【圆角】命令可以将两条相交的直线通过一个圆弧连接起来，通常用来将机械加工中的工件的棱角切削成圆弧面，是倒钝、去毛刺的常用手段，因此多见于机械制图中，如图5-123所示。

在AutoCAD 2018中，【圆角】命令有以下几种调用方法。

- ◈ 功能区：单击【修改】面板中的【圆角】按钮 ◻ ，如图5-124所示。
- ◈ 菜单栏：执行【修改】→【圆角】命令。
- ◈ 命令行：FILLET或F。

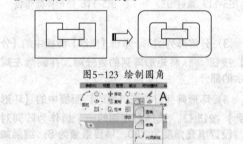

图5-123 绘制圆角

图5-124 【修改】面板中的【圆角】按钮

执行【圆角】命令后，命令行提示如下：

```
命令：_FILLET    //执行【圆角】命令
当前设置：模式=修剪，半径=3.0000 //当前圆角设置
选择第一个对象或 [放弃(U)/多段线(P)/半径(R)/修
剪(T)/多个(M)]：//选择要倒圆的第一个对象
选择第二个对象，或按住Shift键选择对象以应用角
点或 [半径(R)]：//选择要倒圆的第二个对象
```

创建的圆弧的方向和长度由选择对象所拾取的点确定，始终在距离所选位置的最近处创建圆角，如图5-125所示。

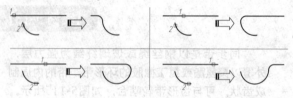

图5-125 所选对象位置与所创建圆角的关系

重复【圆角】命令时后，圆角的半径和修剪选项无须重新设置，直接选择圆角对象即可，系统默认以上一次圆角的参数创建之后的圆角。

命令行中各选项的含义如下。

- ◈ "放弃（U）"：放弃上一次的圆角操作。
- ◈ "多段线（P）"：选择该项将对多段线中每个顶点处的相交直线进行圆角，并且圆角后的圆弧线段将成为多段线的新线段（除非"修剪（T）"选项设置为"不修剪"），如图5-126所示。

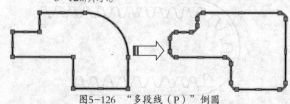

图5-126 "多段线（P）"倒圆

- ◈ "半径（R）"：选择该项，可以设置圆角的半径，更改此值不会影响现有圆角。0半径值可用于创建锐角，还原已倒圆的对象，或为两条直线、射线、构造线、二维多段线创建半径

为0的圆角会延伸或修剪对象以使其相交，如图5-127所示。

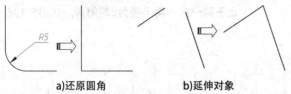

a)还原圆角　　　　b)延伸对象

图5-127 半径值为0的倒圆

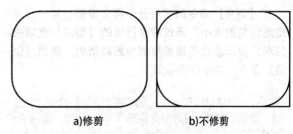

a)修剪　　　　b)不修剪

图5-128 倒圆修剪与不修剪的效果对比

⊕ "修剪（T）"：选择该项，设置是否修剪对象。倒圆修剪与不修剪的效果对比如图5-128所示。

⊕ "多个（M）"：选择该选项，可以在依次调用命令的情况下对多个对象进行圆角。

【案例 5-14】机械轴零件倒圆

在机械设计中，倒圆角的作用有如下几个：去除锐边（安全着想）、工艺圆角（铸造件在尺寸发生剧变的地方，必须有圆角过渡）、防止工件的引力集中。本例将通过对一轴零件的局部图形进行倒圆操作，进一步帮助读者理解倒圆的操作及含义。

1）打开素材文件"第 5 章 \5-14 机械轴零件倒圆 .dwg"，素材图形如图 5-129 所示。

2）轴零件的左侧为方便装配设计成一锥形段，因此还可对左侧进行倒圆，使其更为圆润，此处的倒圆半径可适当增大。单击【修改】面板中的【圆角】按钮，设置圆角半径为 3mm，对轴零件最左侧进行倒圆，如图 5-130 所示。

3）锥形段的右侧截面处较尖锐，需进行倒圆处理。重复倒圆命令，设置倒圆半径为 1mm，结果如图 5-131 所示。

4）退刀槽倒圆。为在加工时便于退刀，且在装配时与相邻零件保证靠紧，通常会在台阶处加工出退刀槽。该槽也是轴类零件的危险截面，如果轴失效发生断裂，多半是断于该处。因此为了避免退刀槽处的截面变化太大，会在此处设计圆角，以防止应力集中。本例便是在退刀槽两端进行倒圆处理（圆角半径为 1mm)，结果如图 5-132 所示。

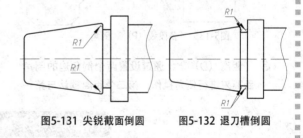

图5-131 尖锐截面倒圆　　　图5-132 退刀槽倒圆

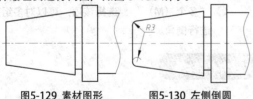

图5-129 素材图形　　　图5-130 左侧倒圆

5.5.2 ▶ 倒角

【倒角】命令用于将两条非平行直线或多段线以一斜线相连，在机械、家具和室内等设计图中均有应用。默认情况下，首先需要选择进行倒角的两条相邻的直线，然后对这两条直线进行倒角。图5-133所示为绘制倒角的图形。

在AutoCAD 2018中，【倒角】命令有以下几种调用方法。

⊕ 功能区：单击【修改】面板中的【倒角】按钮，如图5-134所示。

⊕ 菜单栏：执行【修改】→【倒角】命令。

⊕ 命令行：CHAMFER或CHA。

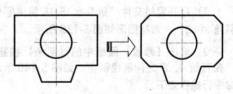

图5-133 绘制倒角

图5-134 【修改】面板中的【倒角】按钮

【倒角】命令的使用分个两个步骤：第一步是确定倒角的大小，通过命令行里的【距离】选项来实现；第二步是选择需要倒角的两条边。调用【倒角】命令，命令行提示如下：

命令：_CHAMFER　　　　//调用【倒角】命令
（"修剪"模式）当前倒角距离 1 = 0.0000，距离 2 = 0.0000
选择第一条直线或 [放弃(U)/多段线(P)/距离(D)/角度(A)/修剪(T)/方式(E)/多个(M)]:
　　　　//选择倒角的方式，或选择第一条倒角边
选择第二条直线，或按住 Shift 键选择直线以应用角点或 [距离(D)/角度(A)/方法(M)]:
　　　　//选择第二条倒角边

命令行中各选项的含义如下：
◈ "放弃（U）"：放弃上一次的倒角操作。
◈ "多段线（P）"：对整个多段线每个顶点处的相交直线进行倒角，并且倒角后的线段将成为多段线的新线段。如果多段线包含的线段过短以至于无法容纳倒角距离，则不对这些线段倒角，如图5-135所示（倒角距离为3mm）。

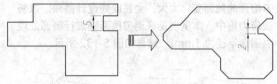

图5-135 "多段线（P）"倒角

◈ "距离（D）"：通过设置两个倒角边的倒角距离来进行倒角操作，第二个距离默认与第一

个距离相同。如果将两个倒角距离均设定为0，倒角将延伸或修剪两条直线，以使它们终止于同一点，同半径为0的倒角，如图5-136所示。

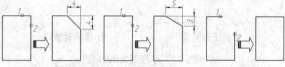

a)距离1=距离2=4　b)距离1=5，距离2=3　c)距离1=距离2=0

图5-136 不同"距离（D）"的倒角

◈ "角度（A）"：用第一条线的倒角距离和第二条线的角度设定倒角距离，如图5-137所示。
◈ "修剪（T）"：设定是否对倒角进行修剪，如图5-138所示。

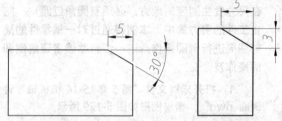

图5-137 "角度"倒角方式　　图5-138 不修剪的倒角效果

◈ "方式（E）"：选择倒角方式，与选择"距离(D)"或"角度(A)"的作用相同。
◈ "多个（M）"：选择该项，可以对多组对象进行倒角。

【案例 5-15】机械零件倒斜角

除了圆角处理之外，还可以对锐边进行倒斜角处理，也能起到相同的效果。

1）打开素材文件"第 5 章\5-15 机械零件倒斜角.dwg"，素材图形如图 5-139 所示。

2）单击【修改】面板中的【倒角】按钮 ，在直线 A、B 之间创建倒角，如图 5-140 所示。命令行操作如下：

命令:_CHAMFER //执行【倒角】命令
（"修剪"模式）当前倒角距离 1 = 0.0000，距离 2 = 0.0000
选择第一条直线或 [放弃(U)/多段线(P)/距离(D)/角度(A)/修剪(T)/方式(E)/多个(M)]: D↙
　　　　//选择【距离】选项

指定 第一个 倒角距离 <0.0000>:1↙
指定 第二个 倒角距离 <1.0000>:1↙
　　　　//输入两个倒角距离
选择第一条直线或 [放弃(U)/多段线(P)/距离(D)/角度(A)/修剪(T)/方式(E)/多个(M)]: //单击直线A
选择第二条直线，或按住 Shift 键选择直线以应用角点或 [距离(D)/角度(A)/方法(M)]:
　　　　//单击直线B

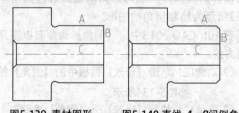

图5-139 素材图形　　图5-140 直线 A、B间倒角

3）重复【倒角】命令，在直线 *B*、*C* 间倒角，如图 5-141 所示。命令行操作如下：

```
命令: _CHAMFER
("修剪"模式) 当前倒角距离 1 = 1.0000, 距
离 2 = 1.0000
选择第一条直线或 [放弃(U)/多段线(P)/距离
(D)/角度(A)/修剪(T)/方式(E)/多个(M)]: T↙
                      //选择【修剪】选项
输入修剪模式选项 [修剪(T)/不修剪(N)] <修剪>:
N↙                    //选择【不修剪】选项
选择第一条直线或 [放弃(U)/多段线(P)/距离
(D)/角度(A)/修剪(T)/方式(E)/多个(M)]: D↙
                      //选择【距离】选项
指定 第一个 倒角距离 <1.0000>: 2↙
指定 第二个 倒角距离 <2.0000>: 2↙
                      //输入两个倒角距离
选择第一条直线或 [放弃(U)/多段线(P)/距离(D)/角
度(A)/修剪(T)/方式(E)/多个(M)]: //单击直线B
选择第二条直线, 或按住 Shift 键选择直线以应用
角点或 [距离(D)/角度(A)/方法(M)]: //单击直线C
```

4）以同样的方法创建其他位置的倒角，如图 5-142 所示。

5）连接倒角之后的角点，并修剪线条，如图 5-143 所示。

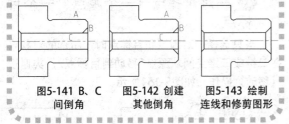

图5-141 B、C　　图5-142 创建　　图5-143 绘制
间倒角　　　　　其他倒角　　　　连线和修剪图形

5.5.3 ▶ 光顺曲线

【光顺曲线】命令可在两条开放曲线的端点之间创建相切或平滑的样条曲线。有效对象包括直线、圆弧、椭圆弧、螺线、没闭合的多段线和没闭合的样条曲线。

执行【光顺曲线】命令的方法有以下3种：

⊕ 功能区：在【默认】选项卡中单击【修改】面板中的【光顺曲线】按钮，如图5-144所示。

⊕ 菜单栏：选择【修改】→【光顺曲线】菜单命令。

⊕ 命令行：BLEND。

光顺曲线的操作方法与倒角类似，依次选择要光顺的两个对象即可，结果如图5-145所示。

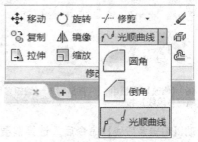

图5-144 【修改】面板中的【光顺曲线】按钮

图5-145 光顺曲线

执行上述命令后，命令行提示如下：

```
命令: _BLEND        //调用【光顺曲线】命令
连续性 = 相切
选择第一个对象或 [连续性(CON)]:
                    //选择要光顺的对象
选择第二个点: CON↙   //激活【连续性】选项
输入连续性 [相切(T)/平滑(S)] <相切>: S↙
                    //激活【平滑】选项
选择第二个点:        //单击第二点完成操作
```

命令行中选项的含义如下：

⊕ 连续性（CON）：设置连接曲线的过渡类型，有"相切"和"平滑"两个子选项，含义说明如下。

⊕ 相切（T）：创建一条3阶样条曲线，在选定对象的端点具有相切连续性。

⊕ 平滑（S）：创建一条5阶样条曲线，在选定对象的端点具有曲率连续性。

5.5.4 ▶ 编辑多段线

【编辑多段线】命令专用于编辑修改已存在的多段线，以及将直线或曲线转化为多段线。调用【多段线】命令的方式有以下三种：

⊕ 功能区：单击【修改】面板中的【编辑多段线】按钮，如图5-146所示。

⊕ 菜单栏：调用【修改】→【对象】→【多段线】菜单命令，如图5-147所示。

⊕ 命令行：PEDIT或PE。

图5-146 【修改】面板中的【编辑多段线】按钮

图5-147 【编辑多段线】菜单命令

启动【编辑多段线】命令后，选择需要编辑的多段线，命令行将提示多个备选项，选择其中的一项来对多段线进行编辑。

命令: PE I   //启动【编辑多段线】命令
PEDIT 选择多段线或 [多条(M)]:   //选择一条或多条多段线
输入选项 [闭合(C)/合并(J)/宽度(W)/编辑顶点(E)/拟合(F)/样条曲线(S)/非曲线化(D)/线型生成(L)/反转(R)/放弃(U)]:   //提示选择备选项

5.5.5 ▶ 对齐

【对齐】命令可以使当前的对象与其他对象对齐，既适用于二维对象，也适用于三维对象。在对齐二维对象时，可以指定一对或二对对齐点（源点和目标点），在对其三维对象时则需要指定三对对齐点。

在AutoCAD 2018中，【对齐】命令有以下几种常用调用方法。

⊕ 功能区：单击【修改】面板中的【对齐】按钮，如图5-148所示。

⊕ 菜单栏：执行【修改】→【三维操作】→【对齐】命令，如图5-149所示。

⊕ 命令行：ALIGN或AL。

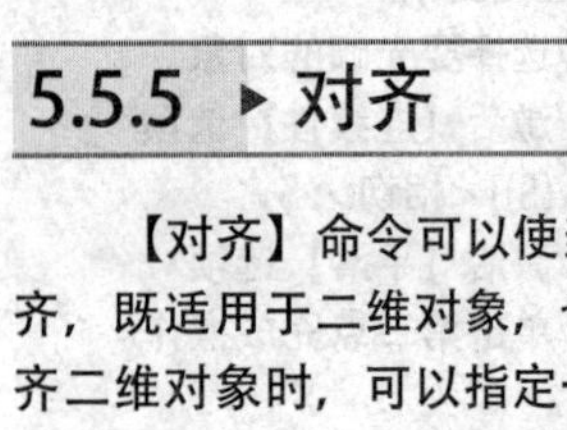

图5-148 【修改】面板中的【对齐】按钮

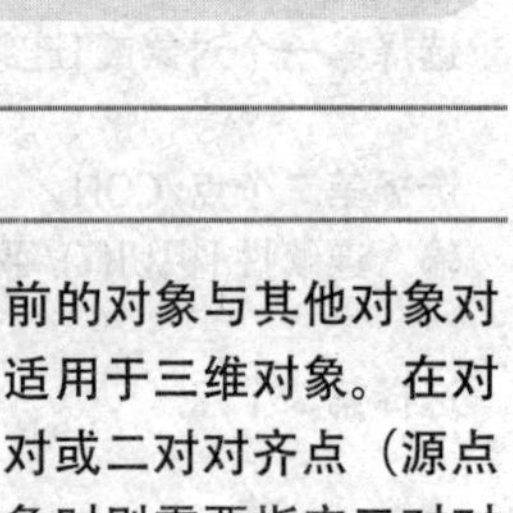

图5-149 【对齐】菜单命令

执行上述任一命令后，根据命令行提示，依次选择源点和目标点，按Enter键结束操作，如图

5-150所示。

命令:_align   //执行【对齐】命令
选择对象: 找到 1 个   //选择要对齐的对象
指定第一个源点: //指定源对象上的一点
指定第一个目标点: //指定目标对象上的对应点
指定第二个源点: //指定源对象上的一点
指定第二个目标点: //指定目标对象上的对应点
指定第三个源点或 <继续>:✓ //按Enter键完成选择
是否基于对齐点缩放对象? [是(Y)/否(N)]<否>: ✓
          //按Enter键结束命令

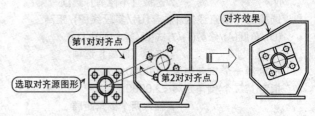

图5-150 对齐对象

执行【对齐】命令后，根据命令行提示选择要对齐的对象，并按Enter键结束命令。在这个过程中，可以指定一对、两对或三对对齐点（一个源点和一个目标点合称为一对对齐点）来对齐选定对象。对齐点的对数不同，操作结果也不同，具体介绍如下。

❶ 一对对齐点（一个源点、一个目标点）

当只选择一对源点和目标点时，所选的对象将在二维或三维空间从源点1移动到目标点2，类似于【移动】操作，如图5-151所示。

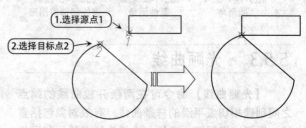

图5-151 选择一对对齐点移动对象

该对齐方法的命令行提示如下：

命令: ALIGN   //执行【对齐】命令
选择对象: 找到 1 个   //选择图中的矩形
指定第一个源点: //选择点1
指定第一个目标点: //选择点2
指定第二个源点: ✓   //按Enter键结束操作，矩形移动至对象上

❷ 两对对齐点（两个源点、两个目标点）

当选择两对原点和目标点时，可以移动、旋转和缩放选定对象，以便与其他对象对齐。第一对源点和目标点定义对齐的基点（点1、2），第二对对齐点（点3、4）定义旋转的角度，结果如图5-152所示。

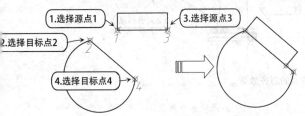

图5-152 选择两对对齐点将对象移动并对齐

该对齐方法的命令行提示如下：

```
命令: ALIGN              //执行【对齐】命令
选择对象: 找到 1 个       //选择图中的矩形
指定第一个源点:           //选择点1
指定第一个目标点:         //选择点2
指定第二个源点:           //选择点3
指定第二个目标点:         //选择点4
指定第三个源点或 <继续>:↙
                        //按Enter键完成选择
是否基于对齐点缩放对象? [是(Y)/否(N)] <否>:↙
                        //按Enter键结束操作
```

在输入了第二对原点和目标点后，系统会给出缩放对象的提示。如果选择"是（Y）"，则源对象将进行缩放，使得其上的源点3与目标点4重合，结果如图5-153所示；如果选择"否（N）"，则源对象大小保持不变，源点3落在目标点2、4的连线上，如图5-152所示。

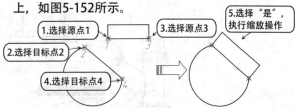

图5-153 对齐时源对象缩放

▶ 操作技巧

只有使用两对点对齐对象时才能使用缩放。

❸ 三对对齐点（三个源点、三个目标点）

对于二维图形来说，两对对齐点已可以满足绝大多数的使用需要，只有在三维空间中才会用得上三对对齐点。当选择三对对齐点时，选定的对象可在三维空间中进行移动和旋转，使之与其他对象对齐，如图5-154所示。

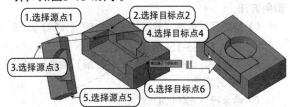

图5-154 三对对齐点在三维空间中对齐

【案例 5-16】 使用对齐命令装配三通管

在机械装配图的绘制过程中，如果仍使用一笔一画的绘制方法，则效率极为低下，无法体现出AutoCAD绘图的强大功能，也不能满足现代设计的需要。因此，熟练掌握AutoCAD，熟悉其中的各种绘制、编辑命令，对提高工作效率有很大帮助。在本例中，如果使用移动、旋转等方法，难免费时费力，而使用【对齐】命令，则可以一步到位，极为简便。

1）打开素材文件"第 5 章 \5-16 使用对齐命令装配三通管 .dwg"，素材图形中已经绘制好了一三通管和装配管，但图形比例不一致，如图 5-155 所示。

2）单击【修改】面板中的【对齐】按钮 📇，执行【对齐】命令，选择整个装配管图形，然后根据三通管和装配管的对接方式，按图 5-156 所示选择对应的两对对齐点（1点对应2点、3点对应4点）。

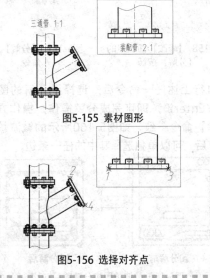

图5-155 素材图形

图5-156 选择对齐点

3）两对对齐点指定完毕后，单击 Enter 键，命令行提示"是否基于对齐点缩放对象"，输入"Y"，选择"是"，再单击 Enter 键，即可将装配管对齐至三通管中，效果如图 5-157 所示。

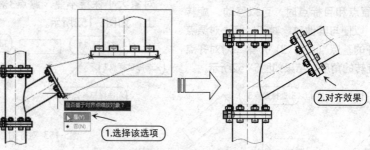

图5-157 三对对齐点的对齐效果

5.5.6 ▶ 分解

【分解】命令是将某些特殊的对象分解成多个独立的部分，以便于更具体地编辑，主要用于将复合对象，如矩形、多段线、块和填充等还原为一般的图形对象。分解后的对象，其颜色、线型和线宽都可能发生改变。

在AutoCAD 2018中，【分解】命令有以下几种调用方法。

- ⊕ 功能区：单击【修改】面板中的【分解】按钮，如图5-158所示。
- ⊕ 菜单栏：选择【修改】→【分解】命令，如图 5-159所示。
- ⊕ 命令行：EXPLODE或X。

图5-158 【修改】面板中的【分解】按钮

图5-159 【分解】菜单命令

执行上述任一命令后，选择要分解的图形对象，按Enter键，即可完成分解操作，操作方法与【删除】命令一致。如图5-160所示的微波炉图块被分解后，可以单独选择其中的任一条边。

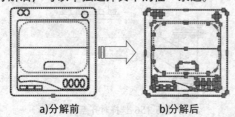

a)分解前　　　　　b)分解后

图5-160 微波炉图块分解前后对比

5.5.7 ▶ 打断

在AutoCAD2018中，根据打断点数量的不同，【打断】命令可以分为【打断】和【打断于点】命令两种，分别介绍如下。

①打断

执行【打断】命令，在对象上指定两点之间的部分会被删除。被打断的对象不能是组合形体，如图块等，只能是单独的线条，如直线、圆弧、圆、多段线、椭圆、样条曲线和圆环等。

在AutoCAD 2018中，【打断】命令有以下几种调用方法。

- ⊕ 功能区：单击【修改】面板上的【打断】按钮，如图5-161所示。
- ⊕ 菜单栏：执行【修改】→【打断】命令，如图 5-162所示。
- ⊕ 命令行：BREAK或BR。

图5-161 【修改】面板中的【打断】按钮

图5-162 【打断】菜单命令

【打断】命令可以在选择的线条上创建两个打断点，从而将线条断开。如果在对象之外指定一点为第二个打断点，系统将以该点到被打断对象的垂直点位置为第二个打断点，除去两点间的线段。图

5-163所示为打断对象的过程，可以看到利用【打断】命令能快速完成图形效果的调整。对应的命令行操作如下：

```
命令:_BREAK      //执行【打断】命令
选择对象:        //选择要打断的图形
指定第二个打断点 或 [第一点(F)]: F↙
                //选择"第一点"选项，指定打断的第一点
指定第一个打断点:       //选择A点
指定第二个打断点:       //选择B点
```

a)打断前　　　b)打断于AB点　　c)第二点为对象之外的点

图5-163 图形打断效果

默认情况下，系统会以选择对象时的拾取点作为第一个打断点。若此时直接在对象上选取另一点，即可去除两点之间的图形线段，但这样的打断效果往往不符合要求，因此可在命令行中输入字母F，执行"第一点（F）"选项，通过指定第一点来获取准确的打断效果。

2. 打断于点

【打断于点】命令是从【打断】命令派生出来的命令。打断于点是指通过指定一个打断点，将对象从该点处断开成两个对象。在AutoCAD 2018中，【打断于点】命令不能通过命令行输入和菜单调用，只有以下两种调用方法：

⊕ 功能区：【修改】面板中的【打断于点】按钮，如图5-164所示。

⊕ 工具栏：调出【修改】工具栏，单击其中的【打断于点】按钮。

【打断于点】命令在执行过程中，需要输入的参数只有"打断对象"和一个"打断点"。打断之后的对象外观无变化，没有间隙，但选择时可见已在打断点处分成两个对象，如图5-165所示。命令行操作如下：

```
命令:_BREAK    //执行【打断于点】命令
选择对象:        //选择要打断的图形
指定第二个打断点 或 [第一点(F)]: _F
                //系统自动选择"第一点"选项
指定第一个打断点:       //指定打断点
指定第二个打断点: @ //系统自动输入@结束命令
```

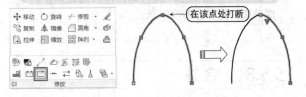

图5-164 【修改】面板　　图5-165 打断于点的图形
中的【打断于点】按钮

提示

不能在一点打断闭合对象（如圆）。

读者可以发现，【打断于点】与【打断】的命令行操作相差无几，甚至在命令行中的代码都是"_BREAK"。这是由于【打断于点】命令可以理解为【打断】命令的一种特殊情况，即第二点与第一点重合。因此，如果在执行【打断】命令时，要想让输入的第二个点和第一个点相同，那么在指定第二点时在命令行输入"@"字符即可——此操作即相当于执行【打断于点】命令。

【案例 5-17】使用打断修改活塞杆

有些机械零部件可能具有很大的长细比，即长度尺寸比径向尺寸大很多，在外观上表现为一细长杆形状，如液压缸的活塞杆、起重机的吊臂等都属于这类零件。这类零件在绘制的时候就可以用打断的方式只保留左右两端的特征图形，而省去中间简单而重复的部分。

1) 打开素材文件"第 5 章 \5-17 使用打断修改活塞杆 .dwg"，素材图形中已经绘制好了一长度为 1000mm 的活塞杆图形，并预设了打断用的4 个点，如图 5-166 所示。

图5-166 素材图形

2) 由图 5-166 可见，如果完全按照真实的零件形状出图打印，那左右两端的重要结构便相距甚远，影响观察效果，而且也超出了一般图纸的打印范围，因此需用【打断】命令对其修改。

3) 在【默认】选项卡中单击【修改】面板中的【打断】按钮，选择图形上侧的 A、B 两点作为打断点，打断效果如图 5-167 所示。

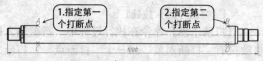

图5-167 在A、B两点处打断

4）按相同方法打断下侧的C、D两点，效果如图 5-168 所示。

图5-168 在C、D两点处打断

5）单击【修改】面板中的【拉伸】按钮，框选任意侧图形，向对侧拉伸合适距离，将长度缩短，如图 5-169 所示。

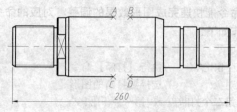

图5-169 将图形缩短

6）再使用【样条曲线】连接AC、BD，即可得到该活塞杆的打断效果，如图 5-170 所示。

图5-170 活塞杆打断效果

5.5.8 ▶ 合并

【合并】命令用于将独立的图形对象合并为一个整体。它可以将多个对象进行合并，对象包括直线、多段线、三维多段线、圆弧、椭圆弧、螺旋线和样条曲线等。

在AutoCAD 2018中，【合并】命令有以下几种调用方法：

⊕ 功能区：单击【修改】面板中的【合并】按钮，如图5-171所示。

⊕ 菜单栏：执行【修改】→【合并】命令，如图 5-172所示。

⊕ 命令行：JOIN或J。

图5-171 【修改】面板中的【合并】按钮

图5-172 【合并】菜单命令

执行以上任一命令后，选择要合并的对象，按Enter键，结果如图5-173所示。命令行操作如下：

命令: _JOIN   //执行【合并】命令
选择源对象或要一次合并的多个对象: 找到 1 个
                   //选择源对象
选择要合并的对象: 找到 1 个，总计 2 个
                   //选择要合并的对象
选择要合并的对象: ✓   //按Enter键完成操作

图5-173 合并图形

【合并】命令产生的对象类型取决于所选定的对象类型、首先选定的对象类型以及对象是否共线（或共面）。因此【合并】命令操作的结果与所选对象及选择顺序有关。

【案例 5-18】使用合并还原活塞杆

在【案例5-17】中，使用【打断】命令只保留了活塞杆左右两端的特征图形，而如果反过来需要恢复完整图形，则可以通过本节所学的【合并】命令来完成，具体操作方法如下：

1）打开素材文件"第 5 章 \5-17 使用打断修改活塞杆 -OK.dwg"，或延续【案例5-17】进行操作。

2）单击【修改】面板中的【合并】按钮，分别单击打断线段的两端，如图 5-174 所示。

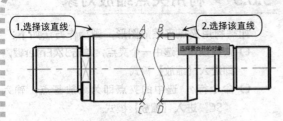

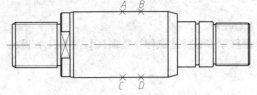

图5-174 选择要合并的线段

图5-175 合并线段

3）单击 Enter 键确认，上侧线段被合并为一根。按相同方法合并下侧线段，再删除样条曲线，结果如图 5-175 所示。

4）再使用【拉伸】命令，将其拉伸至原来的长度即可还原。

5.6 通过夹点编辑图形

所谓"夹点"，是指图形对象上的一些特征点，如端点、顶点、中点和中心点等。图形的位置和形状通常是由夹点的位置决定的。在AutoCAD中，夹点是一种集成的编辑模式，利用夹点可以编辑图形的大小、位置、方向，以及对图形进行镜像复制操作等。

5.6.1 ▶ 夹点模式概述

在夹点模式下，图形对象以虚线显示，图形上的特征点（如端点、圆心、象限点等）将显示为蓝色的小方框，如图5-176所示，这样的小方框称为夹点。

夹点有未激活和被激活两种状态。蓝色小方框显示的夹点处于未激活状态。单击某个未激活夹点，该夹点以红色小方框显示，即处于被激活状态，称为热夹点。以热夹点为基点，可以对图形对象进行拉伸、平移、复制、缩放和镜像等操作。同时按Shift键可以选择激活多个热夹点。

图5-176 不同对象的夹点

5.6.2 ▶ 利用夹点拉伸对象

如需利用夹点来拉伸图形，则操作方法如下。
◈ 快捷操作：在不执行任何命令的情况下选择对象，然后单击其中的一个夹点，系统会自动将其

作为拉伸的基点，即进入"拉伸"编辑模式。通过移动夹点，就可以将图形对象拉伸至新位置。夹点编辑中的【拉伸】命令与STRETCH【拉伸】命令相同，效果如图5-177所示。

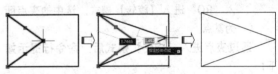

a）选择夹点　　b）拖动夹点　　c）拉伸结果

图5-177 利用夹点拉伸对象

▶ 操作技巧

对于某些夹点，拖动时只能移动而不能拉伸，如文字、块、直线中点、圆心、椭圆中心和点对象上的夹点。

5.6.3 ▶ 利用夹点移动对象

如需利用夹点来移动图形，则操作方法如下。
◈ 快捷操作：选中一个夹点，单击1次Enter键，即进入【移动】模式。
◈ 命令行：在夹点编辑模式下确定基点后，输入"MO"进入【移动】模式，选中的夹点即为基点。

通过夹点进入【移动】模式后，命令行提示如下：

> ** MOVE **
> 指定移动点或 [基点(B)/复制(C)/放弃(U)/退出(X)]:

使用夹点移动对象，可以将对象从当前位置移动到新位置，操作方法同MOVE【移动】命令，如图5-178所示。

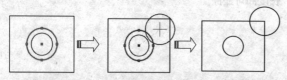

a）选择夹点　　b）单击一次Enter　　c）移动结果
　　　　　　　　键后拖动夹点

图5-178 利用夹点移动对象

5.6.4 ▶ 利用夹点旋转对象

如需利用夹点来旋转图形，则操作方法如下：
- 快捷操作：选中一个夹点，单击2次Enter键，即进入【旋转】模式。
- 命令行：在夹点编辑模式下确定基点后，输入"RO"进入【旋转】模式，选中的夹点即为基点。

通过夹点进入【旋转】模式后，命令行提示如下：

> ** 旋转 **
> 指定旋转角度或 [基点(B)/复制(C)/放弃(U)/参照(R)/退出(X)]:

默认情况下，输入旋转角度值或通过拖动方式确定旋转角度后，即可将对象绕基点旋转指定的角度。也可以选择"参照（R）"选项，以参照方式旋转对象。操作方法同ROTATE【旋转】命令。利用夹点旋转对象的步骤如图5-179所示。

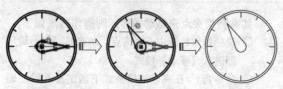

a）选择夹点　　b）按2次Enter键后　　c）旋转结果
　　　　　　　　拖动夹点

图5-179 利用夹点旋转对象

5.6.5 ▶ 利用夹点缩放对象

如需利用夹点来缩放图形，则操作方法如下：
- 快捷操作：选中一个夹点，单击3次Enter键，即进入【缩放】模式。
- 命令行：选中的夹点即为缩放基点，输入"SC"进入【缩放】模式。

通过夹点进入【缩放】模式后，命令行提示如下：

> ** 比例缩放 **
> 指定比例因子或 [基点(B)/复制(C)/放弃(U)/参照(R)/退出(X)]:

默认情况下，在确定了缩放的比例因子后，AutoCAD将相对于基点进行缩放对象操作。当比例因子大于1时放大对象，当比例因子大于0而小于1时缩小对象，操作方法同SCALE【缩放】命令，如图5-180所示。

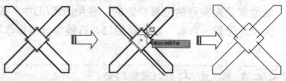

a）选择夹点　　b）按3次Enter键后　　c）缩放结果
　　　　　　　　拖动夹点

图5-180 利用夹点缩放对象

5.6.6 ▶ 利用夹点镜像对象

如需利用夹点来镜像图形，则操作方法如下：
- 快捷操作：选中一个夹点，单击4次Enter键，即进入【镜像】模式。
- 命令行：输入"MI"进入【镜像】模式，选中的夹点即为镜像线第一点。

通过夹点进入【镜像】模式后，命令行提示如下：

> ** 镜像 **
> 指定第二点或 [基点(B)/复制(C)/放弃(U)/退出(X)]:

指定镜像线上的第2点后，AutoCAD将以基点作为镜像线上的第1点，将对象进行镜像操作并删除源对象。利用夹点镜像对象的步骤如图5-181所示。

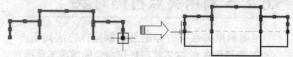

a）选择夹点　　　　b）按4次Enter键后拖动夹点，完成镜像操作

图5-181 利用夹点镜像对象

5.6.7 ▸ 利用夹点复制对象

如需利用夹点来复制图形，则操作方法如下：

⊕ 命令行：选中夹点后进入【移动】模式，然后在命令行中输入"C"，调用"复制（C）"选项即可。

⊕ 命令行操作如下：

使用夹点复制功能，选定中心夹点进行拖动时需按住Ctrl键。复制结果如图5-182所示。

```
** MOVE **                    //进入【移动】模式
指定移动点 或 [基点(B)/复制(C)/放弃(U)/退出
(X)]:C↙                       //选择"复制"选项
** MOVE (多个) **              //进入【复制】模式
指定移动点 或 [基点(B)/复制(C)/放弃(U)/退出(X)]:↙
                              //指定放置点，并按Enter键完成
操作
```

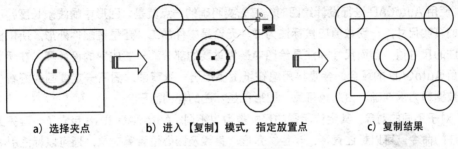

a）选择夹点　　　　　b）进入【复制】模式，指定放置点　　　　　c）复制结果

图5-182 利用夹点复制图形

第6章
创建机械图形标注

使用 AutoCAD 进行设计绘图时，首先要明确的一点就是：图形中的线条长度并不代表物体的真实尺寸，一切数值应按标注为准。无论是零件加工、还是装配件外形，所依据的都是标注的尺寸值，因而尺寸标注是绘图中最为重要的部分。一些成熟的设计师，在现场或无法使用 AutoCAD 的场合，会直接用笔在纸上手绘出一张草图，图不一定要画得好看，但记录的数据却力求准确。由此也可见，图形仅是标注的辅助而已。

对于不同的对象，其定位所需的尺寸类型也不同。AutoCAD 2018 包含了一套完整的尺寸标注的命令，可以标注直径、半径、角度、直线及圆心位置等对象，还可以标注引线、几何公差等辅助说明。

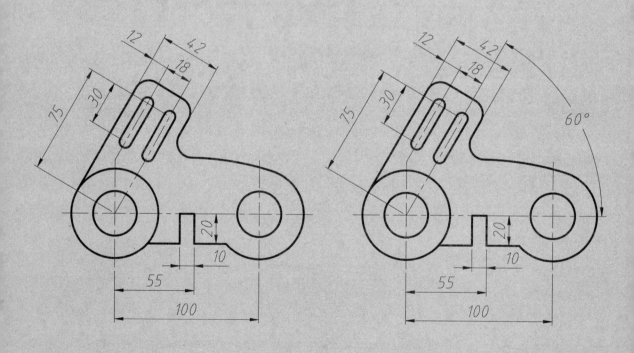

6.1 尺寸标注的组成与原则

尺寸标注在AutoCAD中是一个复合体，以块的形式存储在图形中。在标注尺寸时需要遵循一定的规则，以避免标注混乱或引起歧义。

6.1.1 ▶ 尺寸标注的组成

在AutoCAD中，一个完整的尺寸标注由"尺寸界线""尺寸线""尺寸箭头"和"尺寸文字"4个要素构成，如图6-1所示。AutoCAD的尺寸标注命令和样式设置都是围绕着这4个要素进行的。

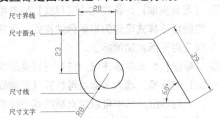

图6-1 尺寸标注的组成要素

各组成部分的作用与含义如下：

◎ "尺寸界线"：也称为投影线，用于标注尺寸的界限，由图样中的轮廓线、轴线或对称中心线引出。标注时，延伸线从所标注的对象上自动延伸出来，它的端点与所标注的对象接近但不相连。

◎ "尺寸箭头"：也称为标注符号。标注符号显示在尺寸线的两端，用于指定标注的起始位置。AutoCAD默认使用闭合的填充箭头作为标注符号。此外，AutoCAD还提供了多种箭头符号，以满足不同行业的需要。

◎ "尺寸线"：用于表明标注的方向和范围。其通常与所标注的对象平行，放在两延伸线之间，一般情况下为直线，但在角度标注时，尺寸线呈圆弧形。

◎ "尺寸文字"：表明标注图形的实际尺寸大小，通常位于尺寸线上方或中断处。在进行尺寸标注时，AutoCAD会自动生成所标注对象

的尺寸数值，我们也可以对标注的文字进行修改、添加等编辑操作。

6.1.2 ▶ 尺寸标注的原则

尺寸标注要求对标注对象进行完整、准确、清晰的标注，标注的尺寸数值真实地反应标注对象的大小。国家标准对尺寸标注做了详细的规定，要求尺寸标注必须遵守以下基本原则。

◎ 物体的真实大小应以图形上所标注的尺寸数值为依据，与图形的显示大小和绘图的精确度无关。

◎ 图形中的尺寸为图形所表示的物体的最终尺寸，如果是绘制过程中的尺寸(如在涂镀前的尺寸等)，则必须另加说明。

◎ 物体的每一尺寸一般只标注一次，并应标注在最能清晰反映该结构的视图上。

对机械制图进行尺寸标注时，应遵循如下规定：

◎ 符合国家标准的有关规定，标注制造零件所需的全部尺寸，不重复，不遗漏，尺寸排列整齐，并符合设计和工艺的要求。

◎ 每个尺寸一般只标注一次，尺寸数字为零件的真实大小，与所绘图形的比例及准确性无关。尺寸标注以毫米为单位，若采用其他单位则必须注明单位名称。

◎ 标注文字中的字体按照国家标准规定书写，图样中的字体为仿宋体，字号分1.8、2.5、3.5、5、7、10、14和20八种，其字体高度应按2的比率递增。

◎ 字母和数字分A型和B型，A型字体的笔画宽度 (d) 与字体高度 (h) 符合$d=h/14$，B型字体的笔画宽度与字体高度符合$d=h/10$。在同一张图纸上，只允许选用一种形式的字体。

6.2 尺寸标注样式

标注样式用来控制标注的外观，如箭头样式、文字位置和尺寸公差等。在同一个AutoCAD文档中，可以同时定义多个不同的命名样式。修改某个样式后，就可以自动修改所有用该样式创建的对象。

绘制不同的工程图纸，需要设置不同的尺寸标注样式。要系统地了解尺寸设计和制图的知识，请参考有关机械制图的国家规范和标准以及其他的相关资料。

6.2.1 ▶ 新建标注样式

同之前介绍过的【多线】命令一样，尺寸标注在AutoCAD中也需要指定特定的样式来进行下一步操作。但尺寸标注样式的内容相当丰富，涵盖了从箭头形状到尺寸线的消隐、伸出距离、文字对齐方式等诸多方面。可以通过在AutoCAD中设置不同的标注样式，以使其适应不同的绘图环境。

如果要新建标注样式，可以通过【标注样式管理器】对话框来完成。在AutoCAD 2018中，调用【标注样式管理器】有如下几种常用方法。

- 功能区：在【默认】选项卡中单击【注释】面板下拉列表中的【标注样式】按钮 ，如图6-2所示。
- 菜单栏：执行【格式】→【标注样式】命令，如图6-3所示。
- 命令行：DIMSTYLE或D。

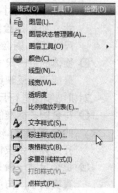

图6-2 【注释】面板中的 【标注样式】按钮　　图6-3 【标注样式】菜单命令

执行上述任一命令后，系统弹出【标注样式管理器】对话框，如图6-4所示。

单击【标注样式管理器】中的【新建】按钮，系统弹出【创建新标注样式】对话框，如图6-5所示。然后在【新样式名】文本框中输入新样式的名称，单击【继续】按钮，即可打开【新建标注样式】对话框创建新的标注样式。

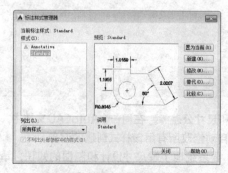

图6-4 【标注样式管理器】对话框

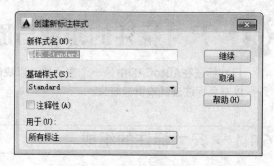

图6-5 【创建新标注样式】对话框

【标注样式管理器】对话框中各按钮的含义如下：

- 【置为当前】：将在左边【样式】列表框中选定的标注样式设定为当前标注样式。当前样式将应用于所创建的标注。
- 【新建】：单击该按钮，打开【创建新标注样式】对话框，输入名称后可打开【新建标注样式】对话框，从中可以定义新的标注样式。
- 【修改】：单击该按钮，打开【修改标注样式】对话框，从中可以修改现有的标注样式。该对话框中的各选项均与【新建标注样式】对话框中的相同。
- 【替代】：单击该按钮，打开【替代当前样式】对话框，从中可以设定标注样式的临时替代值。该对话框中的各选项与【新建标注样式】对话框中的相同。替代将作为未保存的更改结果显示在【样式】列表中的标注样式下，如图6-6所示。
- 【比较】：单击该按钮，打开【比较标注样式】对话框，如图6-7所示。从中可以比较所选定的两个标注样式（选择相同的标注样式进行比较，则会列出该样式的所有特性）。

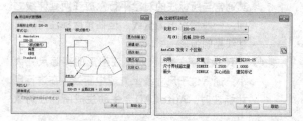

图6-6 样式替代结果　　图6-7 【比较标注样式】对话框

【创建新标注样式】对话框中各按钮的含义如下：

- 【基础样式】：在该下拉列表框中选择一种基础样式，新样式将在该基础样式的基础上进行修改。
- 【注释性】复选框：勾选该复选框，可将标注定义成可注释对象。

- ◈ 【用于】下拉列表：选择其中的一种标注，即可创建一种仅适用于该标注类型（如仅用于直径标注、线性标注等）的标注子样式，如图6-8所示。

设置了新样式的名称、基础样式和适用范围后，单击该对话框中的【继续】按钮，系统弹出【新建标注样式】对话框，在上方7个选项卡中可以设置标注中的直线、符号和箭头、文字、单位等内容，如图6-9所示。

图6-8 【用于】下拉列表

图6-9 【新建标注样式】对话框

提示

AutoCAD 2018中的标注按类型分，只有"线性标注""角度标注""半径标注""直径标注""坐标标注"和"引线标注"6个类型。

6.2.2 ▶ 设置标注样式

在上文新建标注样式的介绍中，打开【新建标注样式】对话框之后的操作是最重要的，这也是本小节所要重讲解的。在【新建标注样式】对话框中可以设置尺寸标注的各种特性，对话框中有【线】、【符号和箭头】、【文字】、【调整】、【主单位】、【换算单位】和【公差】共7个选项卡，如图6-9所示。每一个选项卡对应一种特性的设置，分别介绍如下。

1 【线】选项卡

切换到【新建标注样式】对话框中的【线】选项卡，如图6-9所示，可见该选项卡中包含【尺寸线】和【尺寸界线】两个选项组。在该选项卡中可以设置尺寸线、尺寸界线的格式和特性。

◆ 【尺寸线】选项组

- ◈ 【颜色】：用于设置尺寸线的颜色，一般保持默认值"Byblock"（随块）即可。也可以

使用变量DIMCLRD设置。

- ◈ 【线型】：用于设置尺寸线的线型，一般保持默认值"Byblock"（随块）即可。
- ◈ 【线宽】：用于设置尺寸线的线宽，一般保持默认值"Byblock"（随块）即可。也可以使用变量DIMLWD设置。
- ◈ 【超出标记】：用于设置尺寸线超出量。若尺寸线两端是箭头，则此文本框无效；若在对话框的【符号和箭头】选项卡中设置了箭头的形式是"倾斜"和"建筑标记"时，可以设置尺寸线超过尺寸界线外的距离，如图6-10所示。
- ◈ 【基线间距】：用于设置基线标注中尺寸线之间的间距。
- ◈ 【隐藏】：【尺寸线1】和【尺寸线2】分别控制了第一条和第二条尺寸线的可见性，如图6-11所示。

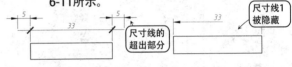

图6-10 【超出标记】设置为5时的示例　　图6-11 【隐藏尺寸线1】效果图

◆ 【尺寸界线】选项组

- ◈ 【颜色】：用于设置延伸线的颜色，一般保持默认值"Byblock"（随块）即可。也可以使用变量DIMCLRD设置。
- ◈ 【线型】：分别用于设置【尺寸界线1】和【尺寸界线2】的线型，一般保持默认值"Byblock"（随块）即可。
- ◈ 【线宽】：用于设置延伸线的宽度，一般保持默认值"Byblock"（随块）即可。也可以使用变量DIMLWD设置。
- ◈ 【隐藏】：【尺寸界线1】和【尺寸界线2】分别控制了第一条和第二条尺寸界线的可见性。
- ◈ 【超出尺寸线】：控制尺寸界线超出尺寸线的距离，如图6-12所示。
- ◈ 【起点偏移量】：控制尺寸界线起点与标注对象端点的距离，如图6-13所示。

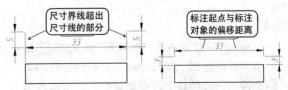

图6-12 【超出尺寸线】设置为5时的示例　　图6-13 【起点偏移量】设置为3时的示例

提示

在机械制图的标注中，为了区分尺寸标注和被标注对象，用户应使尺寸界线与标注对象不接触。尺寸界线的【起点偏移量】一般设置为2~3mm。

2. 【符号和箭头】选项卡

【符号和箭头】选项卡中包括【箭头】、【圆心标记】、【折断标注】、【弧长符号】、【半径折弯标注】和【线性折弯标注】共6个选项组，如图6-14所示。

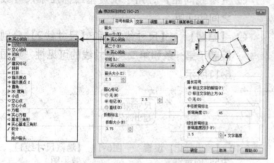

图6-14 【符号和箭头】选项卡

◆【箭头】选项组

- ◈ 【第一个】以及【第二个】：用于选择尺寸线两端的箭头样式。在建筑绘图中通常设为"建筑标注"或"倾斜"样式，如图6-15所示；机械制图中通常设为"箭头"样式，如图6-16所示。
- ◈ 【引线】：用于设置快速引线标注（命令：LE）中的箭头样式，如图6-17所示。
- ◈ 【箭头大小】：用于设置箭头的大小。

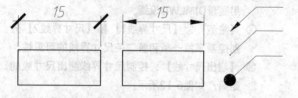

图6-15 建筑标注   图6-16 机械标注   图6-17 引线样式

提示

AutoCAD中提供了19种箭头，如果选择了第一个箭头的样式，第二个箭头会自动选择和第一个箭头一样的样式。也可以在第二个箭头下拉列表中选择不同的样式。

◆【圆心标记】选项组

圆心标记是一种特殊的标注类型，在使用【圆心标记】时，可以在圆弧中心生成一个标注符号，【圆心标记】选项组用于设置圆心标记的样式。各选项的含义如下：

- ◈ 【无】：使用【圆心标记】命令时无圆心标记，如图6-18所示。
- ◈ 【标记】：创建圆心标记。在圆心位置将会出现小十字，如图6-19所示。
- ◈ 【直线】：创建中心线。在使用【圆心标记】命令时，十字线将会延伸到圆或圆弧外边，如图6-20所示。

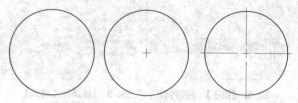

图6-18 圆心标记   图6-19 圆心标   图6-20 圆心标记
为【无】   记为【标记】   为【直线】

提示

可以取消选中【调整】选项卡中的【在尺寸界线之间绘制尺寸线】复选框，这样就能在标注直径或半径尺寸时，同时创建圆心标记，如图6-21所示。

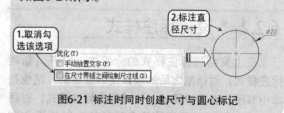

图6-21 标注时同时创建尺寸与圆心标记

◆【折断标注】选项组

其中的【折断大小】文本框可以设置在执行DIMBREAK【标注打断】命令时标注线的打断长度。

◆【弧长符号】选项组

在该选项组中可以设置弧长符号的显示位置，包括【标注文字的前缀】、【标注文字的上方】和【无】3种方式，如图6-22所示。

a)【标注文字的前缀】 b)【标注文字的上方】 c)【无】方式
方式   方式

图6-22 弧长标注的类型

◈ 【半径折弯标注】选项组

其中的【折弯角度】文本框可以确定折弯半径标注中尺寸线的横向角度，其值不能大于90°。

◈ 【线性折弯标注】选项组

其中的【折弯高度因子】文本框可以设置折弯标注打断时折弯线的高度。

3. 【文字】选项卡

【文字】选项卡包括【文字外观】、【文字位置】和【文字对齐】3个选项组，如图6-23所示。

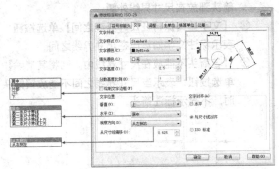

图6-23 【文字】选项卡

◈ 【文字外观】选项组

◈ 【文字样式】：用于选择标注的文字样式。也可以单击其后的 ... 按钮，系统弹出【文字样式】对话框，选择文字样式或新建文字样式。

◈ 【文字颜色】：用于设置文字的颜色，一般保持默认值"Byblock"（随块）即可。也可以使用变量DIMCLRT设置。

◈ 【填充颜色】：用于设置标注文字的背景色。默认为"无"，如果图纸中尺寸标注很多，就会出现图形轮廓线、中心线、尺寸线与标注文字相重叠的情况，这时若将【填充颜色】设置为"背景"，即可有效改善图形，如图6-24所示。

图6-24 【填充颜色】为"背景"效果

◈ 【文字高度】：设置文字的高度。也可以使用变量DIMCTXT设置。

◈ 【分数高度比例】：设置标注文字的分数相对于其他标注文字的比例。AutoCAD将该比例值与标注文字高度的乘积作为分数的高度。

◈ 【绘制文字边框】：设置是否给标注文字加边框。

◈ 【文字位置】选项组

◈ 【垂直】：用于设置标注文字相对于尺寸线在垂直方向的位置。【垂直】下拉列表中有【置中】、【上方】、【外部】和【JIS】等选项。选择【置中】选项可以把标注文字放在尺寸线中间，选择【上】选项将把标注文字放在尺寸线的上方，选择【外部】选项可以把标注文字放在远离第一定义点的尺寸线一侧，选择【JIS】选项则按JIS规则（日本工业标准）放置标注文字，各种效果如图6-25所示。

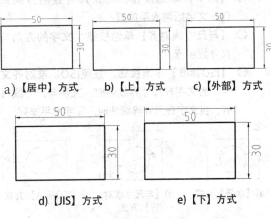

图6-25 使用【垂直】设置文字的位置

◈ 【水平】：用于设置标注文字相对于尺寸线和延伸线在水平方向的位置。其中水平放置位置有【居中】、【第一条尺寸界线】、【第二条尺寸界线】、【第一条尺寸界线上方】和【第二条尺寸界线上方】选项，各种效果如图6-26所示。

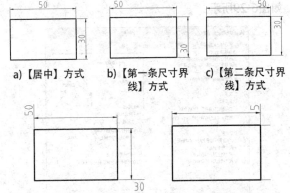

图6-26 尺寸文字在水平方向上的相对位置

◈ 【从尺寸线偏移】：设置标注文字与尺寸线之间的距离，如图6-27所示。

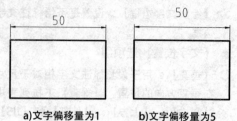

a)文字偏移量为1 b)文字偏移量为5

图6-27 文字偏移量设置

● 【文字对齐】选项组

在【文字对齐】选项组中，可以设置标注文字的对齐方式，如图6-28所示。各选项的含义如下：

⊕ 【水平】单选按钮：无论尺寸线的方向如何，文字始终水平放置。

⊕ 【与尺寸线对齐】单选按钮：文字的方向与尺寸线平行。

⊕ 【ISO标准】单选按钮：按照ISO标准对齐文字。当文字在尺寸界线内时，文字与尺寸线对齐；当文字在尺寸界线外时，文字水平排列。

a)【水平】方式 b)【与尺寸线对齐】方式 c)【ISO标准】方式

图6-28 尺寸文字对齐方式

❹ 【调整】选项卡

【调整】选项卡包括【调整选项】、【文字位置】、【标注特征比例】和【优化】4个选项组，可以设置标注文字、尺寸线、尺寸箭头的位置，如图6-29所示。

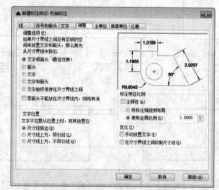

图6-29 【调整】选项卡

● 【调整选项】选项组

在【调整选项】选项组中，可以设置当尺寸界线之间没有足够的空间同时放置标注文字和箭头

时，应从尺寸界线之间移出的对象，如图6-30所示。各选项的含义如下：

⊕ 【文字或箭头(最佳效果)】单选按钮：表示由系统选择一种最佳方式来安排尺寸文字和尺寸箭头的位置。

⊕ 【箭头】单选按钮：表示将尺寸箭头放在尺寸界线外侧。

⊕ 【文字】单选按钮：表示将标注文字放在尺寸界线外侧。

⊕ 【文字和箭头】单选按钮：表示将标注文字和箭头都放在尺寸界线外侧。

⊕ 【文字始终保持在尺寸界线之间】单选按钮：表示标注文字始终放在尺寸界线之间。

⊕ 【若箭头不能放在尺寸界线内，则将其消除】单选按钮：表示当尺寸界线之间不能放置箭头时，不显示标注箭头。

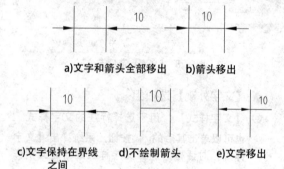

a)文字和箭头全部移出 b)箭头移出

c)文字保持在界线之间 d)不绘制箭头 e)文字移出

图6-30 文字和箭头的调整

● 【文字位置】选项组

在【文字位置】选项组中，可以设置当标注文字不在默认位置时应放置的位置，如图6-31所示。各选项的含义如下：

⊕ 【尺寸线旁边】单选按钮：表示当标注文字在尺寸界线外部时，将文字放置在尺寸线旁边。

⊕ 【尺寸线上方，带引线】单选按钮：表示当标注文字在尺寸界线外部时，将文字放置在尺寸线上方并加一条引线相连。

⊕ 【尺寸线上方，不带引线】单选按钮：表示当标注文字在尺寸界线外部时，将文字放置在尺寸线上方，不加引线。

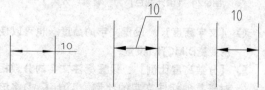

a)【尺寸线旁边】方式 b)【尺寸线上方，带引线】方式 c)【尺寸线上方，不带引线】方式

图6-31 文字位置调整

● 【标注特征比例】选项组

在【标注特征比例】选项组中，可以设置标注尺寸的特征比例，以便通过设置全局比例来调整标注尺寸的大小。各选项的含义如下：

◇ 【注释性】复选框：选择该复选框，可以将标注定义成可注释性对象。

◇ 【将标注缩放到布局】单选按钮：选中该单选按钮，可以根据当前模型空间视口与图纸之间的缩放关系设置比例。

◇ 【使用全局比例】单选按钮：选择该单选按钮，可以对全部尺寸标注设置缩放比例，该比例不改变尺寸的测量值，效果如图6-32所示。

a)全局比例值为1   b)全局比例值为5   c)全局比例值为10

图6-32 设置全局比例值

● 【优化】选项组

在【优化】选项组中，可以对标注文字和尺寸线进行细微调整。该选项区域包括以下两个复选框。

◇ 【手动放置文字】：表示忽略所有水平对正设置，并将文字手动放置在"尺寸线位置"的相应位置。

◇ 【在尺寸界线之间绘制尺寸线】：表示在标注对象时，始终在尺寸界线间绘制尺寸线。

5. 【主单位】选项卡

【主单位】选项卡包括【线性标注】、【测量单位比例】、【消零】、【角度标注】和【消零】5个选项组，如图6-33所示。

图6-33 【主单位】选项卡

【主单位】选项卡可以对标注尺寸的精度进行设置，并能给标注文本加入前缀或者后缀等。

● 【线性标注】选项组

◇ 【单位格式】：设置除角度标注之外的其余各标注类型的尺寸单位，包括【科学】、【小数】、【工程】、【建筑】和【分数】等选项。

◇ 【精度】：设置除角度标注之外的其他标注的尺寸精度。

◇ 【分数格式】：当单位格式是分数时，可以设置分数的格式，包括【水平】、【对角】和【非堆叠】3种方式。

◇ 【小数分隔符】：设置小数的分隔符，包括【逗点】、【句点】和【空格】3种方式。

◇ 【舍入】：用于设置除角度标注外的尺寸测量值的舍入值。

◇ 【前缀】和【后缀】：设置标注文字的前缀和后缀，在相应的文本框中输入字符即可。

● 【测量单位比例】选项组

使用【比例因子】文本框可以设置测量尺寸的缩放比例，AutoCAD的实际标注值为测量值与该比例的积。选中【仅应用到布局标注】复选框，可以设置该比例关系仅适用于布局。

● 【消零】选项组

该选项组中包括【前导】和【后续】两个复选框。设置是否消除角度尺寸的前导和后续零，如图6-34所示。

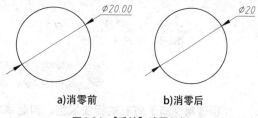

a)消零前   b)消零后

图6-34 【后续】消零示例

● 【角度标注】选项组

◇ 【单位格式】：在此下拉列表框中设置标注角度时的单位。

◇ 【精度】：在此下拉列表框中设置标注角度的尺寸精度。

6. 【换算单位】选项卡

【换算单位】选项卡包括【换算单位】、【消零】和【位置】3个选项组，如图6-35所示。

换算单位可以方便地改变标注的单位，通常我们用的就是公制单位与英制单位的互换。

选中【显示换算单位】复选框后，对话框的其他选项才可用，可以在【换算单位】选项组中设置换算单位的【单位格式】、【精度】、【换算单位倍数】、【舍入精度】、【前缀】及【后缀】等，方法与设置主单位的方法相同，在此不一一讲解。

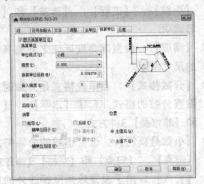

图6-35 【换算单位】选项卡

❼ 【公差】选项卡

【公差】选项卡包括【公差格式】、【公差对齐】、【消零】、【换算单位公差】和【消零】5个选项组，如图6-36所示。

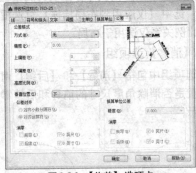

图6-36 【公差】选项卡

【公差】选项卡可以设置公差的标注格式，其中常用功能的含义如下：

- ◈ 【方式】：在此下拉列表框中有表示标注公差的几种方式，如图6-37所示。
- ◈ 【上偏差】和【下偏差】：设置尺寸上极限偏差和下极限偏差值。
- ◈ 【高度比例】：确定公差文字的高度比例因子。确定后系统会将该比例因子与尺寸文字高度之积作为公差文字的高度。
- ◈ 【垂直位置】：控制公差文字相对于尺寸文字的位置，包括【上】、【中】和【下】3种方式。
- ◈ 【换算单位公差】：当标注换算单位时，可以设置换算单位精度和是否消零。

a)【对称公差】方式　　b)【极限偏差】方式

c)【极限尺寸】方式　　d)【基本尺寸】方式

图6-37 公差的各种表示方式

【案例6-1】创建机械制图标注样式

机械制图有其特有的标注规范，因此本案例将运用上文介绍的知识，来创建用于机械制图的标注样式，步骤如下：

1) 启动 AutoCAD 2018，新建空白文档。

2) 在命令行中输入"D"并单击 Enter 键，弹出【标注样式管理器】对话框，如图6-38所示。

3) 单击该对话框中的【新建】按钮，弹出【创建新标注样式】对话框，在【新样式名】文本框中输入"机械图标注样式"，如图6-39所示。

4) 单击【继续】按钮，弹出【新建标注样式：机械图标注样式】对话框，切换到【线】选项卡，设置【基线间距】为"8"、【超出尺寸线】为"2.5"、【起点偏移量】为"2"，如图6-40所示。

5) 切换到【符号和箭头】选项卡，【引线】为"无"，【箭头大小】为"2.5"、【圆心标记】为"2.5"、【弧长符号】为【标注文字的上方】、【折弯角度】为90，如图6-41所示。

图6-38 【标注样式管理器】对话框　　图6-39 【创建新标注样式】对话框

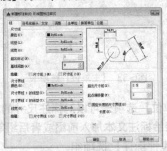

图6-40 【线】选项卡

图6-41 【符号和箭头】选项卡

图6-42 【文字】选项卡

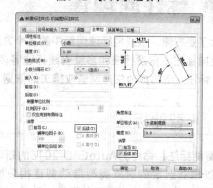

图6-43 【主单位】选项卡

6）切换到【文字】选项卡，单击【文字样式】中的按钮，设置文字为"gbenor.shx"，设置【文字高度】为"2.5"，设置【文字对齐】为【ISO标准】，如图6-42所示。

7）切换到【主单位】选项卡，设置【线性标注】中的【精度】为"0.00"，设置【角度标注】中的【精度】为"0.0"，【消零】都设置为【后续】，如图6-43所示。然后单击【确定】按钮，选择【置为当前】后，单击【关闭】按钮，创建完成。

【案例 6-2】创建公制 - 英制的换算样式

在实际设计工作中，有时会遇到一些国外设计师所绘制的图纸，或绘图发往国外，此时就必须注意图纸上所标注的尺寸是"公制"还是"英制"。一般来说，图纸上如果标有单位标记，如INCHES、in（英寸），或在标注数字后有"'"标记，则为英制尺寸；反之，带有METRIC、mm（毫米）字样的，则为公制尺寸。

1in（英寸）= 25.4mm（毫米），因此英制尺寸如果换算为我国所用的公制尺寸，需放大25.4倍，反之缩小1/25.4（约0.03937）。本例将通过新建标注样式的方式，在公制尺寸旁添加英制尺寸的参考，高效、快速地完成尺寸换算。

1）打开素材文件"第 6 章 \6-2 创建公制 - 英制的换算样式 .dwg"，素材图形中已绘制好一法兰零件图形，并已添加公制尺寸标注，如图6-44所示。

2）单击【注释】面板中的【标注样式】按钮，打开【标注样式管理器】对话框，选择当前

正在使用的【ISO-25】标注样式，单击【修改】按钮，如图 6-45 所示。

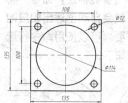

图6-44 素材图形

图6-45 【标注样式管理器】对话框

3）启用换算单位。打开【修改标注样式：ISO-25】对话框，切换到其中的【换算单位】选项卡，勾选【显示换算单位】复选框，然后在【换算单位倍数】文本框中输入"0.0393701"，即毫米换算至英寸的比例值，再在【位置】区域选择换算尺寸的放置位置，如图 6-46 所示。

4）单击【确定】按钮，返回绘图区，可见在原标注区域的指定位置添加了带括号的数值，该数值即为英制尺寸，如图 6-47 所示。

图6-46 【修改标注样式：ISO-25】对话框

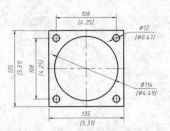

图6-47 添加英制尺寸

6.3 标注的创建

为了更方便、快捷地标注图纸中的各个方向和形式的尺寸，AutoCAD 2018提供了智能标注、线性标注、径向标注、角度标注和多重引线标注等多种标注类型。掌握这些标注方法，可以为各种图形灵活添加尺寸标注，使其成为生产制造或施工的依据。

6.3.1 ▶ 智能标注

【智能标注】命令为AutoCAD 2018的新增功能。可以根据选定的对象类型自动创建相应的标注，如选择一条线段则创建线性标注，选择一段圆弧则创建半径标注。【智能标注】命令可以看作是以前【快速标注】命令的加强版。

执行【智能标注】命令有以下几种方式：

⊕ 功能区：在【默认】选项卡中单击【注释】面板中的【标注】按钮。

⊕ 命令行：DIM。

使用上面任一种方式启动【智能标注】命令，将鼠标置于对应的图形对象上，就会自动创建出相应的标注，如图6-48所示。如果需要，可以使用命令行选项更改标注类型。命令行提示如下：

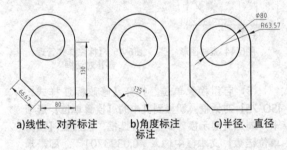

a)线性、对齐标注　　b)角度标注　　c)半径、直径
标注

图6-48 智能标注

> 选择对象或指定第一个尺寸界线原点或 [角度(A)/基线(B)/连续(C)/坐标(O)/对齐(G)/分发(D)/图层(L)/放弃(U)]:　　//选择图形或标注对象

命令行中各选项的含义如下：

⊕ 角度（A）：创建一个角度标注来显示三个点或两条直线之间的角度，操作方法基本同【角度标注】。

⊕ 基线（B）：从上一个或选定标准的第一条界线创建线性、角度或坐标标注，操作方法基本同【基线标注】。

⊕ 连续（C）：从选定标注的第二条尺寸界线创建线性、角度或坐标标注，操作方法基本同【连续标注】。

⊕ 坐标（O）：创建坐标标注，系统提示选取部件上的点，如端点、交点或对象中心点。

⊕ 对齐（G）：将多个平行、同心或同基准的标注对齐到选定的基准标注。

⊕ 分发（D）：指定可用于分发一组选定的孤立线性标注或坐标标注的方法。

⊕ 图层（L）：为指定的图层指定新标注，以替代当前图层。输入"Use Current"或"."以使用当前图层。

【案例 6-3】 使用智能标注注释图形

如果读者在使用AutoCAD 2018之前用过UG、SolidWorks或PCCAD等设计软件，那么对【智能标注】命令的操作肯定不会感到陌生。传统的AutoCAD标注方法需要根据对象的类型来选择不同的标注命令，这种方式效率低下，已不合时宜。因此，快速选择对象，实现无差别标注的方法应运而生。本例将通过【智能标注】命令对图形添加标注。读者也可以使用传统方法进行标注，以此来比较两者之间的差异。

1）打开素材文件"第 6 章 \6-3 使用智能标注注释图形 .dwg"，素材图形中已绘制好一示例图形，如图 6-49 所示。

2）标注水平尺寸。在【默认】选项卡中单击【注释】面板上的【注】按钮，然后移动光标至图形上方的水平线段，系统自动生成线性标注，如图 6-50 所示。

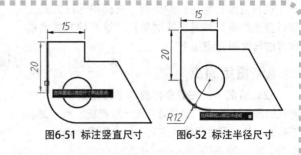

图6-51 标注竖直尺寸　　　图6-52 标注半径尺寸

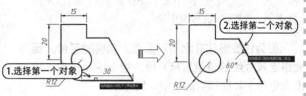

图6-53 标注角度尺寸

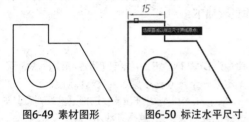

图6-49 素材图形　　　图6-50 标注水平尺寸

3）标注竖直尺寸。放置好步骤 2）创建的尺寸，即可继续执行【智能标注】命令。接着选择图形左侧的竖直线段，即可得到如图 6-51 所示的竖直尺寸。

4）标注半径尺寸。放置好竖直尺寸，接着选择左下角的圆弧段，即可创建半径标注，如图 6-52 所示。

5）标注角度尺寸。放置好半径尺寸，继续执行【智能标注】命令。选择图形底边的水平线，然后不要放置标注，直接选择右侧的斜线，即可创建角度标注，如图 6-53 所示。

6）创建对齐标注。放置角度标注之后，移动光标至右侧的斜线，得到如图 6-54 所示的对齐标注。

7）单击 Enter 键结束【智能标注】命令，最终标注结果如图 6-55 所示。读者也可自行使用【线性】、【半径】等传统命令进行标注，以比较两种方法之间的异同，来选择自己习惯的一种标注方法。

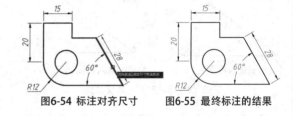

图6-54 标注对齐尺寸　　　图6-55 最终标注的结果

6.3.2 ▶ 线性标注

【线性标注】命令可使用水平、竖直或旋转的尺寸线创建线性的标注尺寸。【线性标注】命令仅用于标注任意两点之间的水平或竖直方向的距离。执行【线性标注】命令的方法有以下几种：

- ⊕ 功能区：在【默认】选项卡中，单击【注释】面板中的【线性】按钮，如图 6-56 所示。
- ⊕ 菜单栏：选择【标注】|【线性】命令，如图 6-57 所示。
- ⊕ 命令行：DIMLINEAR或DLI。

执行【线性标注】命令后，依次指定要测量的两点，即可得到线性标注尺寸。命令行操作提示如下：

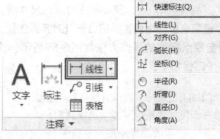

图6-56 【注释】面板中的　　图6-57 【线性】菜单命令
【线性】按钮

命令:_ _DIMLINEAR //执行【线性标注】命令
指定第一个尺寸界线原点或 <选择对象>:
　　　　　 //指定测量的起点
指定第二条尺寸界线原点: //指定测量的终点
指定尺寸线位置或 //放置标注尺寸，结束操作执行【线性标注】命令后，有两种标注方式，即【指定原点】和【选择对象】。这两种方式的操作方法与区别介绍如下。

1. 指定原点

默认情况下，在命令行提示下指定第一条尺寸界线的原点，并在"指定第二条尺寸界线原点"提示下指定第二条尺寸界线原点后，命令行提示如下：

指定尺寸线位置或[多行文字(M)/文字(T)/角度(A)/
水平(H)/垂直(V)/旋转(R)]:

因为线性标注有水平和竖直方向两种可能，因此指定尺寸线的位置后尺寸值才能够完全确定。以上命令行中其他选项的功能说明如下：

⊕ "多行文字（M）"：选择该选项将进入多行文字编辑模式，可以使用【多行文字编辑器】对话框输入并设置标注文字。其中文字输入窗口中的尖括号（<>）表示系统测量值。

⊕ "文字（T）"：以单行文字形式输入尺寸文字。

⊕ "角度（A）"：设置标注文字的旋转角度，效果如图6-58所示。

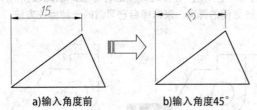

a)输入角度前   b)输入角度45°
图6-58 线性标注时输入角度效果

⊕ "水平（H）"和"垂直（V）"：标注水平尺寸和垂直尺寸。可以直接确定尺寸线的位置，也可以选择其他选项来指定标注的标注文字内容或标注文字的旋转角度。

⊕ "旋转（R）"：旋转标注对象的尺寸线，测量值也会随之调整，相当于【对齐标注】。

指定原点标注的操作方法如图6-59所示。命令行的操作过程如下：

命令: _DIMLINEAR //执行【线性标注】命令
指定第一个尺寸界线原点或 <选择对象>:
            //选择矩形一个顶点
指定第二条尺寸界线原点:
            //选择矩形另一侧边的顶点
指定尺寸线位置或
[多行文字(M)/文字(T)/角度(A)/水平(H)/垂直(V)/旋转(R)]:
      //向上拖动指针，在合适位置单击放置尺寸线
标注文字 = 50 //生成尺寸标注

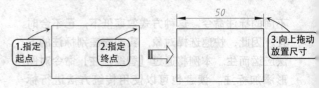

图6-59 线性标注之【指定原点】

2. 选择对象

执行【线性标注】命令后，直接按Enter键，则要求选择标注尺寸的对象。选择了对象后，系统便以对象的两个端点作为两条尺寸界线的起点。

该标注的操作方法如图6-60所示。命令行的操作过程如下：

命令: _DIMLINEAR //执行【线性标注】命令
指定第一个尺寸界线原点或 <选择对象>:↙
            //按Enter键选择【选择对象】选项
选择标注对象: //单击直线AB
指定尺寸线位置或
[多行文字(M)/文字(T)/角度(A)/水平(H)/垂直(V)/旋转(R)]:   //水平向右拖动指针，在合适位置放置尺寸线（若上下拖动，则生成水平尺寸）
标注文字 = 30

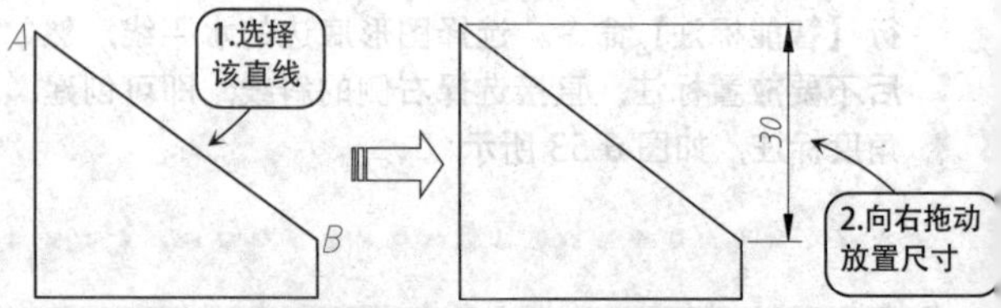

图6-60 线性标注之【选择对象】

【案例6-4】 标注零件图的线性尺寸

机械零件上具有多种结构特征，需灵活使用AutoCAD中提供的各种标注命令才能为其添加完整的注释。本例将为零件图添加最基本的线性尺寸。

1）打开素材文件"第6章\6-4 标注零件图的线性尺寸.dwg"，素材图形中已绘制好一零件图形，如图6-61所示。

2）单击【注释】面板中的【线性】按钮，执行【线性标注】命令，具体操作如下：

命令: _DIMLINEAR
指定第一个尺寸界线原点或 <选择对象>: //指定
标注对象起点
指定第二条尺寸界线原点: //指定标注对象终点
指定尺寸线位置或
[多行文字(M)/文字(T)/角度(A)/水平(H)/垂直(V)/
旋转(R)]:
标注文字 = 48　//单击左键,确定尺寸线放置位
置,完成操作

3) 用同样的方法标注其他水平或垂直方向的
尺寸,结果如图 6-62 所示。

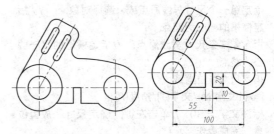

图6-61 素材图形　　　　图6-62 线性标注结果

6.3.3 ▶ 对齐标注

在对直线段进行标注时,如果该直线的倾斜角
度未知,那么使用【线性标注】的方法将无法得到
准确的测量结果。这时可以使用【对齐标注】的方
法来完成标注,如图6-63所示。

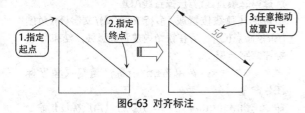

图6-63 对齐标注

图6-64 【注释】面板中的　　图6-65 【对齐】菜单命令
　　　　【对齐】按钮

在AutoCAD中调用【对齐标注】有如下几种常
用方法:
⊕ 功能区: 在【默认】选项卡中单击【注释】面
板中的【对齐】按钮，如图6-64所示。
⊕ 菜单栏: 执行【标注】→【对齐】命令,如图
6-65所示。
⊕ 命令行: DIMALIGNED或DAL。

【对齐标注】的使用方法与【线性标注】相
同,指定两目标点后就可以创建尺寸标注。命令行
操作如下:

命令: _DIMALIGNED
指定第一个尺寸界线原点或 <选择对象>:
　　　　//指定测量的起点
指定第二条尺寸界线原点://指定测量的终点
指定尺寸线位置或　//放置标注尺寸,结束操作
[多行文字(M)/文字(T)/角度(A)]:
标注文字 = 50

命令行中各选项的含义与【线性标注】中的相
同,这里不再赘述。

【案例 6-5】标注零件图的对齐尺寸

在机械零件图中,有许多非水平、垂直的
平行轮廓,这类尺寸的标注就需要用到【对齐】
命令。本例将延续【案例6-4】的结果,为零件
图添加对齐尺寸。

1) 单击快速访问工具栏中的【打开】按钮

☞，打开素材文件"第 6 章 \6-4 标注零件图的线
性尺寸 -OK.dwg"，如图 6-62 所示。

2) 在【默认】选项卡中单击【注释】面板中
的【对齐】按钮，执行【对齐标注】命令。具
体步骤如下:

命令：_DIMALIGNED
指定第一个尺寸界线原点或 <选择对象>： //指定横槽的圆心为起点
指定第二条尺寸界线原点： //指定横槽的另一圆心为终点
指定尺寸线位置或
[多行文字(M)/文字(T)/角度(A)]：
标注文字 = 30 //单击左键，确定尺寸线放置位置，完成操作

3）操作完成后的结果如图 6-66 所示。

4）用同样的方法标注其他非水平、竖直的线性尺寸，对齐标注完成后的结果如图 6-67 所示。

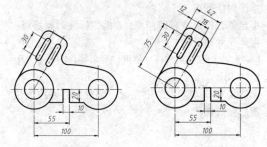

图 6-66 标注第一个对齐 尺寸30　　图 6-67 对齐标注结果

6.3.4 ▶ 角度标注

利用【角度】标注命令不仅可以标注两条呈一定角度的直线或3个点之间的夹角，若选择圆弧，还可以标注圆弧的圆心角。

在AutoCAD中调用【角度】标注有如下几种方法：

⊕ 功能区：在【默认】选项卡中单击【注释】面板中的【角度】按钮 △，如图6-68所示。

⊕ 菜单栏：执行【标注】→【角度】命令，如图6-69所示。

⊕ 命令行：DIMANGULAR或DAN。

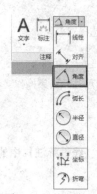

图6-68 【注释】面板中的　　图6-69 【角度】菜单命令
【角度】按钮

通过以上任意一种方法执行该命令后，选择图

形上要标注角度尺寸的对象即可进行标注。操作示例如图6-70所示。命令行的操作过程如下。

命令: _dimangular
选择圆弧、圆、直线或 <指定顶点>: //选择直线CO
选择第二条直线: //选择直线AO
指定标注弧线位置或 [多行文字(M)/文字(T)/角度(A)/象限点(Q)]： //在锐角内放置圆弧线，结束命令
标注文字 = 45
↙　　　　　　　//单击Enter键，重复【角度标注】命令
命令: _dimangular　　　　　//执行【角度标注】命令
选择圆弧、圆、直线或 <指定顶点>:
　　　　　　　//选择圆弧AB
指定标注弧线位置或 [多行文字(M)/文字(T)/角度(A)/象限点(Q)]： //在合适位置放置圆弧线，结束命令
标注文字 = 50

图6-70 角度标注

相关链接：【角度标注】的计数仍默认从逆时针开始算起。也可以参考本书第3章的3.6.2小节进行修改。

【案例 6-6】标注零件图的角度尺寸

在机械零件图中，有时会出现一些转角、拐角之类的特征（如叉架类零件图），这部分特征可以通过角度标注并结合旋转剖面图来进行表

达，本例将延续【案例6-6】的结果，为零件图添加角度尺寸。

1）单击快速访问工具栏中的【打开】按钮

打开素材文件"第 6 章 \6-5 标注零件图的对齐尺寸 -OK.dwg",素材图形如图 6-71 所示。

2）在【默认】选项卡中单击【注释】面板上的【角度】按钮，标注角度。具体步骤如下：

命令：_DIMANGULAR
选择圆弧、圆、直线或 <指定顶点>：
                //选择第一条直线
选择第二条直线： //选择第二条直线
指定标注弧线位置或 [多行文字(M)/文字(T)/角度(A)/象限点(Q)]：//指定尺寸线位置
标注文字 = 30

3）标注完成后的结果如图 6-72 所示。

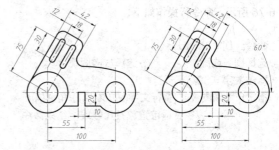

图6-71 素材图形　　图6-72 角度标注结果

6.3.5 ▸ 半径标注

利用【半径标注】命令可以快速标注圆或圆弧的半径，系统自动在标注值前添加半径符号"R"。执行【半径标注】命令的方法有以下几种：

⊕ 功能区：在【默认】选项卡中单击【注释】面板中的【半径】按钮，如图 6-73 所示。
⊕ 菜单栏：执行【标注】→【半径】命令，如图 6-74 所示。
⊕ 命令行：DIMRADIUS或DRA。

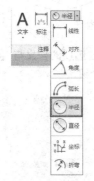 

图 6-73 【注释】面板中的【半径】按钮　　图 6-74 【半径】菜单命令

执行上述任一命令后，命令行提示选择需要标注的对象，单击圆或圆弧即可生成半径标注，然后

在合适的位置放置尺寸线。该标注方法的操作示例如图6-75所示。命令行的操作过程如下：

命令：_DIMRADIUS   //执行【半径】标注命令
选择圆弧或圆： //单击选择圆弧A
标注文字 = 150
指定尺寸线位置或 [多行文字(M)/文字(T)/角度(A)]：//在圆弧内侧合适位置放置尺寸线，结束命令

单击Enter键可重复上一命令，按此方法重复【半径】标注命令，即可标注圆弧B的半径。

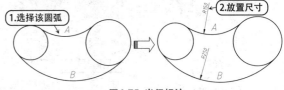

图6-75 半径标注

【半径标注】命令行中各选项的含义与之前所介绍的相同，在此不重复介绍。唯独半径标记"R"需引起注意。

在系统默认情况下，系统自动加注半径符号"R"。但如果在命令行中选择【多行文字】和【文字】选项重新确定尺寸文字时，只有在输入的尺寸文字加前缀，才能使标注出的半径尺寸有半径符号"R"，否则没有该符号。

【案例 6-7】标注零件图的半径尺寸

【半径标注】命令适用于标注图纸上一些未画成整圆的圆弧和圆角。如果为一整圆，宜使用【直径标注】命令；而如果对象的半径过大，则应使用【折弯标注】命令。本例将延续【案例6-6】的结果，为零件图添加半径尺寸。

1）单击快速访问工具栏中的【打开】按钮，打开素材文件"第 6 章 \6-6 标注零件图的角度尺寸 -OK.dwg"，如图 6-72 所示。

2）单击【注释】面板中的【半径】按钮 ⊙ ，选择右侧的圆弧为对象，标注半径，结果如图6-76所示。命令行操作如下：

```
命令:_DIMRADIUS
选择圆弧或圆:              //选择右侧圆弧
标注文字 = 30
指定尺寸线位置或 [多行文字(M)/文字(T)/角度(A)]:
                //在合适位置放置尺寸线，结束命令
```

3）用同样的方法标注其他不为整圆的圆弧以及圆角，结果如图6-77所示。

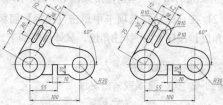

图6-76 标注第一个半径尺寸 *R*30　　图6-77 半径标注结果

6.3.6 ▶ 直径标注

利用【直径标注】命令可以标注圆或圆弧的直径，系统自动在标注值前添加直径符号"ø"。执行【直径标注】命令的方法有以下几种：

- ⊕ 功能区：在【默认】选项卡中单击【注释】面板中的【直径】按钮 ⊙ ，如图6-78所示。
- ⊕ 菜单栏：执行【标注】→【直径】命令，如图6-79所示。
- ⊕ 命令行：DIMDIAMETER或DDI。

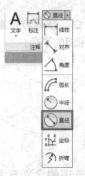

图6-78 【注释】面板中的【直径】按钮

图6-79 【直径】菜单命令

直径标注的方法与半径标注的方法相同，执行【直径标注】命令后，选择要标注的圆弧或圆，然后指定尺寸线的位置即可，如图6-80所示。命令行操作如下：

```
命令:_DIMDIAMETER    //执行【直径】标注命令
选择圆弧或圆:        //单击选择圆
标注文字 = 160
指定尺寸线位置或 [多行文字(M)/文字(T)/角度(A)]:
//在合适位置放置尺寸线，结束命令
```

图6-80 直径标注

【直径标注】命令行中各选项的含义与【半径标注】的相同，在此不重复介绍。

【案例6-8】标注零件图的直径尺寸

图纸中整圆的直径一般用【直径标注】命令标注，而不用【半径标注】命令。本例将延续【案例6-7】的结果，为零件图添加直径尺寸。

1）单击快速访问工具栏中的【打开】按钮 📂 ，打开素材文件"第6章\6-7 标注零件图的半径尺寸-OK.dwg"，如图6-77所示。

2）单击【注释】面板中的【直径】按钮 ⊙ ，选择右侧的圆为对象，标注直径，结果如图6-81所示。命令行操作如下：

```
命令:_DIMDIAMETER
选择圆弧或圆: //选择右侧圆
标注文字 = 30
指定尺寸线位置或 [多行文字(M)/文字(T)/角度
(A)]:  //在合适位置放置尺寸线，结束命令
```

3）用同样的方法标注其他圆的直径尺寸，结果如图6-82所示。

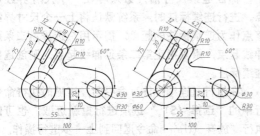

图6-81 标注第一个直径 图6-82 直径标注结果
尺寸 ⌀30

图6-83 【注释】面板中的 图6-84 【折弯】菜单命令
【折弯】按钮

6.3.7 ▸ 折弯标注

当圆弧半径相对于图形尺寸较大时，半径标注的尺寸线相对于图形会显得过长，这时可以使用【折弯标注】命令。该标注方式与【半径】、【直径】标注方式基本相同，但需要指定一个位置代替圆或圆弧的圆心。

执行【折弯标注】命令的方法有以下几种：

⊕ 功能区：在【默认】选项卡中单击【注释】面板中的【折弯】按钮 ，如图6-83所示。

⊕ 菜单栏：选择【标注】→【折弯】命令，如图6-84所示。

⊕ 命令行：DIMJOGGED。

【折弯标注】与【半径标注】命令的使用方法基本相同，但需要指定一个位置代替圆或圆弧的圆心。操作示例如图6-85所示。命令行操作如下：

```
命令: _DIMJOGGED      //执行【折弯】命令
选择圆弧或圆:        //单击选择圆弧
指定图示中心位置:      //指定A点
标注文字 = 250
指定尺寸线位置或 [多行文字(M)/文字(T)/角度(A)]:
指定折弯位置:        //指定折弯位置，结束命令
```

图6-85 折弯标注

【案例 6-9】标注零件图的折弯尺寸

机械设计中为了追求零件外表面的流线、圆润效果，会设计成大半径的圆弧轮廓。这类图形在标注时如直接采用【半径标注】，则连线过大，影响视图显示效果，因此推荐使用【折弯标注】来注释这部分图形。本例仍延续【案例6-8】进行操作。

1）单击快速访问工具栏中的【打开】按钮 ，打开素材文件"第 6 章 \6-8 标注零件图的直径尺寸 -OK.dwg"，如图 6-82 所示。

2）在【默认】选项卡中单击【注释】面板中的【折弯】按钮 ，选择上侧圆弧为对象，标注折弯半径，结果如图 6-86 所示。

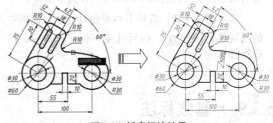

图6-86 折弯标注结果

6.3.8 ▸ 连续标注

连续标注是以指定的尺寸界线（必须以【线性】、【坐标】或【角度】标注界线）为基线进行标注，但连续标注所指定的基线仅作为与该尺寸标注相邻的连续标注尺寸的基线，依此类推，下一个尺寸标注都以前一个标注与其相邻的尺寸界线为基线进行标注。

在AutoCAD 2018中，调用【连续】命令标注有如下几种常用方法：

⊕ 功能区：在【注释】选项卡中单击【标注】面板中的【连续】按钮 ，如图 6-87所示。

⊕ 菜单栏：执行【标注】→【连续】命令，如图6-88所示。

⊕ 命令行：DIMCONTINUE或DCO。

图6-87 【标注】面板上的【连续】
按钮

图6-88 【连续】菜单命令

标注连续尺寸前，必须存在一个尺寸界线起点。进行连续标注时，系统默认将上一个尺寸界线终点作为连续标注的起点，提示用户选择第二条延伸线起点，重复指定第二条延伸线起点，则创建出连续标注。

在执行【连续标注】命令时，可随时执行命令行中的"选择（S）"选项进行重新选取，也可以执行"放弃（U）"命令退回到上一步进行操作。

【案例6-10】连续标注轴段尺寸

轴类零件通常由多个轴段组合而成，因此使用【连续】命令进行轴段标注时极为方便，这样标注出来的图形尺寸完整，外形美观工整。

1）打开素材文件"第6章\6-10 线性标注墙体轴线尺寸.dwg"，素材图形中已绘制好一轴零件图，共分7段，并标注了部分长度尺寸，如图6-89所示。

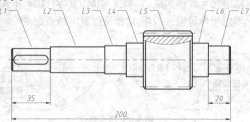

图6-89 素材图形

2）分析图形可知，L5段为齿轮段，因此其两侧的L4、L6段为轴肩，而L3和L7则为轴承安装段，这几段长度为重要尺寸，需要标明；而L2为伸出段，没有装配关系，因此可不标尺寸，作为补偿环。

3）在【注释】选项卡中单击【标注】面板中的【连续】按钮，执行【连续标注】命令。命令行提示如下：

```
命令:_DIMCONTINUE    //调用【连续标注】命令
选择连续标注:    //选择L7段的标注20为起始标注
指定第二条尺寸界线原点或[放弃(U)/选择(S)]<选择>:
//向左指定L6段的左侧端点为尺寸界线原点
标注文字 = 15
指定第二条尺寸界线原点或[放弃(U)/选择(S)]<选择>:
//向左指定L5段的左侧端点为尺寸界线原点
标注文字 = 45
指定第二条尺寸界线原点或[放弃(U)/选择(S)]<选择>:
//向左指定L4段的左侧端点为尺寸界线原点
标注文字 = 15
指定第二条尺寸界线原点或[放弃(U)/选择(S)]<选择>:
//向左指定L3段的左侧端点为尺寸界线原点
标注文字 = 20    //按Esc键退出绘制
```

4）标注连续尺寸后的图形如图6-90所示。

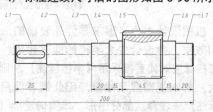

图6-90 标注连续尺寸后的图形

6.3.9 ▶ 基线标注

基线标注用于以同一尺寸界线为基准的一系列尺寸标注，即从某一点引出的尺寸界线作为第一条尺寸界线，依次进行多个对象的尺寸标注。

在AutoCAD 2018中，调用【基线】命令标注有如下几种常用方法。

- 功能区：在【注释】选项卡中单击【标注】面板中的【基线】按钮，如图6-91所示。
- 菜单栏：【标注】→【基线】命令，如图6-92所示。

- 命令行：DIMBASELINE或DBA。

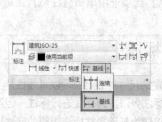

图6-91 【标注】面板上的【基线】按钮

图6-92 【基线】菜单命令

按上述方式执行【基线标注】命令后，将光标移动到第一条尺寸界线起点，单击鼠标左键，即完成一个尺寸标注。重复拾取第二条尺寸界线的终点即可以完成一系列基线尺寸的标注，如图6-93所示。命令行操作如下：

```
命令：_DIMBASELINE　//执行【基线标注】命令
选择基准标注：//选择作为基准的标注
指定第二个尺寸界线原点或 [选择(S)/放弃(U)] <选择>：
//指定标注的下一点，系统自动放置尺寸
标注文字 = 20
指定第二个尺寸界线原点或 [选择(S)/放弃(U)] <选择>：
//指定标注的下一点，系统自动放置尺寸
标注文字 = 30
指定第二个尺寸界线原点或 [选择(S)/放弃(U)] <选择>：↲
//按Enter键完成标注
选择基准标注：↲　//按Enter键结束命令
```

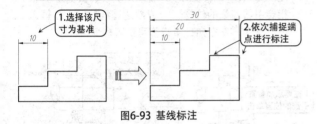

图6-93 基线标注

在机械零件图中，为了确定零件上各结构特征（点、线、面）的位置关系，必须确定一个"基准"，因此"基准"即是零件上用来确定其他点、线、面的位置所依据的点、线、面。在加工过程中，作为基准的点、线、面应首先加工出来，以便尽快为后续工序的加工提供基准，称为"基准先行"；而到了质检环节，各尺寸的校验也应以基准为准。

在零件图中，如果各尺寸标注边共用一个点、线、面，则可以认定该点、线、面为定位基准。如图6-94中的平面A即是平面B、平面C以及平面D的基准，因此在加工时需先精加工平面A，才能进行其他平面的加工；同理，图6-95中的平面E是平面F和平面G的设计基准，也是16mm孔的垂直度和平面F平行度的设计基准（几何公差的基准以基准符号为准）。

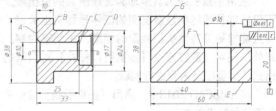

图6-94 基准分析示例　　图6-95 基准分析示例
（带基准符号）

提示

图6-94中所示的钻套中心线 O-O 是各外圆表面 $\varnothing$38mm、$\varnothing$24mm及内孔$\varnothing$10mm、$\varnothing$17mm的设计基准。

【案例 6-11】基线标注密封沟槽尺寸

如果机械零件中有多个面平行的结构特征，那就可以先确定基准面，然后使用【基线标注】命令来添加标注。在各类工程机械的设计中，液压缸中的密封沟槽就具有这样的特征，因此非常适合使用【基线标注】命令。本例将通过【基线标注】命令对图6-96中的活塞密封沟槽添加尺寸标注。

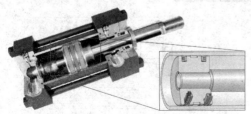

图6-96 液压缸中的活塞结构示意图

1）打开素材文件"第 6 章 \6-11 基线标注密封沟槽尺寸 .dwg"，素材图形中已绘制好一活塞的半边剖面图，如图 6-97 所示。

2）标注第一个水平尺寸。单击【注释】面板中的【线性】按钮，在活塞上端添加一个水平尺寸标注，如图 6-98 所示。

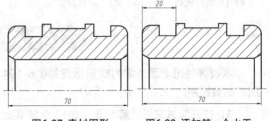

图6-97 素材图形　　图6-98 添加第一个水平
尺寸标注

提示

如果图形为对称结构，那么在绘制剖面图时可以选择只绘制半边图形，如图6-97所示。

3）标注沟槽定位尺寸。切换至【注释】选项卡，单击【标注】面板中的【基线】按钮，系统自动以上面步骤创建的标注为基准；接着依次选择活塞图上各沟槽的右侧端点，用作定位尺寸，如图6-99所示。

4）补充沟槽定型尺寸。退出【基线】命令，重新切换到【默认】选项卡，再次执行【线性】命令标注，依次将各沟槽的定型尺寸补齐，如图6-100所示。

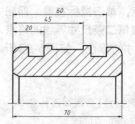

图6-99 基线标注定位尺寸

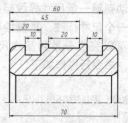

图6-100 补齐沟槽的定型尺寸

6.3.10 ▶ 多重引线标注

使用多重引线工具添加和管理所需的引出线，不仅能够快速地标注装配图的证件号和引出公差，而且能够更清楚地标识制图的标准、说明等内容。此外，还可以通过修改【多重引线样式】对引线的格式、类型以及内容进行编辑。

在AutoCAD 2018中，启用【多重引线】命令有如下几种常用方法：

⊕ 功能区：在【默认】选项卡中单击【注释】面板上的【引线】按钮，如图6-101所示。

⊕ 菜单栏：执行【标注】→【多重引线】命令，如图6-102所示。

⊕ 命令行：MLEADER或MLD。

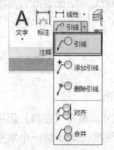

图6-101 【注释】面板上的【引线】按钮

图6-102 【多重引线】菜单命令

执行上述任一命令后，在图形中单击确定引线箭头位置，然后在打开的文字窗口中输入注释内容即可，如图6-103所示。命令行提示如下：

命令:_MLEADER //执行【多重引线】命令
指定引线箭头的位置或 [引线基线优先(L)/内容优先(C)/选项(O)] <选项>: //指定引线箭头位置
指定引线基线的位置: //指定基线位置，并输入注释文字，在空白处单击即可结束命令

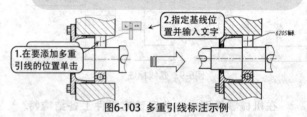

图6-103 多重引线标注示例

▶ 提示

机械装配图中对引线标注的规范、齐整有严格的要求，因此设置合适的引线角度，可以让机械装配图中的引线标注工作事半功倍，且外观工整。

【案例 6-12】标注装配图

本例将利用前面所学的知识标注如图6-104所示的装配图。

1）打开素材文件"第6章／6-12 标注装配图 .dwg"，素材图形如图6-105所示。其中已经创建好了所需表格与相应的标注、技术要求等。读者可以先仔细审阅该装配图，此即实际设计工作中最基本的图纸。

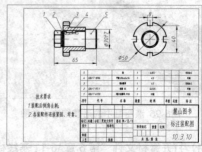

图6-104 标注装配图

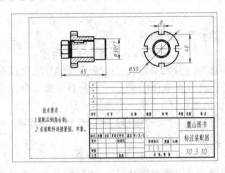

图6-105 素材图形

2）单击【注释】面板中的【多重引线样式】按钮 ，修改当前的多重引线样式。在【引线格式】选项卡中设置箭头符号为"小点"、大小为"5"，如图 6-106 所示。

3）在【引线结构】选项卡中取消选择【自动包含基线】复选框，如图 6-107 所示。

图6-106 【引线格式】选项 图6-107 【引线结构】选项
卡设置 卡设置

4）在【内容】选项卡中设置【文字高度】为"8"，设置引线【连接位置】为【最后一行加下划线】，如图 6-108 所示。

5）选择【标注】 → 【多重引线】命令，标注零件序号，如图 6-109 所示。

 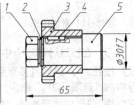

图6-108 【内容】选项卡 图6-109 标注零件序号
设置

> **提示**
>
> 在对装配图进行引线标注时，需要注意各个序号应按顺序排列整齐。

6）输入文字。双击相关单元格，输入标题栏和明细栏内容，如图 6-110 所示。

7）装配图标注完成，最后的结果即如图 6-104 所示。

6	5		轴	1	40Cr			车间加工
5	4	GB/T 1096	平键 B6x6x14	1	45			外购
4	3		制动螺母	1	45			车间加工
3	2	GB/T 97.1	垫圈 16	1	Q235			外购
2	1	GB/T 6170	1型六角螺母 M16	1	10级			外购
1	序号	代 号	名 称	数量	材 料	单重	总重	备 注
	A	B	C	D	E	F	G	H

图6-110 在明细栏中输入文字内容

【案例 6-13】多重引线标注机械装配图

在机械装配图中，有时会因为零部件过多而采用分类编号的方法（如螺钉一类、螺母一类、加工件一类），不同类型的编号在外观上自然也不能一样（如外围带圈、带方块），因此就需要灵活使用【多重引线】命令中的"块（B）"选项来进行标注。此外，还需要指定多重引线的角度，让引线在装配图中达到工整、整齐的效果。

1）打开素材文件"第 6 章 \6-13 多重引线标注装配图 .dwg"，素材图形中已绘制好一球阀的装配图和一名称为"1"的属性块，如图 6-111 所示。

2）绘制辅助线。单击【修改】面板中的【偏移】按钮，将图形中的竖直中心线向右偏移 50，如图 6-112 所示，用作多重引线的对齐线。

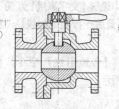
图6-111 素材图形

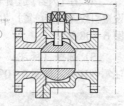
图6-112 偏移竖直中心线

3) 在【默认】选项卡中单击【注释】面板上的【引线】按钮，执行【多重引线】命令，并选择命令行中的"选项（O）"命令，设置内容类型为"块"，指定块"1"；然后选择"第一个角度（F）"选项，设置角度为60°，再设置"第二个角度（S）"为180°，在手柄处添加引线标注1，如图6-113所示。命令行操作如下：

```
命令:_MLEADER
指定引线箭头的位置或 [引线基线优先(L)/内容优
先(C)/选项(O)] <选项>:
输入选项 [引线类型(L)/引线基线(A)/内容类型
(C)/最大节点数(M)/第一个角度(F)/第二个角度
(S)/退出选项(X)] <退出选项>: CI
            //选择"内容类型"选项
选择内容类型 [块(B)/多行文字(M)/无(N)] <多行
文字>: BI        //选择"块"选项
输入块名称 <1>: 1   //输入要调用的块名称
输入选项 [引线类型(L)/引线基线(A)/内容类型
(C)/最大节点数(M)/第一个角度(F)/第二个角度
(S)/退出选项(X)] <内容类型>: FI
            //选择"第一个角度"选项
```

```
输入第一个角度约束 <0>: 60
            //输入引线箭头的角度
输入选项 [引线类型(L)/引线基线(A)/内容类型
(C)/最大节点数(M)/第一个角度(F)/第二个角度
(S)/退出选项(X)]<第一个角度>: SI
            //选择"第二个角度"选项
输入第二个角度约束 <0>: 180
            //输入基线的角度
输入选项 [引线类型(L)/引线基线(A)/内容类型
(C)/最大节点数(M)/第一个角度(F)/第二个角度
(S)/退出选项(X)] <第二个角度>: XI
            //退出选项
指定引线箭头的位置或 [引线基线优先(L)/内容优
先(C)/选项(O)] <选项>:
            //在手柄处单击放置引线箭头
指定引线基线的位置:
            //在辅助线上单击放置，结束命令
```

4) 按相同方法，标注球阀中的阀芯和阀体，分别标注序号②、③，如图6-114所示。

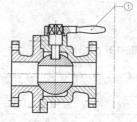
图6-113 添加第一个多重引线标注

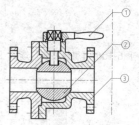
图6-114 添加其余多重引线标注

6.4 尺寸公差的标注

尺寸公差是指最大极限偏差减最小极限偏差的值。在零件图上重要的尺寸均需要标明公差值。

6.4.1 ▶ 机械行业中的尺寸公差

在机械设计的制图工作中，标注尺寸公差是其中很重要的一项工作内容。

1 公差

尺寸公差可看作是一种对误差的控制。例如，某零件的设计尺寸是ϕ25mm，要加工8个，由于误差的存在，最后做出来的成品尺寸见表6-1。

表6-1 成品尺寸　　　　　　　　　　　　（单位：mm）

设计尺寸	1号	2号	3号	4号	5号	6号	7号	8号
ϕ25.00	ϕ24.3	ϕ24.5	ϕ24.8	ϕ25	ϕ25.2	ϕ25.5	ϕ25.8	ϕ26.2

如果不了解尺寸公差的概念，可能就会认为只有4号零件符合要求，其余都属于残次品。其实不然，如果∅25mm的极限偏差为±0.4mm，那么尺寸在∅25±0.4mm之间的零件都能算合格产品（3、4、5号）。可见判断该零件是否合格，取决于零件尺寸是否在∅25±0.4mm这个范围内。因此，∅25mm±0.4mm这个范围就显得十分重要。那么这个范围又该如何确定呢？这个范围通常可以根据设计人员的经验确定，但如果要与其他零件配合，则必须严格按照国家标准（GB/T 1800）来取值。

从A到Z共计22个公差带（大小写字母容易混淆的除外，大写字母表示孔，小写字母表示轴），公差等级从IT1到IT13共计13个等级。通过选择不同的公差带，再选用相应的公差等级，就可最终确定尺寸的公差范围。例如∅100H8表示公称尺寸为∅100mm，公差带分布为H，公差等级为IT8，通过查表就可以知道该尺寸的范围为100.00~100.54mm。

2. 配合

∅100H8表示的是孔的尺寸，与之对应的轴尺寸又该如何确定呢？这时就需要加入配合的概念。

配合是零件之间互换性的基础。而所谓互换性，就是指一个零件不用改变即可代替另一零件，并能满足同样要求的能力。例如，自行车坏了，可以在任意自行车店进行维修，因为自行车店内有可以互换的各种零部件，所以无需返厂进行重新加工。通俗地讲，配合就是指多大的孔对应多大的轴。

机械设计中将配合分为了三种：间隙配合、过渡配合、过盈配合。分别介绍如下：

1）间隙配合 间隙配合是指具有间隙（包括最小间隙等于零）的配合，如图 6-115 所示。间隙配合主要用于活动连接，如滑动轴承和轴的配合。

2）过渡配合 过渡配合指可能具有间隙或过盈的配合，如图 6-116 所示。过渡配合用于方便拆卸和定位的连接，如滚动轴承内径和轴。

3）过盈配合 过盈配合是指孔小于轴的配合，如图 6-117 所示。过盈配合属于紧密配合，必须采用特殊工具挤压进去，或利用热胀冷缩的方法才能进行装配。过盈配合主要用在相对位置不能移动的连接，如大齿轮和轮毂。

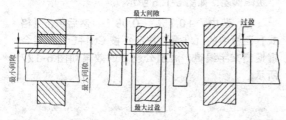

图6-115 间隙配合　图6-116 过渡配合　图6-117 过盈配合

孔和轴常用的配合如（基孔制）图6-118所示，其中带灰色底纹的为优先选用配合。

图6-118 孔和轴（基孔制）常用的配合

6.4.2 ▸ 标注尺寸公差

在AutoCAD中有两种添加尺寸公差的方法：一种是通过【文字编辑器】选项卡标注公差；另一种是通过【标注样式管理器】对话框中的【公差】选项卡标注公差。

1. 通过【文字编辑器】选项卡标注公差

在【公差】选项卡中设置的公差将应用于整个标注样式，因此所有该样式的尺寸标注都将添加相同的公差。实际上零件上不同的尺寸有不同的公差要求，这时就可以双击某个尺寸文字，利用【格式】面板标注公差。

双击尺寸文字后，进入【文字编辑器】选项卡，如图6-119所示。如果是对称偏差，可在尺寸值后直接输入"±偏差值"，如"200±0.5"。如果是非对称偏差，在尺寸值后面按"上极限偏差"和"下极限偏差"的格式输入公差值，然后选择该公差值，单击【格式】面板中的【堆叠】按钮，即可将偏差变为上、下标的形式。

图6-119 【文字编辑器】选项卡

2. 通过【标注样式管理器】对话框设置公差

选择【格式】→【标注样式】命令，弹出【标注样式管理器】对话框，选择某一个标注样式，切换到【公差】选项卡,如图6-120所示。

图6-120 【公差】选项卡

在【公差格式】选项组的【方式】下拉列表框中可选择不同的公差方式,不同的公差方式所需要的参数也不同。

⊕ 对称:选择此方式,则【下偏差】微调框将不可用,因为上、下极限偏差值对称。

⊕ 极限偏差:选择此方式,需要在【上偏差】和【下偏差】微调框中输入上、下极限偏差。

⊕ 极限尺寸:选择此方式,同样需要在【上偏差】和【下偏差】微调框中输入上、下极限偏差,但尺寸上不显示公差值,而是以尺寸的上、下极限表示。

⊕ 基本尺寸:选择此方式,将在尺寸文字周围生成矩形方框,表示基本尺寸。在【公差】选项卡的【公差对齐】选项组下有两个选项,通过这两个选项可以控制公差的对齐方式。各项的含义如下:

⊕ 对齐小数分隔符(A):通过值的小数分隔符来堆叠值。

⊕ 对齐运算符(G):通过值的运算符堆叠值。

图6-121所示为【对齐小数分隔符】与【对齐运算符】的标注区别。

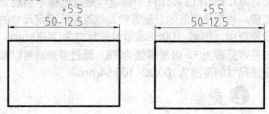

a)【对齐小数分隔符】方式　　b)【对齐运算符】方式

图6-121 公差对齐方式

【案例6-14】标注连杆公差

本案例将同时使用【标注样式管理器】与【文字编辑器】选项卡的方法来标注公差。

1)打开素材文件"第6章 / 6-14 标注连杆公差.dwg",素材图形如图6-122所示。

2)选择【格式】→【标注样式】命令,在弹出的对话框中新建名为"圆弧标注"的标注样式,在【公差】选项卡中设置公差值,如图6-123所示。

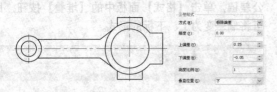

图6-122 素材图形　　图6-123 设置公差值

3)将"圆弧标注"样式设置为当前样式。单击【注释】面板中的【直径】按钮,标注圆弧直径,如图6-124所示。

4)将【ISO-25】标注样式设置为当前样式,单击【注释】面板中的【线性】按钮,标注线性尺寸,如图6-125所示。

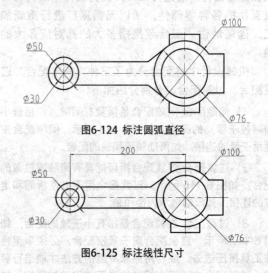

图6-124 标注圆弧直径

图6-125 标注线性尺寸

5)双击标注的线性尺寸,在文本框中输入上、下极限偏差,如图6-126所示。

6)选中"+0.15 ^ - 0.08",然后单击【格式】面板中的【堆叠】按钮,按 Ctrl+Enter 组合键退出文字编辑。添加公差后的效果如图6-127所示。

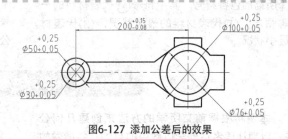

图6-126 输入上、下极限公差　　　　　图6-127 添加公差后的效果

6.5 几何公差的标注

实际加工出来的零件不仅有尺寸误差，而且还有形状上的误差和位置上的误差，如加工出的轴不是绝对理想的圆柱，平键的表面不是理想平面。这种形状或位置上的允许变动量就是几何公差。AutoCAD有标注几何公差的命令，但一般需要与引线和基准符号配合使用才能够完整地表达公差信息。

6.5.1 ▶ 机械行业中的几何公差

几何公差的标注与尺寸公差的标注一样，均有相应的标准与经验可循，不能任意标注。就拿如图6-128所示的轴来说，轴上的几何公差标注要结合它与其他零部件的装配关系（轴上的零件装配如图6-128所示）。该轴为一阶梯轴，在不同的阶梯段上装配有不同的零件，其中大齿轮的安装段上还有一凸出的部分，用来为大齿轮定位。因此，该轴上的主要几何公差即为控制同轴零件装配精度的同轴度，以及凸出部分侧壁上相对于轴线的垂直度（与大齿轮相接触的面）。

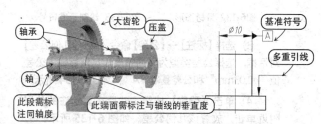

图6-128 轴的装配　　　图6-129 基准符号与多重引线

6.5.2 ▶ 几何公差的结构

几何公差的标注主要由公差框格和指引线组成，而公差框格内又主要包括公差代号、公差值以及基准代号。

① 基准代号和公差指引

大部分的几何公差都要以另一个位置的对象作为参考，该对象即公差基准。AutoCAD中没有专门的基准符号工具，需要用户绘制，通常可将基准符号创建为外部块，以便随时调用。公差的指引线一般使用【多重引线】命令绘制，绘制不含文字注释的多重引线即可，如图6-129所示。除此之外，还可以修改【快速引线】命令（LE）的设置来快速绘制几何公差。

② 几何公差

创建公差指引后，插入几何公差并放置到指引位置即可。调用【几何公差】命令有以下几种常用方法：

⊕ 功能区：单击【注释】选项卡中【标注】面板下的【公差】按钮 ⊞。

⊕ 菜单栏：选择【标注】→【公差】命令。

⊕ 命令行：TOLERANCE或TOL。

执行以上任一命令后，弹出【几何公差】对话框，如图6-130所示。单击对话框中的【符号】黑色方块，弹出【特征符号】对话框，如图6-131所示，在该对话框中选择公差符号。

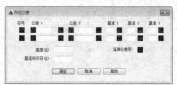　

图6-130 【几何公差】对话框　　图6-131 【特征符号】对话框

在【公差1】选项组的文本框中输入公差值，单击色块会弹出【附加符号】对话框，在该对话框

中选择所需的包容符号，其中符号Ⓜ代表材料的一般中等情况，Ⓘ代表材料的最大状况，Ⓢ代表材料的最小状况。

在【基准1】选项组的文本框中输入公差代号，单击【确定】按钮，最后在指引线处放置几何公差即完成公差标注。

【案例 6-15】标注轴的几何公差

本例将根据前文所学的方法来创建几何公差，以期让读者达到学以致用的目的，并能做的举一反三。

1）打开素材文件"第 6 章 \6-15 标注轴的几何公差 .dwg"，素材图形如图 6-132 所示。

2）单击【绘图】面板中的【矩形】、【直线】按钮，绘制基准符号，并添加文字，如图 6-133 所示。

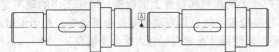

图6-132 素材图形　　图6-133 绘制基准符号

3）选择【标注】→【公差】命令，弹出【几何公差】对话框，选择公差类型为【同轴度】，然后输入公差值"⌀0.03mm"和公差基准"A"，如图 6-134 所示。

4）单击【确定】按钮，然后在要标注的位置附近单击，放置该几何公差。如图 6-135 所示：

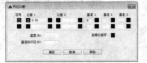

图6-134 设置公差参数　　图6-135 生成的几何公差

5）单击【注释】面板中的【多重引线】按钮，绘制多重引线指向公差位置，如图 6-136 所示。

6）使用【快速引线】命令快速绘制几何公差。在命令行中输入"LE"并按 Enter 键，利用快速引线标注几何公差。命令行操作如下：

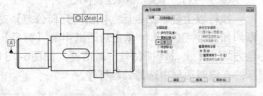

图6-136 添加多重引线　　图6-137 【引线设置】
对话框

```
命令: LE↙          //调用【快速引线】命令
QLEADER
指定第一个引线点或 [设置(S)] <设置>:
//选择【设置】选项，弹出【引线设置】对话框，
设置"注释类型"为【公差】，如图6-137所示，
单击【确定】按钮，继续执行以下命令行操作
指定第一个引线点或 [设置(S)] <设置>:
//在要标注公差的位置单击，指定引线箭头位置
指定下一点:        //指定引线转折点
指定下一点:        //指定引线端点
```

7）在需要标注几何公差的地方定义引线，如图 6-138 所示。定义之后，弹出【几何公差】对话框，设置公差参数，如图 6-139 所示。

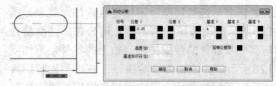

图6-138 绘制　　　　图6-139 设置公差参数
快速引线

8）单击【确定】按钮，创建几何公差标注，结果如图 6-140 所示。

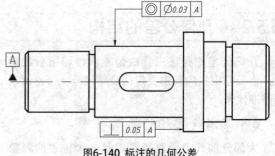

图6-140 标注的几何公差

6.6 标注的编辑

在创建尺寸标注后，如未能达到预期的效果，还可以对尺寸标注进行编辑，如修改尺寸标注文字的内容，编辑标注文字的位置，更新标注和关联标注等，而不必删除所标注的尺寸对象再重新进行标注。

6.6.1 ▶ 标注打断

在图纸内容丰富、标注繁多的情况下，过于密集的标注线就会影响图纸的观察效果，甚至让用户混淆尺寸，引起疏漏，造成损失。因此为了使图纸尺寸结构清晰，就需要使用【标注打断】命令在标注线交叉的位置将其打断。

执行【标注打断】命令的方法有以下几种：

- 功能区：在【注释】选项卡中单击【标注】面板中的【打断】按钮，如图6-141所示。
- 菜单栏：选择【标注】→【标注打断】命令，如图6-142所示。
- 命令行：DIMBREAK。

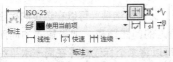

图6-141 【标注】面板上的【打断】按钮

图6-142 【标注打断】菜单命令

【标注打断】命令的操作示例如图6-143所示。命令行操作过程如下：

```
命令:_DIMBREAK      //执行【标注打断】命令
选择要添加/删除折断的标注或 [多个(M)]:
                //选择线性尺寸标注50
选择要折断标注的对象或 [自动(A)/手动(M)/删除
(R)] <自动>:l   //选择多重引线或直接按Enter键
1 个对象已修改
```

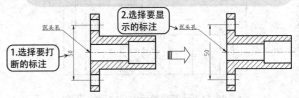

图6-143 【标注打断】命令操作示例

命令行中各选项的含义如下：

- "多个（M）"：指定要向其中添加折断或要从中删除折断的多个标注。
- "自动（A）"：此选项是默认选项，用于在标注相交位置自动生成打断。普通标注的打断距离为【修改标注样式】对话框中【箭头和符号】选项卡下【折断大小】文本框中的值，多重引线的打断距离则通过【修改多重引线样式】对话框中【引线格式】选项卡下的【打断大小】文本框中的值来控制。
- "手动（M）"：选择此项，需要用户指定两个打断点，将两点之间的标注线打断。
- "删除（R）"：选择此项可以删除已创建的打断。

【案例 6-16】 打断标注优化图形

如果图形中孔系繁多，结构复杂，图形的定位尺寸、定形尺寸就会相当丰富，而且互相交叉，对我们观察图形有一定影响。另外，这类图形打印出来后，如果打印机像素不高，就可能模糊成一团，让加工人员无从下手。本例将通过对一定位块的标注进行优化，来让读者进一步理解【标注打断】命令的操作。

1）打开素材文件"第 6 章 \6-16 打断标注优化图形 .dwg"，素材图形如图 6-144 所示。可以看出各标注相互交叉，有尺寸被遮挡。

2）在【注释】选项卡中单击【标注】面板中的【打断】按钮，然后在命令行中输入"M"，即选择"多个（M）"选项，接着选择最上方的尺寸 40，连按两次 Enter 键，完成打断标注的选取，结果如图 6-145 所示。命令行操作如下：

```
命令:_DIMBREAK
选择要添加/删除折断的标注或 [多个(M)]: MI
                //选择"多个(M)"选项
选择标注: 找到 1 个
//选择最上方的尺寸40为要打断的尺寸
选择标注:I   //按Enter键完成选择
选择要折断标注的对象或 [自动(A)/删除(R)] <自
动>:I      //按Enter键完成要显示的标注选
择，即所有其他标注
1 个对象已修改
```

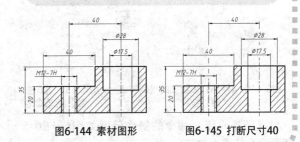

图6-144 素材图形　　图6-145 打断尺寸40

3）采用相同的方法，打断其余要显示的尺寸，最终结果如图 6-146 所示。

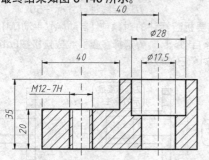

图6-146 打断全部要显示的尺寸后的图形

6.6.2 ▶ 调整标注间距

在AutoCAD中进行基线标注时，如果没有设置合适的基线间距，可能使尺寸线之间的间距过大或过小，如图6-147所示。利用【调整间距】命令，可调整互相平行的线性尺寸或角度尺寸之间的距离。

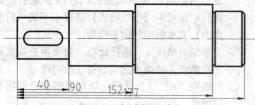

图6-147 标注间距过小

【调整间距】命令的执行方式有以下几种：

⊕ 功能区：在【注释】选项卡中单击【标注】面板中的【调整间距】按钮，如图6-148所示。

⊕ 菜单栏：选择【标注】→【调整间距】命令，如图6-149所示。

⊕ 命令行：DIMSPACE。

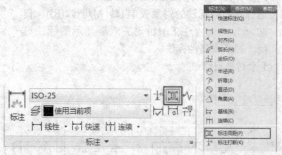

图6-148 【标注】面板上的【调整间距】按钮　　图6-149 【调整间距】菜单命令

【调整间距】命令的操作示例如图6-150所示。命令行操作如下：

```
命令:_DIMSPACE          //执行【调整间距】命令
选择基准标注:           //选择尺寸29
选择要产生间距的标注:找到 1 个   //选择尺寸49
选择要产生间距的标注:找到 1 个，总计 2 个
                        //选择尺寸69
选择要产生间距的标注:↙ //单击Enter键，结束选择
输入值或 [自动(A)] <自动>: 10↙   //输入间距值
```

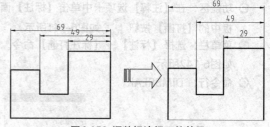

图6-150 调整标注间距的效果

【调整间距】命令可以通过"输入值"和"自动（A）"两种方式来创建间距。这两种方式的含义如下：

⊕ "输入值"：为默认选项，可以在选定的标注间调整所输入的间距距离。如果输入的间距值为0，则可以将多个标注对齐在同一水平线上，如图6-151所示。

⊕ "自动（A）"：根据所选择的基准标注的标注样式中指定的文字高度自动计算间距，所得的间距距离是标注文字高度的2倍，如图6-152所示。

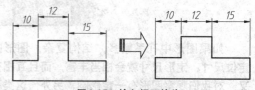

图6-151 输入间距值为0

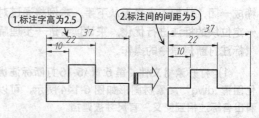

图6-152 "自动（A）"根据字高自动调整间距

6.6.3 ▶ 折弯线性标注

在标注一些长度较大的轴类打断视图的长度尺寸时，可以对应的使用折弯线性标注。在AutoCAD 2018中，调用【折弯线性】命令有如下几种常用方法：

- 功能区：在【注释】选项卡中单击【标注】面板中的【折弯线性】按钮，如图6-153所示。
- 菜单栏：执行【标注】→【折弯线性】命令，如图6-154所示。
- 命令行：DIMJOGLINE。

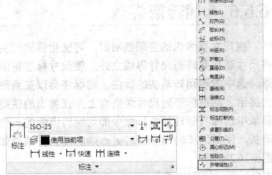

图6-153 【标注】面板上的【折弯线性】按钮　图6-154 【折弯线性】菜单命令

执行上述任一命令后，选择需要添加折弯的线性标注或对齐标注，然后指定折弯位置即可添加折弯线，如图6-155所示。命令行操作如下：

```
命令：_DIMJOGLINE
                //执行【折弯线性】命令
选择要添加折弯的标注或 [删除(R)]:
                //选择要折弯的标注
指定折弯位置 (或按 Enter 键):
                //指定折弯位置，结束命令
```

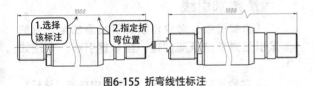

图6-155 折弯线性标注

6.6.4 ▶ 检验标注

当产品结构图绘制完毕，并生成了相应的尺寸标注后，在生产、制造、质检、装配该产品的过程中，需要检验员对一些重点尺寸进行检验，确保标注值和部件公差在指定范围内，因此就需要为重点尺寸添加"检验标注"，以便和其他尺寸区别开来。

在AutoCAD 2018中，调用【检验标注】有如下几种常用方法。

- 功能区：在【注释】选项卡中单击【标注】面板中的【检验】按钮，如图6-156所示。

- 菜单栏：执行【标注】→【检验】命令，如图6-157所示。
- 命令行：DIMINSPECT。

图6-156 【标注】面板上的【检验】按钮　图6-157 【检验】菜单命令

按上述介绍的方法执行【检验】命令，可以打开【检验标注】对话框。在该对话框中输入有关检验信息，然后单击左上角的【选择标注】按钮，返回绘图区选择要添加检验的标注，即可创建检验标注，如图6-158所示。

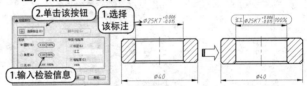

图6-158 创建检验标注

检验标注可以添加到任何类型的标注对象。【检验标注】由边框和文字组成，而边框由两条平行线组成，末端呈圆形或方形；文字用垂直线隔开。检验标注最多可以包含三种不同的信息字段：检验标签、标注值和检验率。检验标注的结构如图6-159所示。

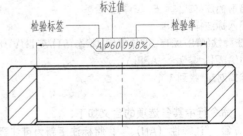

图6-159 检验标注的结构

- "检验标签"：用来标识各检验标注的文字。各个公司或单位皆有各自的标法。该标签位于检验标注的最左侧部分。
- "标注值"：添加检验标注前，显示的标注值是相同的值。标注值可以包含公差、文字

（前缀和后缀）和测量值。标注值位于检验标注的中心部分。

⊕ "检验率"：用于传达应检验标注值的频率，以百分比表示。检验率位于检验标注的最右侧部分。

6.6.5 ▶ 更新标注

在创建尺寸标注过程中，若发现某个尺寸标注不符合要求，可采用替代标注样式的方法修改尺寸标注的相关变量，然后使用标注更新功能使要修改的尺寸标注按所设置的尺寸样式进行更新。

【标注更新】命令主要有以下几种调用方法：

⊕ 功能区：在【注释】选项卡中单击【标注】面板上的【更新】按钮，如图6-160所示。

⊕ 菜单栏：选择【标注】→【更新】菜单命令，如图6-161所示。

⊕ 命令行：DIMSTYLE。

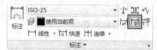

图6-160 【标注】面板上的【更新】按钮　　图6-161 【更新】菜单命令

执行【标注更新】命令后，命令行提示操作如下：

```
命令:_-DIMSTYLE↙        //调用【更新】命令
当前标注样式:标注  注释性:否
输入标注样式选项
[注释性(AN)/保存(S)/恢复(R)/状态(ST)/变量(V)/应用(A)/?]<恢复>:_APPLY
选择对象:找到 1 个
```

命令行中其各选项的含义如下：

⊕ "注释性（AN）"：将标注更新为可注释的对象。

⊕ "保存（S）"：将标注系统变量的当前设置保存到标注样式。

⊕ "状态（ST）"：显示所有标注系统变量的当前值，并自动结束DIMSTYLE命令。

⊕ "变量（V）"：列出某个标注样式或设置选

定标注的系统变量，但不能修改当前设置。

⊕ "应用（A）"：将当前尺寸标注系统变量设置应用到选定标注对象，永久替代应用于这些对象的任何现有标注样式。选择该选项后，系统提示选择标注对象，选择标注对象后，所选择的标注对象将自动被更新为当前标注格式。

6.6.6 ▶ 翻转箭头

当尺寸界线内的空间狭窄时，可使用翻转箭头将尺寸箭头翻转到尺寸界线之外，使尺寸标注更清晰。选中需要翻转箭头的标注，则标注会以夹点形式显示。将鼠标移到尺寸线夹点上，在弹出的快捷菜单中选择【翻转箭头】命令即可翻转该侧的一个箭头。使用同样的操作翻转另一端的箭头，结果如图6-162所示。

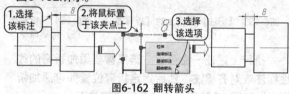

图6-162 翻转箭头

6.6.7 ▶ 编辑多重引线

使用【多重引线】命令注释对象后，可以对引线的位置和注释内容进行编辑。AutoCAD 2018提供了4种【多重引线】的编辑方法，分别介绍如下：

1. 添加引线

【添加引线】命令可以将引线添加至现有的多重引线对象，从而创建一组多重引线。方法如下。

⊕ 功能区1：在【默认】选项卡中单击【注释】面板中的【添加引线】按钮，如图6-163所示。

⊕ 功能区2：在【注释】选项卡中单击【引线】面板中的【添加引线】按钮，如图6-164所示。

图6-163 【注释】面板上的【添加引线】按钮　　图6-164 【引线】面板上的【添加引线】按钮

单击【添加引线】按钮执行命令后，直接选择要添加引线的多重引线，然后指定引线的箭头放置点即可添加新的引线，如图6-165所示。命令行操作如下：

选择多重引线：　//选择要添加引线的多重引线
找到 1 个
指定引线箭头位置或 [删除引线(R)]：//指定新的引线箭头位置，按Enter键结束命令

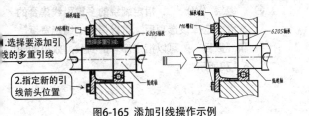

图6-165　添加引线操作示例

2. 删除引线

【删除引线】命令可以将引线从现有的多重引线对象中删除，即将【添加引线】命令所创建的引线删除。方法如下：

- 功能区1：在【默认】选项卡中单击【注释】面板中的【删除引线】按钮，如图6-163所示。
- 功能区2：在【注释】选项卡中单击【引线】面板中的【删除引线】按钮，如图6-164所示。

单击【删除引线】按钮执行命令后，直接选择要删除引线的多重引线即可将要删除的引线删除，如图6-166所示。命令行操作如下：

选择多重引线：　//选择要删除引线的多重引线
找到 1 个
指定要删除的引线或 [添加引线(A)]：|　//按Enter键结束命令

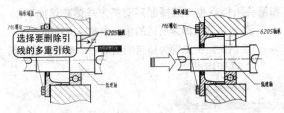

图6-166　【删除引线】命令操作示例

3. 对齐引线

【对齐引线】命令可以将选定的多重引线对齐，并按一定的间距进行排列。方法如下：

- 功能区1：在【默认】选项卡中单击【注释】

面板中的【对齐】按钮，如图6-163所示。
- 功能区2：在【注释】选项卡中单击【引线】面板中的【对齐】按钮，如图6-164所示。
- 命令行：MLEADERALIGN。

单击【对齐】按钮执行命令后，选择所有要进行对齐的多重引线，然后单击Enter键确认，接着根据提示指定一多重引线，则其余多重引线均对齐至该多重引线，如图6-167所示。命令行操作如下：

命令：_MLEADERALIGN　//执行【对齐】命令
选择多重引线：指定对角点：找到 6 个　//选择所有要进行对齐的多重引线
选择多重引线：|　//单击Enter键完成选择
当前模式：使用当前间距　//显示当前的对齐设置
选择要对齐到的多重引线或 [选项(O)]：//选择作为对齐基准的多重引线
指定方向：//移动光标指定对齐方向，单击鼠标左键结束命令

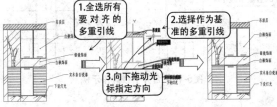

图6-167　对齐引线操作示例

4. 合并引线

【合并引线】命令可以将包含"块"的多重引线组织成一行或一列，并使用单引线显示结果，多见于机械行业中的装配图。在装配图中，有时会遇到若干个零部件成组出现的情况，如1个螺栓就可能配有2个弹性垫圈和1个螺母，如果将每个零件都一一对应一条多重引线来表示，图形就非常凌乱，此时可采用公共指引线来表示一组紧固件以及装配关系清楚的零件组，如图6-168所示。方法如下：

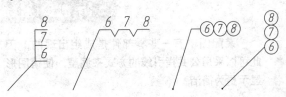

图6-168　零件组的编号形式

- 功能区1：在【默认】选项卡中单击【注释】

面板中的【合并】按钮 √8，如图6-163所示。

⊕ 功能区2：在【注释】选项卡中单击【引线】面板中的【合并】按钮 √8，如图6-164所示。

⊕ 命令行：MLEADERCOLLECT。

单击【合并】按钮 √8 执行命令后，选择所有要合并的多重引线，然后单击Enter键确认，接着根据提示选择多重引线的排列方式，或直接单击鼠标左键放置多重引线，结果如图6-169所示。命令行操作如下：

```
命令:_MLEADERCOLLECT //执行【合并】命令
选择多重引线: 指定对角点: 找到 3 个      //选择
所有要进行对齐的多重引线
选择多重引线: |  //单击Enter键完成选择
指定收集的多重引线位置或 [垂直(V)/水平(H)/缠绕
(W)] <水平>:      //选择引线排列方式，或单击鼠
标左键结束命令
```

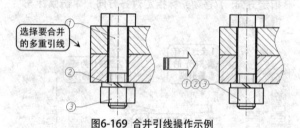

图6-169 合并引线操作示例

提示

执行【合并】命令的多重引线，其注释的内容必须是"块"。如果是多行文字则无法操作。

命令行中提供了3种多重引线合并的方式，分别介绍如下：

⊕ "垂直（V）"：将多重引线集合放置在一列或多列中，如图6-170所示。

⊕ "水平（H）"：将多重引线集合放置在一行或多行中，为默认选项，如图6-171所示。

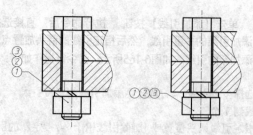

图6-170 "垂直（V）"合并多重引线　　图6-171 "水平（H）"合并多重引线

⊕ "缠绕（W）"：指定缠绕的多重引线集合的宽度。选择该选项后，可以指定"缠绕宽度"和"数目"，可以指定序号的列数，效果如图6-172所示。

a)列数为2　　　　b)列数为3

图6-172 不同列数的合并效果

对多重引线执行【合并】命令时，最终的引线序号应按顺序依次排列，而不能出现数字颠倒、错位的情况。错位现象的出现是由于用户在操作时没有按顺序选择多重引线所致，因此无论是单独点选还是一次性框选，都需要考虑选择引线的先后顺序，如图6-173所示。

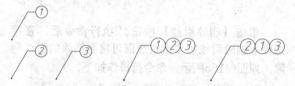

a)合并前　　b)正确排列（选择　　c)错误排列（选择
　　　　　顺序为1、2、3）　　顺序为2、1、3）

图6-173 选择顺序对合并引线的影响效果

除了序号排列效果，最终合并引线的水平基线和箭头所指点也与选择顺序有关，具体总结如下：

⊕ 水平基线即为所选的第一个多重引线的基线。箭头所指点即为所选的最后一个多重引线的箭头所指点。

【案例 6-17】 合并引线调整序列号

装配图中有一些零部件是成组出现的，因此可以采用公共指引线的方式来调整，使得图形显示更为简洁。

1）打开素材文件"第 6 章 \6-17 合并引线调整序列号 .dwg"，素材图形中已经创建了 3 个多

重引线标注，即序号 21、22、23，如图 6-174 所示。

2）在【默认】选项卡中单击【注释】面板中的【合并】按钮 √8，选择序号 21 为第一个多重引线，然后选择序号 22，最后选择序号 23，如图 6-175 所示。

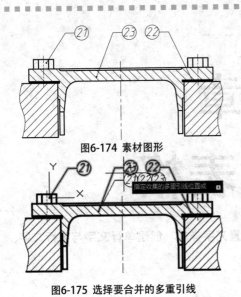

图6-174 素材图形

图6-175 选择要合并的多重引线

3）此时可预览到合并后引线序号顺序为 21、22、23，且引线箭头点与原引线 23 一致。在任意点处单击放置，即可结束命令，图形最终效果如图6-176 所示。

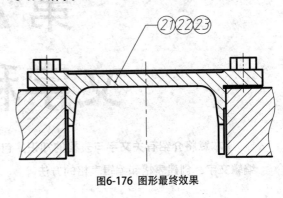

图6-176 图形最终效果

第7章
文字和表格

　　本章将介绍有关文字与表格的知识，包括设置文字样式、创建单行文字与多行文字、编辑文字、创建表格和编辑表格的方法等。

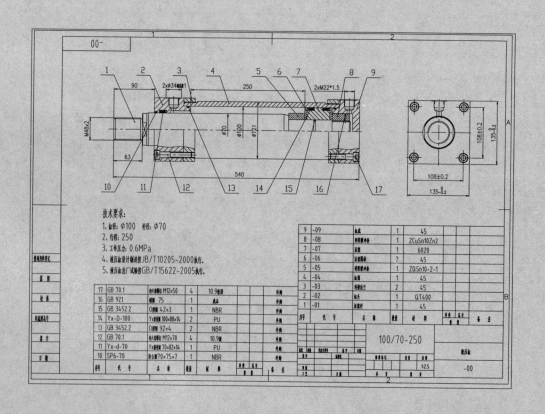

技术要求：
1、缸径：φ100　杆径：φ70
2、行程：250
3、工作压力：0.6MPa
4、液压缸设计制造按JB/T10205-2000执行。
5、液压缸出厂试验按GB/T15622-2005执行。

9	-09	缸底	1	45		
8	-08	活塞缓冲套	1	ZCuSn10Zn2		
7	-07	活塞	1	6020		
6	-06	活塞隔套	?	45		
5	-05	活塞缓冲套	1	ZQSn10-2-1		
4	-04	缸体	1	45		
3	-03	端部法兰	2	45		
2	-02	缸头	1	QT400		
1	-01	活塞杆	1	45		
序号	代 号	名 称	数量	材 料		备 注

17	GB 70.1	内六角螺钉 M12×50	4	10.9级钢		外购
16	GB 921	钢球 75	1	成品		外购
15	GB 3452.2	O形圈 42×3	1	NBR		外购
14	Yx-D-100	Yx密封圈 100×88×14	2	PU		外购
13	GB 3452.2	O形圈 92×4	2	NBR		外购
12	GB 70.1	内六角螺钉 M12×70	4	10.9级钢		外购
11	Yx-d-70	Yx密封圈 70×82×14	1	PU		外购
10	SP6-70	防尘圈 70×75×7	1	NBR		外购
序号	代 号	名 称	数量	材 料		备 注

100/70-250

液压缸

-00

7.1 文字、表格在机械设计上的应用

文字和表格是机械制图和工程制图中不可缺少的组成部分，广泛用于各种注释说明、零件明细等。其实在实际的设计工作中，很多时候就是在完善图纸的注释与创建零部件的明细栏。图纸不管多么复杂，所传递的信息也十分有限，因此文字说明是必须的；而大多数机械产品，均由各种各样的零部件组成，有车间自主加工的，有外包加工的，也有外购的标准件（如螺钉等），这些都需要设计人员在设计时加以考虑。

这种考虑的结果，便是在装配图上以明细栏的方式体现，如图7-1所示。明细栏的重要性不亚于图纸，是公司BOM表（物料清单）的基础组成部分，如果没有设计人员提供产品的明细栏，那公司管理部门以及采购部门就无法制作出相应的BOM表，也就无法向生产部门（车间）传递下料、加工等信息，也无法对外采购所需的零部件。

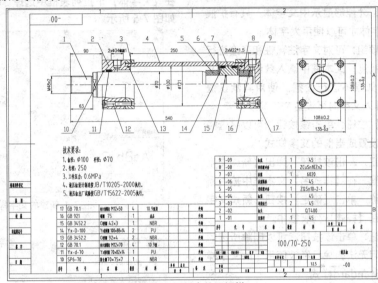

图7-1 图纸中的明细栏

7.2 创建文字

文字在机械制图中用于注释和说明，如引线注释、技术要求和尺寸标注等。本节将详细讲解文字的创建和编辑方法。

7.2.1 ▶ 文字样式

文字样式是对同一类文字的格式设置的集合，包括字体、字高和显示效果等。在插入文字前，应首先定义文字样式，以指定字体、高度等参数，然后用定义好的文字样式进行标注。

在AutoCAD 2018中，打开【文字样式】对话框有以下几种常用方法：

- ⚙ 功能区：单击【文字】面板中的【文字样式】按钮 A。
- ⚙ 菜单栏：选择【格式】→【文字样式】命令。
- ⚙ 命令行：STYLE或ST。

执行上述任一命令后，系统将弹出【文字样式】对话框，如图7-2所示，可以在其中新建文字样式或修改已有的文字样式。

图7-2 【文字样式】对话框

在【样式】列表框中显示系统已有文字样式的名称，中间部分显示为文字属性，右侧则有【置为当前】、【新建】和【删除】3个按钮。该对话框中常用选项的含义如下：

⊕ 【样式】列表框：列出了当前可以使用的文字样式，默认文字样式为Standard（标准）。

⊕ 【字体】选项组：选择一种字体类型作为当前文字类型。在AutoCAD 2018中存在两种类型的字体文件：SHX字体文件和TrueType字体文件。这两类字体文件都支持英文显示，但显示中、日、韩等非ASCII码的亚洲文字时会出现一些问题。因此一般需要选择【使用大字体】复选框，才能够显示中文字体。只有扩展名为.shx的字体才可以使用大字体。

⊕ 【大小】选项组：可对文字注释性和高度进行设置。在【高度】文本框中输入数值可指定文字的高度，如果不进行设置，使用其默认值0，则可在插入文字时再设置文字高度。

⊕ 【置为当前】按钮：单击该按钮，可以将选择的文字样式设置成当前的文字样式。

⊕ 【新建】按钮：单击该按钮，弹出【新建文字样式】对话框，在【样式名】文本框中输入新建样式的名称，单击【确定】按钮，新建文字样式将显示在【样式】列表框中。

⊕ 【删除】按钮：单击该按钮，可以删除所选的文字样式，但无法删除已经被使用了的文字样式和默认的Standard样式。

▶ 提示

如果要重命名文字样式，可在【样式】列表框中右击要重命名的文字样式，在弹出的快捷菜单中选择【重命名】命令即可，但无法重命名默认的Standard样式。

❶ 新建文字样式

机械制图中所标注的文字都需要一定的文字样式，如果不希望使用系统的默认文字样式，在创建文字之前就应创建所需的文字样式。新建文字样式的步骤如下：

1）新建文字样式。选择【格式】→【文字样式】命令，弹出【文字样式】对话框，如图 7-2 所示。

2）新建样式。单击【新建】按钮，弹出【新建文字样式】对话框，在【样式名】文本框中输入"机械设计文字样式"，如图 7-3 所示。

图7-3 【新建文字样式】对话框

3）单击【确定】按钮，返回【文字样式】对话框。新建的样式出现在对话框左侧的【样式】列表框中，如图 7-4 所示。

4）设置字体样式。在【字体】下拉列表框中选择"gbenor.shx"样式，选择【使用大字体】复选框，在【大字体】下拉列表框中选择"gbcbig.shx 样式"，如图 7-5 所示。

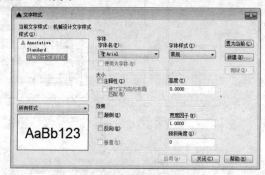

图7-4 新建的文字样式

图7-5 设置字体样式

5）设置文字高度。在【大小】选项组的【高度】文本框中输入"2.5"，如图 7-6 所示。

6）设置宽度和倾斜角度。在【效果】选项组的【宽度因子】文本框中输入"0.7"，【倾斜角度】保持默认值，如图 7-7 所示。

图7-6 设置文字高度

图7-7 设置文字宽度与倾斜角度

7）单击【置为当前】按钮，将文字样式置为当前，关闭对话框，完成设置。

2. 应用文字样式

要应用文字样式，首先应将其设置为当前文字样式。

设置当前文字样式的方法有以下几种：

⊕ 在【文字样式】对话框的【样式】列表框中选择需要的文字样式，然后单击【置为当前】按钮，（见图7-8），在弹出的提示对话框中单击【是】按钮，（见图7-9），返回【文字样式】对话框，单击【关闭】按钮。

图7-8 【文字样式】对话框

图7-9 提示对话框

⊕ 在【注释】面板的【文字样式】下拉列表框中选择要置为当前的文字样式，如图7-10所示。

⊕ 在【文字样式】对话框的【样式】列表框中选择要置为当前的样式名，右击，在弹出的快捷菜单中选择【置为当前】命令，如图7-11所示。

图7-10 选择文字样式

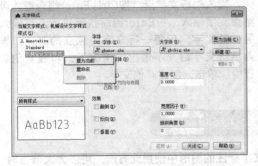

图7-11 快捷菜单中选择【置为当前】命令

3. 删除文字样式

文字样式会占用一定的系统存储空间，可以将一些不需要的文字样式删除，节约系统资源。删除文字样式的方法有以下几种：

⊕ 在【文字样式】对话框中选择要删除的文字样式名，单击【删除】按钮，如图7-12所示。

⊕ 在【文字样式】对话框的【样式】列表框中选择要删除的样式名，右击，在弹出的快捷菜单中选择【删除】命令，如图7-13所示。

图7-12 删除文字样式

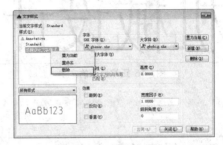

图7-13 快捷菜单中选择【删除】命令

> **提示**
>
> 已经包含文字对象的文字样式不能被删除，当前文字样式也不能被删除，如果要删除当前文字样式，可以先将别的文字样式设置为当前，然后再执行【删除】命令。

【案例 7-1】将"???"还原为正常文字

在进行实际的设计工作时，因为要经常与其他设计师进行图纸交流，所以会接触到许多外来图纸，这时就很容易遇到图纸中文字或标注显示不正常的情况。这一般都是文字样式出现了问题，因为电脑中没有该文字样式所选用的字体，故显示问号或其他乱码。

1）打开素材文件"第 7 章 \7-1 将"???"还原为正常文字 .dwg"，所创建的文字显示为问号，内容不明，如图 7-14 所示。

2）点选出现问号的文字，单击鼠标右键，在弹出的下拉列表中选择【特性】选项, 系统弹出【特性】管理器。在【特性】管理器【文字】列表中, 可以查看文字的【内容】、【样式】和【高度】等特性, 并且能够修改。将其修改为【宋体】样式, 如图 7-15 所示。

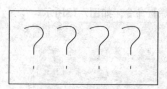

图7-14 素材文件

图7-15 修改文字样式

3) 文字得到正确显示, 如图 7-16 所示。

机械设计

图7-16 正常显示的文字

7.2.2 ▶ 创建单行文字

AutoCAD提供了两种创建文字的方法: 单行文字和多行文字。对简短的注释文字输入一般使用单行文字。执行【单行文字】命令的方法有以下几种:

⊕ 功能区: 在【默认】选项卡中单击【注释】面板上的【单行文字】按钮AI, 或在【注释】选项卡中单击【文字】面板上的【单行文字】按钮AI。

⊕ 菜单栏: 选择【绘图】→【文字】→【单行文字】命令。

⊕ 命令行: DTEXT或DT。

调用【单行文字】命令后, 就可以根据命令行的提示输入文字。命令行提示如下:

```
命令:_DREXT      //执行【单行文字】命令
当前文字样式: "Standard" 文字高度: 2.5000 注
释性: 否          //显示当前文字样式
指定文字的起点或 [对正(J)/样式(S)]:
              //在绘图区域合适位置任意拾取一点
指定高度 <2.5000>:3.5✓        指定文字高度
指定文字的旋转角度 <0>:✓
              //指定文字旋转角度, 一般默认为0
```

命令行中各选项的含义如下:

⊕ 指定文字的起点: 默认情况下, 所指定的起点位置即为文字行基线的起点位置。在指定起点位置后, 继续输入文字的旋转角度即可进行文字的输入。输入完成后, 按两次Enter键或将鼠标移至图纸的其他任意位置并单击, 然后按Esc键即可结束单行文字的输入。

⊕ 对正 (J): 可以设置文字的对正方式。

⊕ 样式 (S): 可以设置当前使用的文字样式。可以在命令行中直接输入文字样式的名称, 也可以输入"?", 在"AutoCAD 文本窗口"中显示当前图形已有的文字样式。

在调用命令的过程中, 需要输入的参数有文字起点、文字高度(此提示只有在当前文字样式的字高为0时才显示)、文字旋转角度和文字内容。文字起点用于指定文字的插入位置, 是文字对象的左下角点。文字旋转角度指文字相对于水平位置的倾斜角度。设置完成后, 绘图区域将出现一个带光标的矩形框, 在其中输入相关文字即可, 如图7-17所示。

图7-17 输入单行文字

▶ **提示**

输入单行文字后, 按Ctrl+Enter组合键才可结束文字输入。按Enter键将执行换行, 可输入另一行文字, 但每一行文字为独立的对象。输入单行文字后, 不退出的情况下, 可在其他位置继续单击, 创建其他文字。

【案例 7-2】用单行文字注释断面图

单行文字输入完成后, 可以不退出命令, 而直接在另一个要输入文字的地方单击鼠标, 同样会出现文字输入框, 因此在需要进行多次单行文字标注的图形中使用此方法, 可以大大节省时间。例如, 机械制图中的断面图标识, 可以在最后统一使用单行文字进行标注。

1) 打开素材文件"第 7 章 \7-2 用单行文字注释断面图 .dwg",其中已绘制好了一包含两个断面图的轴类零件图,如图 7-18 所示。

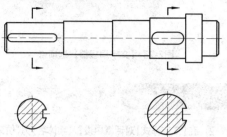

图7-18 素材图形

2) 在【默认】选项卡中单击【注释】面板中的【文字】下拉列表中的【单行文字】按钮 A,然后根据命令行提示输入文字"A",如图 7-19 所示。命令行提示如下:

```
命令:_DETXT
当前文字样式:"Standard" 文字高度: 2.5000
注释性: 否 对正: 左
指定文字的起点 或 [对正(J)/样式(S)]:
        //在左侧剖切符号的上半部分单击一点
指定高度 <2.5000>: 8l    //指定文字高度
指定文字的旋转角度 <0>:l
        //直接单击Enter键确认默认角度
        //输入文字 A
        //在左侧剖切符号的下半部分单击一点
        //输入文字 A
```

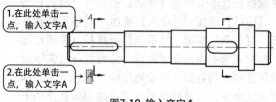

图7-19 输入文字 *A*

3) 输入完成后,可以不退出命令,直接移动鼠标至右侧的剖切符号处,按相同方法输入文字"B",如图 7-20 所示。

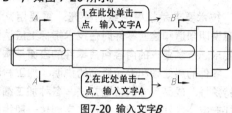

图7-20 输入文字 *B*

4) 按相同方法,无需退出命令,直接移动鼠标至合适位置,然后输入文字"A_A"和"B_B"。全部输入完毕后即可按 **Ctrl+Enter** 键结束操作,最终效果如图 7-21 所示。

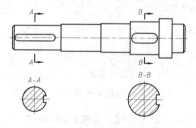

图7-21 输入单行文字效果

7.2.3 ▶ 创建多行文字

多行文字常用于标注图形的技术要求和说明等,与单行文字不同的是,多行文字整体是一个文字对象,每一单行不能单独编辑。多行文字的优点是有更丰富的段落和格式编辑工具,特别适合创建大篇幅的文字注释。

执行【多行文字】命令的方法有以下几种:

⊕ 功能区:在【默认】选项卡中单击【注释】面板上的【多行文字】按钮 A,或在【注释】选项卡中单击【文字】面板上的【多行文字】按钮 A。

⊕ 菜单栏:选择【绘图】→【文字】→【多行文字】命令。

⊕ 命令行:MTEXT或T。

执行【多行文字】命令后,命令行提示如下:

```
命令:_MTEXT     //执行【多行文字】命令
当前文字样式:"Standard" 文字高度: 2.5 注释性: 否
指定第一角点:    //指定文本范围的第一点
指定对角点或 [高度(H)/对正(J)/行距(L)/旋转(R)/样
式(S)/宽度(W)/栏(C)]:
        //指定文本范围的对角点,如图7-22所示
```

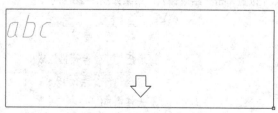

图7-22 指定文本范围

执行以上操作可以确定段落的宽度,系统进入【文字编辑器】选项卡,如图7-23所示。【文

字编辑器】选项卡包含【样式】面板、【格式】面板、【段落】面板、【插入】面板、【拼写检查】面板、【工具】面板、【选项】面板和【关闭】面板。在文本框中输入文字内容，然后再在【文字编辑器】选项卡的各面板中设置字体、颜色、字高和对齐等文字格式，最后单击【文字编辑器】选项卡中的【关闭】按钮，或单击编辑器之外任何区域，便可以退出编辑器窗口，多行文字即创建完成。

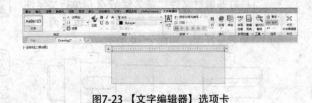

图7-23 【文字编辑器】选项卡

【案例 7-3】用多行文字创建技术要求

技术要求是机械图纸的补充，需要用文字注解说明制造和检验零件时在技术指标上应达到的要求。技术要求的内容包括零件的表面结构要求、零件的热处理和表面修饰的说明、加工材料的特殊性、成品尺寸的检验方法、各种加工细节的补充等。本案例将使用多行文字创建一般性的技术要求。该方法可适用于各类机加工零件。

1）设置文字样式。选择【格式】|【文字样式】命令，弹出【新建文字样式】对话框，新建名称为“文字”的文字样式，如图 7-24 所示。

新建文字样式
样式名:
文字
确定
取消

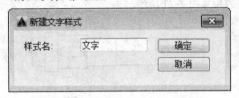

图7-24 【新建文字样式】对话框

2）在【文字样式】对话框中设置【字体名】为“仿宋”，【字体样式】为“常规”、【高度】为“3.5”、【宽度因子】为“0.7”，并将该字体设置为当前，如图 7-25 所示。

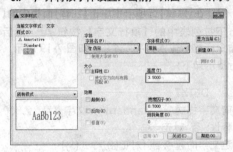

图7-25 设置文字样式

3）在命令行中输入“T”并按 Enter 键，根据命令行提示指定一个矩形范围作为文本区域，如图 7-26 所示。

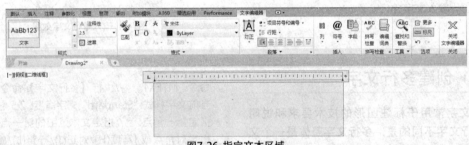

图7-26 指定文本区域

4）在文本区域中输入如图 7-27 所示的多行文字，输入一行之后，按 Enter 键换行。在文本框外任意位置单击，结束输入，结果如图 7-28 所示。

技术要求
1.未注尺寸公差按IT12级;
2.未注几何公差按D级;
3.未注倒角C2;
4.去毛刺，锐边倒钝R0.5。

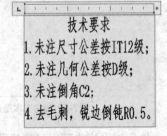

图7-27 输入多行文字

技术要求
1.未注尺寸公差按IT12级;
2.未注几何公差按D级;
3.未注倒角C2;
4.去毛刺，锐边倒钝R0.5。

图7-28 创建的多行文字

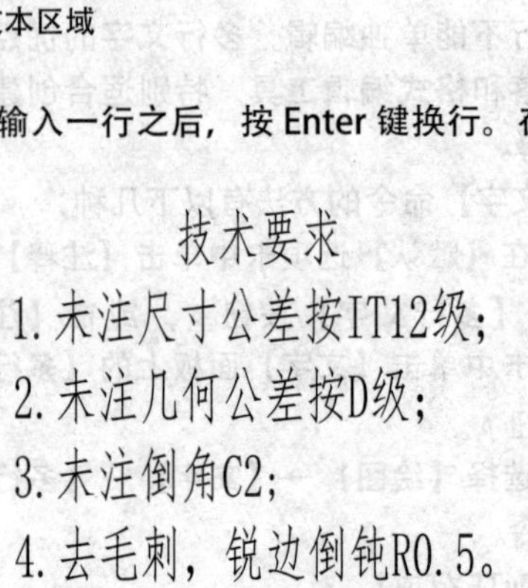

7.2.4 ▶ 插入特殊符号

机械绘图中往往需要标注一些特殊的字符，这些特殊字符不能从键盘上直接输入，为此AutoCAD提供了插入特殊符号的功能。插入特殊符号有以下几种方法。

① 使用文字控制符

AutoCAD的控制符由两个百分号（%%）+ 一个字符构成。当输入控制符时，这些控制符会临时显示在屏幕上，当结束文本创建命令时，这些控制符将从屏幕上消失，转换成相应的特殊符号。

表7-1为机械制图中常用的控制符及其含义。

表 7-1 常用的控制符及其含义

控制符	含　义
%%C	⌀（直径符号）
%%P	±（正负公差符号）
%%D	°（度）
%%O	上划线
%%U	下划线

② 使用【文字编辑器】选项卡

在多行文字编辑过程中，单击【文字编辑器】选项卡中的【符号】按钮，弹出如图7-29所示的下拉菜单，选择某一符号即可插入该符号到文本中。

7.2.5 ▶ 创建堆叠文字

如果要创建堆叠文字（一种垂直对齐的文字或分数），可先输入要堆叠的文字，然后在其间使用"/""#"或"^"分隔。选中要堆叠的字符，然后单击【文字编辑器】选项卡中【格式】面板中的【堆叠】按钮，则文字按照要求自动堆叠。堆叠文字在机械制图中应用很多，可以用来创建尺寸公差和分数等，如图7-30所示。需要注意的是，这些分割符号必须是英文格式的符号。

图7-29 特殊符号下拉菜单

$14 \ 1/2 \implies 14\frac{1}{2}$

$14 \ 1\text{^}2 \implies 14\frac{1}{2}$

$14 \ 1\#2 \implies 14\frac{1}{2}$

图7-30 文字堆叠效果

7.2.6 ▶ 编辑文字

在AutoCAD中，可以对已有的文字特性和内容进行编辑。

① 编辑文字内容

执行【编辑文字】命令的方法有以下几种：
- 功能区：单击【文字】面板中的【编辑文字】按钮，然后选择要编辑的文字。
- 菜单栏：选择【修改】→【对象】→【文字】→【编辑】命令，然后选择要编辑的文字。
- 命令行：DDEDIT或ED。
- 鼠标动作：双击要修改的文字。

执行以上任一命令或操作，将进入该文字的编辑模式。文字的可编辑特性与文字的类型有关，单行文字没有格式特性，只能编辑文字内容。而多行文字除了可以修改文字内容，还可使用【文字编辑器】选项卡修改段落的对齐、字体等。修改文字之后，按Ctrl+Enter组合键即可完成文字编辑。

② 文字的查找与替换

在一个图形文件中往往有大量的文字注释，有时需要查找某个词语，并将其替换，如替换某个拼写上的错误，这时就可以使用【查找】命令查找到特定的词语。

执行【查找】命令的方法有以下几种：
- 功能区：单击【文字】面板中的【查找】按钮。
- 菜单栏：选择【编辑】→【查找】命令。
- 命令行：FIND。

执行以上任一命令或操作之后，弹出【查找和替换】对话框，如图7-31所示。该对话框中各选项的含义如下：
- 【查找内容】下拉列表框：用于指定要查找的内容。
- 【替换为】下拉列表框：指定用于替换查找内容的文字。
- 【查找位置】下拉列表框：用于指定查找范围是在整个图形中查找还是仅在当前选择中查找。
- 【搜索选项】选项组：用于指定搜索文字的范围和大小写区分等。
- 【文字类型】选项组：用于指定查找文字的类型。
- 【查找】按钮：输入查找内容之后，此按钮变为可用，单击即可查找指定内容。

◈ 【替换】按钮：用于将光标当前选中的文字替换为指定文字。

◈ 【全部替换】按钮：将图形中所有的查找结果替换为指定文字。

图7-31 【查找和替换】对话框

【案例 7-4】标注孔的精度尺寸

在机械制图中，带公差的尺寸是很常见的，这是因为在实际生产中，误差是始终存在的。因此制定公差的目的就是为了确定产品的几何参数，控制其变动量在一定的范围内，以便达到互换或配合的要求。更多关于尺寸公差的知识，请翻阅本书第6章的6.4.1小节。

如图7-32所示的零件图，内孔设计尺寸为$\varnothing$25mm，公差为K7，公差范围在-0.015~$+0.006$mm之间，因此最终的内孔尺寸只需在$\varnothing$24.985~$\varnothing$25.006mm之间就可以视为合格。而图7-33中显示实际测量值为24.99mm，在公差范围内，因此可以视为合格产品。本案例将标注该尺寸公差，操作步骤如下：

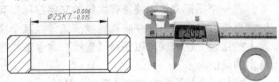

图7-32 零件图　　图7-33 实际的测量尺寸

1）打开素材文件"第 7 章 \7-4 标注孔的精度尺寸 .dwg"，素材图形如图 7-34 所示，其中已经标注好了所需的尺寸。

2）添加直径符号。双击尺寸 25，打开【文字编辑器】选项卡，然后将鼠标移动至 25 之前，输入"%%C"，为其添加直径符号，如图 7-35 所示。

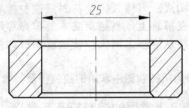

图7-34 素材图形

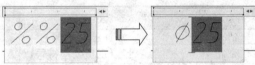

图7-35 添加直径符号

3）输入公差文字。再将鼠标移动至 25 的后方，依次输入"K7 +0.006^-0.015"，如图 7-36 所示。

图7-36 输入公差文字

4）创建尺寸公差。接着按住鼠标左键，向后拖移，选中"+0.006^-0.015"文字，然后单击【文字编辑器】选项卡中【格式】面板中的【堆叠】按钮，即可创建尺寸公差，如图 7-37 所示。

图7-37 堆叠公差文字

7.3　创建表格

在机械设计过程中，表格主要用于标题栏、零件参数表、材料明细栏等内容。

7.3.1 ▸ 创建表格样式

与文字类似，AutoCAD中的表格也有一定样式，包括表格内文字的字体、颜色、高度以及表格的行高、行距等。在插入表格之前，应先创建所需的表格样式。

创建表格样式的方法有以下几种：

◈ 功能区：在【默认】选项卡中单击【注释】

面板上的【表格样式】按钮，或在【注释】选项卡中单击【表格】面板右下角的 按钮。

⊕ 菜单栏：选择【格式】→【表格样式】命令。

⊕ 命令行：TABLESTYLE或TS。

执行上述任一命令后，系统弹出【表格样式】对话框，如图7-38所示。

通过该对话框可执行将表格样式置为当前、修改、删除或新建操作。单击【新建】按钮，系统弹出【创建新的表格样式】对话框，如图7-39所示。

图7-38 【表格样式】对话框

图7-39 【创建新的表格样式】对话框

在【新样式名】文本框中输入表格样式名称，在【基础样式】下拉列表框中选择一个表格样式为新的表格样式，单击【继续】按钮，系统弹出【新建表格样式】对话框（见图7-40），可以对样式进行具体设置。

【新建表格样式】对话框由【起始表格】、【常规】、【单元样式】和【单元样式预览】4个选项组组成。

单击【新建表格样式】对话框中的【管理单元样式】按钮，弹出如图7-41所示的【管理单元格式】对话框，在该对话框里可以对单元格式进行添加、删除和重命名。

图7-40 【新建表格样式】对话框

图7-41 【管理单元样式】对话框

7.3.2 ▸ 插入表格

表格是在行和列中包含数据的对象，在设置表格样式后便可以从空格或表格样式创建表格对象，还可以将表格链接至Microsoft Excel电子表格中的数据。本节将主要介绍利用【表格】工具插入表格的方法。在AutoCAD 2018中，插入表格有以下有几种常用方法：

⊕ 功能区：单击【注释】面板中的【表格】按钮 。

⊕ 菜单栏：选择【绘图】→【表格】命令。

⊕ 命令行：TABLE或TB。

执行上述任一命令后，系统弹出【插入表格】对话框，如图7-42所示。

设置好表格样式、列数和列宽、行数和行宽后，单击【确定】按钮，并在绘图区指定插入点，将会在当前位置按照表格设置插入一个表格，然后在此表格中添加上相应的文本信息即可完成表格的创建，如图7-43所示。

图7-42 【插入表格】对话框

齿轮参数表

参数项目	参数值
齿向公差	0.0120
齿形公差	0.0500
齿距极限公差	±0.011
公法线长度跳动公差	0.0250
齿圈径向跳动公差	0.0130

图7-43 在绘图区插入表格

7.3.3 ▸ 编辑表格

在添加完表格后，不仅可根据需要对表格整体或表格单元执行拉伸、合并或添加等编辑操作，而且可以对表格的表指示器进行所需的编辑，其中包括编辑表格形状和添加表格颜色等设置。

1. 编辑表格

选中整个表格，单击鼠标右键，弹出的快捷菜单如图7-44所示。可以对表格进行剪切、复制、删除、移动、缩放和旋转等简单操作，还可以均匀调整表格的行、列大小，删除所有特性替代。当选择【输出】命令时，还可以打开【输出数据】对话框，以.csv格式输出表格中的数据。

当选中表格后，也可以通过拖动夹点来编辑表格。其各夹点的含义如图7-45所示。

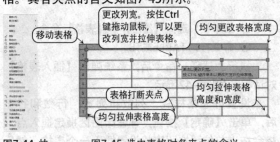

图7-44 快捷菜单

图7-45 选中表格时各夹点的含义

2. 编辑表格单元

当选中表格单元时，其右键快捷菜单如图7-46

所示。

当选中表格单元格后，在表格单元格周围出现夹点，也可以通过拖动这些夹点来编辑单元格。其各夹点的含义如图7-47所示。

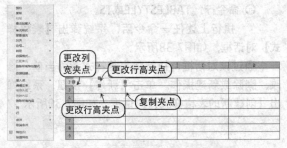

图7-46 快捷菜单

图7-47 选中单元格时各夹点的含义

▶ 提示

要选择多个单元，可以按鼠标左键并在欲选择的单元上拖动；按住Shift键并在欲选择的单元内按鼠标左键，可以同时选中这两个单元以及它们之间的所有单元。

【案例 7-5】 完成装配图中的明细栏

按本节中介绍的方法，完成如图7-48所示的装配图明细栏。

4	加强筋	120X60X6	16	1.7500	28.0000
3	圆管	Φ168X6-1200	4	35	140
2	底板	200X270X20	4	3.6000	14.4000
1	六角头螺栓C级	M10X30	24	0.0200	0.4800
序号	名称	规格	数量	单重	总重

图7-48 装配图中的表格

1）打开素材文件"第 7 章 \7-4 完成装配图中的明细表 .dwg"，如图 7-49 所示，其中有一创建好的表格。

	A	B	C	D	E
1					
2					
3					
4					
5					
6					
7	序号	名称	规格	单重	总重

图7-49 素材表格

2）双击激活 A6 单元格，然后输入序号"1"，按Ctrl+Enter组合键完成文字输入，如图7-50所示。

	A	B	C	D	E
1					
2					
3					
4					
5					
6	1				
7	序号	名称	规格	单重	总重

图7-50 输入文字的效果

3）同样的方法输入其他文字，如图 7-51 所示。

	A	B	C	D	E
1					
2					
3	4	加强筋	120x60x6	1.7500	
4	3	圆管	Φ168×6-1200	35	
5	2	底板	200X270x20	3.6000	
6		六角头螺栓 C级	M10x30	0.0200	
7	序号	名称	规格	单重	总重

图7-51 输入其他文字

4）选中 D 列上任意一个单元格，系统弹出【表格单元】选项卡，单击【列】面板上的【在左侧插入列】按钮，插入的新列如图 7-52 所示。

图7-52 插入列的结果

5）在 D7 单元格输入表头名称"数量"，然后在 D 列的其他单元格输入对应的数量，如图 7-53 所示。

	A	B	C	D	E	F
1						
2						
3	4	加强筋	120×60×6	16.0000	1.7500	
4	3	圆管	φ168×6-1200	4	35	
5	2	底板	200×270×20	4	3.6000	
6	1	六角头螺栓 C级	M10×30	24.0000	0.0200	
7	序号	名称	规格	数量	单重	总重

图7-53 在新表格栏输入文字

6）选中 F6 单元格，系统弹出【表格单元】选项卡，单击【插入】面板上的【公式】按钮，在选项中选择【方程式】，系统激活该单元格，进入文字编辑模式，输入公式（直接在单元格中输入文本 D6*E6 即可），如图 7-54 所示。注意乘号使用数字键盘上的"*"号。

	A	B	C	D	E	F
1						
2						
3	4	加强筋	120×60×6	16.0000	1.7500	
4	3	圆管	φ168×6-1200	4	35	
5	2	底板	200×270×20	4	3.6000	
6	1	六角头螺栓 C级	M10×30	24.0000	0.0200	=D6×E6
7	序号	名称	规格	数量	单重	总重

图7-54 输入方程式

7）按 Ctrl+Enter 组合键完成公式输入，系统自动计算出方程结果，如图 7-55 所示。

	A	B	C	D	E	F
1						
2						
3	4	加强筋	120×60×6	16.0000	1.7500	
4	3	圆管	φ168×6-1200	4	35	
5	2	底板	200×270×20	4	3.6000	
6	1	六角头螺栓 C级	M10×30	24.0000	0.0200	0.4800
7	序号	名称	规格	数量	单重	总重

图7-55 方程式计算结果

8）采用同样的方法为 F 列的其他单元格输入公式，总重的计算结果如图 7-56 所示。

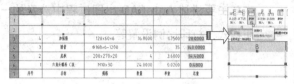

图7-56 总重的计算结果

9）选中第一行和第二行的任意两个单元格，如图 7-57 所示。然后单击【行】面板上的【删除行】按钮，将选中的两行删除。

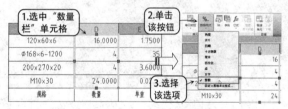

图7-57 选中两个单元格并删除

10）框选"数量"栏所有单元格，然后单击【单元格式】面板上的【数据格式】按钮，在弹出的选项中选择【整数】，将数据转换为整数显示，如图 7-58 所示。

1.选中"数量栏"单元格		2.单击该按钮
120×60×6	16.0000	1.7500
φ168×6-1200	4	35
200×270×20	4	3.6000
M10×30	24.0000	3.选择该选项

图7-58 将"数量"栏单元格格式设置为整数

11）框选第一行到第四行的所有单元格，然后单击【单元样式】面板上的【对齐】按钮，在展开选项中选择【正中】，对齐效果如图 7-59 所示。至此，装配图中的明细栏制作完毕。

	A	B	C	D	E	F
1	4	加强筋	120×60×6	16	1.7500	28.0000
2	3	圆管	φ168×6-1200	4	35	140.0000
3	2	底板	200×270×20	4	3.6000	14.4000
4	1	六角头螺栓 C级	M10×30	24	0.0200	0.4800
5	序号	名称	规格	数量	单重	总重

图7-59 文字内容的对齐效果

第8章
机械图形打印和输出

当完成所有的设计和制图工作后，就需要将图形文件通过绘图仪或打印机输出为图样。本章主要讲述 AutoCAD 出图过程中涉及的一些问题，包括模型空间与图样空间的转换、打印样式、打印比例设置等。

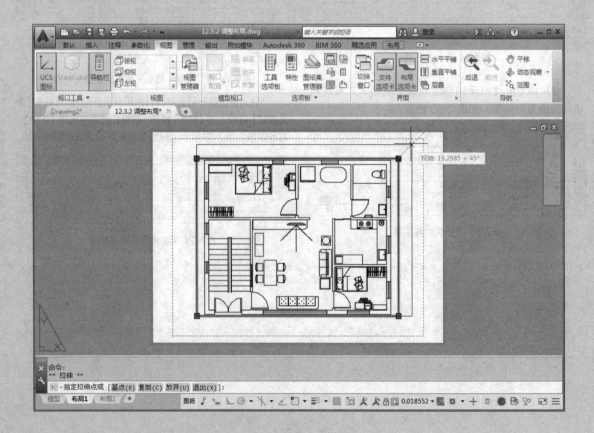

8.1 模型空间与布局空间

模型空间和布局空间是AutoCAD两个功能不同的工作空间。单击绘图区下面的标签页，可以在模型空间和布局空间两者之间切换。一个打开的文件中只有一个模型空间和两个默认的布局空间，用户也可创建更多的布局空间。

8.1.1 ▶ 模型空间

当打开或新建一个图形文件时，系统将默认进入模型空间，如图8-1所示。模型空间是一个无限大的绘图区域，可以在其中创建二维或三维图形，以及进行必要的尺寸标注和文字说明。

模型空间对应的窗口称模型窗口。在模型窗口中，十字光标在整个绘图区域都处于激活状态，并且可以创建多个不重复的平铺视口，以展示图形的不同视口，如在绘制机械三维图形时，可以创建多个视口，以从不同的角度观测图形。在一个视口中对图形做出修改后，其他视口也会随之更新，如图8-2所示。

图8-1 模型空间

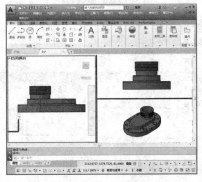

图8-2 模型空间的视口

8.1.2 ▶ 布局空间

布局空间又称为图纸空间，主要用于出图。模

型建立后，需要将模型打印到纸面上形成图样。使用布局空间可以方便地设置打印设备、纸张、比例尺和图样布局，并预览实际出图的效果，如图8-3所示。

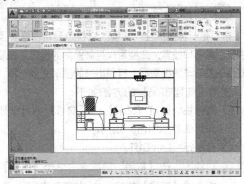

图8-3 布局空间

布局空间对应的窗口称布局窗口。可以在同一个AutoCAD文档中创建多个不同的布局图。单击工作区左下角的各个布局按钮，可以从模型窗口切换到各个布局窗口。当需要将多个视图放在同一张图样上输出时，布局就可以很方便地控制图形的位置，输出比例等参数。

8.1.3 ▶ 空间管理

右击绘图窗口下的【模型】或【布局】选项卡，在弹出的快捷菜单中选择相应的命令，可以对布局进行删除、新建、重命名、移动、复制和页面设置等操作，如图8-4所示。

图8-4 布局快捷菜单

❶ 空间的切换

在模型中绘制完图样后，若需要进行布局打印，可单击绘图区左下角的布局空间选项卡，即【布局1】和【布局2】进入布局空间，对图样打印输出的布局效果进行设置。设置完毕后，单击【模型】选项卡即可返回到模型空间，如图8-5所示。

图8-5 空间切换

❷ 创建新布局

布局是一种图纸空间环境，它模拟显示图纸页面，提供直观的打印设置，主要用来控制图形的输出，布局中所显示的图形与图纸页面上打印出来的图形完全一样。

调用【创建布局】的方法如下。

⊕ 菜单栏：执行【工具】→【向导】→【创建布局】命令，如图8-6所示。
⊕ 命令行：LAYOUT。
⊕ 功能区：在【布局】选项卡中单击【布局】面板中的【新建】按钮，如图8-7所示
⊕ 快捷方式：右击绘图窗口下的【模型】或【布局】选项卡，在弹出的快捷菜单中选择【新建布局】命令。

图8-6 菜单栏调用【创建布局】命令

图8-7 功能区调用【新建布局】命令

创建布局的操作过程与新建文件相差无几，同样可以通过功能区中的选项卡来完成。

❸ 插入样板布局

在AutoCAD中提供了多种样板布局供用户使用。其创建方法如下：

⊕ 菜单栏：执行【插入】→【布局】→【来自样式】命令，如图8-8所示。
⊕ 功能区：在【布局】选项卡中单击【布局】面板中的【从样板】按钮，如图8-9所示。
⊕ 快捷方式：右击绘图窗口左下方的布局选项卡，在弹出的快捷菜单中选择【来自样板】命令。

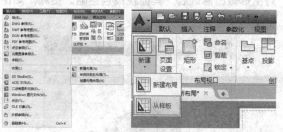

图8-8 菜单栏调用【来自样板的布局】命令　　图8-9 功能区调用【从样板】新建布局命令

执行上述命令后，系统弹出【从文件选择样板】对话框，可以在其中选择需要的样板创建布局。

【案例 8-1】插入样板布局

如果需要将图纸发送至国外的客户，可以尽量采用AutoCAD中自带的英制或公制模板。

1）单击快速访问工具栏中的【新建】按钮，新建空白文件。

2）在布局选项卡中单击【布局】面板中的【从样板】按钮，系统弹出【从文件选择样板】对话框，如图 8-10 所示。

3）选择【Tutorial-iArch】样板，单击【打开】按钮，系统弹出【插入布局】对话框，如图8-11所示。选择布局名称后单击【确定】按钮。

图8-10 【从文件选择样板】对话框

图8-11　【插入布局】对话框

4）完成样板布局的插入，切换至新创建的【D-Size Layout】布局空间，效果如图 8-12 所示。

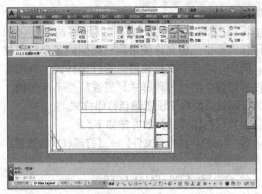

图8-12　样板空间

4. 布局的组成

布局图中通常存在3个边界，如图8-13所示。最外层的是纸张边界，它是由【纸张设置】中的纸张类型和打印方向确定的。靠里面的是一个虚线线框打印边界，其作用就好像Word文档中的页边距一样，只有位于打印边界内部的图形才会被打印出来。位于图形四周的实线线框为视口边界，边界内部的图形就是模型空间中的模型，视口边界的大小和位置是可调的。

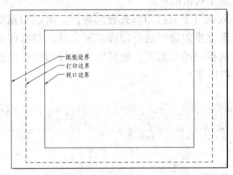

图8-13　布局图的组成

8.2　打印样式

在图形绘制过程中，AutoCAD可以为单个的图形对象设置颜色、线型和线宽等属性，这些样式可以在屏幕上直接显示出来。在出图时，有时用户希望打印出来的图样和绘图时图形所显示的属性有所不同，如在绘图时一般会使用各种颜色的线型，但打印时仅以黑白打印。打印样式的作用就是在打印时修改图形外观，每种打印样式都有其样式特性，包括端点、连接、填充图案，以及抖动、灰度等打印效果。打印样式特性的定义都以打印样式表文件的形式保存在AutoCAD的支持文件搜索路径下。

8.2.1 ▶ 打印样式的类型

AutoCAD中有两种类型的打印样式：【颜色相关样式（CTB）】和【命名样式（STB）】。

⊕ 颜色相关打印样式以对象的颜色为基础，共有255种颜色相关打印样式。在颜色相关打印样式模式下，通过调整与对象颜色对应的打印样式可以控制所有具有同种颜色的对象的打印方式。颜色相关打印样式表文件的扩展名为.ctb。

⊕ 命名打印样式可以独立于对象的颜色使用，可以给对象指定任意一种打印样式，不管对象的

颜色是什么。命名打印样式表文件的扩展名为.stb。

简而言之，".ctb"的打印样式是根据颜色来确定线宽的，同一种颜色只能对应一种线宽；而".stb"的打印样式则是根据对象的特性或名称来指定线宽，同一种颜色打印出来可以有两种不同的线宽，因为它们的对象可能不一样。

8.2.2 ▶ 打印样式的设置

使用打印样式可以多方面控制对象的打印方式。打印样式属于对象的一种特性，用于修改打印

图形的外观。用户可以设置打印样式来代替其他对象原有的颜色、线型和线宽等特性。在同一个AutoCAD图形文件中不允许同时使用两种不同的打印样式类型，但允许使用同一类型的多个打印样式。例如，若当前文档使用命名打印样式，则图层特性管理器中的【打印样式】属性项是不可用的，因为该属性只能用于设置颜色打印样式。

设置【打印样式】的方法如下：

⊕ 菜单栏：执行【文件】→【打印样式管理器】命令。

⊕ 命令行：STYLESMANAGER。

执行上述任一命令后，系统自动弹出如图8-14所示的对话框。所有ctb和stb打印样式表文件都保存在这个对话框中。

双击【添加打印样式表向导】，可以根据对话框提示逐步创建新的打印样式表文件。将打印样式附加到相应的布局图，就可以按照打印样式的定义进行打印了。

图8-14 打印样式管理器

在系统盘的AutoCAD存储目录下，可以打开如图8-14所示的【Plot Styles】文件夹，其中便存放着AutoCAD自带的10种打印样式（.ctb）。各打印样式的含义说明如下：

⊕ acad.ctb：默认的打印样式表，所有打印设置均为初始值。

⊕ FillPatterns.ctb：设置前9种颜色使用前9个填充图案，所有其他颜色使用对象的填充图案。

⊕ Grayscale.ctb：打印时将所有颜色转换为灰度。

⊕ monochrome.ctb：将所有颜色打印为黑色。

⊕ Screening 100%.ctb：对所有颜色使用100%墨水。

⊕ Screening 75%.ctb：对所有颜色使用75%墨水。

⊕ Screening 50%.ctb：对所有颜色使用50%墨水。

⊕ Screening 25%.ctb：对所有颜色使用25%墨水。

【案例 8-2】添加颜色打印样式

使用颜色打印样式可以通过图形的颜色设置不同的打印宽度、颜色和线型等打印外观。

1）单击快速访问工具栏中的【新建】按钮，新建空白文件。

2）执行【文件】→【打印样式管理器】命令，系统自动弹出如图8-14所示的对话框，双击【添加打印样式表向导】图标，系统弹出【添加打印样式表】对话框，如图8-15所示，单击【下一步】按钮，系统转换成【添加打印样式表-开始】对话框，如图8-16所示。

图8-15 【添加打印样式表】对话框　　图8-16 【添加打印样式表-开始】对话框

3）选择【创建新打印样式表】单选按钮，单击【下一步】按钮，系统打开【添加打印样式表-选择打印样式表】对话框，如图8-17所示；选择【颜色相关打印样式表】单选按钮，单击【下一步】按钮，系统转换成【添加打印样式表-文件名】对话框，如图8-18所示；新建一个名为"以线宽打印"的颜色打印样式表文件，单击【下一步】按钮。

图8-17 【添加打印样式表-选择打印样式】　　图8-18 【添加打印样式表-文件名】对话框

4）在【添加打印样式表-完成】对话框中单击【打印样式表编辑器】按钮，如图8-19所示，打开如图8-20所示的【打印样式表编辑器】对话框。

5）在【打印样式】列表框中选择【颜色1】，在【表格视图】选项卡【特性】选项组中的【颜色】下拉列表框中选择"黑色"，在【线宽】下拉列表框中选择线宽"0.3000毫米"，如图8-20所示。

图8-19 【添加打印样式表-完成】对话框　　图8-20 【打印样式表编辑器】对话框

提示

黑白打印机常用灰度区分不同的颜色，使得图样比较模糊。可以在【打印样式表编辑器】对话框的【颜色】下拉列表框中将所有颜色的打印样式设置为"黑色"，以得到清晰的出图效果。

6）单击【保存并关闭】按钮，这样所有用【颜色 1】的图形打印时都将以线宽 0.3000mm 来出图。设置完成后，再选择【文件】→【打印样式管理器】命令，打开对话框，【打印线宽】就出现在该对话框中，如图 8-21 所示。

图8-21 添加打印样式结果

【案例 8-3】添加命名打印样式

采用 ".stb" 打印样式类型，为不同的图层设置不同的命名打印样式。

1）单击快速访问工具栏中的【新建】按钮 □，新建空白文件。

2）执行【文件】→【打印样式管理器】命令，单击系统弹出的对话框中的【添加打印样式表向导】图标，系统弹出【添加打印样式表】对话框，如图 8-22 所示。

3）单击【下一步】按钮，打开【添加打印样式表 - 开始】对话框，选择【创建新打印样式表】单选按钮，如图 8-23 所示。

图8-22 【添加打印样式表】对话框

图8-23 【添加打印样式表-开始】对话框

4）单击【下一步】按钮，打开【添加打印样式表 - 选择打印样式表】对话框，单击【命名打印样式表】单选按钮，如图 8-24 所示。

5）单击【下一步】按钮，系统打开【添加打印样式表 - 文件名】对话框，如图 8-25 所示，新建一个名为"机械零件图"的命名打印样式表文件，单击【下一步】按钮。

图8-24 【添加打印样式表-选择打印样式】对话框

图8-25 【添加打印样式表-文件名】对话框

6）在【添加打印样式表 — 完成】对话框中单击【打印样式表编辑器】按钮，如图 8-26 所示。

7）打开【打印样式表编辑器 - 机械零件图 .stb】对话框，在【表格视图】选项卡中单击【添加样式】按钮，添加一个名为"粗实线"的打印样式，设置【颜色】为"黑色"，【线宽】为"0.3 毫米"。用同样的方法添加一个命名打印样式为"细实线"，设置【颜色】为"黑色"、【线宽】为"0.1 毫米"，

【淡显】为"30",如图 8-27 所示。设置完成后,单击【保存并关闭】按钮退出对话框。

式管理器】命令,打开对话框,"机械零件图"就出现在该对话框中,如图 8-28 所示。

图8-26 单击【打印样式表编辑器】按钮

图8-27 设置【表格视图】选项卡

8)设置完成后,再执行【文件】→【打印样

图8-28 添加打印样式结果

8.3 布局图样

在正式出图之前,需要在布局窗口中创建好布局图,并对绘图设备、打印样式、纸张、比例尺和视口等进行设置。布局图显示的效果就是图样打印的实际效果。

8.3.1 ▶ 创建布局

打开一个新的AutoCAD图形文件时,就已经存在了【布局1】和【布局2】。在布局图标签上右击,弹出快捷菜单,在弹出的快捷菜单中选择【新建布局】命令。通过该方法,可以新建更多的布局图。调用【创建布局】命令的方法如下:

⊕ 菜单栏:执行【插入】→【布局】→【新建布局】命令。

⊕ 功能区:在【布局】选项卡中单击【布局】面板中的【新建】按钮 。

⊕ 命令行:LAYOUT。

⊕ 快捷方式:在【布局】选项卡上单击鼠标右键,在弹出的快捷菜单中选择【新建布局】命令。

上述介绍的方法所创建的布局都与图形自带的【布局1】与【布局2】相同,如果要创建新的布局格式,只能通过布局向导来创建。下面通过一个案例来进行介绍。

【案例 8-4】通过向导创建布局 ☆进阶☆

难度: ☆☆	
素材文件路径: 无	
效果文件路径: 素材\第8章\8-4通过向导创建布局-OK.dwg	
视频文件路径: 视频/第8章\8-4通过向导创建布局.MP4	
播放时长: 3: 23	

通过使用向导创建布局可以选择【打印机/绘图仪】、定义【图纸尺寸】、插入【标题栏】等,此外能够自定义视口,能够使模型在视口中显示完整。这些定义能够被创建为模板文件(.dwt),方便调用。要使用向导创建布局,可以按以下方法来激活LAYOUTWIZARD命令。

⊕ 方法一:在命令行中输入LAYOUTWIZARD,然后按Enter键。

⊕ 方法二:单击【插入】菜单,在弹出的下拉菜单中选择【布局】→【创建布局向导】命令。

⊕ 方法三:单击【工具】菜单,在弹出的下拉菜单中选择【向导】→【创建布局】命令。

1）新建空白文档，然后按上述 3 各方法执行命令后，系统弹出【创建布局 - 开始】对话框，在【输入新布局的名称】文本框中输入名称，如图8-29所示。

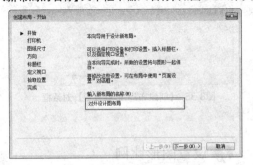

图8-29 【创建布局-开始】对话框

2）单击该对话框的【下一步】按钮，系统跳转到【创建布局 - 打印机】对话框，在绘图仪列表中选择合适的选项，如图 8-30 所示。

图8-30 【创建布局-打印机】对话框

3）单击该对话框的【下一步】按钮，系统跳转到【创建布局 - 图纸尺寸】对话框，在图纸尺寸下拉列表中选择合适的尺寸（尺寸根据实际图纸的大小来确定），这里选择 A4 图纸，如图 8-31 所示，并设置图形单位为【毫米】。

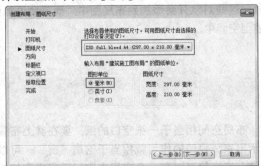

图8-31 【创建布局-图纸尺寸】对话框

4）单击该对话框的【下一步】按钮，系统跳转到【创建布局 - 方向】对话框，一般选择图形方向为【横向】，如图 8-32 所示。

图8-32 【创建布局-方向】对话框

5）单击该对话框的【下一步】按钮，系统跳转到【创建布局 - 标题栏】对话框，如图 8-33 所示，此处选择系统自带的国外版建筑图标题栏。

图 8-33 【创建布局-标题栏】对话框

设计点拨

用户也可以自行创建标题栏文件，然后放至路径C:\Users\Administrator\AppData\Local\Autodesk\AutoCAD 2018\R20.1\chs\Template中。可以控制以图块或外部参照的方式创建布局。

6）单击该对话框的【下一步】按钮，系统跳转到【创建布局 - 定义视口】对话框，在【视口设置】选项组中可以设置四种不同的选项，如图 8-34 所示。这与【VPORTS】命令类似，在这里可以设置【阵列】视口，而在【视口】对话框中可以修改视图样式和视觉样式等。

图8-34 【创建布局-定义视口】对话框

off

215

7）单击该对话框的【下一步】按钮，系统跳转到【创建布局 - 拾取位置】对话框，如图8-35所示。单击【选择位置】按钮，可以在图纸空间中框选矩形作为视口，如果不指定位置直接单击【下一步】按钮，系统会默认以"布满"的方式。

8）单击该对话框中的【下一步】按钮，系统跳转到【创建布局 - 完成】对话框，再单击对话框中【完成】按钮，结束整个布局的创建。

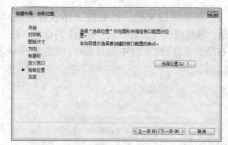

图8-35 【创建布局-拾取位置】对话框

8.3.2 ▶ 调整布局

创建好一个新的布局图后，接下来的工作就是对布局图中的图形位置和大小进行调整和布置。

❶ 调整视口

视口的大小和位置是可以调整的。视口边界实际上是在图样空间中自动创建的一个矩形图形对象。单击视口边界，4个角点上出现夹点，可以利用夹点拉伸的方法调整视口，如图8-36所示。

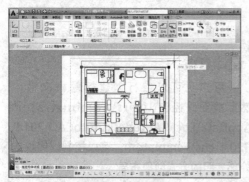

图 8-36 利用夹点调整视口

如果出图时只需要一个视口，通常可以调整视口边界到充满整个打印边界。

❷ 设置图形比例

设置比例尺是出图过程中最重要的一个步骤，该比例尺反映了图上距离和实际距离的换算关系。

AutoCAD制图和传统的纸面制图在设置比例尺这一步骤上有很大的不同。传统制图的比例尺一开始就已经确定，并且绘制的是经过比例换算后的图形；而在AutoCAD建模过程中，在模型空间中始终按照1∶1的实际尺寸绘图，只有在出图时，才按照比例尺将模型缩小到布局图上进行出图。

如果需要观看当前布局图的比例尺，首先应在视口内部双击，使当前视口内的图形处于激活状态，然后单击工作区间右下角【图样】/【模型】切换开关，将视口切换到模式空间状态，然后打开【视口】工具栏，在该工具栏右边文本框中显示的数值就是图样空间相对于模型空间的比例尺，同时也是出图时的最终比例。

❸ 在图样空间中增加图形对象

有时候需要在出图时添加一些不属于模型本身的内容，如制图说明、图例符号、图框、标题栏和会签栏等，此时可以在布局空间状态下添加这些对象，这些对象只会添加到布局图中，而不会添加到模型空间中。

8.4 视口

视口是在布局空间中构造布局图时涉及的一个概念。布局空间相当于一张空白的纸，要在其上布置图形，先要在纸上开一扇"窗"，让里面的图形能够显示出来，视口的作用就相当于这扇"窗"。可以将视口视为布局空间的图形对象，并对其进行移动和调整，这样就可以在一个布局内进行不同视图的放置、绘制、编辑和打印。视口可以相互重叠或分离。

8.4.1 ▶ 删除视口

打开布局空间时，系统就已经自动创建了一个

视口，所以能够看到分布在其中的图形。在布局中选择视口的边界，如图8-37所示，按Delete键可删除视口。删除后，显示于该视口的图像将不可见，

如图8-38所示。

图8-37 选中视口

图8-38 删除视口的效果

8.4.2 ▸ 新建视口

系统默认的视口往往不能满足布局的要求，尤其是在进行多视口布局时，这时需要手动创建新视口，并对其进行调整和编辑。

调用【新建视口】命令的方法如下：

⊕ 功能区：在【输出】选项卡中单击【布局视口】面板中各按钮，可创建相应的视口。

⊕ 菜单栏：执行【视图】→【视口】命令。

⊕ 命令行：VPORTS。

① 创建标准视口

执行上述命令下的【新建视口】子命令后，将打开【视口】对话框，如图 8-39所示。在【新建视口】选项卡的【标准视口】列表中可以选择要创建的视口类型，在右边的预览窗口中可以进行预览。可以创建单个视口，也可以创建多个视口，如图 8-40所示，还可以选择多个视口的摆放位置。

图 8-39 【视口】对话框

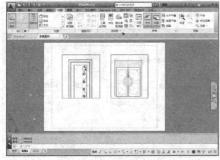
图 8-40 创建多个视口

调用多个视口的方法为。

⊕ 功能区：在【布局】选项卡中单击【布局视口】中的各按钮，如图8-41所示。

⊕ 菜单栏：执行【视图】→【视口】命令，如图 8-42所示。

⊕ 命令行：VPORTS。

图8-41 功能区调用【布局视口】命令　　图8-42 菜单栏调用【视口】命令

② 创建特殊形状的视口

执行上述命令中的【多边形视口】命令，可以创建多边形的视口，如图8-43所示，甚至还可以在布局图样中手动绘制特殊的封闭对象边界，如多边形、圆、样条曲线或椭圆等，然后使用【对象】命令，将其转换为视口，如图8-44所示。

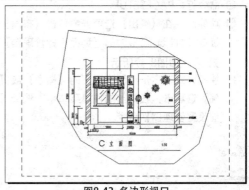
图8-43 多边形视口

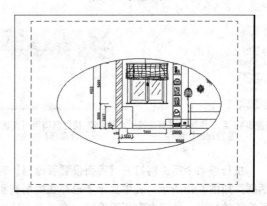
图8-44 转换为视口

8.4.3 ▶ 调整视口

视口创建后，为了使其满足需要，还需要对视口的大小和位置进行调整。相对于布局空间，视口和一般的图形对象没什么区别，每个视口均被绘制在当前图层上，且采用当前图层的颜色和线型，因此可使用通常的图形编辑方法来编辑视口。例如，可以通过拉伸和移动夹点来调整视口的边界，如图8-45所示。

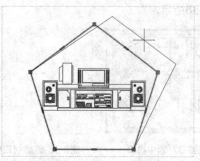

图8-45 利用夹点调整视口

8.5 打印出图

打印出图之前还需设定好页面设置，这是出图准备过程中的最后一个步骤。打印的图形在进行布局之前，先要对布局的页面进行设置，以确定出图的纸张大小等参数。页面设置包括打印设备、纸张、打印区域和打印方向等参数的设置。页面设置可以命名保存，可以将同一个命名页面设置应用到多个布局图中，也可以从其他图形中输入命名页设置并将其应用到当前图形的布局中，这样就避免了在每次打印前都需要反复进行打印设置的麻烦。

页面设置在【页面设置管理器】对话框中进行。调用【新建页面设置】的方法如下：

⊕ 菜单栏：执行【文件】→【页面设置管理器】命令，如图8-46所示。

⊕ 命令行：PAGESETUP。

⊕ 功能区：在【输出】选项卡中单击【布局】面板或【打印】面板中的【页面设置管理器】按钮 📇，如图8-47所示。

⊕ 快捷方式：右击绘图窗口下的【模型】或【布局】选项卡，在弹出的快捷菜单中，选择【页面设置管理器】命令。

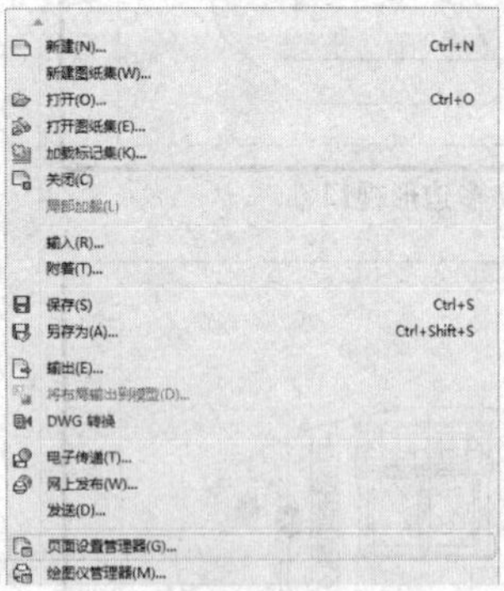

工具按钮，可以对页面设置进行新建、修改、删除、重命名和当前页面设置等操作。

单击该对话框中的【新建】按钮，新建一个页面，或选中某页面设置后单击【修改】按钮，都将打开如图8-49所示的【页面设置】对话框。在该对话框中可以进行打印设备、图样、打印区域和比例等选项的设置。

图8-48 【页面设置管理器】对话框

图8-46 菜单栏调用【页面设置管理器】命令　　图8-47 功能区调用【页面设置管理器】命令

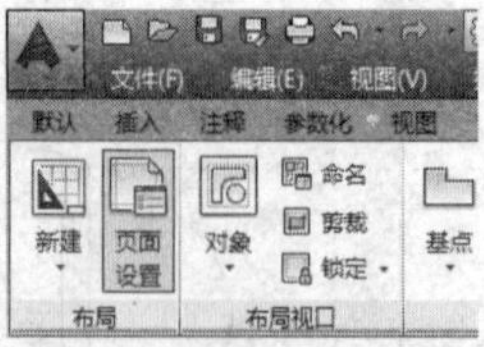

执行该命令后，将打开【页面设置管理器】对话框，如图8-48所示，其中显示了已存在的所有页面设置的列表。通过右击页面设置，或单击右边的

图8-49 【页面设置】对话框

8.5.1 ▶ 指定打印设备

【打印机/绘图仪】选项组用于设置出图的绘图仪或打印机。如果打印设备已经与计算机或网络系统正确连接，并且驱动程序也已经正常安装，那么在【名称】下拉列表框中就会显示该打印设备的名称，可以选择需要的打印设备。

AutoCAD将打印介质和打印设备的相关信息储存在扩展名为*.pc3的打印配置文件中，这些信息包括绘图仪配置设置指定端口信息、光栅图形和矢量图形的质量、图样尺寸以及取决于绘图仪类型的自定义特性。这样使得打印配置可以用于其他AutoCAD文档，能够实现共享，避免了反复设置。

单击功能区【输出】选项卡【打印】组面板中的【打印】按钮，系统弹出【打印-模型】对话框，如图8-50所示。在对话框【打印机/绘图仪】功能框的【名称】下拉列表中选择要设置的名称选项，单击右边的【特性】按钮 特性(R)...，系统弹出【绘图仪配置编辑器】对话框，如图8-51所示。

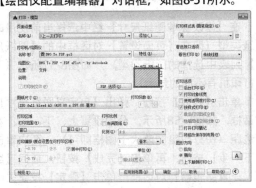

图8-50 【打印-模型】对话框

图8-51 【绘图仪配置编辑器】对话框

切换到【设备和文档设置】选项卡，选择各个节点，然后进行更改即可。在这里，如果更改了设置，所做更改将出现在设置名称旁边的尖括号 (<>) 中。修改过其值的节点图标上还会显示一个复选标记。

8.5.2 ▶ 设定图纸尺寸

在【图纸尺寸】下拉列表框中选择打印出图时的纸张类型，可控制出图比例。

工程制图的图纸有一定的规范尺寸，一般采用英制A系列图纸尺寸，包括A0、A1和A2等标准型号，以及A0+、A1+等加长图纸型号。图纸加长的规定是：可以将边延长1/4或1/4的整数倍，最多可以延长至原尺寸的两倍，短边不可延长。标准图纸的尺寸见表8-1。

表8-1 标准图纸尺寸

图纸型号	尺寸（长×宽）
A0	1189mm×841mm
A1	841mm×594mm
A2	594mm×420mm
A3	420mm×297mm
A4	297mm×210mm

新建图纸尺寸的步骤为首先在打印机配置文件中新建一个或若干个自定义尺寸，然后保存为新的打印机配置pc3文件。这样，以后需要使用自定义尺寸时，只需要在【打印机/绘图仪】对话框中选择该配置文件即可。

8.5.3 ▶ 设置打印区域

在使用模型空间打印时，一般在【页面设置】对话框中设置打印范围，如图 8-52所示。

图 8-52 设置打印范围

【打印范围】下拉列表用于确定设置图形中需要打印的区域，其各选项含义如下：

◈ 【布局】：打印当前布局图中的所有内容。该选项是默认选项，选择该项可以精确地确定打印范围、打印尺寸和比例。

◈ 【窗口】：用窗选的方法确定打印区域。单击该按钮后，【页面设置】对话框暂时消失，系统返回绘图区，可以用鼠标在模型窗口中的工作区间拉出一个矩形窗口，该窗口内的区域就是打印范围。使用该选项确定打印范围简单方便，但是比例尺和出图尺寸不够精确。

- ◈ 【范围】：打印模型空间中包含所有图形对象的范围。
- ◈ 【显示】：打印模型窗口当前视图状态下显示的所有图形对象，可以通过ZOOM调整视图状态，从而调整打印范围。

在使用布局空间打印图形时，单击【打印】面板中的【预览】按钮🔍，可预览当前的打印效果。图签有时会出现部分不能完全打印的状况，如图8-53所示，这是因为图签大小超越了图纸可打印区域的缘故。此时可通过【绘图配置编辑器】对话框中的【修改标准图纸所示（可打印区域）】选择重新设置图纸的可打印区域来解决。图8-54中的虚线表示了图纸的可打印区域。

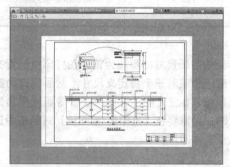

图 8-53 打印预览

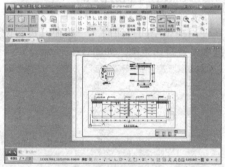

图 8-54 可打印区域

单击【打印】面板中的【绘图仪管理器】按钮，系统弹出【Plotters】对话框，如图8-55所示。双击所设置的打印设备，系统弹出【绘图配置编辑器】对话框。在该对话框中单击选择【修改标准图纸尺寸（可打印区域）】选项，重新设置图纸的可打印区域，如图8-56所示。也可在【打印】对话框中选择打印设备后，再单击右边的【特性】按钮，打开【绘图仪配置编辑器】对话框。

图 8-55 【Plotters】对话框

图 8-56 【绘图仪配置编辑器】对话框

在【修改标准图纸尺寸】栏中选择当前使用的图纸类型（即在【页面设置】对话框中的【图纸尺寸】列表中选择的图纸类型），如图8-57所示（不同打印机有不同的显示）。

单击【修改】按钮，弹出【自定义图纸尺寸】对话框，如图8-58所示，分别设置上、下、左、右页边距（使打印范围略大于图框即可），两次单击【下一步】按钮，再单击【完成】按钮，返回【绘图仪配置编辑器】对话框，单击【确定】按钮关闭对话框。

图 8-57 选择图纸类型

图 8-58 【自定义图纸尺寸】对话框

修改图纸可打印区域后，此时布局如图 8-59 所示（虚线内表示可打印区域）。

在命令行中输入"LAYER"，调用【图层特性管理器】命令，系统弹出【图层特性管理器】对话框，将视口边框所在图层设置为不可打印，如图 8-60所示，这样视口边框将不会被打印。

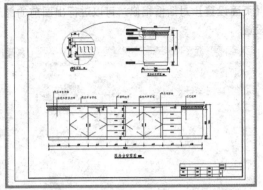

图 8-59 布局效果

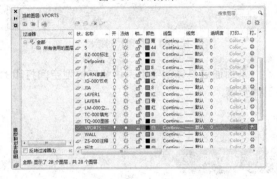

图 8-60 设置视口边框图层属性

再次预览，打印效果如图8-61所示，图形已可以正确打印。

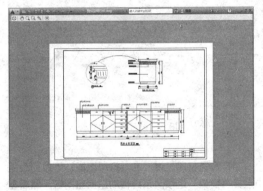

图 8-61 修改页边距后的打印效果

8.5.4 ▸ 设置打印偏移

【打印偏移】选项组用于指定打印区域偏离图样左下角X方向和Y方向的偏移值。一般情况下，要求出图充满整个图样，所以设置X方向和Y方向的偏移值均为0，如图8-62所示。

通常情况下打印的图形和纸张的大小一致，不

需要修改设置。选中【居中打印】复选框，则图形居中打印。这个"居中"是指在所选纸张大小A1、A2等尺寸的基础上居中，也就是4个方向上各留空白，而不只是卷筒纸的横向居中。

8.5.5 ▸ 设置打印比例

1. 打印比例

【打印比例】选项组用于设置出图比例尺。在【比例】下拉列表框中可以精确设置需要出图的比例尺。如果选择【自定义】选项，则可以在下方的文本框中设置与图形单位等价的英寸数来创建自定义比例尺。

如果对出图比例尺和打印尺寸没有要求，可以直接选中【布满图样】复选框，这样AutoCAD会将打印区域自动缩放到充满整个图样。【缩放线框】复选框用于设置线宽值是否按打印比例缩放。通常要求直接按照线宽值打印，而不按打印比例缩放。

在AutoCAD中，有两种方法控制打印出图比例。

⊕ 在打印设置或页面设置的【打印比例】区域设置比例，如图 8-63所示。

⊕ 在图纸空间中使用视口控制比例，然后按照1：1打印。

图 8-62 【打印偏移】设置　　图 8-63 【打印比例】设置

2. 图形方向

工程制图多需要使用大幅的卷筒纸打印。在使用卷筒纸打印时，打印方向包括两个方面的问题：第一，图纸阅读时所说的图纸方向是横宽还是竖长；第二，图形与卷筒纸的方向关系是顺着出纸方向还是垂直于出纸方向。

在AutoCAD中，分别使用图纸尺寸和图形方向来控制最后出图的方向。在【图形方向】区域可以看到小示意图⊠，其中白纸表示设置图纸尺寸时选择的图纸尺寸是横宽还是竖长，字母A表示图形在纸张上的方向。

8.5.6 ▸ 指定打印样式表

【打印样式表】下拉列表框用于选择已存在的打

印样式，从而可以非常方便地用设置好的打印样式替代图形对象的原有属性，并体现到出图格式中。

8.5.7 ▸ 设置打印方向

在【图形方向】选项组中可选择纵向或横向打印。若选中【反向打印】复选框，则可以允许在图样中上下颠倒地打印图形。

8.5.8 ▸ 最终打印

在完成上述的所有设置工作后，就可以开始打印出图了。调用【打印】命令的方法如下：

◈ 功能区：在【输出】选项卡中单击【打印】面板中的【打印】按钮🖶。
◈ 菜单栏：执行【文件】→【打印】命令。
◈ 命令行：PLOT。
◈ 快捷操作：Ctrl+P。

在模型空间中，执行【打印】命令后，系统弹出【打印】对话框，如图8-64所示。该对话框与【页面设置】对话框相似，可以进行出图前的最后设置。

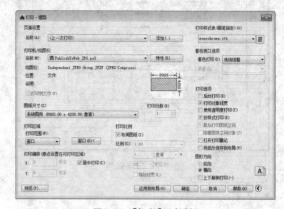

图8-64 【打印】对话框

下面通过具体的实例来讲解在模型空间打印的具体步骤。

━━━━━━━━━ **【案例 8-5】零件图打印实例** ━━━━━━━━━

通过本实例的操作，可熟悉布局空间的创建、多视口的创建、视口的调整、打印比例的设置及图形的打印等。

1）单击快速访问工具栏中的【打开】按钮 📂，打开配套资源提供的素材文件"第 8 章 \8-5 单比例打印 .dwg"，素材图形如图 8-65 所示。

2）按 Ctrl+P 组合键，弹出【打印】对话框，然后在【名称】下拉列表框中选择所需的打印机。本例以"DWG To PDF.pc3"打印机为例。该打印机可以打印出 PDF 格式的图形。

3）设置图纸尺寸。在【图纸尺寸】下拉列表框中选择【ISO full bleed A3（420.00 毫米 x 297.00 毫米）】选项，如图 8-66 所示。

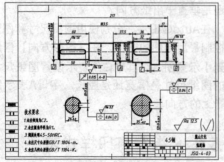

图8-65 素材图形

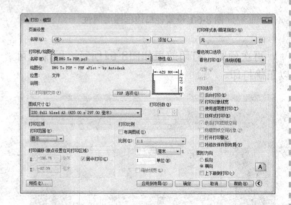

图8-66 设置图纸尺寸

4）设置打印区域。在【打印范围】下拉列表框中选择【窗口】选项，系统自动返回绘图区，然后在其中框选出要打印的区域，如图 8-67 所示。

5）设置打印偏移。返回【打印】对话框，勾选【打印偏移】选项区域中的【居中打印】选项，如图 8-68 所示。

6）设置打印比例。取消勾选【打印比例】选项区域中的【布满图纸】选项，然后在【比例】下拉列表中选择 1：1 选项，如图 8-69 所示。

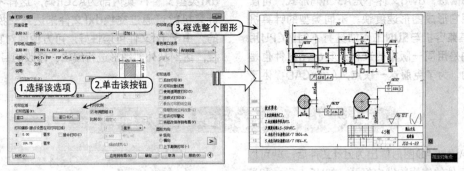

图8-67 设置打印区域

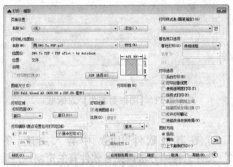

图8-68 设置打印偏移

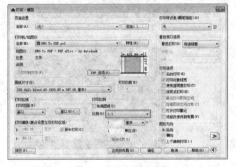

图8-69 设置打印比例

印】对话框左下角的【预览】按钮进行打印预览，效果如图 8-71 所示。

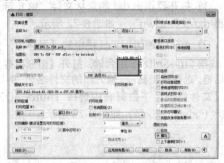

图8-70 设置图形方向

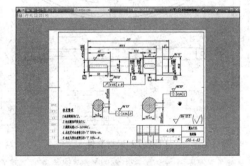

图8-71 打印预览

7）设置图形方向。本例图框为横向放置，因此在【图形方向】选项区域中选择打印方向为【横向】，如图 8-70 所示。

8）打印预览。所有参数设置完成后，单击【打

9）打印图形。图形显示无误后，便可以在预览窗口中单击鼠标右键，在弹出的快捷菜单中选择【打印】选项，即可输出打印。

8.6　文件的输出

有时候我们利用AutoCAD绘图后，需要将绘图的结果用于其他程序，此时我们需要将AutoCAD图形输出为通用格式的图像文件，如JPG和PDF等。

8.6.1 ▶ 输出为dxf文件

dxf是Autodesk公司开发的用于AutoCAD与其

他软件之间进行CAD数据交换CAD数据文件格式。

dxf即drawing exchange file(图形交换文件)的缩写，是一种ASCII文本文件，它包含对应的dwg

文件的全部信息。dwg文件不是ASCII码形式，可读性差，但用它形成图形速度快。不同类型的计算机（如PC及其兼容机与SUN工作站具有不同的CPU用总线）哪怕是用同一版本的文件，其dwg文件也是不可交换的。为了克服这一缺点，AutoCAD提供了

dxf类型文件，其内部为ASCII码，这样不同类型的计算机就可通过交换dxf文件来达到交换图形的目的。由于dxf文件可读性好，可方便地对它修改、编程，达到从外部图形进行编辑、修改的目的。

【案例 8-6】输出 dxf 文件在其他建模软件中打开

将AutoCAD图形输出为.dxf文件后，就可以导入至其他的建模软件中打开，如UG、Creo和草图大师等。dxf文件适用于AutoCAD的二维草图输出。

1）打开要输出 dxf 的素材文件"第 8 章 \8-6 输出 dxf 文件 .dwg"，如图 8-72 所示。

2）单击快速访问工具栏中的【另存为】按钮![btn]或按 Ctrl+Shift+S 组合键，打开【图形另存为】对话框，选择输出路径，输入新的文件名为"9-12"，在【文件类型】下拉列表中选择【AutoCAD2018 DXF（*.dxf）】选项，如图 8-73 所示。

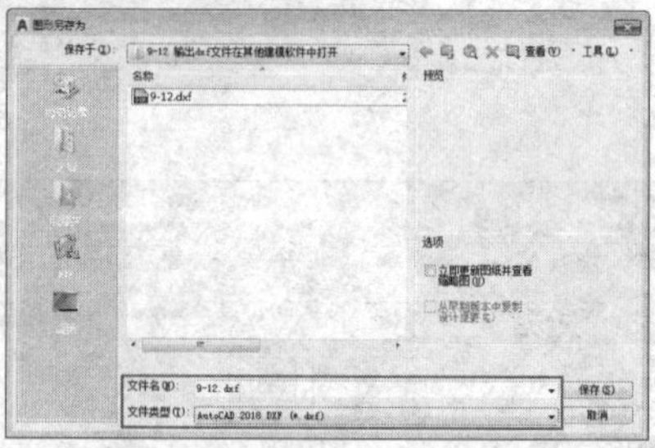

图8-73 【图形另存为】对话框

3）在其他软件（UG）中导入生成"9-12.dxf"文件（具体方法请见各软件有关资料），最终效果如图 8-74 所示。

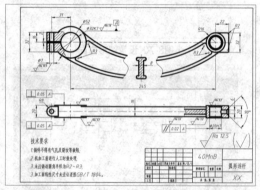

图8-72 素材文件

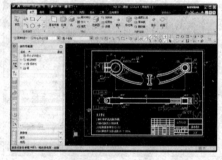

图8-74 在其他软件（UG）中导入的dxf文件

8.6.2 ▶ 输出为stl文件

stl文件是一种平版印刷文件，可以将实体数据以三角形网格面形式保存，一般用来转换AutoCAD的三维模型，近年来发展迅速的3D打印技术就需要使用到该种文件格式。除了3D打印之外，stl数据还

用于通过沉淀塑料、金属或复合材质的薄图层的连续性来创建对象，生成和模型通常用于以下方面：

⊕ 可视化设计概念，识别设计问题。

⊕ 创建产品实体模型、建筑模型和地形模型，测试外形、拟合和功能。

⊕ 为真空成形法创建主文件。

【案例 8-7】输出 stl 文件并用于 3D 打印

除了专业的三维建模，AutoCAD 2018所提供的三维建模命令也可以使得用户创建出自己想要的模型，并通过输出stl文件来进行3D打印。

1）打开素材文件"第 8 章 \8-7 输出 stl 文件并用于 3D 打印 .dwg"，其中已经创建好了一三维

模型，如图 8-75 所示。

2）单击【应用程序】按钮![btn]，在弹出的快捷菜单中选择【输出】选项，在右侧的输出菜单中选择【其他格式】命令，如图 8-76 所示。

图8-75 素材模型 　　　图8-76 【其他格式】命令

3）系统自动打开【输出数据】对话框，在【文件类型】下拉列表中选择【平版印刷（*.stl）】选项，单击【保存】按钮，如图 8-77 所示。

4）系统返回绘图界面，命令行提示选择实体

或无间隙网络，手动将整个模型选中，然后单击按 Enter 键完成选择，即可在指定路径生成 stl 文件并用于输出，如图 8-78 所示。

5）该 stl 文件可支持 3D 打印，具体方法请参阅与 3D 打印有关的资料。

图8-77 【输出数据】对话框 　　图8-78 输出 .stl文件

8.6.3 ▶ 输出为PDF文件

PDF即Portable Document Format（便携式文档格式）的缩写，是由Adobe Systems用于与应用程序、操作系统、硬件无关的方式进行文件交换所发展出的文件格式。PDF文件以PostScript语言图像模型为基础，无论在哪种打印机上都可保证精确的颜色和准确的打印效果，即PDF会忠实地再现原稿的每一个字符、颜色以及图像。

PDF文件格式与操作系统平台无关，也就是说，PDF文件不管是在Windows、Unix还是在苹果公司的Mac OS操作系统中都是通用的，这一特点使它成为在互联网上进行电子文档发行和数字化信息传播的理想文档格式。越来越多的电子图书、产品说明、公司文告、网络资料和电子邮件都已在使用PDF格式文件。

【案例 8-8】输出 PDF 文件供客户快速查阅

对于AutoCAD用户来说，掌握PDF文件的输出尤为重要。因为有些客户并非设计专业出身，在他们的计算机中不会装有AutoCAD或者简易的 DWF Viewer，这样在进行设计图交流的时候就会很麻烦，如直接通过截图的方式交流时截图的分辨率太低，打印成高分辨率的JPEG图形又不好添加批注等信息。这时就可以将dwg图形输出为PDF文件，PDF既能高清地还原AutoCAD图纸信息，又能添加批注，更重要的是PDF普及度高，任何平台、任何系统都能将其有效打开。

1）打开素材文件"第 8 章 \8-8 输出 PDF 文件供客户快速查阅 .dwg"，其中已经绘制好了一完整图纸，如图 8-79 所示。

2）单击【应用程序】按钮▲，在弹出的快捷

菜单中选择【输出】选项，在右侧的输出菜单中选择【PDF】，如图 8-80 所示。

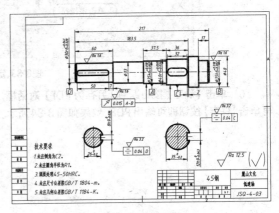

图8-79 素材图形

图8-80 选择【PDF】

Quality Print）】，即"高品质打印"，如图 8-81 所示。读者也可以自行选择要输出 PDF 的品质。

图8-81 【另存为PDF】对话框

3）系统自动打开【另存为 PDF】对话框，在该对话框中指定输出路径和文件名，然后在【PDF预设】下拉列表框中选择【AutoCAD PDF（High

4）在该对话框的【输出】下拉列表中选择【窗口】，系统返回绘图界面，然后框选该图形即可，如图 8-82 所示。

图8-82 定义输出窗口

5）在该对话框的【页面设置】下拉列表中选择【替代】，再单击下方的【页面设置替代】按钮，打开【页面设置替代】对话框，在其中定义好打印样式和图纸尺寸，如图 8-83 所示。

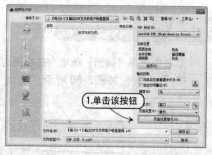

图8-83 定义页面设置

6）单击【确定】按钮返回【另存为 PDF】对话框，再单击【保存】按钮即可输出 PDF，效果如图 8-84 所示。

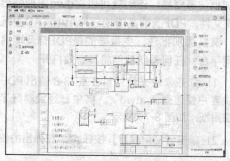

图8-84 输出的PDF效果

8.6.4 ▶ 图纸的批量输出与打印

图纸的【批量输出】或【批量打印】很多时候只能通过安装AutoCAD的插件来完成，但这些插件并不稳定，使用效果也不尽如人意。

其实在AutoCAD中，可以通过"发布"功能来实现批量打印或输出的效果，最终的输出格式可以是电子版文档，如PDF和DWF，也可以是纸质文件。下面通过一个具体案例来进行说明。

【案例 8-9】批量输出 PDF 文件

1）打开素材文件"第 8 章\8-9 批量输出 PDF 文件 .dwg"，其中已经绘制好了 4 张图纸，如图 8-85 所示。

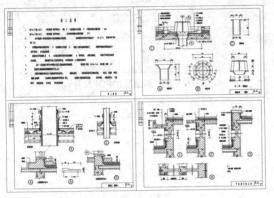

图8-85 素材文件

2）在状态栏中可以看到已经创建好了对应的 4 个布局，如图 8-86 所示，每一个布局对应一张图纸，并控制该图纸的打印。

图8-86 素材创建好的布局

操作技巧

如需打印新的图纸，读者可以自行新建布局，然后分别将各布局中的视口对准至要打印的部分即可。

3）单击【应用程序】按钮，在弹出的快捷菜单中选择【发布】选项，打开【发布】对话框，在【发布为】下拉列表中选择【PDF】选项，在【发布选项】中定义发布位置，如图 8-87 所示。

4）在【图纸名】列表栏中可以查看到要发布为 DWF 的文件，用鼠标右键单击其中的任一文件，在弹出的快捷菜单中选择【重命名图纸】选项，如图 8-88 所示，为图形输入合适的名称，效果如图 8-89 所示。

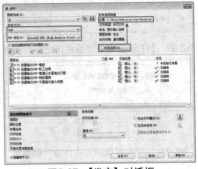

图8-87 【发布】对话框

图8-88 【重命名图纸】选项　　图8-89 重命名效果

5）设置无误后，单击【发布】对话框中的【发布】按钮，打开【指定 PDF 文件】对话框，在【文件名】文本框中输入发布后 PDF 文件的文件名，单击【选择】即可发布，如图 8-90 所示。

6）如果是第一次进行 PDF 发布，会打开【发布 - 保存图纸列表】对话框，如图 8-91 所示，单击【否】即可。

图8-90 【指定DWF文件】对话框

图8-91 【发布-保存图纸列表】对话框

7) 此时 AutoCAD 弹出【打印 - 正在处理后台作业】对话框，如图 8-92 所示，开始处理 PDF 文件的输出。输出完成后在状态栏右下角出现如图 8-93 所示的提示，PDF 文件即输出完成。

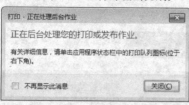

图8-92 【打印-正在处理后台作业】对话框

图8-93 "完成打印和发布作业"的提示

8) 打开输出后的 PDF 文件，效果如图 8-94 所示。

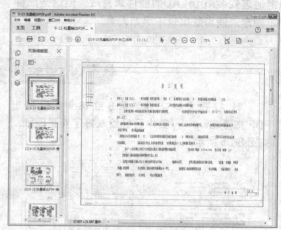

图8-94 输出后的PDF文件

第9章
标准件和常用件的绘制

在机械制图中，某些零件的结构、尺寸、画法和标记等已经完全标准化，这类零件称为标准件；而某些零件应用广泛，其零件上的部分结构、形状和尺寸等已有统一标准，这类零件称为常用件。本章将讲解常见的标准件和常用件的绘制方法。

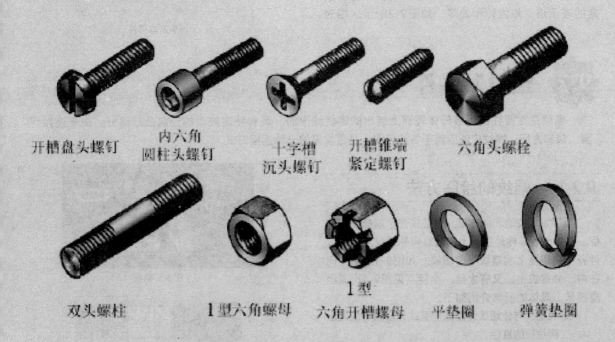

开槽盘头螺钉　内六角圆柱头螺钉　十字槽沉头螺钉　开槽锥端紧定螺钉　六角头螺栓

双头螺柱　1型六角螺母　1型六角开槽螺母　平垫圈　弹簧垫圈

9.1 标准件和常用件概述

在实际的机械设计工作中，真正自主设计并加工的零件其实并不多，从成本上来说也不划算，因此使用最多的还是机械上的标准件和常用件。本小节将介绍标准件和常用件的概念，作为一个合格的机械设计人员有必要对此有所了解。

9.1.1 ▶ 标准件

标准件是指结构、尺寸、画法和标记等已经完全标准化，并由专业厂生产的常用的零（部）件，如螺钉、螺母、键、销和滚动轴承等。广义的标准件包括标准化的紧固件、连接件、传动件、密封件、液压元件、气动元件、轴承和弹簧等机械零件。狭义的标准件仅包括标准化紧固件。国内俗称的标准件是标准化紧固件的简称，是狭义概念，但不能排除广义概念的存在。此外还有行业标准件，如汽车标准件和模具标准件等，也属于广义标准件。

总而言之，标准件就是一类具有准确名称与通用代号、可以在市面上直接以代号来进行采购的零件，如图9-1所示。

9.1.2 ▶ 常用件

常用件是指应用广泛、某些部分的结构形状和尺寸等已有统一标准的零件，这些在制图中都有规定的表示法，如齿轮和轴等，如图9-2所示。相对于标准件，常用件缺少一些硬性规定，大致上指的是一类具有相似外形，但尺寸上存在差异，不可通用的零件，因此没有统一的代号，也就无法在市面上直接外购成品，只能专门设计、定制。

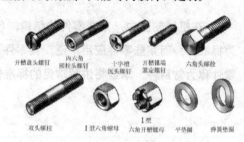

图9-1 标准件

图9-2 常用件

9.2 螺纹紧固件

螺纹是在圆柱或圆锥母体表面上制出的螺旋线形的、具有特定截面的连续凸起部分。由于连接可靠、装卸方便，螺纹广泛应用于各行各业，是最常见的一种连接方式。

9.2.1 ▶ 螺纹的绘图方法

要了解螺纹的表达方法，就必须先了解螺纹的特征。其中制在零件外表面上的螺纹叫外螺纹，制在零件孔腔内表面上的螺纹叫内螺纹，如图9-3所示。而在内、外螺纹上，又有大径、小径（见图9-4）等组成要素，具体的概念介绍如下：

- ✪ **大径**：与外螺纹牙顶或内螺纹牙底相切的假想圆柱面的直径。
- ✪ **小径**：与外螺纹牙底或内螺纹牙顶相切的假想圆柱面的直径。

图9-3 螺纹

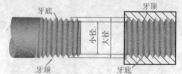

图9-4 螺纹的大径与小径

除螺纹的大径和小径之外还有螺纹的中径，它是一个假想圆柱的直径。该圆柱的母线通过牙型上沟槽和凸起宽度相等的地方。

螺纹在图纸上的表达与大径、小径这两个要素有关。螺纹的规定画法如下：

- 牙顶用粗实线表示，如外螺纹的大径线和内螺纹的小径线。
- 牙底用细实线表示，如外螺纹的小径线和内螺纹的大径线。
- 在投影为圆的视图上，表示牙底的细实线圆只画约3/4圈。
- 螺纹终止线用粗实线表示。
- 不论是内螺纹还是外螺纹，其剖视图或断面图上的剖面线都必须画到粗实线。
- 当需要表示螺纹收尾时，螺尾部分的牙底线与轴线成30°。

① 外螺纹的画法

外螺纹的典型画法示例如图9-5所示。

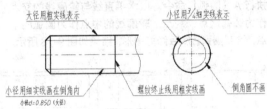

图9-5 外螺纹画法

② 内螺纹的画法

内螺纹的典型画法示例如图9-6所示。

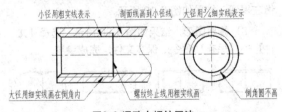

图9-6 通孔内螺纹画法

无论是外螺纹还是内螺纹，剖面图中的剖面线应一律终止在粗实线上。螺纹中的粗实线可以简单记为人用手能触摸到的螺纹部分。

上述的内螺纹画法属于通孔画法（即孔直接钻通工件）。除此之外，内螺纹还有一种盲孔画法。盲孔内螺纹的画法如图9-7所示。

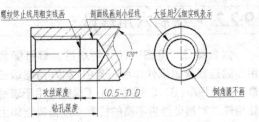

图9-7 盲孔内螺纹画法

关于盲孔内螺纹，有两点需要注意的地方。

- 钻孔深度比攻螺纹深度要深（深度为0.5~1大径D）。这是由盲孔内螺纹的加工情况决定的。盲孔螺纹的加工，一般先用钻头钻孔，然后再用丝锥攻螺纹，如图9-8所示。因此孔深就必须大于螺纹深，不然在攻螺纹的时候加工所产生的铁屑就会直接堆积在加工部分，影响攻螺纹稳定性，很容易造成丝锥折损。
- 钻孔的底部锥角为120°。一般的孔都是通过钻头进行加工的，因此孔的形状自然会留下钻头的痕迹，即在末梢会呈现120°的锥角（也有118°的），这是因为钻头的钻尖通常被加工为120°。

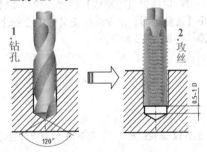

图9-8 盲孔内螺纹的加工

③ 螺纹连接的画法

螺纹的连接部分通常按外螺纹画法绘制，其余部分按内、外螺纹各自的规定画法表示。具体说明如下：

- 大径线和大径线对齐，小径线和小径线对齐。
- 旋合部分按外螺纹画，其余部分按各自的规定画。

螺纹连接的画法示例如图9-9所示。

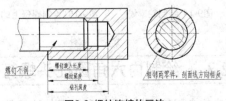

图9-9 螺纹连接的画法

9.2.2 ▶ 绘制六角螺母

六角螺母（见图9-10）与螺栓、螺钉配合使用，起连接紧固机件作用。其中1型六角螺母应用最广，包括A、B、C 3种级别。C级螺母用于表面比较粗糙、对精度要求不高的机器、设备或结构上；A级和B级螺母用于表面比较光洁、对精度要求较高的机器、设备或结构上。2型六角螺母的厚度M较大，多用于需要经常装拆的场合；六角薄螺母的厚度M较小，多用于表面空间受限制的零件。

六角螺母作为一种标准件，有规定的形状和尺寸关系。图9-11所示为六角螺母的尺寸参数标准。随着机械工业的发展，标准也处于不断变化中。

由于螺母有成熟的标准体系，因此只需写明对应的国标号与螺纹的公称直径大小，就可以准确地指定某种螺钉，如装配图明细栏中写明"M10A—GB/T 6170"，表示的是"1型六角螺母，螺纹公称直径为M10，性能等级A级"。

图9-10 六角螺母

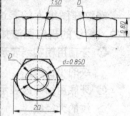

图9-11 六角螺母的尺寸参数

【案例 9-1】 绘制六角螺母

本案例便是按图9-11中的参数绘制"M10A—GB/T 6170"的六角螺母。具体步骤如下：

1）打开素材文件"第 9 章\9.2.2 绘制六角螺母.dwg"，素材图形如图9-12 所示，其中已经绘制好了对应的中心线。

2）切换到【轮廓线】图层，执行 C【圆】和POL【正多边形】命令，在交叉的中心线上绘制俯视图，如图 9-13 所示。

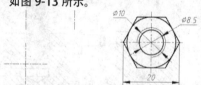

图9-12 素材图形　　图9-13 绘制螺母的俯视图

3）根据三视图基本准则"长对正，高平齐，宽相等"绘制主视图和左视图的轮廓线，如图 9-14 所示。

4）执行 C【圆】命令，绘制与直线 AB 相切、半径为 15 的圆，然后绘制与直线 CD 相切、半径为 10 的圆；再执行 TR【修剪】命令，修剪图形，结果如图 9-15 所示。

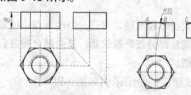

图9-14 绘制轮廓线　　图9-15 绘制螺母上的圆弧

5）单击【修改】面板中的【打断于点】按钮，将最上方的轮廓线在 A、B 两点打断，如图 9-16 所示。

6）执行 L【直线】命令，在主视图上绘制通过 R15 圆弧两端点的水平直线，如图 9-17 所示。执行 A【圆弧】命令，以水平直线与轮廓线的交点作为圆弧起点、终点，轮廓线的中点作为圆弧的中点，绘制圆弧，然后修剪图形，结果如图 9-18 所示。

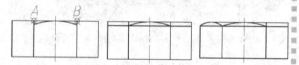

图9-16 打断直线　　图9-17 绘制水平辅助线　　图9-18 修剪图形

7）镜像图形。执行 MI【镜像】命令，以主视图水平中线作为镜像线，镜像图形。同样的方法镜像左视图，结果如图 9-19 所示。

8）修剪图形，结果如图 9-20 所示。选择【文件】→【保存】命令，保存文件，完成绘制。

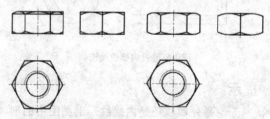

图9-19 镜像图形　　图9-20 图形修剪结果

9.2.3 ▶ 绘制内六角圆柱头螺钉

内六角圆柱头螺钉是一种常用的连接件，如图9-21所示。常用的内六角圆柱头螺钉按强度等级分为4.8级、8.8级、10.9级和12.9级。强度等级不同，材质也不同，单价也随之由高到低。

内六角圆柱头螺钉的用途与六角头螺钉相似，

不同的是该螺钉头可以埋入机件中，因此可节省很多装配空间，整体的装配外观效果看起来也很简洁。该螺钉连接强度较大，装卸时须用相应规格的内六角扳手，一般用于各种机床及其附件上。

同螺母一样，内六角圆柱头螺钉也可以在装配图上用国标代号表示。但不同的是，螺钉还有长度这一重要尺寸，因此还需在代号后面写明螺钉长度。如"M10x40—GB/T 70.1，10.9级"表示的是"螺纹公称直径为M10，长度为40，性能等级为10.9级的内六角圆柱头螺钉"。

【案例 9-2】绘制内六角圆柱头螺钉

本案例便是绘制"M10x40—GB/T 70.1，10.9级"的螺钉，具体步骤如下。

1）打开素材文件"第 9 章 \9.2.3 绘制内六角圆柱头螺钉 .dwg"，如图 9-22 所示，其中已经绘制好了对应的中心线。

图9-21 内六角圆柱 　　图9-22 素材图形
头螺钉

2）切换到【轮廓线】图层，执行 C【圆】命令和 POL【正多边形】命令，在交叉的中心线上绘制左视图，结果如图 9-23 所示。

3）执行 O【偏移】命令，将主视图的中心线分别向上、下各偏移 5，如图 9-24 所示。

图9-23 绘制　　　　图9-24 偏移中心线
左视图

4）根据"长对正，高平齐，宽相等"原则绘制主视图的轮廓线，结果如图 9-25 所示。可以看出螺钉长度 40 指的是螺钉头至螺纹末端的长度。

5）执行 CHA【倒角】命令，为图形倒角，结果如图 9-26 所示。

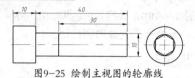

图9-25 绘制主视图的轮廓线

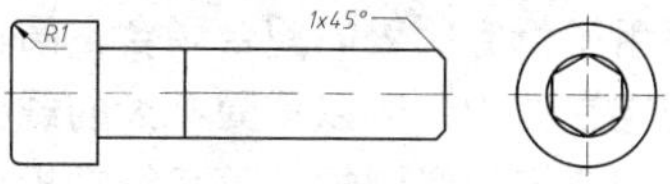

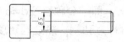

图9-26 图形倒角

6）执行 O【偏移】命令，按"螺纹小径 =0.85 螺纹大径"的原则偏移外螺纹的轮廓线，然后修剪并切换到【细实线】图层，从而绘制出主视图上的螺纹小径线，结果如图 9-27 所示。

图9-27 绘制螺纹小径线

7）切换到【虚线】图层，执行 L【直线】与 A【圆弧】命令，根据"长对正，高平齐，宽相等"原则，按左视图中的六边形绘制主视图上内六角沉头轮廓，结果如图 9-28 所示。

图9-28 绘制沉头

8）按 Ctrl+S 组合键保存文件，完成绘制。

9.3 销钉类零件

销钉在机械部件的连接中有举足轻重的作用。按形状和作用的不同，销钉可以分为开口销、圆锥销、圆柱销和槽销等。1986年，我国首次采用ISO紧固件产品标准制订并发布了销钉产品的国家标准（具体可参见各销钉产品标准）。

9.3.1 销钉的分类与设计要点

在销钉产品中，圆柱销、圆锥销及开口销是生产使用量大面广的商品紧固件，也是不可替代的紧固件产品。

1. 圆柱销

圆柱销主要用于定位，也可用于连接，依靠过盈配合固定在销孔内。圆柱销用于定位时通常不受载荷或者受很小的载荷，数量不少于两个，分布在被连接件整体结构的对称方向上，相距越远越好，销在每一被连接件内的长度为小直径的1~2倍。一般情况下，圆柱销的材质多选用35、45钢，均须进行热处理，硬度为38~46HRC。若有高强度要求可选用轴承钢。

常用的圆柱销如图9-29所示。在装配图明细栏中的标记方法为"销6×30—GB/T 119.1"，即"公称直径d=6mm，公称长度l=30mm，材料为钢，不经淬火，不经表面处理的圆柱销"。

2. 圆锥销

圆锥销同样用于定位，其与圆柱销不同的是，圆锥销更多用于拆卸频繁的配合场合。圆柱销利用微小过盈固定在孔中，可以承受不大的载荷，为保证定位精度和连接的紧固性，不宜经常拆卸，主要用于定位，也用作连接销和安全销；而圆锥销具有1：50的锥度，自锁性好，定位精度高，安装方便，多次装拆对定位精度的影响较小，因此主要用于定位，也可用作连接销。

常用的圆锥销如图9-30所示。标记方法为"销6×30—GB/T 117"，即"公称直径d=6mm，公称长度l=30mm，材料为35钢，热处理硬度为28~38HRC，表面氧化处理的A型圆锥销"。

3. 开口销

开口销用于螺纹或其他连接方式的防松。螺母拧紧后，把开口销插入螺母槽与螺栓尾部孔内，并将开口销尾部扳开，可防止螺母与螺栓的相对转动，如图9-31所示。开口销是一种金属五金件，俗名弹簧销。

开口销的标记方法为"销5×50—GB/T 91"，即"公称规格为5mm，公称长度l=50mm，材料为Q215或Q235钢，不经表面处理的开口销"。

图9-29 圆柱销　　　图9-30 圆锥销　　　图9-31 开口销

9.3.2 ▶ 绘制螺纹圆柱销

圆柱销又可分为普通圆柱销、内螺纹圆柱销、螺纹圆柱销、带孔销和弹性圆柱销等几种，各有相应的国家标准。

【案例 9-3】绘制螺纹圆柱销

本案例所绘制的螺纹圆柱销绘制步骤如下：

1）打开素材文件"第9章\9.3.2 绘制螺纹圆柱销.dwg"，其中已经绘制好了对应的中心线。

2）切换到【轮廓线】图层，执行L【直线】命令，绘制外轮廓，结果如图 9-32 所示。

3）执行 CHA【倒角】命令，为图形倒角2×45°，结果如图 9-33 所示。

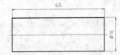　　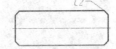

图9-32 绘制轮廓线　　　　图9-33 图形倒角

4）执行 L【直线】命令，绘制连接线，如图9-34 所示。

5）执行L【直线】命令，绘制螺纹以及圆柱销顶端，将螺纹线转换到【细实线】图层，结果如图9-35 所示。

图9-34 绘制连接线　　　图9-35 绘制螺纹

6）执行L【直线】命令，使用临时捕捉【自】命令，捕捉距离为4的点，绘制直线，结果如图 9-36 所示。

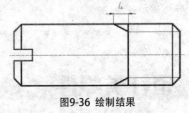

图9-36 绘制结果

7）选择【文件】→【保存】命令，保存文件，完成螺纹圆柱销的绘制。

9.3.3 ▶ 绘制螺尾锥销

圆锥销有普通圆锥销、内螺纹圆锥销、螺尾锥

销和刀尾圆锥销等几种，各有相应的国家标准。

【案例 9-4】绘制螺尾锥销

本案例所绘制的螺尾锥销标记为"销6×54—GB/T 881"。绘制步骤如下：

1）打开素材文件"第 9 章 \9.3.3 绘制螺尾锥销 .dwg"，其中已经绘制好了对应的中心线。

2）切换到【轮廓线】图层，执行 L【直线】命令，绘制一条长为 3 的垂直直线，再以该直线为基准，向右分别偏移30、31、35、52、53、54.5，结果如图9-37 所示。

图9-37 偏移直线

3）执行 LEN【拉长】命令，将第一条偏移出来的直线垂直拉长 0.3，然后将最后偏移出来的两条直线垂直拉长 -1（即缩短 1 个单位），接着执行 L【直线】命令，绘制连接直线，结果如图 9-38 所示。

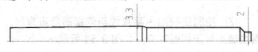

图9-38 连接直线

4）执行 F【圆角】命令，对图形进行圆角，结果如图 9-39 所示。

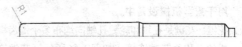

图9-39 圆角

5）执行 O【偏移】命令，将水平轮廓线向下偏移 0.5，修剪图形并切换到【细实线】图层，结果如图9-40 所示。

图9-40 使用【偏移】命令绘制螺纹

6）执行 O【圆】命令，绘制圆心在中心线上、通过右侧边线的端点、半径为 6 的端部圆；执行 TR【修剪】命令，修剪图形，结果如图 9-41 所示。

图9-41 绘制端部圆

7）执行 MI【镜像】命令，以水平中心线为镜像轴线，镜像图形，结果如图 9-42 所示。

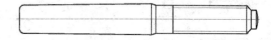

图9-42 绘制结果

8）选择【文件】→【保存】命令，保存文件，完成螺尾锥销的绘制。

9.4 键

本节将对键的种类与作用进行介绍。

9.4.1 ▶ 键的简介与种类

键主要用于轴和轴上零件之间的轴向固定以传递转矩，有些键还可实现轴上零件的轴向固定或轴向移动，如减速器中齿轮与轴的连接。

键分为平键、半圆键、楔键、切向键和花键等，具体说明如下：

- ✪ 平键：平键的两侧是工作面，上表面与轮毂槽底之间留有间隙。其定心性能好，装拆方便。平键有普通平键（GB/T 1096）和导向平键（GB/T 1097）两种。
- ✪ 半圆键：半圆键（GB/T 1099.1）是一种半圆形的键，如图9-43所示。半圆键也是以两侧为工作面，有良好的定心性能。半圆键可在轴槽中摆动以适应毂槽底面，但键槽对轴的

强度削弱较大，只适用于轻载连接。
- ✪ 楔键：楔键的上下面是工作面，键的上表面有 l：100 的斜度，轮毂键槽的底面也有1：100 的斜度。把楔键打入轴和轮毂槽内时，其表面产生很大的预紧力，工作时主要靠摩擦力传递转矩，并能承受单方向的轴向力。其缺点是会迫使轴和轮毂产生偏心，仅适用于对定心精度要求不高、载荷平稳和低速的连接。楔键又分为普通楔键（GB/T 1564）和钩头楔键（GB/T 1565）两种，如图9-44所示。

图9-43 半圆键   图9-44 楔键

⊕ 切向键：切向键（GB/T 1974）由一对楔键组成，如图9-45所示，能传递很大的转矩，常用于重型机械设备中。

⊕ 花键：花键是在轴和轮毂孔轴向均布多个键齿构成的，称为花键连接，如图9-46所示。花键连接多齿工作，工作面为齿侧面，其承载能力高，对中性和导向性好，对轴和毂的强度削弱小，适用于定心精度要求高、载荷大和经常滑移的静连接和动连接，如变速器中滑动齿轮与轴的连接。按齿形不同，花键连接可分为矩形花键、三角形花键和渐开线花键等。

图9-45 切向键

图9-46 花键

9.4.2 ▸ 绘制钩头楔键

钩头楔键的尺寸示例如图9-47所示。例如，b=16mm、h=10mm、L=100mm的钩头楔键可以标记为"键16×100—GB/T 1565"。

【案例 9-5】绘制钩头楔键

本案例将绘制"键10×35—GB/T 1565"的钩头楔键。

1）打开素材文件"第9章\9.4.2 绘制钩头楔键.dwg"，素材图形中已经绘制好了主视图、俯视图和左视图的轮廓基准，如图9-48所示。

图9-47 钩头楔键尺寸示例　　　图9-48 素材图形

2）执行O【偏移】命令，将俯视图轮廓向上偏移10，将左视图直线向上偏移9、15，结果如图9-49所示。

3）执行L【直线】命令，连接偏移出的直线，结果如图9-50所示。

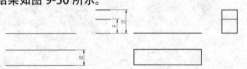

图9-49 偏移直线　　　　图9-50 绘制连接线

4）执行L【直线】命令，根据"高平齐"的原则绘制主视图左边线，如图9-51所示。

5）执行O【偏移】命令，将俯视图左边线向右偏移10，如图9-52所示。

6）开启【极轴追踪】，设置追踪角为45，

执行L【直线】命令，在主视图中绘制与竖直边夹角45°的直线，如图9-53所示。

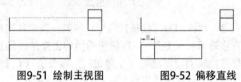

图9-51 绘制主视图　　　图9-52 偏移直线

7）绘制主视图水平直线与俯视图竖直直线，直线端点与俯视图对齐，如图9-54所示。

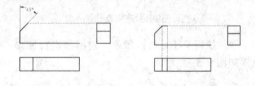

图9-53 绘制轮廓线　　　图9-54 绘制连接线

8）执行L【直线】命令，在主视图右端绘制长度为8.8的垂直直线，如图9-55所示。

9）执行L【直线】命令，绘制其他连接线，结果如图9-56所示。

图9-55 绘制直线　　　　图9-56 绘制结果

10）选择【文件】→【保存】命令，保存文件，完成钩头楔键的绘制。

9.4.3 ▸ 绘制花键

在机械制图中，花键的键齿作图比较繁琐。为提高制图效率，许多国家都制定了花键画法标准，国际上也制定有ISO标准。中国机械制图国家标准规定：对于矩形花键，其外花键在平行于轴线

的投影面的视图中，大径用粗实线、小径用细实线绘制，并用剖面画出一部分或全部齿形；其内花键在平行于轴线的投影面的剖视图中，大径和小径都用粗实线绘制，并用局部视图画出一部分或全部齿形。花键工作长度的终止端和尾部长度的末端均用细实线绘制。

【案例 9-6】绘制花键

本案例便是按规定的制图方法绘制花键。

1）打开素材文件"第 9 章\9.4.3 绘制花键.dwg"，素材图形中已经绘制好了对应的中心线，如图 9-57 所示。

2）将【轮廓线】图层设置为当前图层。执行 C【圆】命令，以交叉的中心线交点为圆心绘制半径为 16、18 的同心圆，如图 9-58 所示。

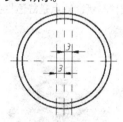
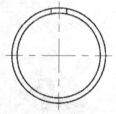

图9-57　素材图形　　　　图9-58　绘制同心圆

3）执行 O【偏移】命令，将竖直中心线向左、右各偏移 3，如图 9-59 所示。

4）执行 TR【修剪】命令，修剪多余的偏移线，并将修剪后的偏移线转换到【轮廓线】图层，如图 9-60 所示。

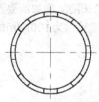
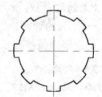

图9-59　偏移中心线　　　　图9-60　修剪并转换图层

5）单击【修改】工具栏中的【环形阵列】按钮，选择上一步修剪出的直线作为阵列对象，选择中心线的交点作为阵列中心点，项目数设置为 8，如图 9-61 所示。

6）执行 TR【修剪】命令，修剪多余圆弧，结果如图 9-62 所示。

图9-61　环形阵列　　　　图9-62　修剪圆弧

7）执行 H【图案填充】命令，选择图案为"ANSI31"，设置比例为 1、角度为 0°，填充图案，结果如图 9-63 所示。

8）执行 L【直线】命令，绘制左视图中心线，并根据"高平齐"的原则绘制左视图边线，如图 9-64 所示。

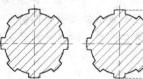
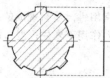

图9-63　图　　　　图9-64　绘制左视图边线
案填充

9）执行 O【偏移】命令，将左视图边线向右分别偏移 35、40，结果如图 9-65 所示。

10）执行 L【直线】命令，根据"高平齐"的原则绘制左视图的水平轮廓线，如图 9-66 所示。

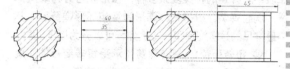

图9-65　偏移直线　　　　图9-66　绘制左视图水平轮廓线

11）执行 CHA【倒角】命令，设置倒角距离为 2，结果如图 9-67 所示。

12）执行 L【直线】命令，连接交点；执行 TR【修剪】命令，修剪图形，将内部线条转换到【细实线】图层，结果如图 9-68 所示。

图9-67　倒角

图9-68　修剪图形并转换图层

13）执行 SPL【样条曲线拟合】命令，绘制断面边界，如图 9-69 所示。

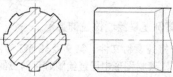

图9-69　绘制结果

14）选择【文件】→【保存】命令，保存文件，完成花键的绘制。

9.5 弹簧

弹簧属于常用件，没有现成的型号。弹簧是一种利用其自身弹性来工作的机械零件。用弹性材料制成的弹簧在外力作用下发生形变，除去外力后又可以恢复原状，这一特性使得弹簧在机械中的应用极为广泛。

9.5.1 ▶ 弹簧的简介与分类

弹簧是指利用材料的弹性和结构特点，使变形与载荷之间保持特定关系的一种弹性元件，一般用弹簧钢制成。弹簧用于控制机件的运动、缓和冲击或振动、存蓄能量、测量力的大小等，广泛用于机器和仪表中。弹簧的种类复杂多样，按形状可分为螺旋弹簧、涡卷弹簧、板弹簧、碟形弹簧和环形弹簧等，其中最常见的是螺旋弹簧，螺旋弹簧可以分为以下5类：

- ⊙ 扭转弹簧：扭转弹簧是承受扭转变形的螺旋弹簧。它的工作部分密绕成螺旋形，端部结构是加工成各种形状的扭臂，而不是钩环，如图9-70所示。扭转弹簧多用于夹子、轴销和门栓等扭转部位。
- ⊙ 拉伸弹簧：拉伸弹簧是承受轴向拉力的螺旋弹簧。在不承受负荷时，拉伸弹簧的圈与圈之间一般都是并紧的没有间隙，如图9-71所示。
- ⊙ 压缩弹簧：压缩弹簧是承受轴向压力的螺旋弹簧。它所用的材料截面多为圆形，也有用矩形和多股钢索卷制的。压缩弹簧一般为等节距，如图9-72所示。压缩弹簧的形状有圆柱形、圆锥形、中凸形、中凹形和少量的非圆形等。压缩弹簧的圈与圈之间会有一定的间隙，当受到外载荷的时候弹簧收缩变形，储存变形能。

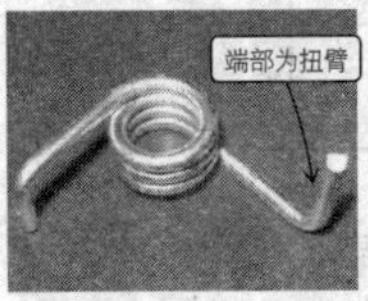

- ⊙ 渐进型弹簧：渐进型弹簧如图9-73所示，多用于车辆工程。这种弹簧采用了粗细、疏密不一致的设计，好处是在受压不大时可以通过弹性系数较低的部分吸收路面的起伏，保证乘坐舒适感，当压力增大到一定程度后较粗部分的弹簧起到支撑车身的作用。这种弹簧的缺点是操控感受不直接，精确度较差。
- ⊙ 线性弹簧：线性弹簧如图9-74所示，也常用于车辆工程。线性弹簧从上至下的粗细、疏密不变，弹性系数为固定值。这种设计的弹簧可以使车辆获得更加稳定和线性的动态反应，有利于驾驶者更好地控制车辆，多用于以性能取向的改装车与竞技性车辆，缺点是舒适性会受到影响。

图9-73 渐进型弹簧　　图9-74 线性弹簧

9.5.2 ▶ 绘制拉伸弹簧

弹簧弹力的计算公式为$F=kx$，其中F为弹力，k为劲度系数，x为弹簧拉长的长度。例如，要测试一款5N的弹簧，用5N力拉劲度系数为100N/m的弹簧，则弹簧被拉长5cm。

图9-70 扭转弹簧　　图9-71 拉伸弹簧　　图9-72 压缩弹簧

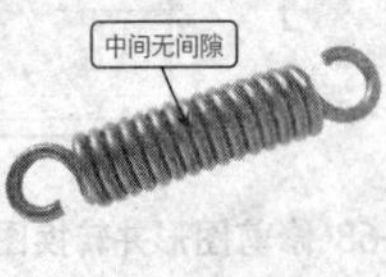

【案例 9-7】绘制拉伸弹簧

本案例便是绘制该拉伸弹簧。

1）打开素材文件"第 9 章 \9.5.2 绘制拉伸弹簧 .dwg"，素材图形中已经绘制好了对应的中心线，如图 9-75 所示。

2）执行 O【偏移】命令，将水平中心线向上、下各偏移 14，结果如图 9-76 所示。

图9-75 素材图形

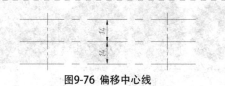

图9-76 偏移中心线

3）执行 C【圆】命令，以中心线最初的交点为圆心绘制半径为 10.5、17.5 的圆，结果如图 9-77 所示。

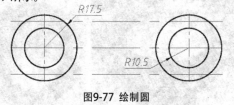

图9-77 绘制圆

4）开启【极轴追踪】，设置追踪角为 93°。执行 L【直线】命令，绘制与水平线呈 93°的直线，如图 9-78 所示。

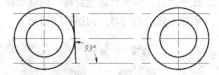

图9-78 绘制93°直线

5）将上一步绘制的直线转换到【中心线】图层，然后执行 CO【复制】命令，水平复制该直线，结果如图 9-79 所示。

图9-79 复制93°直线

6）执行 C【圆】命令，以复制出的斜线与偏移出的水平中心线交点为圆心，绘制半径为 3.5 的圆，如图 9-80 所示。

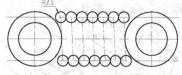

图9-80 绘制圆

7）执行 L【直线】命令，使用临时捕捉【切点】命令，绘制圆的公切线，结果如图 9-81 所示。

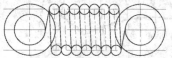

图9-81 绘制圆的公切线

8）执行 TR【修剪】命令，修剪图形，结果如图 9-82 所示。

图9-82 修剪图形

9）执行 L【直线】命令，绘制连接线，然后删除多余的中心线，结果如图 9-83 所示。

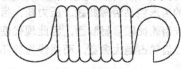

图9-83 最终图形

10）选择【文件】→【保存】命令，保存文件，完成拉伸弹簧的绘制。

9.6 齿轮类零件及其啮合

齿轮是指依靠齿的啮合传递转矩的轮状机械零件。齿轮通过与其他齿状机械零件（如另一齿轮、齿条、蜗杆）传动，可实现改变转速、转矩、运动方向和运动形式等功能。由于传动效率高、传动比准确、功率范围大等优点，齿轮机构在工业产品中广泛应用。齿轮的设计与制造水平直接影响到工业产品的质量。通过齿轮轮齿啮合，齿轮会带动另一个齿轮转动来传送动力；将两个齿轮分开，也可以应用链条、履带、皮带来带动两边的齿轮来传送动力。

9.6.1 ▶ 齿轮的简介、种类及加工方法

齿轮的用途很广，是各种机械设备中的重要零件，如机床、飞机、轮船及日常生活中用的手表、电扇等都要使用各种齿轮。齿轮的种类很多，有圆柱直齿轮、圆柱斜齿轮、螺旋齿轮、直齿锥齿轮、螺旋锥齿轮和蜗轮等。

❶ 齿轮零件的概念

齿轮是轮缘上有齿，能连续啮合传递运动和动力的机械零件。其各部分的名称如图9-84所示。

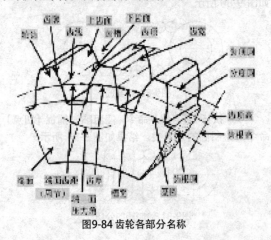

图9-84 齿轮各部分名称

齿轮主要的用途就是传递动力，主要的分类有平行轴齿轮传动、相交轴齿轮传动和交错轴齿轮传动。齿轮传动的特点主要有：传动的速度和功率范围大、传动效率高、接触强度高、磨损小且均匀、传动比大、工作平稳、噪声小。

❷ 齿轮零件种类

齿轮可按齿形、齿轮外形、齿线形状、轮齿所在的表面和制造方法等分类。

齿轮的齿形包括齿廓曲线、压力角、齿高和变位。渐开线齿轮比较容易制造，因此现代使用的齿轮中渐开线齿轮占绝大多数，而摆线齿轮和圆弧齿轮应用较少。

在压力角方面，小压力角齿轮的承载能力较小，而大压力角齿轮虽然承载能力较高，但在传递转矩相同的情况下轴承的负荷增大，因此仅用于特殊情况。

齿轮的齿高已标准化，一般均采用标准齿高。变位齿轮的优点较多，其应用已遍及各类机械设备中。

❀ 按齿轮外形分为：圆柱齿轮、锥齿轮、非圆齿轮、齿条和蜗杆蜗轮，如图9-85所示。

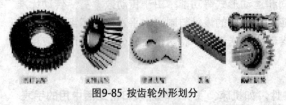

图9-85 按齿轮外形划分

❀ 按齿线的形状分为：直齿轮、斜齿轮、曲线齿轮和人字齿轮，如图9-86所示。

图9-86 按齿线形状划分

❀ 按轮齿所在的表面分为：外齿轮和内齿轮，如图9-87所示。

图9-87 按轮齿所在的表面划分

❀ 按制造方法分为：铸造齿轮、切制齿轮、轧制齿轮和烧结齿轮等，如图9-88所示。

图9-88 按制造方法

齿轮材料的选择，一定要保证齿轮工作的可靠性，提高其使用寿命，应根据工作的条件和材料的特点来进行选取。齿轮的制造材料和热处理过程对齿轮的承载能力和尺寸、重量有很大的影响。对于齿轮材料的基本要求是：应使齿面具有足够的硬度和耐磨性，齿心具有足够的韧性，以防止齿面的各种失效；同时应具有良好的冷、热加工的工艺性，以达到齿轮的各种技术要求。

20世纪50年代前，齿轮多用碳钢制造，60年代改用合金钢，而70年代多用表面硬化钢。按材料的硬度情况，齿面可分为软齿面和硬齿面两种。

软齿面的齿轮承载能力较低，但制造比较容易，磨合性好，多用于传动尺寸和重量无严格限制，以及少量生产的一般机械中。因为配对的齿轮中，小齿轮负担较重，因此为使大小齿轮工作寿命大致相等，小齿轮齿面硬度一般要比大齿轮的高。

硬齿面齿轮的承载能力高，它是在齿轮精切之后再进行淬火或表面淬火或渗碳淬火处理，以提高硬度。但在热处理中，齿轮不可避免地会产生变形，因此在热处理之后须进行磨削、研磨或精切，以消除因变形产生的误差，提高齿轮的精度。

综上所述，齿轮常用的材料有优质结构钢、合金铸钢、铸铁和非金属材料等，一般多采用锻件和轧制钢材。

❸ 齿轮零件结构

齿轮零件结构一般包括轮齿、齿槽、端面、法面、齿顶圆、齿根圆、基圆和分度圆等，如图9-89所示。

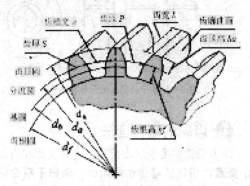

图9-89 齿轮结构图

- ✥ 轮齿（齿）：齿轮上的每一个用于啮合的凸起部分。一般说来，这些凸起部分呈辐射状排列。配对齿轮上轮齿互相接触，使得齿轮可持续啮合运转。
- ✥ 齿槽：齿轮上两相邻轮齿之间的空间。端面是圆柱齿轮或圆柱蜗杆上垂直于齿轮或蜗杆轴线的平面。
- ✥ 端面：在圆柱齿轮或圆柱蜗杆上垂直于齿轮或蜗杆轴线的平面。
- ✥ 法面：在齿轮上，法面指的是垂直于轮齿齿线的平面。
- ✥ 齿顶圆：齿顶端所在的圆。
- ✥ 齿根圆：槽底所在的圆。
- ✥ 基圆：形成渐开线的发生线在其上做纯滚动的圆。
- ✥ 分度圆：在端面内计算齿轮几何尺寸的基准圆。对于直齿轮，在分度圆上的模数和压力角均为标准值。
- ✥ 齿面：轮齿上位于齿顶圆柱面和齿根圆柱面之间的侧表面。
- ✥ 齿廓：齿面被一指定曲面（对圆柱齿轮是平面）所截的截线。
- ✥ 齿线：齿面与分度圆柱面的交线。
- ✥ 端面齿距p_t：相邻两同侧端面齿廓之间的分度圆弧长。
- ✥ 模数m：齿距除以圆周率π所得到的商，以毫米计。

- ✥ 径节p：模数的倒数，以英寸计。
- ✥ 齿厚s：在端面上一个轮齿两侧齿廓之间的分度圆弧长。
- ✥ 齿槽宽e：在端面上一个齿槽的两侧齿廓之间的分度圆弧长。
- ✥ 齿顶高h_a：齿顶圆与分度圆之间的径向距离。
- ✥ 齿根高h_f：分度圆与齿根圆之间的径向距离。
- ✥ 全齿高h：齿顶圆与齿根圆之间的径向距离。
- ✥ 齿宽b：轮齿沿轴向的尺寸。
- ✥ 端面压力角θ_t：过端面齿廓与分度圆的交点的径向线与过该点的齿廓切线所夹的锐角。
- ✥ 基准齿条：指基圆之尺寸，齿形、全齿高、齿冠高及齿厚等尺寸均合乎标准正齿轮规格的齿条，依其标准齿轮规格所切削出来的齿条称为基准齿条。
- ✥ 分度圆d：用来决定齿轮各部尺寸基准圆，$d=mz$（其中m为模数，z为齿数）。
- ✥ 基准节线：齿条上一条特定节线或沿此线测之齿厚，为齿距的1／2。
- ✥ 作用节圆：一对正齿轮啮合时，各有一个相切的做纯滚动的圆。
- ✥ 基准齿距：以选定标准齿距作为基准，与基准齿条齿距相等。
- ✥ 节圆：两齿轮连心线上啮合接触点各齿轮上留下轨迹称为节圆。
- ✥ 节径：节圆直径。
- ✥ 有效齿高：一对正齿轮齿冠高之和，又称工作齿高。
- ✥ 齿冠高：齿顶圆与节圆半径差。
- ✥ 齿隙：两齿轮啮合时，齿面与齿面之间的间隙。
- ✥ 齿顶隙：两齿轮啮合时，一齿轮齿顶圆与另一齿轮底间的空隙。
- ✥ 节点：一对齿轮啮合与节圆的相切点。
- ✥ 齿距：相邻两齿间相对应点的弧线距离。
- ✥ 法向齿距：渐开线齿轮沿特定断面同一垂线所测的齿距。

❹ 齿轮零件加工方法

齿轮齿形的加工方法有两种：一种是成形法，另一种是展成法。成形法是利用与被切齿轮齿槽形状完全相符的成形铣刀切出齿形的方法。下面简单介绍圆柱直齿轮的铣削加工方法。

圆柱直齿轮可以在卧式铣床上用盘状铣刀或立式铣床上用指状铣刀进行切削加工。现以在卧式铣床上加工2z=16(即齿数为16),m=2(即模数为2)的圆柱直齿轮为例,介绍齿轮的铣削加工过程。

　　✪ 检查齿坯尺寸:主要是检查齿顶圆直径,以便于在调整切削深度时,根据实际齿顶圆直径予以增减,保证分度圆齿厚的正确。

　　✪ 齿坯装夹和校正:正齿轮有轴类齿坯和盘类齿坯。如果是轴类齿坯,一端直接由分度头的自定心卡盘夹住,另一端由尾架顶尖顶紧即可;如果是盘类齿坯,把齿坯套在心轴上,心轴一端夹在分度头的自定心卡盘上,另一端由尾架顶尖顶紧即可。

校正齿坯很重要。首先校正圆度,如果圆度不好,会影响分度圆齿厚尺寸;再校正直线度,即分度头自定心卡盘的中心与尾架顶尖中心的连线一定要与工作台纵向走刀方向平行,否则铣出来的齿是斜的;最后校正高低,即分度头自定心卡盘的中心至工作台面距离与尾架顶尖中心至工作台面距离应一致,如果高低尺寸超差,铣出来的齿就有深浅。

展成法是利用齿轮刀具与被动齿轮的相互啮合运动而切出齿形的加工方法,如滚齿和插齿(用滚刀和插刀进行示范)。相关知识如下:

　　✪ 滚齿机滚齿:可以加工8模数以下的斜齿。

　　✪ 铣床铣齿:可以加工直齿条。

　　✪ 插床插齿:可以加工内齿。

　　✪ 冷打机打齿:可以无屑加工齿轮。

　　✪ 刨齿机刨齿:可以加工16模数大齿轮。

　　✪ 精密铸齿:可以大批量加工廉价小齿轮。

　　✪ 磨齿机磨齿:可以加工精密母机上的齿轮。

　　✪ 压铸机铸齿:多数是加工有色金属齿轮。

　　✪ 剃齿机:一种齿轮精加工用的金属切削机床。

9.6.2 ▶ 齿轮的绘图方法

9.6.1小节已经全面介绍了齿轮的特征,而齿轮的绘图方法就是将这些特征表示出来的方法。

❶ 单个齿轮的画法

单个齿轮的典型画法如图9-90所示。

如果需要表达轮齿的方向(斜齿、人字齿等),则可以在半剖视图中用三条与轮齿方向一致的细实线表示,如图9-91所示。

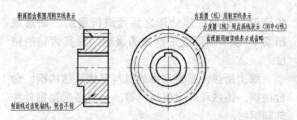

图9-90 单个齿轮画法

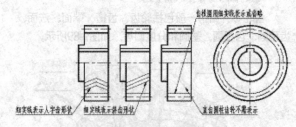

图9-91 单个齿轮上表示轮齿方向

❷ 齿轮的啮合画法

单个齿轮需要表示出齿顶圆、分度圆和齿根圆3个要素,齿轮的啮合也是如此。而由于啮合的齿轮,其啮合位置处于分度圆上,因此在剖视图上分度圆(线)是重合的,需要具体表示出5根线。典型的啮合画法如图9-92所示。

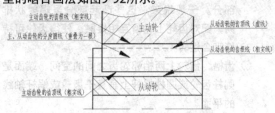

图9-92 齿轮啮合部分的画法

相应的,主视图与表达轮齿方向的视图画法则如图9-93所示。

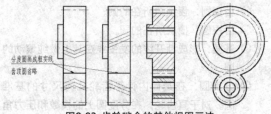

图9-93 齿轮啮合的其他视图画法

9.6.3 ▶ 绘制直齿圆柱齿轮

齿轮的绘制一般需要先根据齿轮参数表来确定尺寸。这些参数取决于设计人员的具体计算与实际的设计要求。

【案例 9-8】绘制直齿圆柱齿轮

本案例将根据如图9-94所示的参数表来绘制一直齿圆柱齿轮。

1）打开素材文件"第 9 章 \9.6.3 绘制直齿圆柱齿轮 .dwg"，素材图形如图 9-95 所示，其中已经绘制好了对应的中心线。

齿廓		渐开线	齿顶高系数	ha	1
齿数	z	29	顶隙系数	c	0.25
模数	m	2	齿宽	b	15
螺旋角	β	0°	中心距	a	87±0.027
螺旋角方向	–		配对	图号	
压力角	α	20°	齿轮	齿数 z	59
齿厚	公法线长度尺寸 W	21.48 -0.105/-0.155			
	跨球（圆柱）尺寸 M				

图9-94 齿轮参数表　　图9-95 素材图形

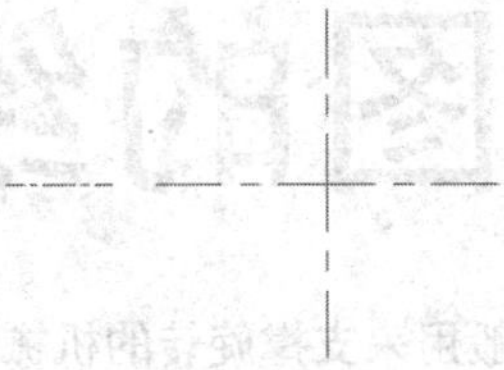

2）绘制左视图。切换至【中心线】图层，在交叉的中心线交点处绘制分度圆，尺寸可以根据参数表中的数据按"分度圆直径＝模数 × 齿数"计算，即∅58mm，如图 9-96 所示。

3）绘制齿顶圆。切换至【轮廓线】图层，在分度圆圆心处绘制齿顶圆，尺寸同样可以根据参数表中的数据按"齿顶圆直径＝分度圆直径 +2× 齿轮模数"计算，即 ∅62mm，如图 9-97 所示。

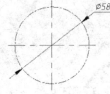
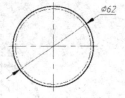

图9-96 绘制分度圆　　图9-97 绘制齿顶圆

4）绘制齿根圆。切换至【细实线】图层，在分度圆圆心处绘制齿根圆，尺寸同样根据参数表中的数据按"齿根圆直径＝分度圆直径 -2×1.25× 齿轮模数"计算，即∅53mm，如图 9-98 所示。

5）根据三视图基本准则"长对正，高平齐，宽相等"绘制齿轮主视图轮廓线，齿宽根据参数表可知为 15mm，如图 9-99 所示。要注意主视图中

齿顶圆、齿根圆与分度圆的线型。

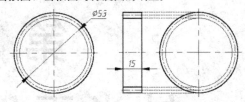

图9-98 绘制齿根圆　　图9-99 绘制主视图

6）根据装配的轴与键来绘制轮毂部分，绘制的具体尺寸如图 9-100 所示。

7）根据三视图基本准则"长对正，高平齐，宽相等"绘制主视图中轮毂的轮廓线，结果如图 9-101 所示。

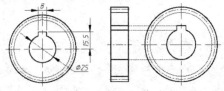

图9-100 绘制轮毂部分　　图9-101 绘制主视图中轮毂的轮廓线

8）执行 CHA【倒角】命令，为图形主视图倒角，结果如图 9-102 所示。

9）执行【图案填充】命令，选择图案为 ANSI31，设置比例为 0.8、角度为 0°，填充图案，结果如图 9-103 所示。

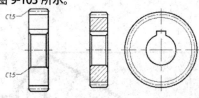

图9-102 倒角　　图9-103 添加剖面线

第10章
轴类零件图的绘制

　　轴是组成机器的一种非常重要的零件, 一般用来支撑旋转的机械零件(如带轮、齿轮等)。传递运动和动力。本章将详细介绍轴类零件的概念、特点以及各类轴零件图的绘制。

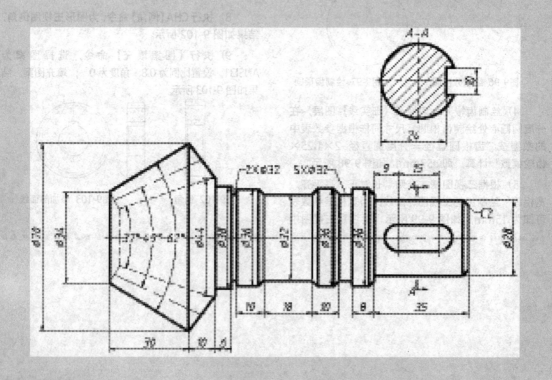

10.1 轴类零件概述

轴类零件主要用来支承传动零部件、传递转矩和承受载荷。轴类零件按结构型式不同，一般可分为光轴、阶梯轴和异形轴，或分为实心轴、空心轴等。

10.1.1 ▶ 轴类零件简介

轴类零件是机械结构中经常见到的典型零件之一，在机器中用来支承齿轮和带轮等传动零件，以传递转矩或运动。轴类零件是旋转体零件，其长度大于直径，一般由同心轴的外圆柱面、圆锥面、内孔和螺纹及相应的端面所组成。根据结构形状的不同，轴类零件可分为光轴、阶梯轴、空心轴和曲轴等。

常见的轴类零件如图10-1所示。

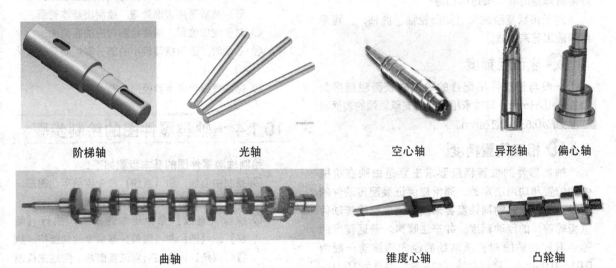

| 阶梯轴 | 光轴 | 空心轴 | 异形轴 | 偏心轴 |

| 曲轴 | 锥度心轴 | 凸轮轴 |

图10-1 常见的轴类零件

10.1.2 ▶ 轴类零件的特点

轴的长径比小于5的称为短轴，大于20的称为细长轴。大多数轴介于两者之间。

轴用轴承支承，与轴承配合的轴段称为轴颈。轴颈是轴的装配基准，其精度和表面质量一般要求较高，其技术要求一般根据轴的主要功用和工作条件来制定，通常有以下几项。

❶ 轴的材料

轴的材料种类很多，主要根据对轴的强度、刚度、耐磨性等要求，以及为实现这些要求而采用的热处理方式，同时考虑制造工艺来选用，力求经济合理。

轴的常用材料是35、45、50钢，最常用的是45和40Cr钢。对于受载荷较小或不太重要的钢，也常用Q235或Q275等碳素钢。对于受力较大、轴的尺寸和重量受到限制，以及有某些特殊要求的轴，可采用合金钢，常用的有40Cr、40MnB和40CrNi等。

球墨铸铁和一些高强度铸铁由于铸造性能好、容易铸成复杂形状、减振性能好、应力集中敏感性低且支点位移的影响小，故常用于制造外形复杂的轴。特别是我国研制成功的稀土-镁球墨铸铁，具有冲击韧度好，同时具有减摩、吸振和对应力集中敏感性小等优点，已用于制造汽车、拖拉机和机床上的重要轴类零件，如曲轴等。

根据工作条件要求，轴都要整体热处理，一般是调质，对不重要的轴可采用正火处理，对要求高或要求耐磨的轴或轴段要进行表面处理，以及表面强化处理（如喷丸、碾压等）和化学处理（如渗碳、渗氮等），以提高其强度（尤其是疲劳强度）和耐磨性、耐蚀性等性能。

在一般工作温度下，合金钢的弹性模量与碳素钢相近，所以只为了提高轴的刚度而选用合金钢是不合适的。

轴一般由轧制圆钢或锻件经切削加工制成。轴的直径较小时可用圆钢制造，对于重要的、大直径或阶梯直径变化较大的轴多采用锻件。为节约金属和提高工艺性，直径大的轴还可以制成空心的，并且带有焊接的或者锻造的凸缘。

对于形状复杂的轴（如凸轮轴、曲轴），可采用铸造工艺来制成。

2. 表面粗糙度

一般与传动件相配合的轴颈的表面粗糙度为 $Ra2.5\sim0.63mm$，与轴承相配合的支承轴颈的表面粗糙度为 $Ra0.63\sim0.16mm$。

3. 相互位置精度

轴类零件的位置精度要求主要是由轴在机械中的位置和功用决定的。通常应保证装配传动件的轴颈对支承轴颈的同轴度要求，否则会影响传动件（齿轮等）的传动精度，并产生噪声。普通精度的轴，其配合轴段对支承轴颈的径向圆跳动一般为 $0.01\sim0.03mm$，高精度轴（如主轴）通常为 $0.001\sim0.005mm$。

4. 几何形状精度

轴类零件的几何形状精度主要是指轴颈、外锥面、莫氏锥孔等的圆度、圆柱度等，一般应将其公差限制在尺寸公差范围内。对精度要求较高的内、外圆表面，应在图纸上标注其允许偏差。

5. 尺寸精度

对于起支承作用的轴颈，通常尺寸精度要求较高（IT5～IT7）。装配传动件的轴颈尺寸精度一般要求较低（IT6～IT9）。

10.1.3 ▶ 轴类零件图的绘图规则

虽然轴类零件的结构有很多种，但其零件图的绘制都遵循以下规则。

- 一般输出轴都是回转体，可以先绘制一半图形，然后采用镜像处理，绘制出基本轮廓。
- 对于键槽位置，需要绘制对应的断面图。
- 必要时，退刀槽等较小的部分需绘制局部放大图。
- 标注表面粗糙度和径向公差。

10.1.4 ▶ 轴类零件图的绘制步骤

绘制轴类零件图的基本步骤如下：

- 绘制中心线，由【直线】命令绘制半侧图形，然后进行镜像，绘制出基本轮廓。
- 执行【直线】命令绘制连接线，执行【偏移】、【圆】和【修剪】等命令绘制键槽，执行【倒角】命令在所需位置倒角，完成主视图的绘制。
- 在键槽对应位置绘制中心线，执行【圆】、【偏移】和【修剪】等命令来绘制键槽的断面图。
- 进行图案填充及尺寸标注。

10.2 普通阶梯轴设计

阶梯轴在机器中常用来支承齿轮和带轮等传动零件，以传递转矩或运动。下面就以减速箱中的传动轴为例，介绍阶梯轴的设计与绘制方法。

10.2.1 ▶ 阶梯轴的设计要点

阶梯轴的设计需要考虑它的加工工艺，而阶梯轴的加工又较为典型，能整体反映出轴类零件加工的大部分内容与基本规律，因此需要重点掌握。阶梯轴的加工工艺如下：

1. 轴零件图样分析

如图10-2所示的零件是减速器中的传动轴。它属于台阶轴类零件，由圆柱面、轴肩、螺纹、螺尾退刀槽、砂轮越程槽和键槽等组成。轴肩一般用来确定安装在轴上零件的轴向位置，各环槽的作用是使零件装配时有一个正确的位置，并使加工中磨削外圆或车螺纹时退刀方便；键槽用于安装键，以传递转矩；螺纹用于安装各种锁紧螺母和调整螺母。

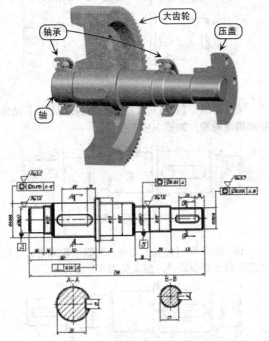

图10-2　减速器中的传动轴

根据工作性能与条件，该传动轴规定了主要轴颈、外圆以及轴肩有较高的尺寸、位置精度和较小的表面粗糙度值，并有热处理要求。这些技术要求必须在加工中给予保证。因此，该传动轴的关键工序是轴颈和外圆的加工。

2. 确定毛坯

该传动轴材料为45钢，因其属于一般传动轴，故选45钢可满足其要求。本案例中的传动轴属于中、小传动轴，并且各外圆直径尺寸相差不大，故选择∅60mm的热轧圆钢作为毛坯。

3. 确定主要表面的加工方法

传动轴大都是回转表面，主要采用车削与外圆磨削成形。由于该传动轴主要表面的公差等级（IT6）较高，表面粗糙度Ra值（$Ra=1.6\ \mu m$）较小，故采用数控精车加工即可。外圆表面的加工方案可为：粗车→半精车→精车。

4. 确定定位基准

合理地选择定位基准，对于保证零件的尺寸和位置精度有着决定性的作用。由于该传动轴的几个主要配合表面及轴肩面对基准轴线均有径向圆跳动和轴向圆跳动的要求，它又是实心轴，所以应选择两端中心孔为基准，采用双顶尖装夹方法，以保证零件的技术要求。

粗基准采用热轧圆钢的毛坯外圆。中心孔加工采用自定心卡盘装夹热轧圆钢的毛坯外圆，车端面，钻中心孔。但必须注意，一般不能用毛坯外圆装夹两次钻两端中心孔，而应该以毛坯外圆作为粗基准，先加工一个端面，钻中心孔，车出一端外圆；然后以已车过的外圆作为基准，用自定心卡盘装夹(有时在上工步已车外圆处搭中心架)，车另一端面，钻中心孔。如此加工中心孔，才能保证两中心孔同轴。

5. 划分阶段

对精度要求较高的零件，其粗、精加工应分开，以保证零件的质量。

该传动轴加工划分为三个阶段：粗车（粗车外圆、钻中心孔等），半精车（半精车各处外圆、台阶和修研中心孔及次要表面等），精车（精车各处外圆）。各阶段划分大致以热处理为界。

6. 热处理工序安排

轴的热处理要根据其材料和使用要求确定。对于传动轴，正火、调质和表面淬火用得较多。该轴要求调质处理，并安排在粗车各外圆之后，半精车各外圆之前。

综合上述分析，传动轴的加工流程如下：

下料→车两端面，钻中心孔→粗车各外圆→调质→修研中心孔→半精车各外圆，车槽，倒角→车螺纹→划键槽加工线→铣键槽→修研中心孔→精车→检验。

7. 加工尺寸和切削用量

传动轴磨削余量可取0.5mm，半精车余量可选用1.5mm。车削用量的选择：单件、小批量生产时，可根据加工情况由工人确定；一般可从《机械加工工艺手册》或《切削用量手册》中选取。

10.2.2　绘制减速器传动轴

本案例将绘制该减速器传动轴，具体步骤如下：
⊕ 打开素材文件"第10章\10.2.2 绘制减速器传动轴.dwg"，素材图形如图10-3所示，其中已经绘制好了对应的中心线。

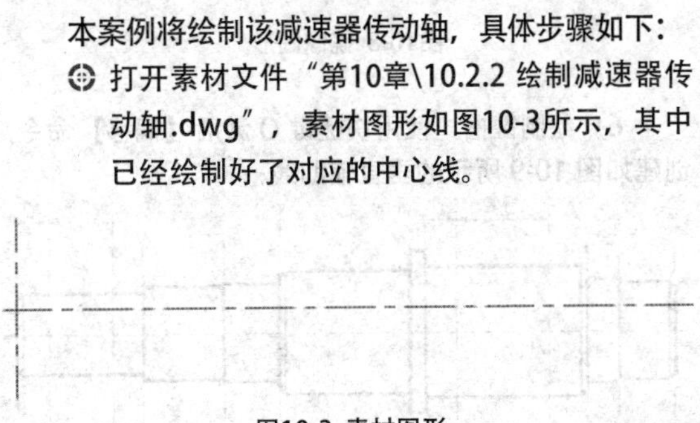

图10-3　素材图形

1）使用快捷键 O 激活【偏移】命令，根据图 10-4 所示的尺寸，对垂直的中心线进行多重偏移。

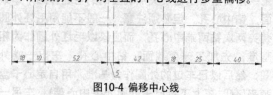

图10-4 偏移中心线

2）将【轮廓线】设置为当前图层，使用 L【直线】命令绘制如图 10-5 所示的轮廓线（尺寸见效果图）。

图10-5 绘制轮廓线

3）根据上一步的操作，使用 L【直线】命令，配合【正交追踪】和【对象捕捉】功能绘制其他位置的轮廓线，结果如图 10-6 所示。

图10-6 绘制其他轮廓线

4）单击【修改】面板中的按钮，激活【倒角】命令，对轮廓线进行倒角，设置倒角尺寸为 C2，然后使用【直线】命令，配合捕捉与追踪功能，绘制倒角的连接线，结果如图 10-7 所示。

图10-7 倒角并绘制连接线

5）使用快捷键 MI 激活【镜像】命令，对轮廓线进行镜像复制，结果如图 10-8 所示。

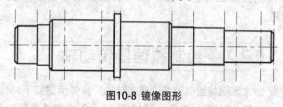

图10-8 镜像图形

6）绘制键槽。使用快捷键 O 激活【偏移】命令，创建如图 10-9 所示的垂直辅助线。

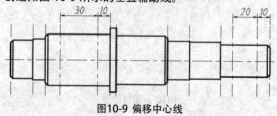

图10-9 偏移中心线

7）将【轮廓线】设置为当前图层，使用 C【圆】命令，以刚偏移的垂直辅助线的交点为圆心，绘制直径为 12mm 和 8mm 的圆，如图 10-10 所示。

图10-10 绘制圆

8）使用 L【直线】命令，配合【捕捉切点】功能，绘制键槽轮廓，如图 10-11 所示。

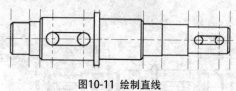

图10-11 绘制直线

9）使用 TR【修剪】命令，对键槽轮廓进行修剪，并删除多余的辅助线，结果如图 10-12 所示。

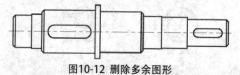

图10-12 删除多余图形

10）将【中心线】设置为当前图层，使用快捷键 XL 激活【构造线】命令，绘制如图 10-13 所示的水平和垂直构造线，作为移出断面图的定位辅助线。

11）将【轮廓线】设置为当前图层，使用 C【圆】命令，以构造线的交点为圆心，分别绘制直径为 40mm 和 25mm 的圆，结果如图 10-14 所示。

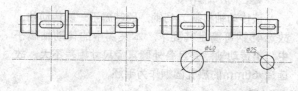

图10-13 绘制构造线　　图10-14 绘制移出断面图

12）单击【修改】面板中的【偏移】按钮，对 ϕ40mm 圆的水平和垂直构造线进行偏移，结果如图 10-15 所示。

图10-15 偏移中心线得到辅助线

13）将【轮廓线】设置为当前图层，使用 L【直线】命令，绘制键槽轮廓，结果如图 10-16 所示。

14）综合使用 E【删除】和 TR【修剪】命令，去掉不需要的构造线和轮廓线，结果如图 10-17 所示。

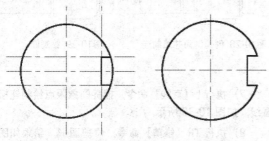

图10-16 绘制∅40mm圆的键槽轮廓　　图10-17 修剪∅40mm圆的键槽

15）按相同方法绘制 ∅25 圆的键槽，结果如图 10-18 所示。

16）将【剖面线】设置为当前图层，单击【绘图】面板中的【图案填充】按钮，为此剖面图填充【ANSI31】图案，设置填充比例为 1.5、角度为 0，填充结果如图 10-19 所示。

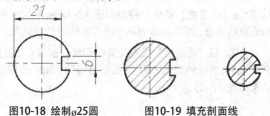

图10-18 绘制∅25圆的键槽　　图10-19 填充剖面线

17）绘制好的图形如图 10-20 所示。

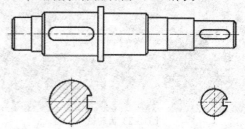

图10-20 阶梯轴的轮廓图

18）标注图形，并添加相应的表面粗糙度与几何公差，最终图形如图 10-21 所示。

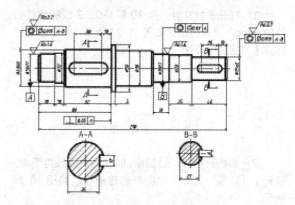

图10-21 减速器传动轴零件图

10.3 圆柱齿轮轴的绘制

本节将绘制如图10-22所示的圆柱齿轮轴零件图。

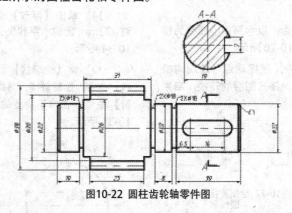

图10-22 圆柱齿轮轴零件图

10.3.1 ▶齿轮轴的设计要点

齿轮轴即具有齿轮特征的轴体，如图10-23所示。在实际工作中，齿轮轴一般用于小齿轮（齿数少的齿轮）或是在高速级（也就是低转矩级）的情况。因为齿轮轴是将轴和齿轮合成一个整体，太长了一是不利于上滚齿机加工，二是轴的支撑太长导致轴要加粗以增加机械强度（如刚性、挠度、抗弯等），因此在设计时要尽量缩短轴的长度。

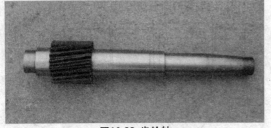

图10-23 齿轮轴

10.3.2 ▶ 绘制圆柱齿轮轴

1）打开素材文件"第10章\10.3.2 绘制圆柱齿轮轴.dwg"，素材图形如图10-24所示，其中已经绘制好了对应的中心线。

图10-24 素材图形

2）切换到【轮廓线】图层，以左侧中心线为起点，执行 L【直线】命令，绘制轴的轮廓线，如图10-25所示。

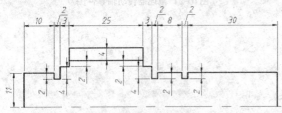

图10-25 绘制轮廓线

3）执行 MI【镜像】命令，以水平中心线作为镜像轴线镜像图形，结果如图10-26所示。

4）执行 L【直线】命令，捕捉端点，绘制沟槽的连接线并绘制分度圆的线，注意图层的转换，结果如图10-27所示。

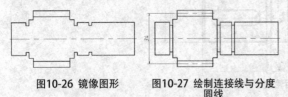

图10-26 镜像图形　　　图10-27 绘制连接线与分度圆线

5）执行 CHA【倒角】命令，设置两个倒角距离均为1，在轴两端进行倒角，并绘制倒角连接线，结果如图10-28所示。

6）绘制键槽。执行 C【圆】命令，在右端绘制两个直径为 7mm 的圆，结果如图 10-29 所示。

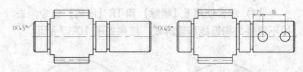

图10-28 创建倒角并绘制连　　图10-29 绘制圆
接线

7）执行 L【直线】命令，捕捉圆象限点绘制连接直线，如图 10-30 所示。

8）执行 TR【修剪】命令，修剪图形，结果如图 10-31 所示。

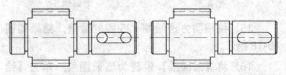

图10-30 绘制直线　　　图10-31 修剪图形

9）将【中心线】设置为当前图层，使用快捷键 XL 激活【构造线】命令，绘制如图 10-32 所示的水平和垂直构造线，并将其作为移出断面图的定位辅助线。

10）将【轮廓线】设置为当前图层，使用 C【圆】命令，以构造线的交点为圆心，绘制直径为 22mm 的圆，结果如图 10-33 所示。

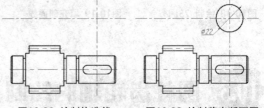

图10-32 绘制构造线　　　图10-33 绘制移出断面图

11）单击【修改】面板中的【偏移】 按钮，对 ⌀22mm 圆的水平和垂直构造线进行偏移，结果如图 10-34 所示。

12）将【轮廓线】设置为当前图层，使用 L【直线】命令，绘制键槽，再综合使用 E【删除】和 TR【修剪】命令，去掉不需要的构造线和轮廓线，结果如图 10-35 所示。

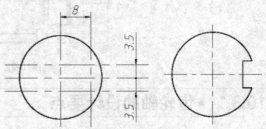

图10-34 偏移⌀22mm圆的中心　　图10-35 修剪⌀22mm圆线　　　　　　　　的键槽

13）将【剖面线】设置为当前图层，单击【绘图】面板中的【图案填充】▦按钮，为此剖面图填充【ANSI31】图案，设置填充比例为 1.5、角度为 0，填充结果如图 10-36 所示。

14）执行 XL【多段线】命令，利用命令行中的【宽度】选项绘制剖切箭头，如图 10-37 所示。

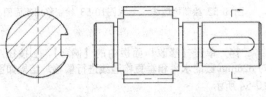

图10-36 填充剖面线

图10-37 绘制剖切箭头

15）标注图形，最终图形如图 10-21 所示。

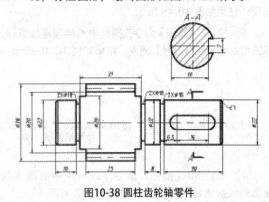

图10-38 圆柱齿轮轴零件

10.4 绘制锥齿轮轴

本节将绘制如图10-39所示的锥齿轮轴零件图。

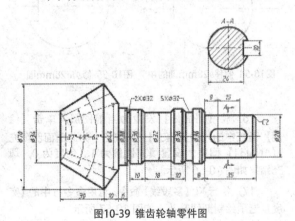

图10-39 锥齿轮轴零件图

10.4.1 ▶ 锥齿轮轴的设计要点

锥齿轮轴就是添加有锥齿轮特征的轴体，如图10-40所示。锥齿轮轴的加工比较困难，但是传动稳定。

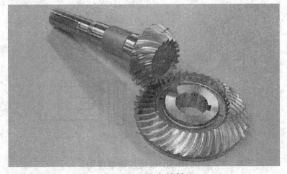

图10-40 锥齿轮轴

10.4.2 ▶ 绘制锥齿轮轴

1）打开素材文件"第 10 章 \10.4.2 绘制锥齿轮轴 .dwg"，素材图形如图 10-41 所示，其中已经绘制好了对应的中心线。

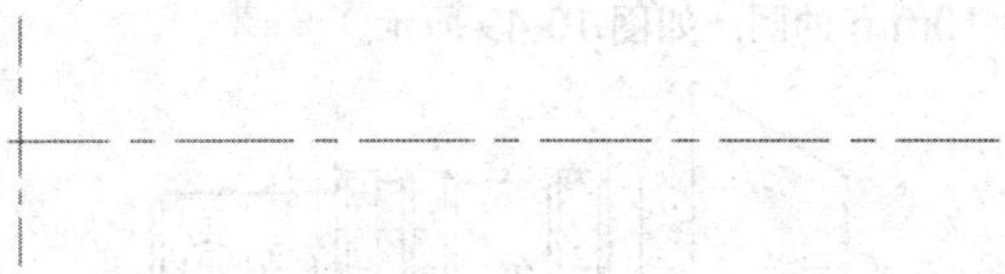

图10-41 素材图形

2）切换到【轮廓线】图层，以左侧中心线为起点，执行 L【直线】命令，绘制轴的轮廓线，如图 10-42 所示。

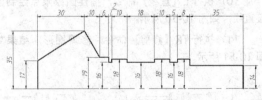

图10-42 绘制轮廓线

3）执行 L【直线】命令，捕捉端点，绘制连接直线，结果如图 10-43 所示。

4）执行 L【直线】命令，绘制直线的垂线；然后执行 O【偏移】命令，将最左端轮廓线向右偏移 4，结果如图 10-44 所示。

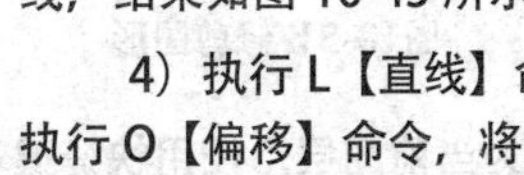

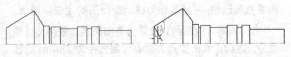

图10-43 绘制连接线 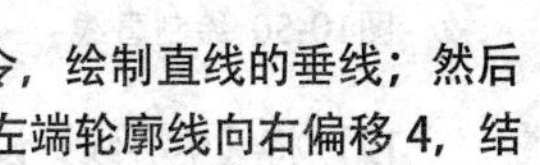   图10-44 绘制垂线和偏移线

5）执行 TR【修剪】命令，修剪绘制的垂线和偏移线，结果如图 10-45 所示。

6）执行 L【直线】命令，捕捉中点绘制连接直线，将锥齿线切换至【虚线】图层，结果如图 10-46 所示。

图10-45 修剪线条   图10-46 绘制锥齿轮齿根线与分度圆线

7）执行 MI【镜像】命令，以水平中心线作为镜像轴线，镜像图形，结果如图 10-47 所示。

8）执行 CHA【倒角】命令，设置倒角距离均为 2，对图形进行倒角，并绘制倒角连接线，如图 10-48 所示。

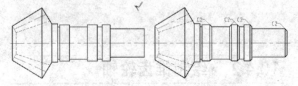

图10-47 镜像图形   图10-48 创建倒角并绘制连接线

9）绘制键槽。执行 C【圆】命令，绘制两个直径为 10mm 的圆，如图 10-49 所示。

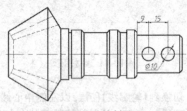

图10-49 绘制圆

10）执行 L【直线】命令，捕捉圆象限点绘制连接直线，如图 10-50 所示。

11）执行 TR【修剪】命令，修剪图形，结果如图 10-51 所示。

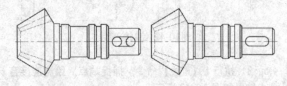

图10-50 绘制直线   图10-51 修剪图形

12）将【中心线】设置为当前图层，使用快捷键 XL 激活【构造线】命令，绘制如图 10-52 所示的水平和垂直构造线，并将其作为移出断面图的定位辅助线。

13）将【轮廓线】设置为当前图层，使用 C【圆】命令，以构造线的交点为圆心绘制直径为 28mm 的圆，结果如图 10-53 所示。

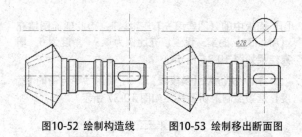

图10-52 绘制构造线   图10-53 绘制移出断面图

14）单击【修改】面板中的【偏移】 按钮，对 ø28mm 圆的水平和垂直构造线进行偏移，结果如图 10-54 所示。

15）将【轮廓线】设置为当前图层，使用 L【直线】命令，绘制键槽，再综合使用 E【删除】和 TR【修剪】命令，去掉不需要的构造线和轮廓线，结果如图 10-55 所示。

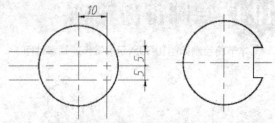

图10-54 偏移ø28mm圆的中心线   图10-55 修剪ø28mm圆的键槽

16）将【剖面线】设置为当前图层，单击【绘图】面板中的【图案填充】 按钮，为此剖面图填充【ANSI31】图案，设置填充比例为1、角度为0，填充结果如图 10-56 所示。

17）执行 XL【多段线】命令，利用命令行中的【宽度】选项绘制剖切箭头，如图 10-57 所示。

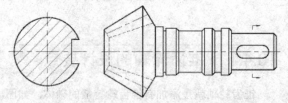

图10-56 填充剖面线   图10-57 绘制剖切箭头

18）标注图形，最终图形如图 10-58 所示。

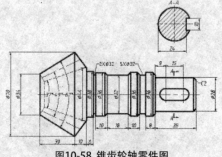

图10-58 锥齿轮轴零件图

第11章
盘盖类零件图的绘制

盘盖类零件包括调节盘、法兰盘、端盖和泵盖等。这类零件基本形体一般为回转体或其他几何形状的扁平的盘状体。本章主要介绍盘盖类零件的特点及常见盘盖类零件的绘制方法。

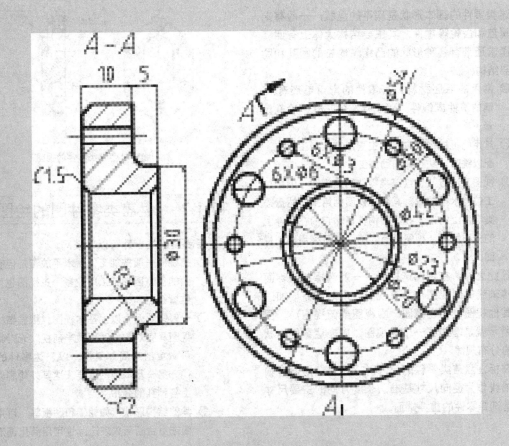

11.1 盘盖类零件概述

盘盖类零件包括各类手轮、法兰盘以及圆形端盖等。盘盖类零件在工程机械中的运用比较广泛，其主要作用是通过螺钉进行轴向定位，因此零件上面一般都有沉头孔；其次还具有防尘和密封的作用。典型的盘盖类零件及其在机械上的结构如图11-1所示。

图 11-1 盘盖类零件及其在机械上的结构

11.1.1 ▶ 盘盖类零件的结构特点

这类零件的基本形状是扁平的盘状，一般有端盖、阀盖和齿轮等零件，其主要结构大体上有回转体，通常还带有各种形状的凸缘、均布的圆孔和肋等局部结构。

- ⊕ 常用的毛坯材料：其零件的常用毛坯有45钢的铸件或锻件，以及标准的热轧、冷轧钢管。
- ⊕ 常用的机械加工方法：主要以车削加工为主，配以铣削、钻孔等辅助加工。
- ⊕ 视图表达方法：盘盖类零件的主视图一般按加工位置水平放置，其余的视图则用来表达盘盖类零件上的槽、孔等结构特征和它们在零件上的分布情况。视图具有对称面时可采用半剖视图。

除此之外，在视图选择时，一般选择过对称面或回转轴线的剖视图作为主视图，同时还需增加适当的其他视图（如左视图、右视图或俯视图）。图11-2所示就是增加了一个左视图，以表达零件形状和孔的分布规律。

在标注盘盖类零件的尺寸时，通常选用通过轴孔的轴线作为径向尺寸基准，长度方向的主要尺寸基准常选择零件的重要端面。

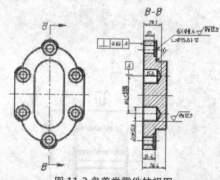

图 11-2 盘盖类零件的视图

11.1.2 ▶ 盘盖类零件图的绘图技巧

绘制盘盖类零件有以下技巧。

- ⊕ 主视图一般按加工位置水平放置，但有些较复杂的盘盖因加工工序较多，主视图也可按工作位置画出。
- ⊕ 一般需要两个以上基本视图。根据结构特点，视图具有对称面时可做半剖视，无对称面时，可做全剖或局部剖视，以表达零件的内部结构；另一基本视图主要表达其外轮廓以及零件上各种孔的分布。
- ⊕ 其他结构形状（如轮辐和肋板等）可用移出断面或重合断面来表达，也可用简化画法。

- 盘盖类零件也是装夹在卧式车床的卡盘上加工的，与轴套类零件相似，其主视图主要遵循加工位置原则，即应将轴线水平放置画图。
- 画盘盖类零件时，画出一个图以后，要利用"高平齐"的规则画另一个视图，以减少尺寸

输入；对于对称图形，可先画出一半，然后镜像生成另一半。
- 复杂的盘盖类零件图中的相切圆弧有3种画法：画圆修剪、圆角命令、作辅助线。

11.2 调节盘

本节讲解绘制如图11-3所示调节盘的详细过程。

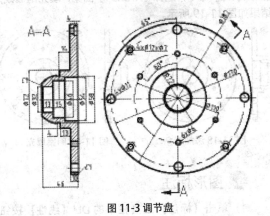

图 11-3 调节盘

11.2.1 ▶ 调节盘的设计要点

调节盘为某模具上的零件，属于典型的盘类零件，因此该零件重要的径向尺寸部位有 ø 187mm 圆柱段、Sø 60mm 球体部。上述各尺寸在生产中均有精度公差和几何公差要求。零件重要的轴向尺寸部位有 ø 187mm 圆柱段左端面，距球体中心的轴向长度为14mm。零件两端的中心孔是实现加工上述部位的基准，必须予以保证。

11.2.2 ▶ 绘制调节盘

1. 绘制主视图

1）新建 AutoCAD 图形文件。在【选择样板】对话框中浏览到素材文件夹中的"acad.dwt"样板文件，单击【打开】按钮，进入绘图界面。

2）将【中心线】图层设置为当前图层，执行 L【直线】命令，绘制中心线，如图 11-4 所示。

3）切换到【轮廓线】图层，执行 C【圆】命令，以中心线交点为圆心，绘制直径（mm）分别为 32、35、72、110、170、187 的圆，结果如图 11-5 所示。

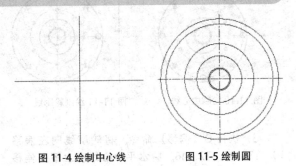

图 11-4 绘制中心线　　　　　图 11-5 绘制圆

4）开启极轴追踪，设置追踪角分别为 45°和 30°，绘制直线与圆相交，结果如图 11-6 所示。

5）执行 C【圆】命令，捕捉交点，以 ø 170mm 圆与中心线的交点为圆心绘制直径为 11mm 的圆，以该圆与 45°直线的交点为圆心绘制直径为 7mm 和 12mm 的圆，结果如图 11-7 所示。

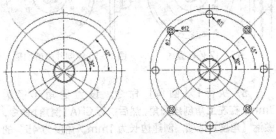

图 11-6 追踪直线　　　　　图 11-7 绘制圆

6）执行 C【圆】命令，捕捉交点，在 ø 110mm 的圆上绘制直径为 6mm 的圆，结果如图 11-8 所示。

7）将各构造圆和构造直线切换至【中心线】图层，结果如图 11-9 所示。

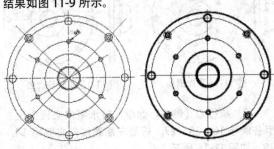

图 11-8 绘制圆　　　　　图 11-9 调整图形

2. 绘制剖视图

1）将【中心线】图层设置为当前图层，执行 L【直线】命令，绘制与主视图对齐的水平中心线，如图 11-10 所示。

2）将【轮廓线】图层设置为当前图层，执行 L【直线】命令，根据三视图"高平齐"的原则绘制轮廓线，如图 11-11 所示。

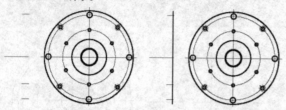

图 11-10 绘制中心线　　图 11-11 绘制轮廓线

3）执行 O【偏移】命令，将轮廓线向左偏移 10、23、24、27、46，将水平中心线向上下各偏移 29、36，结果如图 11-12 所示。

4）执行 C【圆】命令，以偏移 24 的直线与中心线的交点为圆心作 R30mm 的圆，连接直线；执行 TR【修剪】命令，修剪图形，结果如图 11-13 所示。

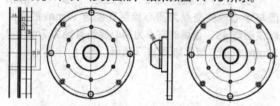

图 11-12 偏移直线　　图 11-13 绘制并修剪图形

5）执行 F【圆角】命令，设置圆角半径为 3mm，在左上角创建圆角。然后执行 CHA【倒角】命令，激活【角度】选项，创建边长为 1mm、角度为 45°的倒角，结果如图 11-14 所示。

6）执行 L【直线】命令，根据三视图"高平齐"的原则，绘制螺纹孔和沉孔的轮廓线，结果如图 11-15 所示。

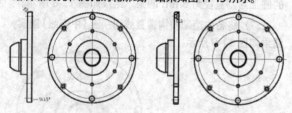

图 11-14 添加倒角　　图 11-15 绘制轮廓线

7）执行 O【偏移】命令，将水平中心线向上、下各偏移 16、23、27，将最左端廓线向右偏移 14、29，如图 11-16 所示。

8）执行 L【直线】命令，绘制连接线；然后执行 TR【修剪】命令，修剪图形，结果如图 11-17 所示。

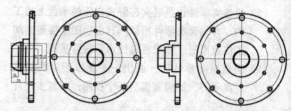

图 11-16 偏移直线　　图 11-17 绘制直线并修剪

9）执行 CHA【倒角】命令，设置倒角距离为 1mm，角度 45°，结果如图 11-18 所示。

10）将【细实线】图层设置为当前图层。执行 H【图案填充】命令，选择【ANSI31】图案，填充剖面线，结果如图 11-19 所示。

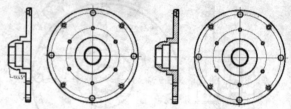

图 11-18 添加倒角　　图 11-19 图案填充

3. 图形标注

1）单击【标注】工具栏中的 DLI【线性】按钮，标注各线性尺寸，如图 11-20 所示。

2）双击各直径尺寸，在尺寸值前添加直径符号，如图 11-21 所示。

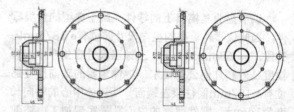

图 11-20 标注线性尺寸　　图 11-21 标注直径

3）单击【标注】工具栏中的【直径】按钮，对圆弧进行标注，如图 11-22 所示。

4）单击【标注】工具栏中的【角度】和【多重引线】按钮，对角度和倒角进行标注，结果如图 11-23 所示。

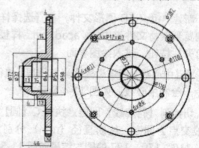

图 11-22 半径和直径标注

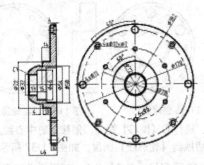

图 11-23 标注角度和倒角

5）执行【多段线】命令，利用命令行的【线宽】选项绘制剖切箭头，并利用【单行文字】命令输入剖

11.3 法兰盘

本节讲解绘制如图11-25所示法兰盘的详细过程。

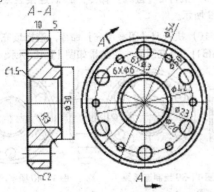

图 11-25 法兰盘

11.3.1 ▸法兰盘的设计要点

法兰盘主要是用来对螺钉定位，并且对轴向部件进行连接，因此它上面的重要尺寸包括径向的ϕ54mm和内孔ϕ20mm。其中ϕ54mm是各螺钉通孔的分布尺寸，属于设计尺寸，在加工中无法得到十分精准的定位，因此在实际生产中会有较大的偏差；而ϕ20mm的内孔可能会与活塞杆等其他的零部件相接触，因此在实际生产中需要标明表面粗糙度和精度公差。

11.3.2 ▸绘制法兰盘

❶ 绘制主视图

1）新建 AutoCAD 文件，在【选择样板】对话框中浏览到素材文件夹"acad.dwt"样板文件，单击【打

切序号，结果如图 11-24 所示。

6）选择【文件】→【保存】命令，保存文件，完成绘制。

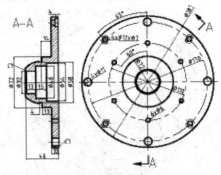

图 11-24 绘制结果

开】按钮，进入绘图界面。

2）将【中心线】图层设置为当前图层，执行L【直线】命令，绘制中心线，如图 11-26 所示。

3）将【轮廓线】图层设置为当前图层，调用 C【圆】命令，以中心线交点为圆心，绘制直径（mm）分别为 20、23、42、50、54 的圆，并将ϕ42mm 的圆转换到【中心线】图层，结果如图 11-27 所示。

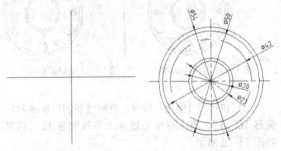

图 11-26 绘制中心线　　图 11-27 绘制圆

4）开启极轴追踪，设置追踪角为 60°，绘制 60°极轴方向的直线，并转换到【中心线】图层，如图 11-28 示。

5）执行 C【圆】命令，以中心线与ϕ42mm 圆的交点为圆心，绘制直径为 3mm 和 6mm 的圆，结果如图 11-29 所示。

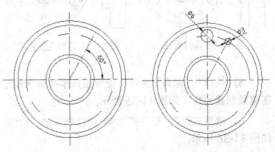

图 11-28 绘制倾斜线　　图 11-29 绘制圆

6）执行【环形阵列】命令，以同心圆圆心为阵列中心，将ø6mm和ø3mm的圆沿圆周阵列6个，结果如图11-30所示。

图 11-30 阵列圆孔

❷ 绘制剖视图

1）将【中心线】图层设置为当前图层，执行L【直线】命令，绘制与主视图对齐的中心线，如图11-31所示。

2）将【轮廓线】图层设置为当前图层，执行L【直线】命令，根据三视图"高平齐"的原则绘制剖视图的竖直轮廓线，如图11-32所示。

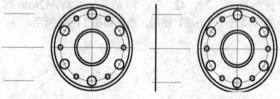

图 11-31 绘制中心线   图 11-32 绘制轮廓线

3）执行O【偏移】命令，将刚绘制的轮廓线向右偏移10、15，将水平中心线向上下各偏移15，结果如图11-33所示。

4）执行L【直线】命令，绘制水平轮廓线；执行TR【修剪】命令修剪图形，结果如图11-34所示。

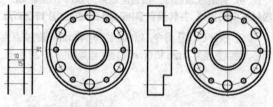

图 11-33 偏移直线   图 11-34 绘制连接直线

5）执行F【圆角】命令，设置圆角半径为3mm，在边角创建圆角，如图11-35所示。

6）根据三视图"高平齐"的原则绘制孔的轮廓线，如图11-36所示。

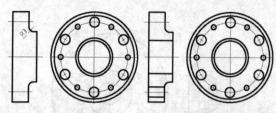

图 11-35 创建圆角   图 11-36 绘制轮廓线

7）执行O【偏移】命令，偏移孔的中心线，并将偏移线切换到【轮廓线】图层，如图11-37所示。

8）执行CHA【倒角】命令，对图形进行倒角，结果如图11-38所示。

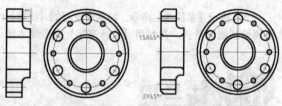

图 11-37 偏移曲线   图 11-38 创建倒角

9）执行L【直线】命令，绘制连接直线，如图11-39所示。

10）执行H【图案填充】命令，选择填充图案为[ANSI31]，填充剖面线，结果如图11-40所示。

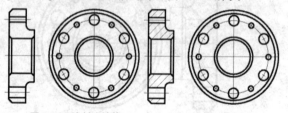

图 11-39 绘制连接线   图 11-40 图案填充

❸ 图形标注

1）单击【标注】工具栏中的DLI【线性】按钮 ⊢⊣，标注法兰的线性尺寸，如图11-41所示。

2）双击直径尺寸，在尺寸值前添加直径符号，如图11-42所示。

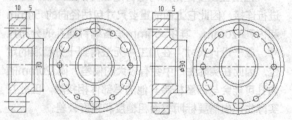

图 11-41 标注线性尺寸   图 11-42 标注直径

3）单击【标注】工具栏中的【半径】按钮 和【直径】按钮 ，标注圆角的半径和圆的直径，如图11-43所示。

4）单击【标注】工具栏中的【多重引线】，标注倒角尺寸, 如图 11-44 所示。

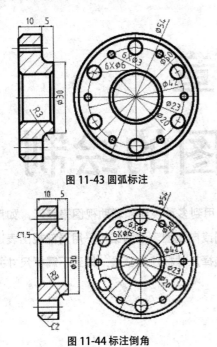

图 11-43 圆弧标注

图 11-44 标注倒角

5) 执行【多段线】命令, 利用命令行中的【宽度】选项设置一定的线宽, 绘制剖切箭头, 然后利用【单行文字】命令输入剖切编号, 结果如图 11-45 所示。

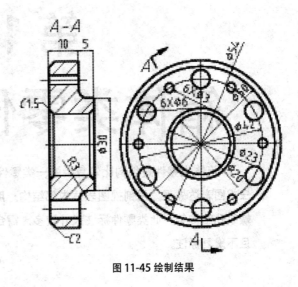

图 11-45 绘制结果

第12章
箱体类零件图的绘制

　　箱体类零件是结构比较复杂的一类零件，需要用到多种视图和辅助视图来表示，如用三视图表达外观，用剖视图表达内部结构，用断面图或向视图表达肋结构，用局部视图表达螺纹孔结构等。此类零件标注尺寸较多，需合理地选择尺寸标注的基准，做到不漏标尺寸并且不重复标注。

12.1 箱体类零件概述

12.1.1 ▶ 箱体类零件简介

箱体类零件是用来安装支承机器部件，或者容纳气体、液体介质的壳体零件。箱体类零件的运用比较广泛，如阀体以及减速器箱体、泵体、阀座等，如图12-1所示。箱体类零件大多为铸件，一般起支承、容纳、定位和密封等作用。

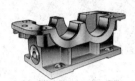

减速器箱体　　　涡轮减速器箱体　　　泵体

图12-1 箱体类零件

12.1.2 ▶ 箱体类零件的结构特点

箱体类零件主要用于支承及包容其他零件，其外部要和机器连接固定，并为传动件提供一个封闭的工作空间，使其处于良好的工作状况，同时还要提供润滑所需的通道，创造良好的润滑条件。它在一台机器的总质量中占有很大的比例，同时在很大程度上影响机器的工作精度及抗振性能。所以，正确地设计箱体的形式及尺寸，是减小整机质量、节约材料、提高工作精度、增强机器刚度及耐磨性等的重要途径。箱体的主要设计结构特点如下：

- ⊕ 运动件的支承部分是箱体的主要部分，包括安装轴的孔、箱壁、支承凸缘和肋等结构。

- ⊕ 润滑部分主要用于运动部件的润滑，以便提高部件的使用寿命，包括存油池、油针孔和放油孔。
- ⊕ 为了安装箱盖，在上部有安装平面，其上有定位销孔和连接用的螺钉孔。
- ⊕ 为了安装别的部件，在下部也有安装平面，并有安装螺栓或者螺钉的结构，还有定位及导向用的导轨或者导槽。
- ⊕ 为了加强某一局部的强度，增加肋等结构，除此之外，还带有空腔、轴孔、凸台、沉孔及螺孔等结构，外观比较复杂。

12.1.3 ▶ 箱体类零件图的绘图技巧

由于箱体类零件的外观比较复杂，因此它的绘制需要一定的技巧。绘制箱体类零件图的技巧有以下几点：

- ⊕ 在选择主视图时，主要考虑工作位置和形状特征。
- ⊕ 选用其他视图时，应根据实际情况采用适当的剖视图、断面图、局部视图和斜视图等多种辅助视图，以清晰地表达零件的内外结构。
- ⊕ 在标注尺寸方面，通常选用设计上要求的轴线、重要的安装面、接触面(或加工面)、箱体某些主要结构的对称面(宽度、长度)等作为尺寸基准。
- ⊕ 对于箱体上需要切削加工的部分，应尽可能按便于加工和检验的要求来标注尺寸。

12.2 轴承底座的绘制

轴承底座是安装在固定位置、其中带有一安装轴承孔的零件。轴承底座多用于各种自卸车上，如图12-2所示。它能在自卸车进行举升时固定液压缸，并提供良好的支撑。

图12-2 自卸车上的轴承底座

12.2.1 ▶ 轴承底座设计要点

自卸车上的轴承座受力复杂，因此需要多增加肋板等结构，故采用焊接方法。除此之外，还有一类轴承底座，其受力均匀且类型单一，因此从成本角度考虑多采用铸造方法，如球磨机上的轴承底座，如图12-3所示。

图12-3 球磨机上的轴承底座

　　无论是何种制作方法的轴承底座，在设计时都需要注意轴承安装位置的尺寸公差与表面粗糙度，以控制在安装轴承时的精度。此外，如果是焊接方法制作的轴承底座，需要另行绘制焊接板料的构件图，并设计相应的焊接坡口；如果是铸造方法生产的轴承底座，则需要考虑各表面的粗糙度，以及脱模时的起模斜度等。

12.2.2 ▶绘制球磨机上的轴承底座

　　本案例将绘制如图12-4所示的球磨机上的轴承底座。

❶ 绘制主视图

　　1）打开素材文件"第12章\12.2.2 绘制轴承底座.dwg"，素材图形如图12-5所示，其中已经绘制好了对应的中心线。

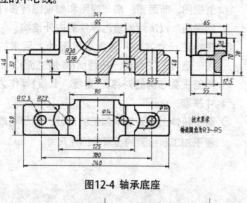

图12-4 轴承底座

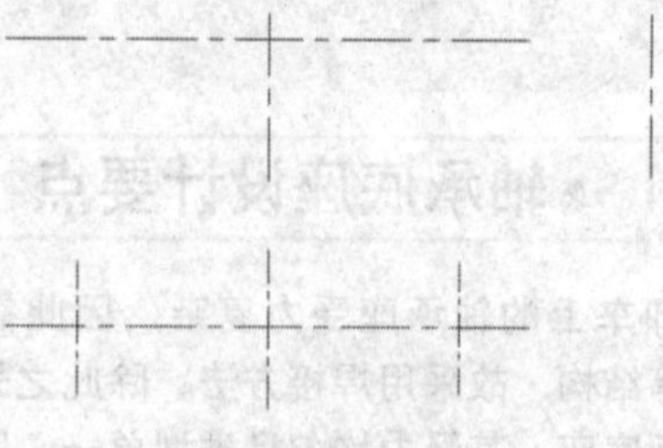

图12-5 素材图形

　　2）将【中心线】图层设置为当前图层，对主视图位置上的中心线执行O【偏移】命令，偏移出辅助用的中心线，如图12-6所示。

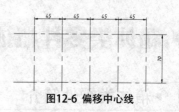

图12-6 偏移中心线

　　3）将【轮廓线】图层设置为当前图层，执行C【圆】命令，以中心线的交点为圆心绘制R30mm和R38mm的圆，如图12-7所示。

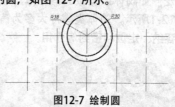

图12-7 绘制圆

　　4）执行TR【修剪】命令，修剪圆，结果如图12-8所示。

图12-8 修剪图形

　　5）执行O【偏移】命令，将主视图最下方的水平中心线向上偏移5、26、32、40、60，结果如图12-9所示。

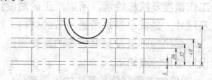

图12-9 偏移水平中心线

　　6）再执行O【偏移】命令，将主视图中垂直的中心按图12-10所示的尺寸进行偏移。

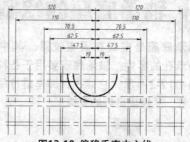

图12-10 偏移垂直中心线

　　7）切换到【轮廓线】图层，执行L【直线】命令，绘制主视图的轮廓，再执行TR【修剪】命令，修剪多余的辅助线，结果如图12-11所示。

图12-11 绘制主视图轮廓

8）执行 F【圆角】命令，对图形进行圆角操作，圆角半径除图中标明的以外，其余都为 R3，结果如图 12-12 所示。

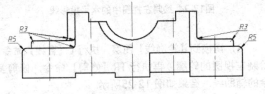

图12-12 倒圆角

9）执行 O【偏移】命令，将右侧孔中心线对称偏移 9，将轮廓线向左偏移 35，如图 12-13 所示。

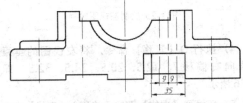

图12-13 偏移直线

10）执行 F【圆角】命令，绘制 R5 的圆角，如图 12-14 所示。

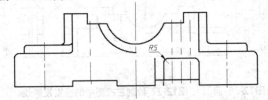

图12-14 沉头孔倒圆角

11）转换到【轮廓线】图层，执行 L【直线】命令，绘制两圆角的切线；执行 TR【修剪】、S【延伸】等命令整理图形，结果如图 12-15 所示。

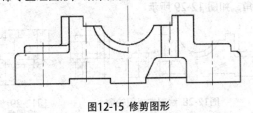

图12-15 修剪图形

12）绘制螺钉孔。执行 O【偏移】命令，将右端中心线对称偏移 8.5，并将偏移出的线条转换到【轮廓线】图层，结果如图 12-16 所示。

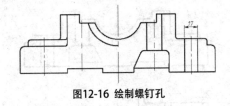

图12-16 绘制螺钉孔

2 绘制俯视图

1）执行 O【偏移】命令，将俯视图位置的水平中心线对称偏移 12.5、24.5、32.5，结果如图 12-17 所示。

2）切换到【虚线】图层，执行 L【直线】命令，按 "长对正，高平齐，宽相等" 的原则，由主视图向俯视图绘制垂直投影线，如图 12-18 所示。

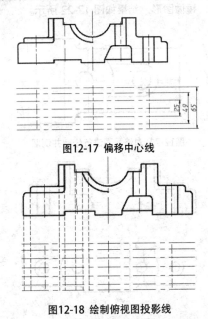

图12-17 偏移中心线

图12-18 绘制俯视图投影线

3）切换到【轮廓线】图层，执行 L【直线】命令，绘制俯视图的轮廓，再执行 TR【修剪】命令，修剪多余的辅助线，结果如图 12-19 所示。

4）执行 C【圆】命令，在中心线的交点绘制 ⌀14mm 和 ⌀25mm 的圆，然后绘制与矩形右边线相切、直径为 14mm 的圆，再绘制 ⌀46mm 的同心圆，如图 12-20 所示。

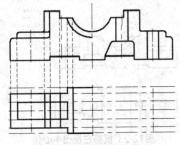

图12-19 绘制俯视图轮廓

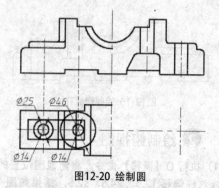

图12-20 绘制圆

5）执行 TR【修剪】命令，修剪图形，并对图形进行倒圆，结果如图 12-21 所示。

6）执行 MI【镜像】命令，以垂直中心线为镜像轴线，镜像图形，结果如图 12-22 所示。

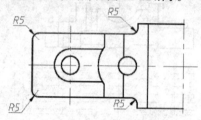

图12-21 对俯视图进行修剪并倒圆

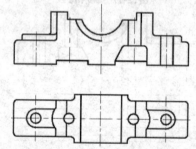

图12-22 镜像俯视图

3. 绘制左视图

1）执行 O【偏移】命令，将左视图中的垂直中心线向左偏移 12.5、17、24.5、32.5，如图 12-23 所示。

2）切换到【虚线】图层，执行 L【直线】命令，按"长对正，高平齐，宽相等"的原则，由主视图向左视图绘制水平投影线，如图 12-24 所示。

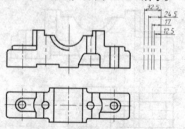

图12-23 偏移左视图中心线

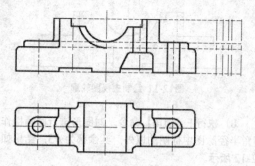

图12-24 绘制左视图中的水平投影线

3）切换到【轮廓线】图层，执行 L【直线】命令，绘制左视图的轮廓，再执行 TR【修剪】命令，修剪多余的辅助线，结果如图 12-25 所示。

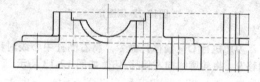

图12-25 绘制左视图轮廓

4）执行 O【偏移】命令，将左视图的垂直中心线向右偏移 7、12.5、20.5、24.5、32.5，如图 12-26 所示。

5）切换到【虚线】图层，执行 L【直线】命令，按"长对正，高平齐，宽相等"的原则，由主视图向左视图绘制垂直投影线，如图 12-27 所示。

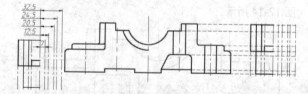

图12-26 偏移中心线   图12-27 绘制左视图中的垂直投影线

6）切换到【轮廓线】图层，执行 L【直线】命令，绘制主视图的轮廓，再执行 TR【修剪】命令，修剪多余的辅助线，结果如图 12-28 所示。

7）执行 F【圆角】命令，创建 $R3mm$ 和 $R5mm$ 的圆角，如图 12-29 所示。

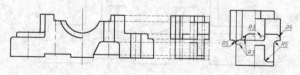

图12-28 绘制左视图轮廓   图12-29 创建圆角

8）切换到【剖切线】图层，执行 H【图案填充】命令，选择图案为【ANSI31】，设置比例为1.5、角度为 0°，填充图案，结果如图 12-30 所示。

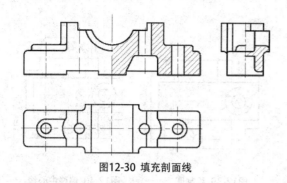

图12-30 填充剖面线

9）调整 3 个视图的位置，通过【标注】工具栏对图形进行标注；使用 MT【多行文字】命令添加技术要求，结果如图 12-31 所示。

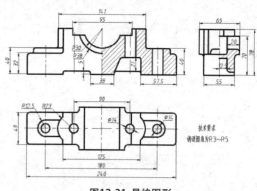

图12-31 最终图形

10）选择【文件】→【保存】命令，保存文件，完成轴承底座的绘制。

12.3 蜗杆箱的绘制

蜗杆箱即蜗杆减速器的箱体，如图12-32所示。在各个领域中都有非常广泛的应用，如在汽车领域里作为汽车变换档位的重要部件，在机床中也是非常关键的部件。蜗杆减速器可以把较高的速度变化成较低的速度，所以得到了广泛的应用。

图12-32 蜗杆减速器

12.3.1 ▶蜗杆箱设计要点

蜗杆减速器主要由蜗轮或者齿轮、轴、轴承和箱体等组成，而箱体又是蜗轮、齿轮、轴和轴承等零件的主要支承件，因此蜗杆减速器机箱壳必须具备足够的硬度，以免受载后变形从而导致传动质量下降。

蜗杆减速器的机箱通常采用铸铁来制造，仅有少量重型机箱用铸钢。蜗杆减速器机壳由箱座和箱盖两部分组成，其剖分面则通过传动的轴线。机箱壳上安装轴承的孔必须精确，以保证齿轮轴线相互位置的正确性。箱座与箱盖用螺栓连接，并用两个定位销来精确固定箱盖和箱座。螺

栓的布置要合理，应考虑使用扳手时所需的空间。在轴承周边的螺栓，其直径可以稍大些，尽量靠近轴承。

蜗杆减速器的型号、大小不同，采用的轴承也不同，一般中小型的减速器都是采用滚动轴承，具体情况要根据实现负载或者根据减速器生产厂家的构造、测试而定。

12.3.2 ▶绘制蜗杆箱

本节将绘制如图12-33所示的蜗杆箱零件图。

1. 绘制主视图

1）打开素材文件"第 12 章 \12.3.2 绘制蜗杆箱 .dwg"，素材图形如图 12-34 所示，其中已经绘制好了对应的中心线。

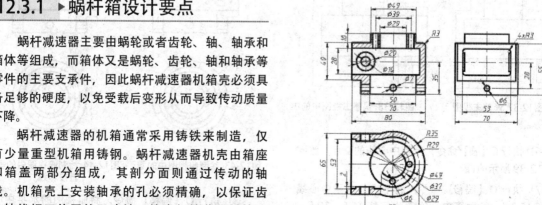

图12-33 蜗杆箱

图12-34 素材图形

2）将【轮廓线】图层设置为当前图层,执行L【直线】命令,在主视图的位置上绘制轮廓线,如图 12-35 所示。

3）执行 O【偏移】命令,将主视图中的水平中心线对称偏移 14,将垂直中心线对称偏移 14.5、25,将左侧边线向右偏移 74,如图 12-36 所示。

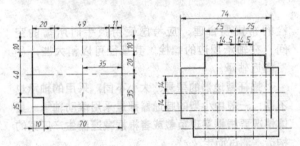

图12-35 绘制主视图轮廓线　　图12-36 偏移主视图中心线

4）切换到【轮廓线】图层,执行L【直线】命令,绘制主视图的轮廓,再执行 TR【修剪】命令,修剪多余的辅助线,结果如图 12-11 所示。

5）执行 O【偏移】命令,将主视图中的水平中心线向下偏移 28,将垂直中心线向左偏移 30,如图 15-37 所示。

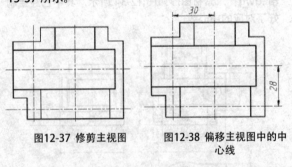

图12-37 修剪主视图　　图12-38 偏移主视图中的中心线

6）执行 C【圆】命令,捕捉中心线的交点,绘制如图 12-39 所示的圆。

7）执行 O【偏移】命令,将下方的水平中心线对称偏移 3.5,将垂直中心线对称偏移 16.5、19.5、22.5,如图 12-40 所示。

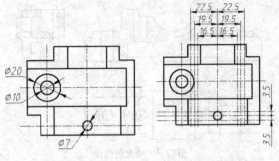

图12-39 绘制圆　　　　图12-40 偏移中心线

8）切换到【轮廓线】图层,执行L【直线】命令,绘制主视图的轮廓,再执行 TR【修剪】命令,修剪多余的辅助线,结果如图 12-41 所示。

9）执行 F【圆角】命令,创建 R3mm 的圆角,如图 12-42 所示。

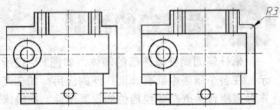

图12-41 绘制主视图轮廓　　图12-42 创建圆角

❷ 绘制俯视图

1）执行 C【圆】命令,以俯视图位置的中心线交点为圆心,绘制∅29mm、∅37mm、∅49mm、∅58mm、∅70mm 的圆,如图 12-43 所示。

2）切换到【虚线】图层,执行 L【直线】命令,按"长对正,高平齐,宽相等"的原则,由主视图向俯视图绘制垂直投影线,如图 12-44 所示。

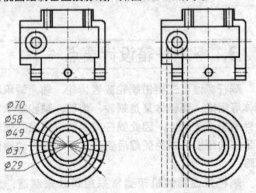

图12-43 绘制俯视图中的圆　　图12-44 绘制俯视图中的垂直投影线

3）执行 O【偏移】命令,将俯视图的水平中心线对称偏移 24.5、26.5、32.5,结果如图 12-45 所示。

4）切换到【轮廓线】图层,执行 L【直线】命令,绘制俯视图的轮廓,同时将⌀37mm的圆转换为【中心线】图层,然后再执行 TR【修剪】命令,修剪多余的辅助线,结果如图 12-46 所示。

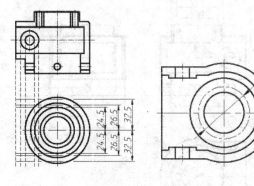

图12-45 偏移俯视图中的中
心线　　图12-46 绘制俯视图轮廓

5）将【轮廓线】图层设置为当前图层,执行C【圆】命令,捕捉中心线与⌀37mm 圆的交点,绘制⌀6mm 圆孔,如图 12-47 所示。

6）将【细实线】图层设置为当前图层,执行SPL【样条曲线】命令,绘制样条曲线,作为剖面分割线,如图 12-48 所示。

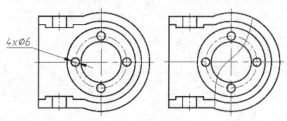

图12-47 绘制俯视图中的
圆孔　　图12-48 绘制俯视图的剖
面分割线

7）执行 TR【修剪】与 E【删除】命令,以样条曲线为边界修剪图形,如图 12-49 所示。

8）执行 BR【打断于点】命令,将⌀58mm 的圆在样条曲线的交点打断,将一侧的圆弧切换到【虚线】图层,如图 12-50 所示。

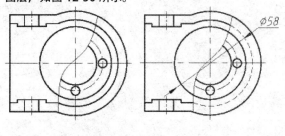

图12-49 修剪俯视图　　图12-50 转换俯视图图层

3. 绘制左视图

1）执行 O【偏移】命令,将左视图位置的垂直中

心线对称偏移 24.5、26.5、32.5、35,如图 12-51 所示。

2）切换到【虚线】图层,执行 L【直线】命令,按“长对正,高平齐,宽相等”的原则,由主视图向左视图绘制水平投影线,如图 12-52 所示。

图12-51 偏移左视图中的垂直中心线

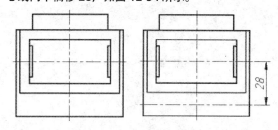

图12-52 绘制左视图投影线

3）切换到【轮廓线】图层,执行 L【直线】命令,绘制左视图的轮廓,再执行 TR【修剪】命令,修剪多余的辅助线,结果如图 12-53 所示。

4）执行 O【偏移】命令,将左视图中的水平中心线向下偏移 28,如图 12-54 所示。

图12-53 绘制左视图轮廓　　图12-54 偏移左视图中的水平中心线

5）执行 C【圆】命令,以偏移线与中心线的交点为圆心绘制⌀6mm 的圆,并将圆转换到【轮廓线】图层,调整中心线长度,结果如图 12-55 所示。

6）执行 F【圆角】命令,在左视图中的内部边角创建 R3mm 的圆角,如图 12-56 所示。

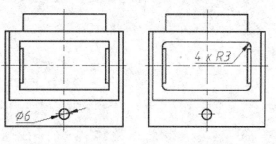

图12-55 偏移左视图中的圆　　图12-56 创建圆角

7）切换到【剖切线】图层，执行 H【图案填充】命令，选择图案为【ANSI31】，设置比例为1、角度为0°，填充图案，结果如图 12-57 所示。

8）调整 3 个视图的位置，通过【标注】工具栏对图形进行标注，结果如图 12-58 所示。

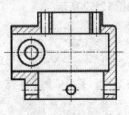
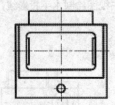
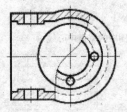

图12-57 填充剖面线

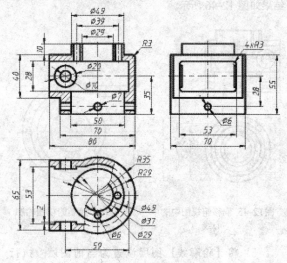

图12-58 最终图形

第13章

减速器传动零件的绘制

在机械制造业中，常常会遇到原动机转速比工作机转速高的情况，因此需要在原动机与工作机之间装设中间传动装置，以降低转速。这种传动装置通常由封闭在箱体内的啮合齿轮组成，并且可以改变扭矩的转速和运转方向，此种传动装置即被称作减速器。

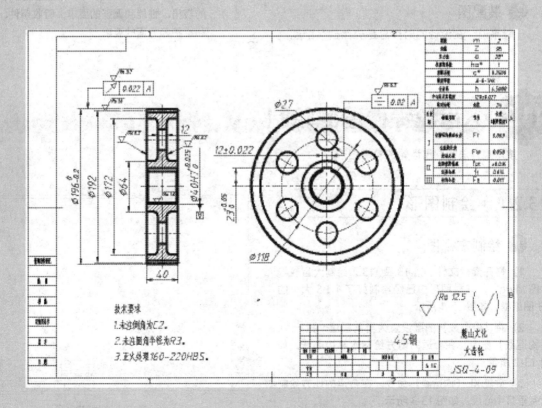

13.1 减速器设计的图纸要求

减速器的设计图纸主要包括零件图和装配图。

1. 零件图

减速器的零件图主要是主动轮（小齿轮）、从动轮（大齿轮）、主动轴、从动轴以及上、下箱体6个零件的图纸。无论是哪一张零件图，均需要包括以下4个部分：

- 一组视图：能够清楚的表达零件各部分的结构形状，尤其是上、下箱体。
- 尺寸标注：表达零件各部分的结构大小，用以加工。
- 技术要求：用符号或文字表达零件在使用、制造和检验时应达到的一些技术要求，如公差与配合、几何公差、表面粗糙度、材料的热处理、表面处理等。
- 标题栏：用规定的格式表达零件的名称、材料、数量、绘图的比例与编号、设计者与审定者的签名以及绘制日期等。

总而言之，零件图应该具备加工、检验和管理等方面的内容。

2. 装配图

一般来说，在设计的时候总是先绘制装配图，再依据装配图来拆画零件图，所以装配图是用以表达机械装配体的工作原理、性能要求、零件间的装配关系、连接关系以及各零件的主要结构形状的图样。但由于减速器的设计是要先根据参数计算出传动部分的大致尺寸，因此减速器的绘制顺序是：传动部分（齿轮与轴）→ 装配图→ 其他零件图（上、下箱体等）。

减速器的装配图同样需包括以下4个方面的具体内容：

- 一组视图：选用一组视图，将机械装配体的工作原理、传动路线、各零件间的装配和连接关系以及主要零件的结构特征表示清楚。
- 必要的尺寸：装配图只需标注与其工作性能、装配、安装和运输等有关的尺寸即可。
- 编号、明细栏、标题栏：为了便于生产的准备工作、编制BOM表和其他的技术文件，必须在装配图上对每一种零件都一一编号，并按一定的格式填入明细栏中。
- 技术要求：用简练的文字与符号说明装配体的规格、性能和调整的要求、验收条件、使用和维护等方面的要求。

13.2 大齿轮零件图的绘制

按常规方法绘制出齿轮的轮廓图形。

13.2.1 ▶ 绘制图形

1. 绘制左视图

1）打开素材文件"第 13 章 \ 13.2 绘制大齿轮零件图 .dwg"，素材图形中已经绘制好了 1:1.5 大小的 A3 图纸框，如图 13-1 所示。

2）将【中心线】图层设置为当前图层，执行 XL【构造线】命令，在合适的地方绘制水平中心线，如图 13-2 所示。

3）重复 XL【构造线】命令，在合适的地方绘制两条垂直中心线，如图 13-3 所示。

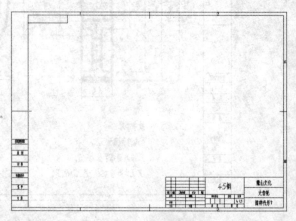

图13-1 素材图形

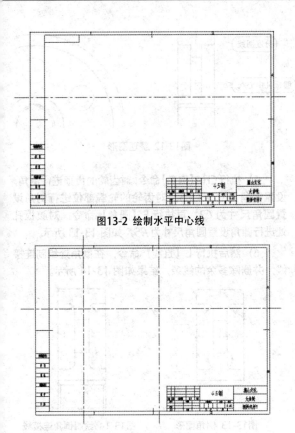

图13-2 绘制水平中心线

图13-3 绘制垂直中心线

4）绘制齿轮轮廓。将【轮廓线】图层设置为当前图层，执行 C【圆】命令，以右边的垂直中心线与水平中心线的交点为圆心，绘制直径（mm）为 40、44、64、118、172、192、196 的圆，绘制完成后将 ⌀118mm 和 ⌀192mm 的圆图层转换为【中心线】图层，如图 13-4 所示。

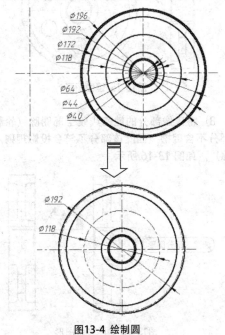

图13-4 绘制圆

5）绘制键槽。执行 O【偏移】命令，将水平中心线向上偏移 23，将该图中的垂直中心线分别向左、向右偏移 6，结果如图 13-5 所示。

6）切换到【轮廓线】图层，执行 L【直线】命令，绘制键槽的轮廓，再执行 TR【修剪】命令，修剪多余的辅助线，结果如图 13-6 所示。

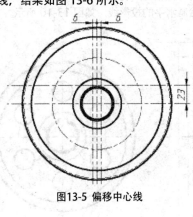

图13-5 偏移中心线

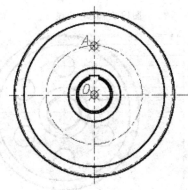

图13-6 绘制键槽

7）绘制腹板孔。将【轮廓线】图层设置为当前图层，执行 C【圆】命令，以 ⌀118mm 中心线与垂直中心线的交点（即图 13-6 中的 A 点）为圆心，绘制 ⌀27mm 的圆，如图 13-7 所示。

8）选中绘制好的 ⌀27mm 的圆，然后单击【修改】面板中的【环形阵列】按钮 ，设置阵列总数为 6、填充角度 360°，选择同心圆的圆心（即图 13-6 中中心线的交点 O 点）为中心点，进行阵列，结果如图 13-8 所示。

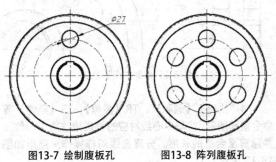

图13-7 绘制腹板孔　　　图13-8 阵列腹板孔

2. 绘制主视图

1）执行 O【偏移】命令，将主视图位置的垂直中心线对称偏移 6、20，结果如图 13-9 所示。

2）切换到【虚线】图层，执行 L【直线】命令，按"长对正，高平齐，宽相等"的原则，由左视图向主视图绘制水平的投影线，如图 13-10 所示。

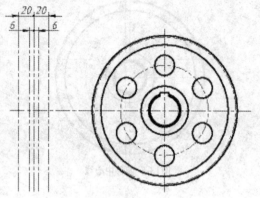

图13-9 偏移中心线

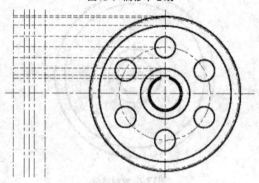

图13-10 绘制主视图投影线

3）切换到【轮廓线】图层，执行 L【直线】命令，绘制主视图的轮廓，再执行 TR【修剪】命令，修剪多余的辅助线，结果如图 13-11 所示。

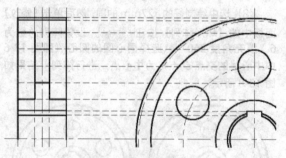

图13-11 绘制主视图轮廓

4）执行 E【删除】、TR【修剪】、S【延伸】等命令整理图形，将与中心线对应的投影线改为中心线，并修剪至合适的长度。分度圆线同样操作，结果如图 13-12 所示。

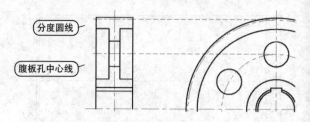

图13-12 整理图形

5）执行 CHA【倒角】命令，对齿轮的齿顶进行倒角，设置倒角尺寸为 C1.5，对齿轮的轮毂部位进行倒角设置圆角尺寸为 *C*2；再执行 F【圆角】命令，对腹板孔处进行圆角设置圆角尺寸为 *R*5，如图 13-13 所示。

6）然后执行 L【直线】命令，在倒角处绘制连接线，并删除多余的线条，结果如图 13-14 所示。

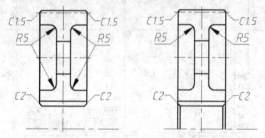

图13-13 倒角图形　　　　图13-14 绘制倒角连接线

7）选中绘制好的半边主视图，然后单击【修改】面板中的【镜像】按钮，以水平中心线为镜像轴线镜像图形，结果如图 13-15 所示。

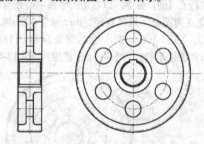

图13-15 镜像图形

8）将镜像部分的键槽线段全部删除（轮毂的下半部分不含键槽，因此该部分不符合投影规则，需要删除），如图 13-16 所示。

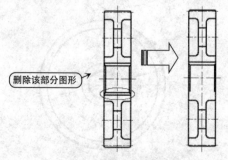

图13-16 删除多余图形

9）然后切换到【虚线】图层，按"长对正，高平齐，宽相等"的原则，执行 L【直线】命令，由左视图向主视图绘制水平的投影线，如图 13-17 所示。

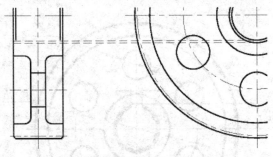

图13-17 绘制投影线

10）切换到【轮廓线】图层，执行 L【直线】、S【延伸】等命令整理下半部分的轮毂，如图 13-18 所示。

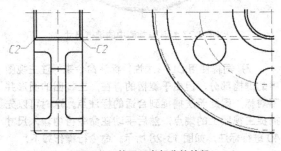

图13-18 整理下半部分的轮毂

11）在主视图中补画齿根圆的轮廓线，如图 13-19 所示。

12）切换到【剖切线】图层，执行 H【图案填充】命令，选择图案为 ANSI31，设置比例为 1、角度为 0°，填充图案，结果如图 13-20 所示。

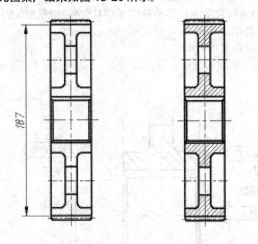

图13-19 补画齿根圆轮廓线　　图13-20 填充剖面线

13）在左视图中补画腹板孔的中心线，然后调整各中心线的长度，最终的图形如图 13-21 所示。

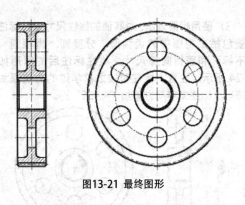

图13-21 最终图形

13.2.2 ▶ 标注图形

图形绘制完毕后，就要对其进行标注，包括尺寸、几何公差和表面粗糙度等，还要填写有关的技术要求。

❶ 标注尺寸

1）将标注样式设置为【ISO-25】，可自行调整标注的【全局比例】（用以控制标注文字的大小），如图 13-22 所示。

2）标注线性尺寸。切换到【标注线】图层，执行 DLI【线性】标注命令，在主视图上捕捉最下方的两个倒角端点，标注齿宽的尺寸，如图 13-23 所示。

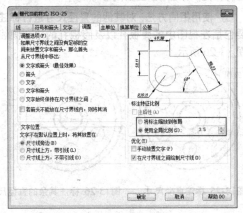

图13-22 调整全局比例

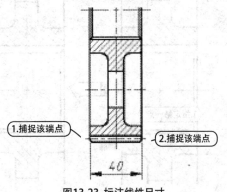

图13-23 标注线性尺寸

3）使用相同方法，对其他的线性尺寸进行标注，主要包括主视图中的齿顶圆、分度圆、齿根圆（可以不标）和腹板圆等尺寸。线性标注后的图形如图13-24 所示。注意，标注时按之前学过的方法添加直径符号（标注文字前方添加"%%C"）。

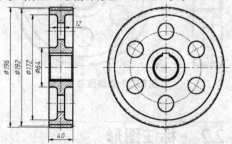

图13-24 标注其余的线性尺寸

提示

可以先标注出一个直径尺寸，然后复制该尺寸并将其粘贴，控制夹点将其移动至需要另外标注的图元夹点上。该方法可以快速创建同类型的线性尺寸。

4）标注直径尺寸。在【注释】面板中选择【直径】按钮，执行【直径】标注命令，选择左视图上的腹板孔进行标注，如图 13-25 所示。

5）使用相同方法，对其他的直径尺寸进行标注，主要包括左视图中的腹板孔以及腹板孔的中心圆线，如图 13-26 所示。

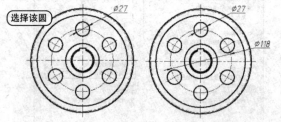

图13-25 标注直径尺寸　图13-26 标注其余的直径尺寸

6）标注键槽部分。在左视图中执行 DLI【线性】标注命令，标注键槽的宽度与高度，如图 13-27 所示。

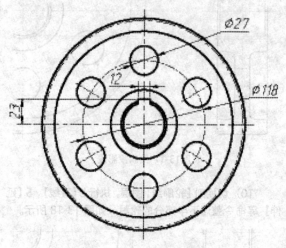

图13-27 标注左视图中的键槽尺寸

7）同样使用 DLI【线性】标注命令来标注主视图中的键槽部分。但由于键槽的存在，主视图的图形并不对称，因此无法捕捉到合适的标注点。这时可以先捕捉主视图上的端点，然后手动在命令行中输入尺寸40 进行标注，如图 13-28 所示。命令行操作如下：

命令：_dimlinear
指定第一个尺寸界线原点或 <选择对象>：
　　　　　　　　　//指定第一个点
指定第二条尺寸界线原点：40　　//光标向上移动，引出垂直追踪线，输入数值40
指定尺寸线位置或　　　　　//放置标注尺寸
[多行文字(M)/文字(T)/角度(A)/水平(H)/垂直(V)/旋转(R)]：
标注文字 = 40

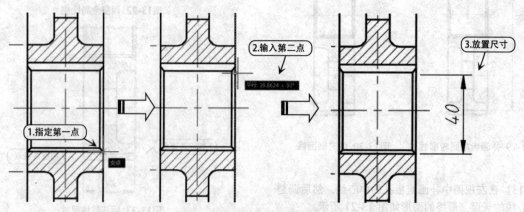

图13-28 标注主视图中的键槽尺寸

8）选中新创建的 ⌀40mm 尺寸，单击鼠标右键，在弹出的快捷菜单中选择【特性】选项，在打开的【特性】面板中，将"尺寸线 2"和"尺寸界线 2"设置为"关"，如图 13-29 所示。

9）为主视图中的线性尺寸添加直径符号，此时的图形应如图 13-30 所示。注意确认没有遗漏任何尺寸。

图13-29 关闭"尺寸线2"与"尺寸界线2"

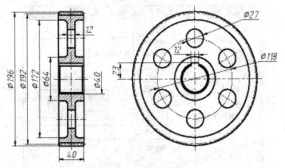

图13-30 添加直径符号

❷ 添加尺寸精度

齿轮上的精度尺寸主要集中在齿顶圆尺寸和键槽孔尺寸上，因此需要对该部分尺寸添加合适的精度。

1）添加齿顶圆精度。齿顶圆的加工很难保证精度，而对于减速器来说，其也不是非常重要的尺寸，因此精度可以适当放宽，但尺寸宜小勿大，以免啮合时受到影响。双击主视图中的齿顶圆尺寸 ⌀196，打开【文字编辑器】选项卡，然后将鼠标移动至 ⌀196 之后，依次输入"0^-0.2"，如图 13-31 所示。

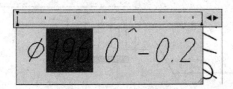

图13-31 输入公差文字

2）创建尺寸公差。接着按住鼠标左键，向后拖移，选中"0^-0.2"文字，然后单击【文字编辑器】选项

卡中【格式】面板中的【堆叠】按钮，即可创建尺寸公差，如图 13-32 所示。

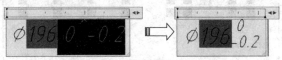

图13-32 堆叠公差文字

3）按相同方法，对键槽部分添加尺寸精度，结果如图 13-33 所示。

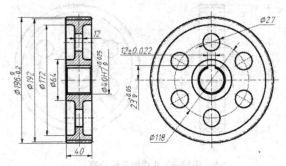

图13-33 添加尺寸精度

❸ 标注几何公差

1）创建基准符号。切换至【细实线】图层，在图形的空白区域绘制一基准符号，如图 13-34 所示。

2）放置基准符号。齿轮零件一般以键槽的安装孔为基准，因此选中绘制好的基准符号，然后执行 M【移动】命令，将其放置在键槽孔 ⌀40 尺寸上，如图 13-35 所示。

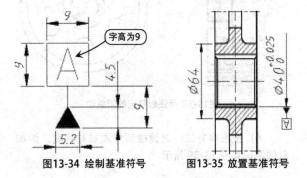

图13-34 绘制基准符号　　图13-35 放置基准符号

▶ 提示

基准符号也可以事先制作成块，然后进行调用，届时只需输入比例即可调整大小。

3）选择【标注】→【公差】命令，弹出【几何公差】对话框，选择公差类型为【圆跳动】，然后输入公差值 0.022 和公差基准 A，如图 13-36 所示。

4）单击【确定】按钮，在要标注的位置附近单击，放置该几何公差，如图 13-37 所示。

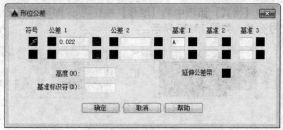

图13-36 设置公差参数

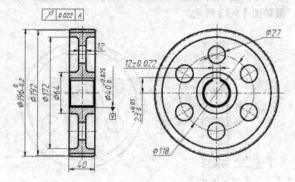

图13-37 生成的几何公差

5）单击【注释】面板中的【多重引线】按钮 ∕° ，绘制多重引线指向公差位置，如图 13-38 所示。

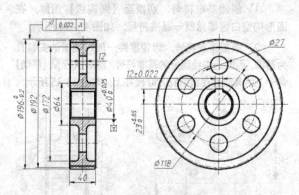

图13-38 标注齿顶圆的圆跳动

6）按相同方法，对键槽部分添加对称度，添加后的图形如图 13-39 所示。

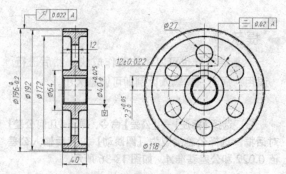

图13-39 标注键槽的对称度

4. 标注表面粗糙度

1）切换至【细实线】图层，在图形的空白区域绘制一表面粗糙度符号，如图 13-40 所示。

2）单击【默认】选项卡中【块】面板中的【定义属性】 ✎ 按钮，打开【属性定义】对话框，按图 13-41 进行设置。

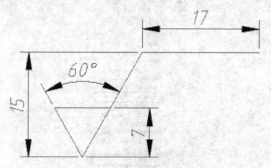

图13-40 绘制表面粗糙度符号

图13-41 【属性定义】对话框

3）单击"确定"按钮，光标便变为标记文字的放置形式，在表面粗糙度符号的合适位置放置即可，如图 13-42 所示。

4）单击【默认】选项卡中【块】面板中的【创建】 ⚄ 创建 按钮，打开【块定义】对话框，选择表面粗糙度符号最下方的端点为基点，然后选择整个表面粗糙度符号（包含上步骤放置的标记文字）作为对象，在【名称】文本框中输入"表面粗糙度"，如图 13-43 所示。

图13-42 放置标记文字

图13-43 【块定义】对话框

5）单击"确定"按钮，便会打开【编辑属性】对话框。在该对话框中可以灵活输入所需的表面粗糙度数值，如图 13-44 所示。

6）在【编辑属性】对话框中单击"确定"按钮，然后单击【默认】选项卡中【块】面板中的【插入】按钮，打开【插入】对话框，在"名称"下拉列表中选择"表面粗糙度"，如图 13-45 所示。

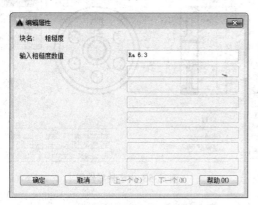

图13-44 【编辑属性】对话框

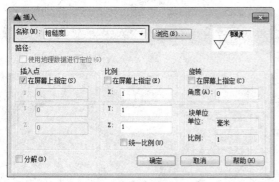

图13-45 【插入】对话框

7）在【插入】对话框中单击"确定"按钮，光标便变为表面粗糙度符号的放置形式，将其放置在图形的合适位置即可。放置之后系统自动打开【编辑属性】对话框，如图 13-46 所示。

8）在对应的文本框中输入所需的数值"Ra 3.2"，

然后单击"确定"按钮，即可标注表面粗糙度，如图 13-47 所示。

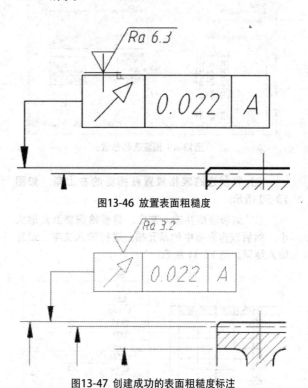

图13-46 放置表面粗糙度

图13-47 创建成功的表面粗糙度标注

9）按相同方法，对图形的其他部分标注表面粗糙度，然后将图形调整至 A3 图框的合适位置，如图 13-48 所示。

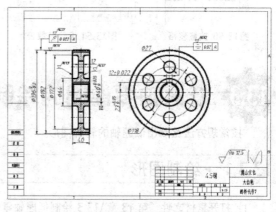

图13-48 添加其他表面粗糙度

13.2.3 ▶ 创建齿轮参数表与技术要求

1）单击【默认】选项卡中【注释】面板上的【表格】[表格] 按钮，打开【插入表格】对话框，按图 13-49 所示进行设置。

图13-49 设置表格参数

2）将创建的表格放置在图框的右上角，如图 13-50 所示。

3）编辑表格并输入文字。将表格调整至合适大小，然后双击表格中的单元格，进行输入文字。最终输入结果如图 13-51 所示。

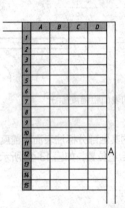

图13-50 放置表格　　图13-51 齿轮参数表

4）填写技术要求。单击【默认】选项卡中【注释】面板上的【多行文字】按钮，在图形的左下方空白部分插入多行文字，输入技术要求，如图 13-52 所示。

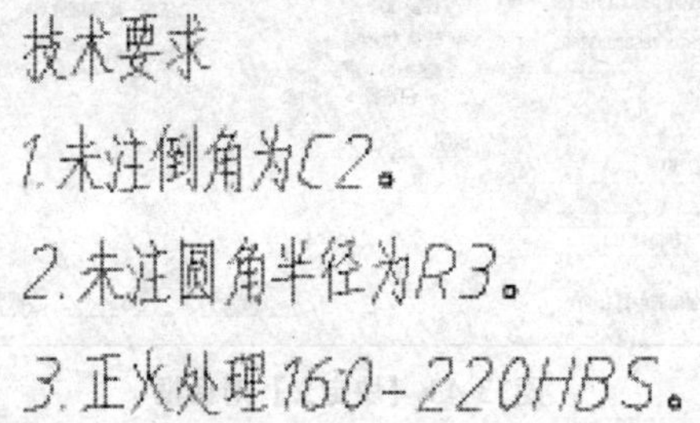

技术要求

1.未注倒角为C2。

2.未注圆角半径为R3。

3.正火处理160-220HBS。

图13-52 填写技术要求

5）大齿轮零件图绘制完成，最终的图形结果如图 13-53 所示（详见素材文件"第 13 章 \13.2 大齿轮零件图 -OK"）。

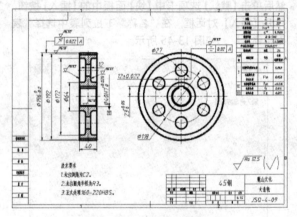

图13-53 大齿轮零件图

13.3 低速轴零件图的绘制

按常规方法绘制出低速轴的轮廓图形。

13.3.1 ▶绘制图形

1）打开素材文件"第 13 章 \13.3 绘制低速轴零件图 .dwg"，素材图形中已经绘制好了 1:1 大小的 A4 图纸框，如图 13-54 所示。

2）将【中心线】图层设置为当前图层，执行 XL【构造线】命令，在合适的地方绘制水平中心线以及一条垂直的定位中心线，如图 13-55 所示。

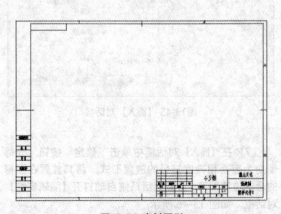

图13-54 素材图形

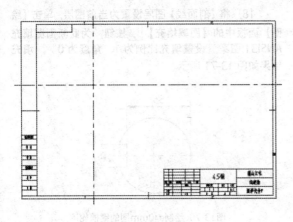

图13-55 绘制中心线

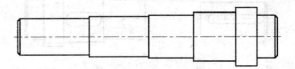

图13-60 镜像图形

3）使用快捷键 O 激活【偏移】命令，对垂直中心线进行多重偏移，如图 13-56 所示。

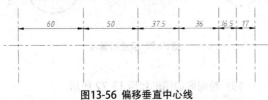

图13-56 偏移垂直中心线

8）绘制键槽。使用快捷键 O 激活【偏移】命令，创建如图 13-61 所示的垂直辅助线。

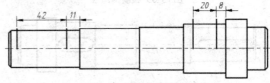

图13-61 创建垂直辅助线

4）同样使用 O【偏移】命令，对水平中心线进行多重偏移，如图 13-57 所示。

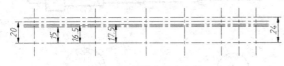

图13-57 偏移水平中心线

9）将【轮廓线】图层设置为当前图层，使用 C【圆】命令，以刚偏移的垂直辅助线的交点为圆心，绘制直径为 12mm 和 8mm 的圆，如图 13-62 所示。

图13-62 绘制圆

5）切换到【轮廓线】图层，执行 L【直线】命令，绘制轴体的半边轮廓，再执行 TR【修剪】、E【删除】命令，修剪多余的辅助线，结果如图 13-58 所示。

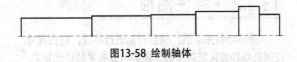

图13-58 绘制轴体

10）使用 L【直线】命令，配合【捕捉切点】功能，绘制键槽轮廓，如图 13-63 所示。

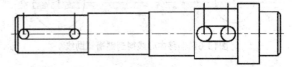

图13-63 绘制键槽轮廓

6）单击【修改】面板中的 ⬜ 按钮，激活 CHA【倒角】命令，对轮廓线进行倒角，设置倒角尺寸为 C2，然后使用 L【直线】命令，配合捕捉与追踪功能，绘制倒角的连接线，结果如图 13-59 所示。

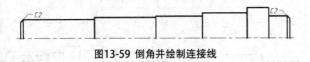

图13-59 倒角并绘制连接线

11）使用 TR【修剪】命令，对键槽轮廓进行修剪，并删除多余的辅助线，结果如图 13-64 所示。

图13-64 删除多余的辅助线

7）使用快捷键 MI 激活【镜像】命令，对轮廓线进行镜像复制，结果如图 13-60 所示。

12）绘制断面图。将【中心线】图层设置为当前图层，使用快捷键 XL 激活【构造线】命令，绘制如图 13-65 所示的水平和垂直构造线，作为移出断面图的定位辅助线。

13）将【轮廓线】图层设置为当前图层，使用 C【圆】命令，以构造线的交点为圆心，分别绘制直径为 30mm 和 40mm 的圆，结果如图 13-66 所示。

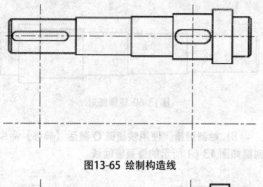

图13-65 绘制构造线

图13-66 绘制移出断面图

14）单击【修改】面板中的【偏移】 按钮，对 ø30mm 圆的水平和垂直中心线进行偏移，得到键槽辅助线，结果如图 13-67 所示。

图13-67 偏移中心线得到键槽辅助线

15）将【轮廓线】图层设置为当前图层，使用 L【直线】命令绘制键槽深，结果如图 13-68 所示。

16）综合使用 E【删除】和 TR【修剪】命令，去掉不需要的构造线和轮廓线，整理 ø30mm 圆的断面图如图 13-69 所示。

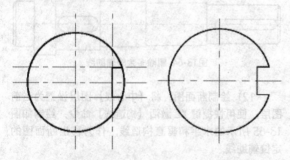

图13-68 绘制ø30mm圆的键　　图13-69 修剪ø30mm圆的键
　　　　　槽轮廓　　　　　　　　　　　　　槽

17）按相同方法绘制 ø40mm 圆的键槽轮廓，如图 13-70 所示。

18）将【剖面线】图层设置为当前图层，单击【绘图】面板中的【图案填充】 按钮，为此断面图填充 ANSI31 图案，设置填充比例为1、角度为0°，填充结果如图 13-71 所示。

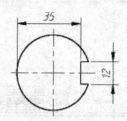

图13-70 绘制ø40mm圆的键槽轮廓

 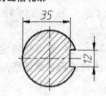

图13-71 填充剖面线

19）绘制好的图形如图 13-72 所示。

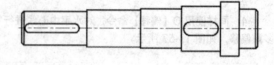

图13-72 低速轴的轮廓图形

13.3.2 ▸ 标注图形

图形绘制完毕后，就要对其进行标注，包括尺寸、几何公差和表面粗糙度等，还要填写有关的技术要求。

❶ 标注尺寸

1）标注轴向尺寸。切换到【标注线】图层，执行 DLI【线性】标注命令，标注轴的轴向尺寸，如图 13-73 所示。

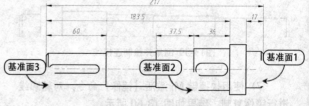

图13-73 标注轴的轴向尺寸

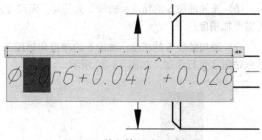

图13-76 输入轴段1的尺寸公差

提示

标注轴的轴向尺寸时，应根据设计及工艺要求确定尺寸基准，通常有轴孔配合端面基准面及轴端基准面。另外，应使尺寸标注反映加工工艺要求，同时满足装配尺寸链的精度要求，不允许出现封闭的尺寸链。如图13-73所示，基准面1是齿轮与轴的定位面，为主要基准，轴段长度36、183.5都是以基准面1作为基准尺寸；基准面2为辅助基准面，最右端的轴段长度17为轴承安装要求所确定；基准面3同基准面2，轴段长度60为联轴器安装要求所确定；而未特别标明长度的轴段，其加工误差不影响装配精度，因而取为闭环，加工误差可积累至该轴段上，以保证主要尺寸的加工误差。

2）创建尺寸公差。接着按住鼠标左键，向后拖移，选中"+0.041^+0.028"文字，然后单击【文字编辑器】选项卡中【格式】面板中的【堆叠】按钮，即可创建尺寸公差，如图 13-77 所示。

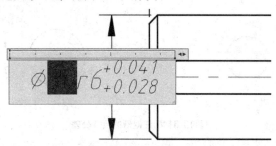

图13-77 创建轴段1的尺寸公差

2）标注径向尺寸。同样执行 DLI【线性】标注命令，标注轴的各段直径长度，尺寸文字前注意添加"ø"，如图 13-74 所示。

3）添加轴段 2 的精度。轴段 2 上需要安装端盖以及一些防尘的密封件（如毡圈），总的来说精度要求不高，因此可以不添加精度。

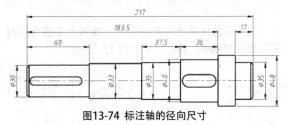

图13-74 标注轴的径向尺寸

4）添加轴段 3 的精度。轴段 3 上需安装型号为6207 的深沟球轴承，因此该段的径向尺寸公差可按该轴承的推荐安装参数进行取值，即 k6，然后查得ø35mm 对应的 k6 公差为 +0.018~+0.002，再按相同标注方法标注即可，如图 13-78 所示。

3）标注键槽尺寸。同样使用 DLI【线性】标注来标注键槽的移出断面图，如图 13-75 所示。

 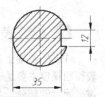

图13-75 标注键槽的移出断面图

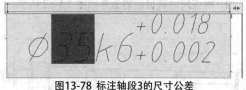

图13-78 标注轴段3的尺寸公差

2. 添加尺寸精度

经过前面章节的分析，可知低速轴的精度尺寸主要集中在各径向尺寸上，与其他零部件的配合有关。

1）添加轴段 1 的精度。轴段 1 上需安装 HL3 型弹性柱销联轴器，因此尺寸精度可按对应的配合公差选取。此处由于轴径较小，因此可选用 r6 精度，然后查得 ø30mm 对应的 r6 公差为 +0.028~+0.041，即双击 ø30mm 标注，然后在文字后输入该公差文字，如图 13-76 所示。

5）添加轴段 4 的精度。轴段 4 上需安装大齿轮，而轴、齿轮的推荐配合为 H7/r6，因此该段的径向尺寸公差即 r6，然后查得 ø40mm 对应的 r6 公差为+0.050~+0.034，再按相同标注方法标注即可，如图13-79 所示。

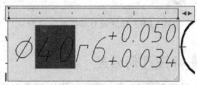

图13-79 标注轴段4的尺寸公差

6）添加轴段 5 的精度。轴段 5 为闭环，无尺寸，无需添加精度。

7）添加轴段 6 的精度。轴段 6 的精度同轴段 3，参照轴段 3 进行添加，如图 13-80 所示。

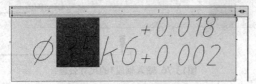

图13-80 标注轴段6的尺寸公差

8）添加键槽公差。取轴上的键槽的宽度公差为 h9，长度均向下取值 -0.2，如图 13-81 所示。

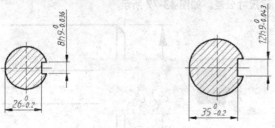

图13-81 标注键槽的尺寸公差

> ### 提示
>
> 由于在装配减速器时，一般是先将键敲入轴上的键槽，然后再将齿轮安装在轴上，因此轴上的键槽需要稍紧密，所以取负公差；而齿轮轮毂上键槽与键之间需要轴向移动的距离，要超过键本身的长度，因此间隙应大一点，易于装配。

9）标注尺寸精度后的图形如图 13-82 所示。

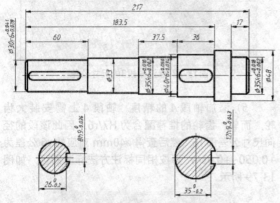

图13-82 标注尺寸精度后的图形

3. 标注几何公差

1）放置基准符号。基准符号的创建方法略，分别以各重要的轴段为基准，即在轴段 1、轴段 3、轴段 4 和轴段 6 上放置基准符号，如图 13-83 所示。

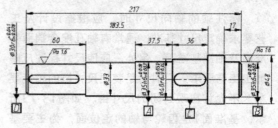

图13-83 放置基准符号

2）添加轴上的几何公差。轴上的几何公差主要为轴承段、齿轮段的圆跳动，具体标注如图 13-84 所示。

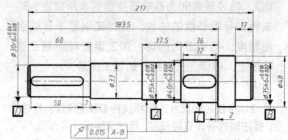

图13-84 标注轴上的圆跳动公差

3）添加键槽上的几何公差。键槽上主要为相对于轴线的对称度，具体标注如图 13-85 所示。

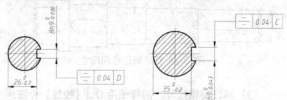

图13-85 标注键槽上的对称度公差

4. 标注表面粗糙度

1）标注轴上的表面粗糙度。轴上需特定标注的表面粗糙度主要是轴段 1、轴段 3、轴段 4 和轴段 6 等需要配合的部分，具体标注如图 13-86 所示。

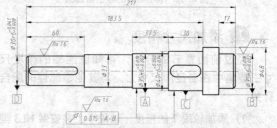

图13-86 标注轴上的表面粗糙度

2）标注断面图上的表面粗糙度。键槽部分的表面粗糙度可按相应键的安装要求进行标注，本例中的标注如图 13-87 所示。

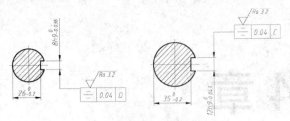

图13-87 标注断面图上的表面粗糙度

3）标注其余的表面粗糙度，然后对图形一些细节进行修缮，再将图形移动至 A4 图框中的合适位置，如图 13-88 所示。

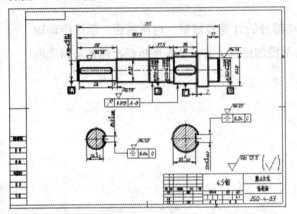

图13-88 添加标注后的图形

13.3.3 ▶ 填写技术要求

1）单击【默认】选项卡中【注释】面板上的【多行文字】按钮，在图形的左下方空白部分插入多行文字，输入技术要求，如图 13-89 所示。

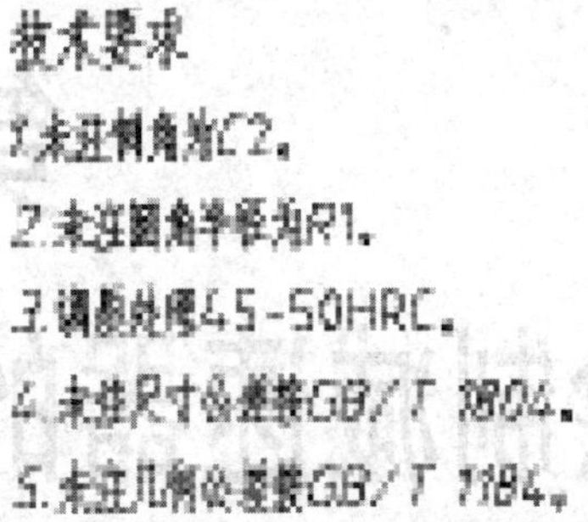

技术要求

1. 未注倒角为C2。

2. 未注圆角半径为R1。

3. 调质处理45-50HRC。

4. 未注尺寸公差按GB/T 1804。

5. 未注几何公差按GB/T 1184。

图13-89 填写技术要求

2）低速轴零件图绘制完成，最终的图形如图 13-90 所示（详见素材文件"第 13 章 \13.3 低速轴零件图 -OK"）。

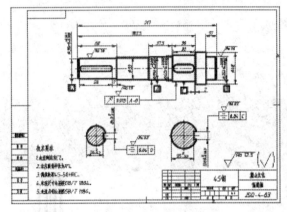

图13-90 低速轴零件图

第 **14** 章

绘制减速器的装配图并拆画零件图

　　第 13 章已经介绍了减速器核心组件传动部分的计算与绘制，包括高速、低速传动轴与齿轮零件，本章将在此基础上完成减速器装配图的绘制，并从装配图拆画出箱盖与箱座两大零件图。

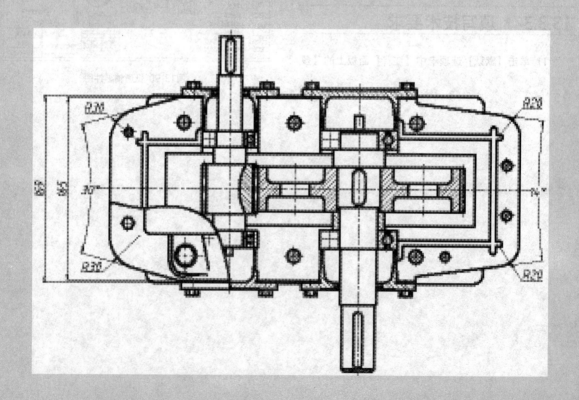

14.1 减速器装配图概述

首先设计轴系部件。通过绘图设计轴的结构尺寸，确定轴承的位置。传动零件、轴和轴承是减速器的主要零件，其他零件的结构和尺寸随这些零件而定。绘制装配图时，要先画主要零件，后画次要零件；先由箱内零件画起，逐步向外画；先由中心线绘制大致轮廓线，结构细节可先不画；以一个视图为主，过程中兼顾其他视图。

14.1.1 ▶估算减速器的视图尺寸

可按表14-1中的数值估算减速器的视图范围，而视图布置可参考图14-1。

表 14-1 视图范围估算表

外形尺寸	A	B	C
一级圆柱齿轮减速器	3a	2a	2a
二级圆柱齿轮减速器	4a	2a	2a
圆锥-圆柱齿轮减速器	4a	2a	2a
一级蜗杆减速器	2a	3a	2a

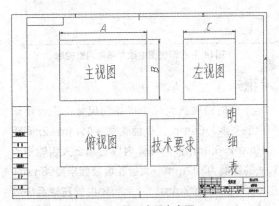

图14-1 视图布置参考图

> **提示**
> a 为传动中心距，对于二级传动来说，a 为低速级的中心距。

14.1.2 ▶确定减速器装配图中心线的位置

在大致估算了所设计减速器的长、宽、高外形尺寸后，考虑标题栏、明细栏、技术要求、技术特性、零件编号、尺寸标注等所占幅面，确定3个视图的位置，画出各视图中心传动件的中心线。中心线的位置直接影响到视图布置的合理性，经审定合适后再往下进行。

中心线的作用是确定减速器三视图的布置位置和主要结构的相对位置，长度不需要很精确，且可以根据需要随时调整其长度，相互之间的间距可以不太精确，可以调节此间距来调节视图之间的距离。总之，中心线就是布图的骨架，视图之间的中心线的间距可以大略估计设置，但同一视图内的中心线之间的间距必须准确。

在本书的案例中，基本上都是在素材图形中绘制好了中心线，当然读者也可以自行新建空白文件，自己绘制中心线后再进行后面的操作。

14.2 绘制减速器装配图的俯视图

减速器装配图的绘制顺序按"由内而外、先主后次"的原则。

14.2.1 ▶绘制装配图的俯视图

❶ 绘制传动机构

传动机构作为减速器的关键部分，自然需要首先绘制传动机构的组成零件，如大齿轮和低速轴等，在开始绘制的时候可以先按尺寸绘制大致简图，待总体图形绘制完毕后，再直接复制粘贴已经画好的零件图即可。

1）打开素材文件"第 14 章 \ 14.2 绘制减速器装配图 .dwg"，素材图形中已经绘制好了 1:1 大小的 A0 图纸框，如图 14-2 所示。

2）将【中心线】图层设置为当前图层，执行 L【直线】命令，在图纸的主视图位置绘制传动机构的中心线，中心线长度任意，间距如图 14-3 所示。

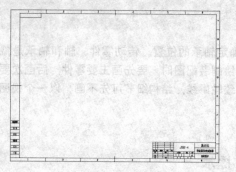

图14-2 素材图形

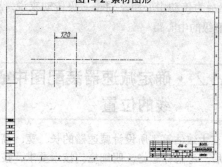

图14-3 绘制中心线

3）绘制齿轮轮廓。执行 C【圆】命令，分别在中心线的交点处绘制圆，尺寸为大、小齿轮的分度圆直径 ϕ48mm、ϕ192mm，如图 14-4 所示。

4）绘制俯视图中心线。在俯视图位置绘制中心线，长度任意，如图 14-5 所示。

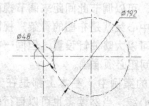

图14-4 绘制齿轮分度圆

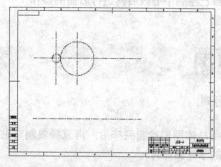

图14-5 绘制俯视图中心线

5）绘制传动机构简图。切换到【虚线】图层，执行 L【直线】命令，在俯视图中绘制大、小齿轮的示意图，边界按各自的齿顶圆尺寸，同时根据投影绘

制出分度圆，如图 14-6 所示。

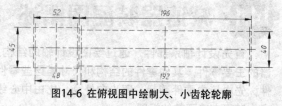

图14-6 在俯视图中绘制大、小齿轮轮廓

2. 绘制箱体并补全齿轮

箱体是减速器的基本零件，由箱座、箱盖等上、下两部分组成，其主要作用是为其他所有的功能零件提供支承和固定作用，同时盛装润滑散热的油液。为了使齿轮与箱体内壁相配，并方便装配，齿轮与箱体内壁之间应留有一定的距离（一般为8~10mm）。一般箱体内壁与小齿轮端面的距离要大于箱座壁厚，而大齿轮齿顶圆与箱体内壁的距离也是同理。

1）切换到【轮廓线】图层，执行 L【直线】命令，在俯视图中绘制箱体的内壁线，结果如图 14-7 所示。

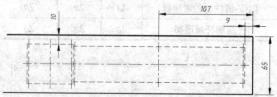

图14-7 在俯视图中绘制箱体内壁轮廓

提示

此时应根据大、小齿轮的尺寸，设计箱体内壁宽度为65mm（小齿轮宽度45mm+2x间距10mm=65mm），箱体内壁右端至大齿轮中心线的距离为107mm（大齿轮齿顶圆半径98mm+间距9mm=107mm）。而箱体内壁左端至小齿轮中心线的距离，因不仅要考虑小齿轮到箱体内壁的距离，还需考虑后续设计的箱座与箱盖连接的螺栓孔是否会与箱体的轴承安装孔干涉，所以箱体内壁左边可以先不确定长度，事后再进行调

2）绘制箱体外侧轮廓。执行 L【直线】命令，在俯视图中绘制箱体的外侧轮廓，如图 14-8 所示。

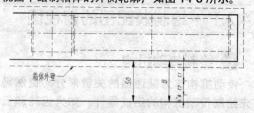

图14-8 绘制箱体的外侧轮廓

对于剖分式减速器，箱体轴承座内端面常为箱体内壁，从内壁至最外侧的一段厚度即轴承安装孔的深度。轴承安装孔的深度B取决于箱体壁厚L、轴承旁连接螺栓及其所需的扳手空间$C1$和$C2$的尺寸，以及区分加工面与铸造毛坯面所留出的尺寸（5~8mm）。因此，轴承安装孔的深度$B=L+C1+C2+5~8mm$，其中壁厚L按$L=0.025a+1\geq8$算得，此处为8；$C1$、$C2$由轴承旁连接螺栓确定，本减速器所用连接螺栓为M12，因此查得扳手空间$C1$和$C2$分别为18mm与16mm，这样就可以算得$B=$（8+18+16+8）mm=50mm，如图14-8所示。

3）导入大齿轮图形。将用虚线绘制的大、小齿轮轮廓删除，然后使用 Ctrl+C（复制）、Ctrl+V（粘贴）命令，将第 13 章绘制好的大齿轮图形主视图粘贴进来，并使用 M【移动】、RO【旋转】等编辑命令，将大齿轮按主视图的分度圆对齐至俯视图中心线上，结果如图 14-9 所示。

4）导入低速轴图形。同样使用 Ctrl+C（复制）、Ctrl+V（粘贴）命令，将与大齿轮装配的低速轴粘贴进来，按中心线并靠紧轴肩进行对齐，然后使用 TR【修剪】、E【删除】命令删除多余图形，结果如图 14-10 所示。

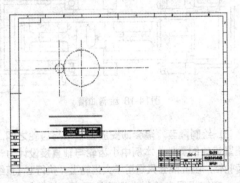

图14-9 导入大齿轮图形

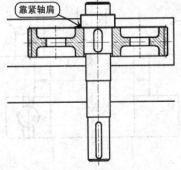

图14-10 导入低速轴图形

5）导入小齿轮轴图形。按同样方法，将小齿轮轴图形贴进来，使其分度圆与大齿轮分度圆线重合，并按水平中心线对齐，然后使用 TR【修剪】、E【删除】命令删除多余图形，结果如图 14-10 所示。

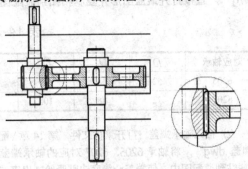

图14-11 导入小齿轮轴图形

3. 添加轴承与端盖

添加轴承

在第 13 章中已知选用的轴承为深沟球轴承，其型号为6205与6207，在素材文件"第14章\配件/轴承.dwg"中可以找到该轴承图形。

1）打开素材文件"第 14 章 \ 配件 / 轴承 .dwg"，将轴承 6205、6207 复制粘贴到装配图中，结果如图 14-12 所示。

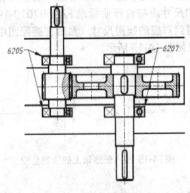

图14-12 添加轴承

添加轴承盖

轴承盖用于固定轴承、调整轴承间隙及承受轴向载荷，多用铸铁制造，也有用碳素钢车削加工制成。凸缘式轴承端盖的尺寸如图14-13所示。

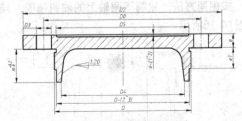

图14-13 凸缘式轴承端盖尺寸

其中，$e = 1.2d_3$，d_3 为螺钉公称直径；$D_0 = D + (2 \sim 2.5)d_3$，$D$ 为轴承外径；$D_2 = D_0 + (2.5 \sim 3)D_3$；$D_4 = (0.8 \sim 0.9)D$；$D_5 = D_0 - (2.5 \sim 3)D_3$；$m$ 值由具体的结构确定。

本案例中的减速器轴承端盖可按表14-2中的数据自行绘制，也可以打开素材文件"第14章\配件/端盖.dwg"，直接打开端盖图形并复制粘贴到装配图。

表 14-2 轴承端盖尺寸

单位：mm

对应轴承	D	D_0	D_2	D_3	D_4	D_5	m	e	e_1
6205	52	68	90	8	47	56	24	7	10
6207	72	88	105	8	65	70	17	7	10

2）插入轴承端盖。打开素材文件"第14章\配件/端盖.dwg"，将轴承6205、6207对应的轴承端盖复制粘贴到装配图中，使端盖凸缘底边贴紧绘制出来的箱体外侧轮廓，修剪掉多余线段，结果如图14-14所示。

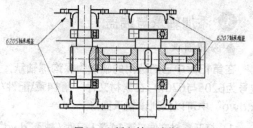

图14-14 插入轴承端盖

3）插入低速轴上的油封毡圈。毡圈为标准件，其形式和尺寸应符合行业标准 FZ/T 92010-1991，查该标准得到对应的毡圈尺寸，然后在装配图中进行绘制，结果如图14-15所示。

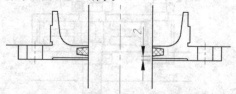

图14-15 插入低速轴上的油封毡圈

提示

油封毡圈只需用于轴上开键槽的一端，同样可以打开素材文件"第14章\配件/油封毡圈.dwg"获得。

按相同方法，绘制高速轴上的油封毡圈，结果如图14-16所示。

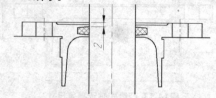

图14-16 插入高速轴上的油封毡圈

4 绘制俯视图上的其他部分

1）补全内壁。将【轮廓线】图层设置为当前图层，将内壁左侧未封闭的部分封闭，如图14-17所示。

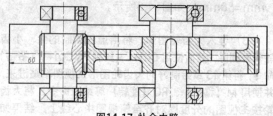

图14-17 补全内壁

2）绘制油槽。将【轮廓线】图层设置为当前图层，执行 L【直线】命令，在俯视图中绘制油槽，结果如图14-18所示。

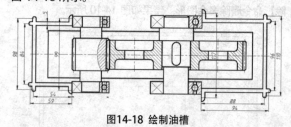

图14-18 绘制油槽

3）绘制隔套。隔套即安放在轴承与齿轮之间，用于压紧齿轮的零件。本例中小齿轮与轴直接设计为一整体齿轮轴，因此隔套只需用于大齿轮上。执行 L【直线】命令，在俯视图中绘制大齿轮的隔套，结果如图14-19所示。

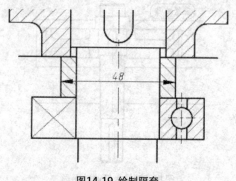

图14-19 绘制隔套

14.2.2 ▶ 绘制装配图的主视图

　　俯视图先绘制到这，然后再利用现有的俯视图，通过投影的方法来绘制主视图的大致图形。

1. 绘制端盖部分

　　1）绘制轴与轴承端盖。切换到【虚线】图层，执行L【直线】命令，从俯视图中向主视图绘制投影线，如图 14-20 所示。

　　2）切换到【轮廓线】图层，执行C【圆】命令，按投影关系在主视图中绘制端盖与轴的轮廓，如图 14-21 所示。

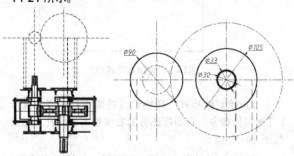

图14-20 绘制主视图投影线　　图14-21 在主视图中绘制端盖与轴的轮廓

　　3）绘制端盖螺钉。选用的螺钉为六角头螺钉（GB/T 5783-2016），查相关手册即可得到螺钉的外形，然后切换到【中心线】图层，绘制出螺钉的布置圆，再切换回【轮廓线】图层，执行相关命令绘制螺钉，结果如图 14-22 所示。

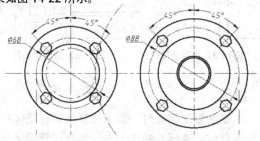

图14-22 绘制端盖螺钉

2. 绘制凸台部分

　　1）确定轴承安装孔两侧的螺栓位置。单击【修改】面板中的【偏移】按钮，执行O【偏移】命令，将主视图中左侧的垂直中心线向左偏移43，向右偏移60；再将右侧的中心线向右偏移53，作为凸台连接螺栓的位置，如图 14-23 所示。

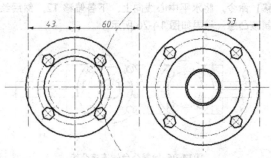

图14-23 确定轴承安装孔两侧的螺栓位置

　　2）绘制箱盖凸台。执行O【偏移】命令，将主视图的水平中心线向上偏移38，此即凸台的高度；然后将左侧的螺钉中心线向左偏移16，再将右侧的螺钉中心线向右偏移16，此即凸台的边线。然后切换到【轮廓线】图层，执行L【直线】命令将其连接，结果如图 14-24 所示。

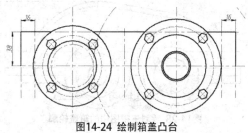

图14-24 绘制箱盖凸台

　　3）绘制箱座凸台。按相同方法，绘制下方的箱座凸台，如图 14-25 所示。

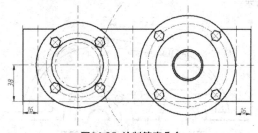

图14-25 绘制箱座凸台

　　4）绘制凸台的连接凸缘。为了保证箱盖与箱座的连接刚度，要在凸台上增加一凸缘，且凸缘的尺寸应该较箱体的壁厚略厚（约为 1.5 倍壁厚）。执行 O【偏移】命令，将水平中心线向上、下各偏移 12，然后绘制该凸缘，结果如图 14-26 所示。

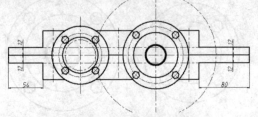

图14-26 绘制凸台的连接凸缘

5）绘制连接螺栓。为了节省空间，在此只需绘制出其中一个连接螺栓（M10x90）的剖视图，其余用中心线表示即可，如图 14-27 所示。

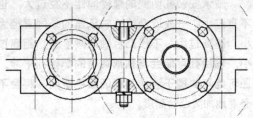

图14-27 绘制连接螺栓

③. 绘制观察孔与吊环

1）绘制主视图中的箱盖轮廓。切换到【轮廓线】图层，执行 L【直线】、C【圆】等绘图命令，绘制主视图中的箱盖轮廓，结果如图 14-28 所示。

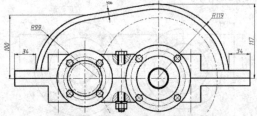

图14-28 绘制主视图中的箱盖轮廓

2）绘制观察孔。执行 L【直线】、F【圆角】等绘图命令，绘制主视图上的观察孔，结果如图 14-29 所示。

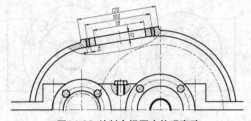

图14-29 绘制主视图中的观察孔

3）绘制箱盖吊环。执行 L【直线】、C【圆】等绘图命令，绘制箱盖上的吊钩，结果如图 14-30 所示。

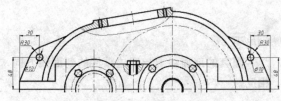

图14-30 绘制箱盖吊环

④. 绘制箱座部分

1）绘制箱座轮廓。按计算出来的传动装置高度，确定箱座的总高为 152mm，因此将水平中心线向下偏移 152，得到箱座的底线，然后执行 L【直线】命令，补画箱座的其余部分，结果如图 14-31 所示。

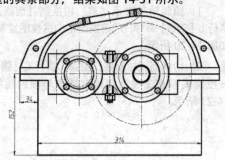

图14-31 绘制箱座轮廓

2）绘制油标孔。切换到【轮廓线】图层，执行 L【直线】命令，在箱座部分的右侧绘制油标孔，结果如图 14-32 所示。

3）绘制放油孔。执行 L【直线】、F【圆角】命令，绘制放油孔，结果如图 14-33 所示。

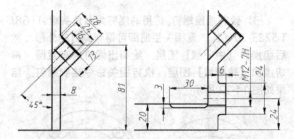

图14-32 绘制油标孔　　　图14-33 绘制放油孔

▶ 提示

在绘制油标孔时，如果箱体吊钩在箱体的中间部位、油标孔的正上方，则要注意保证油标在插入和取下的过程中不与箱体的吊钩出现干涉；而在绘制放油孔时，要使放油孔最下方的图线位置比箱体底部图线低，这样才能保证箱体中所有的油能放尽。

4）插入油标和油口塞。打开素材文件"第 14 章\配件 / 油标与油口塞、观察器 .dwg"，将油标和油口塞的图形复制粘贴到装配图中,结果如图 14-34 所示。

5)绘制箱座右侧的连接螺栓。箱座右侧的连接螺栓为 M8x35(GB/T 5782-2016)的六角头螺栓,按之前所介绍的方法绘制,结果如图 14-35 所示。

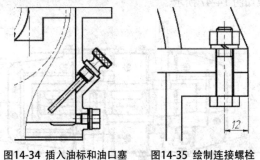

图14-34 插入油标和油口塞　　图14-35 绘制连接螺栓

6)绘制主视图上的吊钩。执行 L【直线】、C【圆】命令,并结合 TR【修剪】命令,绘制主视图上的吊钩,结果如图 14-36 所示。

图14-36 绘制吊钩图形

7)补全主视图。调用相应命令绘制主视图中的其他图形,如起盖螺钉和圆柱销等,再补上剖面线,最终的主视图如图 14-37 所示。

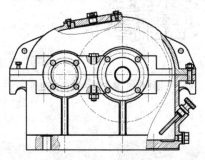

图14-37 补全主视图

14.2.3 ▶ 绘制装配图的左视图

主视图绘制完成后,就可以利用投影关系来绘制左视图。

❶ 绘制左视图外形轮廓

1)将【中心线】图层设置为当前图层,执行 L【直线】命令,在图纸的左视图位置绘制中心线,中心线长度任意。

2)切换到【虚线】图层,执行 L【直线】命令,从主视图中向左视图绘制投影线,如图 14-38 所示。

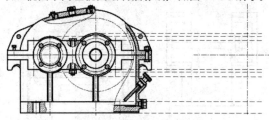

图14-38 绘制左视图的投影线

3)执行 O【偏移】命令,将左视图的垂直中心线向左、右对称偏移 40.5、60.5、80、82、84.5,如图 14-39 所示。

4)修剪左视图。切换到【轮廓线】图层,执行 L【直线】命令,绘制左视图的轮廓,再执行 TR【修剪】命令,修剪多余的辅助线,结果如图 14-40 所示。

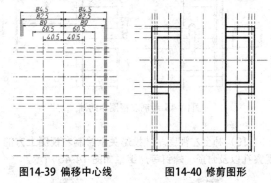

图14-39 偏移中心线　　　　图14-40 修剪图形

5)绘制凸台与吊钩。切换到【轮廓线】图层,执行 L【直线】、C【圆】等绘图命令,绘制左视图中的凸台与吊钩轮廓,然后执行 TR【修剪】命令删除多余的线段,结果如图 14-41 所示。

6)绘制定位销、起盖螺钉中心线。执行 O【偏移】命令,将左视图的垂直中心线向左偏移 51、向右偏移 31,作为箱盖与箱座连接螺栓的中心线位置,同样也是箱座地脚螺栓的中心线位置,如图 14-42 所示。

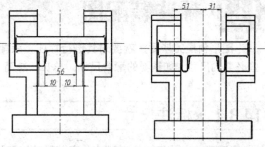

图14-41 绘制凸台与吊钩　　图14-42 绘制中心线

7)绘制定位销与起盖螺钉。执行 L【直线】、C【圆】等绘图命令,在左视图中绘制定位销(6x35,GB/T 117—2000)与起盖螺钉(M6x15,GB/T 5783—2016),结果如图 14-43 所示。

8）绘制端盖。执行 L【直线】命令，绘制轴承端盖在左视图中的可见部分，如图 14-44 所示。

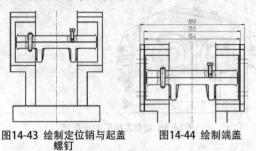

图14-43 绘制定位销与起盖　　图14-44 绘制端盖
螺钉

9）绘制左视图中的轴。执行 L【直线】命令，绘制高速轴与低速轴在左视图中的可见部分，伸出长度参考俯视图，结果如图 14-45 所示。

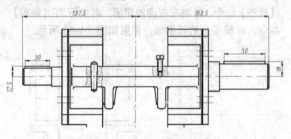

图14-45 绘制左视图中的轴

10）补全左视图。按投影关系绘制左视图上方的观察孔以及封顶、螺钉等，结果如图 14-46 所示。

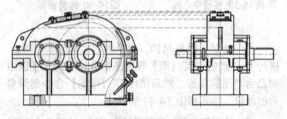

图14-46 补全左视图

2. 补全俯视图

1）补全俯视图。主视图、左视图的图形都已经绘制完毕，这时就可以根据投影关系补全俯视图，结果如图 14-47 所示。

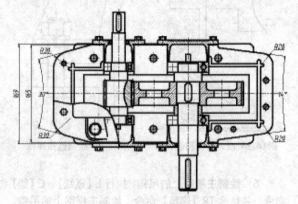

图14-47 补全俯视图

2）至此，装配图中的三视图全部绘制完成，结果如图 14-48 所示。

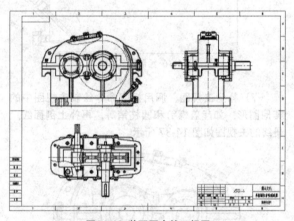

图14-48 装配图中的三视图

14.3 标注装配图

图形创建完毕后，就要对其进行标注。装配图中的标注包括标明序列号、填写明细栏，以及标注一些必要的尺寸，如重要的配合尺寸、总长、总高、总宽等外形尺寸和安装尺寸等。

14.3.1 ▶ 标注尺寸

标注尺寸主要包括外形尺寸、安装尺寸以及配合尺寸。

1. 标注外形尺寸

由于减速器的上、下箱体均为铸件，因此总的尺寸精度不高，而且减速器对于外形也无过多要求，因此减速器的外形尺寸只需注明大致的总体尺寸即可。

1）将标注样式设置为【ISO-25】，可自行调整标注的【全局比例】，用以控制标注文字的显示大小。

2）标注总体尺寸。切换到【标注线】图层，执行 DLI【线性】等标注命令，按之前介绍的方法标注减速器的外形尺寸（主要集中在主视图与左视图上），如图 14-49 所示。

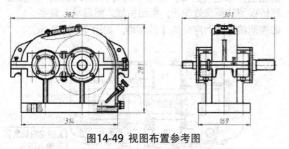

图14-49 视图布置参考图

2. 标注安装尺寸

安装尺寸即减速器在安装时用到的尺寸，包括减速器上地脚螺栓的尺寸、轴的中心高度以及吊环的尺寸等。这部分尺寸有一定的精度要求，需参考装配精度进行标注。

1）标注主视图上的安装尺寸。主视图上可以标注地脚螺栓的尺寸。执行 DLI【线性】标注命令，选择地脚螺栓剖视图处的端点，标注该孔的尺寸，如图 14-50 所示。

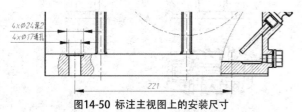

图14-50 标注主视图上的安装尺寸

2）标注左视图的安装尺寸。左视图上可以标注轴的中心高度，此即所连接联轴器与带轮的工作高度。标注结果如图 14-51 所示。

3）标注俯视图的安装尺寸。俯视图中可以标注高、低速轴的末端尺寸，即与联轴器、带轮等的连接尺寸，标注结果如图 14-52 所示。

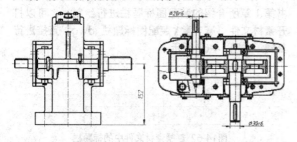

图14-51 标注轴的中心高度　　图14-52 标注轴的连接尺寸

3. 标注配合尺寸

零件在装配时需保证配合精度，对于减速器来说，配合尺寸即轴与齿轮、轴承，轴承与箱体之间的尺寸。

1）标注轴与齿轮的配合尺寸。执行 DLI【线性】标注命令，在俯视图中选择低速轴与大齿轮的配合段标注尺寸，并输入配合精度，如图 14-53 所示。

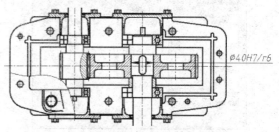

图14-53 标注轴与齿轮的配合尺寸

2）标注轴与轴承的配合尺寸。高、低速轴与轴承的配合公差均为 H7/k6，标注结果如图 14-54 所示。

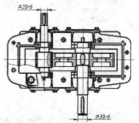

图14-54 标注轴与轴承的配合尺寸

3）标注轴承与轴承安装孔的配合尺寸。为了安装方便，轴承一般与轴承安装孔取间隙配合，可取配合公差为 H7/f6，标注结果如图 14-55 所示。

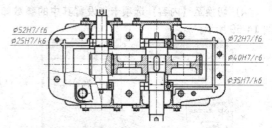

图14-55 标注轴承、轴承安装孔的配合尺寸

4）至此，配合尺寸标注完毕。

14.3.2 ▶添加序列号

装配图中的所有零件和组件都必须编写序号。装配图中一个相同的零件或组件只编写一个序号，同一装配图中相同的零件编写相同的序号，而且一般只注明一次。另外，零件序号还应与明细栏中的序号一致。

1）设置引线样式。单击【注释】面板中的【多重引线样式】按钮 ，打开【多重引线样式管理器】对话框，如图 14-56 所示。

2）单击其中的【修改】按钮，打开【修改多重引线样式: Standard】对话框, 设置其中的【引线格式】选项卡如图 14-57 所示。

图14-56 【多重引线样式管理器】对话框

图14-57 修改【引线格式】选项卡

3) 切换至【引线结构】选项卡, 设置其中的参数如图 14-58 所示。

4) 切换至【内容】选项卡, 设置其中的参数如图 14-59 所示。

图14-58 修改【引线结构】选项卡

图14-59 修改【内容】选项卡

5) 标注第一个序号。将【细实线】图层设置为当前图层, 单击【注释】面板中的【引线】按钮 ⁄, 然后在俯视图的箱座处单击, 引出引线, 然后输入数字 "1", 即表明该零件为序号为 1 的零件, 如图 14-60 所示。

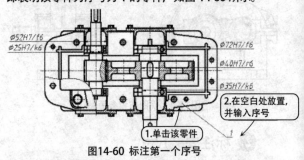

图14-60 标注第一个序号

6) 采用同样方法, 对装配图中的所有零部件进行引线标注, 结果如图 14-61 所示。

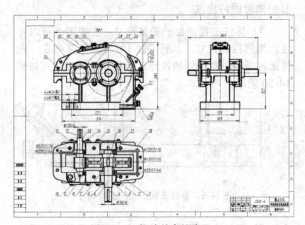

图14-61 标注其余的序号

14.3.3 ▸绘制并填写明细栏

1) 单击【绘图】面板中的【矩形】按钮, 按本书第 1 章所介绍的装配图标题栏进行绘制, 也可以打开素材文件 "第 1 章 \ 装配图标题栏 .dwg" 直接进行复制, 如图 14-62 所示。

4	-04	齿筒	1	45			
3	-03	轴承法兰	2	45			
2	-02	轴承	1	QT400			
1	-01	齿素材	1	45			
序号	代 号	名 称	数量	材 料	单件	总计	备 注
					重 量		

图14-62 复制素材文件中的标题栏

2) 将该标题栏缩放至适合 A0 图纸的大小, 然后按前面步骤添加的序列号顺序填写对应明细栏中的信息, 如序列号 1 对应的零件为 "箱座", 便在序号 1 的明细栏中填写如图 14-63 所示的信息。

图14-63 按添加的序列号填写对应的明细栏

提示

"JSQ-4"即表示为题号4所对应的减速器，而后面的"-01"则表示为该减速器中代号为01的零件。代号只是为了方便生产，由设计人员自行拟订，与装配图上的序列号并无直接关系。

3）按相同方法，填写明细栏上的所有信息，如图 14-64 所示。

20		油标尺	1	联油润滑		装配自制
19	JSQ-4-10	M12油堵	1	45		
18	JSQ-4-09	大齿轮	1	45		m=2, z=96
17	GB/T 276	深沟球轴承 6207	2	成品		外购
16	GB/T 1096	键 C12x32	1	45		外购
15	JSQ-4-08	轴承端盖 (6207用)	1	HT150		
14		挡油圈 (右)	1	半硬半毛毡		外购
13	JSQ-4-07	高速齿轮轴	1	45		m=2, z=24
12	GB/T 1096	键 C8x30	1	45		外购
11	JSQ-4-06	轴承端盖 (6205用)	1	HT150		
10	GB/T 5783	六角螺栓 M6x25	16	8.8级		
9	GB/T 276	深沟球轴承 6205	2	成品		外购
8	JSQ-4-05	轴承端盖 (6205用)	1	HT150		
7	JSQ-4-04	端盖	1	45		
6		毡圈油封45x33	1	半硬半毛毡		外购
5	JSQ-4-03	调整垫	1	45		外购
4	GB/T 1096	键 C8x50	1	45		外购
3	JSQ-4-02	轴承端盖 (6207用)	1	HT150		
2		调整垫片	2组	08F		装配自制
1	JSQ-4-01	箱体	1	HT200		
序号	代号	名称	数量	材料	单件/总计/重量	备注

34	GB/T 5782	螺栓螺母	1	10.9级		外购
33	JSQ-4-14	箱盖	1	HT200		
32		通气器	1	紧固堵盖		装配自制
31	GB/T 5783	六角螺栓 M6x10	4	8.8级		外购
30	JSQ-4-13	视孔盖	1	45		
29	JSQ-4-12	垫片	1	45		
28	GB 93	弹性垫圈 10	6	65Mn		外购
27	GB/T 6170	六角螺母 M10	6	10级		外购
26	GB/T 5782	六角螺栓 M10x90	6	8.8级		外购
25	GB/T 117	圆锥销 8x35	2	45		外购
24	GB 93	弹性垫圈 8	2	65Mn		外购
23	GB/T 6170	六角螺母 M8	2	10级		外购
22	GB/T 5782	六角螺栓 M8x35	2	8.8级		外购
21	JSQ-4-11	油塞	1	粗合件		
序号	代号	名称	数量	材料	单件/总计	备注

JSQ-4

麓山文化
单级圆柱齿轮减速器
课程设计-4

图14-64 填写明细栏

提示

在对照序列号填写明细栏的时候，可以选择【视图】选项卡，然后在【视口配置】下拉选项中选择【两个：水平】选项，模型视图便从屏幕中间一分为二，且两个视图都可以独立运作。这时将一个视图移动至模型的序列号上，另一个视图移动至明细栏处进行填写，如图14-65所示，这种填写方式就显得十分便捷了。

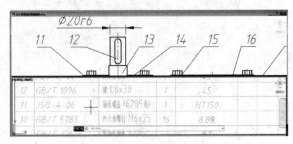

图14-65 多视图对照填写明细栏

14.3.4 ▸添加技术要求

减速器的装配图中，除了常规的技术要求外，还要有技术特性，即写明减速器的主要参数，如输入功率、传动比等，类似与齿轮零件图中的技术参数表。

1）填写技术特性。绘制一简易表格，然后在其中输入文字，如图 14-66 所示，尺寸大小任意。

技术特性

输入功率 kw	输入轴转速 r/min	传动比
2.09	376	4

图14-66 输入技术特性

2）单击【默认】选项卡中【注释】面板上的【多行文字】按钮，在标题栏上方的空白部分插入多行文字，输入技术要求，如图 14-67 所示。

技术要求

1. 装配前，滚动轴承用汽油清洗，其它零件用煤油清洗，箱体内不允许有任何杂物存在。
   箱体内壁涂耐腐油漆；
2. 齿轮副的侧隙用铅丝检验，侧隙值应不小于0.14mm；
3. 滚动轴承的轴向调整间隙均为0.05~0.1mm；
4. 齿轮装配后，用涂色法检验齿面接触斑点，沿齿高不小于45%，沿齿长不小于60%；
5. 减速器剖面分面涂密封胶或水玻璃，不允许使用任何填料；
6. 减速器内装L-AN15[GB443-1989]，油量应达到规定高度；
7. 减速器外表面涂绿色油漆。

图14-67 输入技术要求

3）减速器的装配图绘制完成，最终结果如图 14-68 所示（详见素材文件"14.2 减速器装配图 -OK"）。

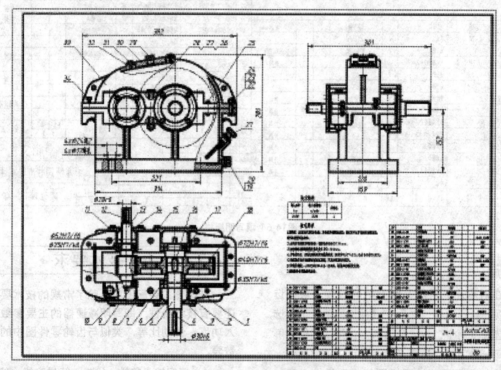

图14-68 减速器装配图

第15章
由装配图拆画箱体零件图

在工程设计实践中，往往是先根据功能需要设计出方案简图，然后根据功率、负载、转矩等工况条件细化成装配图，最后由装配图拆画零件图。

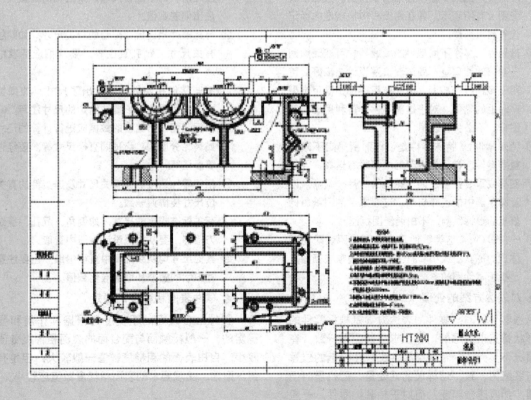

15.1 拆画零件图概述

在设计部件时，需要根据装配图拆画零件图，简称拆图。拆图时应该对所拆零件的作用进行分析，然后从装配图中分离出该零件的轮廓（即把零件从装配图中与其组装的其他零件中分离出来）。具体方法是在各视图的投影轮廓中划出该零件的范围，结合分析，补齐所缺的轮廓线。有时还需要根据零件图的视图表达方法重新安排视图。选定和画出视图以后，应按零件图的要求，标注公差尺寸与技术要求。

下面介绍几点在拆画零件图时需要注意的问题。

1. 对拆画零件图的要求

◉ 画图前必须认真审读装配图，全面深入地了解设计意图，弄清楚工作原理、装配关系、技术要求和每个零件的结构形状。

◉ 画图时不但要从设计方面考虑零件的作用和要求，而且要从工艺方面考虑零件的制造和装配，应使所画的零件图符合设计与工艺要求。如果发现需要改进的地方，需及时改正，并修改装配图。

2. 拆画零件图时需要处理的问题

● 零件分类

按照对零件的要求，可将零件分成4类：

◉ 标准件：如螺钉、螺母等。标准件大多属于外购件，因此不需单独画出零件图，只需在装配图上有所表示，并在明细栏中按规定的标记代号列出即可。

◉ 借用件：多个不同型号的减速器，可能使用同一规格的油口塞，即该油口塞设计加工好后可用于多种减速器上，因此借用件便是借用定型产品上的零件。对于这类零件，可利用现有的图样，不必另行画图。

◉ 特殊零件：特殊零件是设计时所确定下来的重要零件。在设计说明书中都附有这类零件的图样或重要数据，如汽轮机的叶片、喷嘴，以及减速器中的齿轮与轴。这些零件的图纸由计算出的数据绘制，不由装配图拆画。

◉ 一般零件：这类零件基本上是按照装配图所体现的形状、大小和有关的技术要求来画图，是拆画零件图的主要对象。

● 对表达方案的处理

拆画零件图时，零件的表达方案是根据零件的结构形状特点来考虑的，不强求与装配图一致。在多数情况下，壳体、箱座类零件主视图所选的位置可以与装配图一致，这样做的好处是装配机器时便于对照，如减速器箱座。而对于轴套类零件，一般按加工位置选取主视图。

● 对零件结构形状的处理

在装配图中，零件上的某些局部结构往往未完全给出，零件上的某些标准结构（如倒角、倒圆、退刀槽等）也未完全表达，拆画零件图时，应综合考虑设计和工艺的要求补画这些结构。如果零件上的某部分需要与某零件装配时一起加工，则应在零件图上注明配做。

● 对零件图上尺寸的处理

装配图上的尺寸不是很多，各零件结构形状的大小已经过设计人员的考虑，虽未标明尺寸数值，但基本上是合适的。因此，根据装配图拆画零件图，可以从图样上按比例直接量取尺寸。尺寸大小必须根据不同的情况分别处理。

◉ 装配图上已注明的尺寸，在有关的零件图上直接注明。对于配合尺寸，某些相对位置尺寸要注出偏差数值。

◉ 与标准件相连接或配合的有关尺寸，如螺纹的有关尺寸、销孔直径等，要从相应标准中查取。

◉ 某些零件在明细栏中给出了尺寸，如弹簧尺寸、垫片厚度等，要按给定的尺寸注写。

◉ 根据装配图所给出的数据应进行计算的尺寸，如齿轮分度圆、齿顶圆直径尺寸等，要经过计算后注写。

◉ 相邻零件的接触面有关尺寸及连接件的有关定位尺寸要协调一致。

◉ 有关标准规定的尺寸，如倒角、沉孔、螺纹退刀槽等，要从机械设计手册中查取。

◉ 其他尺寸均从装配图中直接量取，但要注意尺寸数字的圆整和取标准化数值。

● 零件表面粗糙度的确定

零件上各表面的粗糙度是根据其作用和要求确定的。一般接触面与配合面的表面粗糙度数值应较小，自由表面的粗糙度数值一般较大，但是有密封、耐蚀、美观要求的表面粗糙度数值应较小。

15.2 由减速器装配图拆画箱座零件图

箱座是减速器的基本零件，其主要作用就是为其他所有的功能零件提供支承和固定作用，同时盛装润滑散热的油液。在所有的零件中，其结构最复杂，绘制也最困难。下面介绍由装配图拆画箱座零件图的方法。

15.2.1 ▸ 由装配图的主视图拆画箱座零件的主视图

1. 从装配图中分离出箱座的主视图轮廓

1）打开素材文件"第 15 章 \15.2 拆画箱座零件图 .dwg"，素材图形中已经绘制好了一个 1:1 大小的 A1 图框，如图 15-1 所示。

2）使用 Ctrl+C【复制】、Ctrl+V【粘贴】命令从装配图的主视图中分离出箱座的主视图轮廓，然后放置在图框的主视图位置上，如图 15-2 所示。

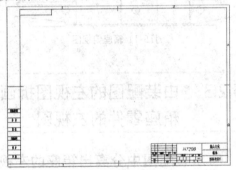

图15-1 素材图形

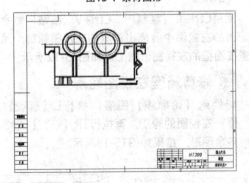

图15-2 从装配图中分离出来的箱座主视图

2. 补画轴承旁的螺栓通孔

1）将【轮廓线】图层设置为当前图层，执行 L【直线】命令，连接所缺的线段，并且绘制完整的螺栓通孔，结果如图 15-3 所示。

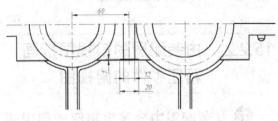

图15-3 绘制螺栓通孔

2）单击【绘图】面板中的【样条曲线】按钮 ，在螺栓通孔旁边绘制剖切边线，并按该边线进行修剪，然后执行 H【图案填充】命令，选择图案为【ANSI31】，设置比例为 1、角度为 90°，填充图案，结果如图 15-4 所示。

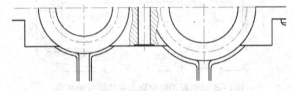

图15-4 填充剖面线

3. 补画油标尺安装孔及放油孔

1）执行 L【直线】、TR【修剪】命令，绘制油标尺安装孔，注意螺纹的画法，如图 15-5 所示。

2）执行 L【直线】、TR【修剪】命令，绘制放油孔，注意螺纹的画法，如图 15-6 所示。

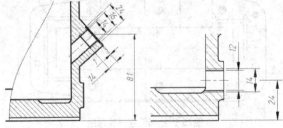

图15-5 绘制油标尺安装孔　　图15-6 绘制放油孔

4. 补画其他图形

执行 L【直线】、TR【修剪】命令，补画主视图轮廓线，形成完整的箱体顶面，再补画销孔以及和轴承端盖上的连接螺钉配合的螺纹孔，结果如图 15-7 所示。

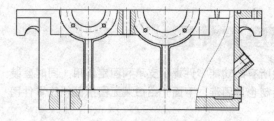

图15-7 箱座主视图

15.2.2 ▶ 由装配图的俯视图拆画箱座零件的俯视图

❶ 从装配图中分离出箱座的俯视图轮廓

使用Ctrl+C【复制】、Ctrl+V【粘贴】命令从装配图的俯视图中分离出箱座的俯视图轮廓，然后放置在图框的俯视图位置上，如图15-8所示。

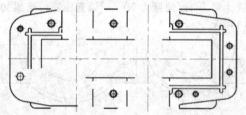

图15-8 从装配图中分离出来的箱座俯视图

❷ 补画俯视图轮廓线

由于装配图中的俯视图为剖视图形，因此遗漏的内容较多，需要多次使用L【直线】命令进行修补。补全箱体顶面轮廓线、箱体底面轮廓线及中间膛轮廓线，结果如图15-9所示。

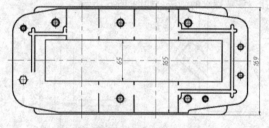

图15-9 补画俯视图轮廓线

❸ 补画轴承安装孔

轴承安装孔是箱座零件的重要部分，因此需重点绘制。由前面的章节可知，选用的轴承为深沟球轴承6205、6207，因此对应的安装孔为ø52mm与ø72mm，按此数据，使用E【删除】和S【延伸】命令对俯视图上的安装孔进行修改，并删除多余的线条，结果如图15-10所示。

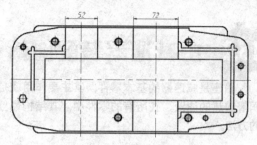

图15-10 补画轴承安装孔

❹ 补画油槽、螺栓孔与销孔

执行E【删除】命令，删除图15-10左下角多余的螺钉图形以及其他的多余线段，然后单击【绘图】面板中的【圆】按钮，绘制俯视图下方的螺栓孔，删除多余的剖面线，再补全俯视图左侧的油槽，结果如图15-11所示。

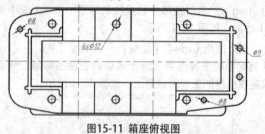

图15-11 箱座俯视图

15.2.3 ▶ 由装配图的左视图拆画箱座零件的左视图

❶ 从装配图中分离出箱座的左视图轮廓

使用Ctrl+C（复制）、Ctrl+V（粘贴）命令从装配图的左视图中分离出箱座的左视图轮廓，然后放置在图框的左视图位置上，如图15-12所示。

❷ 修剪箱座左视图轮廓

切换到【轮廓线】图层，执行L【直线】命令，修补左视图的轮廓，再执行TR【修剪】命令，修剪多余图形，结果如图15-13所示。

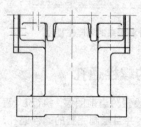

图15-12 从装配图中分离出来的箱座左视图

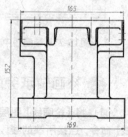

图15-13 补画并修剪图形

3. 绘制剖面图

1）将图 15-14 中的竖直中心线右面部分进行剖切，并删除多余的部分，然后执行 L【直线】命令，绘制右半部分剖切后的轮廓线，结果如图 15-14 所示。

2）执行 H【图案填充】命令，选择图案为【ANSI31】，设置比例为 1、角度为 90°，填充图案，结果如图 15-15 所示。

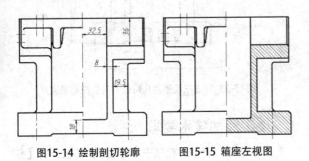

图15-14 绘制剖切轮廓   图15-15 箱座左视图

3）将创建好的箱座三视图放置在图框合适的位置，注意按"长对正，高平齐，宽相等"的原则对齐，结果如图 15-16 所示。

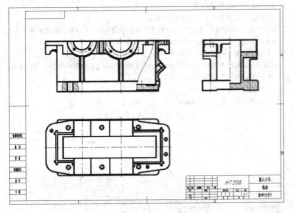

图15-16 箱座零件的三视图

15.2.4 ▶标注箱座零件图

图形创建完毕后，就要对其进行标注，包括尺寸、几何公差和表面粗糙度等，还要填写有关的技术要求。

1. 标注尺寸

1）将标注样式设置为【ISO-25】，可自行调整标注的【全局比例】，用以控制标注文字的显示大小。

2）标注主视图尺寸。切换到【标注线】图层，执行 DLI【线性】、DDI【直径】等标注命令，按之前介绍的方法标注主视图图形，结果如图 15-17 所示。

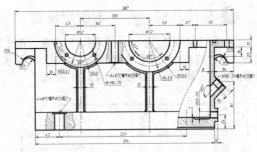

图15-17 标注主视图尺寸

3）标注主视图的精度尺寸。主视图中仅轴承安装孔孔径（52mm、72mm）、中心距（120mm）三处重要尺寸需要添加精度，而轴承的安装孔公差为 H7，中心距可以取双向公差，如图 15-18 所示。

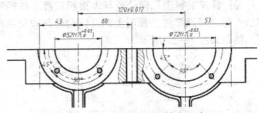

图15-18 标注主视图的精度尺寸

4）标注俯视图尺寸。俯视图的标注相对于主视图来说比较简单，没有很多重要尺寸，主要需标注一些在主视图上不好表示的轴、孔中心距尺寸，标注结果如图 15-19 所示。

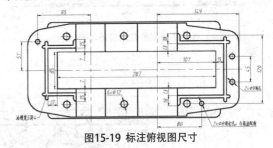

图15-19 标注俯视图尺寸

5）标注左视图尺寸。左视图主要需标注箱座零件的高度尺寸，如零件总高、底座高度等，标注结果如图 15-20 所示。

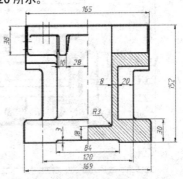

图15-20 标注左视图尺寸

2. 标注几何公差与表面粗糙度

1）标注俯视图几何公差与表面粗糙度。由于主视图上尺寸较多，因此此处选择俯视图作为放置基准符号的视图，具体标注结果如图 15-21 所示。

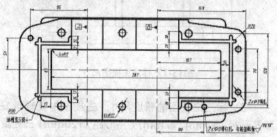

图15-21 为俯视图添加几何公差与表面粗糙度

2）标注主视图几何公差与表面粗糙度。按相同方法，标注箱座零件主视图上的几何公差与表面粗糙度，结果如图 15-22 所示。

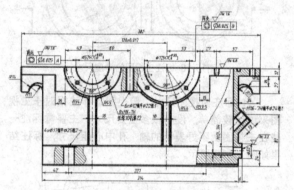

图15-22 标注主视图的几何公差与表面粗糙度

3）标注左视图几何公差与表面粗糙度。按相同方法，标注箱座零件左视图上的几何公差与表面粗糙度，结果如图 15-23 所示。

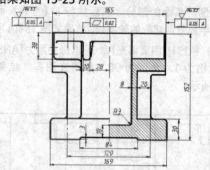

图15-23 标注左视图的几何公差与表面粗糙度

3. 添加技术要求

1）单击【默认】选项卡中【注释】面板上的【多行文字】按钮，在图标题栏上方的空白部分插入多行文字，输入技术要求，如图 15-24 所示。

2）箱座零件图绘制完成，最终的图形如图 15-25 所示（详见素材文件"15.2 箱座零件图 -OK"）。

图15-24 输入技术要求

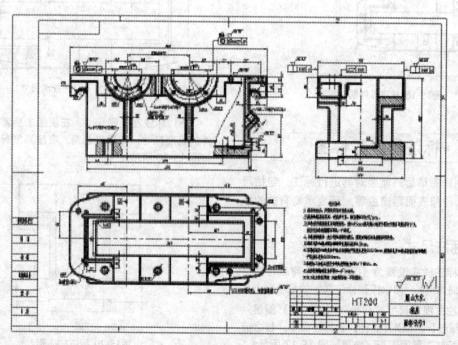

图15-25 箱座零件图

15.3 由减速器装配图拆画箱盖零件图

　　箱盖与箱座一起构成了减速器的箱体，为减速器的基本结构，其主要作用是封闭整个减速器，使里面的齿轮在一个密闭的工作空间中运动，以免外界的灰尘等污物干扰齿轮运转，从而影响传动性能。下面便按照拆画箱座零件图的方法，从装配图中拆画箱盖零件图。

15.3.1 由装配图的主视图拆画箱盖零件的主视图

1. 从装配图中分离出箱座的主视图轮廓

　　1）打开素材文件"第 15 章 \15.3 拆画箱盖零件图 .dwg"，素材图形中已经绘制好了一个 1:1 大小的A1 图框，如图 15-26 所示。

　　2）使用 Ctrl+C（复制）、Ctrl+V（粘贴）命令从装配图的主视图中分离出箱座的主视图轮廓，然后放置在图框的主视图位置上，如图 15-27 所示。

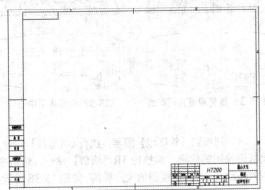

图15-26 素材图形

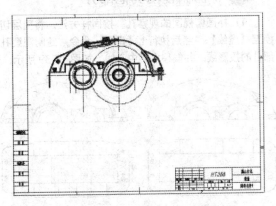

图15-27 从装配图中分离出来的箱盖主视图

2. 补画轴承旁的螺栓通孔

　　1）将【轮廓线】图层设置为当前图层，执行 L【直线】命令，连接所缺的线段，并且绘制完整的螺栓孔，如图 15-28 所示。

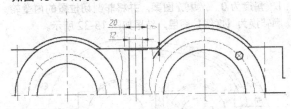

图15-28 绘制轴承旁的螺栓通孔

　　2）将【细实线】图层设置为当前图层，然后单击【绘图】面板中的【样条曲线】按钮，在螺栓通孔旁边绘制剖切边线，并按该边线进行修剪，再执行 H【图案填充】命令，选择图案为【ANSI31】，设置比例为 1、角度为 0°，填充图案，结果如图 15-29 所示。

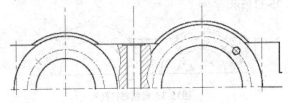

图15-29 填充剖面线

3. 补画观察孔部分

　　1）先删除多余部分，然后将【轮廓线】图层设置为当前图层，执行 O【偏移】命令，将箱盖外轮廓向内偏移 8，绘制出箱盖的内壁轮廓，然后将观察口部分偏移 12，结果如图 15-30 所示。

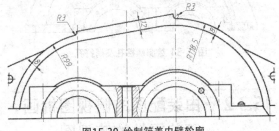

图15-30 绘制箱盖内壁轮廓

　　2）执行 SPL【样条曲线】命令重新绘制观察孔部分的剖切边线，然后使用 L【直线】绘制出观察孔部分的截面图，并使用 E【删除】命令删除多余图形，结果如图 15-31 所示。

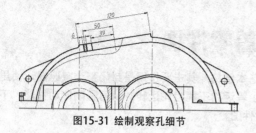

图15-31 绘制观察孔细节

3）将【轮廓线】图层设置为当前图层，执行 H【图案填充】命令，选择图案为【ANSI31】，设置比例为1、角度为 0°，填充图案，并将非剖切位置的内壁轮廓转换为【虚线】图层，结果如图 15-32 所示。

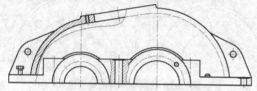

图15-32 填充观察孔的剖面线

④ 补画其他部分

1）将【轮廓线】图层设置为当前图层，执行 C【圆】命令，绘制轴承安装孔上的 4 个 M6 螺纹孔，结果如图 15-33 所示。

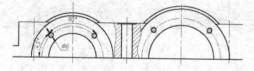

图15-33 绘制螺钉孔

2）使用 S【延伸】工具，延伸主视图左侧的螺钉，然后使用 TR【修剪】命令删除多余的线段，然后绘制剖切边线，再填充即可得到螺钉孔的剖面图形，再按此方法操作得到右侧的销钉孔图形，结果如图 15-34 所示。

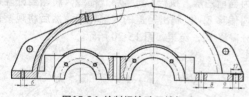

图15-34 绘制螺栓孔及销钉孔

15.3.2 ▶ 由装配图的俯视图拆画 箱盖零件的俯视图

❶ 从装配图中分离出箱盖的俯视图 轮廓

1）使用 Ctrl+C【复制】、Ctrl+V【粘贴】命令

从装配图的俯视图中分离出箱座的俯视图轮廓，然后放置在图框的俯视图位置上，如图 15-35 所示。

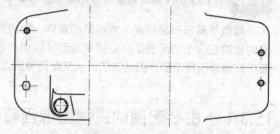

图15-35 从装配图中分离出来的箱座俯视图

2）由于装配图的俯视图部分为剖视图，箱盖部分遗漏的内容较多，因此需要通过从绘制好的箱盖主视图上绘制投影线的方式来进行修补。将【虚线】图层设置为当前图层，执行 L【直线】命令，按"长对正，高平齐，宽相等"的原则绘制投影线，如图 15-36 所示。

3）执行 O【偏移】命令，将俯视图中的水平中心线对称偏移，结果如图 15-37 所示。

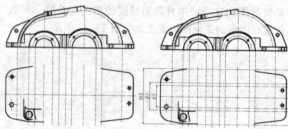

图15-36 绘制观察孔投影线　　图15-37 偏移水平中心线

4）切换到【轮廓线】图层，执行 L【直线】命令，绘制俯视图的轮廓，再执行 TR【修剪】命令，修剪多余的辅助线，得到俯视图的大致轮廓，如图 15-38 所示。

❷ 补画俯视图其他部分

1）补画俯视图的观察孔。按同样方法，将图层切换至【虚线】，然后执行 L【直线】命令，绘制观察孔部分的投影线，并偏移水平中心线，如图 15-39 所示。

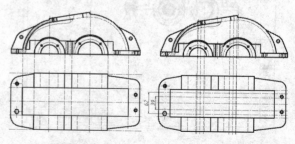

图15-38 绘制俯视图轮　　图15-39 绘制观察孔投影线
廓线

2）切换到【轮廓线】图层，执行 L【直线】命令，绘制观察孔的轮廓，再执行 TR【修剪】命令，修剪多余的辅助线，得到观察孔的投影图，如图 15-40 所示。

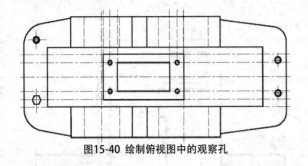

图15-40 绘制俯视图中的观察孔

3）按相同方法，通过绘制投影辅助线的方式，补全俯视图上面的吊环、外壁和内壁等细节，如图 15-41 所示。

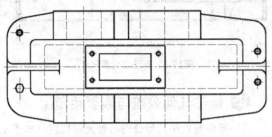

图15-41 绘制其他细节

4）按相同方法，通过绘制投影辅助线的方式，补全俯视图上面的螺栓孔、轴承安装孔起模斜度等细节，如图 15-42 所示。

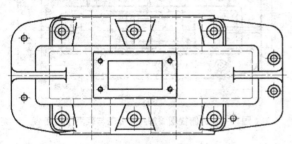

图15-42 箱盖俯视图

15.3.3 ▸ 由装配图的左视图拆画箱盖零件的左视图

❶ 从装配图中分离出箱座的左视图轮廓

使用Ctrl+C【复制】、Ctrl+V【粘贴】命令从装配图的左视图中分离出箱座的左视图轮廓，然后放置在图框的左视图位置上，如图15-43所示。

❷ 修剪箱座左视图轮廓

切换到【轮廓线】图层，执行L【直线】命令，修补左视图的轮廓，再执行TR【修剪】命令，

修剪多余图形，结果如图15-44所示。

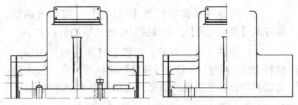

图15-43 从装配图中分离出来的箱盖左视图　　图15-44 补画并修剪图形

❸ 绘制剖面图

1）执行 L【直线】命令，绘制右半部分的剖切边线，如图 15-45 所示。

2）执行H【图案填充】命令，选择图案为【ANSI31】，设置比例为 1、角度为 0°，填充图案，并删除多余的图形，结果如图 15-46 所示。

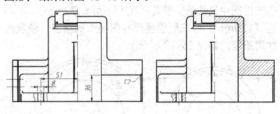

图15-45 绘制剖切轮廓　　图15-46 箱盖左视图

3）将创建好的箱盖三视图放置在图框合适的位置，注意按"长对正，高平齐，宽相等"的原则对齐，如图 15-47 所示。

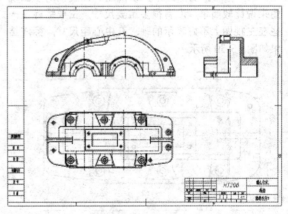

图15-47 箱盖零件的三视图

15.3.4 ▸标注箱座零件图

图形创建完毕后，就要对其进行标注，包括尺寸、几何公差和表面粗糙度等，还要填写有关的技术要求。

❶ **标注尺寸**

1）将标注样式设置为【ISO-25】，可自行调整标注的【全局比例】，用以控制标注文字的显示大小。

2）标注主视图尺寸。切换到【标注线】图层，执行 DLI【线性】、DDI【直径】等标注命令，按之前介绍的方法标注主视图图形，结果如图 15-48 所示。

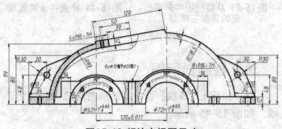

图15-48 标注主视图尺寸

3）标注主视图的精度尺寸。同箱座主视图，箱盖主视图中仅轴承安装孔孔径（52mm、72mm）、中心距（120mm）等三处重要尺寸需要添加精度，精度尺寸同箱座，如图 15-49 所示。

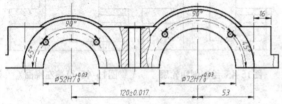

图15-49 标注主视图的精度尺寸

4）标注俯视图尺寸。俯视图的标注相对于主视图来说比较简单，没有很多重要尺寸，主要需标注一些在主视图上不好表示的轴、孔中心距尺寸，标注结果如图 15-50 所示。

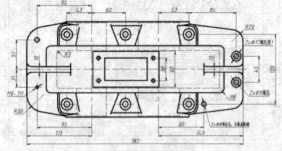

图15-50 标注俯视图尺寸

5）标注左视图尺寸。由于箱盖零件的外围轮廓是一段圆弧，很难精确检测它的高度尺寸，所以在左视图上可以不注明。因此在箱盖的左视图上主要需标注箱盖零件的总宽尺寸以及其他的标高等，具体标注如图 15-51 所示。

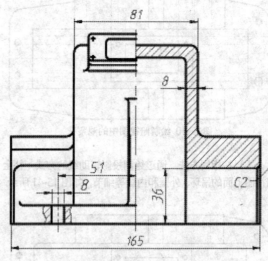

图15-51 标注左视图尺寸

❷ **标注几何公差与表面粗糙度**

1）标注俯视图几何公差与表面粗糙度。由于主视图上尺寸较多，因此此处选择俯视图作为放置基准符号的视图，具体标注结果如图 15-52 所示。

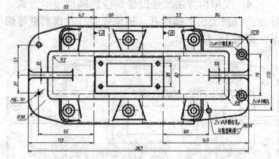

图15-52 为俯视图添加几何公差与表面粗糙度

2）标注主视图几何公差与表面粗糙度。按相同方法，标注箱盖零件主视图上的几何公差与表面粗糙度，结果如图 15-53 所示。

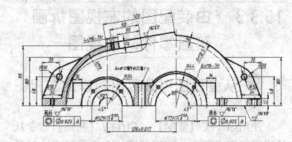

图15-53 标注主视图的几何公差与表面粗糙度

3）标注主视图几何公差与表面粗糙度。按相同方法，标注箱座零件主视图上的几何公差与表面粗糙度，结果如图 15-54 所示。

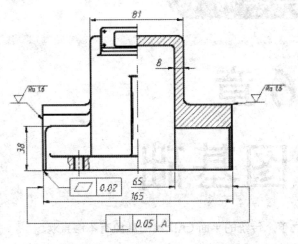

图15-54 标注左视图的几何公差与表面粗糙度

4）添加技术要求。

5）单击【默认】选项卡中【注释】面板上的【多行文字】按钮，在标题栏上方的空白部分插入多行文字，输入技术要求，如图 15-55 所示。

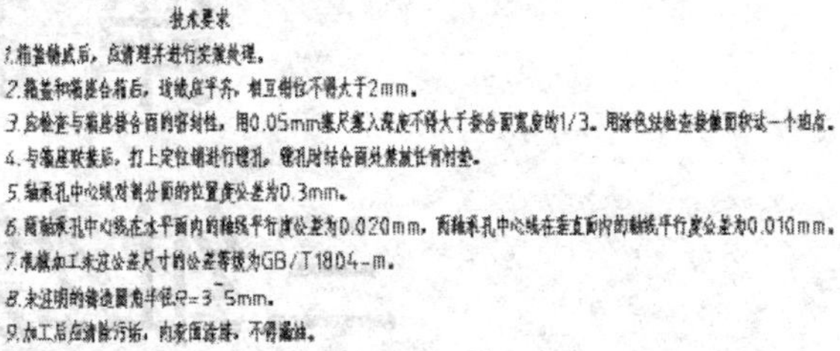

技术要求

1.箱盖铸成后，应清理并进行实效处理。

2.箱盖和箱座合箱后，边缘应平齐，相互错位不得大于2mm。

3.应检查与箱座接合面的密封性，用0.05mm塞尺塞入，深度不得大于接合面宽度的1/3。用涂色法检查接触痕迹应达一个班点。

4.与箱座联接后，打上定位销进行镗孔。镗孔时结合面处禁放任何衬垫。

5.轴承孔中心线对剖分面的位置度公差为0.3mm。

6.两轴承孔中心线在水平面内的轴线平行度公差为0.020mm，两轴承孔中心线在垂直面内的轴线平行度公差为0.010mm。

7.视据加工未注公差尺寸的公差等级按GB/T1804-m。

8.未注明的铸造圆角半径R=3~5mm。

9.加工后应清除铁污垢，内表面涂漆，不得渗漏。

图15-55 输入技术要求

6）箱座零件图绘制完成，结果如图 15-25 所示（详见素材文件"15.3 箱盖零件图 -OK"）。

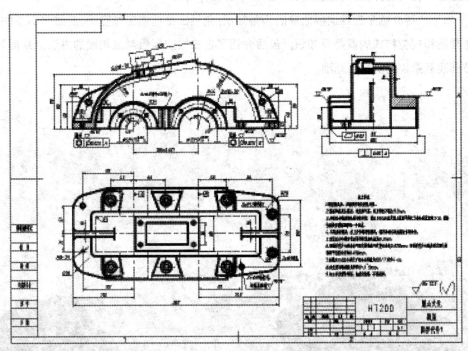

图15-56 箱盖零件图

第16章
三维绘图基础

近年来三维 CAD 技术发展迅速，相比之下，传统的平面 CAD 绘图难免有不够直观、不够生动的缺点，为此 AutoCAD 提供了三维建模的工具，并逐步完善了许多功能。现在，AutoCAD 的三维绘图工具已经能够满足基本的设计需要。

本章主要介绍了三维建模之前的预备知识，包括三维建模工作空间、三维坐标系的使用、三维视图和视觉样式的调整等知识，最后介绍了在三维空间绘制点和线的方法，从而为后续章节创建复杂模型奠定了基础。

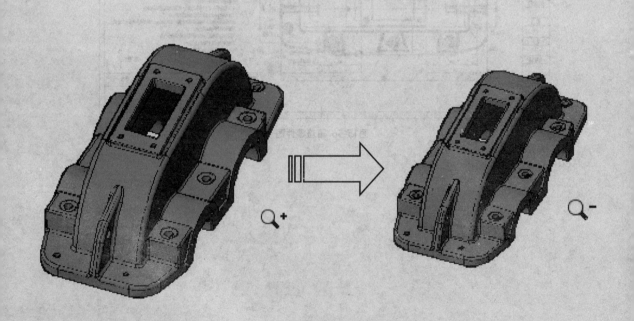

16.1 三维建模工作空间

AutoCAD三维建模空间是一个三维空间，与草图与注释空间相比，此空间中多出了一个Z轴方向的维度。三维建模功能区的选项卡有【常用】、【实体】、【曲面】、【网格】、【渲染】、【参数化】、【插入】、【注释】、【布局】、【视图】、【管理】和【输出】，每个选项卡下都有与之对应的功能面板。由于此空间侧重的是实体建模，所以功能区中还提供了【三维建模】、【视觉样式】、【光源】、【材质】、【渲染】和【导航】等面板，这些都为创建、观察三维图形，以及对附着材质、创建动画、设置光源等操作。

进入三维模型空间的执行方法如下：

f 快速访问工具栏：启动AutoCAD 2018，单击快速访问工具栏上的【切换工作空间】列表框，如图 16-1所示，在下拉列表中选择【三维建模】工作空间。

f 状态栏：在状态栏右边单击【切换工作空间】按钮，展开的菜单如图 16-2所示，选择【三维建模】工作空间。

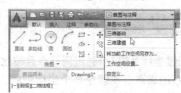

图 16-1 快速访问工具栏切换工作空间

图 16-2 状态栏切换工作空间

16.2 三维模型分类

AutoCAD支持三种类型的三维模型——线框模型、表面模型和实体模型。每种模型都有各自的创建和编辑方法，以及不同的显示效果。

16.2.1 ▶ 线框模型

线框模型是一种轮廓模型，它是三维对象的轮廓描述，主要描述对象的三维直线和曲线轮廓，没有面和体的特征。在AutoCAD中，可以通过在三维空间绘制点、线、曲线的方式得到线框模型。图16-3所示即为线框模型效果。

◢ 设计点拨

线框模型虽然具有三维的显示效果，但实际上由线构成，没有面和体的特征，既不能对其进行面积、体积、重心、转动质量和惯性矩等计算，也不能进行着色和渲染等操作。

16.2.2 ▶ 表面模型

表面模型是由零厚度的表面拼接组合成三维的模型效果，只有表面而没有内部填充。AutoCAD中表面模型分为曲面模型和网格模型。曲面模型是连续曲率的单一表面，而网格模型是用许多多边形网格来拟合曲面。表面模型适用于构造不规则的曲面模型，如模具、发动机叶片和汽车等复杂零件的表面，而在体育馆和博物馆等大型建筑的三维效果图中，屋顶、墙面和格间等就可简化为曲面模型。对于网格模型，多边形网格越密，曲面的光滑程度越高。此外，由于表面模型具有面的特征，因此可以对它进行计算面积、隐藏、着色、渲染及求两表面交线等操作。

图 16-4所示为创建的表面模型。

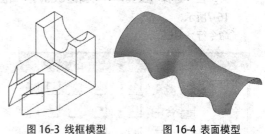

图 16-3 线框模型　　　　图 16-4 表面模型

16.2.3 ▶ 实体模型

实体模型具有边线、表面和厚度属性，是最接近真实物体的三维模型。在AutoCAD中，实体模型不仅具有线和面的特征，而且还具有体的特征，各实体对象间可以进行各种布尔运算操作，从而创建复杂的三维实体模型。在AutoCAD中还可以直接了解它的特性，如体积、重心、转动惯量和惯性矩等，可以对它进行隐藏、剖切及装配干涉检查等操作，还可以对具有基本形状的实体进行并、交、差等布尔运算，以构造复杂的模型。

图16-5所示为创建的实体模型。

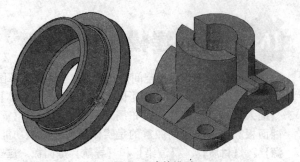

图 16-5 实体模型

16.3 三维坐标系

AutoCAD的三维坐标系由3个通过同一点且彼此垂直的坐标轴构成，这3个坐标轴分别称为X轴、Y轴、Z轴，交点为坐标系的原点，也就是各个坐标轴的坐标零点。从原点出发，沿坐标轴正方向上的点用坐标值度量，而沿坐标轴负方向上的点用负的坐标值度量。因此在三维空间中，任意一点的位置可以由该点的三维坐标（x,y,z）唯一确定。

在AutoCAD 2018中，世界坐标系（WCS）和用户坐标系（UCS）是常用的两大坐标系。世界坐标系是系统默认的二维图形坐标系，它的原点及各个坐标轴方向固定不变。对于二维图形绘制，世界坐标系足以满足要求，但在三维建模过程中，需要频繁地定位对象，使用固定不变的坐标系十分不便。三维建模一般需要使用用户坐标系，用户坐标系是用户自定义的坐标系，可在建模过程中灵活创建。

16.3.1 ▶ 定义UCS

UCS坐标系表示了当前坐标系的坐标轴方向和坐标原点位置，也表示了相对于当前UCS的XY平面的视图方向，尤其在三维建模环境中，它可以根据不同的指定方位来创建模型特征。

在AutoCAD 2018中，管理UCS坐标系主要有如下几种常用方法：

- f 功能区：单击【坐标】面板中的工具按钮，如图16-6所示。
- f 菜单栏：选择【工具】→【新建UCS】，如图16-7所示。
- f 命令行：UCS。

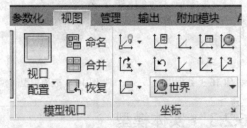

图16-6 【坐标】面板中的【UCS】命令

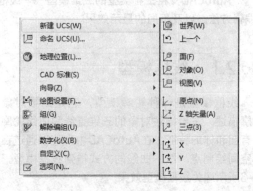

图16-7 菜单栏中的【UCS】命令

下面以【坐标】面板中的【UCS】命令为例，介绍常用UCS坐标的调整方法。

⬥ UCS ⌐

单击该按钮，命令行出现如下提示：

> 指定 UCS 的原点或 [面(F)/命名(NA)/对象(OB)/上一个(P)/视图(V)/世界(W)/X/Y/Z/Z 轴(ZA)] <世界>:

该命令行中的各选项与功能区中的按钮相对应。

世界 🔘

该工具用来切换回模型或视图的世界坐标系，即WCS坐标系。世界坐标系也称为通用坐标系或绝对坐标系，它的原点位置和方向始终是保持不变的，如图16-8所示。

图16-8 切换回世界坐标系

上一个UCS ⤺

上一个UCS是通过使用上一个UCS确定坐标系，它相当于绘图中的撤销操作，可返回上一个绘图状态，区别在于该操作仅返回上一个UCS状态，其他图形保持更改后的效果。

面UCS

该工具主要用于将新用户坐标系的*XY*平面与所选实体的一个面重合。在模型中选取实体面或选取面的一个边界，此面被加亮显示，按Enter键即可将该面与新建UCS的*XY*平面重合，效果如图16-9所示。

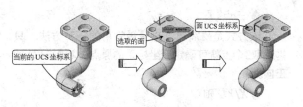

图16-9 创建面UCS坐标

对象

该工具通过选择一个对象，定义一个新的坐标系，坐标轴的方向取决于所选对象的类型。当选择一个对象时，新坐标系的原点将放置在创建该对象时定义的第一点，*X*轴的方向为从原点指向创建该对象时定义的第二点，*Z*轴方向自动保持与*XY*平面垂直，如图16-10所示。

图16-10 由选取对象生成UCS坐标

如果选择不同类型的对象，坐标系的原点位置与*X*轴的方向会有所不同，见表 16-1。

表 16-1 选取对象与坐标的关系

对象类型	新建UCS坐标方式
直线	距离选取点最近的一个端点成为新UCS的原点，*X*轴沿直线方向
圆	圆的圆心成为新UCS的原点，*XY*平面与圆面重合
圆弧	圆弧的圆心成为新的UCS的原点，*X*轴通过距离选取点最近的圆弧端点
二维多段线	多段线的起点成为新的UCS的原点，*X*轴沿从下一个顶点的线段延伸方向
实心体	实体的第一点成为新的UCS的原点，新*X*轴为两起始点之间的直线
尺寸标注	标注文字的中点为新的UCS的原点，新*X*轴的方向平行于绘制标注时有效UCS的*X*轴

视图

该工具可使新坐标系的*XY*平面与当前视图方向垂直，*Z*轴与*XY*面垂直，而原点保持不变。通常情况下，该方式主要用于标注文字，当文字需要与当前屏幕平行而不需要与对象平行时，用此方式比较简单。

原点

原点工具是系统默认的UCS坐标创建方法，它主要用于修改当前用户坐标系的原点位置，坐标轴方向与上一个坐标相同，由它定义的坐标系将以新坐标存在。

在UCS工具栏中单击UCS按钮，然后利用状态栏中的对象捕捉功能，捕捉模型上的一点，按Enter

键结束操作。

Z轴矢量

该工具是通过指定一点作为坐标原点，指定一个方向作为*Z*轴的正方向，从而定义新的用户坐标系。此时，系统将根据*Z*轴方向自动设置*X*轴、*Y*轴的方向，如图16-11所示。

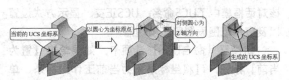

图16-11 由*Z*轴矢量生成UCS坐标系

◆ 三点 ⌊³

该方式是最简单、也是最常用的一种方法、只需选取3个点就可确定新坐标系的原点、*X*轴与*Y*轴的正向。

◆ *X/Y/Z*轴

该方式是将当前UCS坐标绕*X*轴、*Y*轴或*Z*轴旋转一定的角度，从而生成新的用户坐标系。它可以通过指定两个点或输入一个角度值来确定所需要的角度。

16.3.2 ▸ 动态UCS

动态UCS功能可以在创建对象时使UCS的*XY*平面自动与实体模型上的平面临时对齐。执行动态UCS命令的方法如下：

ƒ 快捷键：F6。

ƒ 状态栏：单击状态栏中的【动态UCS】按钮 ⤶。

使用绘图命令时，可以通过在面的一条边上移动光标对齐UCS，而无需使用UCS命令。结束该命令后，UCS将恢复到其上一个位置和方向。使用动态UCS如图16-12所示。

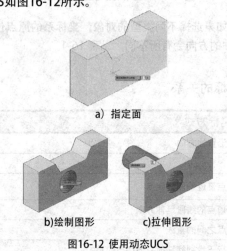

a）指定面

b)绘制图形　　c)拉伸图形

图16-12 使用动态UCS

16.3.3 ▸ 管理UCS

与图块、参照图形等参考对象一样，UCS也可以进行管理。

在命令行输入UCSMAN即可执行管理UCS命令，输入后将弹出如图16-13所示的【UCS】对话框。该对话框集中了UCS命名、UCS正交、显示方式设置以及应用范围设置等多项功能。

切换至【命名UCS】选项卡，如果单击【置为当前】按钮，可将坐标系置为当前工作坐标系。单击【详细信息】，对话框中显示当前使用和已命名的UCS信息，如图16-14所示。

图16-13 【UCS】对话框

图16-14 显示当前UCS信息

【正交UCS】选项卡用于将UCS设置成一个正交模式。用户可以在【相对于】下拉列表中确定用于定义正交模式UCS的基本坐标系，也可以在【当前UCS：世界】列表框中选择某一正交模式，并将其置为当前使用，如图16-15所示。

单击【设置】选项卡，则可通过【UCS图标设置】和【UCS设置】选项组设置UCS图标的显示形式和应用范围等特性，如图16-16所示。

图16-15 【正交UCS】选项卡

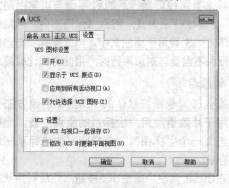

图16-16 【设置】选项卡

【案例 16-1】创建新的用户坐标系

与其他的建模软件（UG、SolidWorks、犀牛）不同，AutoCAD中没有"基准面"和"基准轴"的命令，取而代之的是灵活的UCS。在AutoCAD中，通过新建UCS，同样可以达到其他软件中的"基准面"和"基准轴"效果。

1）单击【快速访问】工具栏中的【打开】按钮，打开"第 16 章 /16-1 创建新的用户坐标系 .dwg"文件，素材图样如图 16-17 所示。

2）在【视图】选项卡中，单击【坐标】面板中的【原点】工具按钮。当系统命令行提示指定 UCS 原点时，捕捉到圆心并单击，即可创建一个以圆心为原点的新用户坐标系，如图 16-18 所示。命令行提示如下：

```
命令:_ucs        //调用【新建坐标系】命令
当前 UCS 名称:*没有名称*
指定 UCS 的原点或 [面(F)/命名(NA)/对象(OB)/上一
个(P)/视图(V)/世界(W)/X/Y/Z/Z轴(ZA)] <世界>:_o
指定新原点 <0,0,0>:       //单击选中的圆心
```

图 16-17 素材图样 　　　图 16-18 新建用户坐标系

16.4 三维模型的观察

为了从不同角度观察、验证三维效果模型，AutoCAD提供了视图变换工具。所谓视图变换，是指在模型所在的空间坐标系保持不变的情况下，从不同的视点来观察模型得到的视图。

因为视图是二维的，所以能够显示在工作区间中。这里，视点如同是一架照相机的镜头，观察对象则是相机对准拍摄的目标点，视点和目标点的连线形成了视线，而拍摄出的照片就是视图。从不同角度拍摄的照片有所不同，所以从不同视点观察得到的视图也不同。

16.4.1 ▶ 视图控制器

AutoCAD提供了俯视、仰视、右视、左视、主视和后视6个基本视点，如图16-19所示。选择【视图】→【三维视图】命令，或者单击【视图】工具栏中相应的图标，工作区间即显示从上述视点观察三维模型的6个基本视图。

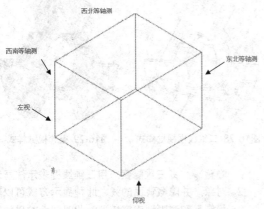

图16-19 三维视图观察方向

从这6个基本视点来观察图形非常方便。因为这6个基本视点的视线方向都与X、Y、Z三坐标轴之一平行，而与XY、XZ、YZ三坐标轴平面之一正交，所以相对应的6个基本视图实际上是三维模型投影在XY、XZ、YZ平面上的二维图形。这样，就将三维模型转化为了二维模型。在这6个基本视图上对模型进行编辑，就如同绘制二维图形一样。

另外，AutoCAD还提供了西南等轴测、东南等轴测、东北等轴测和西北等轴测4个特殊视点。从这4个特殊视点观察，可以得到具有立体感的4个特殊视图。在各个视图间进行切换的方法主要有以下几种：

1）菜单栏：选择【视图】→【三维视图】命令，展开其子菜单，如图 16-20 所示，选择所需的三维视图。

2）功能区：在【常用】选项卡中，展开【视图】面板中的【三维视图】下拉列表框，如图 16-21 所示，选择所需的模型视图。

3）视觉样式控件：单击绘图区左上角的视图控件，在弹出的菜单中选择所需的模型视图，如图 16-22 所示。

图16-20 三维视图菜单　　图16-21 【三维视图】下拉列表框　　图16-22 视图控件菜单

图16-25 视觉样式菜单

【**案例 16-2**】调整视图方向

视频文件：DVD\视频\第 16 章\16-2.MP4

通过AutoCAD自带的视图工具，可以很方便地将模型视图调节至标准方向。

1）单击【快速访问】工具栏中的【打开】按钮 📂，打开"第 16 章/16-2 调整视图方向.dwg"文件，素材图样如图 16-23 所示。

2）单击视图面板中的【西南等轴测】按钮，选择俯视面区域，转换至西南等轴测，结果如图 16-24 所示。

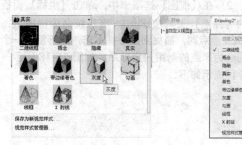

图16-26 【视觉样式】下拉列表框　　图16-27 视觉样式控件菜单

选择任意视觉样式，即可将视图切换对应的效果。AutoCAD 2018中有以下几种视觉样式：

f　二维线框 ▦：它是在三维空间中的任何位置放置二维(平面)对象来创建的线框模型，图形显示用直线和曲线表示边界的对象。光栅和OLE对象、线型和线宽均可见，而且默认显示模型的所有轮廓线，如图16-28所示。

f　概念 ▦：使用平滑着色和古氏面样式显示对象，同时对三维模型消隐。古氏面样式在冷暖颜色而不是明暗效果之间转换，效果缺乏真实感，但可以更方便地查看模型的细节，如图16-29所示。

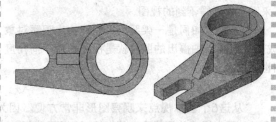

图16-23 素材图样　　图16-24 西南等轴测视图

16.4.2 ▸视觉样式

视觉样式用于控制视口中的三维模型边缘和着色的显示。一旦对三维模型应用了视觉样式或更改了其他设置，就可以在视口中查看视觉效果。

在各个视觉样式间进行切换的方法主要有以下几种：

f　菜单栏：选择【视图】→【视觉样式】命令，展开其子菜单，如图16-25所示，选择所需的视觉样式。

f　功能区：在【常用】选项卡中展开【视图】面板中的【视觉样式】下拉列表框，如图16-26所示，选择所需的视觉样式。

f　视觉样式控件：单击绘图区左上角的视觉样式控件，在弹出的菜单中选择所需的视觉样式，如图16-27所示。

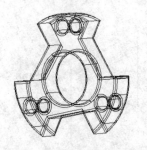

图16-28 二维线框视觉样式　　图16-29 概念视觉样式

f　隐藏 ▦：即三维隐藏，用三维线框表示法显示对象，并隐藏背面的线。此种显示方式可以较为容易和清晰地观察模型，此时显示效果如图16-30所示。

f 真实 ：使用平滑着色来显示对象，并显示
已附着到对象的材质，此种显示方法可得到三
维模型的真实表达，如图16-31所示。

图16-30 隐藏视觉样式　　　图16-31 真实视觉样式

f 着色 ：该样式与真实样式类似，不显示对
象轮廓线，使用平滑着色显示对象，效果如图
16-32所示。

f 带边缘着色 ：该样式与着色样式类似，对
其表面轮廓线以暗色线条显示，如图16-33
所示。

图16-32 着色视觉样式　　图16-33 带边缘着色视觉
　　　　　　　　　　　　　　　　样式

f 灰度 ：使用平滑着色和单色灰度显示对象

并显示可见边，效果如图16-34所示。

f 勾画 ：使用线延伸和抖动边修改显示手绘效
果的对象，仅显示可见边，如图16-35所示。

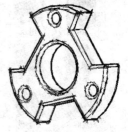

图16-34 灰度视觉样式　　　图16-35 勾画视觉样式

f 线框 ：即三维线框，通过使用直线和曲线
表示边界的方式显示对象，所有的边和线都可
见。在此种显示方式下，复杂的三维模型难以
分清结构。此时，坐标系变为一个着色的三维
UCS图标。如果系统变量COMPASS为1，三
维指南针将出现，如图16-36所示。

f X射线 ：以局部透视方式显示对象，因而不
可见边也会褪色显示，如图16-37所示。

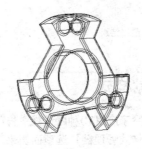

图16-36 线框视觉样式　　　图16-37 X射线视觉样式

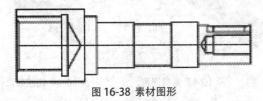

【案例 16-3】切换视觉样式并切换视点

视频文件：DVD\ 视频 \ 第 16 章 \16-3.MP4

与视图一样，AutoCAD也提供了多种视觉样式，
选择对应的选项，即可快速切换至所需的样式。

1）单击【快速访问】工具栏中的【打开】按
钮 ，打开"第 16 章 /16-3 切换视觉样式与视
点 .dwg"文件，素材图形如图 16-38 所示。

2）单击【视图】面板中的【西南等轴测】按钮，
将视图转换至西南等轴测，结果如图 16-39 所示。

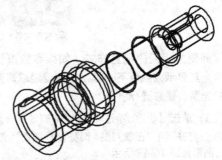

图 16-39 西南等轴测视图

3）在【视图】选项卡的【视觉样式】面板中
展开【视觉样式】下拉列表，如图 16-40 所示，
选择【勾画】视觉样式。

图 16-38 素材图形

4）至此【视觉样式】设置完成，结果如图 16-41 所示。

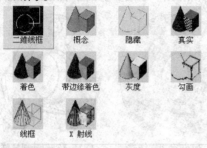

图 16-40 选择视觉样式

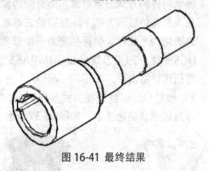

图 16-41 最终结果

16.4.3 ▶ 管理视觉样式

在实际建模过程中，除了应用10种默认视觉样式外，还可以通过【视觉样式管理器】选项面板来控制边线显示、面显示、背景显示、材质和纹理以及模型显示精度等特性。

通过【视觉样式管理器】可以对各种视觉样式进行调整。打开该管理器有如下几种方法：

f 功能区：单击【视图】选项卡中【视觉样式】面板右下角的 按钮。
f 菜单栏：选择【视图】→【视觉样式】→【视觉样式管理器】命令。
f 命令行：VISUALSTYLES。

通过以上任意一种方法打开的【视觉样式管理器】选项板如图 16-42所示。

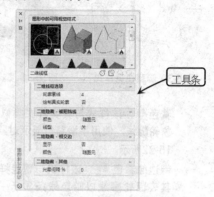

图 16-42 【视觉样式管理器】选项板

在【图形中的可用视觉样式】列表中显示了图形中的可用视觉样式的样例图像。当选定某一视觉样式时，该视觉样式显示黄色边框，选定的视觉样式的名称显示在选项板的顶部。在【视觉样式管理器】选项板的下部，集中了该视觉样式的面设置、环境设置和边设置等参数。

在【视觉样式管理器】选项板中，使用工具条中的工具按钮，可以创建新的视觉样式、将选定的视觉样式应用于当前视口、将选定的视觉样式输出到工具选项板以及删除选定的视觉样式。

用户在【图形中的可用视觉样式】列表中选择一种视觉样式作为基础，然后在参数栏设置所需的参数，即可创建自定义的视觉样式。

【案例 16-4】调整视觉样式

📹视频文件：DVD\ 视频 \ 第 16 章 \16-4.MP4

即便是相同的视觉样式，如果参数设置不一样，其显示效果也不一样。本例便通过调整模型的光源质量来进行演示。

1）单击【快速访问】工具栏中的【打开】按钮，打开"第 16 章 /16-4 调整视觉样式"文件，素材图形如图 16-43 所示。

2）在【视图】选项卡中，单击【视觉样式】面板右下角的 按钮，系统弹出【视觉样式管理器】对话框，单击【面设置】选项组下的【光源质

量】下拉列表，选择【镶嵌面的】选项，效果如图 16-44 所示。

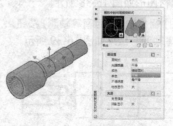

图 16-43 素材图形　　图 16-44 调整效果

16.4.4 ▶ 三维视图的平移、旋转与缩放

利用【三维平移】工具可以将图形所在的图纸随鼠标的任意移动而移动。利用【三维缩放】工具可以改变图纸的整体比例，从而达到放大图形观察细节或缩小图形观察整体的目的。通过如图16-45所示的【三维建模】工作空间【视图】选项卡中的【导航】面板可以快速执行这两项操作。

图16-45 三维建模空间视图选项卡

1. 三维平移对象

三维平移有以下几种操作方法：

f 功能区：单击【导航】面板中的【平移】功能按钮，此时绘图区中的指针呈形状，按住鼠标左键并沿任意方向拖动，窗口内的图形将随光标在同一方向上移动。

f 鼠标操作：按住鼠标中键进行拖动。

2. 三维旋转对象

三维旋转有以下几种操作方法：

f 功能区：在【视图】选项卡中激活【导航】面板，然后执行【导航】面板中的【动态观察】或【自由动态观察】命令即可进行旋转。具体操作详见16.4.5小节。

f 鼠标操作：Shift+鼠标中键进行拖动。

3. 三维缩放对象

三维缩放有以下几种操作方法：

f 功能区：单击【导航】面板中的【缩放】功能按钮，根据实际需要，选择其中一种方式进行缩放即可。

f 鼠标操作：滚动鼠标滚轮。

单击【导航】面板中的【缩放】功能按钮后，命令行提示如下：

[全部(A)/中心(C)/动态(D)/范围(E)/上一个(P)/比例(S)/窗口(W)/对象(O)] <实时>:

此时也可直接单击【缩放】功能按钮后的下拉按钮，选择对应的工具按钮进行缩放。

16.4.5 ▶ 三维动态观察

AutoCAD提供了一个交互的三维动态观察器，

该工具可以在当前视口中创建一个三维视图，用户可以使用鼠标来实时地控制和改变这个视图以得到不同的观察效果。使用三维动态观察器，既可以查看整个图形，也可以查看模型中任意的对象。

通过如图16-46所示的【视图】选项卡中的【导航】面板工具，可以快速执行三维动态观察。

1. 受约束的动态观察

利用此工具可以对视图中的图形进行一定约束的动态观察，即水平、垂直或对角拖动对象进行动态观察。在观察视图时，视图的目标位置保持不动，并且相机位置（或观察点）围绕该目标移动。默认情况下，观察点会约束沿着世界坐标系的XY平面或Z轴移动。

单击【导航】面板中的【动态观察】按钮，此时【绘图区】光标呈形状。按住鼠标左键并拖动光标可以对视图进行受约束三维动态观察，如图16-47所示。

图16-46 三维建模空间视图选项卡　　图16-47 受约束的动态观察

2. 自由动态观察

利用此工具可以对视图中的图形进行任意角度的动态观察，此时选择模型并在转盘的外部拖动光标，将使视图围绕延长线通过转盘的中心并垂直于屏幕的轴旋转。

单击【导航】面板中的【自由动态观察】按钮，此时在【绘图区】显示出一个导航球，如图16-48所示。

◆ 光标在弧线球内拖动

当在弧线球内拖动光标进行图形的动态观察时，光标将变成形状，此时观察点在水平、垂直以及对角线等任意方向上移动任意角度，即可以对观察对象做全方位的动态观察，如图16-49所示。

图16-48 导航球　　图16-49 光标在弧线球内拖动

◆ 光标在弧线球外拖动

当光标在弧线球外部拖动时，光标呈⊙形状，此时拖动光标图形将围绕着一条穿过弧线球球心且与屏幕正交的轴（即弧线球中间的绿色圆心●）进行旋转，如图16-50所示。

◆ 光标在左右侧小圆内拖动

当光标置于导航球顶部或者底部的小圆上时，光标呈⊕形状，按鼠标左键并上下拖动将使视图围绕着通过导航球中心的水平轴进行旋转。当光标置于导航球左侧或者右侧的小圆时，光标呈⊙形状，按鼠标左键并左右拖动将使视图围绕着通过导航球中心的垂直轴进行旋转，如图16-51所示。

图16-50 光标在弧线球外　　图16-51 光标在左右侧小
　　　　拖动　　　　　　　　　　圆内拖动

3. 连续动态观察

利用此工具可以使观察对象绕指定的旋转轴和旋转速度连续做旋转运动，从而对其进行连续动态的观察。

单击【导航】面板中的【连续动态观察】按钮，此时在【绘图区】光标呈形状，再单击左键并拖动光标，使对象沿拖动方向开始移动。释放鼠标后，对象将在指定的方向上继续运动。光标移动的速度决定了对象的旋转速度。

16.4.6 设置视点

视点是指观察图形的方向。在三维工作空间中，通过在不同的位置设置视点，可在不同方位观察模型的投影效果，从而全方位地了解模型的外形特征。

在三维环境中，系统默认的视点为（0，0，1），即从（0，0，1）点向（0，0，0）点观察模型，亦即视图中的俯视方向。要重新设置视点，在AutoCAD 2018中有以下几种方法：

- ⊕ 菜单栏：【视图】→【三维视图】→【视点】选项。
- ⊕ 命令行：VPOINT命令。

此时命令行内列出3种视点设置方式。

1. 指定视点

指定视点是指通过确定一点作为视点方向，然后将该点与坐标原点的连线方向作为观察方向，则在绘图区显示该方向投影的效果，如图 16-52所示。

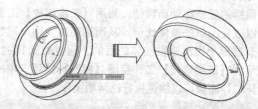

图 16-52 通过指定视点改变投影效果

此外，对于不同的标准投影视图，其对应的视点、角度及夹角各不相同，并且是唯一的，见表16-2。

表 16-2　标准投影方向对应的视点、角度及夹角

标准投影方向	视点	在XY平面上的角度（°）	和XY平面的夹角（°）
俯视	0，0，1	270	90
仰视	0，0，-1	270	-90
左视	-1，0，0	180	0
右视	1，0，0	0	0
主视	0，-1，0	270	0
后视	0，1，0	90	0
西南等轴测	-1，-1，1	225	45
东南等轴测	1，-1，1	315	45
东北等轴测	1，1，1	45	45
西北等轴测	-1，1，1	135	45

▶ **专家提醒**

设置视点输入的视点坐标均相对于世界坐标系。例如，创建一个法兰，世界坐标系如图16-53所示，当前UCS如图 16-54所示，如果输入视点坐标为（0，0，1），则视图的方向如图16-55所示，可以看出此视点方向以世界坐标系为参照，与当前UCS无关。

图 16-53 WCS方向　　图 16-54 UCS方向　　图 16-55 设置视点之后的方向

2. 旋转

使用两个角度指定新的方向，第一个角是在XY平面中与X轴的夹角，第二个角是与XY平面的夹角，位于XY平面的上方或下方。

【案例 16-5】旋转视点

视频文件：DVD\ 视频 \ 第 16 章 \16-5.MP4

旋转视点也是一种常用的三维模型观察方法，尤其是图形具有较复杂的内腔或内部特征时。

1）单击【快速访问】工具栏中的【打开】按钮，打开"第 16 章 /16-5 旋转视点 .dwg"文件。素材图形如图 16-56 所示。

2）在命令行中输入"VPOINT"，根据命令行的提示进行旋转视点的操作，命令行操作如下：

```
命令: VPOINT      //调用【设置视点】命令
*** 切换至 WCS ***
当前视图方向: VIEWDIR=0.0000,0.0000,5024.4350
指定视点或 [旋转(R)] <显示指南针和三轴架>: R
//选择【旋转】选项
输入 XY 平面中与 X 轴的夹角 <270>: 30 // 输入
第一个角度
输入与 XY 平面的夹角 <90>:60 //输入第二个角度
*** 返回 UCS ***      //完成操作
```

3）完成旋转视点操作，其旋转效果如图 16-57 所示。

 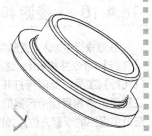

图 16-56 素材图形　　图 16-57 旋转视点

3. 显示坐标球和三轴架

默认状态下，选择【视图】→【三维视图】→【视点】选项，则在绘图区显示坐标球和三轴架。通过移动光标，可调整三轴架的不同方位，同时将直接改变视点方向。如图 16-58 所示为光标在 A 点时的图形投影。

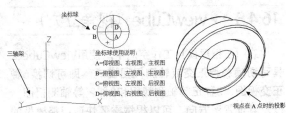

图 16-58 坐标球和三轴架

三轴架的三个轴分别代表X、Y和Z轴的正方向。当光标在坐标球范围内移动时，三维坐标系通过绕Z轴旋转可调整X、Y轴的方向。坐标球中心及两个同心圆可定义视点和目标点连线与X、Y、Z平面的角度。

▶ 专家提醒

坐标球的维度表示如下：中心点为北极（0、0、1），相当于视点位于Z轴正方向；内环为赤道（n、n、0）；整个外环为南极（0、0、-1）。当光标位于内环时，相当于视点在球体的上半球体；光标位于内环与外环之间时，表示视点在球体的下半球体。随着光标的移动，三轴架也随着变化，且视点位置在不断变化。

16.4.7 ▶使用视点切换平面视图

单击【设置为平面视图（V）】按钮，则可以将坐标系设置为平面视图（XY平面），具体操作如图16-59所示。

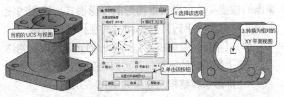

图16-59 设置【相对于UCS】的平面视图

而如果选择的是【绝对于WCS】单选项，则会将视图调整至世界坐标系中的XY平面，与用户指定的UCS无关，如图16-60所示。

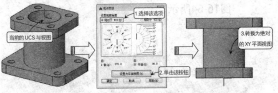

图16-60 设置【绝对于WCS】的平面视图

16.4.8 ▶ViewCube（视角立方）

在【三维建模】工作空间中，使用ViewCube工具可切换各种正交或轴测视图模式，即可切换6种正交视图、8种正等轴测视图和8种斜等轴测视图，以及其他视图方向，可以根据需要快速调整模型的视点。

ViewCube工具中显示了非常直观的3D导航立方体，单击该工具图标的各个位置将显示不同的视图效果，如图16-61所示。

该工具图标的显示方式可根据设计进行必要的修改。用鼠标右键单击立方体并执行【ViewCube设置】选项，系统弹出【ViewCube设置】对话框，如图16-62所示。

在该对话框设置参数值可控制立方体的显示和行为，并且可在对话框中设置默认的位置、尺寸和立方体的透明度。

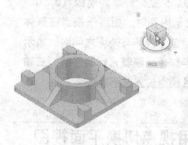

图16-61 利用导航工具切换视图 方向　　图16-62 【ViewCube 设置】对话框

此外，用鼠标右键单击ViewCube工具，可以通过弹出的快捷菜单定义三维图形的投影模式。模型的投影模式可分为【平行】投影和【透视】投影两种：

- f 【平行】投影模式：即平行的光源照射到物体上所得到的投影，其可以准确地反映模型的实际形状和结构，效果如图16-63所示。
- f 【透视】投影模式：可以直观地表达模型的真实投影状况，具有较强的立体感。透视投影视图取决于理论相机和目标点之间的距离。当距离较小时产生的投影效果较为明显；反之，当距离较大时产生的投影效果较为轻微，效果如图16-64所示。

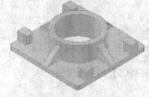
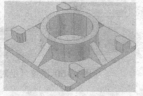

图16-63 【平行】投影模式　　图16-64 【透视】投影模式

16.4.9 ▶设置视距和回旋角度

利用三维导航中的【调整视距】以及回旋工具，使图形以绘图区的中心点为缩放点进行操作，或以观察对象为目标点，使观察点绕其做回旋运动。

1. 调整观察视距

在命令行中输入"3DDISTANCE"【调整视距】命令并按Enter键，此时按左键并在垂直方向上向屏幕顶部拖动时，光标变为 🔍⁺ ，可使相机推近对象，从而使对象显示得更大；按住左键并在垂直方向上向屏幕底部拖动时，光标变为 🔍⁻ ，可使相机拉远对象，从而使对象显示得更小，如图16-65所示。

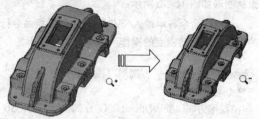

图16-65 调整视距效果

2. 调整回旋角度

在命令行中输入"3DSWIVEL"【回旋】命令并按Enter键，此时图中的光标指针呈 形状，按左键并任意拖动，此时观察对象将随鼠标的移动做反向的回旋运动。

16.4.10 ▶漫游和飞行

在命令行中输入"3DWALK"【漫游】或"3DFLY"【飞行】命令并按Enter键，即可使用【漫游】或者【飞行】工具。此时可打开【定位器】选项板，设置位置指示器和目标指示器的具体位置，用以调整观察窗口中视图的观察方位，如图16-66所示。

将鼠标移动至【定位器】选项板中的位置指示器上，此时光标呈 形状，单击左键并拖动，即可调整绘图区中视图的方位；在【常规】选项组中可对设置指示器和目标指示器的颜色、大小以及位置等参数进行详细设置。

在命令行中输入"WALKFLYSETTINGS"【漫游和飞行】命令并按Enter键，系统弹出【漫游和飞行设置】对话框，如图16-67所示。在该对话框中可对漫游或飞行的步长以及每秒步数等参数进行设置。

设置好漫游和飞行操作的所有参数值后，可以使用键盘和鼠标交互在图形中漫游和飞行。例如，使用4个箭头键或W、A、S和D键来向上、向下、向左和向右移动；使用F键可以方便地在漫游模式和飞行模式之间切换；如果要指定查看方向，只需沿查看的方向拖动鼠标即可。

图16-66 【定位器】选项板　　图16-67 【漫游和飞行设置】对话框

16.4.11 ▸ 控制盘辅助操作

控制盘又称为SteeringWheels，是用于追踪悬停在绘图窗口上的光标的菜单。通过这些菜单可以从单一界面中访问二维和三维导航工具。选择【视图】→SteeringWheels命令，打开导航控制盘，如图16-68所示。

控制盘分为若干个按钮，每个按钮包含一个导航工具。可以通过单击按钮或单击并拖动悬停在按钮上的光标来启动导航工具。用鼠标右击【导航控制盘】，弹出如图16-69所示的快捷菜单。整个控制盘分为3个不同的控制盘来满足用户的使用要求，其中各个控制盘均拥有其独有的导航方式，分别介绍如下：

图16-68 全导航控制盘　　图16-69 快捷菜单

f　查看对象控制盘：如图16-70所示。将模型置于中心位置，并定义中心点，使用【动态观察】工具栏中的工具可以缩放和动态观察模型。

f　巡视建筑控制盘：如图16-71所示。其通过将模型视图移近、移远或环视，以及更改模型视图的标高来导航模型。

图16-70 查看对象控制盘　　图16-71 巡视建筑控制盘

f　全导航控制盘：如图16-68所示。将模型置于中心位置并定义轴心点，便可执行漫游和环视、更改视图标高、动态观察、平移和缩放模型等操作。

单击该控制盘中的任意按钮都将执行相应的导航操作。在执行多次导航操作后，单击【回放】按钮或单击【回放】按钮并在上面拖动，可以显示回放历史，恢复先前的视图，如图16-72所示。

此外，还可以根据设计需要对滚轮各参数值进行设置，即自定义导航滚轮的外观和行为。用鼠标右击导航控制盘，选择【SteeringWheels设置】命令，弹出【SteeringWheels设置】对话框，如图16-73所示。在该对话框中可以设置导航控制盘中的各个参数。

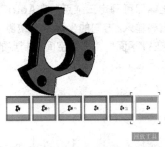

图16-72 回放视图

图16-73 【SteeringWheels设置】对话框

16.5 绘制三维点和线

三维空间中的点和线是构成三维实体模型的最小几何单元，创建方法与二维对象的点和直线类似，但相比之下，多出一个定位坐标。在三维空间中，三维点和直线不仅可以用来绘制特征截面继而创建模型，还可以构造辅助直线或辅助平面来辅助实体创建。一般情况下，三维线段包括直线、射线、构造线、多段线、螺旋线以及样条曲线等类型，而点则可以根据其确定方式分为特殊点和坐标点两种类型。

16.5.1 ▶ 绘制点和直线

三维空间中的点和直线是构成线框模型的基本元素，也是创建三维实体或曲面模型的基础。在 AutoCAD 中，三维点和直线与创建二维对象类似，但二维绘图对象始终在固定平面上，而绘制三维点和直线时需时刻注意对象所在的平面。

① 绘制三维空间点

利用三维空间的点可以绘制直线、圆弧、圆、多段线及样条曲线等基本图形，也可以标注实体模型的尺寸参数，还可以作为辅助点间接创建实体模型。要确定空间中的点，可通过输入坐标和捕捉特殊点两种方式完成。

◆ 通过坐标绘点

在 AutoCAD 中，可以通过绝对或相对坐标的方式确定点的位置，可使用绝对或相对的直角坐标、极坐标、柱面坐标和球面坐标等类型。需注意的是，输入的点坐标是相对于当前坐标系的坐标，因此在三维绘图的过程中，一般将坐标系显示，便于定位。

要绘制三维空间点，展开【绘图】面板的下拉面板，单击【多点】按钮 ·· ，然后在命令行内输入三维坐标即可确定三维点。在 AutoCAD 中绘制点，如果省略输入 Z 方向的坐标，系统默认 Z 坐标为 0，即该点在 XY 平面内。三维空间绘制点的效果如图 16-74 所示。

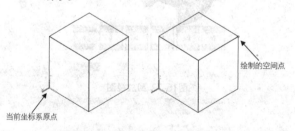

图 16-74 利用坐标绘制空间点

◆ 捕捉空间特殊点

三维实体模型上的一些特殊点，如交点、端点以及中点等，可通过启用【对象捕捉】功能捕捉来确定位置，如图 16-75 所示。

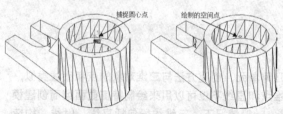

图 16-75 利用【对象捕捉】功能绘制点

② 绘制空间直线

空间直线的绘制方法与平面直线相似，即由两个端点即可确定一条直线，不同的是空间直线的两端点需要三维坐标确定。单击【绘图】面板上的【直线】按钮 ✏ ，即可激活直线命令，用户可以依次输入起点和端点的坐标，也可以捕捉模型上的特殊点来定位直线。

另外，在三维建模过程中，也会用到射线和构造线定位。射线和构造线与直线有相同的性质，定位两点即可绘制该对象。

【案例 16-6】 连接板的绘制

📀 视频文件：DVD\视频\第 16 章 \16-6.MP4

本例便通过本章所学的视图操作，以及三维空间中点和直线的绘制方法，来创建一简单的三维模型——连接板。

1) 单击【快速访问】工具栏中的【打开】按钮 ▷ ，打开第 16 章 /16-6 连接板的绘制 .dwg" 文件，素材图形如图 16-76 所示。

2) 单击【绘图】面板中的【直线】按钮 ✏ ，绘制两外圆的公切线，如图 16-77 所示。

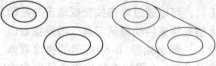

图 16-76 素材图形   图 16-77 绘制空间直线

3) 单击【修改】面板中的【修剪】按钮 -/- ，修剪绘制的空间图形，其效果如图 16-78 所示。

4) 单击【建模】面板中的【按住并拖动】按钮 🔲 ，在外轮廓与内圆之间的区域单击，然后输入合适的拉伸高度，拉伸图形后的效果如图 16-79 所示。

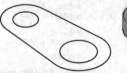 

图 16-78 修剪图形   图 16-79 连接板三维效果

16.5.2 ▶ 绘制样条曲线

样条曲线是一条通过一系列控制点的光滑曲线，它在控制点的形状取决于曲线在控制点的矢量方向和曲率半径。与平面样条曲线不同，空间样条曲线可以向任意方向延伸，因此经常用来创建曲面边界。要绘制样条曲线，单击【绘图】面板中的【样条曲线】按钮 〰 ，依据命令行提示依次选取样条曲线控制点即可。

视频文件: DVD\ 视频 \ 第 16 章 \16-7.MP4

与二维环境下的【样条曲线】命令一样,三维空间中的【样条曲线】同样需要任意指定点来进行绘制,但要注意的是三维空间中光标的移动可能会引起样条曲线上的点坐标值紊乱,即看似距离很接近的两个点,也许相隔了非常大的距离。

1) 单击【快速访问】工具栏中的【新建】按钮 🗋,新建一个空白图形。

2) 单击【绘图】面板中的【样条曲线】按钮 ∿,绘制如图 16-80 所示的图形。

3) 展开【绘图】面板的下拉面板,单击【创建面域】按钮 ◙,由样条曲线创建一个面域,然后在【视图】面板中展开【视觉样式】下拉列表,选择【概念】选项,其效果如图 16-81 所示。

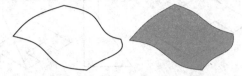

图 16-80 绘制空间样条曲线   图 16-81 由样条曲线构成的曲面

视频文件: DVD\ 视频 \ 第 16 章 \16-8.MP4

本实例通过绘制如图16-82所示的三维线架,以熟悉UCS坐标与三维视图的运用。

1) 单击【快速访问】工具栏中的【新建】按钮 🗋,系统弹出【选择样板】对话框,选择 "acadiso.dwt" 样板,单击【打开】按钮,进入 AutoCAD 绘图模式。

2) 单击绘图区左上角的视图快捷控件,将视图切换至【东南等轴测】,此时绘图区呈三维空间状态,其坐标显示如图 16-83 所示。

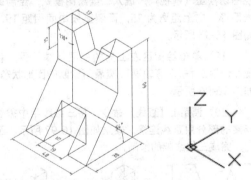

图16-82 三维线架模型   图16-83 坐标系显示状态

3) 调用 L【直线】命令,根据命令行的提示,在绘图区空白处单击一点确定第一点,鼠标向左移动输入 "14.5",鼠标向上移动输入 "15",鼠标向左移动输入 "19",鼠标向下移动输入 "15",鼠标向左移动输入 "14.5",鼠标向上移动输入 "38",鼠标向右移动输入 "48",输入 C 激活闭合选项,完成如图 16-84 所示线架底边线条的绘制。

4) 单击绘图区左上角的视图快捷控件,将视图切换至【东南等轴测】,查看所绘制的图形,如图 16-85 所示。

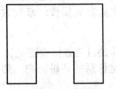

图16-84 底边线条   图16-85 图形状态

5) 单击【坐标】面板中的【Z 轴矢量】按钮 ⌌,在绘图区选择两点以确定新坐标系的 Z 轴方向,如图 16-86 所示。

6) 单击绘图区左上角的视图快捷控件,将视图切换至【右视】,进入二维绘图模式,以绘制线架的侧边线条。

7) 用鼠标右击【状态栏】中的【极轴追踪】,在弹出的快捷菜单中选择【设置】命令,添加极轴角为 126°。

8) 调用 L【直线】命令,绘制如图 16-87 所示的侧边线条。其命令行提示如下:

```
命令: LINE ↙
指定第一点: //在绘图区指定直线的端点 "A点"
指定下一点或 [放弃(U)]: 60↙
指定下一点或 [放弃(U)]: 12↙
            //利用极轴追踪绘制直线
指定下一点或 [闭合(C)/放弃(U)]:
            //在绘图区指定直线的终点
指定下一点或 [放弃(U)]: *取消*
            //按Esc键,结束绘制直线操作
命令: LINE ↙ //再次调用直线命令,绘制直线
指定第一点: //在绘图区单击确定直线一端点
"B点"
指定下一点或 [放弃(U)]:
            //利用极轴绘制直线
```

9) 调用 TR【修剪】命令，修剪掉多余的线条，单击绘图区左上角的视图快捷控件，将视图切换至【东南等轴测】，查看所绘制的图形状态，如图 16-88 所示。

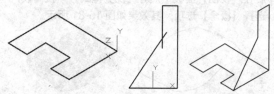

图16-86 生成的新　　图16-87 绘制　　图16-88 绘制
坐标系　　　　　直线　　　　的右侧边线条

10) 调用 CO【复制】命令，在三维空间中选择要复制的右侧线条。

11) 单击鼠标右键或按 Enter 键，然后选择基点位置，拖动鼠标在合适的位置单击放置复制的图形，按 Esc 键或 Enter 键完成复制操作，复制效果如图 16-89 所示。

12) 单击【坐标】面板中的【三点】按钮 ，在绘图区选择三点以确定新坐标系的 Z 轴方向，如图 16-90 所示。

13) 单击绘图区左上角的视图快捷控件，将视图切换至【后视】，进入二维绘图模式，绘制线架的后方线条，如图 16-91 所示。其命令行提示如下：

```
命令: LINE↙
指定第一点:
指定下一点或 [放弃(U)]: 13↙
指定下一点或 [放弃(U)]: @20<290↙
指定下一点或 [闭合(C)/放弃(U)]: *取消*
//利用极坐标方式绘制直线，按ESC键，结束直线绘制命令
命令: LINE↙
指定第一点:
指定下一点或 [放弃(U)]: 13↙
指定下一点或 [放弃(U)]: @20<250↙
指定下一点或 [闭合(C)/放弃(U)]: *取消*
//用同样的方法绘制直线
```

14) 调用 O【偏移】命令，将底边直线向上偏移 45，如图 16-91 所示。

图16-89 复制　　图16-90 新建　　图16-91 绘制
图形　　　　　坐标系　　　　的直线图形

15) 调用 TR【修剪】命令，修剪掉多余的线条，结果如图 16-92 所示。

16) 利用同第9)和第10)步的方法，复制图形，复制效果如图 16-93 所示。

17) 单击【坐标】面板中的【UCS】按钮 ，移动鼠标在要放置坐标系的位置单击，按空格键或 Enter 键结束操作，生成如图 16-94 所示的坐标系。

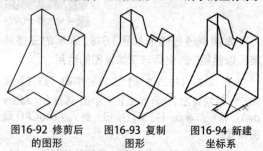

图16-92 修剪后　　图16-93 复制　　图16-94 新建
的图形　　　　　图形　　　　　坐标系

18) 单击绘图区左上角的视图快捷控件，将视图切换至【前视】，进入二维绘图模式，绘制二维图形，向上距离为 15，两侧直线中间相距 19，如图 16-95 所示。

19) 单击绘图区左上角的视图快捷控件，将视图切换至【东南等轴测】，查看所绘制的图形状态，如图 16-96 所示。

20) 调用 L【直线】命令，将三维线架中需要连接的部分用直线连接，效果如图 16-97 所示。至此，完成三维线架的绘制。

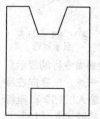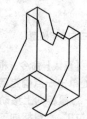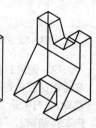

图16-95 绘制的　　图16-96 图形的　　图16-97 三维
二维图形　　　　三维状态　　　　线架

第 **17** 章
创建三维实体和网格曲面

在 AutoCAD 中，曲面、网格和实体都能用来表现模型的外观。本章首先介绍了实体建模方法，包括创建基本实体及由二维对象创建实体的各种方法，然后介绍了创建网格曲面的方法。

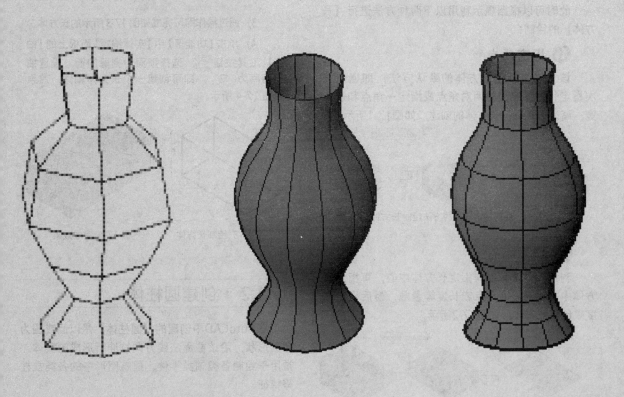

17.1 创建基本实体

基本实体是构成三维实体模型的最基本的元素，如长方体、楔体和球体等。在AutoCAD中可以通过多种方法来创建基本实体。

17.1.1 ▶ 创建长方体

长方体具有长、宽、高三个尺寸参数。可以创建各种方形基体，如创建零件的底座、支撑板、建筑墙体及家具等。在AutoCAD 2018中调用绘制【长方体】命令有如下几种方法：

- f 功能区：在【常用】选项卡中，单击【建模】面板【长方体】按钮▢。
- f 工具栏：单击【建模】工具栏中的【长方体】按钮▢。
- f 菜单栏：执行【绘图】→【建模】→【长方体】命令。
- f 命令行：在命令行中输入BOX。

通过以上任意一种方法执行该命令，命令行出现如下提示：

```
指定第一个角点[中心（C）]:
```

此时可以根据提示利用以下两种方法进行【长方体】的绘制：

❶ 指定角点

该方法是创建长方体的默认方法，即通过依次指定长方体底面的两对角点或指定一角点和长、宽、高的方式进行长方体的创建，如图17-1所示。

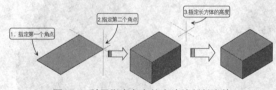

图17-1 利用指定角点的方法绘制长方体

❷ 指定中心

利用该方法可以先指定长方体中心，再指定长方体中截面的一个角点或长度等参数，最后指定高度来创建长方体，如图17-2所示。

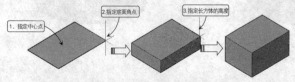

图17-2 利用指定中心的方法绘制长方体

【案例 17-1】 绘制长方体

视频文件：DVD\ 视频 \ 第 17 章 \17-1.MP4

1）启动 AutoCAD 2018，单击【快速访问】工具栏中的【新建】按钮▢，建立一个新的空白图形。

2）在【常用】选项卡中单击【建模】面板上的【长方体】按钮▢，绘制一个长方体。命令行提示如下：

```
命令: _box          //调用【长方体】命令
指定第一个角点或 [中心(C)]:CI
                   //选择定义长方体中心
指定中心: 0,0,0l    //输入坐标，指定长方体中心
指定其他角点或 [立方体(C)/长度(L)]: LI
                   //由长度定义长方体
指定长度: 40l       //捕捉到X轴正向，然后输入
长度为40
指定宽度: 20l       //输入长方体宽度为20
指定高度或 [两点(2P)]: 20l    //输入长方体高度为20
指定高度或 [两点(2P)] <175>:   //指定高度
```

3）通过操作即可完成如图 17-3 所示的长方体。

4）单击【功能区】中【实体编辑】面板上的【抽壳】工具按钮▢，选择顶面为删除的面，设置抽壳距离为"2"，即可创建一个长方体箱体，效果如图 17-4 所示。

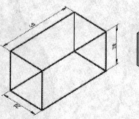 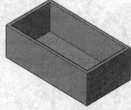

图 17-3 绘制长方体　　　图 17-4 完成效果

17.1.2 ▶ 创建圆柱体

在AutoCAD中创建的【圆柱体】是以面或圆为截面形状，沿该截面法线方向拉伸所形成的实体，常用于绘制各类轴类零件、建筑图形中的各类立柱等特征。

在AutoCAD 2018中调用绘制【圆柱体】命令有如下几种常用方法：

f 菜单栏：执行【绘图】→【建模】→【圆柱体】命令，如图17-5所示。

f 功能区：在【常用】选项卡中单击【建模】面板中的【圆柱体】工具按钮，如图17-6所示。

f 工具栏：单击【建模】工具栏中的【圆柱体】按钮 ▢。

f 命令行：CYLINDER。

执行上述任一命令后，命令行提示如下：

指定底面的中心点或 [三点(3P)/两点(2P)/切点、切点、半径(T)/椭圆(E)]:

根据命令行提示选择一种创建方法即可绘制【圆柱体】图形，如图17-7所示。

图17-5 创建圆柱体菜单命令

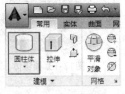

图17-6 圆柱体创建面板按钮

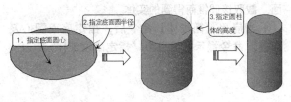

图17-7 创建圆柱体

【案例 17-2】绘制圆柱体

视频文件：DVD\ 视频 \ 第 17 章 \17-2.MP4

1）单击【快速访问】工具栏中的【打开】按钮 ⊳，打开"第 17 章 \17-2 绘制圆柱体 .dwg"文件，素材图形如图 17-8 所示。

2）在【常用】选项卡中单击【建模】面板中的【圆柱体】工具按钮 ▢，在底板上面绘制两个圆柱体。命令行提示如下：

```
命令: _cylinder  //调用【圆柱体】命令
指定底面的中心点或 [三点(3P)/两点(2P)/切点、
切点、半径(T)/椭圆(E)]:  //捕捉到圆心为中心点
指定底面半径或 [直径(D)] <50.0000>: 7l
                  //输入圆柱体底面半径
指定高度或 [两点(2P)/轴端点(A)] <10.0000>: 30l
//输入圆柱体高度
```

3）通过以上操作，即可绘制一个圆柱体，如图 17-9 所示。

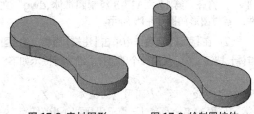

图 17-8 素材图形　　　图 17-9 绘制圆柱体

4）重复以上操作，绘制另一边的圆柱体，即可完成连接板的绘制，效果如图 17-10 所示。

图 17-10 连接板

17.1.3 ▶绘制圆锥体

圆锥体是指以圆或椭圆为底面形状、沿其法线方向并按照一定锥度向上或向下拉伸而形成的实体。使用【圆锥体】命令可以创建圆锥和平截面圆锥两种类型的实体。

❶ 创建常规圆锥体

在AutoCAD 2018中调用绘制【圆锥体】命令有如下几种常用方法：

f 菜单栏：执行【绘图】→【建模】→【圆锥体】命令，如图17-12所示。

f 功能区：在【常用】选项卡中单击【建模】面板中的【圆锥体】工具按钮，如图17-11所示。

f 工具栏：单击【建模】工具栏中的【圆锥体】按钮 △。

f 命令行：CONE。

图17-11 创建圆锥体菜单命令

图17-12 创建圆锥体面板按钮

执行上述任一命令后，在【绘图区】指定一点作为底面圆心，并分别指定底面半径值或直径值，然后指定圆锥高度值，即可获得圆锥体效果，如图17-13所示。

2. 创建平截面圆锥体

平截面圆锥体即圆台体，可看作是由平行于圆锥底面，且与底面的距离小于锥体高度的平面为截面，截取该圆锥而得到的实体。

当启用【圆锥体】命令后，指定底面圆心及半径，命令提示行信息为"指定高度或[两点(2P)/

轴端点(A)/顶面半径(T)] <9.1340>:"，选择【顶面半径】选项，输入顶面半径值，然后指定平截面圆锥体的高度，即可获得平截面圆锥体效果，如图17-14所示。

图17-13 圆锥体　　　　图17-14 平截面圆锥体

【案例 17-3】绘制圆锥体

视频文件：DVD\ 视频 \ 第 17 章 \17-3.MP4

1) 单击【快速访问】工具栏中的【打开】按钮，打开"第 17 章 \17-3 绘制圆锥体 .dwg"文件，素材图形如图 17-15 所示。

2) 在【默认】选项卡中单击【建模】面板上的【圆锥体】按钮，绘制一个圆锥体。命令行提示如下：

```
命令:_cone        //调用【圆锥体】命令
指定底面的中心点或 [三点(3P)/两点(2P)/切点、
切点、半径(T)/椭圆(E)]:  //指定圆锥体底面中心
指定底面半径或 [直径(D)] : 6l
                //输入圆锥体底面半径值
指定高度或 [两点(2P)/轴端点(A)/顶面半径(T)]: 7l
//输入圆锥体高度
```

3) 通过以上操作，即可绘制一个圆锥体，如图 17-16 所示。

4) 调用 ALIGN【对齐】命令，将圆锥体移动到圆柱顶面，完成销钉的绘制，效果如图 17-17 所示。

图 17-15 素材图形　　图 17-16 圆锥体　　图 17-17 销钉

17.1.4 ▸创建球体

球体是在三维空间中，到一个点（即球心）距离相等的所有点的集合形成的实体。它广泛应用于机械、建筑等制图中，如创建档位控制杆和建筑物的球形屋顶等。

在AutoCAD 2018中调用绘制【球体】命令有如下几种常用方法：

- 菜单栏：执行【绘图】→【建模】→【球体】命令，如图17-18所示。
- 功能区：在【常用】选项卡中单击【建模】面板中的【球体】工具按钮，如图17-19所示。
- 工具栏：单击【建模】工具栏中的【球体】按钮。
- 命令行：SPHERE。

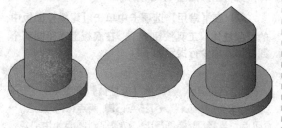

图17-18 创建球体菜单命令　图17-19 球体创建工具按钮

执行上述任一命令后，命令行提示如下：

指定中心点或 [三点(3P)/两点(2P)/切点、切点、半径(T)]:

此时直接捕捉一点为球心，然后指定球体的半径值或直径值，即可获得球体效果。另外，可以按照命令行提示使用以下3种方法创建球体：【三点】、【两点】和【相切、相切、半径】。其具体的创建方法与二维图形中圆的相关创建方法类似。

【案例 17-4】绘制球体

🎬 视频文件：DVD\ 视频 \ 第 17 章 \17-4.MP4

1）单击【快速访问】工具栏中的【打开】按钮💾，打开"第 17 章 \17-4 绘制球体 .dwg"文件，素材图形如图 17-20 所示。

2）在【常用】选项卡中单击【建模】面板上的【球体】按钮◯，在底板上绘制一个球体。命令行提示如下：

```
命令:_sphere　　//调用【球体】命令
指定中心点或 [三点(3P)/两点(2P)/切点、切点、半径(T)]: 2pl　　//指定绘制球体方法
指定直径的第一个端点: //捕捉到长方体上表面的中心
指定直径的第二个端点: 120l //输入球体直径，绘制完成
```

3）通过以上操作即可完成球体的绘制，其效果如图 17-21 所示。

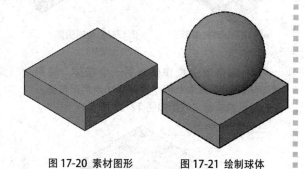

图 17-20　素材图形　　　　图 17-21　绘制球体

17.1.5 ▸ 创建楔体

楔体可以看作是以矩形为底面，其一边沿法线方向拉伸所形成的具有楔状特征的实体。该实体通常用于填充物体的间隙，如安装设备时用于调整设备高度及水平度的楔体和楔木。

在AutoCAD 2018中调用绘制【楔体】命令有如下几种常用方法：

f　功能区：在【常用】选项卡中单击【建模】面板中的【楔体】工具按钮，如图17-22所示。

f　菜单栏：执行【绘图】→【建模】→【楔体】命令，如图17-23所示。

f　工具栏：单击【建模】工具栏中的【楔体】按钮◇。

f　命令行：WEDGE或WE。

图17-22 创建楔体面板按钮　　图17-23 创建楔体菜单命令

执行以上任意一种方法均可创建楔体。创建楔体的方法与创建长方体的方法类似，操作如图17-24所示。命令行提示如下：

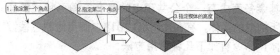

图17-24　绘制楔体

```
命令:_wedge↙ //调用【楔体】命令
指定第一个角点或 [中心(C)]:
　　　　　　//指定楔体底面第一个角点
指定其他角点或 [立方体(C)/长度(L)]:
　　　　　　//指定楔体底面另一个角点
指定高度或 [两点(2P)]:
　　　　　　//指定楔体高度并完成绘制
```

【案例 17-5】绘制楔体

🎬 视频文件：DVD\ 视频 \ 第 17 章 \17-5.MP4

1）单击【快速访问】工具栏中的【打开】按钮💾，打开"第 17 章 \17-5 绘制楔体 .dwg"文件，素材图形如图 17-25 所示。

2）在【常用】选项卡中单击【建模】面板上的【楔体】按钮◇，在长方体底面创建两个支撑。命令行提示如下：

```
命令:_wedge　　//调用【楔体】命令
指定第一个角点或 [中心(C)]:
　　　　　　//指定底面矩形的第一个角点
指定其他角点或 [立方体(C)/长度(L)]:Ll　　 //
指定第二个角点的输入方式为长度输入
指定长度：5l　　//输入底面矩形的长度
指定宽度：50l　　//输入底面矩形的宽度
指定高度或 [两点(2P)] : 10l
　　　　　　//输入楔体高度
```

3）通过以上操作，即可绘制一个楔体，如图 17-26 所示。

图17-25 素材图形　　　图17-26 绘制楔体

4) 重复以上操作绘制另一个楔体, 调用 ALIGN【对齐】命令将两个楔体移动到合适位置, 完成座板的绘制, 效果如图 17-27 所示。

图 17-27 绘制座板

17.1.6 ▸创建圆环体

圆环体可以看作是在三维空间内, 圆轮廓线绕与其共面直线旋转所形成的实体特征。该直线即是圆环的中心线, 直线和圆心的距离即是圆环的半径, 圆轮廓线的直径即是圆环的直径。

在AutoCAD 2018中调用绘制【圆环体】命令有如下几种常用方法:

- f 菜单栏: 执行【绘图】→【建模】→【圆环体】命令, 如图17-28所示。
- f 功能区: 在【常用】选项卡中单击【建模】面板中的【圆环体】工具按钮, 如图17-29所示。
- f 工具栏: 单击【建模】工具栏中的【圆环体】按钮◎。
- f 命令行: TORUS。

图17-28 创建圆环体菜单　图17-29 创建圆环体面板
命令　　　　　　　　按钮

通过以上任意一种方法执行该命令后, 首先确定圆环的位置和半径, 然后确定圆环圆管的半径即可完成圆环体的创建, 如图17-30所示。命令行操作如下:

```
命令: _torus↙    //调用【圆环】命令
指定中心点或 [三点(3P)/两点(2P)/切点、切点、半径(T)]:    //在绘图区域合适位置拾取一点
指定半径或 [直径(D)] <50.0000>: 15↙
                //输入圆环半径
指定圆管半径或 [两点(2P)/直径(D)]: 3↙
                //输入圆环截面半径
```

图17-30 创建圆环体

【案例 17-6】绘制圆环

🎬 视频文件: DVD\ 视频 \ 第 17 章 \17-6.MP4

1) 单击【快速访问】工具栏中的【打开】按钮📂, 打开"第 17 章 \17-6 绘制圆环 .dwg"文件, 素材图形如图 17-31 所示。

2) 在【常用】选项卡中单击【建模】面板上的【圆环体】工具按钮◎, 绘制一个圆环体。命令行提示如下:

```
命令: _torus    //调用【圆环】命令
指定中心点或 [三点(3P)/两点(2P)/切点、切点、半径(T)]:    //捕捉到圆心
指定半径或 [直径(D)] <20.0000>: 45l
                //输入圆环半径值
指定圆管半径或 [两点(2P)/直径(D)]: 2.5l
                //输入圆管半径值
```

3) 通过以上操作, 即可绘制一个圆环体, 完成手轮的绘制, 效果如图 17-32 所示。

图 17-31 素材图形　　　图 17-32 手轮

17.1.7 ▸创建棱锥体

棱锥体可以看作是以一个多边形面为底面, 其余各面由有一个公共顶点的具有三角形特征的面所构成的实体。在AutoCAD 2018中调用绘制【棱锥体】命令有如下几种常用方法:

f 菜单栏：执行【绘图】→【建模】→【棱锥体】命令，如图17-33所示。

f 功能区：在【常用】选项卡中单击【建模】面板中的【棱锥体】工具按钮，如图17-34所示。

f 工具栏：单击【建模】工具栏中的【棱锥体】按钮◯。

f 命令行：PYRAMID。

图17-33 创建棱锥体菜单命令

图17-34 创建棱锥体面板按钮

在AutoCAD中，使用以上任意一种方法，通过

参数的调整可以创建多种类型的棱锥体和平截面棱锥体。其绘制方法与绘制圆锥体的方法类似，绘制完成的结果分别如图17-35和图17-36所示。

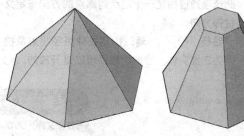

图17-35 棱锥体　　图17-36 平截面棱锥体

> **专家提醒**
>
> 在利用【棱锥体】工具进行棱锥体创建时，所指定的边数必须是3～32之间的整数。

17.2 由二维对象生成三维实体

在AutoCAD中，几何形状简单的模型可由各种基本实体组合而成，但对于截面形状和空间形状复杂的模形，用基本实体将很难或无法创建，因此AutoCAD提供了另外一种实体创建途径，即由二维轮廓进行拉伸、旋转、放样、扫掠等方式创建实体。

17.2.1 ▶ 拉伸

【拉伸】工具可以将二维图形沿其所在平面的法线方向扫描而成三维实体。该二维图形可以是多段线、多边形、矩形、圆、椭圆、闭合的样条曲线、圆环和面域等。拉伸命令常用于创建某一方向上截面固定不变的实体，如机械中的齿轮、轴套和垫圈等，建筑制图中的楼梯栏杆、管道和异形装饰等物体。

在AutoCAD 2018中调用【拉伸】命令有如下几种常用方法：

f 功能区：在【常用】选项卡中单击【建模】面板中的【拉伸】按钮⬆。

f 工具栏：单击【建模】工具栏中的【拉伸】按钮⬆。

f 菜单栏：执行【绘图】→【建模】→【拉伸】命令。

f 命令行：EXTRUDE/EXT。

通过以上任意一种方法执行该命令后，可以使用两种拉伸二维轮廓的方法：一种是指定拉升的倾斜角度和高度，生成直线方向的常规拉伸体；另一种是指定拉伸路径，可以选择多段线或圆弧，路径可以闭合，也可以不闭合。图 17-37所示即为使用

拉伸命令创建的实体模型。

调用【拉伸】命令后，选中要拉伸的二维图形，命令行提示如下：

> 指定拉伸的高度或 [方向(D)/路径(P)/倾斜角(T)/表达式(E)] <2.0000>: 2

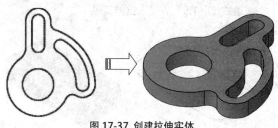

图 17-37 创建拉伸实体

> **操作技巧**
>
> 当指定拉伸角度时，其取值范围为—90～90，正值表示从基准对象逐渐变细，负值表示从基准对象逐渐变粗。默认情况下，角度为0，表示在与二维对象所在的平面垂直的方向上进行拉伸。

命令行中各选项的含义如下:

f "方向(D)": 默认情况下, 对象可以沿Z 轴方向拉伸, 拉伸的高度可以为正值或负值。此选项通过指定一个起点到端点的方向来定义拉伸方向。

f "路径(P)": 通过指定拉伸路径将对象拉伸为三维实体。拉伸的路径可以是开放的, 也可以是封闭的。

f "倾斜角(T)": 通过指定的角度拉伸对象, 拉伸的角度也可以为正值或负值, 其绝对值不大于90°。若倾斜角为正, 将产生内锥度, 创建的侧面向里靠; 若倾斜角度为负, 将产生外锥度, 创建的侧面则向外。

【案例 17-7】绘制门把手

📀视频文件: DVD\ 视频 \ 第 17 章 \17-7.MP4

1)启动 AutoCAD 2018, 单击【快速访问】工具栏中的【新建】按钮🗅, 建立一个新的空白图形。

2)将工作空间切换到【三维建模】工作空间中, 单击【绘图】面板中的【矩形】按钮🗅, 绘制一个长为 10、宽为 5 的矩形。然后单击【修改】面板中的【圆角】按钮🗅, 在矩形边角创建 R1 的圆角。然后绘制两个半径为 0.5 的圆, 其圆心到最近边的距离为 1.2。截面轮廓效果如图 17-38 所示。

3)将视图切换到【东南等轴测】, 将图形转换为面域, 并利用【差集】命令由矩形面域减去两个圆的面域, 然后单击【建模】面板上的【拉伸】按钮🗅, 设置拉伸高度为 1.5, 效果如图 17-39 所示。命令行提示如下:

```
命令:_  //调用拉伸命令
当前线框密度: ISOLINES=4, 闭合轮廓创建模式
= 实体
选择要拉伸的对象或 [模式(MO)]: _MO 闭合轮廓
创建模式 [实体(SO)/曲面(SU)] <实体>:_SO
选择要拉伸的对象或 [模式(MO)]: 找到 1 个
                    //选择面域
指定拉伸的高度或 [方向(D)/路径(P)/倾斜角(T)/
表达式(E)]: 1.5    //输入拉伸高度
```

图 17-38 绘制底面 　　图 17-39 拉伸

4)单击【绘图】面板中的【圆】按钮⊘, 绘制两个半径为 0.7 的圆, 位置如图 17-40 所示。

5)单击【建模】面板上的【拉伸】按钮🗅, 选择上一步绘制的两个圆, 设置向下拉伸高度为 0.2。单击实体编辑中的【差集】按钮⊚, 在底座中减去两圆柱实体, 效果如图 17-41 所示。

图 17-40 绘制圆 　　图 17-41 沉孔效果

6)单击【绘图】面板中的【矩形】按钮, 绘制一个边长为 2 的正方形, 在边角处创建半径为 0.5 的圆角, 效果如图 17-42 所示。

7)单击【建模】面板上的【拉伸】按钮🗅, 拉伸上一步绘制的正方形, 设置拉伸高度为 1, 效果如图 17-43 所示。

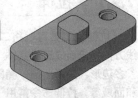

图 17-42 绘制正方形 　　图 17-43 拉伸正方体

8)单击【绘图】面板中的【椭圆】按钮, 绘制如图 17-44 所示的长轴为 2、短轴为 1 的椭圆。

9)在椭圆和正方体的交点绘制一个高为 3、长为 10、圆角为 R1 的路径, 效果如图 17-45 所示。

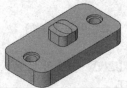

图 17-44 绘制椭圆 　　图 17-45 绘制拉伸路径

10)单击【建模】面板上的【拉伸】按钮🗅, 拉伸椭圆, 拉伸路径选择上一步绘制的拉伸路径。命令行提示如下:

命令:_EXTRUDE   //调用【拉伸】命令
当前线框密度: ISOLINES=4, 闭合轮廓创建模式
= 实体
选择要拉伸的对象或 [模式(MO)]: _MO 闭合轮廓
创建模式 [实体(SO)/曲面(SU)] <实体>: _SO
选择要拉伸的对象或 [模式(MO)]: 找到 1 个 //选
择椭圆
指定拉伸的高度或 [方向(D)/路径(P)/倾斜角(T)/
表达式(E)] <1.0000>: PI //选择路径方式
选择拉伸路径或[倾斜角（T）]:
                       //选择绘制的路径

11）通过以上操作步骤即可完成门把手的绘制，效果如图 17-46 所示。

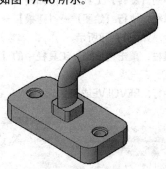

图 17-46 门把手

【案例 17-8】创建三维文字

视频文件: DVD\ 视频 \ 第 17 章 \17-8.MP4

三维文字对于建模来说非常重要，只有创建出了三维文字，才可以在模型中表现出独特的商标或品牌名称。通过AutoCAD的三维建模功能，同样也可以创建三维文字。

1）执行【多行文字】命令，创建任意文字。值得注意的是，字体必须为隶书、宋体和新魏等中文字体，如图 17-47 所示。

2）在命令行中输入"Txtexp"（文字分解）命令，然后选中要分解的文字，即可得到文字分解后的线框图，如图 17-48 所示。

图17-47 输入多行文字

麓山文化

图17-48 使用Txtexp命令分解文字

3）单击【绘图】面板中的【面域】按钮，选中所有的文字线框，创建文字面域，如图 17-49 所示。

4）使用【并集】命令，分别框选各个文字上的小片面域，即可合并为单独的文字面域，效果如图 17-50 所示。

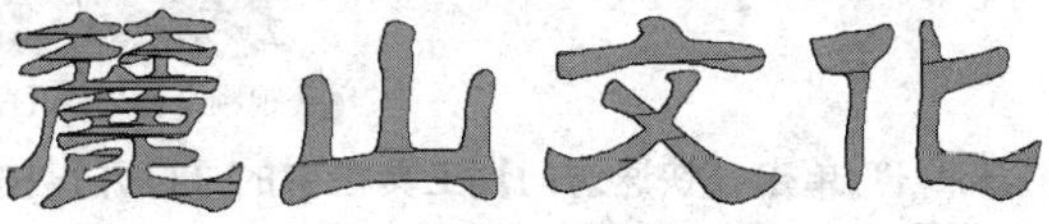

麓山文化

图17-49 创建的文字面域

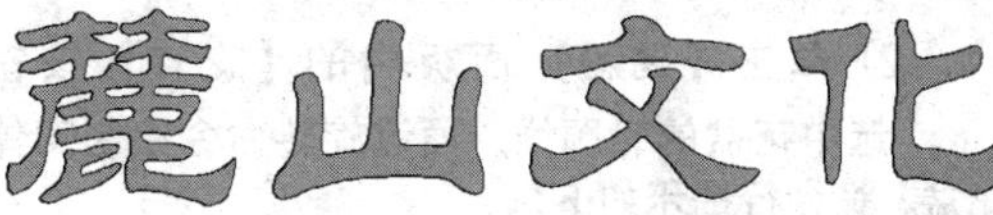

麓山文化

图17-50 合并小块的文字面域

5）如果再与其他对象执行【并集】或【差集】等操作，即可获得三维浮雕文字或者三维镂空文字，效果如图 17-51 所示。

图17-51 创建的三维文字效果

17.2.2 ▸ 旋转

旋转是将二维对象绕指定的旋转线旋转一定的角度而形成模型实体，如带轮、法兰盘和轴类等具有回旋特征的零件。用于旋转的二维对象可以是封闭多段线、多边形、圆、椭圆、封闭样条曲线、圆环及封闭区域。三维对象包含在块中的对象、有交叉或干涉的多段线不能被旋转，而且每次只能旋转一个对象。

在AutoCAD 2018中调用该命令有以下几种常用

方法:

f 功能区: 在【常用】选项卡中单击【建模】面板中的【旋转】工具按钮, 如图17-52所示。

f 菜单栏: 执行【绘图】→【建模】→【旋转】命令, 如图17-53所示。

f 工具栏: 单击【建模】工具栏中的【旋转】按钮🗂。

f 命令行: REVOLVE或REV。

图17-52 【旋转】面板按钮　　图17-53 【旋转】菜单命令

通过以上任意一种方法可调用旋转命令。选取

旋转对象, 将其旋转360°, 结果如图17-54所示。命令行提示如下:

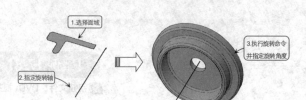

```
命令: REVOLVE↙
选择要旋转的对象: 找到 1 个        //选取素材面域
                                 为旋转对象
选择要旋转的对象:↙      //按Enter键
指定轴起点或根据以下选项之一定义轴 [对象(O)/
X/Y/Z] <对象>:  //选择直线上端点为轴起点
指定轴端点:       //选择直线下端点为轴端点
指定旋转角度或 [起点角度(ST)] <360>:↙
                                 //按Enter键
```

图17-54 创建旋转体

【案例 17-9】 绘制花盆

📀 视频文件: DVD\ 视频 \ 第 17 章 \17-9.MP4

1) 单击【快速访问】工具栏中的【打开】按钮☞, 打开 "第 17 章 \17-9 绘制花盆 .dwg" 文件, 素材图形如图 17-55 所示。

2) 单击【建模】面板中的【旋转】按钮🗂, 选中花盆的轮廓线, 通过旋转命令绘制实体花盆。命令行提示如下:

```
命令:_revolve  //调用【旋转】命令
当前线框密度: ISOLINES=4, 闭合轮廓创建模式
= 实体
选择要旋转的对象或 [模式(MO)]: _MO 闭合轮廓
创建模式 [实体(SO)/曲面(SU)] <实体>:_SO
选择要旋转的对象或 [模式(MO)]: 指定对角点: 找
到 40 个        //选中花盆的所有轮廓线
指定轴起点或根据以下选项之一定义轴 [对象
(O)/X/Y/Z] <对象>: //定义旋转轴的起点
指定轴端点:       //定义旋转轴的端点
指定旋转角度或 [起点角度(ST)/反转(R)/表达式
(EX)] <360>:  // 系统默认为旋转一周, 按
Enter键, 旋转对象
```

3) 通过以上操作即可完成花盆的绘制, 效果如图 17-56 所示。

图 17-55 素材图形

图 17-56 旋转效果

17.2.3 ▸放样

放样实体即将横截面沿指定的路径或导向运动扫描所得到的三维实体。横截面指的是具有放样实体截面特征的二维对象, 并且使用该命令时必须指定两个或两个以上的横截面来创建放样实体。

在AutoCAD 2018中调用【放样】命令有如下几种常用方法:

f 功能区：在【常用】选项卡中单击【建模】面板中的【放样】工具按钮🔘，如图17-57所示。

f 菜单栏：执行【绘图】→【建模】→【放样】命令，如图17-58所示。

f 命令行：LOFT。

图17-57 【建模】面板中的 图17-58 【放样】菜单
【放样】按钮 命令

执行【放样】命令后，根据命令行的提示，依次选择截面图形，然后定义放样选项，即可创建放样图形。操作如图17-59所示。命令行操作如下：

命令: _IOFT   //调用【放样】命令
当前线框密度: ISOLINES=4，闭合轮廓创建模式 = 实体
按放样次序选择横截面或 [点(PO)/合并多条边(J)/模式(MO)]: _MO 闭合轮廓创建模式 [实体(SO)/曲面(SU)] <实体>: _SO
按放样次序选择横截面或 [点(PO)/合并多条边(J)/模式(MO)]: 找到 1 个   //选取横截面1
按放样次序选择横截面或 [点(PO)/合并多条边(J)/模式(MO)]: 找到 1 个，总计 2 个   //选取横截面2
按放样次序选择横截面或 [点(PO)/合并多条边(J)/模式(MO)]: 找到 1 个，总计 3 个   //选取横截面3
按放样次序选择横截面或 [点(PO)/合并多条边(J)/模式(MO)]: 找到 1 个，总计 4 个   //选取横截面4
选中了 4 个横截面
输入选项 [导向(G)/路径(P)/仅横截面(C)/设置(S)/连续性(CO)/凸度幅值(B)]: pI//选择路径方式
选择路径轮廓: //选择路径5

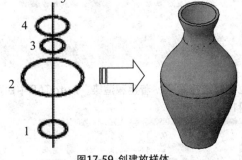

图17-59 创建放样体

1）单击【快速访问】工具栏中的【打开】按钮📂，打开"第 17 章 \17-10 绘制花瓶 .dwg"素材文件。

2）单击【常用】选项卡【建模】面板中的【放样】工具按钮🔘，然后依次选择素材中的 4 个截面，操作如图 17-60 所示。命令行操作如下：

命令: _IOFT   //调用【放样】命令
当前线框密度: ISOLINES=4，闭合轮廓创建模式 = 实体
按放样次序选择横截面或 [点(PO)/合并多条边(J)/模式(MO)]: _MO
闭合轮廓创建模式 [实体(SO)/曲面(SU)] <实体>: _SU
按放样次序选择横截面或 [点(PO)/合并多条边(J)/模式(MO)]: 找到 1 个
按放样次序选择横截面或 [点(PO)/合并多条边(J)/模式(MO)]: 找到 1 个，总计 2 个
按放样次序选择横截面或 [点(PO)/合并多条边(J)/模式(MO)]: 找到 1 个，总计 3 个
按放样次序选择横截面或 [点(PO)/合并多条边(J)/模式(MO)]: 找到 1 个，总计 4 个
按放样次序选择横截面或 [点(PO)/合并多条边(J)/模式(MO)]:
选中了 4 个横截面
输入选项 [导向(G)/路径(P)/仅横截面(C)/设置(S)] <仅横截面>: C   //选择截面连接方式

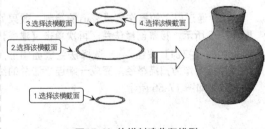

图17-60 放样创建花瓶模型

17.2.4 ▶扫掠

使用【扫掠】工具可以将扫掠对象沿着开放或闭合的二维或三维路径运动扫描来创建实体或曲面。在AutoCAD 2018中调用【扫掠】命令有如下几种常用方法：

f 菜单栏：执行【绘图】→【建模】→【扫掠】命令，如图17-61所示。

f 功能区：在【常用】选项卡中单击【建模】面板中的【扫掠】工具按钮，如图17-62所示。

图17-61 【扫掠】菜单命令　　图17-62 【扫掠】面板按钮

f 工具栏：单击【建模】工具栏中的【扫掠】按钮。

f 命令行：SWEEP。

执行【扫掠】命令后，按命令行提示选择扫掠截面与扫掠路径即可，如图17-63所示。

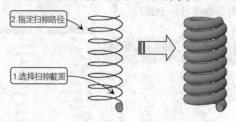

图17-63 扫掠

【案例 17-11】绘制连接管

视频文件：DVD\ 视频 \ 第 17 章 \17-11.MP4

1）单击【快速访问】工具栏中的【打开】按钮，打开"第 17 章 \17-11 绘制连接管 .dwg"文件，素材图形如图 17-64 所示。

2）单击【建模】面板中的【扫掠】按钮，选取图中管道的截面图形，选择中间的扫掠路径，完成管道的绘制。命令行提示如下：

```
命令:_SWEEP        //调用【扫掠】命令
当前线框密度: ISOLINES=4，闭合轮廓创建模式
= 实体
选择要扫掠的对象或 [模式(MO)]:_MO
闭合轮廓创建模式[实体(SO)/曲面(SU)] <实体>:_SO
选择要扫掠的对象或 [模式(MO)]: 找到 1 个
//选择扫掠的对象管道横截面图形，如图 17-64所示
选择扫掠路径或 [对齐(A)/基点(B)/比例(S)/扭曲(T)]:
//选择扫描路径2，如图 17-64所示
```

3）通过以上的操作完成管道的绘制，效果如图 17-65 所示。接着创建法兰，再次单击【建模】面板中的【扫掠】按钮，选择法兰截面图形，选择路径 1 作为扫描路径，完成一端连接法兰的绘制，效果如图 17-66 所示。

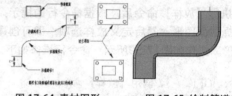

图 17-64 素材图形　　　　图 17-65 绘制管道

4）重复以上操作，绘制另一端的连接法兰，效果如图 17-67 所示。

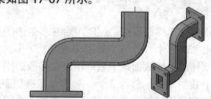

图 17-66 绘制连接板　　　图 17-67 连接管实体

专家提醒

在创建比较复杂的放样实体时，可以指定导向曲线来控制点如何匹配相应的横截面，以防止创建的实体或曲面中出现皱褶等缺陷。

17.3 创建三维曲面

曲面是不具有厚度和质量特性的壳形对象。曲面模型也能够进行隐藏、着色和渲染。AutoCAD中曲面的创建和编辑命令集中在功能区的【曲面】选项卡中，如图17-68所示。

图17-68 【曲面】选项卡

【创建】面板集中了创建曲面的各种方式，如图17-69所示。其中拉伸、放样、扫掠和旋转等生成方式与创建实体或网格的操作类似，这里不再赘述。下面对其他创建和编辑命令进行介绍。

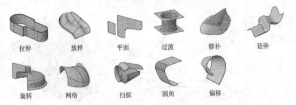

图17-69 创建曲面的主要方法

17.3.1 ▶ 创建三维面

三维空间的表面称为三维面，它没有厚度，也没有质量属性。由【三维面】命令创建的面的各顶点可以有不同的Z坐标，构成各个面的顶点最多不能超过4个。如果构成面的4个顶点共面，则消隐命令认为该面不是透明的，可以将其消隐；反之，消隐命令对其无效。

在AutoCAD 2018中调用【三维面】命令有如下几种常用方法：

f 菜单栏：执行【绘图】→【建模】→【网格】→【三维面】命令。

f 命令行：3DFACE。

f 启用【三维面】命令后，直接在绘图区中任意指定4点，即可创建曲面，操作如图17-70所示。

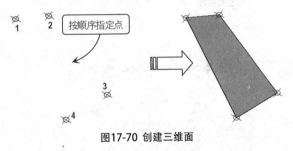

图17-70 创建三维面

17.3.2 ▶ 绘制平面曲面

平面曲面是以平面内某一封闭轮廓创建一个平面内的曲面。在AutoCAD中，既可以用指定角点的方式创建矩形的平面曲面，也可用指定对象的方式创建复杂边界形状的平面曲面。

调用【平面曲面】命令有以下几种方法：

f 功能区：在【曲面】选项卡中单击【创建】面板上的【平面】按钮，如图17-71所示。

f 菜单栏：选择【绘图】→【建模】→【曲面】→【平面】命令，如图17-72所示。

f 命令行：PLANESURF。

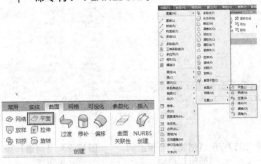

图17-71 【创建】面板上的【平面】按钮　　图17-72 【平面】菜单命令

平面曲面的创建方法有"指定点"与"对象"两种，前者类似于绘制矩形，后者则像创建面域。根据命令行提示，指定角点或选择封闭区域即可创建平面曲面，效果如图17-73所示。

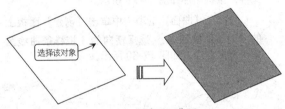

图17-73 创建平面曲面

平面曲面可以通过【特性】选项板（Ctrl+1）设置U素线和V素线来控制，效果如图17-74和图17-75所示。

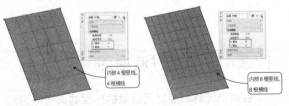

图17-74 U、V素线各为4　　图17-75 U、V素线各为8

17.3.3 ▶ 创建网络曲面

【网络曲面】命令可以在 U 方向和 V 方向（包括曲面和实体边缘对象）的几条曲线之间的空间中创建曲面，它是曲面建模最常用的方法之一。

调用【网络曲面】命令有以下几种方法：

f 功能区：在【曲面】选项卡中单击【创建】面板上的【网络】按钮，如图17-76所示。

f 菜单栏：选择【绘图】→【建模】→【曲面】→【网络】命令，如图17-77所示。

f 命令行：SURFNETWORK。

图17-76 【创建】面板上的
【网络】按钮

图17-77 【网络】菜
单命令

执行【网络】命令后，根据命令行提示，先选择第一个方向上的曲线或曲面边，按Enter键确认，再选择第二个方向上的曲线或曲面边，即可创建出网格曲面，如图17-78所示。

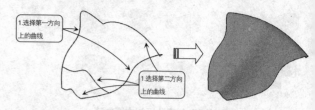

图17-78 创建网格曲面

【案例 17-12】创建鼠标曲面

视频文件：DVD\ 视频 \ 第 17 章 \17-12.MP4

1) 单击【快速访问】工具栏中的【打开】按钮，打开"第 17 章\17-12 创建鼠标曲面.dwg"文件，素材图形如图 17-79 所示。

2) 在【曲面】选项卡中单击【创建】面板上的【网络】按钮，选择横向的 3 根样条曲线为第一方向曲线，如图 17-80 所示。

3) 选择完毕后单击 Enter 键确认，然后再根据命令行提示选择左右两侧的样条曲线为第二方向曲线，如图 17-81 所示。

4) 鼠标曲面创建完成，如图 17-82 所示。

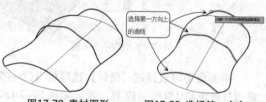

图17-79 素材图形

图17-80 选择第一方向上的曲线

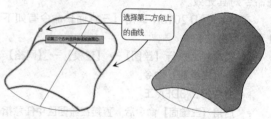

图17-81 选择第二方向上的曲线

图17-82 完成的鼠标曲面

17.3.4 ▶ 创建过渡曲面

在两个现有曲面之间创建的连续的曲面称为过渡曲面。将两个曲面融合在一起时，需要指定曲面连续性和凸度幅值。创建过渡曲面的方法如下：

1) 功能区：在【曲面】选项卡中单击【创建】面板中的【过渡】按钮，如图 17-83 所示。

2) 菜单栏：执行【绘图】→【建模】→【曲面】→【过渡】命令，如图 17-84 所示。

3) 命令行：SURFBLEND。

图17-84 【过渡】菜单命令

图17-83 【创建】面板上的【过渡】按钮

执行【过渡】命令后，根据命令行提示，依次选择要过渡的曲面上的边，然后按Enter键即可创建过渡曲面，操作如图17-85所示。

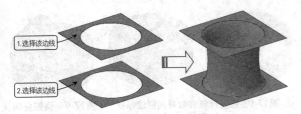

图17-85 创建过渡曲面

a)两边幅值为0.2   b)两边幅值为0.5   c)两边幅值为0.8

图17-89 不同凸度幅值的过渡效果

指定完过渡边线后，命令行出现如下提示：

> 按 Enter 键接受过渡曲面或 [连续性(CON)/凸度幅值(B)]:

此时可以根据提示，利用【连续性(CON)】和【凸度幅值(B)】这两种方式调整过渡曲面的形式。选项的具体含义说明如下：

● 连续性（CON）

【连续性（CON）】选项可调整曲面彼此融合的平滑程度。选择该选项时，有G0、G1和G2这3种连接形式可选。

- G0（位置连续性）：曲面的位置连续性是指新构造的曲面与相连的曲面直接连接起来即可，不需要在两个曲面的相交线处相切。效果如图17-86所示。该选项为默认选项。
- G1（相切连续性）：曲面的相切连续性是指在曲面位置连续的基础上，新创建的曲面与相连曲面在相交线处相切连续，即新创建的曲面在相交线处与相连曲面在相交线处具有相同的法线方向。效果如图17-87所示。
- G2（曲率连续性）：曲面的曲率连续性是指在曲面相切连续的基础上，新创建的曲面与相连曲面在相交线处曲率连续。效果如图17-88所示。

图17-86 位置连   图17-87 相切连   图17-88 曲率连
续性G0效果   续性G1效果   续性G2效果

● 凸度幅值(B)

该选项设定过渡曲面边与其原始曲面相交处该过渡曲面边的圆度，默认值为 0.5，有效值介于 0 和 1 之间。具体显示效果如图17-89所示。

17.3.5 ▶创建修补曲面

曲面修补即在创建新的曲面或封口时，闭合现有曲面的开放边。也可以通过闭环添加其他曲线以约束和引导修补曲面。创建修补曲面的方法如下：

- 功能区：在【曲面】选项卡中单击【创建】面板中的【修补】按钮，如图17-90所示。
- 菜单栏：调用【绘图】→【建模】→【曲面】→【修补】命令，如图17-91所示。
- 命令行：SURFPATCH。

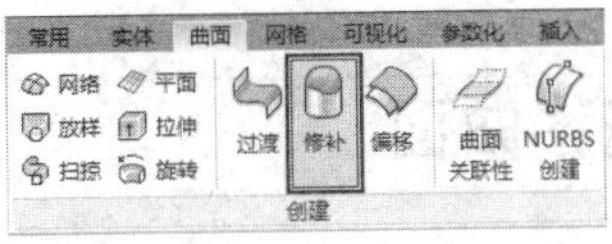

图17-90 【创建】面板上的   图17-91 【修补】菜单命令
【修补】按钮

执行【修补】命令后，根据命令行提示，选取现有曲面上的边线，即可创建出修补曲面，效果如图17-92所示。

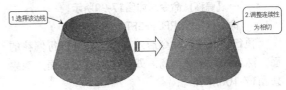

图17-92 创建修补曲面

选择要修补的边线后，命令行出现如下提示：

> 按 Enter 键接受修补曲面或 [连续性(CON)/凸度幅值(B)/导向(G)]:

此时可以根据提示利用【连续性(CON)】、【凸度幅值(B)】和【导向(G)】这三种方式调整修补曲面。【连续性(CON)】和【凸度幅值(B)】选项在前面已经介绍过，这里不再赘述；【导向(G)】可以通过指定线、点的方式来定义修补曲面的生成形状，还可以通过调整曲线或点的方式来进行编辑，类似于修改样条曲线，效果如图17-93和图17-94所示。

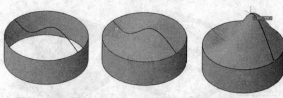

图17-93 通过样条曲线导向创建修补曲面　　图17-94 调整导向曲线修改修补曲面

【案例 17-13】修补鼠标曲面

视频文件：DVD\视频\第 17 章\17-13.MP4

在【案例17-12】的创建鼠标曲面案例中，鼠标曲面前方仍留有开口，这时就可以通过【修补】命令来进行封口。

1）打开"第 17 章\17-13 修补鼠标曲面.dwg"素材文件，也可以打开"第 17 章\17-12 创建鼠标曲面-OK.dwg"完成文件，如图 17-95 所示。

2）在【曲面】选项卡中单击【创建】面板中的【拉伸】按钮 拉伸，选择鼠标曲面前方开口的弧线进行拉伸，拉伸距离任意，如图 17-96 所示。

3）在【曲面】选项卡中单击【创建】面板中的【修补】按钮 ，选择鼠标曲面开口边与步骤 2 拉伸面的边线作为修补边，然后单击 Enter 键，选择连续性为 G1，即可创建修补面，效果如图 17-97 所示。

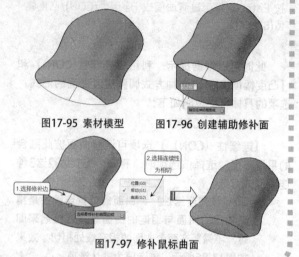

图17-95 素材模型　　图17-96 创建辅助修补面

图17-97 修补鼠标曲面

17.3.6 ▶创建偏移曲面

偏移曲面可以创建与原始曲面平行的曲面，在创建过程中需要指定距离。创建偏移曲面的方法如下：

f 功能区：在【曲面】选项卡中单击【创建】面板中的【偏移】按钮 ，如图17-98所示。

f 菜单栏：调用【绘图】→【建模】→【曲面】→【偏移】命令，如图17-99所示。

f 命令行：SURFOFFSET。

执行【偏移】命令后，直接选取要进行偏移的面，然后输入偏移距离，即可创建偏移曲面，效果如图17-100所示。

图17-98 【创建】面板上的【偏移】按钮　　图17-99 【偏移】菜单命令

图17-100 创建偏移曲面

17.4 创建网格曲面

网格是用离散的多边形表示实体的表面。与实体模型一样，可以对网格模型进行隐藏、着色和渲染，同时网格模型还具有实体模型所没有的编辑方式，包括锐化、分割和增加平滑度等。

创建网格的方式有多种，包括使用基本网格图元创建规则网格，以及使用二维或三维轮廓线生成复杂网格。AutoCAD 2018的网格命令集中在【网格】选项卡中，如图17-101所示。

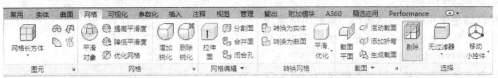

图17-101 【网格】选项卡

17.4.1 ▶创建基本体网格

AutoCAD 2018提供了7种基本体素的三维网格图元，如长方体、圆锥体、球体以及圆环体等。调用【网格图元】命令有以下几种方法：

- f 功能区：在【网格】选项卡中的【图元】面板上选择要创建的图元类型，如图17-102所示。
- f 菜单栏：选择【绘图】→【建模】→【网格】→【图元】命令，在子菜单中选择要创建的图元类型，如图17-103所示。
- f 命令行：MESH。

图17-102 【图元】面板   图17-103 【图元】菜单命令

各种基本体网格的操作方法不一样，接下来对各网格图元逐一进行讲解。

❶ 创建网格长方体

绘制网格长方体时，其底面将与当前UCS的*XY*平面平行，并且其初始位置的长、宽、高分别与当前UCS的*X*、*Y*、*Z*轴平行。在指定长方体的长、宽、高时，正值表示向相应的坐标值正方向延伸，负值表示向相应的坐标值的负方向延伸。最后，需要指定长方体表面绕*Z*轴的旋转角度，以确定其最终位置。创建的网格长方体如图17-104所示。

❷ 创建网格圆锥体

如果选择绘制圆锥体，可以创建底面为圆形或椭圆的网格圆锥，如图17-105所示；如果指定

顶面半径，还可以创建网格圆台，如图17-106所示。

默认情况下，网格圆锥体的底面位于当前UCS的*XY*平面上，圆锥体的轴线与*Z*轴平行。使用【椭圆】选项，可以创建底面为椭圆的圆锥体；使用【顶面半径】选项，可以创建倾斜至椭圆面或平面的圆台；选择【切点、切点、半径(T)】选项，可以创建底面与两个对象相切的网格圆锥或圆台，创建的新圆锥体位于尽可能接近指定的切点的位置，这取决于半径距离。

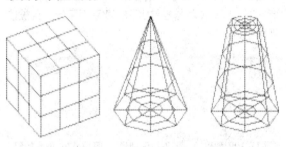

图17-104 创建的   图17-105 创建   图17-106 创建
网格长方体   的网格圆锥体   的网格圆台

❸ 创建网格圆柱体

如果选择绘制圆柱体，可以创建底面为圆形或椭圆的网格圆锥或网格圆台，如图17-107所示。绘制网格圆柱体的过程与绘制网格圆锥体相似，即先指定底面形状，再指定高度。

❹ 创建网格棱锥体

默认情况下，可以创建最多具有32个侧面的网格棱锥体，如图17-108所示。

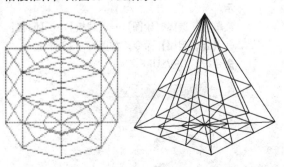

图17-107 创建的网格圆柱体   图17-108 创建的网格棱锥体

5. 创建网格球体

网格球体是使用梯形网格面和三角形网格面拼接成的网格对象，如图17-109所示。如果从球心开始创建，网格球体的中心轴将与当前UCS的Z轴平行。网格球体有多种创建方式，可以过指定中心点、三点、两点或相切、相切、半径来创建网格球体。

6. 创建网格楔体

网格楔体可以看作是一个网格长方体沿着对角面剖切出一半的结果，如图17-110所示。因此其绘制方式与网格长方体基本相同。默认情况下楔体的底面绘制为与当前UCS的XY平面平行，楔体的高度方向与Z轴平行。

7. 绘制网格圆环体

网格圆环体如图17-111所示，其具有两个半径值：一个是圆管半径，另一个是圆环半径。圆环半径是圆环体的圆心到圆管圆心之间的距离。默认情况下，圆环体将与当前UCS的XY平面平行，且被该平面平分。

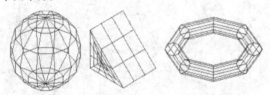

图17-109 创建 　图17-110 创建 　图17-111 创建的网
的网格球体 　　的网格楔体 　　格圆环体

17.4.2 ▶ 创建旋转网格

使用【旋转网格】命令可以将曲线或轮廓绕指定的旋转轴旋转一定的角度，从而创建旋转网格。旋转轴可以是直线，也可以是开放的二维或三维多段线。

调用【旋转网格】命令有以下几种方法：

f 功能区：在【网格】选项卡中单击【图元】面板上的【旋转网格】按钮，如图17-112所示。

f 菜单栏：选择【绘图】→【建模】→【网格】→【旋转网格】命令，如图17-113所示。

f 命令行：REVSURF。

图17-112 【旋转网格】按钮

图17-113 【旋转网格】菜单命令

【旋转网格】操作同【旋转】命令一样，先选择要旋转的轮廓，然后再指定旋转轴，输入旋转角度即可，如图17-114所示。

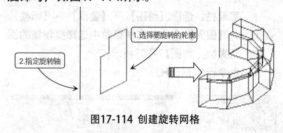

图17-114 创建旋转网格

17.4.3 ▶ 创建直纹网格

直纹网格是以空间两条曲线为边界，创建直线连接的网格。直纹网格的边界可以是直线、圆、圆弧、椭圆、椭圆弧、二维多段线、三维多段线和样条曲线。

调用【直纹网格】命令有以下几种方法：

f 功能区：在【网格】选项卡中单击【图元】面板上的【直纹网格】按钮，如图17-115所示。

f 菜单栏：选择【绘图】→【建模】→【网格】→【直纹网格】命令，如图17-116所示。

f 命令行：RULESURF。

图17-115 【直纹网格】按钮　　图17-116 【直纹网格】菜单命令

除了使用点作为直纹网格的边界，直纹网格的两个边界必须同时开放或闭合，且在调用命令时，因选择曲线的点不一样，绘制的直线会出现交叉和平行两种情况，分别如图17-117和图17-118所示。

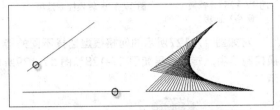

图17-117 拾取点位置交叉创建交叉的网格面

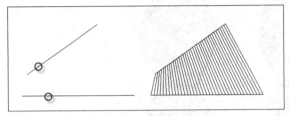

图17-118 拾取点位置平行创建平行的网格面

17.4.4 ▸创建平移网格

使用【平移网格】命令可以将平面轮廓沿指定方向进行平移，从而绘制出平移网格。平移的轮廓可以是直线、圆、圆弧、椭圆、椭圆弧、二维多段线、三维多段线和样条曲线等。

调用【平移网格】命令有以下几种方法：

f 功能区：在【网格】选项卡中，单击【图元】面板上的【平移网格】按钮，如图17-119所示。

f 菜单栏：选择【绘图】→【建模】→【网格】→【平移网格】命令，如图17-120所示。

f 命令行：TABSURF。

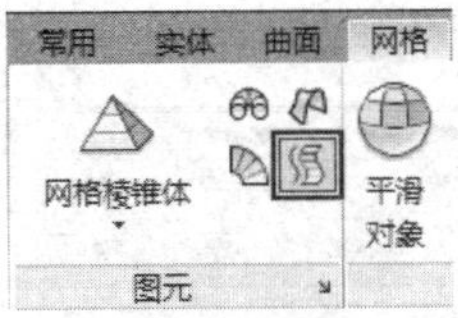

图17-119 【平移网格】
按钮

图17-120 【平移网格】菜
单命令

执行【平移网格】命令后，根据提示先选择图形轮廓，再选择用作方向矢量的图形对象，即可创建平移网格，如图17-121所示。这里要注意的是轮廓图形只能是单一的图形对象，不能是面域等复杂图形。

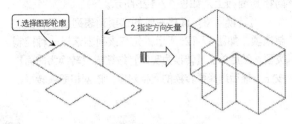

图17-121 创建旋转网格

17.4.5 ▸创建边界网格

使用【边界网格】命令可以由4条首尾相连的边创建一个三维多边形网格。调用【边界网格】命令有以下几种方法：

f 功能区：在【网格】选项卡中单击【图元】面板上的【边界网格】按钮，如图17-122所示。

f 菜单栏：选择【绘图】→【建模】→【网格】→【边界网格】命令，如图17-123所示。

f 命令行：EDGESURF。

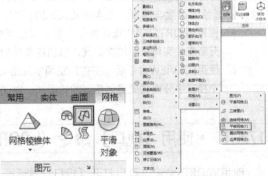

图17-122 【边界网格】　　图17-123 【边界网格】菜单
按钮　　　　　　　　命令

创建边界曲面时，需要依次选择4条边界。边界可以是圆弧、直线、多段线、样条曲线和椭圆弧，并且必须形成闭合环和共享端点。创建的边界网格的效果如图17-124所示。

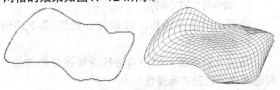

图17-124 创建的边界网格

17.4.6 ▸转换网格

AutoCAD 2018中除了能够将实体或曲面模型转换为网格，也可以将网格转换为实体或曲面模型。转换网格的命令集中在【网格】选项卡中的【转换网格】面板上，如图17-125所示。

【转换网格】面板右侧的选项列表列出了转换控制选项，如图17-126所示。先在该列表选择一种控制类型，然后单击【转换为实体】按钮或【转换为曲面】按钮，最后选择要转换的网格对象，该网格即被转换。

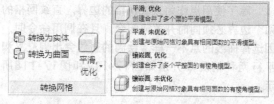

图 17-125 【转换 　图 17-126 转换控制选项
网格】面板

对如图17-127所示的网格模型选择不同的转换控制选项，转换效果如图17-128和图17-129所示。

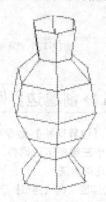  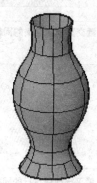

图 17-127 网格模型　图 17-128 平滑优化　图 17-129 平滑未优化

17.5 三维实体生成二维视图

比较复杂的实体可以先绘制三维实体，再转换为二维工程图。这种绘制工程图的方式可以减少工作量，提高绘图速度与精度。在AutoCAD 2018中，将三维实体模型生成三视图的方法大致有以下两种：

 f 使用VPORTS或MVIEW命令，在布局空间中创建多个二维视口，然后使用SOLPROF命令在每个视口分别生成实体模型的轮廓线，以创建零件的三视图。

 f 使用SOLVIEW命令后，在布局空间中生出实体模型的各个二维视图视口，然后使用SOLDRAW命令在每个视口中分别生成实体模型的轮廓线，以创建三视图。

17.5.1 ▸使用【视口】命令（VPORTS）创建视口

使用VPORTS命令，可以打开【视口】对话框，以在模型空间和布局空间创建视口。打开【视口】对话框的方式有以下几种：

 f 面板：在【三维基础】工作空间中，单击【可视化】选项卡中【模型视口】面板中的【命名】按钮 。

 f 菜单栏：执行【视图】→【视口】→【新建视口】命令。

 f 命令行：VPORTS。

执行上述任一操作，都能打开如图17-130所示的【视口】对话框。

通过此对话框，用户可进行设置视口的数量、命名视口和选择视口的形式等操作。

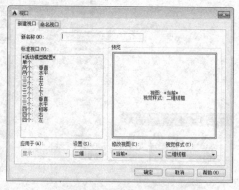

图17-130 【视口】对话框

17.5.2 ▶使用【视图】命令（SOLVIEW）创建布局多视图 ☆进阶☆

使用【视图】（SOLVIEW）命令可以自动为三维实体创建正交视图、图层和布局视口。SOLVIEW和SOLDRAW的创建用于放置每个视图的可见线和隐藏线的图层（视图名称-VIS、视图名称-HID、视图名称-HAT），以及创建可以放置各个视口中均可见的标注的图层（视图名称-DIM）。

- f 菜单栏：【绘图】→【建模】→【设置】→【视图】命令。
- f 命令行：SOLVIEW。

若用户当前处于模型空间，则执行【SOLVIEW】命令后系统自动转换到布局空间，并提示用户选择创建浮动视口的形式，其命令行提示如下：

```
命令: _solview
输入选项 [UCS(U)/正交(O)/辅助(A)/截面(S)]:
```

命令行中各选项的含义如下：

- f "UCS（U）"：创建相对于用户坐标系的投影视图。
- f "正交（O）"：从现有视图创建折叠的正交视图。
- f "辅助（A）"：从现有视图中创建辅助视图。辅助视图投影到和已有视图正交并倾斜于相邻视图的平面。
- f "截面（S）"：通过图案填充创建实体图形的剖视图。

17.5.3 ▶使用【实体图形】命令（SOLDRAW）创建实体图形 ☆进阶☆

【实体图形】（SOLDRAW）命令是在SOLVIEW命令之后用来创建实体轮廓或填充图案的。启动SOLDRAW命令方式有以下几种：

- f 功能区：在【三维建模】工作空间中单击【常用】选项卡中【建模】面板上的【实体图形】按钮。
- f 菜单栏：执行【绘图】→【建模】→【设置】→【图形】命令。
- f 命令行：SOLDRAW。
- f 执行上述任一操作后，其命令行提示如下：

```
命令: Soldraw
选择要绘图的视口...
选择对象:
```

使用该命令时，系统提示"选择对象"，此时用户需要选择由SOLDRAW命令生成的视口，如果是利用【UCS（U）】、【正交（O）】、【辅助（A）】选项所创建的投影视图，则所选择的视口中将自动生出实体轮廓线。若是所选择的视口由SOLDRAW命令的【截面（S）】选项创建，则系统将自动生成剖视图，并填充剖面线。

17.5.4 ▶使用【实体轮廓】命令（SOLPROF）创建二维轮廓线

【实体轮廓】（SOLPOROF）命令是对三维实体创建图形轮廓，它与SOLDRAW有一定的区别：SOLDRAW命令只能对有SOLDVIEW命令创建的视图生成图形轮廓，而SOLPROF命令不仅可以对SOLDVIEW命令创建的视图生成图形轮廓，而且还可以对其他方法创建的浮动视口中的图形生成图形轮廓，但是使用SOLPROF命令时，必须是在模型空间，一般使用MSPACE命令激活。

启动SOLPROF命令的方式有以下几种：

- f 功能区：在【三维建模】工作空间中单击【常用】选项卡中【建模】面板上的【实体轮廓】按钮。
- f 菜单栏：执行【绘图】→【建模】→【设置】→【轮廓】命令。
- f 命令行：SOLPROF。

【案例 17-14】 【视口】和【实体轮廓】创建三视图

视频文件：DVD\ 视频 \ 第 17 章 \17-14.MP4

下面以一个简单的实体为例，介绍如何使用【视口】（VPORTS）命令和【实体轮廓】（SOLPROF）命令创建三视图。具体操作步骤如下：

1) 打开素材文件"第 13 章 /13-14【视口】

和【实体轮廓】创建三视图 .dwg"，其中已创建好一个模型，如图 17-131 所示。

2) 在绘图区单击【布局 1】标签，进入布局空间，然后在【布局 1】标签上单击鼠标右键，在弹出的快捷菜单中选择【页面设置管理器】选项，弹出如图 17-132 所示的【页面设置管理器】对话框。

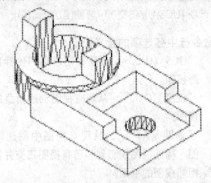

图17-131 素材模型

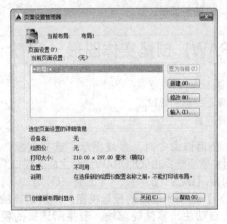

图17-132 【页面设置管理器】对话框

3）单击【修改】按钮，弹出【页面设置】对话框，在【图纸尺寸】下拉菜单中选择"ISO A4（210.00×297.00 毫米）"选项，其余参数默认，如图 17-133 所示。

4）单击【确定】按钮，返回【页面设置管理器】对话框，单击【关闭】按钮，关闭【页面设置管理器】对话框。修改后的页面布局如图 17-134 所示。

图17-133 设置图纸尺寸

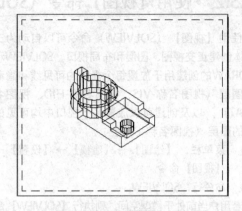

图17-134 设置页面后的效果

5）在布局空间中选中系统自动创建的视口（即外围的黑色边线），按 Delete 键将其删除，结果如图 17-135 所示。

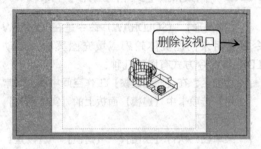

图17-135 删除系统自动创建的视口

6）将视图显示模式设置为【二维线框】模式，执行【视图】→【视口】→【四个视口】命令，创建满布页面的 4 个视口，如图 17-136 所示。

7）在命令行中输入"MSPACE"命令，或直接双击视口，将布局空间转换为模型空间。

8）分别激活各视口，执行【视图】→【三维视图】菜单项下的命令，将各视口视图分别按对应的位置关系转换为前视、俯视、左视和等轴测，结果如图 17-137 所示。

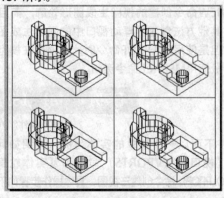

图17-136 创建视口

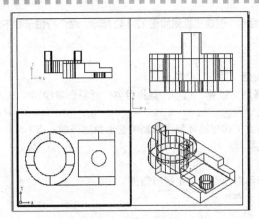

图17-137 设置各视图

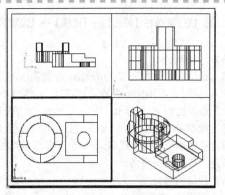

图17-138 转换为轮廓图

> **▶ 专家提醒**
>
> 　　双击视口进入模型空间后，对应的视口边框线将会加粗显示。

9）在命令行中输入"SOLPROF"命令，选择各视口的二维图，将二维图转换为轮廓图，如图17-138 所示。

10）选中 4 个视口的边线，然后将其切换至【Default】图层，再将该图层关闭，即可隐藏视口边线。

11）选择右下三维视口，单击该视口中的实体，按 Delete 键删除。

12）删除实体后，轮廓线如图 17-139 所示。

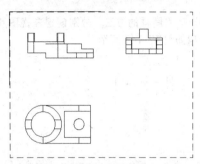

图17-139 删除实体后轮廓线

> **▶ 专家提醒**
>
> 　　视口的边线可设置为单独的图层，将其隐藏后便可得到很好的三视图效果。

【案例 17-15】 【视图】和【实体图形】创建三视图

🎬 视频文件：DVD\ 视频 \ 第 17 章 \17-15.MP4

下面以一个简单的实体为例，介绍如何使用【视图】"SOLVIEW"命令和【实体轮廓】"SOLDRAW"命令创建三视图。具体步骤如下：

1）打开素材文件"第 13 章 /13-15【视图】和【实体图形】创建三视图 .dwg"，其中已创建好一个模型，如图 17-140 所示。

2）在绘图区单击【布局1】标签，进入布局空间，选中系统自动创建的视口边线，按 Delete 键将其删除，结果如图 17-141 所示。

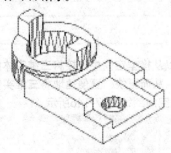

图17-140 素材模型

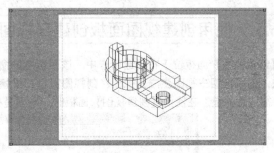

图17-141 删除系统自动创建的视口

3）执行菜单栏【绘图】→【建模】→【设置】→【视图】命令，创建主视图如图 17-142 所示。命令行提示如下：

```
命令: _solview
输入选项 [UCS(U)/正交(O)/辅助(A)/截面(S)]:UI          //激活 "UCS" 选项
输入选项 [命名(N)/世界(W)/?/当前(C)] <当前>:WI       //激活 "世界" 选项，选择世界坐标系创建视图
输入视图比例 <1>: 0.3l                              //设置打印输出比例
指定视图中心:                                       //选择视图中心点，这里选择视图布局中左上角适当的一点
指定视图中心 <指定视口>:                             //按Enter键确定
指定视口的第一个角点:
指定视口的对角点:                                   //分别指定视口两对角点，确定视口范围
输入视图名: 主视图l                                 //输入视图名称为主视图
```

4）使用同样的方法，分别创建左视图和俯视图，结果如图 17-143 所示。

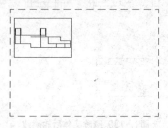

图17-142 创建的主视图

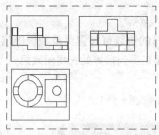

图17-143 创建左视图和俯视图

专家提醒

使用SOLVIEW命令创建的视图默认的是俯视图。

5）执行【绘图】→【建模】→【设置】→【图形】命令，在布局空间中选择视口边线，即可生成轮廓图，如图 17-144 所示。

6）双击进入模型空间，将实体隐藏或删除。

7）返回【布局 1】布局空间，选中 3 个视口的边线，然后将其切换至【Default】图层，再将该图层关闭，即可隐藏视口边线。

8）最终的图形效果如图 17-145 所示。

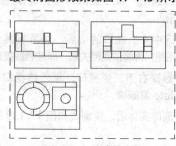

图17-144 生成轮廓图

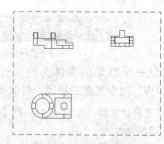

图17-145 隐藏后的图形

17.5.5 ▸使用创建视图面板创建三视图

【创建视图】面板位于布局选项卡中，该面板中的命令可以从模型空间中直接将三维实体的基础视图调用出来，然后根据主视图生成三视图、剖视图以及三维模型图，从而更快、更便捷地将三维实体装换为二维视图。需注意的是，在使用【创建视图】面板时，必须是在布局空间，如图17-146所示。

图17-146 【创建视图】面板

【案例 17-16】使用创建视图面板命令创建三视图

🎬 视频文件：DVD\ 视频 \ 第 17 章 \17-16.MP4

　　下面以一个简单的实体为例，介绍如何使用【创建视图】面板命令创建三视图。具体步骤如下：

　　1）打开素材文件"第 13 章 /13-16 使用创建视图面板命令创建三视图 .dwg"，其中已创建好一个模型，如图 17-147 所示。

　　2）在绘图区单击【布局 1】标签，进入布局工作空间，选中系统自动创建的视口边线，按 Delete 键将其删除。

　　3）单击【布局】选项卡中【创建视图】面板上的【基点】下拉菜单中的【从模型空间】按钮 ，根据命令行的提示，创建基础视图，如图 17-148 所示。

图17-148　创建基础视图

　　4）单击【投影】按钮，分别创建左视图和俯视图，结果如图 17-149 所示。

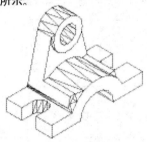

图17-147　素材模型

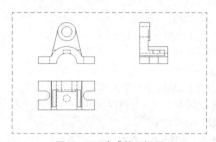

图17-149　生成的三视图

17.5.6 ▶ 三维实体创建剖视图

　　除了基本的三视图，使用AutoCAD 2018的【创建视图】面板和相关命令，还可以从三维模型轻松创建全剖、半剖、旋转剖和局部放大等二维视图。本节将通过三个具体的案例来进行讲解。

【案例 17-17】创建全剖视图

🎬 视频文件：DVD\ 视频 \ 第 17 章 \17-17.MP4

　　与其他的建模软件（如 U G、C r e o、SolidWorks）类似，新版本的AutoCAD 2018在机械工程图的绘制上也新加入了很多快捷而实用的功能，如快速创建剖面图等，因此本案例将使用该方法快速创建某零件的全剖视图，而不是像传统AutoCAD那样重新绘制。

　　1）打开素材文件"第 13 章 /13-17 创建全剖视图 .dwg"，其中已创建好一个模型，如图 17-150 所示。

　　2）在绘图区单击【布局 1】标签，进入布局空间，选中系统自动创建的视口，按 Delete 键将其删除，如图 17-151 所示。

图17-150　素材模型

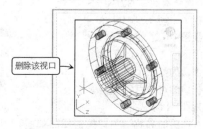

删除该视口

图17-151　删除系统自动创建的视口

3）在命令行中输入"HPSCALE"命令，将剖面线的填充比例调小，使线的密度更大。命令行提示如下：

4）执行【绘图】→【建模】→【设置】→【视图】命令，在布局空间中绘制主视图。如图 17-152 所示。命令行提示如下：

```
命令: HPSCALE
输入 HPSCALE 的新值 <1.0000>: 0.5↓
命令:SOLVIEW↓
输入选项 [UCS(U)/正交(O)/辅助(A)/截面(S)]:U↓
//激活"UCS"选项
输入选项 [命名(N)/世界(W)/?/当前(C)] <当前
>:W↓
//激活"世界"选项
输入视图比例 <1>: 0.4↓
//设置打印输出比例
指定视图中心:
//在视图布局左上角拾取适当一点
指定视图中心 <指定视口>:
//按Enter键确认
指定视口的第一个角点:
指定视口的对角点:
//分别指定视口两对象点，确定视口范围
输入视图名: 主视图
//输入视图名称
```

5）执行【绘图】→【建模】→【设置】→【视图】命令，创建全剖视图。命令行提示如下：

```
命令: _solview
输入选项 [UCS(U)/正交(O)/辅助(A)/截面(S)]:S↓
//选择截面选项
指定剪切平面的第一个点:
//捕捉指定剪切平面的第一点
指定剪切平面的第二个点:
//捕捉指定剪切平面的第二点
指定要从哪侧查看:
//选择要查看剖面的方向
输入视图比例 <0.6109>:0.4↓
指定视图中心:
指定视图中心 <指定视口>:
指定视口的第一个角点:
指定视口的对角点:
输入视图名: 剖视图↓
//输入视图的名称，创建的剖视图如图17-153
所示
```

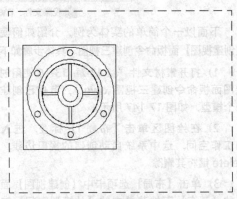

图17-152 创建主视图

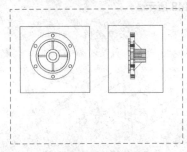

图17-153 创建剖视图

6）在命令行中输入"SOLDRAW"命令，将所绘制的两个视图图形转换成轮廓线，如图 17-154 所示。

7）修改填充图案为 ANSI31，隐藏视口线框图层，最终效果如图 17-155 所示。

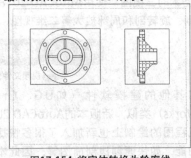

图17-154 将实体转换为轮廓线

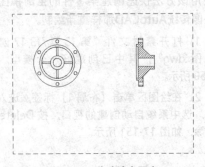

图17-155 修改填充图案

【案例 17-18】创建半剖视图

视频文件：DVD\ 视频 \ 第 17 章 \17-18.MP4

本案例讲解使用【创建视图】面板创建半剖视图的方法。具体操作步骤如下：

1）打开素材文件"第 13 章 /13-18 创建半剖视图 .dwg"，其中已创建好一个模型，如图 17-156 所示。

2）设置页面。在绘图区内单击【布局 1】标签，进入布局空间，然后在【布局 1】标签上单击鼠标右键，在弹出的快捷菜单中选择【页面设置管理器】选项，打开【页面设置管理器】对话框。

3）在对话框中单击【修改】按钮，系统弹出【页面设置 - 布局 1】对话框，选择图纸尺寸为"ISO A4（297.00 × 210.00mm）"，其他设置采用默认，单击【确定】按钮，系统返回到【页面设置管理器】对话框，单击【关闭】按钮，即可完成页面设置，效果如图 17-157 所示。

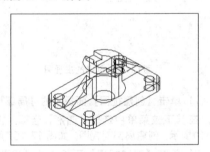

图17-156 素材模型

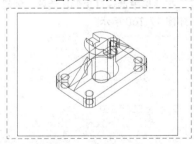

图17-157 设置页面后效果

4）在布局空间中选择系统默认的布局视口边线，按 Delete 键将其删除。

5）将工作空间切换为三维建模空间。单击【布局】选项卡标签，进入【布局】选项卡，如图 17-158 所示。

图17-158 【布局】选项卡

6）单击【创建视图】面板中的【基点】按钮，再选择【从模型空间】选项，如图 17-159 所示。

7）在布局空间内合适位置指定基础视图的位置，创建主视图，如图 17-160 所示。

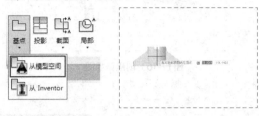

图17-159 选择【从模型空间】选项　　图17-160 创建主视图

8）再单击【创建视图】面板中的【截面】按钮，根据命令行的提示，创建剖视图，如图 17-161 所示。

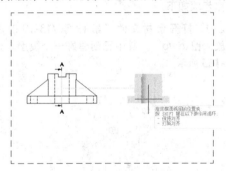

图17-161 创建剖视图

9）设置完成后，全剖视图如图 17-162 所示。

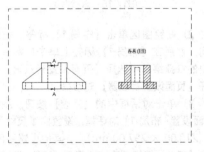

图17-162 创建的全剖视图

10）单击状态栏上【新建布局】按钮，新建【布局 2】空间，在【布局 2】中按相同方法，从模型空间中创建俯视图，如图 17-163 所示。

11）再单击【创建视图】面板中的【截面】按钮，在其下拉菜单中选择【半剖】选项，根据命令行的提示，创建半剖视图，结果如图 17-164 所示。

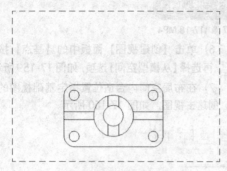

图17-163 创建俯视图

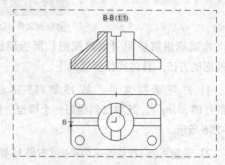

图17-164 创建的半剖视图

【案例 17-19】创建局部放大图

视频文件：DVD\ 视频 \ 第 17 章 \17-19.MP4

本案例根据本章所学的知识，利用【创建视图】面板上的相关命令创建局部放大图。具体操作步骤如下：

1）打开素材文件"第 13 章 /13-19 创建局部放大图 .dwg"，其中已创建好一个模型，如图 17-165 所示。

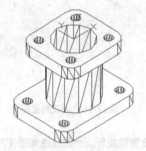

图17-165 素材模型

2）在绘图区单击【布局 1】标签，进入布局空间，然后在【布局 1】标签上单击鼠标右键，在弹出的快捷菜单中选择【页面设置管理器】选项，打开【页面设置管理器】对话框。

3）单击对话框中的【修改】按钮，系统弹出【页面设置 - 布局 1】对话框，设置图纸尺寸为"ISO A4（210.00 × 297.00mm）"，其他设置采用默认，单击【确定】按钮，系统返回到【页面设置管理器】对话框，单击【关闭】按钮，即可完成页面设置。

4）在布局空间中选择系统自动生成的图形视口边线，按 Delete 键将其删除。

5）将工作空间切换为三维建模空间。单击【布局】选项卡，即可看到布局空间的各工作按钮。

6）单击【创建视图】面板中的【基点】按钮，选择【从模型空间】选项，根据命令行的提示创建主视图，结果如图 17-166 所示。

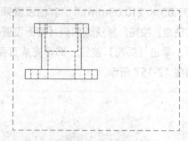

图17-166 创建的主视图

7）单击【创建视图】面板中的【局部】按钮，在其下拉菜单中选择【圆形】选项，根据命令行的提示，创建局部剖视图，如图 17-167 所示。

8）单击【创建视图】面板中的【局部】，在其下拉菜单中选择【矩形】选项，创建局部剖视图，如图 17-168 所示。

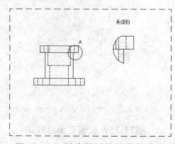

图17-167 创建圆形的局部放大图

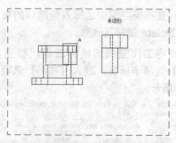

图17-168 创建矩形的局部放大图

第18章
三维模型的编辑

在 AutoCAD 中，由基本的三维建模工具只能创建初步的模型的外观，模型的细节部分（如壳、孔和圆角等特征）需要由相应的编辑工具来创建。另外，模型的尺寸、位置和局部形状的修改也需要用到一些编辑工具。

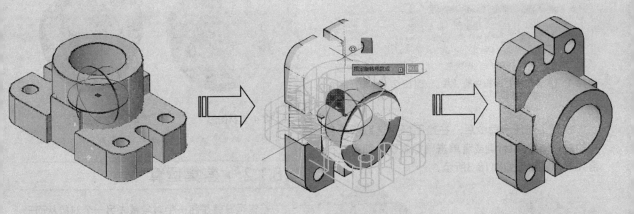

18.1 布尔运算

AutoCAD的【布尔运算】功能贯穿建模的整个过程，尤其是在建立一些机械零件的三维模型时使用更为频繁，该运算用来确定多个体（曲面或实体）之间的组合关系，也就是说通过该运算可将多个形体组合为一个形体，从而实现一些特殊的造型，如孔、槽、凸台和齿轮特征都是执行布尔运算组合而成的新特征。

与二维面域中的布尔运算一致，三维建模中布尔运算同样包括【并集】、【差集】以及【交集】三种运算方式。

18.1.1 ▶ 并集运算

并集运算是将两个或两个以上的实体（或面域）对象组合成为一个新的组合对象。执行并集操作后，原来各实体相互重合的部分变为一体，使其成为无重合的实体。

在AutoCAD 2018中启动【并集】运算有如下几种常用方法：

f 功能区：在【常用】选项卡中单击【实体编辑】面板中的【并集】工具按钮◎，如图18-1所示。

f 菜单栏：执行【修改】→【实体编辑】→【并集】命令，如图18-2所示。

f 命令行：UNION或UNI。

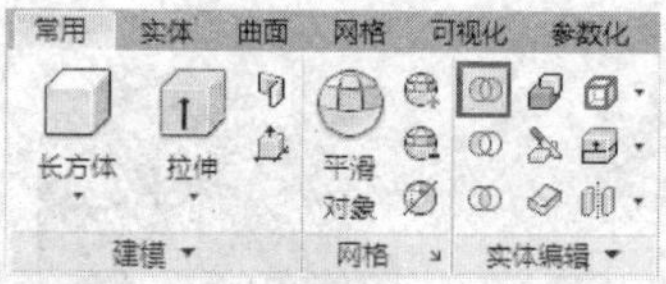

图18-1 【实体编辑】面板中的【并集】按钮

图18-2 【并集】菜单命令

执行上述任一命令后，在绘图区中选取所要合并的对象，按Enter键或者单击鼠标右键，即可执行合并操作，结果如图18-3所示。

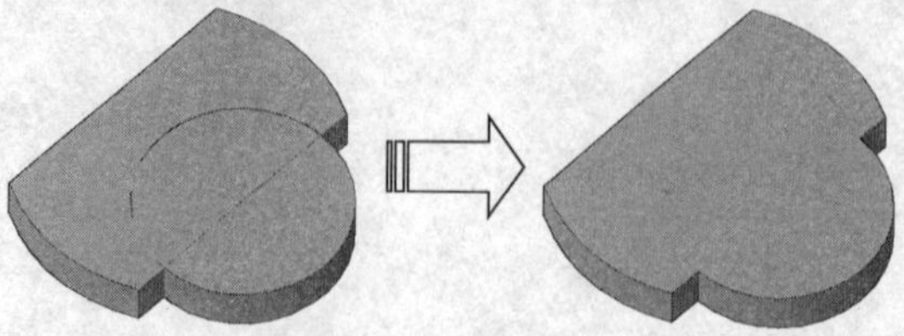

图18-3 并集运算

有时仅靠体素命令无法创建出满意的模型，还需要借助结合多个体素的办法来进行创建，如本例中的红桃心。

1）单击【快速访问】工具栏中的【打开】按钮☞，打开"第 18 章 /18-1 通过并集创建平键 .dwg"文件，素材图形如图 18-4 所示。

2）单击【实体编辑】面板中的【并集】按钮◎，依次选择长方体和两个圆柱体，然后右击完成并集运算。命令行提示如下：

```
命令: _union          //调用【并集运算】命令
选择对象: 找到 1 个      //选中右边红色的椭圆体
选择对象: 找到 1 个，总计 2 个
                      //选中左边绿色的椭圆体
选择对象:             //右击完成命令
```

3）通过以上操作即可完成并集运算，效果如图 18-5 所示。

图 18-4 素材图形　　　图 18-5 并集运算

18.1.2 ▶ 差集运算

差集运算就是将一个对象减去另一个对象从而形成新的组合对象。与并集操作不同的是首先选取的对象则为被剪切对象，之后选取的对象则为剪切对象。

在AutoCAD 2018中进行【差集】运算有如下几种常用方法：

f 功能区：在【常用】选项卡中单击【实体编

辑】面板中的【差集】工具按钮⑩，如图18-6所示。

f　菜单栏：执行【修改】→【实体编辑】→【差集】命令，如图18-7所示。

f　命令行：SUBTRACT或SU。

图18-6 【实体编辑】面板中的 【差集】按钮　　图18-7 【差集】菜单命令

执行上述任一命令后，在绘图区中选取被剪切的对象，按Enter键或单击鼠标右键，然后选取要

剪切的对象，按Enter键或单击鼠标右键即可执行差集操作。差集运算结果如图18-8所示。

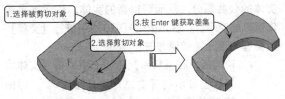

1.选择被剪切对象　　2.选择剪切对象　　3.按 Enter 键获取差集

图18-8 差集运算

操作技巧

在执行差集运算时，如果第二个对象包含在第一个对象之内，则差集操作的结果是第一个对象减去第二个对象；如果第二个对象只有一部分包含在第一个对象之内，则差集操作的结果是第一个对象减去两个对象的公共部分。

【案例18-2】通过差集创建通孔

1）单击【快速访问】工具栏中的【打开】按钮☞，打开"第 18 章 /18-2 通过差集创建通孔 .dwg"文件，素材图形如图 18-9 所示。

2）单击【实体编辑】面板中的【差集】按钮⑩，选取大圆柱体为被减去的对象，按 Enter 键或单击鼠标右键完成选择，然后选取与大圆柱相交的小圆柱体为要减去的对象，按 Enter 键或单击鼠标右键即可执行差集操作。命令行提示如下：

```
命令:_subtract 选择要从中减去的实体、曲面和面域...    //调用【差集】命令
选择对象: 找到 1 个                                    //选择被剪切对象
选择要减去的实体、曲面和面域...
选择对象: 找到 1 个                                    //选择要剪切对象
选择对象:                                              //右击完成差集运算操作
```

3）通过以上操作即可完成差集运算，结果如图 18-10 所示。

4）重复以上操作，继续进行差集运算，完成图形绘制，结果如图 18-11 所示。

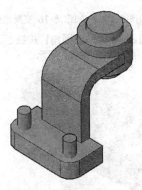

图 18-9 素材图形

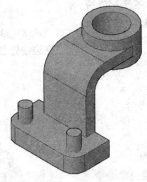

图 18-10 初步差集运算结果

图 18-11 最终结果

18.1.3 ▶交集运算

在三维建模过程中执行交集运算可获取两相交实体的公共部分，从而获得新的实体。该运算是差集运算的逆运算。在AutoCAD 2018中进行【交集】运算有如下几种常用方法：

f 功能区：在【常用】选项卡中单击【实体编辑】面板中的【交集】工具按钮⑩，如图18-12所示。

图18-12 【实体编辑】面板中的【交集】按钮

f 菜单栏：执行【修改】→【实体编辑】→【交集】命令，如图18-13所示。

f 命令行：INTERSECT或IN。

图18-13 【交集】菜单命令

通过以上任意一种方法执行该命令，然后在绘图区选取具有公共部分的两个对象，按Enter键或单击鼠标右键即可执行相交操作，运算结果如图18-14所示。

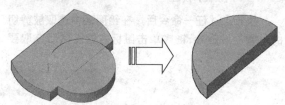

图18-14 交集运算

【案例 18-3】 通过交集创建飞盘

建模讲究技巧与方法，而不是单纯的掌握软件所提供的命令。本例的飞盘模型就是一个很典型的例子，如果不通过创建球体再取交集的方法，而是通过常规的建模手段来完成，则往往会事倍功半，劳而无获。

1) 单击【快速访问】工具栏中的【打开】按钮☞，打开"第 18 章 /18-3 通过交集创建飞盘 .dwg"文件，素材图形如图 18-15 所示。

2) 单击【实体编辑】面板上的【交集】按钮⑩，然后依次选取具有公共部分的两个球体，按Enter键或单击鼠标右键即可执行相交操作。命令行提示如下：

```
命令:_intersect↙    //调用【交集】命令
选择对象:找到1个    //选择一个球体
选择对象:找到1个，总计2个
                    //选择第二个球体
选择对象:           //单击鼠标右键完成交集命令
```

3) 通过以上操作即可完成交集运算的操作，其结果如图 18-16 所示。

图 18-15 素材图形　　　图 18-16 交集结果

4) 单击【修改】面板上的【圆角】按钮◻，在边线处创建圆角，结果如图 18-17 所示。

图 18-17 创建的飞盘模型

18.2 三维实体的编辑

在对三维实体进行编辑时，不仅可以对实体上的单个表面和边线执行编辑操作，同时还可以对整个实体执行编辑操作。

18.2.1 ▶ 创建倒角和圆角

倒角和圆角工具不仅在二维环境中能够使用，对创建的三维对象也可以进行倒角和圆角处理。

1. 三维倒角

在三维建模过程中创建的倒角特征主要用于孔特征零件或轴类零件，其作用是方便安装轴上其他零件，防止擦伤或者划伤其他零件和安装人员。

在AutoCAD 2018中调用【倒角】命令有如下几种常用方法：

f 功能区：在【实体】选项卡中单击【实体编辑】面板中的【倒角边】按钮，如图18-18所示。

图18-18 【实体编辑】面板中的【倒角边】按钮

f 菜单栏：执行【修改】→【实体编辑】→【倒角边】命令，如图18-19所示。

f 命令行：CHAMFEREDGE。

图18-19 【倒角边】菜单命令

执行上述任一命令后，根据命令行的提示，在绘图区选取需要绘制倒角所在的基面，分别指定倒角距离及需要倒角的边线，按Enter键即可创建三维倒角，效果如图18-20所示。

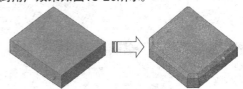

图18-20 创建三维倒角

【案例 18-4】对模型倒角

三维模型的倒角操作相比于二维图形要更为繁琐一些，在进行倒角边的选择时，可能选中的目标显示得不明显，这是使用【倒角边】命令要注意的地方。

1）单击【快速访问】工具栏中的【打开】按钮，打开"第 18 章 /18-4 对模型倒斜角 .dwg"文件，素材图形如图 18-21 所示。

2）在【实体】选项卡中单击【实体编辑】面板上的【倒角边】按钮，选择如图 18-22 所示的边线为倒角边。命令行提示如下：

```
命令:_CHAMFEREDGE                              //调用【倒角边】命令
选择一条边或 [环(L)/距离(D)]:                    //选择同一面上需要倒角的边
选择同一个面上的其他边或 [环(L)/距离(D)]:
选择同一个面上的其他边或 [环(L)/距离(D)]:
选择同一个面上的其他边或 [环(L)/距离(D)]:
按 Enter 键接受倒角或 [距离(D)]:d              //右击结束选择倒角边，然后输入"d"设置倒角参数
指定基面倒角距离或 [表达式(E)] <1.0000>:2
指定其他曲面倒角距离或 [表达式(E)] <1.0000>:2 //输入倒角参数
按 Enter 键接受倒角或 [距离(D)]:               //按Enter键结束倒角边命令
```

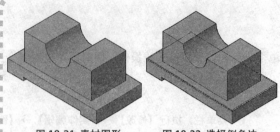

图 18-21 素材图形　　　图 18-22 选择倒角边

4）重复以上操作，继续完成其他边的倒角操作，如图 18-24 所示。

3）通过以上操作即可完成倒角操作，效果如图 18-23 所示。

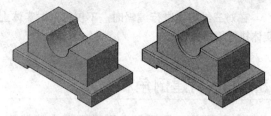

图 18-23 倒角效果　　　图 18-24 完成所有边的倒角

2. 三维圆角

在三维建模过程中创建的圆角特征主要用在回转零件的轴肩处，以防止轴肩应力集中，从而导致在长时间的运转中断裂。在AutoCAD 2018中调用【圆角】命令有如下几种常用方法：

　f　功能区：在【实体】选项卡中，单击【实体编辑】面板中的【圆角边】按钮 ◎，如图 18-25所示。

　f　菜单栏：执行【修改】→【实体编辑】→【圆角边】命令，如图18-26所示。

　f　命令行：FILLETEDGE。

执行上述任一命令后，在绘图区选取需要绘制圆角的边线，输入圆角半径，按Enter键，命令行出现"选择边或 [链(C)/环(L)/半径(R)]:"提示。选择【链】选项，则可以选择多个边线进行倒圆；选择【半径】选项，则可以创建不同半径的圆角。按Enter键即可创建三维圆角，如图18-27所示。

图18-25 圆角边面板按钮　　　图18-26 圆角边菜单命令

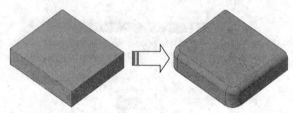

图18-27 创建三维圆角

【案例 18-5】对模型倒圆

1）单击【快速访问】工具栏中的【打开】按钮 ☞，打开"第 18 章 /18-5 对模型倒圆 .dwg"文件，素材图形如图 18-28 所示。

2）单击【实体编辑】面板上的【圆角边】按钮 ◎，选择如图 18-29 所示的边为要倒圆的边。命令行提示如下：

```
命令:_FILLETEDGE                              //调用【圆角边】命令
半径 = 1.0000
选择边或 [链(C)/环(L)/半径(R)]:               //选择要圆角的边
选择边或 [链(C)/环(L)/半径(R)]:               //单击右键结束边选择
已选定 1 个边用于圆角。
按 Enter 键接受圆角或 [半径(R)]:r↙            //选择半径参数
指定半径或 [表达式(E)] <1.0000>:5↙           //输入半径值
按 Enter 键接受圆角或 [半径(R)]:↙             //按Enter键结束操作
```

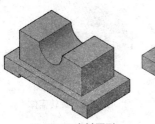

图 18-28　素材图形

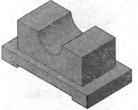
图 18-29　选择倒圆边

4）重复以上操作，创建其他位置的圆角，效果如图 18-31 所示。

3）通过以上操作即可完成三维圆角的创建，效果如图 18-30 所示。

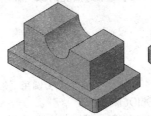

图 18-30　倒圆效果

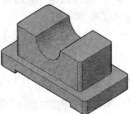
图 18-31　完成所有边倒圆

18.2.2　抽壳

通过抽壳操作可将实体以指定的厚度形成一个空的薄层，同时还允许将某些指定面排除在壳外。指定正值从圆周外开始抽壳，指定负值从圆周内开始抽壳。

在AutoCAD 2018中调用【抽壳】命令有如下几种常用方法：

- 功能区：在【实体】选项卡中单击【实体编辑】面板中的【抽壳】按钮，如图18-32所示。
- 菜单栏：执行【修改】→【实体编辑】→【抽壳】命令，如图18-33所示。
- 命令行：SOLIDEDIT。

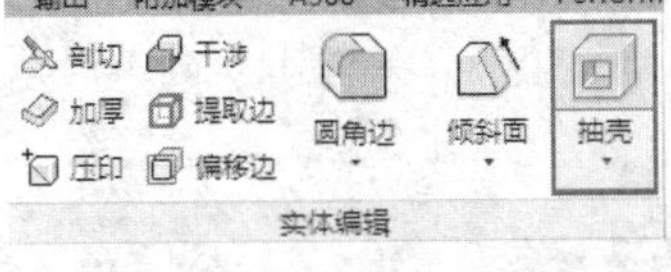

执行上述任一命令后，可根据设计需要保留所有面执行抽壳操作（即中空实体）或删除单个面执行抽壳操作，分别介绍如下。

1. 删除抽壳面

该抽壳方式通过移除面形成内孔实体。执行【抽壳】命令，在绘图区选取待抽壳的实体，再选取要删除的单个或多个表面并右击，输入抽壳偏移距离，按Enter键即可完成抽壳操作，效果如图18-34所示。

2. 保留抽壳面

该抽壳方法与删除抽壳面操作不同之处是在选取抽壳对象后，直接按Enter键或右击，并不选取删除面，而是输入抽壳距离，从而形成中空的抽壳效果，如图18-35所示。

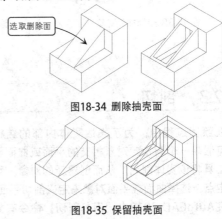

选取删除面

图18-34　删除抽壳面

图18-35　保留抽壳面

图18-32　【实体编辑】面板中的【抽壳】按钮

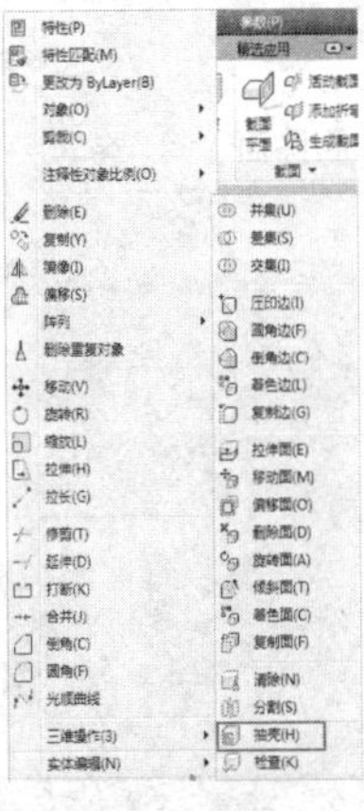

图18-33　【抽壳】菜单命令

【案例 18-6】绘制方槽壳体

灵活使用【抽壳】命令，再配合其他简单的建模操作，同样可以创建出很多看似复杂，实则简单的模型。

1）单击【快速访问】工具栏中的【打开】按钮，打开"第 18 章 /18-6 绘制方槽壳体 .dwg"文件，素材图形如图 18-36 所示。

2）单击【修改】面板上的【三维旋转】按钮，将图形旋转180°，效果如图 18-37 所示。

3）单击【实体编辑】面板上的【抽壳】按钮 ⬜，选择如图 18-38 所示的实体为抽壳对象。命令行提示如下：

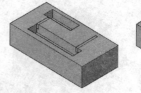

图 18-36 素材图形

图 18-37 旋转实体

```
命令: _solidedit↙                      //调用【抽壳】命令
实体编辑自动检查: SOLIDCHECK=1
输入实体编辑选项 [面(F)/边(E)/体(B)/放弃(U)/退出(X)] <退出>:_body
输入体编辑选项
[压印(I)/分割实体(P)/抽壳(S)/清除(L)/检查(C)/放弃(U)/退出(X)] <退出>: _shell
选择三维实体:                           //选择要抽壳的对象
删除面或 [放弃(U)/添加(A)/全部(ALL)]: 找到一个面, 已删除 1 个     //选择要删除的面, 如图 18-39所示
删除面或 [放弃(U)/添加(A)/全部(ALL)]:    //右击结束选择
输入抽壳偏移距离: 2                      //输入距离, 按Enter键执行操作
已开始实体校验
已完成实体校验
输入体编辑选项
[压印(I)/分割实体(P)/抽壳(S)/清除(L)/检查(C)/放弃(U)/退出(X)] <退出>: ↙     //按Enter键结束操作
```

4）通过以上操作即可完成抽壳操作，其效果如图 18-40 所示。

图 18-38 选择抽壳对象

图 18-39 选择删除面

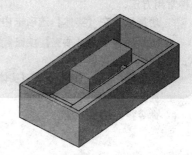

图18-40 抽壳效果

18.2.3 ▶剖切

在绘图过程中，为了表达实体内部的结构特征，可假想一个与指定对象相交的平面或曲面使用剖切工具将该实体剖切，从而创建新的对象。可通过指定点、选择曲面或平面对象来定义剖切平面。

在AutoCAD 2018中调用【剖切】命令有如下几种常用方法：

f 功能区：在【常用】选项卡中单击【实体编辑】面板上的【剖切】按钮，如图18-41所示。

f 菜单栏：执行【修改】→【三维操作】→【剖切】命令，如图18-42所示。

f 命令行：SLICE或SL。

图18-41 【实体编辑】面板中的 【剖切】按钮　　图18-42 【剖切】菜单命令

通过以上任意一种方法执行该命令，然后选择要剖切的对象，接着按命令行提示定义剖切面（可

以选择某个平面对象，如曲面、圆、椭圆、圆弧或椭圆弧、二维样条曲面和二维多段线，也可选择坐标系定义的平面，如XY、YZ、ZX平面），最后选择保留剖切实体的一侧或两侧都保留，即完成实体的剖切。

在剖切过程中，指定剖切面的方式包括：指定切面的起点或平面对象、曲面、Z轴、视图、XY、YZ、ZX或三点。现分别介绍如下。

● 指定切面起点

该方式是默认的剖切方式，即通过指定剖切实体的两点来进行剖切操作，剖切平面将通过这两点并与XY平面垂直。操作方法是：单击【剖切】按钮 ⎘，然后在绘图区选取待剖切的对象，接着分别指定剖切平面的起点和终点。

指定剖切点后，命令行提示："在所需的侧面上指定点或 [保留两个侧面(B)]："。选择是否保留指定侧的实体或两侧都保留，按Enter键即可进行剖切操作。

【案例 18-7】 指定切面两点剖切实体

指定切面的两点进行剖切是默认的剖切方法，同时也是使用最为便捷的方法。

1）单击【快速访问】工具栏中的【打开】按钮 ⎘，打开"第 14 章 /14-7 剖切素材 .dwg"文件，素材图形如图 18-43 所示。

2）单击【实体编辑】面板上的【剖切】按钮 ⎘，选择如图 18-44 所示的实体为剖切对象。命令行提示如下：

```
命令:_slice↙          //调用【剖切】命令
选择要剖切的对象:找到 1 个
                      //选择剖切对象
选择要剖切的对象:    //右击结束选择
指定切面的起点或 [平面对象(O)/曲面(S)/Z 轴
(Z)/视图(V)/XY(XY)/YZ(YZ)/ZX(ZX)/三点(3)]
<三点>:
指定平面上的第二个点:   //依次选择顶面和侧面
的圆心，如图 18-45所示
在所需的侧面上指定点或 [保留两个侧面(B)] <保
留两个侧面>:         //选择需要保留的一边
```

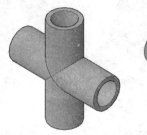 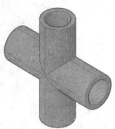

图 18-43 素材图形　　图 18-44 剖切对象

3）通过以上方法即可完成剖切实体操作，效果如图 18-46 所示。

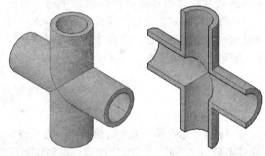

图 18-45 指定平面上的两点　　图 18-46 剖切效果

● 平面对象

该剖切方式利用曲线、圆、椭圆、圆弧或椭圆弧、二维样条曲线、二维多段线定义剖切平面，剖切平面与二维对象平面重合。

【案例 18-8】 平面对象剖切实体

通过绘制辅助平面的方法来进行剖切是最为复杂的一种剖切方式，但是功能也最为强大。对象除了是平面，还可以是曲面，因此能创建出任何所需的剖切图形。

1）单击【快速访问】工具栏中的【打开】按钮 ⎘，打开"第 18 章 /18-7 剖切素材 .dwg"文件，素材图形如图 18-47 所示。

2）绘制如图 18-48 所示的平面，将其为剖切的平面。

3）单击【实体编辑】面板上的【剖切】按钮 ⎘，选择四通管实体为剖切对象。命令行提示如下：

```
命令: _slice                                                              //调用【剖切】命令
选择要剖切的对象: 找到 1 个                                                //选择剖切对象
选择要剖切的对象:                                                         //右击结束选择
指定 切面 的起点或 [平面对象(O)/曲面(S)/Z 轴(Z)/视图(V)/XY(XY)/YZ(YZ)/ZX(ZX)/三点(3)] <三点>:O
//选择剖切方式
选择用于定义剖切平面的圆、椭圆、圆弧、二维样条线或二维多段线:            //单击选择平面
在所需的侧面上指定点或 [保留两个侧面(B)] <保留两个侧面>:               //选择需要保留的一侧
```

4）通过以上操作即可完成实体的剖切，效果如图 18-49 所示。

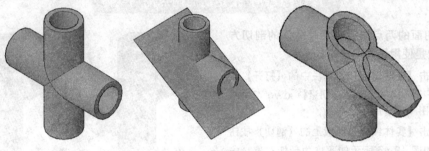

图 18-47 素材图形   图 18-48 绘制剖切平面   图 18-49 剖切结果

● 曲面

该剖切方式可利用曲面作为剖切平面，方法是：选取待剖切的对象之后，在命令行中输入字母 S，按 Enter 键后选取曲面，并在零件上方任意捕捉一点，即可进行剖切操作。

● Z轴

该剖切方式可指定 Z 轴方向上的两点作为剖切平面，方法是：选取待剖切的对象之后，在命令行中输入字母 Z，按 Enter 键后直接在实体上指定两点，并在零件上方任意捕捉一点，即可完成剖切操作。

【案例 18-9】 Z 轴方式剖切实体

"Z轴"方式和"指定切面起点"方式进行剖切的操作过程完全相同，同样都是指定两点，但结果却不同。"Z轴"方式指定的两点是剖切平面 Z 轴方向上的两点，而"指定切面起点"方式所指定的两点是剖切平面上的两点。初学的时候要注意两者的区别。

5）单击【快速访问】工具栏中的【打开】按钮 ，打开"第 18 章 /18-9 Z 轴方式剖切实体 .dwg"文件，素材图形如图 18-50 所示。

6）单击【实体编辑】面板中的【剖切】按钮 ，选择四通管实体为剖切对象。命令行提示如下：

```
命令: _slice                                                              //调用【剖切】命令
选择要剖切的对象: <正交 开> 找到 1 个                                      //选择剖切对象
选择要剖切的对象:                                                         //右击结束选择
指定 切面 的起点或 [平面对象(O)/曲面(S)/Z 轴(Z)/视图(V)/XY(XY)/YZ(YZ)/ZX(ZX)/三点(3)] <三点>:Z
//选择Z轴方式剖切实体
指定剖面上的点:
指定平面 Z 轴 (法向) 上的点:                                             //选择剖切面上的点，如图 18-51所示
在所需的侧面上指定点或 [保留两个侧面(B)] <保留两个侧面>:               //选择要保留的一侧
```

7）通过以上操作即可完成剖切实体，效果如图 18-52 所示。

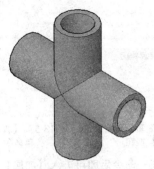
图 18-50　素材图形

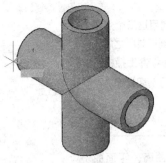
图 18-51　选择剖切面上的点

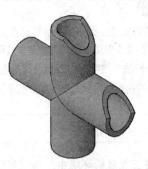
图 18-52　剖切效果

● 视图

该剖切方式使剖切平面与当前视图平面平行，输入平面的通过点坐标，即可完全定义剖切面。操作

方法是：选取待剖切的对象之后，在命令行输入字母 **V**，按Enter键后指定三维坐标点或输入坐标数字，并在零件上方任意捕捉一点，即可进行剖切操作。

【案例 18-10】视图方式剖切实体

通过"视图"方式进行剖切同样是使用比较多的一种剖切方式。该方法操作简便、快捷，只需指定一点就可以根据电脑屏幕所在的平面对模型进行剖切。其缺点是精度不够，只适合用作演示、观察。

8）单击【快速访问】工具栏中的【打开】按钮 ，打开 "第 18 章 /18-10 视图方式剖切实体 .dwg" 文件，素材图形如图 18-53 所示。

9）单击【实体编辑】面板中的【剖切】按钮 ，选择四通管实体为剖切对象。命令行提示如下：

```
命令: _slice                              //调用【剖切】命令
选择要剖切的对象: 找到 1 个                //选择剖切对象
选择要剖切的对象:                          //右击结束选择
指定 切面 的起点或 [平面对象(O)/曲面(S)/Z 轴(Z)/视图(V)/XY(XY)/YZ(YZ)/ZX(ZX)/三点(3)] <三点>: V
//选择剖切方式
指定当前视图平面上的点 <0,0,0>:            //指定三维坐标点，如图18-54所示
在所需的侧面上指定点或 [保留两个侧面(B)] <保留两个侧面>: //选择要保留的一侧
```

10）通过以上操作即可完成实体的剖切操作，效果如图 18-55 所示。

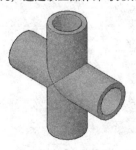
图18-53　素材图形

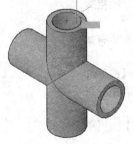
图18-54　指定三维坐标点

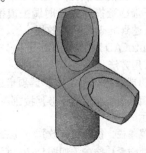
图18-55　剖切效果

① XY、YZ、ZX

坐标系平面XY、YZ、ZX同样能够作为剖切平面，方法是：选取待剖切的对象之后，在命令

行指定坐标系平面，按Enter键后指定该平面上一点，并在零件上方任意捕捉一点，即可进行剖切操作。

2. 三点

该方式是在绘图区中捕捉三点，即利用这三个点组成的平面作为剖切平面，方法是：选取待剖切对象之后，在命令行输入数字3，按Enter键后直接在零件上捕捉三点，系统将自动根据这三点组成的平面进行剖切操作。

18.2.4 ▶ 加厚

在三维建模环境中，可以将网格曲面、平面曲面或截面曲面等多种曲面类型的曲面通过加厚处理形成具有一定厚度的三维实体。

在AutoCAD 2018中调用【加厚】命令有如下几种常用方法：

f 功能区：在【实体】选项卡中单击【实体编辑】面板上的【加厚】按钮⊘，如图18-57所示。

f 菜单栏：执行【修改】→【三维操作】→【加厚】命令，如图18-56所示。

f 命令行：THICKEN。

图18-56 【实体编辑】面板中的 图18-57 【加厚】菜
【加厚】按钮 单命令

执行上述任一命令后即可进入【加厚】模式，直接在绘图区选择要加厚的曲面，然后右击或按Enter键，在命令行中输入厚度值并按Enter键确认，即可完成加厚操作，结果如图18-58所示。

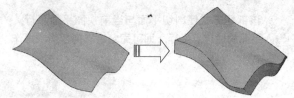

图18-58 曲面加厚

【案例 18-11】 加厚命令创建花瓶

1）单击【快速访问】工具栏中的【打开】按钮 ⏏，打开配套光盘提供的"第 18 章 /18-11 加厚命令创建花瓶 .dwg"素材文件。

2）单击【实体】选项卡中【实体编辑】面板中的【加厚】按钮⊘，选择素材文件中的花瓶曲面，然后输入厚度"1"即可，如图 18-59 所示。

图18-59 加厚花瓶曲面

18.2.5 ▶ 干涉检查

在装配过程中，往往会出现模型与模型之间的干涉现象，因而在执行两个或多个模型装配时，需要通过干涉检查操作来及时调整模型的尺寸和相对位置，以达到准确装配的效果。

在AutoCAD 2015中调用【干涉检查】命令有如下几种常用方法：

f 功能区：在【常用】选项卡中单击【实体编辑】面板上的【干涉】按钮 ⧉，如图18-60所示。

f 菜单栏：执行【修改】→【三维操作】→【干涉检查】命令，如图18-61所示。

f 命令行：INTERFERE。

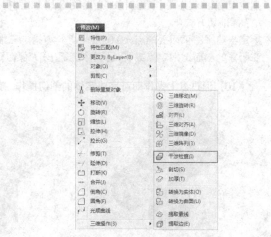

图18-61 【干涉检查】菜单命令

图18-60 【实体编辑】面板中的【干涉检查】按钮

通过以上任意一种方法执行该命令后，在绘图区选取执行干涉检查的实体模型，按Enter键完成选择，接着选取执行干涉检查的另一个模型，按Enter键即可查看干涉检查效果，如图 18-62所示。

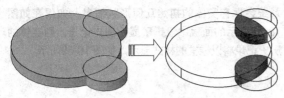

图 18-62 干涉检查

在显示检查效果的同时，系统将弹出【干涉检查】对话框，如图 18-63所示。在该对话框中可设置模型间的亮显方式，启用【关闭时删除已创建的

干涉对象】复选框，单击【关闭】按钮即可删除干涉对象。

图 18-63 【干涉检查】对话框

【案例 18-12】 干涉检查装配体

在实际生产中，在对若干零部件进行组装时，有时会受实体外形所限，出现不能组装的问题。而对于AutoCAD所创建的三维模型来说就不会有这种情况，即便模型之间的关系已经违背常理，明显无法进行装配。这也是目前三维建模技术的一个局限性。要想得到更为真实的效果，只能借助其他软件的仿真功能。但在AutoCAD中，也可以通过【干涉检查】命令来判断两零件之间的配合关系。

1）单击【快速访问】工具栏中的【打开】按钮 📂，打开 "第 18 章 /18-12 干涉检查装配体 .dwg" 文件，其中已经创建好了一根销轴和一个连接杆，如图 18-64 所示。

图 18-64 素材图形

2）单击【实体编辑】面板上的【干涉】按钮 🔲，选择如图 18-65 所示的图形为第一组对象。命令行提示如下：

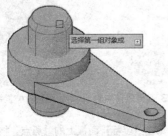

图 18-65 选择第一组对象

```
命令: _interfere        //调用【干涉检查】命令
选择第一组对象或 [嵌套选择(N)/设置(S)]: 找到
1 个               //选择销轴为第一组对象
选择第一组对象或 [嵌套选择(N)/设置(S)]:
                   //单击Enter键结束选择
选择第二组对象或 [嵌套选择(N)/检查第一组(K)]
<检查>: 找到 1 个
    //选择如图 18-66所示的连接杆为第二组对象
选择第二组对象或 [嵌套选择(N)/检查第一组(K)]
<检查>:
              //单击Enter键弹出干涉检查结果
```

3）通过以上操作，系统弹出【干涉检查】对话框，红色亮显的地方即为超差部分，如图 18-67 所示。单击【关闭】按钮即可完成干涉检查。

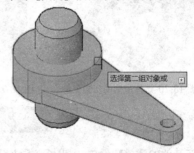

图 18-66 选择第二组对象

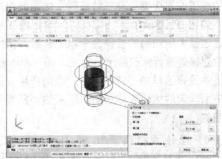

图 18-67 干涉检查结果

18.2.6 ▸编辑实体历史记录

利用布尔操作创建组合实体后，原实体将消失，且新生成的特征位置完全固定，此时如果想再次修改就会变得十分困难。例如，利用差集在实体上创建孔，孔的大小和位置就只能用偏移面和移动面来修改，而将两个实体进行并集后，其相对位置就不能再修改。利用AutoCAD提供的实体历史记录功能，可以解决这一难题。

对实体历史记录进行编辑之前，必须保存该记录，方法是选中该实体，然后右击，在弹出的快捷菜单中查看实体特性，在【实体历史记录】选项组中选择"记录"即可，如图 18-68 所示。

上述保存历史记录的方法需要逐个选择实体，然后设置特征，显然比较麻烦，因此只适用于记录个别实体的历史记录。如果要在全局范围记录实体历史记录，可在【实体】选项卡中单击【图元】面板上的【实体历史记录】按钮。命令行出现如下提示：

```
命令: _solidhist
输入 SOLIDHIST 的新值 <0>: 1
```

SOLIDHIST的新值为1即记录实体历史记录，在此设置之后所创建的所有实体均记录历史。

记录实体历史记录之后，对实体进行布尔操作，

系统会保存实体的初始几何形状信息。如果在如图18-68所示的面板中设置了显示历史记录，则实体的历史记录将以线框的样式显示，如图 18-69 所示。

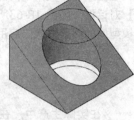

图 18-68 设置【实体历史记录】   图 18-69 实体历史记录的显示

对实体的历史记录进行编辑，即可修改布尔运算的结果。在编辑之前需要选择某一历史记录对象，方法是按住Ctrl键选择要修改的实体记录，如图 18-70 所示为选中楔体的效果，如图 18-71 所示为选中圆柱体的效果。可以看到，被选中的历史记录呈蓝色高亮显示，且出现夹点显示。编辑这些夹点，修改布尔运算的结果如图 18-72 所示。除了编辑夹点，实体的历史记录还可以被移动和旋转，得到多种多样的编辑效果。

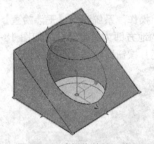 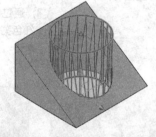 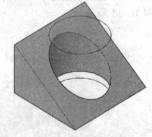

图 18-70 选择楔体的历史记录   图 18-71 选择圆柱体的历史记录   图 18-72 编辑历史记录后的效果

【案例 18-13】 修改联轴器

在其他的建模软件中，如UG、SolidWorks等，在工作界面都会有"特征树"之类的组成部分，如图18-73所示。"特征树"中记录了模型创建过程中所用到的各种命令以及参数，因此如果要对模型进行修改就十分方便。而在AutoCAD中虽然没有这样的"特征树"，但同样可以通过本节所学习的编辑实体历史记录来达到回溯修改的目的。

1）打开素材"第 18 章 /18-13 修改联轴器 .dwg"素材文件，素材图形如图 18-74 所示。

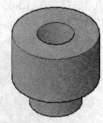

图18-73 其他软件中的"特征树"   图 18-74 素材图形

2）单击【坐标】面板上的【原点】按钮，然后捕捉圆柱体顶面的圆心，放置到原点，如图 18-75 所示。

3）单击绘图区左上角的视图快捷控件，将视图调整到俯视的方向，然后在 XY 平面内绘制一个长方形多段线轮廓，如图 18-76 所示。

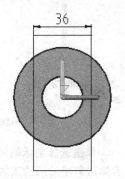

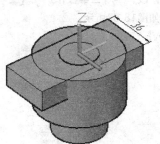

图 18-77 创建的长方体　　图 18-78 设置【实体历史记录】

图18-75 捕捉圆心　　图18-76 绘制长方形轮廓

4）单击【建模】面板上的【拉伸】按钮，选择长形多段线为拉伸的对象，将拉伸方向指向圆柱体内部，输入拉伸高度为"14"。创建的长方体如图 18-77 所示。

5）单击选中拉伸创建的长方体，然后右击，在弹出的快捷菜单中选择【特性】命令，弹出该实体的特性选项板，在选项板中将历史记录修改为"记录"，并显示历史记录，如图 18-78 所示。

6）单击【实体编辑】面板中的【差集】按钮，从圆柱体中减去长方体，结果如图 14-79 所示。以线框显示的即为长方体的历史记录。

7）按住 Ctrl 键然后选择线框长方体，该历史记录呈夹点显示状态。将长方体的两个顶点夹点合并，修改为三棱柱的形状，拖动夹点，适当调整三角形形状，结果如图 18-80 所示。

8）选择圆柱体，用步骤 5 的方法打开实体的特性选项板，将【显示历史记录】选项修改为"否"，隐藏历史记录，最终结果如图 18-81 所示。

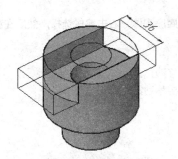
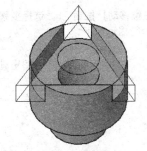
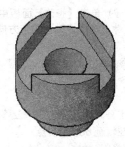

图18-79 求差集的结果　　图 18-80 编辑历史记录的结果　　图 18-81 最终结果

18.3 操作三维对象

AutoCAD中的三维操作命令是指对实体进行移动、旋转、对齐等改变实体位置的命令，以及镜像、阵列等快速创建相同实体的命令。这些三维操作在装配实体时使用频繁，如将螺栓装配到螺孔中，可能需要先将螺栓旋转到轴线与螺孔平行，然后通过移动将其定位到螺孔中，接着使用阵列操作快速创建多个位置的螺栓。

18.3.1 三维移动

【三维移动】命令可以将实体按指定距离在空间中进行移动，以改变对象的位置。使用【三维移动】工具能将实体沿X、Y、Z轴或其他任意方向，以及直线、面或任意两点间移动，从而将其定位到空间的准确位置。

在AutoCAD 2018中调用【三维移动】命令有如下几种常用方法：

f　功能区：在【常用】选项卡中单击【修改】

面板上的【三维移动】按钮⊕，如图18-82所示。

f 菜单栏：执行【修改】→【三维操作】→【三维移动】命令，如图18-83所示。

f 命令行：3DMOVE。

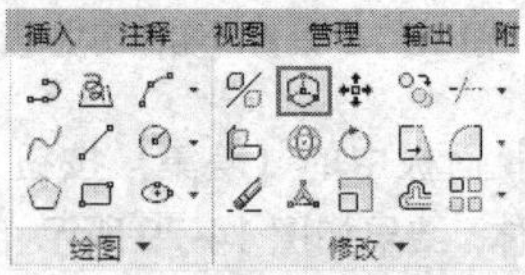

图18-82【修改】面板中的【三维移动】按钮

图18-83 【三维移动】菜单命令

执行上述任一命令后，在绘图区选取要移动的对象，绘图区将显示坐标系图标，如图18-84所示。

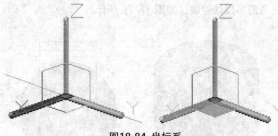

图18-84 坐标系

单击选择坐标轴的某一轴，拖动鼠标所选定的实体对象将沿所约束的轴移动；若是将光标停留在两条轴柄之间的直线汇合处的平面上（用以确定一定平面），直至其变为黄色，然后选择该平面，则拖动鼠标将移动约束到该平面上。

【案例 18-14】三维移动

除了三维移动，读者也可以通过二维环境下的【移动】（MOVE）命令来完成该操作。

1）单击【快速访问】工具栏中的【打开】按钮🗁，打开"第 18 章 /18-14 三维移动 .dwg"文件，素材图形如图 18-85 所示。

2）单击【修改】面板中的【三维移动】按钮⊕，选择要移动的底座实体，右击完成选择，然后在移动小控件上选择 Z 轴为约束方向。命令行提示如下：

```
命令: _3dmove                                    //调用【三维移动】命令
选择对象: 找到 1 个                               //选中底座为要移动的对象
选择对象:                                        //右击完成选择
指定基点或 [位移(D)] <位移>:
正在检查 666 个交点...
** MOVE **
指定移动点 或 [基点(B)/复制(C)/放弃(U)/退出(X)]:  //将底座移动到合适位置，然后单击左键，结束操作
```

3）通过以上操作即可完成三维移动的操作，图形移动的结果如图 18-86 所示。

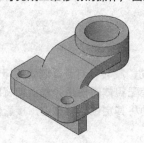

图 18-85 素材图形

图 18-86 三维移动图形的结果

18.3.2 ▶三维旋转

利用【三维旋转】工具可将选取的三维对象和

子对象沿指定旋转轴（X轴、Y轴、Z轴）进行自由旋转。在AutoCAD 2018中调用【三维旋转】命令有如下几种常用方法：

f 功能区：在【常用】选项卡中单击【修改】面板上的【三维旋转】按钮⊕，如图18-87所示。

f 菜单栏：执行【修改】→【三维操作】→【三维旋转】命令，如图18-88所示。

f 命令行：3DROTATE。

执行上述任一命令后，即可进入三维旋转模式，在绘图区选取需要旋转的对象，此时绘图区出现3个圆环（红色代表X轴，绿色代表Y轴，蓝色代表Z轴），然后在绘图区指定一点为旋转基点，如图18-89所示。指定旋转基点后，选择夹点工具上圆环用以确定旋转轴，接着直接输入角度进行实体的旋转，或选择屏幕上的任意位置用以确定旋转基点，

再输入角度值即可获得实体三维旋转效果。

图18-87 【修改】面板中的【三维旋转】按钮

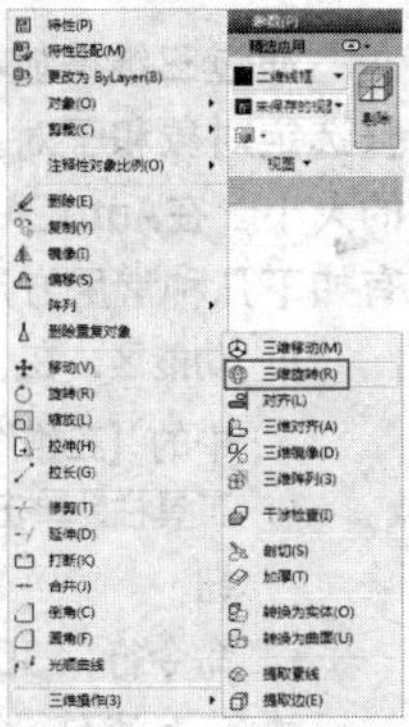

图18-88 【三维旋转】菜单命令

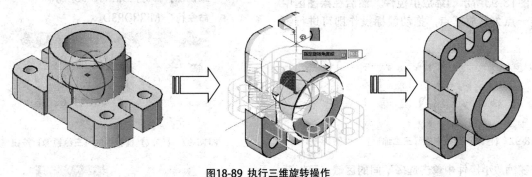

图18-89 执行三维旋转操作

【案例 18-15】三维旋转

与三维移动一样，三维旋转同样可以使用二维环境中的【旋转】（ROTATE）命令来完成。

1）单击【快速访问】工具栏中的【打开】按钮，打开"第18章/18-15三维旋转.dwg"文件，素材图形如图18-90所示。

2）单击【修改】面板上的【三维旋转】按钮⊕，选取连接板和圆柱体为旋转对象，右击完成对象选择。然后选取圆柱中心为基点，选择Z轴为旋转轴，输入旋转角度为180°。命令行提示如下：

```
命令:_3drotate    //调用【三维旋转】命令
UCS 当前的正角方向：ANGDIR=逆时针
ANGBASE=0
选择对象: 找到 1 个
                //选择连接板和圆柱体为旋转对象
选择对象:        //右击结束选择
指定基点:        //指定圆柱中心点为基点
拾取旋转轴:      //拾取Z轴为旋转轴
指定角的起点或键入角度:180↙  //输入角度
```

3）通过以上操作即可完成三维旋转的操作，效果如图18-91所示。

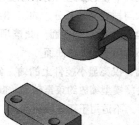

图 18-90 素材图形

图 18-91 三维旋转效果

18.3.3 ▶ 三维缩放

通过三维缩放小控件，用户可以沿轴或平面调整选定对象和子对象的大小，也可以统一调整对象的大小。在AutoCAD 2018中调用【三维缩放】命令有如下几种常用方法：

- f 功能区：在【常用】选项卡中单击【修改】面板中的【三维缩放】按钮，如图18-92所示。
- f 工具栏：单击【建模】工具栏中的【三维缩放】按钮。
- f 命令行：3DSCALE。

执行上述任一命令后，即可进入三维缩放模式，在绘图区选取需要缩放的对象，此时绘图区出现如图18-93所示的缩放小控件。然后在绘图区中指定一点为缩放基点，拖动鼠标操作即可进行缩放。

图18-92 【修改】面板中的【三维缩放】　图18-93 缩
按钮　　　　　　　　放小控件

在缩放小控件中单击选择不同的区域，可以获得不同的缩放效果。具体介绍如下：

- f 单击最靠近三维缩放小控件顶点的区域：将亮显小控件的所有轴的内部区域，如图18-94所示，模型整体按统一比例缩放。
- f 单击定义平面的轴之间的平行线：将亮显小控件上轴与轴之间的部分，如图18-95所示，会将模型缩放约束至平面。此选项仅适用于网格，不适用于实体或曲面。
- f 单击轴：仅亮显小控件上的轴，如图18-96所示，会将模型缩放约束至轴上。此选项仅适用于网格，不适用于实体或曲面。

图18-94 按统一比例缩放时的小控件

图18-95 约束至平面缩放　　图18-96 约束至轴上缩放
时的小控件　　　　　　时的小控件

18.3.4 ▶ 三维镜像

使用【三维镜像】工具能够将三维对象通过镜像平面获取与之完全相同的对象。其中镜像平面可以是与UCS坐标系平面平行的平面或三点确定的平面。

在AutoCAD 2018中调用【三维镜像】命令有如下几种常用方法：

- f 功能区：在【常用】选项卡中单击【修改】面板中的【三维镜像】按钮，如图18-97所示。
- f 菜单栏：执行【修改】→【三维操作】→【三维镜像】命令，如图18-98所示。
- f 命令行：MIRROR3D。

图18-97 【修改】面板中的【三维镜像】按钮

图18-98 【三维镜像】菜单命令

执行上述任一命令后，即可进入三维镜像模式，在绘图区选取要镜像的实体后，按Enter键或右击，按照命令行提示选取镜像平面（用户可根据设计需要指定3个点作为镜像平面），然后根据需要确定是否删除源对象，右击或按Enter键即可获得三维镜像效果。

【案例 18-16】三维镜像

如果要镜像的对象只限于X-Y平面，那【三维镜像】命令同样可以用【镜像】（MIRROR）命令替代。

1）单击【快速访问】工具栏中的【打开】按钮🖿，打开"第 18 章 /18-16 三维镜像 .dwg"文件，素材图形如图 18-99 所示。

2）单击【坐标】面板上的【Z 轴矢量】按钮，先捕捉到大圆圆心位置，定义坐标原点，然后捕捉到270°极轴方向，定义 Z 轴方向，创建的坐标系如图 18-100 所示。

```
命令: _mirror3d                              //调用【三维镜像】命令
选择对象: 指定对角点: 找到 12 个              //选择要镜像的对象
选择对象:                                    //右击结束选择
指定镜像平面 (三点) 的第一个点或[对象(O)/最近的(L)/Z 轴(Z)/视图(V)/XY 平面(XY)/YZ 平面(YZ)/
ZX 平面(ZX)/三点(3)] <三点>: YZ↙           //由YZ平面定义镜像平面
指定 YZ 平面上的点 <0,0,0>:↙ //输入镜像平面通过点的坐标 (此处使用默认值, 即以YZ平面作为镜像平面)
是否删除源对象? [是(Y)/否(N)] <否>:         //按Enter键或空格键, 系统默认为不删除源对象
```

3）通过以上操作即可完成三孔连杆的绘制，如图 18-101 所示。

图 18-99　素材图形

图 18-100　创建坐标系

图 18-101　三孔连杆

18.3.5　对齐和三维对齐

在三维建模环境中，使用【对齐】和【三维对齐】工具可对齐三维对象，从而获得准确的定位效果。这两种对齐工具都可实现两模型的对齐操作，但选取顺序却不同，分别介绍如下：

使用【对齐】工具可指定一对、两对或三对原点和定义点，从而使对象通过移动、旋转、倾斜或缩放对齐选定对象。在AutoCAD 2018中调用【对齐】命令有如下几种常用方法：

f 功能区：在【常用】选项卡中单击【修改】面板中的【对齐】按钮🔲，如图18-102所示。

f 菜单栏：执行【修改】→【三维操作】→【对齐】命令，如图18-103所示。

f 命令行：ALIGN或AL。

图18-102　【修改】面板中的【对齐】按钮

图18-103　【对齐】菜单命令

执行上述任一命令后，即可进入对齐模式。接下来对其使用方法进行具体介绍。

1. 一对点对齐对象

该对齐方式是指定一对源点和目标点进行实体对齐。当只选择一对源点和目标点时，所选取的实体对象将在二维或三维空间中从源点a沿直线路径移动到目标点b，如图18-104所示。

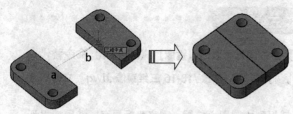

图18-104 一对点对齐对象

❷ 两对点对齐对象

该对齐方式是指定两对源点和目标点进行实体对齐。当选择两对点时，可以在二维或三维空间移动、旋转和缩放选定对象，以便与其他对象对齐，如图18-105所示。

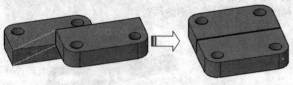

图18-105 两对点对齐对象

❸ 三对点对齐对象

该对齐方式是指定三对源点和目标点进行实体对齐。当选择三对源点和目标点时，可直接在绘图区连续捕捉三对对应点进行对齐对象操作，效果如图18-106所示。

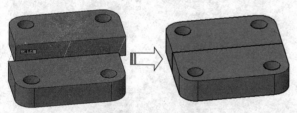

图18-106 三对点对齐对象

❹ 三维对齐

在AutoCAD 2018中，三维对齐操作是指定最多3个点用以定义源平面，然后指定最多3个点用以定义目标平面，从而获得三维对齐效果。

在AutoCAD 2018中调用【三维对齐】命令有如

下几种常用方法：

f 功能区：在【常用】选项卡中单击【修改】面板上的【三维对齐】按钮，如图18-107所示。

f 菜单栏：执行【修改】→【三维操作】→【三维对齐】命令，如图18-108所示。

f 命令行：在命令行中输入3DALIGN。

图18-107 【修改】面板中的【三维对齐】按钮

图18-108 【三维对齐】菜单命令

执行上述任一命令后，即可进入三维对齐模式。【三维对齐】操作与【对齐】操作的不同之处在于：执行三维对齐操作时，可首先为源对象指定1个、2个或3个点用以确定圆平面，然后为目标对象指定1个、2个或3个点用以确定目标平面，从而实现模型与模型之间的对齐。图18-109所示为三维对齐效果。

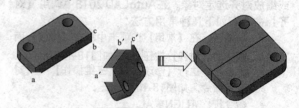

图18-109 三维对齐操作

【案例 18-17】三维对齐装配螺钉

通过【三维对齐】命令，可以实现零部件的三维装配，这也是在AutoCAD中创建三维装配体的主要命令之一。

1）单击【快速访问】工具栏中的【打开】

按钮，打开"第18章/18-17 三维对齐装配螺钉.dwg"文件，素材图形如图18-110所示。

2）单击【修改】面板中的【三维对齐】按钮，选择螺栓为要对齐的对象。此时命令行提示如下：

命令:_3dalign↙   //调用【三维对齐】命令
选择对象: 找到 1 个 //选中螺栓为要对齐对象
选择对象: //右击结束对象选择
指定源平面和方向 ...
指定基点或 [复制(C)]:
//指定第二个点或 [继续(C)] <C>:
指定第三个点或 [继续(C)] <C>:
          //在螺栓上指定三点确定源平面,如图 18-111所示的A、B、C三点,指定目标平面和方向
指定第一个目标点:
指定第二个目标点或 [退出(X)] <X>:
指定第三个目标点或 [退出(X)] <X>:
          //在底座上指定三点确定目标平面,如图 18-112所示的A、B、C三点,完成三维对齐操作

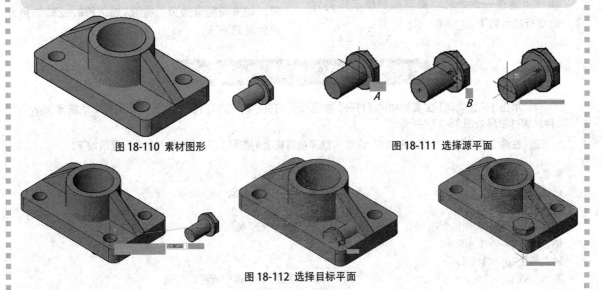

图 18-110 素材图形   图 18-111 选择源平面

图 18-112 选择目标平面

3) 通过以上操作即可完成对螺栓的三维对齐,效果如图 18-113 所示。
4) 复制螺栓实体图形,重复以上操作完成所有位置螺栓的装配,效果如图 18-114 所示。

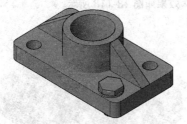

图 18-113 三维对齐效果

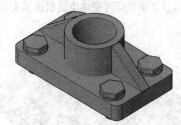

图 18-114 装配效果

18.3.6 ▸三维阵列

使用【三维阵列】工具可以在三维空间中按矩形阵列或环形阵列的方式创建指定对象的多个副本。在AutoCAD 2018中调用【三维阵列】命令有如下几种常用方法:

f 功能区:在【常用】选项卡中单击【修改】面板中的【三维阵列】按钮，如图18-115所示。
f 菜单栏:执行【修改】→【三维操作】→【三维阵列】命令,如图18-116所示。
f 命令行:3DARRAY或3A。

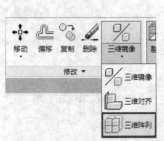

图18-115 【修改】面板中的
【三维阵列】按钮

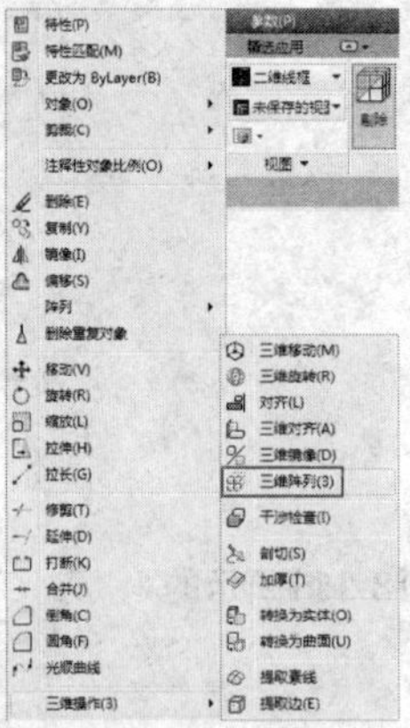

图18-116 【三维阵列】菜单命令

执行上述任一命令后，即可按照提示阵列对象。命令行提示如下：

输入阵列类型 [矩形(R)/极轴(P)] <矩形>:

1. 选项说明

【三维阵列】有【矩形阵列】和【环形阵列】两种方式。下面分别进行介绍。

◆ 矩形阵列

在执行【矩形阵列】命令时，需要指定行数、列数、层数、行间距和层间距。其中一个矩形阵列可设置多行、多列和多层。

在指定间距值时，可以分别输入间距值或在绘图区域选取两个点，AutoCAD 2018将自动测量两点之间的距离，并以此值作为间距值。如果间距值为正，将沿X轴、Y轴、Z轴的正方向生成阵列；如果间距值为负，将沿X轴、Y轴、Z轴的负方向生成阵列。

【案例 18-18】 矩形阵列创建电话按键

1) 单击【快速访问】工具栏中的【打开】按钮 📂，打开"第18章/18-18 矩形阵列创建电话按键.dwg"文件，素材图形如图 18-117 所示。

2) 在命令行中输入"3DARRAY"命令，选择电话机上的按钮为阵列对象。命令行提示如下：

```
命令: _3darray                              //调用【三维阵列】命令
选择对象: 找到 1 个                          //选择要阵列的对象
选择对象:                                   //右击结束选择
输入阵列类型 [矩形(R)/环形(P)] <矩形>:R      //按Enter键或空格键，系统默认为矩形阵列模式
输入行数 (---) <1>: 3✓
输入列数 (||||) <1>: 4✓
输入层数 (...) <1>:✓                        //输入层数为1，即进行平面阵列
指定行间距 (---): 8✓
指定列间距 (||||): 7✓                        //分别指定矩形阵列参数，按Enter键完成矩形阵列操作
```

3) 通过以上操作即可完成电话机面板上按钮的阵列，效果如图 18-118 所示。

图 18-117 素材图形

图 18-118 阵列效果

◆ 环形阵列

在执形【环形阵列】命令时，需要指定阵列的

数目、阵列填充的角度、旋转轴的起点和终点并说明对象在阵列后是否绕着阵列中心旋转。

【案例 18-19】 环形阵列创建手柄

1）单击【快速访问】工具栏中的【打开】按钮📂，打开"18 章 /18-19 环形阵列创建手柄 .dwg"文件，素材图形如图 18-119 所示。

2）在命令行中输入"3DARRAY"命令，选择小圆柱体为阵列对象。命令行提示如下：

命令: 3DARRAY	//调用【三维阵列】命令
正在初始化... 已加载 3DARRAY。	
选择对象: 找到 1 个	//选择要阵列的对象
选择对象:	//右击完成选择
输入阵列类型 [矩形(R)/环形(P)] <矩形>:p↙	//选择环形阵列模式
输入阵列中的项目数目: 9↙	
指定要填充的角度 (+=逆时针, -=顺时针) <360>:↙	//输入环形阵列的参数
旋转阵列对象？ [是(Y)/否(N)] <Y>:	//按Enter键或空格键，系统默认为旋转阵列对象
指定阵列的中心点:	
指定旋转轴上的第二点: <正交 开> _UCS	//选择大圆柱的中轴线为旋转轴

3）通过以上操作即可完成环形阵列，效果如图 18-120 所示。

4）单击【实体编辑】面板中的【差集】按钮◎，选择中心圆柱体为被减实体，再选择阵列创建的圆柱体为要减去的实体，右击结束操作。绘制的手柄如图 18-121 所示。

图 18-119 素材图形

图 18-120 环形阵列效果

图 18-121 手柄

18.4 编辑实体边

实体都是由最基本的面和边所组成。AutoCAD 2018不仅提供多种编辑实体工具，同时可根据设计需要提取多个边特征，对其执行偏移、着色、压印或复制边等操作，从而便于查看或创建更为复杂的模型。

18.4.1 ▸ 复制边

执行【复制边】命令可将现有实体模型上的单个或多个边偏移到其他位置，并利用这些边线创建出新的图形对象。在AutoCAD 2018中调用【复制边】命令有如下几种常用方法：

f 功能区：在【常用】选项卡中单击【实体编辑】面板中的【复制边】按钮▢，如图18-122所示。

f 菜单栏：执行【修改】→【实体编辑】→【复制边】命令，如图18-123所示。

f 命令行：SOLIDEDIT。

图18-122 【实体编辑】面板中的【复制边】按钮

图18-123 【复制边】菜单命令

执行上述任一命令后，在绘图区选择需要复

制的边线，单击鼠标右键，系统弹出快捷菜单，如图18-124所示。单击【确认】，并指定复制边的基点或位移，移动鼠标到合适的位置单击放置复制边，完成复制边的操作，效果如图18-125所示。

图18-124 快捷菜单

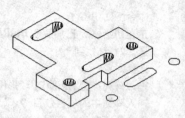

图18-125 复制边

【案例18-20】复制边创建导轨

在使用AutoCAD进行三维建模时，可以随时使用二维工具如圆、直线来绘制草图，然后再进行拉伸等建模操作。相较于其他建模软件要绘制草图时还需特地进入草图环境，AutoCAD显得更为灵活，尤其再结合【复制边】、【压印边】等操作，熟练掌握后可直接从现有模型中分离出对象轮廓进行下一步建模，极为方便。

1）单击【快速访问】工具栏中的【打开】按钮，打开"第18章/18-20复制边创建导轨.dwg"文件，素材图形如图18-126所示。

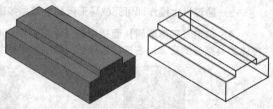

图18-126 素材图形　　图18-127 选择要复制的边

2）单击【实体编辑】面板上的【复制边】按钮，选择如图18-127所示的边为复制对象。命令行提示如下：

```
命令: _solidedit
实体编辑自动检查: SOLIDCHECK=1
输入实体编辑选项 [面(F)/边(E)/体(B)/放弃(U)/退出(X)] <退出>:_edge
输入边编辑选项 [复制(C)/着色(L)/放弃(U)/退出(X)] <退出>:_copy    //调用【复制边】命令
选择边或 [放弃(U)/删除(R)]:                                   //选择要复制的边
……
选择边或 [放弃(U)/删除(R)]:                                   //选择完毕，右击结束选择边
指定基点或位移:                                              //指定基点
指定位移的第二点:                                            //指定平移到的位置
输入边编辑选项 [复制(C)/着色(L)/放弃(U)/退出(X)] <退出>:          //按Esc退出复制边命令
```

3）通过以上操作即可完成复制边的操作，效果如图18-128所示。

4）单击【建模】面板中的【拉伸】按钮，选择复制的边，设置拉伸高度为40，拉伸图形的结果如图18-129所示。

5）单击【修改】面板中的【三维对齐】按钮，选择拉伸出的长方体为要对齐的对象，将其对齐到底座上，完成导向底座的绘制，效果如图18-130所示。

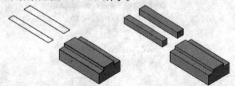

图18-128 复制边效果　　图18-129 拉伸图形

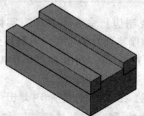

图18-130 导向底座

18.4.2 ▶ 着色边

在三维建模环境中，不仅能够着色实体表面，同样可使用【着色边】工具对实体的边线执行着色操作，从而获得实体内、外表面边线不同的着色效果。

在AutoCAD 2018中调用【着色边】命令有如下几种常用方法：

f 功能区：在【常用】选项卡中单击【实体编辑】面板中的【着色边】按钮 ，如图18-131所示。

f 菜单栏：执行【修改】→【实体编辑】→【着色边】命令，如图18-132所示。

f 命令行：SOLIDEDIT。

执行上述任一命令后，在绘图区选取待着色的边线，按Enter键或右击，系统弹出【选择颜色】对话框，如图18-133所示。在该对话框中指定填充颜色，单击【确定】按钮，即可执行边着色操作。

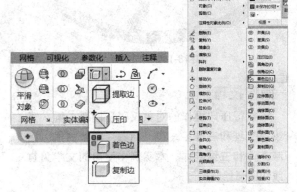

图18-131 【实体编辑】面板中的【着色边】按钮 　　图18-132 【着色边】菜单命令

图18-133 【选择颜色】对话框

18.4.3 ▶ 压印边

在创建三维模型后，有时需要在模型的表面加入公司标记或产品标记等图形对象。AutoCAD 2018软件专为该操作提供了【压印边】工具，即通过与模型表面单个或多个表面相交将图形对象压印到该表面。

在AutoCAD 2018中调用【压印边】命令有如下几种常用方法：

f 功能区：在【常用】选项卡中单击【实体编辑】面板中的【压印边】按钮 ，如图18-134所示。

f 菜单栏：执行【修改】→【实体编辑】→【压印边】命令，如图18-135所示。

f 命令行：IMPRINT。

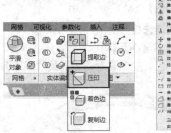

图18-134 【实体编辑】面板　　图18-135 【压印边】菜单
中的【压印边】按钮　　　　　　命令

执行上述任一命令后，在绘图区选取三维实体，接着选取压印对象，命令行将显示"是否删除源对象[是（Y）/（否）]<N>："的提示信息，根据设计需要确定是否保留压印对象后即可执行压印操作，效果如图18-136所示。

图18-136 压印实体

操作技巧

只有当二维图形绘制在三维实体面上时才可以创建出压印边。

【案例 18-21】 压印商标 LOGO

【压印边】是使用AutoCAD建模时最常用的命令之一，使用【压印边】可以在模型之上创建各种自定义的标记，也可以用作模型面的分割。

1）单击【快速访问】工具栏中的【打开】按钮 ，打开"第 18 章 /18-21 压印商标 LOGO. dwg"文件，素材图形如图18-137 所示。

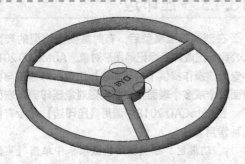

图 18-137 素材图形

2）单击【实体编辑】工具栏上的【压印边】按钮 ，选取方向盘为三维实体。命令行提示如下：

```
命令:_imprint          //调用【压印边】命令
选择三维实体或曲面:
              //选择三维实体，如图 18-138 所示
选择要压印的对象:
              //选择选择如图 18-139 所示的图标
是否删除源对象 [是(Y)/否(N)] <N>:y
              //选择是否保留源对象
```

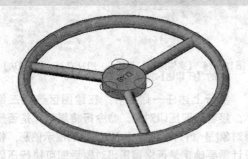

图 18-138 选择三维实体

3）重复以上操作完成图标的压印，效果如图 18-140 所示。

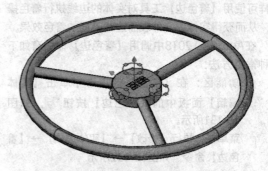

图 18-139 选择要压印的对象

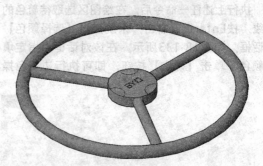

图 18-140 压印效果

操作技巧

　　执行压印操作的对象仅限于圆弧、圆、直线、二维和三维多段线、椭圆、样条曲线、面域、体和三维实体。本实例中使用的文字为直线和圆弧绘制的图形。

18.5 编辑实体面

　　在对三维实体进行编辑时，不仅可以对实体上单个或多个边线执行编辑操作，同时还可以对整个实体任意表面执行编辑操作，即通过改变实体表面，从而达到改变实体的目的。

18.5.1 ▶ 拉伸实体面

　　在编辑三维实体面时，可使用【拉伸面】工具直接选取实体表面执行拉伸面操作，从而获取新的实体。在AutoCAD 2018中调用【拉伸面】命令有如下几种常用方法：

　　f 功能区：在【常用】选项卡中单击【实体编辑】面板中的【拉伸面】按钮 ，如图 18-141所示。

　　f 菜单栏：执行【修改】|【实体编辑】|【拉伸面】命令，如图18-142所示。

　　f 命令行：SOLIDEDIT。

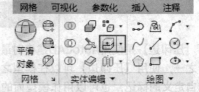

图18-141 【实体编辑】面板中的【拉伸面】按钮

图18-142 【拉伸面】菜单命令

执行【拉伸面】命令后，选择一个要拉伸的面即可将其拉伸。拉伸面的方式有以下两种：

f 指定拉伸高度：输入拉伸的距离，默认按平面法线方向拉伸，输入正值向平面外法线方向拉伸，负值则相反。可选择由法线方向倾斜一角度拉伸，生成拔模的斜面，如图18-143所示。

f 按路径拉伸（P）：需要指定一条路径线，可以为直线、圆弧、样条曲线或它们的组合，截面以扫掠的形式沿路径拉伸，如图18-144所示。

图18-143 倾斜角度拉伸面　　　　图18-144 按路径拉伸面

【案例 18-22】拉伸实体面

除了对模型现有的轮廓边进行复制、压印等操作之外，还可以通过拉伸面等面编辑方法来直接修改模型。

1）单击【快速访问】工具栏中的【打开】按钮，打开"第 18 章 /18-22 拉伸实体面 .dwg"文件，素材图形如图 18-145 所示。

2）单击【实体编辑】工具栏上的【拉伸面】按钮，选择如图 18-146 所示的面为拉伸面。命令行提示如下：

```
命令: _solidedit
实体编辑自动检查: SOLIDCHECK=1
输入实体编辑选项 [面(F)/边(E)/体(B)/放弃(U)/退出(X)] <退出>: _face
输入面编辑选项
[拉伸(E)/移动(M)/旋转(R)/偏移(O)/倾斜(T)/删除(D)/复制(C)/颜色(L)/材质(A)/放弃(U)/退出(X)] <退出>: _
extrude                                  //调用【拉伸面】命令
选择面或 [放弃(U)/删除(R)]: 找到一个面     //选择要拉伸的面
选择面或 [放弃(U)/删除(R)/全部(ALL)]:     //右击结束选择
指定拉伸高度或 [路径(P)]: 50✓            //输入拉伸高度
指定拉伸的倾斜角度 <10>: 10✓            //输入拉伸的倾斜角度
已开始实体校验
已完成实体校验
输入面编辑选项
[拉伸(E)/移动(M)/旋转(R)/偏移(O)/倾斜(T)/删除(D)/复制(C)/颜色(L)/材质(A)/放弃(U)/退出(X)] <退出>:*取消*
//按Enter或Esc键结束操作
```

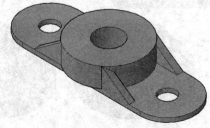

图 18-145 素材图形

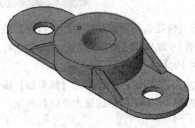

图 18-146 选择拉伸面

3）通过以上操作即可完成拉伸面的操作，效
果如图 18-147 所示。

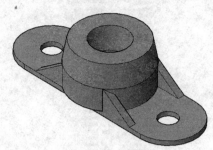

图 18-147 拉伸面完成效果

18.5.2 ▶ 倾斜实体面

在编辑三维实体面时，可利用【倾斜面】工具
将孔、槽等特征沿矢量方向并指定特定的角度进行
倾斜操作，从而获取新的实体。

在 AutoCAD 2018 中调用【倾斜面】命令有如下
几种常用方法：

f 功能区：在【常用】选项卡中单击【实体编辑】
面板中的【倾斜面】按钮 ，如图 18-148 所
示。

f 菜单栏：执行【修改】→【实体编辑】→【倾
斜面】命令，如图 18-149 所示。

f 命令行：SOLIDEDIT。

执行上述任一命令后，在绘图区选取需要倾
斜的曲面，并指定倾斜曲面参照轴线基点和另一
个端点，输入倾斜角度，按 Enter 键或单击鼠标

右键即可完成倾斜实体面操作，效果如图 18-150
所示。

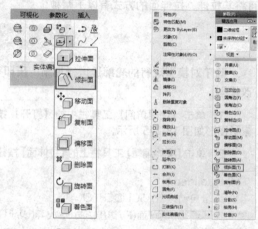

图 18-148　【倾斜面】面板　　图 18-149　【倾斜面】菜单
按钮　　　　　　　　　　命令

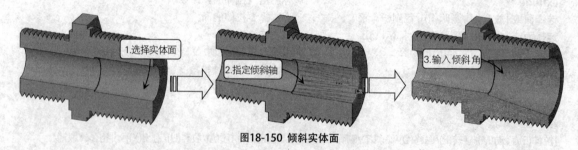

图 18-150 倾斜实体面

【案例 18-23】倾斜实体面

1）单击【快速访问】工具栏中的【打开】按
钮 ，打开"第 18 章 /18-23 倾斜实体面 .dwg"文件，
素材图形如图 18-151 所示。

2）单击【实体编辑】面板上的【倾斜面】按
钮 ，选择如图 18-152 所示的面为要倾斜的面。
命令行提示如下：

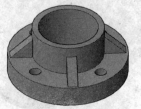　　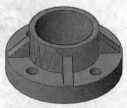

图 18-151 素材图形　　图 18-152 选择倾斜面

命令: _solidedit
实体编辑自动检查: SOLIDCHECK=1
输入实体编辑选项 [面(F)/边(E)/体(B)/放弃(U)/退出(X)] <退出>: _face
输入面编辑选项
[拉伸(E)/移动(M)/旋转(R)/偏移(O)/倾斜(T)/删除(D)/复制(C)/颜色(L)/材质(A)/放弃(U)/退出(X)] <退出>: _
taper　　　　　　　　　　　　　　　　　　　//调用【倾斜面】命令
选择面或 [放弃(U)/删除(R)]: 找到一个面　//选择要倾斜的面
选择面或 [放弃(U)/删除(R)/全部(ALL)]:　　//右击结束选择
指定基点:
指定沿倾斜轴的另一个点:　　　　　　　　　//依次选择上下两圆的圆心, 如图 18-153 所示指定倾斜角度-10°
//输入倾斜角度
已开始实体校验
已完成实体校验
输入面编辑选项
[拉伸(E)/移动(M)/旋转(R)/偏移(O)/倾斜(T)/删除(D)/复制(C)/颜色(L)/材质(A)/放弃(U)/退出(X)] <退出>:
//按Enter或Esc键结束操作

3) 通过以上操作即可完成倾斜面的操作, 效果如图 18-154 所示。

▶ **操作技巧**

　　在进行倾斜面操作时, 倾斜的方向由选择的基点和第二点的顺序决定。输入正角度则向内倾斜, 输入负角度则向外倾斜, 并且不能使用过大的角度值。如果角度值过大, 则面在达到指定的角度之前可能倾斜成一点。在AutoCAD 2018中不能支持这种倾斜。

图 18-153　选择倾斜轴

图 18-154　倾斜面效果

18.5.3 ▶ 移动实体面

　　移动实体面操作是沿指定的高度或距离移动选定的三维实体对象的一个或多个面。移动时, 只移动选定的实体面而不改变方向。该方法可用于三维模型的小范围调整。

　　在AutoCAD 2018中调用【移动面】命令有如下几种常用方法:

f　功能区: 在【常用】选项卡中单击【实体编辑】面板中的【移动面】按钮 ，如图 18-155 所示。

f　菜单栏: 执行【修改】→【实体编辑】→【移动面】命令, 如图 18-156 所示。

f　命令行: SOLIDEDIT。

图18-155　【实体编辑】面　　图 18-156　【移动面】菜单
板中的【移动面】按钮　　　　　命令

　　执行上述任一命令后, 在绘图区选取实体表面, 按Enter键并右击捕捉移动实体面的基点, 然后指定移动路径或距离值, 右击即可进行移动实体面操作, 效果如图18-157所示。

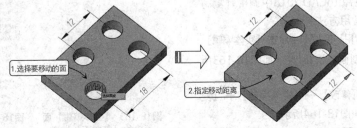

图18-157　移动实体面

【案例 18-24】移动实体面

【移动面】命令常用于对现有模型的修改，如果某个模型拉伸得过多，在AutoCAD中并不能回溯到【拉伸】命令进行编辑，因此只能通过【移动面】这类面编辑命令进行修改。

1) 单击【快速访问】工具栏中的【打开】按钮，打开"第18章/18-24移动实体面.dwg"文件，素材图形如图 18-158 所示。

2) 单击【实体编辑】面板上的【移动面】按钮

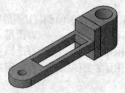，选择如图 18-159 所示的面为要移动的面。命令行提示如下：

图 18-158 素材图形　　图 18-159 选择移动实体面

```
命令: _solidedit
实体编辑自动检查: SOLIDCHECK=1
输入实体编辑选项 [面(F)/边(E)/体(B)/放弃(U)/退出(X)] <退出>:_face
输入面编辑选项
[拉伸(E)/移动(M)/旋转(R)/偏移(O)/倾斜(T)/删除(D)/复制(C)/颜色(L)/材质(A)/放弃(U)/退出(X)] <退出>:_move
选择面或 [放弃(U)/删除(R)]: 找到一个面          //选择要移动的面
选择面或 [放弃(U)/删除(R)/全部(ALL)]:           //右击完成选择
指定基点或位移:                                //指定基点，如图 18-160所示
正在检查 780 个交点...
指定位移的第二点: 20↙                          //输入移动的距离
已开始实体校验
已完成实体校验
输入面编辑选项
[拉伸(E)/移动(M)/旋转(R)/偏移(O)/倾斜(T)/删除(D)/复制(C)/颜色(L)/材质(A)/放弃(U)/退出(X)] <退出>:
//按Enter键或Esc键退出移动面操作
```

3) 通过以上操作即可完成移动面的操作，效果如图 18-161 所示。

4) 旋转图形，重复以上的操作，移动另一面，完成大摇臂的绘制，效果如图 18-162 所示。

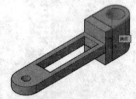
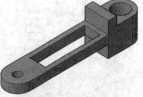

图 18-160 选取基点　　图 18-161 移动面效果

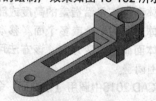

图 18-162 大摇臂

18.5.4 ▶ 复制实体面

在三维建模环境中，利用【复制面】工具能够将三维实体表面复制到其他位置，并可使用这些表面创建新的实体。在AutoCAD 2018中调用【复制面】命令有如下几种常用方法：

f　功能区：在【常用】选项卡中单击【实体编辑】面板中的【复制面】按钮，如图18-163所示。

f　菜单栏：执行【修改】→【实体编辑】→【复制面】命令，如图18-164所示。

f　命令行：SOLIDEDIT。

图18-163 【实体编辑】面板中的【复制面】按钮　　图18-164 【复制面】菜单命令

执行【复制面】命令后，选择要复制的实体表面（可以一次选择多个面），然后指定复制的基点，接着将曲面拖到其他位置即可，如图18-165所示。系统默认将平面类型的表面复制为面域，将曲面类型的表面复制为曲面。

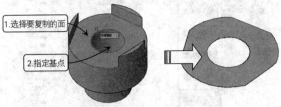

图18-165　复制实体面

18.5.5▶ 偏移实体面

偏移实体面操作是在一个三维实体上按指定的距离均匀地偏移实体面。可根据设计需要将现有的面从原始位置向内或向外偏移指定的距离，从而获取新的实体面。

在AutoCAD 2018中调用【偏移面】命令有如下几种常用方法：

⊕ 功能区：在【常用】选项卡中单击【实体编辑】面板中的【偏移面】按钮，如图18-166所示。

⊕ 菜单栏：执行【修改】→【实体编辑】→【偏移面】命令，如图18-167所示。

⊕ 命令行：SOLIDEDIT。

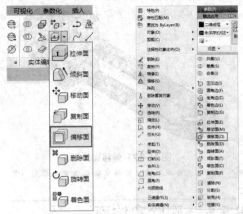

图18-166　【实体编辑】面板中的【偏移面】按钮　　图18-167　【偏移面】菜单命令

执行上述任一命令后，在绘图区选取要偏移的面，并输入偏移距离，按Enter键即可获得如图18-168所示的偏移面特征。

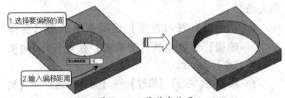

图18-168　偏移实体面

【案例 18-25】偏移实体面进行扩孔

接着【案例18-24】的结果进行操作，通过【偏移面】命令将其中的孔进行扩大。

1）单击【快速访问】工具栏中的【打开】按钮，打开"第18章/18-24 移动实体面-OK.dwg"文件，素材图形如图18-169所示。

2）单击【实体编辑】面板上的【偏移面】按钮，选择如图18-170所示的面为要偏移的面。命令行提示如下

图 18-169　素材图样　　图 18-170　选取偏移面

命令: _solidedit
实体编辑自动检查: SOLIDCHECK=1
输入实体编辑选项 [面(F)/边(E)/体(B)/放弃(U)/退出(X)] <退出>: _face

输入面编辑选项
[拉伸(E)/移动(M)/旋转(R)/偏移(O)/倾斜(T)/删除(D)/复制(C)/颜色(L)/材质(A)/放弃(U)/退出(X)] <退出>: _offset
//调用偏移面命令
选择面或 [放弃(U)/删除(R)]: 找到一个面
//选择要偏移的面
选择面或 [放弃(U)/删除(R)/全部(ALL)]:
//右击结束选择
指定偏移距离: -10
//输入偏移距离，负号表示方向向外
已开始实体校验
已完成实体校验
输入面编辑选项
[拉伸(E)/移动(M)/旋转(R)/偏移(O)/倾斜(T)/删除(D)/复制(C)/颜色(L)/材质(A)/放弃(U)/退出(X)] <退出>: ★取消★
//按Enter键或Esc键结束操作

3）通过以上操作即可完成偏移面的操作，效果如图 18-171 所示。

图 18-171 偏移面效果

18.5.6 ▶删除实体面

在三维建模环境中，删除实体面操作是从三维实体对象上删除实体表面、圆角等实体特征。在 AutoCAD 2018 中调用【删除面】命令有如下几种常用方法：

f 功能区：在【常用】选项卡中单击【实体编辑】面板中的【删除面】按钮，如图 18-172 所示。

f 菜单栏：执行【修改】→【实体编辑】→【删除面】命令，如图 18-173 所示。

f 命令行：SOLIDEDIT。

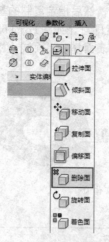 

图 18-172 【实体编辑】面板中的【删除面】按钮　　图 18-173 【删除面】菜单命令

执行上述任一命令后，在绘图区选择要删除的面，按 Enter 键或右击即可执行实体面删除操作，如图 18-174 所示。

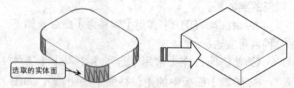

图 18-174 删除实体面

【案例 18-26】删除实体面

接着【案例 18-25】的结果进行操作，删除模型左侧的面。

1）单击【快速访问】工具栏中的【打开】按钮，打开"第 18 章 /18-25 偏移实体面进行扩孔 -OK.dwg"文件，素材图形如图 18-175 所示。

图 18-175 素材图形

2）单击【实体编辑】面板上的【删除面】按钮，选择要删除的面，单击 Enter 键即可进行删除，结果如图 18-176 所示。

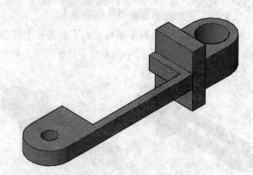

图 18-176 删除实体面

18.5.7 ▶旋转实体面

旋转实体面操作能够将单个或多个实体表面绕指定的轴线进行旋转，或者旋转实体的某些部分形成新的实体。在 AutoCAD 2018 中调用【旋转面】命令有如下几种常用方法：

f 功能区：单在【常用】选项卡中单击【实体编辑】面板中的【旋转面】按钮，如图

18-177所示。

f 菜单栏：执行【修改】→【实体编辑】→【旋转面】命令，如图18-178所示。

f 命令行：SOLIDEDIT。

图18-177 【实体编辑】面板中的【旋转面】按钮

图18-178 【旋转面】菜单命令

执行上述任一命令后，在绘图区选取需要旋转的实体面，捕捉两点为旋转轴，并指定旋转角度，按Enter键即可完成旋转操作。当一个实体面旋转后，与其相交的面会自动调整，以适应改变后的实体，效果如图18-179所示。

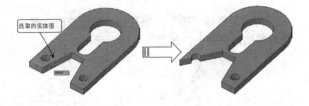

图18-179 旋转实体面

18.5.8 着色实体面 ☆进阶☆

实体面着色操作可修改单个或多个实体面的颜色，以取代该实体对象所在图层的颜色，可更方便查看这些表面。在AutoCAD 2018中调用【着色面】命令有如下几种常用方法：

f 功能区：单在【常用】选项卡中单击【实体编辑】面板中的【着色面】按钮，如图18-180所示。

f 菜单栏：执行【修改】→【实体编辑】→【着色面】命令，如图18-181所示。

f 命令行：SOLIDEDIT。

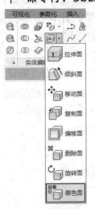

图18-180 【实体编辑】面板中的【着色面】按钮

图18-181 【着色面】菜单命令

执行上述任一命令后，在绘图区指定需要着色的实体表面，按Enter键，系统弹出【选择颜色】对话框。在该对话框中指定填充颜色，单击【确定】按钮，即可完成面着色操作。

18.6 曲面编辑

与三维实体一样，曲面也可以进行倒圆、延伸等编辑操作。

18.6.1 圆角曲面

使用曲面【圆角】命令可以在现有曲面之间的空间中创建新的圆角曲面。圆角曲面具有固定半径轮廓且与原始曲面相切。创建圆角曲面的方法如下：

f 功能区：在【曲面】选项卡中单击【编辑】面板中的【圆角】按钮，如图18-182所示。

f 菜单栏：调用【绘图】→【建模】→【曲面】|【圆角】命令，如图18-183所示。

f 命令行：SURFFILLET。

图18-182 【编辑】面板中的【圆角】按钮

图18-183 【圆角】菜单命令

曲面创建圆角的命令与二维图形中的圆角命令类似，具体操作如图18-184所示。

图18-184 圆角曲面

18.6.2 ▶ 修剪曲面

曲面建模工作流中的一个重要步骤是修剪曲面。可以在曲面与相交对象相交处修剪曲面，或者将几何图形作为修剪边投影到曲面上。【修剪】命令可修剪与其他曲面或其他类型的几何图形相交的曲面部分，类似于二维绘图中的修剪。

曲面修剪操作的方法如下：

f 功能区：在【曲面】选项卡中单击【编辑】面板中的【修剪】按钮 ⊕，如图18-185所示。

f 菜单栏：调用【修改】→【曲面编辑】→【修剪】命令，如图18-186所示。

f 命令行：SURFTRIM。

图18-185 【编辑】面板　　图18-186 【修剪】菜单命令
中的【修剪】按钮

执行【修剪】命令后，先选择要进行修剪的曲面，然后选择剪切用的边界，待出现预览边界之后，根据提示选择要剪去的部分，即可创建修剪曲面，操作如图18-187所示。

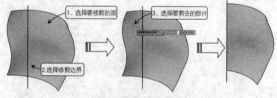

图18-187 修剪曲面

▶ 操作技巧

可用作修剪边的曲线包含直线、圆弧、圆、椭圆、二维多段线、二维样条曲线拟合多段线、二维曲线拟合多段线、三维多段线、三维样条曲线拟合多段线、样条曲线和螺旋。还可以使用曲面和面域作为修剪边界。

启用【修剪】命令时命令行会出现如下提示：

选择要修剪的曲面或面域或者 [延伸(E)/投影方向(PRO)]：

【延伸（E）】和【投影方向（PRO）】是曲面修剪时十分重要的两个设置组，具体说明如下。

延伸（E）

选择【延伸（E）】子选项后命令行提示如下：

延伸修剪几何图形 [是(Y)/否(N)] <是>：

该选项可以控制修剪边界与修剪曲面的相交。如果选择"是"，则会自动延伸修剪边界，曲面超出边界的部分也会被修剪，如图18-188所示的上部分曲面。

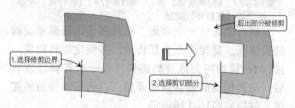

图18-188 修剪曲面选择延伸

而如果选择"否"，则只会修剪掉修剪边界所能覆盖的部分曲面，如图18-189所示下部分。

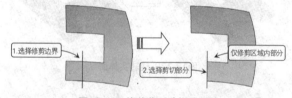

图18-189 修剪曲面选择不延伸

投影方向（PRO）

【投影方向（PRO）】可以控制剪切几何图形投影到曲面的角度。选择该子选项后命令行提示如下：

指定投影方向 [自动(A)/视图(V)/UCS(U)/无(N)] <自动>：

各选项含义说明如下：

f "自动（A）"：在平面平行视图（如默认的俯视图、前视图和右视图）中修剪曲面或面域时，剪切几何图形将沿视图方向投影到曲面上；使用平面曲线在角度平行视图或透视视图中修剪曲面或面域时，剪切几何图形将沿与曲线平面垂直的方向投影到曲面上。用三维曲线在角度平行视图或透视视图（如默认的透视视图）中修剪曲面或面域时，剪切几何图形将沿与当前 UCS 的 Z 方向平行的方向投影到曲面上。

- f "视图（V）"：基于当前视图投影几何图形。
- f "UCS（U）"：沿当前 UCS 的 +Z 和 -Z 轴投影几何图形。
- f "无（N）"：仅当剪切曲线位于曲面上时，才会修剪曲面。

18.6.3 ▶延伸曲面

延伸曲面可通过将曲面延伸到与另一对象的边相交或指定延伸长度来创建新曲面。可以将延伸曲面合并为原始曲面的一部分，也可以将其附加为与原始曲面相邻的第二个曲面。创建延伸曲面的方法如下：

- f 功能区：在【曲面】选项卡中单击【修改】面板中的【延伸】按钮。
- f 菜单栏：调用【修改】→【曲面编辑】→【延伸】命令。
- f 命令行：SURFEXTEND。

执行【延伸】命令后，先选择要延伸的曲面边线，然后再指定延伸距离，即可创建延伸曲面，效果如图18-190所示。

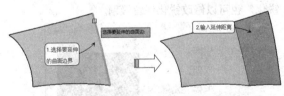

图18-190 延伸曲面

18.6.4 ▶曲面造型

在其他专业性质的三维建模软件中，如UG、SolidWorks、犀牛等，均有将封闭曲面转换为实体的功能，这极大地提高了产品的曲面造型技术。在AutoCAD 2018中，也有与此功能相似的命令，那就是【造型】命令。

执行【造型】命令的方法如下：

- f 功能区：在【曲面】选项卡中单击【编辑】面板中的【造型】按钮，如图18-191所示。
- f 菜单栏：调用【修改】→【曲面编辑】→【造型】命令，如图18-192所示。
- f 命令行：SURFSCULPT。

图18-191 【编辑】面板中的【造型】按钮　　图18-192 【造型】菜单命令

执行【造型】命令后，直接选择完全封闭的一个或多个曲面（曲面之间必须没有间隙），即可创建一个三维实体对象，如图18-193所示。

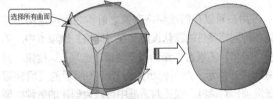

图18-193 曲面造型

【案例 18-27】曲面造型创建钻石模型

钻石色泽光鲜，璀璨夺目，但其昂贵，因此在家具、灯饰上通常使用玻璃、塑料等制成的假钻石来作为替代。与真钻石一样，这些替代品也被制成多面体形状，如图18-194所示。

1）单击【快速访问】工具栏中的【打开】按钮，打开"第 18 章 /18-27 曲面造型创建钻石模型 .dwg"文件，素材图形如图 18-195 所示。

2）单击【常用】选项卡【修改】面板中的【环形阵列】按钮，选择素材图形中已经创建好的 3 个曲面，然后以直线为旋转轴，设置阵列数量为 6、角度为 360°，如图 18-196 所示。

图18-194 钻石　　图18-195 素材图形

图18-196 曲面造型

　　3）在【曲面】选项卡中，单击【编辑】面板中的【造型】按钮，全选阵列后的曲面，再单击 Enter 键确认选择，即可创建钻石模型，如图 18-197 所示。

图18-197 创建的钻石模型

18.7 网格编辑

　　使用三维网格编辑工具可以优化三维网格，调整网格平滑度，编辑网格面和进行实体与网格之间的转换。图18-198所示为使用三维网格编辑命令优化的三维网格。

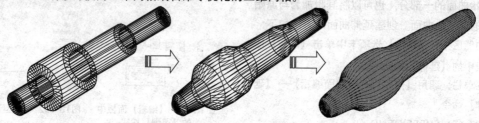

图18-198 优化三维网格

18.7.1 ▶ 设置网格特性

　　用户可以在创建网格对象之前和之后设定用于控制各种网格特性的默认设置。在【网格】选项卡中，单击【网格】面板右下角的【网格镶嵌选项】按钮，如图18-199所示，即可弹出如图18-200所示的【网格镶嵌选项】对话框。在该对话框中可以为创建的每种类型的网格对象设定每个网格图元的镶嵌密度(细分数)。

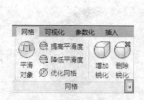

图18-199 【网格镶嵌选项】按钮

图18-200 【网格镶嵌选项】对话框

　　在【网格镶嵌选项】对话框中，单击【为图元生成网格】按钮，弹出如图18-201所示的【网格图元选项】对话框。在该对话框中可以为转换为网格的三维实体或曲面对象设定默认特性。

　　在创建网格对象及其子对象后，如果要修改其特性，可以在要修改的对象上双击，打开【特性】

选项板，如图18-202所示。对于选定的网格对象，可以修改其平滑度；对于面和边，可以应用或删除锐化，也可以修改锐化保留级别。

图18-201 【网格图元选项】对话框

图18-202 【特性】选项板

默认情况下，创建的网格图元对象平滑度为0，可以使用【网格】命令的【设置】选项更改此设置。命令行操作如下：

```
命令: MESH ✓
当前平滑度设置为: 0
输入选项 [长方体(B)/圆锥体(C)/圆柱体(CY)/棱锥体(P)/球体(S)/楔体(W)/圆环体(T)/设置(SE)]: SE ✓
指定平滑度或[镶嵌(T)] <0>:
             //输入0~4之间的平滑度数值
```

18.7.2 ▶ 提高/降低网格平滑度

网格对象由多个细分或镶嵌网格面组成，用于定义可编辑的面，每个面均包括底层镶嵌面。如果平滑度增加，则镶嵌面数也会增加，从而生成更加平滑、圆度更大的效果。

调用【提高网格平滑度】或【降低网格平滑度】命令有以下几种方法：

f 功能区：在【网格】选项卡中单击【网格】面板中的【提高平滑度】或【降低平滑度】按钮，如图18-203所示。

f 菜单栏：选择【修改】→【网格编辑】→【提高平滑度】或【降低平滑度】命令，如图18-204所示。

f 命令行：MESHSMOOTHMORE或MESHSMOOTHLESS。

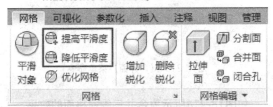

图18-203 【网格】面板中的【提高平滑度】、【降低平滑度】按钮

图18-204 【提高平滑度】、【降低平滑度】菜单命令

如图18-205所示为调整网格平滑度的效果。

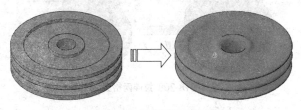

图18-205 调整网格平滑度

18.7.3 ▶ 拉伸面

通过拉伸网格面，可以调整三维对象的造型。拉伸其他类型的对象，可创建独立的三维实体对象。但是，拉伸网格面会展开现有对象或使现有对象发生变形，并分割拉伸的面。调用拉伸三维网格面命令的方法如下：

f 功能区：在【网格】选项卡中单击【网格编辑】面板中的【拉伸面】按钮，如图18-206所示。

f 菜单栏：选择【修改】→【网格编辑】→【拉伸面】命令，如图18-207所示。

f 命令行：MESHEXTRUDE。

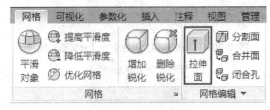

图18-206 【网格编辑】面板中的【拉伸面】按钮

图18-207 【拉伸面】菜单命令

如图18-208所示为拉伸三维网格面的效果。

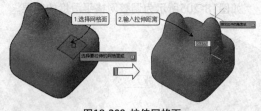

图18-208 拉伸网格面

18.7.4 ▶分割面

【分割面】命令可以将网格面均匀地或者通过线来拆分，能将一个大的网格面分割为众多的小网格面，从而获得更精细的操作。调用网格分割面命令的方法如下：

f 功能区：在【网格】选项卡中单击【网格编辑】面板中的【分割面】按钮，如图18-209所示。

f 菜单栏：选择【修改】→【网格编辑】→【分割面】命令，如图18-210所示。

f 命令行：MESHSPLIT。

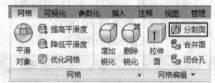

图18-209 【网格编辑】面板中的【分割面】按钮

图18-210 【分割面】菜单命令

分割网格面的效果如图18-211所示。

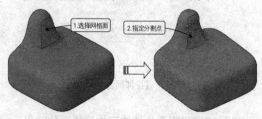

图18-211 分割网格面

18.7.5 ▶合并面

使用【合并面】命令可以将多个网格面合并生成单个面，被合并的面可以在同一平面上，也可以在不同平面上，但需要相连。调用【合并面】命令有以下几种方法：

f 功能区：在【网格】选项卡中单击【网格编辑】面板中的【合并面】按钮，如图18-212所示。

f 菜单栏：选择【修改】│【网格编辑】│【合并面】命令，如图18-213所示。

f 命令行：MESHMERGE。

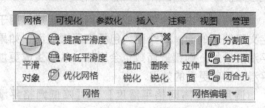

图18-212 【网格编辑】面板中的【合并面】按钮

图18-213 【合并面】菜单命令

如图18-214所示为合并三维网格面的效果。

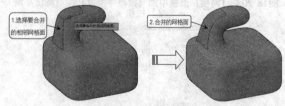

图18-214 合并网格面

18.7.6 ▶转换为实体和曲面

网格建模与实体建模可以实现的操作并不完全相同。如果需要通过交集、差集或并集操作来编辑网格对象，则可以将网格转换为三维实体或曲面对象。同样，如果需要将锐化或平滑应用于三维实体或曲面对象，则可以将这些对象转换为网格。

将网格对象转换为实体或曲面有以下几种方法：

- f 功能区：在【网格】选项卡的【转换网格】面板上先选择一种转换类型，如图18-215所示，然后单击【转换为实体】或【转换为曲面】按钮。
- f 菜单栏：执行【修改】→【网格编辑】命令，其子菜单如图18-216所示，选择一种转换的类型。

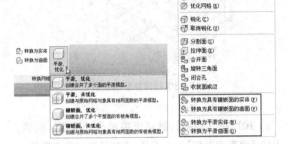

图18-215 功能区面板上的转换网格　　图18-216 转换网格
　　　　　　按钮　　　　　　　　　　　的菜单选项

将如图18-217所示的三维网格模型转换为各种类型实体的效果如图18-218～图18-221所示。将三维网格转换为曲面的外观效果与转换为实体完全相同，将指针移动到模型上停留一段时间，可以查看对象的类型，如图18-222所示。

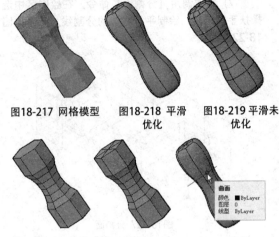

图18-217 网格模型　　图18-218 平滑　　图18-219 平滑未
　　　　　　　　　　　　　　优化　　　　　　优化

图18-220 镶嵌面　　图18-221 镶嵌　　图18-222 查看
　　优化　　　　　　面未优化　　　　对象类型

【案例 18-28】创建沙发网格模型

1）单击快速访问工具栏中的【新建】按钮，新建空白文件。

2）在【网格】选项卡中单击【图元】选项卡右下角的箭头 ↘ ，在弹出的【网格图元选项】对话框中选择【长方体】图元选项，设置长度细分为5、宽度细分为3、高度细分为2，如图 18-223 所示。

3）将视图调整到西南等轴测方向，在【网格】选项卡中单击【图元】面板上的【网格长方体】按钮 ⬡，在绘图区绘制长、宽、高分别为200、100、30的网格长方体，如图 18-224 所示。

4）在【网格】选项卡中单击【网格编辑】面板上的【拉伸面】按钮，选择网格长方体上表面3条边界处的9个网格面，向上拉伸30，结果如图18-225 所示。

5）在【网格】选项卡中单击【网格编辑】面板上的【合并面】按钮，在绘图区中选择沙发扶手外侧的两个网格面，将其合并；重复使用该命令，合并扶手内侧的两个网格面以及另外一个扶手的内外网格面，结果如图 18-226 所示。

图18-225 拉伸面

图18-223 【网格图元选项】对话框

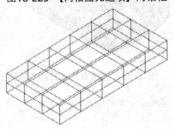

图18-224 创建的网格长方体

图18-226 合并面的结果

6）在【网格】选项卡中单击【网格编辑】面板上的【分割面】按钮，选择以上合并后的网格面，绘制连接矩形角点和竖直边中点的分割线，并使用同样的方法分割其他3组网格面，如图18-227所示。

7）再次调用【分割面】命令，在绘图区中选择扶手前端面，绘制平行底边的分割线，结果如图18-228所示。

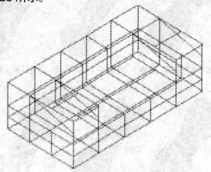

图18-227 分割面

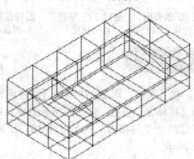

图18-228 分割前端面

8）在【网格】选项卡中单击【网格编辑】面板上的【合并面】按钮，选择沙发扶手上面的两个网格面、侧面的两个三角网格面和前端面，将它们合并。按照同样的方法合并另一个扶手上对应的网格面，结果如图18-229所示。

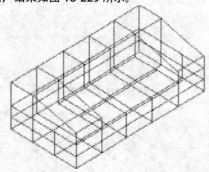

图18-229 合并面的结果

9）在【网格】选项卡中单击【网格编辑】面板上的【拉伸面】按钮，选择沙发顶面的5个网格面，设置倾斜角为30°、向上拉伸距离为15，结果如图18-230所示。

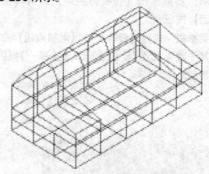

图18-230 拉伸顶面的结果

10）在【网格】选项卡中单击【网格】面板上的【提高平滑度】按钮，选择沙发的所有网格，提高平滑度2次，结果如图18-231所示。

11）在【视图】选项卡中单击【视觉样式】面板上的【视觉样式】下拉列表，选择【概念】视觉样式，显示效果如图18-232所示。

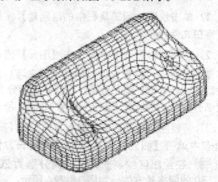

图18-231 提高平滑度

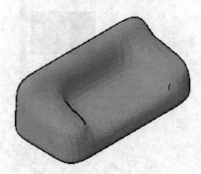

图18-232 【概念】视觉样式效果

第19章
三维渲染

尽管三维建模比二维图形更逼真，但是看起来仍不真实，如缺乏现实世界中的色彩、阴影和光泽。在电脑绘图中，将模型按严格定义的语言或者数据结构来对三维物体进行描述，包括几何、视点、纹理以及照明等各种信息，从而获得真实感极高的图片，这一过程就称为渲染。

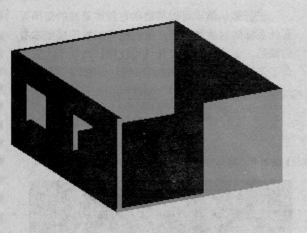

19.1 了解渲染

渲染的最终目的是得到极具真实感的模型，如图19-1所示。因此渲染所要考虑的事物很多，包括灯光、视点、阴影和布局等。

图19-1 渲染生成的效果图

19.1.1 ▶ 渲染步骤

渲染是多步骤的过程，通常需要通过大量的反复试验才能得到所需的结果。渲染图形的步骤如下：

1）使用默认设置开始尝试渲染。根据结果的表现可以看出需要修改的参数与设置。

2）创建光源。AutoCAD 提供了 4 种类型的光源：默认光源、平行光（包括太阳光）、点光源和聚光灯。

3）创建材质。材质为材料的表面特性，包括颜色、纹理、反射光（亮度）、透明度和折射率等。也可以从现成的材质库中调用真实的材质，如钢铁、塑料和木材等。

4）将材质附着在模型对象上。可以根据对象或图层附着材质。

5）添加背景或雾化效果。

6）如果需要，可调整渲染参数。例如，可以用不同的输出品质来渲染。

7）渲染图形。

上述步骤仅供参考，并不一定要严格按照该顺序进行操作。例如，可以在创建材质之后再设置光源。另外，在渲染结果出来后，可能会发现某些地方需要改进，这时可以返回到前面的步骤中进行修改。

19.1.2 ▶ 默认渲染

进行默认渲染可以帮助确定创建最终的渲染需要什么样的材质和光源，同时也可以发现模型本身的缺陷。渲染时需要打开【可视化】选项卡，它包含了渲染所需的大部分工具按钮，如图19-2所示。

图19-2 【可视化】选项卡

如果使用默认的设置渲染图形，在【可视化】选项卡中直接单击【渲染到尺寸】按钮，即可创建出默认效果下的渲染图片，如图19-3所示即是一个室内场景在默认设置下的渲染效果。可以看出，显示效果太暗，只能看出桌子的大概轮廓，椅子以及周边的材质需要另行设置。

图19-3 默认设置下的渲染效果

19.2 使用材质

在AutoCAD中，材质是对象上实际材质的表示形式，如玻璃、金属、纺织品和木材等。使用材质是渲染过程中的重要部分，对结果会产生很大的影响。材质与光源相互作用，例如，由于有光泽的材质会产生高光区，因而其反光效果与表面黯淡的材质有明显区别。

19.2.1 ▶ 使用材质浏览器

【材质浏览器】选项板集中了AutoCAD的所有材质，是用来控制材质操作的设置选项板，可进行多个模型的材质指定操作，并包含相关材质操作的所有工具。

打开【材质浏览器】选项板有以下几种方法：

f 功能区：在【可视化】选项卡中单击【材质】面板上的【材质浏览器】按钮 ⊗ 材质浏览器，如图19-4所示。

f 菜单栏：选择【视图】→【渲染】→【材质浏览器】命令。

执行以上任一命令后，弹出【材质浏览器】选项板，在【Autodesk库】中分门别类地存储了若干种材质，并且所有材质都附带了一张交错参考底图，如图19-5所示。

图19-4 【材质浏览器】按钮　　图19-5 【材质浏览器】选项板

将材质赋予模型的方法比较简单，直接从选项板上拖曳材质至模型上即可，如图19-6所示。

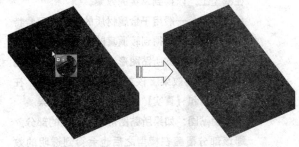

图19-6 为模型赋予材质

【案例 19-1】 为模型添加材质

在AutoCAD中为模型添加材质，可以获得接近真实的外观效果。但值得注意的是，在"概念"视觉样式下，仍然有很多材质未能得到逼真的表现，效果也差强人意。若想得到更为真实的图形，只能通过渲染获得图片。

1）单击【快速访问】工具栏中的打开按钮 📂，打开"第 19 章 /19-1 为模型添加材质 .dwg"文件，素材图形如图 19-7 所示。

2）在【可视化】选项卡中单击【材质】面板上的【材质浏览器】按钮 ⊗ 材质浏览器。命令行操作如下：

命令:_RMAT↙　　　//调用【材质浏览器】命令
选择材质，重生模型。//选择【铁锈】材质

3）通过以上操作即可完成材质的设置，效果如图 19-8 所示。

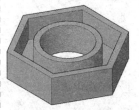　

图 19-7 素材图形　　图 19-8 铁锈材质效果

19.2.2 ▶ 使用材质编辑器

【材质编辑器】同样可以为模型赋予材质。打开【材质编辑器】选项板有以下几种方法：

f 功能区：在【视图】选项卡中单击【选项板】面板上的【材质编辑器】按钮 材质编辑器。

f 菜单栏：选择【视图】→【渲染】→【材质编辑器】命令。

执行以上任一操作将打开【材质编辑器】选项板，如图19-9所示。单击【材质编辑器】选项板左下角的 📋 按钮，可以打开【材质浏览器】选项板，选择其中的任意一个材质，可以发现【材质编

辑器】选项板会同步更新为该材质的效果与可调参数，如图19-10所示。

 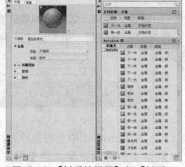

图19-9 【材质编辑器】选项板　　图19-10 【材质编辑器】与【材质浏览器】选项板

通过【材质编辑器】选项板最上方的预览窗口，可以直接查看材质当前的效果，单击其右下角的下拉按钮，可以对材质样例形状与渲染质量进行调整，如图19-11所示。

此外单击材质名称右下角的【创建或复制材质】按钮，可以快速选择对应的材质类型进行直接应用，或在其基础上进行编辑，如图19-12所示。

图19-11 调整材质样例形状　　图19-12 选择材质类型
与渲染质量

在【材质浏览器】或【材质编辑器】选项板中可以创建新材质。在【材质浏览器】选项板中只能创建已有材质的副本，而在【材质编辑器】选项板中可以对材质做进一步的修改或编辑。

19.2.3 ▶ 使用贴图

有时模型的外观比较复杂，如碗碟上的青花瓷和金属上的锈迹等，这些外观很难通过AutoCAD自带的材质库来赋予，这时就可以用到贴图。贴图是

将图片信息投影到模型表面，使模型添加上图片的外观效果，如图19-13所示。

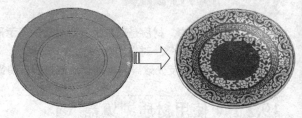

图19-13 贴图效果

调用【贴图】命令有以下几种方法：

f 功能区：在【可视化】选项卡中单击【材质】面板上的【材质贴图】按钮，如图19-14所示。

f 菜单栏：选择【视图】→【渲染】→【贴图】命令，如图19-15所示。

f 命令行：MATERIALMAP。

图19-14 【材质贴　　图19-15 【材质贴图】菜单命令
图】按钮

贴图可分为平面、长方体、柱面和球面贴图如图19-16所示。如果需要对贴图进行调整，可以使用显示在对象上的贴图工具移动或旋转对象上的贴图。

除了上述的贴图位置外，材质球中还有4种贴图，即漫射贴图、反射贴图、凹凸贴图和不透明贴图，分别介绍如下：

f 漫射贴图：可以理解为将一张图片的外观覆盖在模型上，以得到真实的效果。

f 反射贴图：一般用于金属材质的使用，配合特定的颜色，可以得到较逼真的金属光泽。

f 凹凸贴图：根据所贴图形，在模型上面渲染出一个凹凸的效果。该效果只有渲染可见，在【概念】和【真实】等视觉模式下无效果。

f 不透明贴图：如果所贴图形中有透明的部分，那该部分覆盖在模型之后也会得到透明的效果。

【案例 19-2】 为模型添加贴图

为模型添加贴图可以将任意图片赋予模型表面，从而创建真实的产品商标或其他标识等。贴图的操作极需耐心，在进行调整时，所有参数都不具参考性，只能靠经验一点点地更改参数，反复调试。

1）单击【快速访问】工具栏中的【打开】按钮，打开"第 19 章 /19-2 为模型添加贴图 .dwg"文件，素材图形如图 19-17 所示。

2）展开【渲染】选项卡，并在【材质】面板中单击选择【材质/纹理开】按钮，如图 19-18 所示。

图 19-16 【材质贴图】列表

图 19-17 素材图形

图 19-18 【材质/纹理开】按钮

3）打开【材质浏览器】，在【材质浏览器】的左下角单击【在文档中创建新材质】按钮，在展开的列表里选择【新建常规材质】选项，如图 19-19 所示。

4）此时弹出【材质编辑器】对话框，在此编辑器中单击图像右边的空白区域（图中红框所示），如图 19-20 所示。

图 19-19 创建材质

图 19-20 【材质编辑器】对话框

5）在弹出的对话框中选择路径，打开素材文件"第 19 章 \ 麓山文化图标 .jpg"，单击【打开】按钮，如图 19-21 所示。

图 19-21 选择要附着的图片

6）系统弹出【纹理编辑器】，并显示图片预览效果，如图 19-22 所示。将其关闭。

图 19-22 图片预览效果

7）在【材质编辑器】中已经创建了一种新材质，其名称为【默认为通用】，将其重命名为"麓山文化"，如图 19-23 所示。

> **提示**
>
> 如果删除引用的图片，那么材质浏览器里的相应材质也将变得不可用，用此材质的渲染也都会变成是无效的。所以请将材质所用的源图片统一、妥善地保存好非常重要，最好是放到AutoCAD默认的路径里，一般为：C:\Program Files\Common Files\Autodesk Shared\Materials\Textures 。可以在此创建自己的文件夹，放置自己的材质源图片。

8）将"麓山文化"材质拖动到绘图区实体上，

效果如图 19-24 所示。

图 19-23 重命名材质

图 19-24 添加材质效果

9) 接下来修改纹理的密度。在"麓山文化"材质上右击,选择【编辑】,打开【材质编辑器】。在材质编辑器中单击预览图像,弹出【纹理编辑器】,通过调整该编辑器下的【样例尺寸】(见图19-25),可以更改图像的密度(值改越大,图片越稀疏;值越小,图片越密集),如图 19-26 所示。

10) 修改图像大小后,贴图的效果如图 19-26 所示。

图 19-25 【纹理编辑器】对话框

图 19-26 修改密度效果

提示

如果某个材质经常使用,可以把它放到"我的材质"里。方法是:在常用的材质上右击,选择"添加到"---"我的材质"---"我的材质"。这样下次再用此材质时,直接在【材质浏览器】中单击"我的材质"即可轻松找到。

19.3 设置光源

为一个三维模型添加适当的光照效果,能够产生反射、阴影等效果,从而使显示效果更加生动。在命令行输入"LIGHT"并按Enter键,可以选择创建各种光源。命令行操作如下:

命令:LIGHT↙
输入光源类型 [点光源(P)/聚光灯(S)/光域网(W)/目标点光源(T)/自由聚光灯(F)/自由光域(B)/平行光(D)] <自由聚光灯>:

在输入命令后,系统将弹出如图19-27所示的【光源-视口光源模式】对话框。一般需要关闭默认光源才可以查看创建的光源效果。命令行中可选的光源类型有点光源、聚光灯、光域网、目标点光源、自由聚光灯、自由光域和平行光7种。

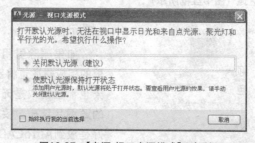

图19-27 【光源-视口光源模式】对话框

19.3.1 ▶点光源

点光源是从某一点向四周发射的光源,类似于环境中典型的电灯泡或者蜡烛等。点光源通常来自于特定的位置,向四面八方辐射。点光源会衰减,也就是其亮度会随着距点光源的距离的增加而减小。

调用【点光源】命令有以下几种方法:

f 功能区:在【可视化】选项卡中单击【光源】

面板上的【创建光源】，在展开选项中单击
【点】按钮，如图19-28所示。

f 菜单栏：选择【视图】→【渲染】→【光源】
→【新建点光源】命令，如图19-29所示。

f 命令行：POINTLIGHT。

图19-28 【点】 图19-29 【新建点光源】菜单命令
按钮

f 执行该命令后，命令行提示如下：

命令: _pointlight
指定源位置 <0,0,0>:
输入要更改的选项 [名称(N)/强度因子(I)/状态(S)/
光度(P)/阴影(W)/衰减(A)/过滤颜色(C)/退出(X)] <
退出>:*取消*

可以对点光源的名称、强度因子、状态、光度、阴
影、衰减及过滤颜色进行设置，各子选项的含义说明如下：

❶ 名称（N）

创建光源时，AutoCAD会自动创建一个默认的
光源名称，如点光源1。而使用【名称】这一子选
项后便可以修改这一名称。

❷ 强度因子（I）

使用该选项可以设置光源的强度或亮度。

❸ 状态（S）

用于开、关光源。

❹ 光度（P）

如果启用光度，使用这个选项可以指定光照的
强度和颜色，有【强度】和【颜色】两个子选项。

f 强度：可以输入以烛光（缩写为cd）为单位的
光照强度，或者指定一定的光通量——感觉到

的光强或照度（某个面域的总光通量）。可以
以勒克斯（缩写为lx）或尺烛光（缩写为fc）
为单位来指定照度。

f 颜色：可以输入颜色名称或开尔文温度值。使
用选项并按Enter键来查看名称列表，如荧光
灯、冷白光和卤素灯等。

❺ 阴影（W）

阴影会明显地增加渲染图像的真实感，也会极
大地增加渲染的时间。【阴影】选项打开或者关闭
该光源的阴影效果并指定阴影的类型。如果选择创
建阴影，可以选择3种类型的阴影。该选项的命令
行提示如下：

输入 [关(O)/锐化(S)/已映射柔和(F)/已采样柔和(A)]
<锐化>:

各子选项含义说明如下：

f 锐化（S）：也称之为光线跟踪阴影。使用这
些阴影以减少渲染时间。

f 已映射柔和（F）：输入一个64~4096的贴图
尺寸，尺寸越大的贴图尺寸越精确，但渲染
的时间也就越长。在"输入柔和度（1-10）
<1>："提示下，输入一个1~10的数。阴影柔
和度决定于图像其他部分混合的阴影边缘的像
素数，从而创建柔和的效果。

f 已采样柔和（A）：可以创建半影（部分阴
影）的效果。

❻ 衰减（A）

该选项设置衰减，即随着与光源距离的增加，
光线强度逐渐减弱的方式。可以设置一个界限，超
出该界限之后将没有光。这样做是为了减少渲染时
间。在某一个距离之后，只有一点点光与没有光几
乎没有区别，因而限定在某一误差范围内可以减少
计算时间。

❼ 过滤颜色（C）

可以赋予光源任意颜色。光源颜色不同于我
们所熟悉的染料颜色。3种主要的光源颜色是红、
绿、黄（RGB），它们的混合可以创造出不同的颜
色。例如，红和绿混合可以形成黄色，白色是光源
的全部颜色之和，而黑色则没有任何光源颜色。

【案例 19-3】添加点光源

1）单击【快速访问】工具栏中的打开按钮
，打开"第 19 章 /19-1 为模型添加材质 -OK.
dwg"文件，素材图形如图 19-30 所示。

2）在命令行输入"POINTLIGHT"命令，在模
型附近添加点光源。命令行操作如下：

```
命令: _pointlight                                          //输入【点光源】命令
指定源位置 <0,0,0>:                                        //指定源位置
输入要更改的选项[名称(N)/强度因子(I)/状态(S)/光度(P)/阴影(W)/衰减(A)/过滤颜色(C)/退出(X)] <退出>:I↙
                                                          //编辑光照强度
输入强度 (0.00 - 最大浮点数) <1>: 0.05↙                    //输入强度因子
输入要更改的选项[名称(N)/强度因子(I)/状态(S)/光度(P)/阴影(W)/衰减(A)/过滤颜色(C)/退出(X)] <退出>: N
                                                          //修改光源名称
输入光源名称 <点光源1>: Point1↙                            //输入光源名称为"point1",按Enter键结束
```

3）通过以上操作即可完成点光源设置，效果如图 19-31 所示。

图 19-30 素材图形

图 19-31 设置点光源效果

19.3.2 ▶聚光灯

聚光灯发射的是定向锥形光，投射的是一个聚焦的光束。可以通过调整光锥方向和大小来调整聚光灯的照射范围。聚光灯与点光源的区别在于聚光灯只有一个方向。因此，不仅要为聚光灯指定位置，还要指定其目标（要指定两个坐标而不是一个）。

调用【聚光灯】命令有以下几种方法：

f 功能区：单击【光源】面板上的【创建光源】按钮，在展开选项中单击【聚光灯】按钮，如图19-32所示。

f 菜单栏：选择【视图】→【渲染】→【光源】→【新建聚光灯】命令，如图19-33所示。

f 命令行：SPOTLIGHT。

执行【聚光灯】命令之后，先定义光源位置，然后定义照射方向。照射方向由光源位置发出的一条直线确定，如图19-34所示。创建聚光灯的命令行编辑选项如下：

输入要更改的选项 [名称(N)/强度因子(I)/状态(S)/光度(P)/聚光角(H)/照射角(F)/阴影(W)/衰减(A)/过滤颜色(C)/退出(X)] <退出>:

以下仅介绍"聚光角（H）"和"照射角（F）"两个选项，其他选项与点光源中的设置相同。

f "聚光角（H）"：照射最强的光锥范围，此区域内光照最强，衰减较少。将指针移动到聚光灯上，出现的光锥如图 19-35 所示，内部虚线圆锥显示的范围即聚光角范围。

f "照射角（F）"：聚光灯照射的外围区域，此范围内有光照，但强度呈逐渐衰减的趋势，如图 19-35 所示的外部虚线圆锥所示的范围即照射角范围。用户输入的照射角必须大于聚光角，其取值范围为0°～160°。

图19-32 【聚光灯】按钮

图19-33 【新建聚光灯】菜单命令

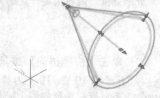
图 19-34 聚光灯照射方向　　图 19-35 光锥

19.3.3 ▶ 平行光

平行光仅向一个方向发射统一的平行光线。通过在绘图区指定光源的方向矢量的两个坐标，就可以定义平行光的方向。调用【平行光】命令有以下几种方法：

- f 功能区：单击【光源】面板上的【创建光源】按钮，在展开选项中单击【平行光】按钮 ，如图19-36所示。
- f 菜单栏：选择【视图】→【渲染】→【光源】→【新建平行光】命令，如图19-37所示。
- f 命令行：DISTANTLIGHT。

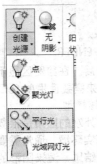

图19-36 【平行光】按钮　　图19-37 【新建平行光】菜单命令

执行【平行光】命令之后，系统弹出如图19-38所示的对话框。该对话框的含义是，目前设置的光源单位是光度控制单位（美制光源单位或国际光源单位），使用平行光可能会产生过度曝光。

在如图19-38所示的对话框中，只用选择【允许平行光】，才可以继续创建平行光。或者在【光源】面板下的展开面板中，将光源单位设置为【常规光源单位】，如图 19-39所示。

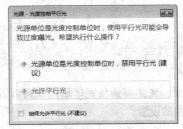

图 19-38 【光源-光度控制平行光】对话框

图 19-39 选择光源单位

【案例 19-4】 添加室内平行光照

平行光照可以用来为室内添加采光，能极大程度地还原真实的室内光影效果。

1）打开素材"第 19 章 /19-4 添加室内平行光照 .dwg"文件，如图 19-40 所示。

2）在【渲染】选项卡中单击【光源】面板，展开【创建光源】列表，选择【平行光】选项，在模型上添加平行光照射。命令行操作如下：

```
命令: _distantlight                                        //调用【平行光】命令
指定光源来向 <0,0,0> 或 [矢量(V)]: -120,-120,120↙          //指定方向矢量的起点坐标
指定光源去向 <1,1,1>:50, -30, 0↙                           //指定方向矢量的终点坐标
输入要更改的选项 [名称(N)/强度(I)/状态(S)/阴影(W)/颜色(C)/退出(X)]: I↙    //选择【强度】选项
输入强度 (0.00 - 最大浮点数) <1>:2↙                         //输入光照的强度为2
输入要更改的选项 [名称(N)/强度(I)/状态(S)/阴影(W)/颜色(C)/退出(X)]:↙      //按Enter键结束编辑，完成光
源创建
```

3）通过以上操作即可完成平行光的创建，光照的效果如图 19-41 所示。

图 19-40 室内模型　　　　图 19-41 平行光照的效果

19.3.4 ▶ 光域网灯光

光域网是光源中强度分布的三维表示。光域网灯光可以用于表示各向异性光源分布，此分布来源于现实中的光源制造商提供的数据。

调用【光域网灯光】命令有以下几种方法：

f 功能区：单击【光源】面板中的【创建光源】按钮，在展开选项中单击【光域网灯光】按钮 [图]。

f 命令行：WEBLIGHT。

光域网的设置同点光源，但是多出一个设置选项【光域网】，用来指定灯光光域网文件。

19.4 渲染

材质、光照等调整完毕后，就可以进行渲染来生成所需的图像。下面介绍一些高级渲染设置，即最终渲染前的设置。

19.4.1 ▶ 设置渲染环境

渲染环境主要是用于控制对象的雾化效果或者图像背景，用以增强渲染效果。执行【渲染环境】命令有以下几种方法：

f 功能区：在【可视化】选项卡中【渲染】面板的下拉列表中单击【渲染环境和曝光】按钮 [? 渲染环境和曝光]。

f 菜单栏：选择【视图】→【渲染】→【渲染环境】命令。

f 命令行：RENDERENVIRONMENT。

执行上述任一命令后，系统弹出【渲染环境和曝光】对话框，如图19-42所示。在该对话框中可进行渲染前的设置。

图19-42 【渲染环境和曝光】对话框

在该对话框中，可以开启或禁用雾化效果，也可以设置雾的颜色，还可以定义对象与当前观察方向之间的距离。

19.4.2 ▶ 进行渲染

在模型中添加材质、灯光之后就可以进行渲染，并可在渲染窗口中查看效果。调用【渲染】命令有以下几种方法：

f 菜单栏：选择【视图】→【渲染】→【渲染】命令。

f 功能区：在【可视化】选项卡中单击【渲染】面板上的【渲染】按钮 [图]。

f 命令行：在命令行输入RENDER。

对模型添加材质和光源之后，在绘图区显示的效果并不十分真实，因此接下来需要使用AutoCAD的渲染工具在渲染窗口中显示该模型。

在真实环境中，影响物体外观的因素是很复杂的。在AutoCAD中为了模拟真实环境，通常需要经过反复试验才能够得到所需的结果。渲染图形的步骤如下：

1）使用默认设置开始尝试渲染。根据渲染效果拟定要设置哪些因素，如光源类型、光照角度和材质类型等。

2）创建光源。AutoCAD提供了4种类型的光源：默认光源、平行光（包括太阳光）、点光源和聚光灯。

3）创建材质。材质为材料的表面特性，包括颜色、纹理、反射光（亮度）、透明度和折射率等。

4）将材质附着到图形中的对象上。可以根据对象或图层附着材质。

5）添加背景或雾化效果。

6）如果需要，调整渲染参数。

7）渲染图形。

上述步骤的顺序并不严格，例如，可以在创建并附着材质后再添加光源。另外，在渲染后，可能发现某些地方需要改进，这时可以返回到前面的步骤进行修改。

全部设置完成并执行该命令后，系统打开渲染窗口（见图19-43）并自动进行渲染处理。

图19-43 渲染窗口

【案例 19-5】渲染饮料瓶

1）通过渲染可以得到极为逼真的图形，如果参数设置得当，甚至可以获得真实相片级别的图像。打开素材文件"第 19 章 /19-5 饮料瓶 .dwg"。

2）执行【复制】命令，在空白区域复制粘贴一个模型样本（瓶身），如图 19-44 所示。

3）再输入"X"，执行【分解】命令，将副本模型分解，并删除多余曲面，只保留瓶身中间的圆柱面，如图 19-45 所示。

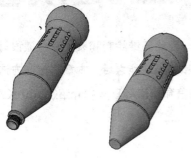

图19-44 复制瓶身

图19-45 仅保留瓶身圆柱面

4）在【曲面】选项卡中单击【创建】面板上的【偏移】按钮，将该圆柱面向外偏移 0.5，如图 19-46 所示。然后删除原有面。

5）打开【材质浏览器】，在【材质浏览器】的左下角单击【在文档中创建新材质】按钮，在展开的列表里选择【塑料】选项，如图 19-47 所示。

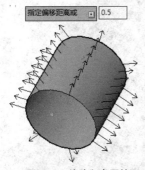

图19-46 偏移瓶身圆柱面　　图19-47 创建材质

6）此时弹出【材质编辑器】对话框，在此编辑器中选择【颜色】下拉列表中的【图像】选项，如图 19-48 所示。

7）在【材质编辑器】对话框中选择路径，打开素材文件"第 19 章 \ 饮料瓶图标 .jpg"，图片的预览效果如图 19-49 所示。

图19-48 选择【图像】选项

图19-49 图片预览效果

8）将【视觉样式】切换为【真实】效果，调整贴图的【样例尺寸】与贴图位置，然后将这段圆柱面移动至饮料瓶处，效果如图 19-50 所示。

9）单击【材质】面板上的【材质浏览器】按钮，打开【材质】选项板，为瓶身赋予【透明 - 黑色】的塑料材质，瓶及螺纹赋予【透明 - 清晰】的塑料材质，最终效果如图 19-51 所示。

图19-50 模型创建贴图效果　　图19-51 模型最终效果

第20章

创建减速器的三维模型

由于三维立体图比二维平面图更加形象和直观，因此三维绘制和装配在机械设计领域的运用越来越广泛。在学习了 AutoCAD 的三维绘制和编辑功能之后，本章将按此方法创建减速器主要零件的三维模型（如大齿轮、低速轴、箱盖和箱座等），并介绍在 AutoCAD 中进行三维装配的方法。

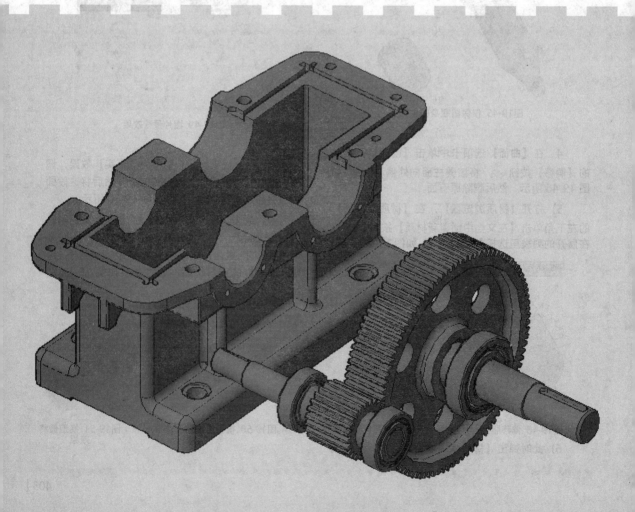

20.1 创建各零件的三维模型

减速器由多个零件组装而成，因此要想创建完整的减速器三维模型，就必须先创建各个零件的三维模型。而在之前的章节中，已经绘制好了各组件的零件图，所以可以直接利用现有的零件图来创建对应的三维零件。

20.1.1 ▶ 由零件图创建低速轴的三维模型

低速轴为一阶梯轴，形状比较简单，是一个纵向不等直径的圆柱体，因此以【旋转】命令直接创建出轴体，然后使用【拉伸】、【差集】命令创建键槽即可。详细步骤讲解如下。

❶ 从零件图中分离出低速轴的轮廓

1）启动 AutoCAD 2018，执行【文件】→【新建】命令，系统弹出【选择样板】对话框，选择【acad.dwt】模板，单击【打开】按钮，创建一个新的空白图形文件，并将工作空间设置为【三维建模】。

2）使用 Ctrl+C（复制）、Ctrl+V（粘贴）命令从低速轴的零件图中分离出轴的主要轮廓，然后放置在新建图纸的空白位置上，如图 20-1 所示。

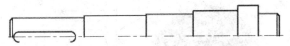

图20-1 从零件图中分离出来的低速轴半边轮廓

3）修剪图形。使用 TR（修剪）、E（删除）命令将图形中的多余线段删除，并封闭图形，如图 20-2 所示。

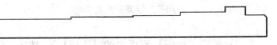

图20-2 修剪图形

❷ 创建轴体

1）单击【绘图】面板中的【面域】按钮◎，执行【面域】命令，将绘制的图形创建为面域。

2）执行【视图】→【三维视图】→【东南等轴测】命令，将视图转换为【东南等轴测】模式，如图 20-3 所示，以方便三维建模。

3）将视觉样式改为【概念】模式，然后单击【建模】面板中的【旋转】按钮🔘 旋转，根据命令行的提示，选择轴的中心线为旋转轴，将创建的面域旋转生成如图 20-4 所示的轴。

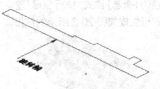

图20-3 转换视图模式

图20-4 旋转图形

❸ 创建键槽

1）切换视觉样式为【三维线框】模式，然后执行【视图】→【三维视图】→【前视图】命令，将视图转换为前视图。

2）在前视图中按低速轴零件图上的键槽尺寸，绘制两个键槽图形，如图 20-5 所示。

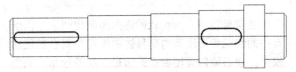

图20-5 绘制键槽图形

> **提示**
>
> 如果视图对应的是【前视图】、【俯视图】、【左视图】等基本视图，那么图形的绘制命令便会自动对齐至相应的基准平面上。

3）单击【绘图】面板中的【面域】◎按钮，将两个键槽转换为面域。

4）单击【建模】面板中的【拉伸】按钮⬆️，将小键槽面域向外拉伸 4mm，大键槽面域向外拉伸 5mm，并旋转视图以方便观察，如图 20-6 所示。

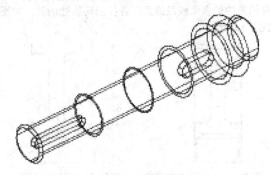

图20-6 拉伸键槽

5）将视图切换到【俯视图】，调用 M（移动）命令移动拉伸的两个实体，如图 20-7 所示。

图20-7 移动键槽

6）将视觉样式切换为【概念】模式，执行 SUB（差集）命令，进行布尔运算，即可生成如图 20-8 所示的键槽。

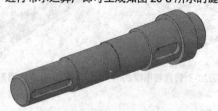

图20-8 差集运算创建键槽

20.1.2 ▶ 由零件图创建大齿轮的三维模型

在零件图中，大齿轮的图形为简化画法，因此其中的齿轮齿形没有得到具体的体现，而在三维建模中，就必须创建出合适的齿形，从而绘制出完整的齿轮模型。齿轮模型的创建方法同样简单，通过 EXT（拉伸）、SUB（差集）切除的方式便可以创建。具体步骤介绍如下。

① 从零件图中分离出低速轴的轮廓

1）启动 AutoCAD 2018，执行【文件】→【新建】命令，系统弹出【选择样板】对话框，选择【acad.dwt】模板，单击【打开】按钮，创建一个新的空白图形文件，并将工作空间设置为【三维建模】。

2）使用 Ctrl+C（复制）、Ctrl+V（粘贴）命令从大齿轮的零件图中分离出大齿轮的主要轮廓，然后放置在新建图纸的空白位置上，如图 20-9 所示。

3）修剪图形。使用 TR（修剪）、E（删除）命令将图形中的多余线段删除，并补画轮毂处的孔，如图 20-10 所示。

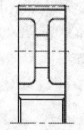 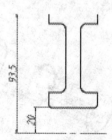

图20-9 从零件图中分离出   图20-10 修剪齿轮截面
来的大齿轮半边轮廓

② 创建齿轮体

1）单击【绘图】面板中的【面域】按钮，执行【面域】命令，将绘制的齿轮截面创建为面域。

2）将视图转换为【西南等轴测】模式、视觉样式为【概念】模式，如图 20-11 所示，以方便三维建模。

3）单击【建模】面板中的【旋转】按钮，根据命令行的提示，选择现有的中心线为旋转轴，将创建的面域旋转生成如图 20-12 所示的大齿轮体。

图20-11 调整视图   图20-12 旋转图形

③ 创建轮齿模型

根据大齿轮的零件图可知，大齿轮的齿数为 96，齿高为4.5mm，单个齿跨度即为4mm，因此先绘制出单个轮齿，再进行阵列，即可得到完整的大齿轮模型。

1）将视图切换为【左视图】方向，执行 L（直线）、A（圆弧）等绘图命令，绘制如图 20-13 所示的轮齿轮廓线。

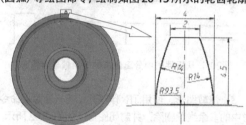

图20-13 绘制轮齿轮廓线

2）单击【绘图】面板中的【面域】按钮，将绘制的齿形图形转换为面域。

3）单击【建模】面板中的【拉伸】按钮，将齿形面域拉伸 40mm，结果如图 20-14 所示。

4）阵列轮齿。选择【修改】面板中的【三维阵列】命令，选取轮齿为阵列对象，设置环形阵列，阵列项目为 96，进行阵列操作，结果如图 20-15 所示。

图20-14 拉伸单个齿形   图20-15 阵列轮齿

5）执行【并集】命令，将轮齿与齿轮体合并。

4. 创建键槽

1）将视图切换到【左视图】，设置视觉样式为【二维线框】，绘制键槽图形如图 20-16 所示。

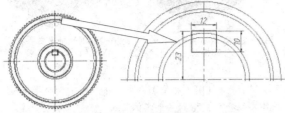

图20-16 绘制键槽图形

2）将视觉样式切换为【概念】模式，单击【绘图】面板中的【面域】□按钮，将绘制的键槽图形转换为面域。

3）单击【建模】面板中的【拉伸】按钮，将键槽面域拉伸 40mm，并旋转视图以方便观察，如图 20-17 所示。

4）执行 SUB（差集）命令，进行布尔运算，即可生成如图 20-18 所示的键槽。

图20-17 拉伸键槽 　　　图20-18 差集运算创建键槽

5. 创建腹板孔

1）将视图切换到【左视图】，设置视觉样式为【二维线框】，绘制腹板孔，如图 20-19 所示。

2）将视觉样式切换为【概念】模式，单击【绘图】面板的【面域】□按钮，将绘制的腹板孔图形转换为面域。

3）单击【建模】面板中的【拉伸】按钮，将腹板孔反向拉伸，并旋转视图以方便观察，如图 20-20 所示。

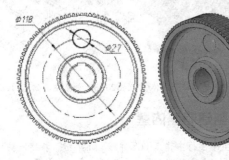

图20-19 绘制腹板孔图形 　　图20-20 拉伸腹板孔

提示

如果拉伸是为了在模型中进行切除操作，那么具体的拉伸数值可以给定任意值，只需大于切除对象即可。

4）阵列腹板孔。单击【修改】面板中的|【阵列】命令，选取腹板孔的拉伸效果为阵列对象，设置环形阵列，阵列项目为 6，进行阵列操作，结果如图 20-21 所示。

5）执行 SUB（差集）命令，进行布尔运算，即可生成腹板孔，如图 20-22 所示。

图20-21 阵列腹板孔 　　图20-22 差集运算生成腹板孔

20.1.3 ▶ 由零件图创建箱座的三维模型

本节将绘制减速器箱座的三维模型。相对于大齿轮与轴来说，箱座的模型要复杂很多，但用到的命令却很简单。主要使用的命令有基本体素、拉伸、布尔运算和圆角等。

1. 创建箱座的基本形体

1）启动 AutoCAD 2018，执行【文件】→【新建】命令，系统弹出【选择样板】对话框，选择【acad.dwt】模板，单击【打开】按钮，创建一个新的空白图形文件，并将工作空间设置为【三维建模】。

2）单击【建模】面板中的【长方体】按钮，创建一个314mm×169mm×30mm大小的长方体，其左下角点为坐标原点，如图 20-23 所示。命令行操作如下：

```
命令:_box        //执行【长方体】命令
指定第一个角点或 [中心(C)]: 0,0,0
                 //指定坐标原点为第一个角点
指定其他角点或 [立方体(C)/长度(L)]: @314,169,30
                 //输入第二个角点
```

3）在命令行中输入 UCS 并按 Enter 键，指定长方体上端面左下角点为坐标原点。再执行 BOX（长方体）命令，创建一个 314mm×81mm×122mm 的长方体。如图 20-24 所示，命令行操作如下：

```
命令:_box        //执行【长方体】命令
指定第一个角点或 [中心(C)]: 0,44,0
                 //指定第一个角点
指定其他角点或 [立方体(C)/长度(L)]: @314,81,122
                 //输入第二个角点
```

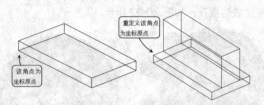

图20-23 创建箱座底板　　　图20-24 创建箱座主体

4）使用同样的方法，在 314mm×81mm×122mm 长方体的上端面创建一个 382mm×165mm×12mm 的长方体，如图 20-25 所示。

5）执行 UNI（并集）命令，将绘制的 3 个长方体进行合并，得到一个实体。

❷ 绘制轴承安装孔

1）在命令行中输入 UCS 并按 Enter 键，选择如图 20-26 所示的面 1 为 XY 平面，坐标原点为 382mm×165mm×12mm 长方体的下端面左下角点，新建 UCS，再执行 C（圆）命令，分别绘制直径为 ⌀90mm、⌀107mm 的两个圆，如图 20-26 所示。

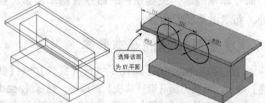

图20-25 创建箱座面板　　　图20-26 绘制轴承安装孔
　　　　　　　　　　　　　　　　的外孔

2）单击【建模】面板中的【拉伸】按钮，将绘制好的两个圆反向拉伸 165mm，结果如图 20-27 所示。

3）单击【实体编辑】面板中的【剖切】按钮，将拉伸出来的两个圆柱按箱座面板的上表面进行剖切，保留平面下的部分，结果如图 20-28 所示。

提示

　　由于圆本身就是一封闭图形，因此可以直接进行拉伸操作，而不需要生成面域。

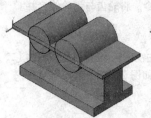

图20-27 创建轴承安装孔的　　图20-28 剖切轴承安装孔
　　　　外孔模型　　　　　　　　的外孔

4）执行 UNI（并集）命令，将剩下的两个半圆柱与箱座体合并，得到一个实体。

5）按相同方法，分别在两个半圆的圆心处绘制 ⌀52mm 和 ⌀72mm 的圆，结果如图 20-29 所示。

6）按相同方法，将刚绘制的两个圆进行拉伸，然后与箱体模型进行差集运算，结果如图 20-30 所示。

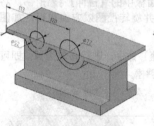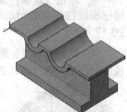

图20-29 创建轴承安装孔的　　图20-30 创建轴承安装孔
　　　　内孔　　　　　　　　　　的内孔

❸ 创建肋板

1）保持 UCS 不变，分别以点（108，-30）、（228，-30）为起始角点，创建 10mm×90mm×20mm 的长方体，如图 20-31 所示。

2）镜像肋板。选择【修改】面板中的【镜像】命令，选取两个肋板为镜像对象，设置箱座的中心线为镜像线，进行镜像操作，然后使用 UNI（并集）命令将其合并，结果如图 20-32 所示。

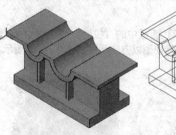

图20-31 创建肋板长方体　　　图20-32 并集运算创建肋板

❹ 创建箱座内壁

1）在命令行中输入 UCS 并按 Enter 键，指定长方体上端面左上角点为坐标原点。再执行【长方体】命令，

以点 (50, 53) 为起始角点（该点由零件图中测量得到），向箱座内部创建一个 287mm×65mm×132mm 的长方体，如图 20-33 所示。命令行操作如下：

```
命令:_box        //执行【长方体】命令
指定第一个角点或 [中心(C)]: 50,53 //指定坐标原点为第一个角点
指定其他角点或 [立方体(C)/长度(L)]: @287,65,-132
        //输入第二个角点
```

2）执行 SUB（差集）命令，进行布尔运算，即可生成箱座内壁，如图 20-34 所示。

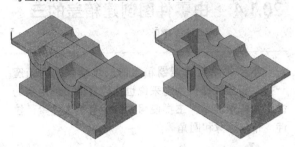

图20-33 创建长方体　　　图20-34 创建箱座内壁

5. 创建箱座上的孔

1）创建箱座左侧的销钉孔。保持 UCS 不变，单击【建模】面板中的【圆柱体】按钮，以点（18, 113.5）为圆心，向下创建一个 ⌀8mm×15mm 的圆柱，如图 20-35 所示。命令行操作如下。

```
命令:_cylinder   //执行【圆柱体】命令
指定底面的中心点或 [三点(3P)/两点(2P)/切点、切点、半径(T)/椭圆(E)]: 18,133.5    //输入中心点
指定底面半径或 [直径(D)]: 4  //输入圆柱半径值
指定高度或 [两点(2P)/轴端点(A)] <-132.0000>: -15
       //指定圆柱高度值
```

2）执行 SUB（差集）命令，进行布尔运算，即可创建该销钉孔，结果如图 20-36 所示。

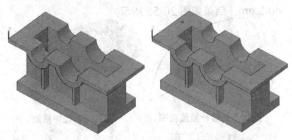

图20-35 创建销钉孔圆柱体　　图20-36 差集运算生成销钉孔.

3）测量箱座零件图上的尺寸，按相同方法创建箱座上的其他孔，结果如图 20-37 所示。

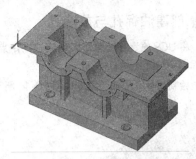

图20-37 创建箱座上的孔

6. 创建吊钩

1）创建吊钩。将 UCS 放置在箱座上表面底边的中点上，调整方向如图 20-38 所示。

2）按零件图的尺寸绘制吊钩的截面图，如图 20-39 所示。

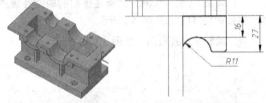

图20-38 调整UCS　　　图20-39 绘制吊钩截面

3）单击【绘图】面板中的【面域】按钮，执行【面域】命令，将绘制的吊钩截面创建为面域。

4）单击【建模】面板中的【拉伸】按钮，将吊钩面域拉伸 10mm，结果如图 20-40 所示。

5）移动吊钩。执行 M（移动）命令，将吊钩向 +Z 轴方向移动 28mm，结果如图 20-41 所示。

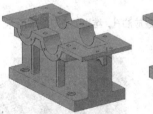

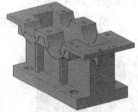

图20-40 拉伸吊钩截面　　图20-41 移动吊钩

6）镜像吊钩。将绘制好的单个吊钩按箱座的中心线进行镜像，再按此方法创建对侧的吊钩，结果如图 20-42 所示。

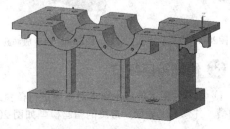

图20-42 创建其余的吊钩

7. 创建油标孔与放油孔

1）将 UCS 放置在箱座下表面底边的中点上，调整方向如图 20-43 所示。

2）绘制油标孔的辅助线，如图 20-44 所示。

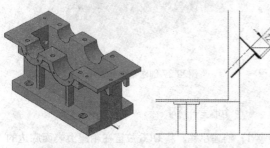

图20-43 调整UCS　　图20-44 绘制油标孔辅助线

3）调整 UCS，将 UCS 放置在绘制的辅助线端点上，然后调整方向如图 20-45 所示。

4）绘制油标孔截面，如图 20-46 所示。

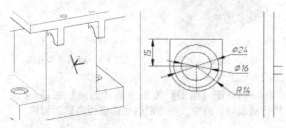

图20-45 调整UCS　　图20-46 绘制油标孔截面

5）分别将绘制好的截面创建面域，然后利用 EXT（拉伸）和 SUB（差集）等操作即可创建出油标孔，结果如图 20-47 所示。

6）按相同方法，创建放油孔，结果如图 20-48 所示。

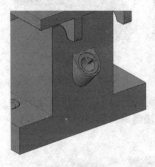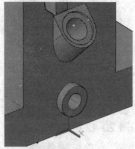

图20-47 创建油标孔　　图20-48 绘制放油孔

8. 修饰箱座细节

1）按零件图上的技术要求对箱座进行倒角，创建油槽，并修剪上表面，最终的箱座模型如图 20-49 所示。

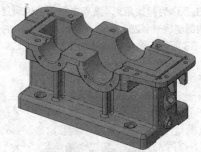

图20-49 箱座模型完成图

20.1.4 ▶ 由零件图创建箱盖的三维模型

本节将绘制减速器箱盖的三维模型。同箱座一样，箱盖的建模相对来说也比较复杂，但用到的命令同样很简单。主要使用的命令有基本体素、拉伸、布尔运算和圆角等。

1. 创建箱盖的基本形体

1）启动 AutoCAD 2018，执行【文件】→【新建】命令，系统弹出【选择样板】对话框，选择【acad.dwt】模板，单击【打开】按钮，创建一个新的空白图形文件，并将工作空间设置为【三维建模】。

2）从零件图中分离出箱盖的外形轮廓。使用 Ctrl+C（复制）、Ctrl+V（粘贴）命令从箱盖的零件图中分离出箱盖的主要轮廓，然后放置在新建图纸的空白位置上，结果如图 20-50 所示。

图20-50 从零件图中分离出来的箱盖外形轮廓

3）修补图形。使用 O（偏移）、S（延伸）和 L（直线）命令修补轮廓图形，如图 20-51 所示。

4）将修补后的图形转换为面域，然后拉伸40.5mm，结果如图 20-52 所示。

图20-51 修补箱盖轮廓　　图20-52 拉伸截面

2. 创建底板与轴承安装孔

1）创建底板。在命令行中输入 UCS 并按 Enter 键，设置新坐标如图 20-53 所示。

2）执行 BOX（长方体）命令，以点（-34, 0）为起始角点（该点由零件图中测量得到），向箱盖外部创建一个 382mm×82.5mm×12mm 的长方体，如图 20-54 所示。命令行操作如下：

```
命令:_box        //执行【长方体】命令
指定第一个角点或 [中心(C)]: -34,0 //指定坐标原点
为第一个角点
指定其他角点或 [立方体(C)/长度(L)]: @382,82.5,12
        //输入第二个角点
```

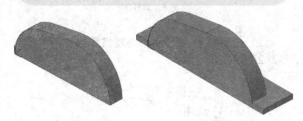

图20-53 设置新的UCS   图20-54 创建底板

3）执行 UNI（并集）命令，进行布尔运算，将底板与主体合并，并将 UCS 移动至底板的左下角点处，如图 20-55 所示。

4）创建螺钉安装板。执行 BOX（长方体）命令，以点（54, 80）为起始角点（该点由零件图中测量得到），向箱盖内部创建一个 248mm×80mm×38mm 的长方体，如图 20-56 所示。

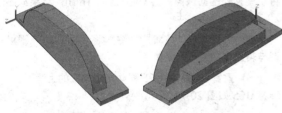

图20-55 执行并集操作   图20-56 创建螺钉安装板

5）执行 UNI（并集）命令，将创建好的螺钉安装板与箱盖主体合并，得到一个实体。

6）调整 UCS，然后绘制轴承安装孔的外孔草图，如图 20-57 所示。

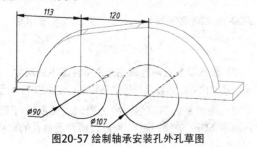

图20-57 绘制轴承安装孔外孔草图

7）单击【建模】面板中的【拉伸】按钮，将绘制好的两个圆反向拉伸 82.5mm，结果如图 20-58 所示。

8）单击【实体编辑】面板中的【剖切】按钮，将拉伸出来的两个圆柱按箱座面板的上表面进行剖切，保留平面下的部分，结果如图 20-59 所示。

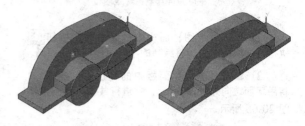

图20-58 创建轴承安装孔的   图20-59 剖切轴承安装孔
外孔模型   的外孔

9）执行 UNI（并集）命令，将拉伸的外孔轮廓与箱盖主体合并，得到一个实体。

10）按相同方法，分别在两个半圆的圆心处绘制 ∅52mm 和 ∅72mm 的圆，如图 20-60 所示。

11）按相同方法，将这两个圆拉伸，然后与箱体模型进行差集运算，结果如图 20-61 所示。

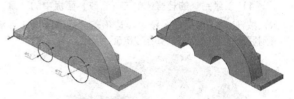

图20-60 创建轴承安装孔的   图20-61 创建轴承安装孔
内孔   的内孔

3. 创建箱盖内壁

1）保持 UCS 不变，绘制箱盖内壁轮廓，如图 20-62 所示。

2）将该轮廓转换为面域，并向内拉伸 32.5mm，然后进行 SUB（差集）操作，结果如图 20-63 所示。

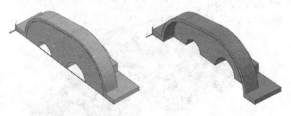

图20-62 绘制内壁轮廓   图20-63 差集运算创建内壁

4. 创建吊环

1）保持 UCS 不变，绘制吊环草图，如图 20-64 所示。

图20-64 绘制吊环草图

2）单击【绘图】面板中的【面域】按钮，执行【面域】命令，将绘制的吊环草图创建为面域。

3）单击【建模】面板中的【拉伸】按钮，将吊环面域向外拉伸 5mm，并进行并集操作，结果如图 20-65 所示。

图20-65 创建吊环模型

5. 创建箱盖上的孔

1）创建完整的箱盖。单击【修改】面板中的【镜像】按钮，然后选择整个半边箱盖进行镜像操作，得到完整的箱盖模型，如图 20-66 所示。

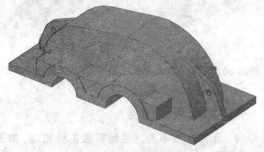

图20-66 创建完整的箱盖

2）按照之前介绍的方法，创建箱座上的孔，如图 20-67 所示。

图20-67 创建箱盖上的孔

6. 创建观察孔

1）重置 UCS。将 UCS 重新放置在箱盖底板边的

中点处，调整 UCS 如图 20-68 所示。

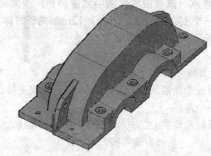

图20-68 调整UCS

2）在新的 XY 平面上创建观察孔的外围草图，如图 20-69 所示。

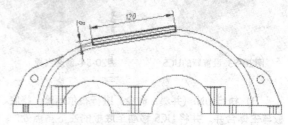

图20-69 创建观察孔的外围草图

3）单击【绘图】面板中的【面域】按钮，执行【面域】命令，将绘制的观察孔外围草图创建为面域。

4）单击【建模】面板中的【拉伸】按钮，将观察孔外围面域向两边对称拉伸31mm，结果如图 20-70 所示。

5）执行 UNI（并集）命令，将观察孔的外围模型与箱盖合并为一个整体。

6）重置 UCS。将 UCS 移动至观察孔的上表面上，调整 UCS 如图 20-71 所示。

图20-70 创建观察孔的外   图20-71 调整UCS
围轮廓

7）绘制观察孔内孔草图。按零件图中的尺寸，绘制观察孔的内孔图形以及外围的螺钉孔，如图 20-72 所示。

8）将绘制好的草图转换为面域，然后进行 EXT（拉伸）和 SUB（差集）操作，便可以得到观察孔的内孔，如图 20-73 所示。

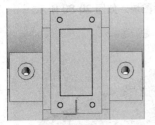

图20-72 绘制观察孔的内孔
草图及螺钉孔

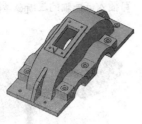

图20-73 创建观察孔

修剪下表面，最终的箱盖模型如图 20-74 所示。

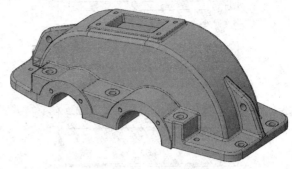

图20-74 箱盖模型完成图

7. 修饰箱盖细节

1）按零件图上的技术要求对箱盖进行倒角，并

20.2　组装减速器的三维装配体

三维造型装配图可以形象直观地反映机械部件或机器的整体组合装配关系和空间相对位置。本节将详细介绍减速器部件及整体的三维装配设计。通过本节的学习，可以使读者掌握机械零件的三维装配设计的基本方法与技巧。

减速器的装配可参考如下顺序：

1）装配大齿轮与低速轴

2）啮合大齿轮与高速齿轮轴

3）装配轴上的轴承

4）将齿轮传动组件装配至箱座

5）装配箱盖

6）装配螺钉等其他零部件

20.2.1 ▸ 装配大齿轮与低速轴

使用AutoCAD进行装配时，由于三维模型比较复杂，可能会导致软件运行不流畅。可以将要装配的三维模型依次转换为图块模型，这样可以有效减小占用的内存，而且以后再调用该三维零件时能将其以图块的方式快速插入到文件中。

1. 创建高速齿轮轴的图块

1）打开素材文件"第 20 章 \ 配件 \ 高速齿轮轴三维模型 .dwg"，素材中已经创建好了高速齿轮轴的三维模型，如图 20-75 所示。

图20-75 高速齿轮轴三维模型

2）创建零件图块。单击【绘图】面板中的【创建块】按钮，打开【块定义】对话框，然后选择整个三维模型实体为对象，指定高速齿轮轴端面的圆心为基点，在名称文本框中输入"高速齿轮轴"，其他选项采用默认设置，如图 20-76 所示。

3）保存零件图块。在命令行中输入"WB"，执行【写块】命令，打开【写块】对话框，在【源】下拉列表中选择【块】模式，从下拉列表中按路径选择"高速齿轮轴"图块，再在【目标】选项组中选择文件名和路径，完成零件图块的保存，如图 20-77 所示。

图20-76 【块定义】对话框

图20-77 "写块"对话框

4）按此方法创建大齿轮、低速轴等三维模型的图块。

2. 插入低速轴

1）启动 AutoCAD 2018，执行【文件】→【新建】命令，系统弹出【选择样板】对话框，选择【acad.dwt】模板，单击【打开】按钮，创建一个新的空白图形文件，并将工作空间设置为【三维建模】。

2）在命令行中输入"INSERT"，执行【插入】命令，打开【插入】对话框，如图 20-78 所示。

3）单击其中的【浏览】按钮，打开选择文件对话框，按之前的保存路径，定位至低速轴的图块文件，如图 20-79 所示。

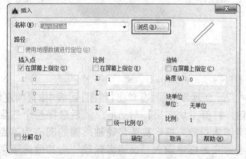

图20-78 【插入】对话框

图20-79 【选择图形文件】对话框

4）其他设置保持默认，单击【确定】按钮，即

可插入低速轴的三维模型图块，如图 20-80 所示。

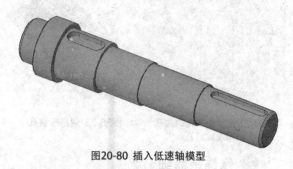

图20-80 插入低速轴模型

3. 组装大齿轮与低速轴

1）按相同方法插入低速轴上的键 C12×32，素材文件为"第 20 章 \ 配件 \ 键 C12×32.dwg"，放置在任意位置。

2）单击【修改】面板中的【三维对齐】按钮，执行对齐命令，先选中新插入的键，然后分别指定键上的 3 个基点，再按命令行提示，在轴上选中要对齐的 3 个位置点，即可将键按 3 点一一定位的方式进行对齐，如图 20-81 所示。

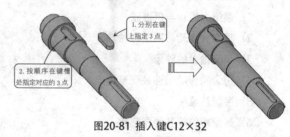

图20-81 插入键C12×32

3）按相同方法插入大齿轮，放置在任意点处。

4）单击【修改】面板中的【三维对齐】按钮，执行对齐命令，选中大齿轮，然后分别指定大齿轮轮毂上的 3 个基点，再按命令行提示，在键上选中要对齐的 3 个位置点，即可将键按 3 点一一定位的方式进行对齐，结果如图 20-81 所示。

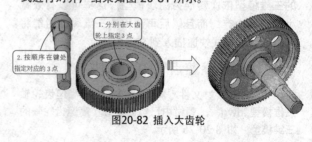

图20-82 插入大齿轮

20.2.2 ▶ 啮合大齿轮与高速齿轮轴

1）按相同方法将高速齿轮轴转换为块，然后插入，放置在任意点处。

2）选中高速齿轮轴，在模型上会显示出小控件，默认为【移动】，如图 20-83 所示。

3）将鼠标置于小控件的原点，然后右击，即可弹出小控件的快捷菜单，在其中选择【旋转】，如图 20-84 所示。

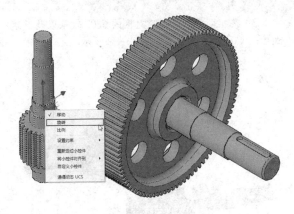

图20-84　选择旋转控件

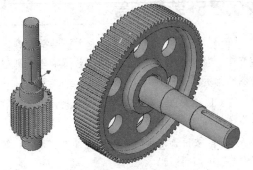

图20-83　在高速齿轮轴上显示控件

4）切换至旋转控件后，即可按照新的控件进行旋转，结果如图 20-85 所示。

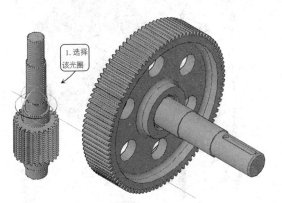

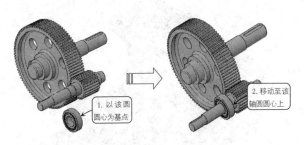

图20-85　调整齿轮轴

5）再使用 M（移动）命令，按与低速轴中心距为 120mm 的关系将其移动位置，然后使用 RO（旋转）命令调整至啮合状态，如图 20-86 所示。

20.2.3 ▶装配轴上的轴承

1）按相同方法插入高速齿轮轴上的轴承 6205，素材文件为"第 20 章\配件\轴承 6205.dwg"，放置在任意位置。

2）直接执行 M（移动）命令，选择轴承的圆心为基点，然后移动至齿轮轴上的圆心处即可对齐，如图 20-87 所示。

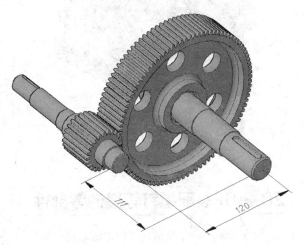

图20-86　使大齿轮与高速齿轮轴啮合

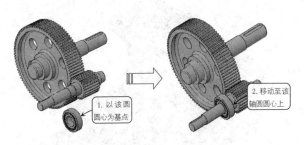

图20-87　插入轴承6205

3）按相同方法，创建对侧的 6205 轴承以及低速轴上的 6207 轴承，结果如图 20-88 所示。

图20-88 插入其余轴承

20.2.4▶将齿轮传动组件装配至箱座

传动机构（各齿轮与轴）已经全部装配完毕，这时就可以将传动组件一起安放至箱座当中。具体步骤如下：

1）按相同方法插入箱座的模型图块，放置在任意位置，如图 20-89 所示。

2）使用小控件，将箱座旋转至正确的角度，如图 20-90 所示。

图20-89 插入箱座

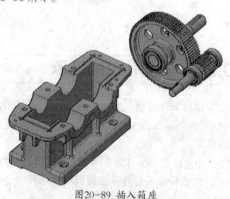

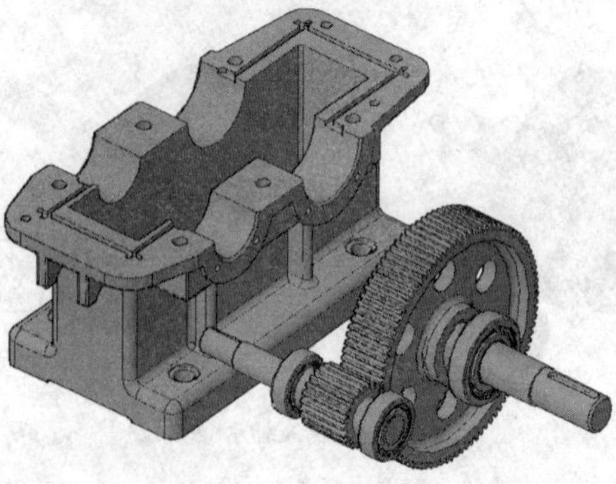

图20-90 旋转箱座

3）利用箱座上表面与轴中心线平齐的特性，再测量装配图上的箱座边线中点与低速轴的距离，即可获得定位尺寸，然后执行 M（移动）命令，即可将箱座移动至合适的位置，结果如图 20-91 所示。

20.2.5▶装配箱盖

至此，已经完成了减速器的主要装配。在实际生产中，如果确认无误，就可以进行封盖，即是减速器成为完成品的标志。

1）按相同方法插入箱盖的模型图块，放置在任意位置。

2）移动箱盖，对齐至箱座的基点上接口，结果如图 20-92 所示。

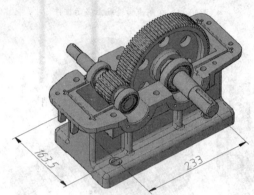

图20-91 装配箱座

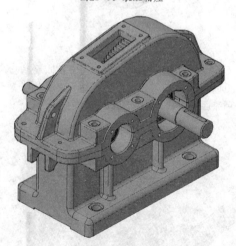

图20-92 装配箱盖

20.2.6▶装配螺钉等其他零部件

对照装配图，依次插入素材中的螺钉、螺母和销钉的模型，然后进行装配。

1. 插入定位销与螺钉、螺母

1) 在命令行中输入"INSERT"，执行【插入】命令，打开【插入】对话框，找到素材文件"第 20 章\配件\圆锥销 8x35.dwg"，将该圆锥销的三维模型插入装配组件中，这时光标便带有该圆锥销的模型，如图 20-93 所示。

2) 将该圆锥销模型定位至装配体的锥销孔处，如图 20-94 所示。

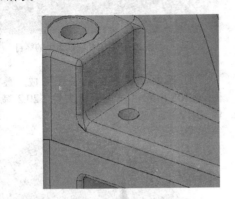

图20-93　圆锥销
附于光标上　　　　图20-94　插入圆锥销

3) 按相同方法插入对侧的圆锥销，可以适当将圆锥销向上平移一定尺寸，使之符合装配关系。插入圆锥销之后的效果如图 20-95 所示。

插入的圆锥销　　　　　　插入的圆锥销

图20-95　插入圆锥销效果

4) 按相同方法插入箱盖、箱座上的连接螺钉（M10x90），并装配好对应的弹性垫圈（10）与螺母（M10），结果如图 20-96 所示。

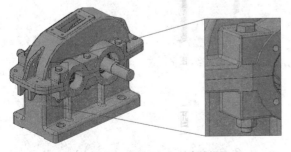

图20-96　装配连接螺钉与对应的螺母

5) 再调整视图，插入油标孔上方的连接螺钉 M8x35，以及螺母 M8、弹性垫圈8，结果如图 20-97 所示。

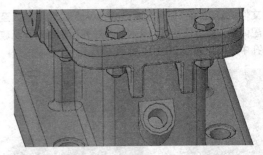

图20-97　插入M8螺钉及其螺母、垫圈

2. 装配轴承端盖

1) 按相同方法插入轴承端盖模型，按图 20-98 所示进行装配。

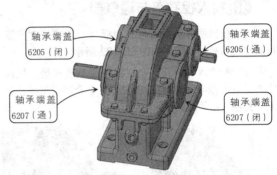

轴承端盖 6205（闭）　　轴承端盖 6205（通）
轴承端盖 6207（通）　　轴承端盖 6207（闭）

图20-98　插入各轴承端盖

2) 按前面插入螺钉的方法，插入轴承端盖上的 16 个安装螺钉（M6x25），结果如图 20-99 所示。

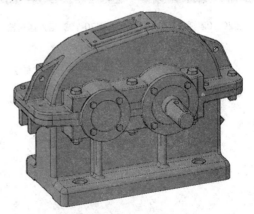

图20-99　插入轴承端盖上的安装螺钉

3. 安装油标尺与放油螺塞

1) 输入"INSERT"，找到油标尺模型的素材文件"第 20 章\配件\油标尺.dwg"，将其插入至装配体中，然后使用【ALIGN】（对齐）命令对齐至油标孔中，结果如图 20-100 所示。

2) 再次输入"INSERT"，找到油口塞模型的素材文件"第 20 章 \ 配件 \ 油口塞 .dwg",将其插入至装配体中,然后使用【ALIGN】(对齐)命令对齐至放油孔中,结果如图 20-101 所示。

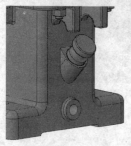
图20-100 插入油标尺

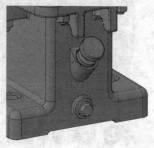
图20-101 插入油口塞

4. 插入视孔盖与通气器

1)按相同方法插入视孔盖模型,将模型对齐至箱盖的视口盖上,效果如图 20-102 所示。

2)再输入"INSERT",找到通气器模型,然后插入至装配体中,使用【3D 对齐】命令装配至视孔盖上的孔中,结果如图 20-103 所示。

图20-102 插入视孔盖

图20-103 插入通气器

3)调用素材文件"第 20 章 \ 配件 \ 螺钉 M6x10.dwg",将螺钉装配至视孔盖的 4 个螺钉孔处,结果如图 20-104 所示。

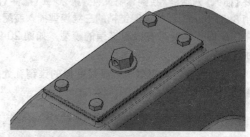
图20-104 安装视孔盖上的螺钉

4)至此减速器全部装配完成,最终效果如图 20-105 所示(详见素材文件"20.2 减速器装配体 -OK")。

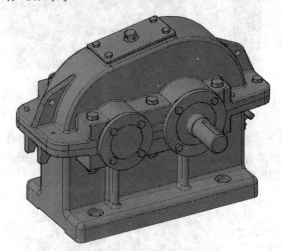
图20-105 减速器最终装配效果图